清华大学化学工程系列教材

化工热力学

（第3版）

高光华　陈健　卢滇楠　编著

清华大学出版社
北京

内容简介

本书是高等院校化工热力学课程的教材。内容包括热力学基本定律、流体的 p-V-T 关系和流体的热力学性质、气体的压缩和膨胀过程、热功转换过程及其过程热力学分析、液体溶液、相平衡和化学反应平衡。

本书可作为高等院校化工类各专业的教材，也可供从事化学工业、石油化工、轻工、材料和热能动力的科技人员参考。

图书在版编目(CIP)数据

化工热力学/高光华，陈健，卢滇楠编著. —3版. —北京：清华大学出版社，2017(2025.8 重印)
(清华大学化学工程系列教材)
ISBN 978-7-302-45201-0

Ⅰ. ①化… Ⅱ. ①高… ②陈… ③卢… Ⅲ. ①化工热力学－高等学校－教材 Ⅳ. ①TQ013.1

中国版本图书馆 CIP 数据核字(2016)第 239539 号

责任编辑：柳 萍
封面设计：傅瑞学
责任校对：赵丽敏
责任印制：丛怀宇

出版发行：清华大学出版社
网 址：https://www.tup.com.cn，https://www.wqxuetang.com
地 址：北京清华大学学研大厦 A 座 **邮 编**：100084
社 总 机：010-83470000 **邮 购**：010-62786544
投稿与读者服务：010-62776969，c-service@tup.tsinghua.edu.cn
质量反馈：010-62772015，zhiliang@tup.tsinghua.edu.cn
印 装 者：北京建宏印刷有限公司
经 销：全国新华书店
开 本：185mm×260mm **印 张**：25 **字 数**：609 千字
版 次：1995 年 4 月第 1 版 2017 年 6 月第 3 版 **印 次**：2025 年 8 月第 6 次印刷
定 价：78.00 元

产品编号：058212-02

第 3 版前言

童景山、高光华和刘裕品编著的《化工热力学》第 1 版于 1995 年出版，高光华和童景山编著的《化工热力学》第 2 版于 2007 年出版。第 2 版作为清华大学化工系本科三年级的国家精品课教材也已有 9 年，同学们普遍反映教材整体适合化工及相关专业本科生的化工热力学课程的学习，是一本理论和应用两方面都很出色的教材。

随着化工热力学学科理论研究和实践的进展，有必要对教材进行内容的增补和修订。第 2 章中，主要增加了适合于极性物质的立方型状态方程、多参数立方型方程和混合规则，弥补了原有的立方型方程只能用于非极性和弱极性物质的不足，由高光华和陈健完成。第 7 章中，增补完善了溶液理论中的 Scatchard-Hildebrand、Flory-Huggins、NRTL 和 UNIQUAC 模型的具有物理意义的推导，有助于学生学习理论模型的逻辑推导过程；增加了改进的 UNIFAC 模型和超额吉布斯自由能混合规则。特别是超额吉布斯自由能混合规则将状态方程和溶液理论相结合，改变了过去状态方程主要用于气相非极性弱极性混合物而溶液理论只能用于液相的状况。同时结合了状态方程适用于不同压力而溶液理论适用于各种物质的优点，适用于所有混合物的气相和液相的热力学性质的计算，建立了比较完美的热力学模型，由陈健完成。第 8 章中，增补了气体溶解度计算中的非对称归一化的活度系数和多元液-液平衡的算法等内容，完善了相平衡算法，由陈健完成。将第 8 章中的化学平衡，经过整理和增补，作为单独的第 9 章，系统地描述了化学平衡判断准则和算法，由卢滇楠完成。在全书的符号方面，整体保持了原有的设计，只是将 Helmholtz 自由能由原来的 F 改为 A，和国内外大多数文献相符合。全书也进行了必要的勘误和文字修订。上述增补的主要内容，都第一次出现在教科书中，提高了教材的整体性和系统性。

本书得到了清华大学教务处、化工系领导和同事们、清华大学出版社的鼎力支持，在此一并表示感谢！

本书仍有很多不足之处，敬请同行和读者们指正。

高光华　陈　健　卢滇楠

2016 年 1 月于清华园

第 2 版前言

童景山、高光华和刘裕品编著的《化工热力学》(第 1 版)自 1995 年出版面世以来，已逾十载。笔者作为主讲教师，使用本书作为主要教材在清华大学化学工程系为本科三年级学生讲授“化工热力学”课程已届十年。十年教学过程表明，本书讲述的现代应用热力学内容深浅适度，理论模型与工程应用并重，可较好地帮助学生掌握化工热力学理论并将其应用到工业实际。

近年来，随着热力学在生物技术、高聚物加工和固态过程等新技术领域的应用开发以及计算技术的发展，本书的部分内容似嫌不足和陈旧，深感有加以修订的必要。第 2 版在保持原书基本结构的基础上，在第 2 章增加了状态方程与超额吉布斯自由能相结合的 Wong-Sandler 混合规则。第 7 章更新了 Flory-Huggins 方程的内容并在第 8 章配备了与此对应的高聚物溶液相平衡的例题。第 8 章特别增加了固-液相平衡内容。鉴于状态方程方法在高压相平衡计算中的普遍应用，故删去了原书第 8 章的 Chao-Seader 方法，而对状态方程法详加论述，并对典型的相平衡计算问题增加例题且配以对应的计算机程序。程序采用国际通用的科学计算语言——FORTRAN 语言——编写。本书若能与高光华和于养信编著的辅助教材《化工热力学——基本内容、习题详解和计算程序》配合使用，相信会使读者受益良多。另外，本书仍沿用“汽-液平衡”的专业术语，以示与描述气体溶解度的“气-液平衡”相区别，在此特加说明。

本书的修订曾得到清华大学教务部门和化工系领导的鼎力支持以及清华大学出版社的鼓励，在此一并致谢。

由于时间仓促，本书仍有许多不足之处，敬请读者雅正。

高光华

2007 年 1 月于清华园

第 1 版前言

化工热力学日益受到化学工程工作者的重视，已成为化学工程学的分支学科之一，并列为高等院校化工类专业的必修课程。为了适应目前本科专业对化工热力学的教学需要，作者根据 10 多年的教学经验，在 1986 年编写的《化工热力学》讲义的基础上，编写了这本教科书。

在编写本书时，参考了国内外近年出版的有关教材和专著。本书内容上注重理论基础及其在工程中之应用；叙述上力求由浅入深，并注意各章节之间的衔接。近 10 多年来化工热力学在理论模型开发及应用电子计算机方面有重要进展。本书注重介绍在计算机中适用的各种解析型的热力学模型，并在各章和附录中列出常用的物性数据与图表。另外，在每章中安排了较多的例题，以便读者更深入地理解和掌握所学的内容。

全书共 9 章。绪论和第 1 章讲授热力学基本定律。第 2，3 章介绍流体及其混合物的容积性质及热力学性质，这是学习以后各章的基础。第 4，5 章讨论气体的压缩和膨胀过程以及热功转换过程。第 6 章是过程热力学分析，读者通过本章的学习，能够综合运用热力学的基本定律，分析一些较为典型的热力过程。第 7 章液体溶液，第 8 章流体相平衡和化学反应平衡，是后续课程如分离工程、反应工程等的基础。

参加本书编写工作的有童景山、高光华和刘裕品，并由童景山担任主编。

本书的编写曾得到清华大学教务处和化工系领导的大力支持，本教研组全体同志给予很大的帮助，浙江大学化学系韩世钧教授和化工系刘伊芙老师也给予我们热情的鼓励和支持，在此一并深表谢意。

由于编者水平所限，书中错误和不妥之处，衷心希望读者给予批评指正，以便进一步修改。

编　　者

1993 年 10 月于清华园

目　录

0　绪论 ………………………………………………………………………… 1

0.1　化工热力学的内容 ………………………………………………………… 1

0.2　名词、定义和基本概念……………………………………………………… 2

0.2.1　热力学体系……………………………………………………… 2

0.2.2　热力学变量……………………………………………………… 3

0.2.3　热力学过程……………………………………………………… 3

0.2.4　热力学第零定律和温度………………………………………… 4

0.2.5　能、功和热 ……………………………………………………… 4

习题……………………………………………………………………………… 5

参考文献………………………………………………………………………… 6

1　热力学基本定律 ……………………………………………………………… 7

1.1　热力学第一定律 …………………………………………………………… 7

1.1.1　焦耳实验和内能………………………………………………… 7

1.1.2　热力学第一定律的数学表达式………………………………… 7

1.1.3　稳定流动过程…………………………………………………… 9

1.1.4　气体的基本热力学过程 ……………………………………… 13

1.2　热力学第二定律…………………………………………………………… 23

1.2.1　从热变功的实际意义 ………………………………………… 23

1.2.2　热力循环与热效率 …………………………………………… 24

1.2.3　卡诺循环与卡诺定理 ………………………………………… 25

1.2.4　热力学第二定律的数学表达式 ……………………………… 26

1.2.5　熵变与不可逆性 ……………………………………………… 28

习题 …………………………………………………………………………… 29

参考文献 ……………………………………………………………………… 31

2　流体的 p-V-T 关系 ………………………………………………………… 32

2.1　纯流体的 p-V-T 性质 ………………………………………………… 32

2.2　理想气体定律与维里方程………………………………………………… 34

2.2.1　理想气体模型与理想气体定律 ……………………………… 34

2.2.2 维里方程 …… 35
2.2.3 实用的舍项维里方程 …… 36
2.3 经典状态方程 …… 38
2.3.1 立方型状态方程 …… 39
2.3.2 多参数状态方程 …… 49
2.4 对比态原理 …… 52
2.4.1 对比态原理的提出 …… 52
2.4.2 改良对比态原理 …… 53
2.4.3 普遍化的真实气体状态方程 …… 54
2.5 对比态关联 …… 56
2.5.1 普遍化压缩因子图 …… 56
2.5.2 Lydersen-Greenkorn-Hougen 对比态关联式 …… 58
2.5.3 Pitzer 对比态关联式 …… 59
2.5.4 Lee-Kesler 改进的 Pitzer 对比态关联式 …… 60
2.5.5 极性物质的对比态关联式 …… 61
2.6 液体的 p-V-T 性质 …… 63
2.6.1 饱和液体状态方程 …… 63
2.6.2 压缩液体状态方程 …… 64
2.6.3 普遍化关联式 …… 65
2.6.4 结构加和法 …… 67
2.7 真实气体混合物 …… 69
2.7.1 Amagat 定律、Dalton 定律与普遍化压缩因子图联用 …… 69
2.7.2 状态方程混合规则 …… 72
2.7.3 混合物的临界参数 …… 76
2.7.4 液体混合物的混合规则 …… 81
习题 …… 83
参考文献 …… 86

3 流体的热力学性质 …… 88

3.1 热力学关系 …… 88
3.1.1 麦克斯韦关系式 …… 88
3.1.2 热力学函数的一阶导数间的普遍关系 …… 89
3.2 热力学性质的计算 …… 92
3.2.1 参比态的选择和理想气体的热力学性质 …… 93
3.2.2 真实气体的热力学性质 …… 93
3.2.3 普遍化热力学性质图 …… 100
3.3 逸度与逸度系数的定义及其计算 …… 106
3.3.1 逸度与逸度系数的定义 …… 106

3.3.2　纯气体逸度的计算 …… 107
3.3.3　逸度与温度和压力的关系 …… 111
3.3.4　凝聚态物质的逸度 …… 112
3.4　热力学图表 …… 113
3.4.1　从实验数据制作热力学图表的方法与步骤 …… 113
3.4.2　热力学图的形式 …… 114
3.5　变组成体系的主要性质关系 …… 115
3.5.1　开放体系的热力学关系式和化学势 …… 115
3.5.2　偏摩尔性质 …… 117
3.6　气体混合物的热力学性质 …… 123
3.6.1　气体混合物的组分逸度 …… 123
3.6.2　气体混合物的焓值计算 …… 129
习题 …… 133
参考文献 …… 135

4　气体的压缩和膨胀过程 …… 137

4.1　压缩机 …… 137
4.1.1　单级往复式压缩机 …… 137
4.1.2　有余隙的往复式压缩机 …… 139
4.1.3　多级压缩机 …… 142
4.1.4　压缩机的功率与效率 …… 144
4.1.5　压缩机的冷却 …… 150
4.1.6　叶轮式压缩机 …… 152
4.2　喷管和扩压管的热力学分析 …… 154
4.2.1　喷管 …… 154
4.2.2　有摩擦的流动 …… 156
4.2.3　扩压管 …… 157
4.3　喷射器 …… 157
习题 …… 160
参考文献 …… 162

5　热功转换过程 …… 163

5.1　动力装置循环 …… 163
5.1.1　蒸汽动力装置循环 …… 163
5.1.2　燃气轮机动力装置循环 …… 168
5.1.3　蒸汽-燃气联合装置循环 …… 171
5.2　节流膨胀与做功膨胀 …… 172

5.2.1 节流膨胀过程 …… 172
5.2.2 做外功的等熵膨胀过程 …… 175
5.3 制冷装置循环 …… 175
5.3.1 蒸汽压缩制冷循环 …… 176
5.3.2 制冷剂的选择 …… 179
5.3.3 载冷剂的选用 …… 181
5.3.4 冷冻能力的比较 …… 181
5.4 分级压缩制冷及复迭式制冷 …… 185
5.4.1 分级压缩制冷循环 …… 185
5.4.2 复迭式制冷循环 …… 186
5.5 其他形式的制冷装置 …… 187
5.5.1 蒸汽喷射式制冷循环 …… 187
5.5.2 吸收式制冷循环 …… 187
5.6 热泵原理与热能的综合利用 …… 188
5.7 气体的液化 …… 190
5.7.1 简单林德(Linde)冷冻装置循环 …… 190
5.7.2 Heylandt 冷冻装置循环 …… 192
习题 …… 195
参考文献 …… 198

6 过程热力学分析 …… 199

6.1 理想功 …… 199
6.2 损失功 …… 201
6.3 稳定流动过程的热力学分析 …… 203
6.3.1 过程热力学分析的表达式 …… 203
6.3.2 有效能 …… 207
6.4 分离过程功 …… 211
习题 …… 213
参考文献 …… 214

7 液体溶液 …… 215

7.1 溶液的热力学基本关系式 …… 215
7.1.1 理想溶液 …… 215
7.1.2 非理想溶液、活度与活度系数 …… 218
7.1.3 超额性质、吉布斯-杜亥姆方程 …… 219
7.2 二元体系液相活度系数 …… 222
7.2.1 Scatchard-Hildebrand 方程 …… 222

7.2.2　Wohl 方程 …… 224
7.2.3　Flory-Huggins 方程 …… 226
7.2.4　Wilson 方程 …… 227
7.2.5　NRTL 方程 …… 229
7.2.6　UNIQUAC 模型 …… 231
7.3　多元体系液相活度系数 …… 234
7.3.1　Scatchard-Hildebrand 方程 …… 234
7.3.2　Wilson 方程 …… 234
7.3.3　NRTL 方程 …… 237
7.3.4　UNIQUAC 模型 …… 237
7.3.5　基团贡献模型 …… 238
7.4　无限稀释活度系数与配偶参数 …… 243
7.4.1　无限稀释活度系数 …… 243
7.4.2　配偶参数的确定方法 …… 247
7.5　G^E 型混合规则 …… 257
7.5.1　Huron-Vidal 混合规则 …… 258
7.5.2　改进的 Huron-Vidal 混合规则 …… 260
7.5.3　预测性的 SRK 方程 …… 261
习题 …… 262
参考文献 …… 264

8　相平衡 …… 266

8.1　相平衡的热力学基础 …… 266
8.1.1　相平衡的判据 …… 266
8.1.2　相律 …… 267
8.2　互溶系的汽-液平衡 …… 268
8.2.1　汽-液平衡相图 …… 268
8.2.2　互溶系汽-液平衡方程 …… 271
8.2.3　理想低压体系的汽-液平衡计算 …… 272
8.2.4　一般中低压体系的汽-液平衡计算 …… 276
8.3　高压汽-液平衡计算 …… 279
8.3.1　高压汽-液平衡的特性 …… 279
8.3.2　状态方程法计算汽-液平衡 …… 283
8.4　汽-液平衡数据的热力学检验 …… 286
8.4.1　应用活度系数表示的吉布斯-杜亥姆方程 …… 286
8.4.2　热力学同一性校验的定性描述 …… 287
8.4.3　恒温汽-液平衡数据的热力学同一性校验 …… 289
8.4.4　恒压汽-液平衡数据的热力学同一性校验 …… 292

8.5 气-液平衡和气体溶解度 ………… 293
8.5.1 Henry定律及其适用范围 ………… 293
8.5.2 高压下修正的Henry定律 ………… 294
8.5.3 全浓度范围的气体溶解度 ………… 295
8.5.4 气体溶解度的推算法 ………… 295
8.6 液-液平衡 ………… 300
8.6.1 液-液平衡体系的热力学 ………… 300
8.6.2 从液液互溶度求配偶参数 ………… 304
8.6.3 多元体系液-液平衡 ………… 307
8.7 升华平衡和在超临界流体中固体或液体的溶解度 ………… 308
8.7.1 升华平衡 ………… 308
8.7.2 在超临界流体中固体或液体的溶解度 ………… 309
8.8 固-液平衡 ………… 313
习题 ………… 316
参考文献 ………… 318

9 化学反应平衡 ………… 319

9.1 反应进度和独立化学反应 ………… 319
9.2 化学反应平衡判据和平衡常数 ………… 320
9.3 化学反应标准焓和吉布斯自由能 ………… 322
9.4 温度和压力对化学反应平衡的影响 ………… 324
9.5 非均相化学反应 ………… 327
9.6 多个化学反应平衡 ………… 329
习题 ………… 333
参考文献 ………… 334

附录 ………… 335

附录A 单位换算表 ………… 335
附录B 纯物质的特性常数 ………… 335
附录C 流体的普遍化数据 ………… 339
附录D 液体对比密度和 T_r, p_r, Z_c 之间的关系 ………… 355
附录E UNIFAC模型基团参数 ………… 361
附录F 水蒸汽表和氨、F-12以及空气的 t-S 图 ………… 369

主要符号表 ………… 383

0 绪　　论

0.1 化工热力学的内容

热力学是以热力学第一、第二定律为基础，经过严密的逻辑推理导出的科学结论，因而被物理学家、化学家和工程师广泛使用。在化学工业的生产科学实验中有大量的问题需要解决，既有化学问题，又有工程问题，所以化工热力学也就应运而生。化工热力学实际上是化学热力学和工程热力学组合而成的一门学科，它是热力学的分支，也是化学工程学的主要分支之一。近二三十年来化学工业的高速发展，使这门学科的地位日益显著。化学工程师首先要处理大量的物质，据统计，现已有10万种以上的无机物和近400万种有机化合物，这里尚未把数不尽的混合物计算在内。且就热力学性质而论，现已研究得十分透彻的元素和化合物只有100种左右。除了测定必要的数据之外，物质热力学性质的估算、流体状态方程式的研究以及普遍化方法求算热力学函数就成为化工热力学的基础工作了。在化工生产的许多单元操作如反应、蒸馏、吸收、萃取以及物质传递中，温度和压力的变化范围是如此宽广，处理的流体有的是强极性的，有的是氢键缔合的，因而使得化学工程师不能再囿于理想气体和理想溶液的狭隘范畴进行简单的计算，而必须置于实际的生产过程中，对真实系统做出精确的定量描述以满足化工过程的开发、研究和设计的需要。在分子间的作用力效应尚未完全搞清楚之前，不得不借用经验或半经验方法。这些正是化工热力学的方法之一。此外，对于绝大多数实际研究的体系，直接测定的实验数据往往是不完整的，因此如何利用有限的实验数据来预测整个体系的性质，这也是化工热力学面临的任务，需要利用化工热力学中有关平衡性质的理论来对体系的性质进行关联推断。而且，对一研究体系，虽有很多实验数据可以查得，但如果对其组成、压力和温度等变化的影响没有整理分析，这些数据也还是难以采用的，例如查阅到五套醋酸-水体系的汽-液平衡数据，在设计中究竟采用哪一套呢，这不能凭个人的好恶而加以取舍，只能依热力学一致性的理论来校验，从而对汽-液平衡数据做出评价以便从中挑选。

近20年来，随着化工装置的大型化，化工工艺设计及操作分析也向着定量研究的前景发展，需借助电子计算机对复杂的工艺流程进行模拟计算，这就不可避免地要对真实体系提出可靠的平衡热力学数学模型，以适应化学工程系统的模拟计算。近年来计算机科学的蓬勃发展已将繁复的热力学计算变为可能，新的计算工具引进了新的观点、新的方法和新的理论，从而促进了化工热力学理论的发展。在许多化工设计程序中，热力学的计算可占计算机时间的50%以上，有的甚至可高达80%，可见化工热力学在化学工程学科中举足轻重的地位。

自从1944年B. F. Dodge[1]撰写了《化工热力学》教科书以后，国内外这方面的研究不断深入，教学工作也颇有成效，目前，化工热力学不仅是大学生的必修课，也是研究生的必修课。化工热力学已成为化学工程学的主要分支学科之一，化工热力学与化学工程其他基础学科的关系就如基石与高层建筑的关系,如图 0-1 所示。

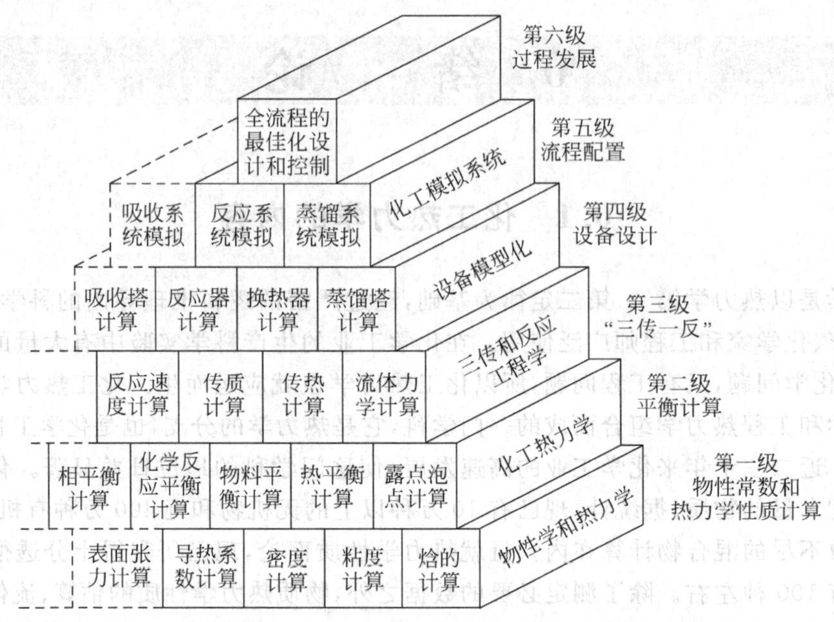

图 0-1　化工热力学和其他化学工程分支学科的关系

经典热力学处理问题时采取宏观的方法,不需要知道体系内部的粒子结构和变化的细节,只要知道体系的初态和终态就可进行热力学状态函数的计算,而统计热力学通过正则配分函数把大量粒子构成的体系的微观运动和宏观行为联系起来,从而能定量地预算物质的热力学性质。遗憾的是,目前统计热力学只能计算近乎理想体系的性质,尚不能解决化学工业中常见的非理想体系。随着科学技术的迅速发展,越来越多地要求从微观角度来讨论和计算宏观性质,出现了分子热力学(或称应用统计热力学)。它克服了经典热力学和统计热力学的某种局限,在经典热力学的基础上,依靠分子物理和统计热力学的方法来考虑、关联和计算物质的行为和性质。现在这方面已取得不少成功,早在 1969 年就出版了专著[2]。应该说,分子热力学仍属技术科学的范畴,乃是化工热力学发展的新方向,必须引起足够的注意。

0.2　名词、定义和基本概念

下面列出一些在热力学中常见的名词和定义,供自学和复习之用。

0.2.1　热力学体系

为了明确分析的对象,我们将所研究的一部分物质或空间与其余的物质或空间划分开来(可以是实际的,也可以是想象的)。这部分被划定的研究对象就叫做体系,其余的部分叫做环境。体系和环境之间由界面分开。热力学体系可分为三种:

(1) 孤立体系

此种体系与环境之间没有任何物质或能量的交换,它们不受环境改变的影响。

(2) 封闭体系

体系与环境之间只有能量而无物质的交换,但是这并不意味着体系不能因有化学反应发生而改变其组成。

(3) 开放体系

体系与环境之间可以有能量和物质的交换。这种交换可通过多孔壁、相界面或想象中的几何表面来进行。

应该注意,这种分类是人为的,其目的只是为了便于处理,而不是这些体系本身有什么本质的不同。

0.2.2 热力学变量

若已知一个体系内所有组成分子的详细情况,如它们的内部结构、运动的类型和分布以及分子间相互作用等,就知道了这个体系的微观状态,则由统计热力学的计算就可了解该体系的宏观性质。然而在经典热力学中却采取相反的办法,即用体系的宏观性质来规定其状态,如体积、压力、温度、焓、熵、内能等。这些都可称为热力学变量,它们可分为两类:

(1) 强度性质(或称内含性质)

如密度、压力、温度、摩尔内能等。这些性质不具有加和性,其数值取决于体系自身的特性,与体系的质量无关。在数学上,强度性质 I 是各组分质量 m 的零阶齐次函数,可表示为

$$I(T,p,m_1,m_2,\cdots)=I(T,p,\lambda m_1,\lambda m_2,\cdots)$$

(2) 广度性质(或称外延性质)

如体积、熵、内能、焓等。这些性质在一定条件下有加和性,整个体系的性质乃为其组成物质的此种性质之和。更广泛而确切地说,广度性质和物质的量直接有关,即使在状态不变时也是如此。在数学上,广度性质 E 是各组分质量 m 的一阶齐次函数,表示为

$$\lambda E(T,p,m_1,m_2,\cdots)=E(T,p,\lambda m_1,\lambda m_2,\cdots)$$

式中 λ 是一个正数,不一定等于1。

0.2.3 热力学过程

状态的变化称为过程。过程既可以按可逆程度分类,也可以按某种状态变数,如以温度、压力来分类:

(1) 可逆过程与不可逆过程

热力学的许多问题都是研究可逆过程的。可逆过程是一个理想的状态变化过程。设一个热力学体系以 AB 过程从一个初态 A 变化到一个终态 B,同时与该体系有关的各个物体(或称环境)也发生了变化,假如使这个体系沿着相反的过程 BA 回到原状态而与它有关的各物体也都能回到原状态,那么原来的 AB 过程就叫做可逆过程。这是可逆过程的最普遍定义。

不考虑摩擦的情况,当过程在无限小的推动力和无限小的速度下即无限缓慢进行时,则此过程是可逆的。可逆过程在理论上对实际工作是有指导意义的,这在第5,6章中将进一步讨论。

如果状态发生变化以后,体系在不引起环境变化的条件下不能够返回它的初态,则这种

变化称为不可逆过程。凡是自然发生的过程都是不可逆过程,例如有温差的传热,没有对外力平衡的膨胀和摩擦生热等过程都是不可逆的。在工程实际中由于过程的不可逆性的存在,会使可用功有所损失。不可逆性愈大,损失功也愈大,因此为了减小损失,提高工效,必须尽可能克服过程的不可逆性。

(2) 各种热力学过程

在热力学研究中,必须区分各种基本过程。若一个体系在一种特定条件下经受变化,如在恒温、恒压、恒容和与环境间无热量传递等条件下进行,则它们分别称为等温过程、等压过程、等容过程和绝热过程等。

0.2.4 热力学第零定律和温度

热力学第零定律是关于温度的。温度是一个重要的概念,它反映了人们对冷热的感觉。但是精确地讨论这个概念当然不能凭感觉,温度计的发明使我们得以对温度进行精确的测定。经验证明,若两个物体分别和第三个物体达到热平衡,则这两个物体相互也处于热平衡,处于热平衡的所有物体具有相同的温度。这个重要的科学事实乃是一切测量温度方法的基础,因为极其重要,故将它称为热力学第零定律,据此,才可以用温度计来测量各种不同物体的温度。

热力学温度的国际单位是开[尔文](K),此外,在工程中还常使用摄氏温标(℃)。这两种温标的关系如下:

$$T(\mathrm{K}) = t(℃) + 273.16$$

0.2.5 能、功和热

(1) 能

能是一个基本概念。一切物质都具有能。我们把能定义为做功的能力。能量既不能创造,也不会消灭。如果把一个体系和其环境隔离开来,那么,该体系的能量是不变的。对于任何体系而言,输入的能量和输出的能量之差等于该体系内贮存能的改变。体系的内能指除位能和动能以外的所有形式的能,它代表微观能的形式,如与分子移动、分子转动、分子振动和分子结合等有关的能。无法测定内能的绝对值,只能确定它的变化。内能的符号是 U。位能的概念与物理学中学到的相似,在热力学中所指的是重力位能。动能的概念和力学中学到的相似。为了方便起见,假设地球的速度为零,测量物体的速度是相对地球而言的。能的国际制单位是焦[耳](J)。

(2) 功

由于存在着除温度以外的其他的位梯度,如压差,在体系与环境间传递着的能称为功。在热力学中可按做功的方式,分成各种形式的功,见表 0-1。凡是为了改变体系宏观状态所做的功均称为外功。而体系中的一部分对另一部分做的功,如当气体膨胀时,分子间的距离增大,为了克服分子间的吸引力,需要做功,由于这种功只影响微观状态,故称为内功。除非特别指明,热力学中所讨论的一般都是外功。

表 0-1 功的种类

类 别	强度性质	广度性质	可逆功
机械功	p(压力)	V(体积)	$\int p\mathrm{d}V$
电功	E(电压)	C(电量)	$\int E\mathrm{d}C$
化学功	μ(化学势)	m(质量)	$\int \mu\mathrm{d}m$
表面功	γ(表面张力)	σ(表面积)	$\int \gamma\mathrm{d}\sigma$
磁功	H(磁场强度)	δ(磁容量)	$\int H\mathrm{d}\delta$

功的符号必须明确规定。本书中以体系所失的功(对环境做功)为正值，以体系所得的功(环境对体系做功)为负值。功不是体系的性质，即不是状态函数，而是与体系所经历的过程有关。在国际单位制中功的单位也是焦[耳](J)。

(3) 热

从经验知道，一个热的物体和一个冷的物体相接触，冷的变热了，热的变冷了，说明在它们之间有某种东西在相互传递着。这种由于存在着温度梯度，在体系与环境间传递着的能叫做热。这是个古老的定义，也是现在热力学中常用的定义。

关于热的一个最重要的观察结果是它常常自发地从较高的温度流向较低的温度。因此可以得出温度为热传递的推动力的概念。更确切地说，从一物体到另一物体的传热速率与这两个物体间的温差成比例。在热力学上应该指出：热是不能贮存在物体之内，而只能作为一种在物体之间转移的能量形式。当热加到某体系后，其贮存的不是热，而是增加了该体系的内能。

热与功一样，也有符号问题，在本书中体系吸热取正值，放热取负值。热不是一个状态函数，而是与过程有关。在国际单位制中，热也用焦[耳](J)表示。有关内能、热和功的计算将在第1章中详细论述。

习 题

0-1 一台普通家用电冰箱放在一间关闭的绝热房间内。试就冰箱的门关着和冰箱的门开着两种情况，分析房间内的平均温度变化。

0-2 试举出两种机械不可逆过程和两种化学不可逆过程，并从热力学的角度来说明它们的确是不可逆的。

0-3 可逆过程在实际中是做不到的，但为什么要研究？有什么理论上的意义和现实意义？

0-4 为什么在热力学中十分重视状态函数的讨论？并举例说明。

0-5 现有一杯加盖的饱和盐水，一个恒容、绝热、不透光、不导电的箱子和一个恒温槽，请以不同的组合构成封闭体系、开放体系和孤立体系。

0-6 设有1mol的理想气体在恒压下膨胀，其温度自 T_1 改变到 T_2，试证明气体所做的功与压力无关。

参考文献

[1] Dodge B F. Chemical Engineering Thermodynamics[M]. McGraw-Hill,1944.
[2] Prausnitz J M. Molecular Thermodynamics of Fluid-Phase Equilibria[M]. Prentice-Hall,1969.
[3] Bett K E,et al. Thermodynamics for Chemical Engineers[M]. MIT Press,1975.
[4] Chao K C,Greenkom R A. Thermodynamics of Fluids,An Introduction to Equillibrium Theory[M]. Marcel Dekker,1975.

1　热力学基本定律

1.1　热力学第一定律

1.1.1　焦耳实验和内能

从1840年到1878年焦耳对热与功的性质做了许多精确的实验，这些实验是了解能量概念的基础，因而也是理解热力学第一定律的基础。

焦耳实验的主要部件非常简单，但是他竭力使测量的数据准确。在一系列有名的实验中，他把所计量的水放在一个绝热的容器内，并用一个旋转搅拌器进行搅拌，精确测量搅拌器对水所做的功，并细心注意水的温度变化。实验发现，要使单位质量的水通过搅拌温度升高一度，则需要一定量的功。当时焦耳的实验结果是1lb(1lb＝0.454kg)水温度升高1°F需要772ft・lb的功。以后又有更精确的实验测定热功当量，其中比较重要的实验可参看早期的教科书。最后的精确结果为1cal＝4.1840J。当水以此种方式升高温度以后，再使之与一较冷的物体接触，通过热传递把热传出去，则水温仍然可以恢复到其初始状态。这样，焦耳通过实验把热和功之间的定量关系揭示出来了。因此，热是一种形式的能量，实际上焦耳实验很好地说明了热力学第一定律的本质。

在焦耳所进行的实验中，能量以功的形式加入到水中，表现为水的温度升高，又以热的形式传给和容器相接触的冷物体。由此人们自然会联想到，能量加进水中或从水中传出时，将使水的"内能"增加或减少。

物质的内能不包括它作为整体所处的位置及运动时所具有的位能和动能，而是指构成此物质的分子的能量。任何物质的分子均被认为处于不断的运动中，因此这些分子不仅具有移动的动能，而且往往还具有转动和振动的动能(单原子物质除外)。当给物质加热时，物质的分子运动强度增加，其内能因此增加。对一物质做功，也会产生同样的效果，正如焦耳所证实的那样。

除动能以外，任何物质的分子都具有位能，这是由于分子之间存在着相互作用力的缘故，分子是由原子组成的，原子间有键能。原子又有电子和原子核，它们都具有内能，现在还不可能确定物质的全部内能，因此内能的绝对值是不知道的，但是，这在热力学分析中也不是缺点，因为所需要的是内能的变化，而不是内能的绝对值。

以上所述的这些形式的能量统称之为内能，以区别于物质整体由于所处位置或宏观运动而具有的位能及外动能。

1.1.2　热力学第一定律的数学表达式

对热和内能的认识，导致能量守恒定律普遍法则的建立，这正如同包括功和外部位能与动能的能量守恒法则一样。事实上这种普遍法则也可以引申到其他形式的能量,如表面能、电能及磁能。这种普遍法则最初不过是一个假设,但是从 1850 年以后所观察到的大量事实都支持这个假设,因此形成了热力学第一定律的概念。热力学第一定律在形式上有多种叙述方法,其中一种叙述方法为:虽然能量有多种形式,但总的能量是恒定值,当能量以一种形式消失时必然以另一种形式出现。

在把第一定律应用于给定过程时,最好把讨论的范围划分为两部分,即体系和环境。过程进行的那一部分一般取作体系,不包括体系的其余部分则组成所谓的环境。因此,应该针对某种明确规定的体系求出热力学第一定律的方程式。这样处置的好处在于把注意力集中在被考察的过程以及与过程直接有关的设备及物料上。

然而,一开始就应该清楚地认识到,热力学第一定律是将体系和环境一起考虑,一般并不单独用于体系。热力学第一定律最基本的形式可写作

$$\Delta(\text{体系的能量})+\Delta(\text{环境的能量})=0 \tag{1-1}$$

在体系中,可发生各种形式能量的变化,例如作为整个体系,其内能、位能和动能的变化,或者体系某一部分的位能和动能的变化。同样,环境的能量变化也可以包括各种形式能量的增加或减少。

从热力学意义上说,热和功是通过体系与环境之间的边界传递的能量,这两种能量绝不是储藏的,称物体里和体系中含有热和功是不正确的。能量是以内能、位能和动能的形式储藏的,这些形式的能量属于物体且因物质的位置、构形及运动而存在。能量从一种形式转变为另一种形式或能量从一个位置传递到另一个位置,一般是通过热和功的方式进行。

如果一个体系的边界不容许体系与环境之间有物质的传递则此体系称为封闭体系,且其质量必定为一恒定值。对于这样的体系,通过体系与环境之间的边界的所有能量均以热和功的形式进行传递。这样,环境总能量的变化必然等于其输入或输出之热和功。因而方程式(1-1)之第二项可以用通过体系与环境之间的边界的热和功来表示,即

$$\Delta(\text{环境的能量})=\pm Q\pm W$$

Q 和 W 的符号与其传递的方向有关。

方程式(1-1)第一项可以包括各种形式能量的变化,倘若体系的质量为恒定值,并且设体系内只有内能、动能及位能的变化,则

$$\Delta(\text{体系的能量})=\Delta U+\Delta E_k+\Delta E_p$$

代入式(1-1),则

$$\Delta U+\Delta E_k+\Delta E_p=\pm Q\pm W \tag{1-2}$$

这里 ΔU,ΔE_k 及 ΔE_p 各代表体系的内能、动能及位能变化。方程式(1-2)右边的符号必须给予选定。根据习惯,从环境传给体系的热量是正的,从体系传递给环境的功也认为是正的,按这样的规定,则方程式(1-2)即写成

$$\Delta U+\Delta E_k+\Delta E_p=Q-W \tag{1-3}$$

上式用文字表达即为:体系的能量变化等于加给体系的热量减去体系所做的功。此方程式适用于恒定质量体系在一定时间间隔内所产生的能量变化。

封闭体系往往用于那种不发生外位能或外动能变化而只有内能变化的过程,对于这样的过程,方程式(1-3)变为

$$\Delta U=Q-W \tag{1-4}$$

上述方程式适用于体系内进行有限变化的过程，对于微变化过程，则此方程式写成

$$dU = \delta Q - \delta W \tag{1-5}$$

应特别注意两个无限小的符号 δ 和 d 的不同意义：δ 是用来表示过程量如热量、功量的微量传递，而 d 则是表示某一状态量如内能、焓等的微小变化，δ 和 d 的差别在积分时显得特别重要，δ 的积分是指过程量进入(或离开)体系的总量，而 d 的积分则表示体系性质(状态量)的总变化并且常用算符 Δ 表示。

应用方程式(1-5)可将 U，Q 及 W 表示成过程变量的函数，此外还有其他用途。方程式(1-4)和(1-5)中所有各项的单位必须相同，常用的工程单位是千焦[耳](kJ)。

上述方程式是直接从能量守恒与转化的一般原理得出的，没有做任何假定，因此它和第一定律本身一样，是普遍适用的，毫无例外地适用于可逆过程和不可逆过程，也适用于各种不同性质的工质。

在应用上述方程式时，应首先确定体系，这点很重要。对于一个具体的问题，体系的最有利的选择不一定总是明显的，本章将举例说明。

1.1.3 稳定流动过程

方程式(1-4)及(1-5)只能应用于封闭体系，在工业生产上大量碰到的是涉及流体通过设备呈稳定状态的流动，对于这种过程，必须应用第一定律的普遍形式——方程式(1-3)，而且还必须把它变成便于应用的形式。所谓"稳定状态"，指的是，在设备内所有各点的状态不随时间而变化。在这种情况下，所有的流率必须是常量，而且在所考察的时间间隔内，设备中没有物料及能量的积累。此外，沿着流体运动途径所有各点的总质量流率必须相同。

现考察如图 1-1 所示稳定流动的普遍情况。流体(液体或气体)从截面 1 通过设备流到截面 2，在截面 1 处流体进入设备所具有的状况用下标 1 来表示，在这一点上流体离任意基准面具有高度 Z_1 和平均速度 u_1，比容 v_1，压力 p_1 以及内能 U_1 等；同样在截面 2 处流出设备所具有的状况用下标 2 表示。

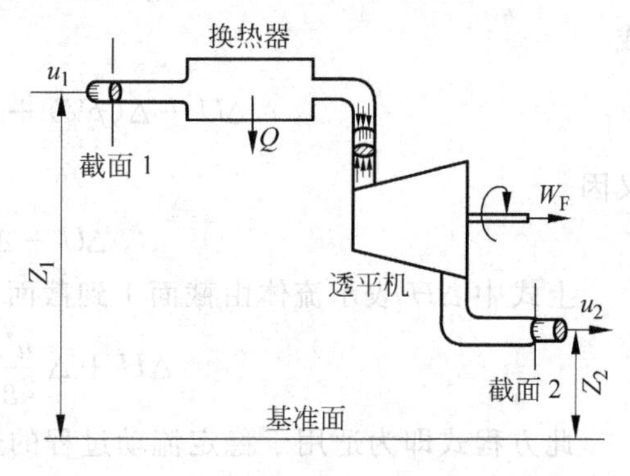

图 1-1 稳定流动过程

现以流动的单位质量流体作为体系，当它由截面 1 通过设备流到截面 2 时，考察其所有各项的变化，在方程式(1-3)中包含三种形式的能量，即位能、动能和内能。根据动能的定义，在截面 1 和截面 2 之间其变化为

$$\Delta E_k = \frac{u_2^2 - u_1^2}{2g}$$

在此方程式中 u 表示流动流体的平均速度，即等于流体流量除以截面积。按位能的定义，其变化为

$$\Delta E_p = Z_2 - Z_1$$

将上述两式代入方程式(1-3)得

$$\Delta U + \frac{u_2^2 - u_1^2}{2g} + Z_2 - Z_1 = Q - W \tag{1-6}$$

这里 Q 和 W 是单位质量流体由环境吸收的全部热量和对环境所做的功。

初看起来似乎 W 正是如图 1-1 中所示的轴功 W_F,其实不然。轴功是表示流体经过设备的运动(不论是回转运动还是往复运动)机构时,由轴传递的、流体对环境或者环境对流体所做的功。除了 W_F 外,作为体系的单位质量流体与其两侧流体之间也有功的交换。作为体系的单元流体可以想象为被一层弹性薄膜与其余流体分开,呈柱体状通过设备而运动,且随着不同截面压力强度的变化而膨胀或压缩。如图 1-1 所示,刚进入设备前,单位质量流体的体积 V_1 等于截面 1 处的比容。如果此处的截面积为 A_1,则其长度为 V_1/A_1,作用在截面 A_1 上的力为 p_1A_1,此时由该力将圆柱体推入设备所做的功为

$$W_1 = p_1 A_1 \frac{V_1}{A_1} = p_1 V_1$$

此功是环境对体系所做的功。在截面 2 处,当单元流体从设备排出时是体系对环境做功,此功由下式表示:

$$W_2 = p_2 A_2 \frac{V_2}{A_2} = p_2 V_2$$

乘积 pV 通常称为"流动功"。

因为在方程式(1-6)中 W 表示由单元流体所做的全部功,因此,

$$W = W_F + p_2V_2 - p_1V_1$$

此式与方程式(1-6)联立,消去 W 即得

$$\Delta U + \Delta \frac{u^2}{2g} + \Delta Z = Q - W_F - (p_2V_2 - p_1V_1)$$

或

$$\Delta U + \Delta(pV) + \Delta \frac{u^2}{2g} + \Delta Z = Q - W_F$$

又因

$$\Delta U + \Delta(pV) = \Delta H$$

上式中 ΔH 表示流体由截面 1 到截面 2 的焓变化,因此

$$\Delta H + \Delta \frac{u^2}{2g} + \Delta Z = Q - W_F \tag{1-7}$$

此方程式即为适用于稳定流动过程的热力学第一定律的数学表达式。式中所有各项的单位均以每单位质量流体所具有的能量来表示,ΔH 及 Q 的单位一般为 J 或 kJ,而动能、位能及功一般也表示为 J 或 kJ,使各项单位一致。

在热力学的许多应用中,动能和位能与其他能量相比是十分小的,可以略去不计,在这种情况下,方程式(1-7)变为

$$\Delta H = Q - W_F \tag{1-8}$$

此方程式表示了对于稳定流动过程的热力学第一定律,它与表示非流动体系的方程式(1-4),即 $\Delta U = Q - W$ 相对应。很明显,对于稳定流动过程,焓变代替了内能的变化,因此,焓也是一个很重要的热力学函数。

方程式(1-7)及(1-8)对于解决流体流经设备呈稳定流动工况的有关问题是通用的。

但是应用时必须知道焓的数据。因为 H 是状态函数，并且是物质的性质，其数据只与所在点的条件有关，因此实验室测得的数据可以应用于工业上相同的条件。

上述方程式(1-7)也可以写成微分形式：

$$\mathrm{d}H+\frac{u\mathrm{d}u}{g}+\mathrm{d}Z=\delta Q-\delta W_{\mathrm{F}} \tag{1-9}$$

对于一个无摩擦存在的流动过程，由于

$$\mathrm{d}H=T\mathrm{d}S+V\mathrm{d}p$$
$$\delta Q=T\mathrm{d}S$$

则式(1-9)可写成

$$V\mathrm{d}p+\frac{u\mathrm{d}u}{g}+\mathrm{d}Z+\delta W_{\mathrm{F}}=0$$

或者

$$-\int_1^2 V\mathrm{d}p=\Delta\frac{u^2}{2g}+\Delta Z+W_{\mathrm{F}} \tag{1-10}$$

其中 $-\int_1^2 V\mathrm{d}p$ 称为"可用功"。

例 1-1 某化工厂的事故泵用蒸汽透平机带动，流程如图 1-2 所示。进入给水泵的水的压力为 98kPa($1\mathrm{kgf}\cdot\mathrm{cm}^{-2}$)，温度为 15℃，水被加压到 686.5kPa($7\mathrm{kgf}\cdot\mathrm{cm}^{-2}$)后进入锅炉，将水加热成饱和蒸汽进入透平机。蒸汽在透平机中膨胀做功，推出的蒸汽压力为 98kPa。蒸汽透平机的输出功主要用于带动事故泵，另有一小部分去带动给水泵。如果透平机和给水泵都是绝热可逆操作，问有百分之几的热能转化为轴功，以此用来带动事故泵。

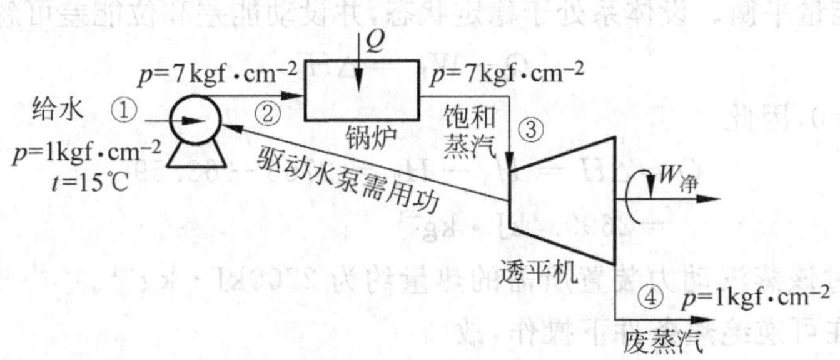

图 1-2 事故泵(图中 $1\mathrm{kgf}\cdot\mathrm{cm}^{-2}=98\mathrm{kPa}$)

解 所有的计算基于 1kg 水通过该蒸汽动力装置(包括给水泵、锅炉和透平机)。在给水泵轴功的计算中，如果忽略动能差和位能差，那么从方程式(1-10)，可知

$$W_{\mathrm{F}}=-\int_{p_1}^{p_2} V\mathrm{d}p$$

15℃水的饱和蒸汽压力为 1.706kPa，比容为 $1.001\mathrm{L}\cdot\mathrm{kg}^{-1}$。

对于液体，其比容可近似看作常量，因此

$$\begin{aligned}W_{\mathrm{F泵}}&=-V(p_2-p_1)\\&=1.001(686.5-98)\\&=-589\mathrm{J}\cdot\mathrm{kg}^{-1}\end{aligned}$$

再对给水泵做能量平衡，根据式(1-8)

$$Q - W_{F泵} = \Delta H$$

因泵在绝热条件下操作，所以

$$\Delta H = - W_{F泵} = + 589\mathrm{J \cdot kg^{-1}}$$

现将蒸汽动力装置各部分标以号码(如图1-2所示)，则

$$H_2 - H_1 = 589\mathrm{J \cdot kg^{-1}}$$

如果知道进水的焓 H_1，则可从上式求得 H_2，即进入锅炉的液体水的焓。15℃饱和水的焓可从蒸汽表中查得为 $63\mathrm{kJ \cdot kg^{-1}}$，于是

$$H_1 = H_{饱和液} + \int_{p_{饱和}}^{p_1} \left(\frac{\partial H}{\partial p}\right)_T \mathrm{d}p$$

$$p_{饱和} = 1.706\mathrm{kPa}$$

$$p_1 = 98\mathrm{kPa}$$

因

$$\left(\frac{\partial H}{\partial p}\right)_T = V - T\left(\frac{\partial V}{\partial T}\right)_p$$

积分计算表明，其值基本上可以忽略，因此，

$$H_1 = 63\mathrm{kJ \cdot kg^{-1}}$$

$$H_2 = 63 + 0.590 = 63.59\mathrm{kJ \cdot kg^{-1}}$$

因为锅炉出口蒸汽是686.5kPa压力下的饱和蒸汽，因此可从蒸汽表查得

$$H_3 = 2763\mathrm{kJ \cdot kg^{-1}}$$

$$S_3 = 6.715\mathrm{kJ \cdot kg^{-1} \cdot K^{-1}}$$

对锅炉进行能量平衡。设体系处于稳定状态，并设动能差和位能差可忽略，则按式(1-8)

$$Q - W_F = \Delta H$$

因没有轴功，$W_F = 0$，因此

$$Q = \Delta H = H_3 - H_2 = 2763 - 63.59$$
$$= 2699.4\mathrm{kJ \cdot kg^{-1}}$$

这表示1kg水通过该蒸汽动力装置所需的热量约为 $2700\mathrm{kJ \cdot kg^{-1}}$。

因为透平机在可逆绝热条件下操作，故

$$\Delta S = S_4 - S_3 = 0$$

或

$$S_4 = S_3 = 6.711\mathrm{kJ \cdot kg^{-1} \cdot K^{-1}}$$

按题意，可知 $p_4 = 1\mathrm{kgf \cdot cm^{-2}}$，既然 S_4 及 p_4 已定，状态4也就确定了，由 S_4 及 p_4 的数值查水的蒸汽热力学图(Mollier 图)可得

$$H_4 = 583\mathrm{kcal \cdot kg^{-1}} = 2441\mathrm{kJ \cdot kg^{-1}}$$

再对蒸汽透平机进行能量平衡计算：

$$Q - W_{F透平} = \Delta H$$

因透平机是绝热操作，$Q = 0$，因此

$$-W_{F透平} = \Delta H = H_4 - H_3 = 2441 - 2763 = -322.0\mathrm{kJ \cdot kg^{-1}}$$

或

$$W_{\text{F透平}} = 322.0\text{kJ} \cdot \text{kg}^{-1}$$

然而，由于有一部分轴功要用于驱动给水泵，故

$$W_{\text{净}} = 322 - 0.59 = 321.4\text{kJ} \cdot \text{kg}^{-1}$$

净功与锅炉给热量之比(通常称为热效率)为

$$\eta = \frac{W_{\text{净}}}{Q} = \frac{321.4}{2700} = 0.119$$

由此可知，供给锅炉的热能其中只有 11.9%转变为有用功，88.1%的热能则随废蒸汽损失掉。

1.1.4 气体的基本热力学过程

为了用热力学来处理问题，必须对某些基本热力过程有所了解。如果一个体系的状态发生变化，那就应该说明其变化的途径，如等温、等压、绝热或多方等过程。因此，所谓热力过程系指在特定条件下体系所经历的变化。

应该指出，对所有的热力过程有下列两个共同的性质：

第一，所有的基本定义均不需要证明，如 U, H, F, G, C_p, C_V 等的定义在所有过程中都是成立的。

第二，能量守恒与转化定律在任何过程中都是正确的，因为它是由经验积累而得到的。

下面的热力过程分析，主要是确定体系(理想气体或真实气体)在每一过程中的功量和热量。

1. 等温过程

如果体系在恒温下变化，则此过程称为等温过程，对于可逆的等温膨胀过程，体系所做的功为最大机械功，可按下列方程式进行计算：

$$(W_m)_{\text{最大}} = \int_{V_1}^{V_2} p\mathrm{d}V \tag{1-11}$$

上述积分式中 p, V 均为体系的性质，若工质为理想气体，其状态方程式为

$$pV = nRT$$

代入式(1-11)即可求得：

$$\begin{aligned}(W_m)_{\text{最大}} &= nRT\int_{V_1}^{V_2} \frac{\mathrm{d}V}{V} \\ &= nRT\ln\frac{V_2}{V_1} \\ &= -nRT\ln\frac{p_2}{p_1}\end{aligned} \tag{1-12}$$

务必注意，式(1-12)表示整个体系(工质)为理想气体，当其进行可逆等温膨胀后，其压力从较高压力 p_1 降低到较低压力 p_2(相应地，体积由 V_1 膨胀到 V_2)时所做的功。上述诸条件(即过程为可逆、等温而工质为理想气体)缺一不可，否则就不能应用上式进行计算。

如果工质是真实气体，此时应如何来计算最大机械功呢？可以利用 p-V-T 实验数据对 $\int_1^2 p\mathrm{d}V$ 进行图解积分或应用真实气体状态方程式计算 $\int_1^2 p\mathrm{d}V$，也可以用逸度进行计算。

应用状态方程式 $pV=ZRT$ 代入式(1-11)得

$$(W_m)_{最大}=\int_{V_1}^{V_2}p\mathrm{d}V=RT\int_{V_1}^{V_2}Z\frac{\mathrm{d}V}{V}$$

令 $\ln V=X$,则 $\mathrm{d}X=\mathrm{d}\ln V=\frac{\mathrm{d}V}{V}$,于是

$$(W_m)_{最大}=RT\int_{X_1}^{X_2}Z\mathrm{d}X$$

如果已知初始状态 p_1 和 T_1,即可以从图 2-6～图 2-8 中查得相应的 $Z=\frac{pV}{RT}$及 $X=\ln V$,在相同温度和不同压力下再找出一些点,然后在 Z-X 的图中画出 $Z=f(x)$曲线,曲线下面的面积即为 $\int_{X_1}^{X_2}Z\mathrm{d}X$ 。积分的结果再乘以 RT 即得所求之功。

上述机械功也可用逸度进行计算,其演算原理如下:

$$\mathrm{d}(pV)=p\mathrm{d}V+V\mathrm{d}p$$

积分得

$$p_2V_2-p_1V_1=\int_{V_1}^{V_2}p\mathrm{d}V+\int_{p_1}^{p_2}V\mathrm{d}p$$

再根据式(3-72)

$$\int_{P_1}^{P_2}V\mathrm{d}p=RT\ln\frac{f_2}{f_1}$$

因此

$$(W_m)_{最大}=\int_{V_1}^{V_2}p\mathrm{d}V=(p_2V_2-p_1V_1)-RT\ln\frac{f_2}{f_1} \tag{1-13}$$

式中逸度的计算详见 3.3 节。在计算中还应注意其符号,如果 W_m 为正值,即为体系对外做膨胀功,即为最大机械功;若 W_m 为负值,则为外界对体系做压缩功,此时称为最小机械功$(W_m)_{最小}$。

关于在等温过程中的热量计量,如果是理想气体,因其内能只是温度的函数,故 $\Delta U_T=0$,所以体系在等温膨胀过程中所吸收的热量就等于最大机械功;如果是真实气体,则先计算 ΔU_T(参看 3.2 节)然后再按热力学第一定律计算热量 Q。

例 1-2 在研究氨的压缩性质的基础上得到如下的数据(温度为 27.5℃):

p/atm(MPa)	125.4(12.7)	181(18.3)	228.2(23.1)	313.9(31.8)	380(38.5)
$V/(\mathrm{cm^3\cdot mol^{-1}})$	310.0	200.0	150.0	100.0	80.0

(1) 用实验数据图解积分法计算从 $p_1=125.4$atm(12.7MPa)到 $p_2=380$atm(38.5MPa)的压缩过程中的机械功。

(2) 如果没有全部实验数据,而只有初态和终态的压力和体积的数值,试应用逸度法进行机械功的计算。

(3) 如果上述 p,V 数据的实验值的误差为 0.5%,可否认为在此给定条件下氨符合理想气体的行为?

解 (1) $(W_m)_{最大} = -\int_{80}^{310} p\mathrm{d}V$

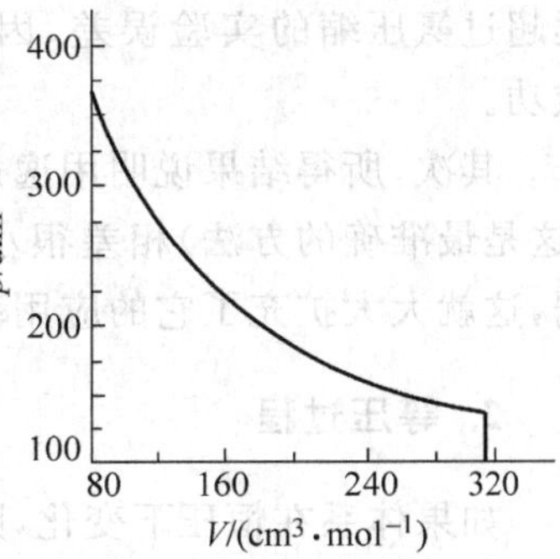

应用上述氨的数据先画出 p-V 图(图 1-3),然后用面积仪测得此过程下的面积。再根据所用的坐标比例尺,即得此过程的机械功为

$$(W_m)_{最小} = -0.470 \times 10^4 \mathrm{atm \cdot cm^3 \cdot mol^{-1}}$$
$$= -4.76 \times 10^3 \mathrm{J \cdot mol^{-1}}$$

因为是压缩过程,故其值取负号。

图 1-3 27.5℃时氨的 p-V 图

(2) 从附录 B 查得氨的 $p_c = 11.277\mathrm{MPa}(111.3\mathrm{atm})$,$T_c = 405.6\mathrm{K}$ 及偏心因子 $\omega = 0.250$,求得对比温度和对比压力为

$$T_r = \frac{548}{405.6} = 1.35$$

$$p_{r_1} = \frac{125.4}{111.3} = 1.127$$

$$p_{r_2} = \frac{380}{111.3} = 3.414$$

从附录 C 内查得

状态 1: $\lg\left(\frac{f}{p}\right)^{(0)} = -0.0654$, $\lg\left(\frac{f}{p}\right)^{(1)} = 0.038$

状态 2: $\lg\left(\frac{f}{p}\right)^{(0)} = -0.187$, $\lg\left(\frac{f}{p}\right)^{(1)} = 0.113$

因此 $\lg\left(\frac{f}{p}\right)_1 = -0.0654 + 0.250 \times 0.038 = -0.0559$

$f_1 = 0.88 \times 125.4 = 111\mathrm{atm}$

$\lg\left(\frac{f}{p}\right)_2 = -0.187 + 0.250 \times 0.113 = -0.1587$

$f_2 = 0.694 \times 380 = 264\mathrm{atm}$

根据式(1-13)得

$$(W_m)_{最大} = 380 \times 80 - 125.4 \times 310 - 82.06 \times 548.15\lg\left(\frac{264}{111}\right)$$
$$= 30\,400 - 38\,900 - 103\,200\lg 2.38$$
$$= -4.74 \times 10^4 \mathrm{atm \cdot cm^3 \cdot mol^{-1}}$$
$$= -4.80 \times 10^3 \mathrm{J \cdot mol^{-1}}$$

(3) 如果将氨视为理想气体,那么可用式(1-12)来计算机械功:

$$(W_m)_{最小} = -82.06 \times 548.15\lg\left(\frac{310}{80}\right)$$
$$= -103\,200 \times 0.588$$
$$= -6.07 \times 10^4 \mathrm{atm \cdot cm^3 \cdot mol^{-1}}$$
$$= -6.15 \times 10^3 \mathrm{J \cdot mol^{-1}}$$

显而易见,用理想气体的公式计算,误差很大,达 $\frac{60\,700 - 47\,000}{47\,000} \times 100\% = 29.2\%$,远

远超过氨压缩的实验误差，因此，在此条件下不能再利用理想气体的公式来计算氨的机械功。

其次，所得结果说明用逸度法是相当准确的，因为与用实验数据直接图解积分的结果(这是最准确的方法)相差很小，只有0.2%的误差，而且逸度法无须整套p-V-T的实验数据，这就大大扩充了它的应用范围。

2. 等压过程

如果体系在恒压下变化，则此过程称为等压过程，对于可逆的等压过程，体系所做的机械功为

$$(W_m)_p = p(V_2 - V_1) \tag{1-14}$$

等压过程中焓变可根据如下方程式计算：

$$\left(\frac{\partial H}{\partial T}\right)_p = C_p$$

$$\Delta H_p = \int_{T_1}^{T_2} C_p \mathrm{d}T \tag{1-15}$$

因此，其内能变化可按下列公式确定：

$$\Delta U_p = \Delta H_p - p(V_2 - V_1)$$

或

$$\Delta U_p = \int_{T_1}^{T_2} C_p \mathrm{d}T - p(V_2 - V_1) \tag{1-16}$$

对于理想气体，可写成

$$\Delta U_p = \int_{T_1}^{T_2} C'_p \mathrm{d}T - R(T_2 - T_1)$$

$$= \int_{T_1}^{T_2} (C_p - R)\mathrm{d}T$$

$$= \int_{T_1}^{T_2} C'_V \mathrm{d}T \tag{1-17}$$

式中的C'_p,C'_V是理想气体的热容。

根据热力学第一定律，可得体系传给环境的热量

$$Q_p = \Delta U_p + p\Delta V = \Delta H_p \tag{1-18}$$

或

$$Q_p = \int_{T_1}^{T_2} C_p \mathrm{d}T \tag{1-19}$$

例1-3 锅炉设备的空气预热器在等压p=110.66kPa下将3500m^3(标准状态下)的空气在1h内从初温t_1=10℃加热到终温t_2=500℃。求1h所耗热量及从空气预热器流出的空气体积，已知空气的平均比热容为

$$c_{pm}\Big|_0^t = (0.9956 + 0.000\,092\,99t)\mathrm{kJ \cdot kg^{-1} \cdot ℃^{-1}}$$

解 已知V_0=22.4$\mathrm{m^3 \cdot kmol^{-1}}$，因此1h流过预热器的空气量为

$$G = \frac{3500}{22.4} \times 28.9 = 4520\mathrm{kg \cdot h^{-1}}$$

1h耗热量为

$$
\begin{aligned}
Q_p &= G(H_2 - H_1) = G\left(c_{pm}\Big|_0^{t_2} \cdot t_2 - c_{pm}\Big|_0^{t_1} \cdot t_1\right) \\
&= 4520[(0.9956 + 0.000\,092\,99 \times 500)500 - (0.9956 + 0.000\,092\,99 \times 10)10] \\
&= 4520(521.0475 - 9.9653)\text{kJ} \cdot \text{h}^{-1} \\
&= 2.31 \times 10^6 \text{kJ} \cdot \text{h}^{-1}
\end{aligned}
$$

由预热器流出的空气体积为

$$
V = V_0 \frac{p_0}{p} \frac{T}{T_0} = 3500 \times \frac{760}{830} \times \frac{773}{273} \text{m}^3 \cdot \text{h}^{-1} = 9080 \text{m}^3 \cdot \text{h}^{-1}
$$

3. 绝热过程

当体系与环境之间无热量传递，即 $Q=0$ 时，此过程即为绝热过程，如果 1mol 理想气体进行可逆绝热膨胀(或压缩)，则根据能量方程 $\Delta U=Q-W$，即

$$
\Delta U = -W_{\text{m}} = -\int_{V_1}^{V_2} p\text{d}V
$$

或表示成微分式

$$
\text{d}U = -p\text{d}V = \frac{-RT}{V}\text{d}V
$$

根据 $\text{d}U=C_V\text{d}T$，即得

$$
C_V\text{d}T = -RT\frac{\text{d}V}{V}
$$

或

$$
\frac{\text{d}T}{T} = -\frac{R}{C_V}\frac{\text{d}V}{V}
$$

对于理想气体，$R=C_p-C_V$，代入上式并进行积分，得

$$
\ln T = -(k-1)\ln V + \text{常数}
$$

或

$$
\ln(T \cdot V^{k-1}) = \text{常数} \tag{1-20}
$$

其中 $k=\dfrac{C_p}{C_V}$ 称为绝热指数，对于单原子气体 $k=1.667$；对于双原子气体 $k=1.40$；对于多原子气体 $k=1.33$(这里未考虑分子中原子振动对热容的贡献)。

应用理想气体定律，可进一步得到

$$
pV^k = \text{常数} \tag{1-21}
$$

及

$$
\frac{T}{p^{(k-1)/k}} = \text{常数} \tag{1-22}
$$

上述方程还可写成下列形式

$$
\frac{T_1}{T_2} = \left(\frac{V_2}{V_1}\right)^{k-1} \tag{1-23}
$$

$$
\left(\frac{p_1}{p_2}\right) = \left(\frac{V_2}{V_1}\right)^k \tag{1-24}
$$

$$
\frac{T_1}{T_2} = \left(\frac{p_1}{p_2}\right)^{(k-1)/k} \tag{1-25}
$$

理想气体绝热可逆膨胀(或压缩)过程的机械功 W_m,可按下式计算:

$$W_m = \int_{V_1}^{V_2} p\mathrm{d}V = \int_{V_1}^{V_2} \frac{p_1 V_1^k}{V^k}\mathrm{d}V = \frac{1}{k-1}p_1V_1\left[1-\left(\frac{p_2}{p_1}\right)^{(k-1)/k}\right]$$

上述方程式也可表示成下列形式:

$$W_m = \frac{1}{k-1}R(T_1 - T_2) = \frac{1}{k-1}(p_1V_1 - p_2V_2) \tag{1-26}$$

如果流体处于流动状态,此时最好求得焓变值 ΔH,于是

$$\mathrm{d}H = T\mathrm{d}S + V\mathrm{d}p = \delta Q_{\text{可逆}} - \delta W_F$$

此处 W_F 定义为轴功(参看 1.1.3 节),轴功是指流动流体所做的理论功。对于绝热过程,$Q=0$。因此

$$W_F = -\int_{p_1}^{p_2} V\mathrm{d}p = -\Delta H \tag{1-27}$$

对于理想气体

$$\begin{aligned} W_F &= -\int_{T_1}^{T_2} C_p'\mathrm{d}T = \frac{k}{k-1}R(T_1 - T_2) \\ &= \frac{k}{k-1}(p_1V_1 - p_2V_2) \\ &= \frac{k}{k-1}p_1V_1\left[1-\left(\frac{p_2}{p_1}\right)^{(k-1)/k}\right] \end{aligned} \tag{1-28}$$

必须注意,以上所导得的方程式只有当气体为理想气体且 k 为一常数时才是正确的,若 k 不是常数,则这些方程式不能用。然而,若压力不很高,而且在正常温度范围内,此时可以取 k 的平均值进行计算。

在较高压力下的真实气体的压缩与膨胀是不遵守理想气体定律的,而且 k 值也不是常量,因此必须根据真实气体的性质进行计算。

对于可逆的绝热过程,得

$$Q_{\text{可逆}} = \int T\mathrm{d}S = 0$$

或

$$\Delta S = 0$$

另外,因为熵是一个状态函数,其计算与途径无关,如果终态压力和初态状况已知,则可以将原来的可逆绝热过程分解成为一个等温过程和一个等压过程(如图 1-4 所示)来进行计算,这样

$$\Delta S = \Delta S_T + \Delta S_p \tag{1-29}$$

或

$$\Delta S_T + \int_1^2 C_p \frac{\mathrm{d}T}{T} = 0 \tag{1-30}$$

关于等温条件下压力的改变引起熵的变化,可按第 3 章讨论的方法进行计算。此外,只要有了 C_p 和 T 的关系,就可按方程式(1-30)应用试差法求出终态温度 T_2。应注意,此处的 C_p 是在 p_2 下的数值。

另外还有一种情况,即终态压力不知道,而知道终态温度和初态情况,此时应用方程式(1-29)就有困难了,宜采用“三段法”,即用另外三个过程,如图 1-5 所示,来代替原来的可

逆绝热过程。

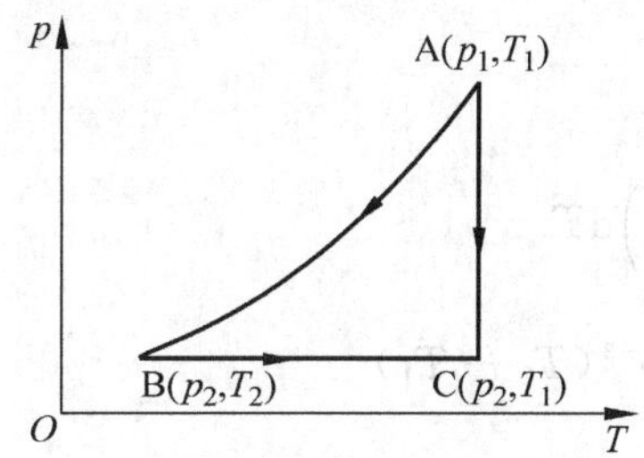

图 1-4 当终压已知时可逆绝热过程的解法

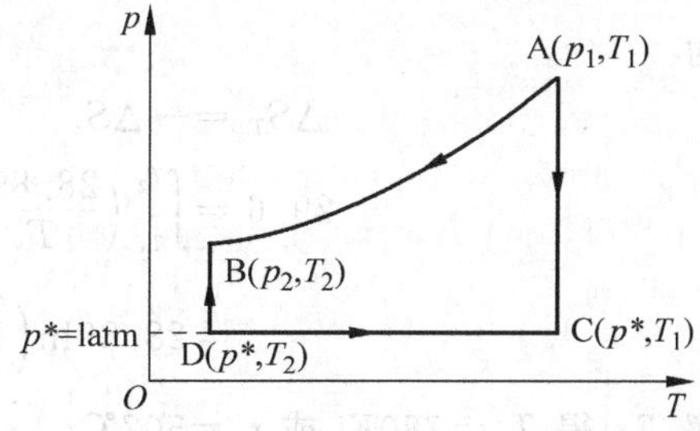

图 1-5 当终温已知时可逆绝热过程的解法

同理可得

$$\Delta S = \Delta S_{AC} + \Delta S_{CD} + \Delta S_{DB} = 0 \tag{1-31}$$

或

$$(S'_A - S_A)_T + \int_{T_1}^{T_2} C'_p \frac{dT}{T} + (S_B - S'_B)_T = 0 \tag{1-32}$$

式中上标“′”代表在 1atm 下的状况。这里同样是应用压力对熵差影响的计算关系求出等温熵变，代入式(1-32)，并应用试差法来求得终态压力。以上两种方法也称为熵平衡法。

不论应用何种方法，其目的在于确定终态。当终态确定之后，则内能差 ΔU 和焓差 ΔH 也就可以计算出来，因为内能和焓均为状态函数，与途径无关。对于如图 1-4 及图 1-5 所示的绝热过程，

$$\begin{aligned}\Delta U &= \Delta U_{AB} + \Delta U_{BC} && \text{(对第一种情况)}\\ &= \Delta U_{AC} + \Delta U_{CD} + \Delta U_{DB} && \text{(对第二种情况)}\end{aligned} \tag{1-33}$$

$$\begin{aligned}\Delta H &= \Delta H_{AB} + \Delta H_{BC} && \text{(对第一种情况)}\\ &= \Delta H_{AC} + \Delta H_{CD} + \Delta H_{DB} && \text{(对第二种情况)}\end{aligned} \tag{1-34}$$

因此对于可逆绝热过程的机械功 W_m 和轴功 W_F 分别等于 ΔU 和 ΔH，即

$$W_m = -\Delta U \tag{1-35}$$

$$W_F = -\Delta H \tag{1-36}$$

必须注意，以上所讨论的都是可逆过程。如果不是可逆的绝热过程，那就不能应用式(1-30)和式(1-32)求终了状态的参数。这一点很重要，不能混淆。

例 1-4 某气体按流量 194kmol · h^{-1} 连续进行压缩。通过压缩使气体从初始状态 101.3kPa 及 38℃达到终了压力为 3546.3kPa。设压缩过程可逆绝热，且已知此气体在考察的范围内满足如下的状态方程式：

$$pV = RT + 0.053p$$

式中 p,V 及 T 的单位分别为 kPa,m^3 · $kmol^{-1}$ 及 K。该气体在 101.3kPa 下的摩尔热容为

$$C_p = (28.89 + 6.28 \times 10^{-3} T)\,kJ \cdot kmol^{-1} \cdot K^{-1}$$

试计算：(1)最终温度 T_2；(2)理论最小压缩功。

解 (1) 已知初始温度为 311K，

$$\Delta S_T = \int_{p1}^{p_2} -\left(\frac{\partial V}{\partial T}\right)_p dp = -\int_{p_1}^{p_2} \frac{R}{p} dp = -R\ln\frac{p_2}{p_1}$$

$$= -8.314\ln\left(\frac{3546.3}{101.3}\right) = -29.56 kJ \cdot kmol^{-1} \cdot K^{-1}$$

$$\Delta S_p = \int_{T_1}^{T_2} \frac{C_p}{T} \mathrm{d}T$$

因为

$$\Delta S_T = -\Delta S_p$$

$$29.6 = \int_{T_1}^{T_2} \left(\frac{28.89}{T} + 6.28 \times 10^{-3} \right) \mathrm{d}T$$

$$= 28.89 \ln\left(\frac{T_2}{T_1} \right) + 6.28 \times 10^{-3} (T_2 - T_1)$$

求解 T_2，得 $T_2 = 780\mathrm{K}$，或 $t_2 = 507℃$。

(2) 最小压缩功可按下式进行计算

$$W_{\mathrm{F}} = -\sum \Delta H = -\Delta H_p - \Delta H_T$$

$$-\Delta H_p = -\int_{T_1}^{T_2} C_p \mathrm{d}T$$

$$= \left[-28.89(780 - 311) - \frac{6.28 \times 10^{-3}}{2}(780^2 - 311^2) \right]$$

$$= -15\,156.1\mathrm{kJ \cdot kmol^{-1}}$$

$$-\Delta H_T = -\int_{p_1}^{p_2} \left[V - T\left(\frac{\partial V}{\partial T} \right)_p \right] \mathrm{d}p = -\int_{p_1}^{p_2} \left[V - \frac{RT}{p} \right] \mathrm{d}p$$

$$= -\int_{p_1}^{p_2} 0.053 \mathrm{d}p = -0.053(3546.3 - 101.3)$$

$$= -182.6\mathrm{kPa \cdot m^3 \cdot kmol^{-1}} = 182.5\mathrm{kJ \cdot kmol^{-1}}$$

$$W_{\mathrm{F}} = -15\,156.1 - 182.5 = -15\,338.6\mathrm{kJ \cdot kmol^{-1}}$$

或

$$W_{\mathrm{F}} = -194 \times 15\,338.56\mathrm{kJ \cdot h^{-1}} = -2.98 \times 10^6 \mathrm{kJ \cdot h^{-1}}$$

$$= -8.28 \times 10^5 \mathrm{J \cdot s^{-1}} \quad (总功)$$

从以上计算可以看出，如果想用一次压缩得到高压缩体是很困难的，不但功消耗过大，而且温度也过高，这是不允许的。有关压缩机的热力学原理和级间冷却等详见第4章。

4. 多方过程

如果体系的压力和体积关系可以用下列经验方程式表示，则此过程称为多方过程：

$$pV^m = 常数 \tag{1-37}$$

式中 m 是常数。因为式(1-37)描写的是气体，如水或某些其他物质蒸汽的实际行为的经验方程式，常数 m 只是对那些经过校正的数据范围才是正确的。因此，m 的数值不能外推到实际适用范围之外。换言之，m 的数值是从适合用经验方程式(1-37)来描述的实际的 p-V 关系曲线回归得到的简单常量。

如果经历多方过程的气体可按低压下的理想气体(即其状态方程为 $pV=RT$)来处理，则可得如下的方程式：

$$\frac{p_1}{p_2} = \left(\frac{V_2}{V_1} \right)^m \tag{1-38}$$

$$\frac{T_1}{T_2}=\left(\frac{V_2}{V_1}\right)^{m-1} \tag{1-39}$$

$$\frac{T_1}{T_2}=\left(\frac{p_1}{p_2}\right)^{\frac{m-1}{m}} \tag{1-40}$$

只要知道实际过程的端点状态，根据上述公式任何一个即可确定 m 的数值。例如，用公式(1-38)得

$$m=\frac{\ln p_1-\ln p_2}{\ln V_2-\ln V_1}$$

当体系的压力与环境外压力相同时，多方过程所做的最大机械功 W_m 为

$$\begin{aligned}W_m&=\int_{V_1}^{V_2}p\mathrm{d}V\\&=\frac{1}{m-1}p_1V_1\left[1-\left(\frac{p_2}{p_1}\right)^{\frac{m-1}{m}}\right]\\&=\frac{1}{m-1}R(T_1-T_2)\\&=\frac{1}{m-1}(p_1V_1-p_2V_2)\end{aligned} \tag{1-41}$$

如果体系是流动的，则最大轴功 W_F 可按照 $-\int_{p_1}^{p_2}V\mathrm{d}p$ 积分求得。对方程式(1-37)微分得到

$$mpV^{m-1}\mathrm{d}V+V^m\mathrm{d}p=0$$

或

$$-V\mathrm{d}p=mp\mathrm{d}V$$

因此

$$W_F=\frac{m}{m-1}p_1V_1\left[1-\left(\frac{p_2}{p_1}\right)^{\frac{m-1}{m}}\right] \tag{1-42}$$

应该注意，方程式(1-41)与(1-42)只是在体系的压力等于外界环境压力的情况下(例如气体被缓慢压缩的情况)才是正确的。

对于多方过程内能的变化只能用普遍化方程来计算。如图 1-6 所示，

$$\begin{aligned}\Delta U_{AB}&=\Delta U_{AC}+\Delta U_{CB}\\&=\int_{T_1}^{T_2}\left(\frac{\partial U}{\partial T}\right)_{p_1}\mathrm{d}T+\int_{p_1}^{p_2}\left(\frac{\partial U}{\partial p}\right)_{T_2}\mathrm{d}p\end{aligned} \tag{1-43}$$

其中 ΔU_p 可应用式(1-16)确定，ΔU_T 的计算可参看 3.2.3 节。应用 AD 及 DB 过程线，也可得到同样结果。

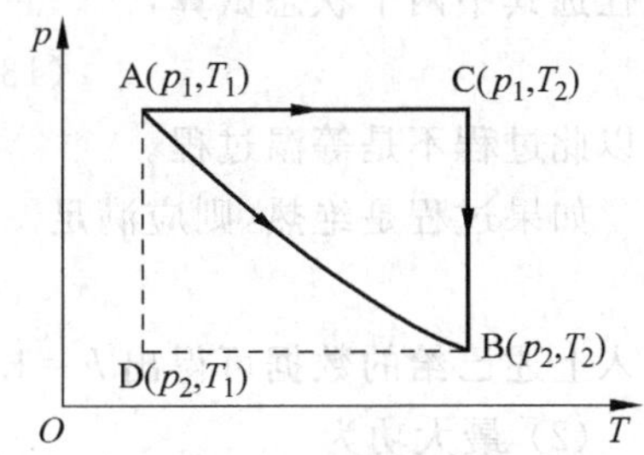

图 1-6 多方过程的解法

方程式(1-43)中，若气体是理想的，则后一项可以忽略。而内能可用下列关系表示：

$$\Delta U=\int_{T_1}^{T_2}C_V\mathrm{d}T \tag{1-44}$$

该过程的热量 Q 可按下式求得

$$Q=\Delta U+W_m \tag{1-45}$$

对于理想气体,上式变为

$$Q=\int_{T_1}^{T_2} C_V \mathrm{d}T+\frac{R}{m+1}(T_1-T_2)$$

$$=\left(C_V-\frac{R}{m-1}\right)(T_2-T_1) \tag{1-46}$$

从上式可以看出,多方过程的热容 C 可用下式表示:

$$C=C_V-\frac{R}{m-1}=C_V-\frac{C_p-C_V}{m-1}$$

$$=C_V\left(1-\frac{k-1}{m-1}\right)=C_V\frac{m-k}{m-1} \tag{1-47}$$

进一步分析式(1-47),如果 $1<m<k$,因 C_V 一定是正值,那么 C 就成为负值,这意味着在这种多方过程中对气体加热的结果却使气体温度降低了。这是因为在气体膨胀时不但加入的热量完全用于膨胀做功,同时气体的内能也因膨胀做功而减少。

多方过程的焓变与熵变的计算,如同求算 ΔU 一样,也可以分解成两个过程,用求和的方法得到,如图 1-6 所示。

例 1-5 当封闭在气缸中的某种气体膨胀时,其 p-V 关系记录于下表:

p/kPa	3445.0	2735.8	2067.0	1378.0	689.0	344.5	101.3
$V/(\mathrm{m^3\cdot kmol^{-1}})$	0.915	1.1	1.37	1.97	3.52	6.36	17.3

假设此气体是理想的,其比摩尔热容 $C_p=29.3\mathrm{kJ\cdot kmol^{-1}\cdot K^{-1}}$ 及 $k=1.40$。

(1) 试问上述的膨胀过程属于等温、绝热,还是多方?用计算结果来说明。

(2) 在此操作过程中所得到的最大功是多少?

(3) 试计算与表中各数据相应的温度值。

(4) 试计算 Q,ΔU 及 ΔH 值。

解 (1) 如果过程是等温,则应有

$$p_1V_1=p_2V_2$$

但任选其中两个状态试算,

$$(13.6)(1.97)\neq(6.8)(3.52)$$

所以此过程不是等温过程。

如果过程是绝热,则应满足

$$pV^k=\text{常数}$$

代入上述已给的数据可得出 $k=1.20$,因此该过程必定是多方过程,其指数为 1.20。

(2) 最大功为

$$W_{\text{最大}}=\frac{-\Delta(pV)}{m-1}$$

$$=\frac{-101.3(17.3)+3445.0(0.915)}{1.20-1}$$

$$=6998.65\mathrm{kPa\cdot m^3\cdot kmol^{-1}}$$

$$=7.00\times10^3\mathrm{J\cdot mol^{-1}}$$

(3) 已设气体满足 $pV=RT$,则 $T=\dfrac{pV}{0.08205}$,由此可算出各点温度,列于下表:

p/kPa	3445.0	2735.8	2067.0	1378.0	689.0	344.5	101.3
T/K	380	364	342	326	293	264	212

(4) 因 $\Delta U=\Delta H-\Delta(pV)$,将此膨胀过程分解成一等温过程和一定压过程,得

$$\Delta H=\int C_p\mathrm{d}T=29.3(212-380)$$

$$=-4.92\times10^3\,\mathrm{J\cdot mol^{-1}}$$

$$\Delta U=-4920+1400$$

$$=-3.52\times10^3\,\mathrm{J\cdot mol^{-1}}$$

$$Q=\Delta U+W=-3520+7021$$

$$=3.50\times10^3\,\mathrm{J\cdot mol^{-1}}$$

1.2 热力学第二定律

1.2.1 从热变功的实际意义

随着工业的发展,合理地利用能源是十分重要的。到目前为止,世界上动力的获得虽然有各种途径,如利用燃料的化学能、太阳能、地热、核能等,但是主要还是从燃料(包括石油、煤、天然气等)燃烧产生热量,再由热机(如蒸汽动力机械、内燃机及燃汽轮机等)把热变成机械功。即使用核能来发电,也是先通过核裂变使能量以热的形式释放出来,再通过蒸汽动力设备发电,其中也受到从热转变成功的局限。尽管人们在生产实验中不断总结提高,改进设计,可是通过热机来获得机械功的效率还是比较低,一般的热效率不会超过40%,其原因就是受到热力学第二定律的制约,因此在生产实践和科学实验中利用热力学的规律进行分析和判断,是相当有益的。

不难理解,什么地方涉及能量的问题,就会涉及热力学的问题。对于化工厂,要降低产品的成本,这取决于设备的折旧费、原料成本和动力的成本。现以采用烃转化的合成氨厂为例,完全可以利用原有的工艺反应产生的热量,辅以少量投资补充一定热量,即可生产各种压力的蒸汽,送到蒸汽透平以带动各主要被动设备,或者带动一台发电机发电。目前认为,这样充分利用工艺废热,从氨产品的成本中减少甚至去掉电力消耗是有可能的。

在合成氨厂中能副产高压蒸汽的工艺废热有三处,即一段转化炉烟道气,二段转化炉出口气体和合成塔出口气体。以二段转化炉出口气体提供的热量最多,占60%左右,烟道气次之,合成塔出口较少。在蒸汽利用方面,也要精打细算:一般用110atm的高压过热蒸汽先驱动大功率的合成氨离心式压缩机,中间抽出约75%中压蒸汽,一部分送到一段转化炉作为工艺用汽,另一部分用于驱动空气、氨、给水泵等中压汽轮机,再一部分用于驱动发电机,用其电源来驱动小型机泵。全厂蒸汽分配利用的好坏,对氨厂生产成本有极重要的影响。大型氨厂的生产工艺条件与中型厂类似,其生产成本所以能大幅度降低,并不是生产每吨氨所消耗的动力减少了,主要在于充分利用了工艺废热;另一原因是全厂在蒸汽分配利

用方面经过精打细算,大幅度提高了蒸汽热能利用率。对蒸汽分配精打细算就是一个典型的能量平衡分析的实例。在化工厂内,虽有动力工作人员来负责全面安排这些工作,但工厂是一个有机体,各部门工作相互既有联系又有制约。废热是从工艺反应中产生的,但有些工艺工段(如一段转化炉)又要利用蒸汽,作为一个化学工程的工作人员,应该根据生产实践需要并通过科学分析,与动力工作人员配合,做好蒸汽的利用和平衡。

热力学第二定律除了讨论由热变功的规律性外,也研究在加入必要的机械功以后,使热从低温物体传递到高温物体的规律,在工业上的具体应用就是制冷。制冷已经逐渐发展为一个独立的学科。制冷在化学工业及其他工业中也具有重要的意义。许多化工过程必须在低温下进行,如石脑油裂解后得到烯及烷烃等混合物,它们的分离就要在-100℃下进行。许多气体的分离也是先将气体液化后再精馏而得,应用最广的空气分离就是一种深冷过程。至于液氢、液氮的制备,那就需要更低的温度。其他诸如气体脱水,易分解化合物的保存等,均要配备冷冻设备。为了进行冷冻循环的设计和气体液体流程的计算,不但要充分了解冷冻剂和液化气体的热力学性质,而且还要运用热力学的原理进行设计和计算。由此可见,热力学第二定律不但是判断过程(包括化学反应)的方向和限度的依据,是推断平衡的准则,而且也是分析工程问题的重要工具。

1.2.2 热力循环与热效率

在每一个变热为功的热机中,总是伴随着工质膨胀过程,因为只有膨胀过程才产生正功。但要使热机连续不断地产生大量的功,单有一个膨胀过程是不够的,必须使膨胀后的工质经由其他的热力学过程回复到初态,这样才能使工质不断地重复膨胀过程。工质经历一系列的状态变化过程后,最后又回到最初状态,热力学上称为完成了一个"热力循环"。

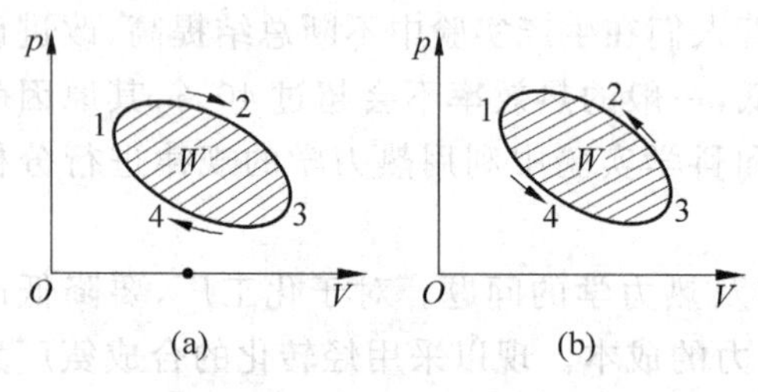

图 1-7 热力循环

(a) 正向循环;(b) 逆向循环

根据循环的效果,又有正向循环和逆向循环之分。凡是使热能变成机械能的这种热力循环叫做正向循环,如图 1-7(a)所示,即所有热机都是利用正向循环工作的,每一循环所产生的机械功如图 1-7(a)中面积 12341 所示。若循环效果是消耗机械能来迫使热量从低温流向高温,具有这种效果的循环叫做逆向循环,如图 1-7(b)所示。所有制冷机、热泵都是利用逆向循环工作的,每一逆向循环所消耗的机械能为图中面积 14321 所示,这部分机械能转化为热能送往高温处,而且这是使热量由低温传向高温的必要条件。

另外,如果循环由可逆过程组成,则称为可逆循环,反之,则称为不可逆循环。热机利用循环过程将热能连续不断地变为机械能。衡量循环效果的好坏,通常应用循环热效率来评价。热效率就是工质在整个热力循环中对外所做净功与循环中外界所加给工质的热量之比,常用符号 η_t 来表示。

设在工质所进行的热力循环中,在工质接受热量的各个阶段,外界所加给 1kg 工质的总热量为 Q_1;在工质对外放热的各个阶段,工质对外界所放出的总热量为 Q_2。根据热力学第一定律,并考虑到由于完成循环后工质回到原来状态,内能没有变化,则整个热力循环中1kg 工质对外界所做净功,以热量单位表示就应该是

$$W = Q_1 - Q_2$$

于是循环热效率可表示为

$$\eta_t = \frac{W}{Q_1} = \frac{Q_1 - Q_2}{Q_1} = 1 - \frac{Q_2}{Q_1} \tag{1-48}$$

显然,$\eta_t < 1$。热力学的任务就是研究提高 η_t 的方法,从而提高热机的经济性。

逆向循环效果的好坏是用制冷系数 ε 来评价的,所谓制冷系数就是循环中从低温处吸收的热量与所消耗的机械功之比,即

$$\varepsilon = \frac{Q_2}{W} = \frac{Q_2}{Q_1 - Q_2} \tag{1-49}$$

1.2.3 卡诺循环与卡诺定理

为了研究如何得到最高的循环效率,卡诺设想有一种理想热机,它只利用两个热源,即温度为 T_1 的高温热源和温度为 T_2 的低温热源。卡诺机的操作原理如下:

(1) 热机中的工质缓缓地由高温热源吸取热量 Q_1 进行可逆膨胀,如图 1-8 中过程Ⅰ所示。

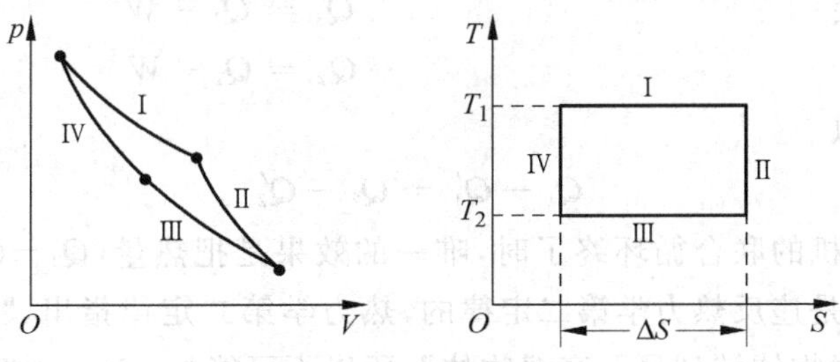

图 1-8 卡诺循环

(2) 工质进行绝热可逆膨胀从温度 T_1 变到温度 T_2,如图 1-8 中过程Ⅱ所示。

(3) 工质与低温热源接触并将其热量 Q_2 定温可逆地传给温度为 T_2 的低温热源,如图 1-8 中过程Ⅲ所示。

(4) 最后,工质进行绝热可逆压缩,从温度 T_2 变到温度 T_1 回到原来状态,并开始另一循环。

上述(1)和(3)的总效果表示体系(工质)吸收的净热量。因过程(1)和(3)是等温可逆,过程(2)与(4)是等熵,结果

$$Q_1 = T_1 \Delta S$$

$$Q_2 = T_2 \Delta S$$

对此循环过程,有如下方程式

$$\oint \delta W = \oint \delta Q$$

即循环功量等于循环热量,或表示为

$$W = Q_1 - Q_2$$

因此,卡诺机的热效率为

$$\eta_t = \frac{W}{Q} = \frac{T_1\Delta S - T_2\Delta S}{T_1\Delta S} = \frac{T_1 - T_2}{T_1} \tag{1-50}$$

卡诺定理论述的是可逆热机及不可逆热机的效率问题。所谓可逆热机就是工质在其中能完成可逆循环的热机。卡诺定理表述如下:

所有工作于同温热源和同温冷源之间的热机,以可逆机效率为最高。

要证明卡诺定理,可以假设有两个热机A和B,它们的工作物质经过一循环过程时各从热源吸收热量Q_1及Q_1',向冷源放热量各为Q_2及Q_2',所做的功各为W及W',则它们的效率各为

$$\eta_A = \frac{W}{Q_1}, \quad \eta_B = \frac{W'}{Q_1'}$$

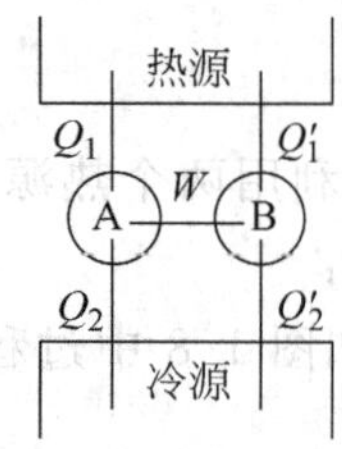

图1-9 卡诺定理图示

先假设A为可逆机,需要证明$\eta_A \geqslant \eta_B$,具体思路如下:

假设$W=W'$,现在用反证法,如果定理不成立,即如果$\eta_A < \eta_B$,则因为$W=W'$,所以$Q_1 > Q_1'$。今A为可逆机,令其反向进行(见图1-9),那么A将接受外功(此外功由B来供给),并从冷源吸取热量Q_2而向热源放出热量Q_1。现来看一下A,B两热机联合工作的结果如何,根据热力学第一定律,

$$Q_2' = Q_1' - W'$$

$$Q_2 = Q_1 - W$$

因假设$W=W'$,所以

$$Q_1 - Q_1' = Q_2 - Q_2'$$

由此可见,在两个热机的联合循环终了时,唯一的效果是把热量$(Q_2 - Q_2')$从低温热源传到高温热源。显然,这是违反热力学第二定律的,热力学第二定律指出,"热不可能自发地、不付代价地从一个低温物体转到另一高温物体",所以不可能是$\eta_B > \eta_A$,必须是$\eta_A \geqslant \eta_B$。

从卡诺定理可以得到如下推论:所有工作于同温热源与同温冷源之间的可逆机,其效率相等。

证明这个推论,可设两个可逆机A和B工作于同温热源与同温冷源之间,其效率分别为η_A及η_B,因A是可逆机,所以必有$\eta_A \geqslant \eta_B$,又因B也是可逆机,所以必有$\eta_B \geqslant \eta_A$,因此得到的结论是$\eta_A = \eta_B$。

卡诺定律具有非常大的实际意义,它给出了解决热机效率极限值的可能性,并且从原则上指出了提高热机效率的途径。

1.2.4 热力学第二定律的数学表达式

现有两个热机,一个是可逆的,另一个可以是可逆的或者是不可逆的,用上标"′"标记。将卡诺定理数学表示式写成如下形式:

$$\frac{|Q_1'| - |Q_2'|}{|Q_1'|} \leqslant \frac{|Q_1| - |Q_2|}{|Q_1|}$$

等号表示两个均为可逆机，不等号代表其中一个是不可逆机。上述表示式可写成：

$$\frac{|Q_2'|}{|Q_1'|} \geqslant \frac{|Q_2|}{|Q_1|} \tag{1-51}$$

可以证明，对于可逆机，其比值$\frac{|Q_2|}{|Q_1|}$等于$\frac{T_2}{T_1}$，因此得

$$\frac{|Q_2'|}{|Q_1'|} \geqslant \frac{T_2}{T_1}$$

或者

$$\frac{|Q_1'|}{T_1} - \frac{|Q_2'|}{T_2} \leqslant 0 \tag{1-52}$$

用正号表示吸热，负号表示放热，式(1-52)可变为

$$\frac{Q_1'}{T_1} + \frac{Q_2'}{T_2} \leqslant 0 \tag{1-53}$$

式(1-53)中Q_1'及Q_2'分别是温度为T_1和T_2的恒温热源所传递的热量。如果此热量不是在恒温下进行传递，可设想许多热机，每一热机定温地吸取微小热量ΔQ_1同时放出微小热量ΔQ_2，这样的操作如图1-10所示，对每个小热机，式(1-53)仍然成立，因此，

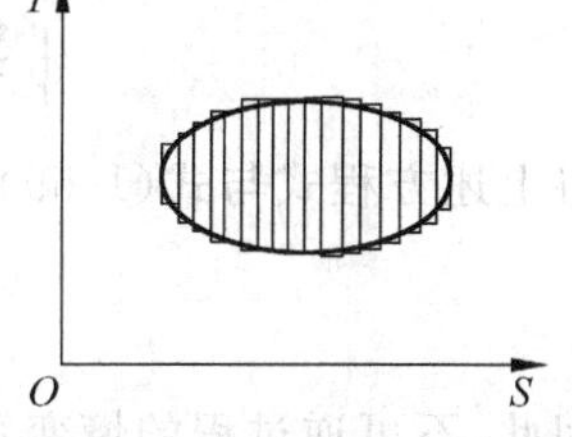

图1-10 循环过程及其无限小单元

$$\sum_{\Delta\to 0} \frac{\Delta Q}{T} \cong \oint \frac{\delta Q}{T} \leqslant 0 \tag{1-54}$$

符号$\oint$代表初终状态相等的积分(即循环过程)。式(1-54)表示了热力学第二定律中的重要关系式，并且对任何可逆循环均可写成：

$$\oint \frac{\delta Q_{可逆}}{T} = 0 \tag{1-55}$$

对任何不可逆循环

$$\oint \frac{\delta Q_{不可逆}}{T} < 0 \tag{1-56}$$

另外，式(1-55)的积分只取决于状态，参看图1-11。如果过程A，B和C均是可逆的，根据式(1-55)，对于循环过程1A2B1得

$$\oint \frac{\delta Q_{可逆}}{T} = \int_1^2 \left(\frac{\delta Q_{可逆}}{T}\right)_{\mathrm{A}} + \int_2^1 \left(\frac{\delta Q_{可逆}}{T}\right)_{\mathrm{B}} = 0 \tag{1-57}$$

对于循环过程1A2C1得

$$\oint \frac{\delta Q_{可逆}}{T} = \int_1^2 \left(\frac{\delta Q_{可逆}}{T}\right)_{\mathrm{A}} + \int_2^1 \left(\frac{\delta Q_{可逆}}{T}\right)_{\mathrm{C}} = 0 \tag{1-58}$$

式(1-57)减去式(1-58)得

$$\int_2^1 \left(\frac{\delta Q}{T}\right)_{\mathrm{B}} = \int_2^1 \left(\frac{\delta Q}{T}\right)_{\mathrm{C}}$$

这就意味着$\int \frac{\delta Q_{可逆}}{T}$是体系的性质，与过程无关，仅取决于初终状态，此积分是熵变的基本定义：

$$\Delta S = S_2 - S_1 = \int_1^2 \frac{\delta Q_{可逆}}{T} \tag{1-59}$$

因此,可逆过程的熵变等于$\int_1^2 \frac{\delta Q_{可逆}}{T}$。

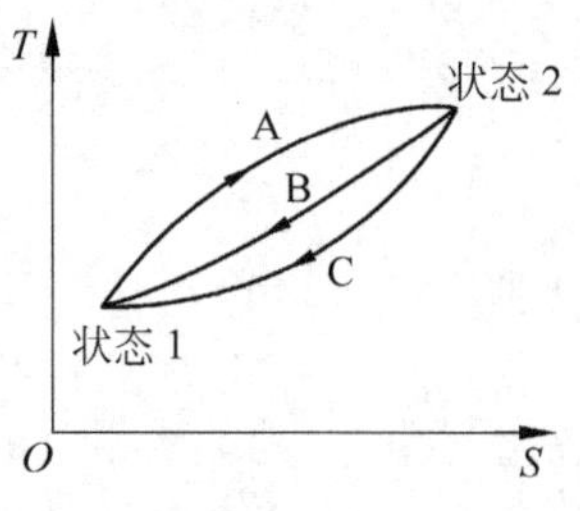

图 1-11　循环的可逆过程

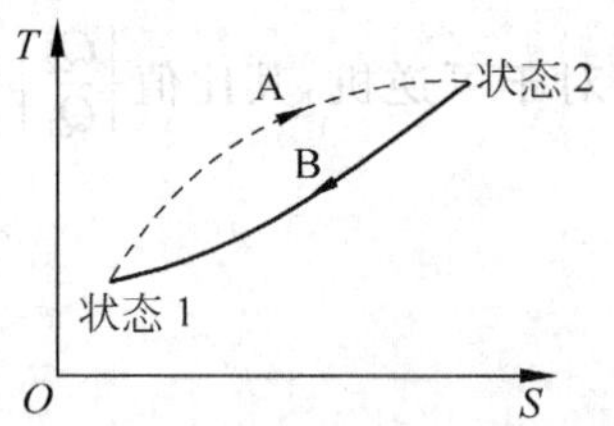

图 1-12　循环的不可逆过程

下面讨论不可逆过程的熵变,参看图 1-12。设过程 A 不可逆,过程 B 可逆,此循环过程整体来说是不可逆的。根据式(1-56)得

$$\oint \frac{\delta Q_{不可逆}}{T} = \int_1^2 \left(\frac{\delta Q_{不可逆}}{T}\right)_A + \int_2^1 \left(\frac{\delta Q_{可逆}}{T}\right)_B < 0 \tag{1-60}$$

将上述方程式与式(1-59)合并得

$$\Delta S = S_2 - S_1 > \int_1^2 \frac{\delta Q_{不可逆}}{T} \tag{1-61}$$

因此,不可逆过程的熵变总是大于$\int_1^2 \frac{\delta Q_{不可逆}}{T}$。式(1-59)与式(1-61)合并,得如下的微分式:

$$\mathrm{d}S \geqslant \frac{\delta Q}{T} \tag{1-62}$$

应指出,式(1-62)给出了任何过程中熵与传热量之间的关系,这就是热力学第二定律的数学表达式。

对于孤立体系(即在体系与环境之间无任何形式的能量传递),$\delta Q=0$,则上式变为

$$\mathrm{d}S \geqslant 0 \tag{1-63}$$

式(1-63)通常作为“熵增原理”的定义式,表述如下:孤立体系熵增加或者在极限情况下保持不变。

从熵增加原理可以得出一个很有用的判断体系稳定的准则。当孤立体系的熵达到最大值时,就不再有可能变化,即该体系处于最稳定状态。这可以用有限温差传热来说明:现有一个温度为 T_1 的物体 1 与另一个温度为 T_2 的物体 2 相接触,设有微热量 δQ 从物体 1 流向物体 2,因此物体 1 的熵减少$\frac{\delta Q}{T}$,同时物体 2 的熵增加$\frac{\delta Q}{T}$,整个体系(两个物体)的总熵变为

$$\mathrm{d}S = -\frac{\delta Q}{T_1} + \frac{\delta Q}{T_2} = \left(\frac{-1}{T_1} + \frac{1}{T_2}\right)\delta Q > 0$$

换言之,从热物体向冷物体传热是朝平衡状态进行的,而从冷物体向热物体传热将引起熵的减少,根据式(1-63),这是不可能的。

从统计观点来看,熵与热力学状态几率有关,熵增原理可说成是最可几变化原理,即孤立体系向着可几率较大的状态变化,这也意味着向最稳定的状态变化。

1.2.5　熵变与不可逆性

为了推导出过程的不可逆程度与总的熵增之间简单的量的关系,可举下例说明。当一

定量的热 Q 从温度 T_1 的体系传给温度为 T_2 的环境时，其总的熵变为

$$\Delta S_{体系}+\Delta S_{环境}=\Delta S_T=-\frac{Q}{T_1}+\frac{Q}{T_2}=Q\frac{T_1-T_2}{T_1T_2} \tag{1-64}$$

此外，假定过程在可逆热机中进行，热机在 T_1 下吸收了一定的热量 Q，把其中一部分热转变成功并在 T_2 下排出其余热量，于是所能得到的功(但是它由于实际过程的不可逆性而损失掉了)可用式(1-50)计算：

$$W=Q\frac{T_1-T_2}{T_1}=T_2Q\frac{T_1-T_2}{T_1T_2} \tag{1-65}$$

从式(1-64)及式(1-65)可得损失的功 W_L：

$$W_L=T_2(\Delta S_{体系}+\Delta S_{环境})=T_2\Delta S_T \tag{1-66}$$

此式表明损失的功等于总熵变乘以环境温度 T_2。

式(1-66)是在仅仅涉及传热过程的条件下推导出来的，但是对于任何不可逆过程，也可以得到同样的结果。因此，式(1-66)是一个普遍的式子，可用来计算伴随着任何不可逆过程所损失掉的做功能力，这将在以后讨论关于过程的热力学分析时再加以说明。因一般环境温度常用 T_0 表示，故式(1-66)可表示为

$$W_L=T_0\Delta S_T \tag{1-67}$$

从式(1-67)很清楚地看出，实际过程中体系与环境的总熵增是其做功能力损失的一个度量。根据所损失的功与所能得到的理想功(或可逆功)可确定任何过程的热效率。这种能量利用的效率将在第 6 章中再讨论。

习　题

1-1　在试验发动机时，功率的 95%被制动器所消耗，其余 5%传入外界介质。制动器用 $t_1=12℃$的水来冷却。水从制动器流出时的温度为 $t_2=35℃$，如果发动机的功率为 40kW，试求在 1h 内为了冷却制动器需消耗的水量。

1-2　设有一台锅炉如习题图 1-1 所示，水流入锅炉时的焓为 62.55kJ·kg^{-1}，蒸汽流出时的焓为 2710.5kJ·kg^{-1}，锅炉效率为 70%，1kg 煤可产生 29 190kJ 的热量，锅炉蒸发量为 4.5t·h^{-1}，试计算 1h 消耗的煤量。

1-3　一个储气瓶从压缩空气总管充气(习题图 1-2)。总管内压缩空气参数恒定，为 588.4kPa(6atm)，25℃。充气开始时，瓶内空气参数为 147.1kPa(1.5atm)，10℃，充气到 588.4kPa。求充气终了时瓶内空气的温度(设充气过程在绝热条件下进行)。

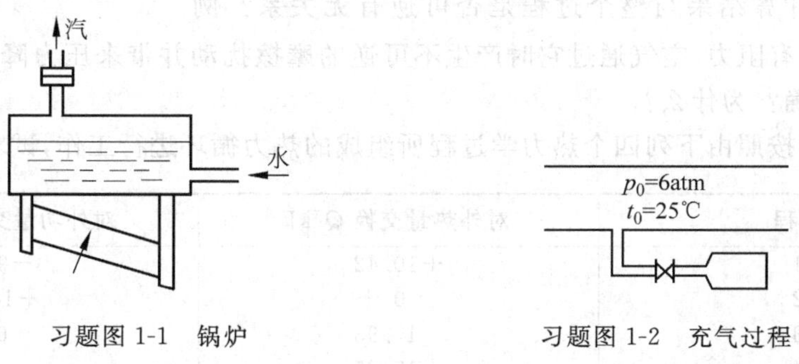

习题图 1-1　锅炉　　　　习题图 1-2　充气过程

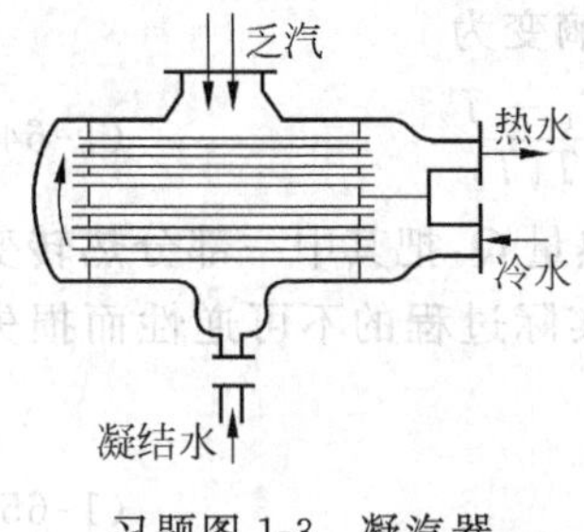

习题图 1-3 凝汽器

1-4 汽轮机排出的乏汽凝结后得到高度纯洁的蒸馏水，可以用水泵送回锅炉继续使用。如果乏汽进入凝汽器(习题图 1-3)时的焓为 $2293.5\text{kJ}\cdot\text{kg}^{-1}$，流速为 $200\text{m}\cdot\text{s}^{-1}$，被冷却凝结后以 $2\text{m}\cdot\text{s}^{-1}$ 的流速流出，而冷凝水的焓则降低到 $125.1\text{kJ}\cdot\text{kg}^{-1}$，试求凝汽器中冷凝 1kg 乏汽由冷却水带走的热量。若冷却水流经凝汽器后温度上升不超过 10℃，试问冷凝 1kg 汽轮机乏汽至少需要多少千克的冷却水？设冷却水的比热容为 $4.17\text{kJ}\cdot\text{kg}^{-1}\cdot℃^{-1}$。

1-5 1kg 空气从初态温度 $t_1=17℃$ 开始绝热压缩到容积变为原来容积的 1/5，然后经过定温过程膨胀到原来的容积，求空气在这两个过程中与外界共有多少功量交换？

1-6 测得气体在进行某一过程时压力和比容的变化规律如下表所示：

$V/(\text{L}\cdot\text{kg}^{-1})$	50	100	150	200	250
p/kPa	3932.4	1412.1	755.1	480.5	343.2

试问此过程是否能按多方过程来考虑？为什么？试应用不同方法确定其多方指数。将此过程按正确比例用小方格纸绘在 p-V 图上，连成光滑曲线。

设此气体为空气，试把 p-V 图上曲线下方的面积(用数方格数目的办法确定)所代表的功量交换的数据与按多方过程公式计算出的数据相比较。

1-7 试将满足以下要求的多方过程在 p-V 图和 T-S 图上表示出来：

(1) 工质膨胀又放热；

(2) 工质膨胀又升压；

(3) 工质被压缩，升温又放热；

(4) 工质被压缩，升温又吸热；

(5) 工质被压缩，降温又降压；

(6) 工质放热，降温又降压。

1-8 供暖用风机连同加热器(习题图 1-4)把温度为 $t_1=0℃$ 的冷空气加热到温度为 $t_3=25℃$ 后送入建筑物的风道内，送风量为 $10\,000\text{kg}\cdot\text{h}^{-1}$，风机轴上的输入功率为 50kW，设整个装置不向周围大气散热，

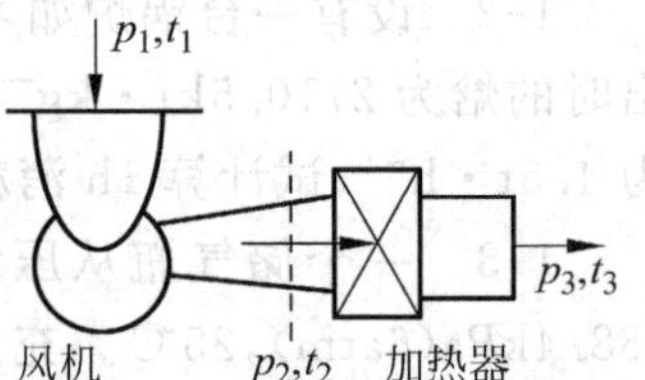

习题图 1-4 供暖用风机

(1) 求风机出口温度 t_2。

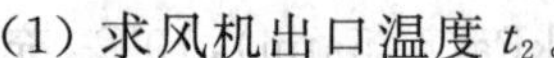

(2) 求加热器对空气的加热量 $\text{kJ}\cdot\text{h}^{-1}$。

(3) 以上计算结果与整个过程是否可逆有无关系？例如，若加热器中有阻力，空气通过它时产生不可逆的摩擦扰动并带来压力降落，以上计算结果是否仍然正确？为什么？

1-9 工质按照由下列四个热力学过程所组成的热力循环进行工作，试求：

过程	对外热量交换 Q/kJ	对外功量交换 W_m/kJ
1	+10.42	−9.81
2	0	+14.71
3	−17.93	−6.87
4	+15.85	?

(1) 全循环中工质吸取的净热量；

(2) 全循环中工质所做的净功；

(3) 第四个过程中工质对外的功量交换；

(4) 循环的热效率。

1-10　设空气作为理想气体(热容也视为常量)进行由下列三个过程所组成的循环：

(1) 定温过程：初态为 392.3kPa(4atm)，$1m^3 \cdot kg^{-1}$，终态压力 98.07kPa(1atm)；

(2) 定压过程：终态比容为 $1m^3 \cdot kg^{-1}$；

(3) 定容过程：回到初始状态。

试求：(1) 循环热效率；

(2) 各个过程中空气的熵变 ΔS_{12}，ΔS_{23}，ΔS_{31}，并将循环在 p-V 图和 T-S 图上表示出来。

1-11　将 35kg，温度为 427℃的铸钢放入 135kg，温度为 21℃的油中冷却。已知铸钢的质量定压热容为 $c_p = 0.5kJ \cdot kg^{-1} \cdot ℃^{-1}$，油的质量定压热容为 $c_p = 2.5kJ \cdot kg^{-1} \cdot ℃^{-1}$，如果无热损失，试计算：

(1) 铸钢的熵变化是多少？

(2) 油的熵变化是多少？

(3) 两者一起考虑其熵变化是多少？

1-12　设有两个质量相同，比热容相同的物体，温度分别为 T_1(K)和 T_2(K)；在两个物体间安装一个小可逆机，让它工作一直到两个物体的温度都达到同一个数值 T_m(K)。设两个物体的质量都是 G(kg)。它们的比热容是常数，均为 $c(kJ \cdot kg^{-1} \cdot ℃^{-1})$，试证明：

(1) 物体最后温度 $T_m = \sqrt{T_1 T_2}$；

(2) 小可逆机的做功量为 $Gc(T_1 + T_2 - 2T_m)$。

1-13　质量为 G，温度为 T_1 的水与同质量但温度为 T_2 的水在等压下绝热混合，试证明其熵变为 $2Gc_p \ln \dfrac{T_1 + T_2}{2\sqrt{T_1 T_2}}$，并证明此熵变是正的。

1-14　设有两个相同的物体，热容量为常数，初始温度均为 T_1。用一制冷机在两个物体之间工作，使其中一个物体的温度降低到 T_2，假如物体维持在定压下，并且不发生相变，证明此过程中所需的最小功为

$$W_{最小} = c_p \left(\frac{T_1^2}{T_2} + T_2 - 2T_1 \right)$$

参 考 文 献

[1] 傅鹰. 化学热力学导论[M]. 北京：科学出版社，1964.

[2] 熊吟涛，等. 热力学[M]. 北京：人民教育出版社，1964.

[3] 沈维道，等. 工程热力学[M]. 北京：人民教育出版社，1979.

[4] Вукалович м п и др. Техническая Термодинамика[M]. Госэнергоиздат，1952.

2　流体的 *p-V-T* 关系

在化工、动力和环境等工程中所需的许多流体热力学性质，相平衡数据以及化学平衡组成等，其中有些数据可以直接测量，这些测量是必不可少的，但往往既耗财力，又费时间；有些热力学性质虽不能直接测定，却可以通过平衡状态测得的流体的容积性质，如 p，V 和 T 计算，因此对流体 p-V-T 关系的研究和容积数据的测定是十分重要的。只有不断地测定日益增多的新物质和混合物的 p-V-T 数据，并运用热力学的基本理论予以关联，提出日益精确的计算方法，才能不断扩大化工热力学的应用范围。

本章从论述纯物质压力-体积-温度关系开始，着重讨论流体的状态方程。

2.1　纯流体的 *p-V-T* 性质

在平衡状态下，纯流体的摩尔体积或比容和温度、压力之间的关系可用图 2-1 所示的三维曲面表示。曲面大致可分为三个单相区和三个两相共存区，图 2-1 所示为固(S)、液(L)、气(G)和气-液(G-L)、气-固(G-S)和液-固(L-S)共六个区域。这些区域彼此用粗实线分开，因而这些粗实线也就代表了相界，其中的实线 A—B 是两相区固-液、液-气和固-气的边界线。它代表了气、液、固三相平衡共存的三相线。根据相律、对于三相平衡共存的纯物质体系，其自由度为零，也就是说，对于给定的纯物质，这种体系只能存在于一定的温度和压力下。因此，这条线在 p-T 平面图上的投影应该是一个点，这就是三相点。相律还指出，两相

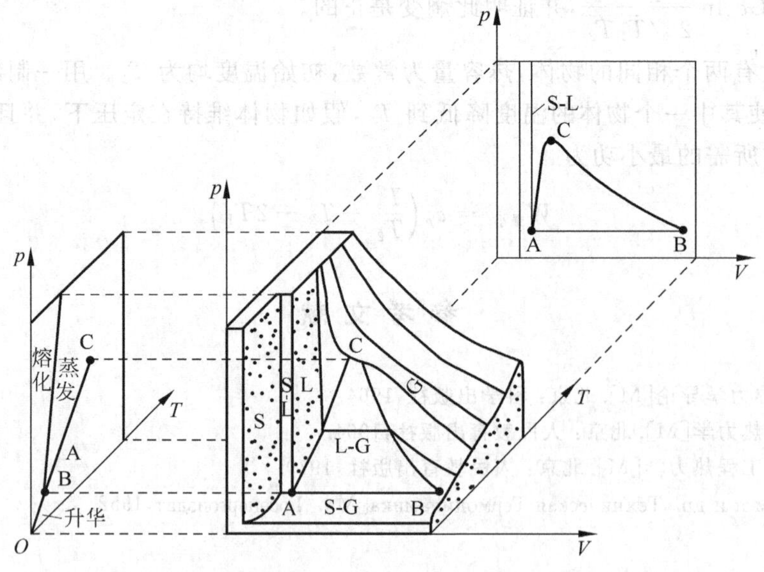

图 2-1　流体的 p-V-T 图

平衡共存纯物质体系只有一个自由度，因此两相区在 p-T 图上的投影是一条线，这样在 p-T 图上就形成了三条线：熔化线、升华线和汽化线，并且在三相点汇合。图 2-1 左半部的 p-T 图不可能提供有关体系的体积数据。但图 2-1 的另一个投影，即 p-V 图，则可以将三维图的所有相面清楚地表示出来。将图 2-1 的 p-T 图和 p-V 投影正过来放大后，得图 2-2 和图 2-3，它们更清楚地表示了液相和气相区。

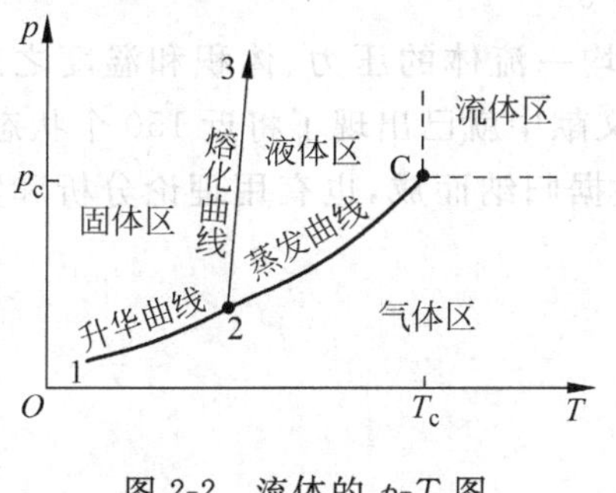

图 2-2　流体的 p-T 图

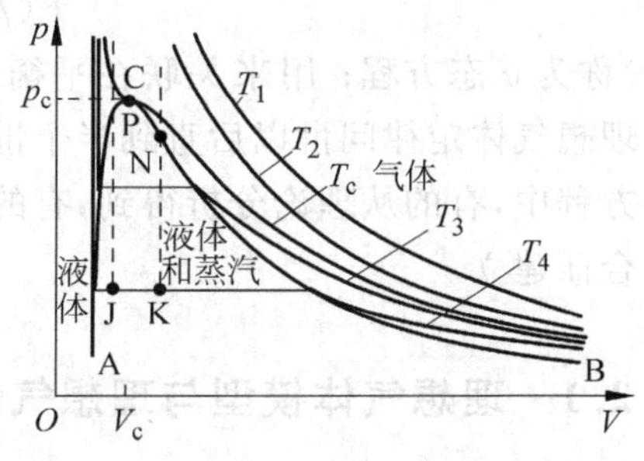

图 2-3　纯物质的 p-V 图

图 2-2 中的实线代表相界。熔化线(线 2—3)通常有正的斜率，但也有少数几种物质的斜率是负的，水就是其中最熟知的一种。这条线可以向上一直延伸到无穷远。升华线(线 1—2)和汽化线(线 2—C)分别表示了固体和液体的蒸汽压与温度的关系。汽化线和终止点 C 为临界点，它显示了平衡汽、液两相能够共存的最高压力和最高温度。C 点的温度和压力分别称为临界温度和临界压力，记作 T_c 和 p_c。在比 C 点更高的区域将无法区别到底是气体还是液体。汽化线的上方是液体区，将液体在恒温下减压总可以使之汽化。位于汽化线和升华线右侧的是气体区，气体在恒压下降低温度可以凝结成液体或固体。位于 p_c 线以上和 T_c 线右侧的区域(用虚线画出)称为流体区。注意，此虚线并不表示存在相变，位于该区域的流体既不能在恒压下降温液化，也不能在恒温下减压汽化。

图 2-3 中的粗实线表示的是饱和液(A 到 C)和饱和汽(C 到 B)的压力与体积的关系。曲线 ACB 下方的区域是饱和汽与饱和液两相共存区。图 2-3 中还用细实线画出了若干条等温线，经过临界点的临界等温线，即 T_c 线，和比 T_c 线高的 T_1 和 T_2 的等温线。正如图 2-2 所看到的那样，这样的一些等温线并不与边界线相交。位于 T_c 线下方的 T_3 和 T_4 等温线，它们是由截然不同的三个线段组成，中部是水平线，经过两相区，说明两相平衡时，饱和蒸汽压只是温度的函数，与汽、液相所占比例多少无关。沿着这段水平线从左到右，液体和气体的所占比例，开始全是液体，逐渐变化到最后全是蒸汽。在两相区可以按照不同温度画出很多这样的水平线段，拱形曲线 ABC 就是这些线段终端的轨迹，随着温度升高，这些水平线段变得越来越短，最后在 C 点处变成一水平拐点。在该点处汽、液两相不能区分，此点即为临界点。

位于 AC 线左侧的等温线段经过液体区，显得非常陡，这是因为液体很难压缩，往往需要很大压力才能使其体积产生微小的变化，通常我们把等温线在到达 AC 线(饱和液体)之前的这部分所代表的液体称为过冷液或压缩液。

CB 线右边的等温线部分位于蒸汽区，这一区域的蒸汽称为过热蒸汽，以便和 CB 线上的饱和蒸汽相区别。

2.2 理想气体定律与维里方程

根据相律可知,对纯流体而言,若 p,V,T 三者中的任意两个固定,则它们的状态就完全确定,其函数关系表示为

$$F(p,V,T)=0 \tag{2-1}$$

式(2-1)称为状态方程;用来关联在平衡态下纯的均一流体的压力、体积和温度之间的关系。自理想气体定律问世以后直到半个世纪前,在文献中就已出现了将近150个状态方程。在这些方程中,有的从理论分析得到,有的由实验数据归纳而成,也有用理论分析和实验数据相结合而建立。

2.2.1 理想气体模型与理想气体定律

当气体压力变化时,气体的体积就膨胀或压缩。这些变化具有一定规律,气体的物理模型必须反映这种变化规律。早在1738年Bernoulli就指出,气体是微质点的集合体,彼此远离,有质量的质点以不同的速度向不同方向运动,这里所说的质点就是分子。

气体分子可近似地看作球体,并具有相同的质量,但由于它们的体积与它们占据的空间比较起来,小到可以忽略不计的程度,所以可近似认为气体分子具有几何质点的性质。另外,气体分子间以及和容器壁的碰撞都是完全弹性的。由于气体分子彼此远离,差不多可忽略相互间的作用,因此可假定分子的内聚力为零。这样,我们即得到理想气体的概念:凡是分子具有这样的性质,即分子的大小如同几何质点一样,分子间不存在相互作用力,由这样的分子组成的气体,叫做理想气体。实际上,理想气体是不存在的,不过在平常温度和压力下,许多气体,如Ar,N_2,O_2 等,可以近似地看作理想气体。

根据上述理想气体模型,运用气体分子运动论可导出理想气体状态方程如下:

$$pV_t=nRT \tag{2-2}$$

式中,p 为气体压力,V_t 为气体总体积,T 为热力学温度,n 为物质的量,R 为摩尔气体常数。

早在1840年Clapeyron就由Charles定律和Boyle-Mariotte定律直接导得此方程,所以式(2-2)也称为Clapeyron方程。

理想气体方程关联了气体的压力、体积、温度和质量四个变量。对于一定量的气体,在 p,V_t,T 之间,知道其中任意两个变量,就能确定第三个;知道气体的压力、温度和体积的数据也可以计算该气体的质量。

应用理想气体状态方程时须注意:

(1) 摩尔气体常数 R 的单位必须与 p,V,T 单位相适应,在表2-1中列出了各不同单位的 R 数值。

(2) 所有压力均为绝对压力,如果已知表压,则必须加上大气压。

(3) 方程式中的温度是热力学温度,如果测得的是摄氏温度,则必须加上273.16再代入。

表 2-1 摩尔气体常数值

R	单 位
82.06	$cm^3 \cdot atm \cdot mol^{-1} \cdot K^{-1}$
0.082 06	$m^3 \cdot atm \cdot kmol^{-1} \cdot K^{-1}$
1.987	$cal \cdot mol^{-1} \cdot K^{-1}$
8.314	$J \cdot mol^{-1} \cdot K^{-1}$
83.14	$cm^3 \cdot bar \cdot mol^{-1} \cdot K^{-1}$
8.314×10^3	$m^3 \cdot Pa \cdot kmol^{-1} \cdot K^{-1}$

2.2.2 维里方程

根据梅尔(J. Mayer)集团理论，在考虑气体分子间作用力之后，可以用"维里系数"来表示 p-V-T 关系。"维里"(Virial)这个词是从拉丁文字演变得来的，它的原意是"力"。维里系数表征对气体理想性的差异。

沿着图 2-3 中所示的 T_1 等温线，V 随 p 的增大而减小，可以看出，气体压力与摩尔体积的乘积 pV 会接近某一定值。可以预料，沿等温线变化的 pV 乘积能够用一个 p 的幂级数来表示，即

$$pV = a + bp + cp^2 + \cdots \tag{2-3}$$

令 $b=aB'$，$c=aC'$，…，则上式可改写为

$$pV = a(1 + B'p + C'p^2 + \cdots) \tag{2-4}$$

原则上说，式(2-3)右边应为一无穷级数，但实践上，一般只需几项就可以再现实验数据。在低压时，只需两项就可表达。压力越高，要求表达的项数也越多。

各种不同物质在恒温下取得的数据表明，任何气体的 pV 对 p 做图，当 $p\to0$ 时，则 pV 都具有同样的极限值。式(2-4)的右边，当 $p\to0$ 时，$pV\to a$，用极限表示，即为

$$\lim_{p\to0} pV \equiv (pV)^* = a \tag{2-5}$$

因此，所有气体的 a 是相同的，且它是一温度函数，即

$$(pV)^* = a = f(T) \tag{2-6}$$

式(2-6)在测温学上有其重要意义。实验指出，倘若压力不高，温度固定，则气体的 pV 值与 p 成线性关系。从 pV-p 的图形，很容易外推到 $p=0$，以求得 $(pV)^*$ 值(参看图 2-4)。

当我们规定了热学温度后，$(pV)^*$ 与 T 成线性比例，即

$$(pV)^* = a = RT \tag{2-7}$$

如水的三相点定为 273.16K，则

$$(pV)_t^* = R \times 273.16 \tag{2-8}$$

式中下标"t"表示水在三相点的数据。

式(2-7)和式(2-8)两者相比得

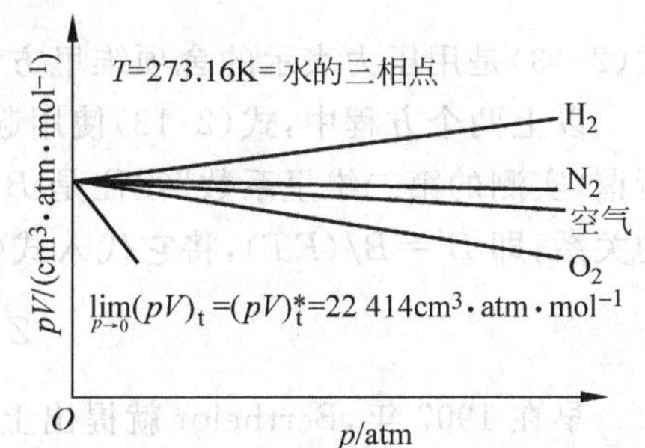

图 2-4 $p\to0$ 时与气体无关的 pV 极限值

$$\frac{(pV)^*}{(pV)_t^*}=\frac{T}{273.16}$$

或

$$T=273.16\frac{(pV)^*}{(pV)_t^*} \tag{2-9}$$

由式(2-9)即可建立整个实验温度范围的温标。

由于理想气体温标的建立,式(2-4)中的 a 用 RT 来代替,因此式(2-4)可表示为

$$Z=\frac{pV}{RT}=1+B'p+C'p^2+D'p^3+\cdots(\text{Berlin 型}) \tag{2-10}$$

式中的比值 $pV/(RT)$ 被定义为压缩因子,通常用字母 Z 表示。式(2-10)是以 p 为自变量的表达式,当然也可以用 $1/V$ 为自变数展开,即

$$Z=\frac{pV}{RT}=1+B/V+C/V^2+D/V^3+\cdots(\text{Leiden 型}) \tag{2-11}$$

以上两式称为维里展开式,系数 $B',C',D',\cdots$ 和 $B,C,D,\cdots$ 称为维里系数;B' 和 B 称为第二维里系数;C' 和 C 称为第三维里系数,如此等等。对于给定的物质,它们都只是温度的函数。对式(2-10)和式(2-11),运用数学方法可以导得这两组维里系数之间的关系:

$$B'=\frac{B}{RT},\quad C'=\frac{C-B^2}{(RT)^2},\quad D'=\frac{D-3BC+2B^3}{(RT)^3},\quad \cdots \tag{2-12}$$

当然,只有两个维里方程都是无穷级数时,式(2-12)才精确成立。当维里方程以有限项表示时,上述关系式只能是近似的。

到目前为止已经提出的各种各样的气体状态方程多达百余个,但唯一具有坚实理论基础的只有维里方程。应用统计力学方法导出的维里方程能赋予维里系数以明确的物理意义,如 B/V 项表征双分子的相互作用,C/V^2 表征三分子的相互作用,等等。维里方程的方便之处是维里系数可以由 p-V-T 数据确定。

2.2.3 实用的舍项维里方程

在工程应用中,最常见的是把式(2-10)和式(2-11)舍项成两项,即

$$Z=\frac{pV}{RT}=1+B'p \tag{2-13}$$

$$Z=\frac{pV}{RT}=1+B/V \tag{2-14}$$

式(2-13)是用压力表示的舍项维里方程,式(2-14)是用体积表示的舍项维里方程。

以上两个方程中,式(2-13)使用起来比较方便,但是由实验的 p,V,T 数据整理而得的所谓"实测的第二维里系数"往往是 B 而不是 B'。为此,我们必须利用前面导得的 B' 与 B 的关系,即 $B'=B/(RT)$,将它代入式(2-13),则

$$Z=\frac{pV}{RT}=1+\frac{Bp}{RT} \tag{2-15}$$

早在1907年,Berthelot 就提出上述形式的维里方程,其第二维里系数 B 的形式为

$$B=\frac{9}{128}\frac{RT_c}{p_c}\left(1-6\frac{T_c^2}{T^2}\right) \tag{2-16}$$

或将 Berthelot 维里方程表示成对比态形式:

$$Z = 1 + \frac{9}{128}\left(1 - \frac{6}{T_r^2}\right)\frac{p_r}{T_r} \tag{2-17}$$

经检验，Berthelot 方程只适用于一些结构较简单的非极性（或弱极性）的化合物。

目前工程计算中常用的是三参数对比态维里方程，除 p_r，T_r 外，第三参数是偏心因子 ω。Pitzer 曾提出了如下形式的第二维里系数关联式：

$$\frac{Bp_c}{RT_c} = B^{(0)} + \omega B^{(1)} \tag{2-18}$$

其中 $B^{(0)}$ 和 $B^{(1)}$ 只是对比温度的函数，用下列方程即可充分表达[1]：

$$B^{(0)} = 0.083 - \frac{0.422}{T_r^{1.6}} \tag{2-19}$$

$$B^{(1)} = 0.139 - \frac{0.172}{T_r^{4.2}} \tag{2-20}$$

另外，Tsonopoulos 改进了由 Pitzer 等提出的简单关联式，得到[2]

$$\frac{Bp_c}{RT_c} = f^{(0)} + \omega f^{(1)} \tag{2-21}$$

$$f^{(0)} = 0.1445 - \frac{0.330}{T_r} - \frac{0.1385}{T_r^2} - \frac{0.0121}{T_r^3} - \frac{0.000\,607}{T_r^8} \tag{2-22}$$

$$f^{(1)} = 0.0637 + \frac{0.331}{T_r^2} - \frac{0.423}{T_r^3} - \frac{0.008}{T_r^8} \tag{2-23}$$

式(2-18)和式(2-21)只适用于非极性（或弱极性）物质。为了能使舍项维里方程扩展应用于强极性物质，许多学者曾做过不少努力，其中如 Hayden-O'connell 考虑了强极性物质的分子缔合，应用化学理论建立的第二维里系数关联式[3]，在工程中获得应用。

例 2-1 按下列方法计算 460K 和 1.52×10^3 kPa 下正丁烷的摩尔体积。

(1) 理想气体定律；

(2) Berthelot 维里方程；

(3) 普遍化式(2-18)；

(4) 具有实验常数的维里式

$$Z = 1 + \frac{B}{V} + \frac{C}{V^2} \qquad (B = -265\text{cm}^3\cdot\text{mol}^{-1}, C = 30\,250\text{cm}^6\cdot\text{mol}^{-2})$$

解 (1) 理想气体定律

$$V = \frac{RT}{p} = \frac{8314\times460}{1.52\times10^3} = 2516\text{cm}^3\cdot\text{mol}^{-1}$$

(2) Berthelot 方程

从附录 B 查得正丁烷物性：$p_c = 3.75\times10^3$ kPa，$T_c = 425.2$K，$\omega = 0.193$ 求得

$$T_r = \frac{460}{425.2} = 1.08,\quad p_r = \frac{1.52\times10^3}{3.75\times10^3} = 0.40$$

将 T_r，p_r 值代入 Berthelot 方程，即得

$$Z = 1 + \frac{9}{128}\times\frac{0.4}{1.08}\left[1 - \frac{6}{(1.08)^2}\right] = 0.8927$$

于是得

$$V = \frac{0.8927\times8314\times460}{1.52\times10^3} = 2246.5\text{cm}^3\cdot\text{mol}^{-1}$$

(3) 普遍化式(2-18)

先按式(2-19)和式(2-20),求得

$$B^{(0)}=-0.290,\quad B^{(1)}=0.014$$

再根据 $\omega=0.193$ 和式(2-18),求得

$$\frac{Bp_c}{RT_c}=B^{(0)}+\omega B^{(1)}=-0.290+0.193\times0.014=-0.287$$

然后按式(2-15),得

$$Z=1-0.287\times\frac{0.4}{1.08}=0.894$$

最后得

$$V=\frac{ZRT}{p}=\frac{0.894\times8314\times460}{1.52\times10^3}=2250\mathrm{cm^3\cdot mol^{-1}}$$

(4) 应用含有实验常数的维里式,即

$$Z=\frac{pV}{RT}=1+\frac{B}{V}+\frac{C}{V^2}$$

$$\frac{1.52\times10^3V}{8314\times460}=1-\frac{265}{V}+\frac{30\,250}{V^2}$$

用试差法解得 $V=2233\mathrm{cm^3\cdot mol^{-1}}$。由于该法的结果是由实验数据得来,故可以认为是精确的。用其他方法求得的值与此值进行比较,其误差如下表中所示。

各方法计算结果的比较

方　法	摩尔体积/($\mathrm{cm^3\cdot mol^{-1}}$)	偏差/%
(1) 理想气体定律	2516	12.7
(2) Berthelot 方程	2246.5	0.60
(3) 普遍化式(2-18)	2250	0.76
(4) 含有实验常数的维里式	2233	

2.3 经典状态方程

理论上,维里型状态方程的无穷级数展开式,可以用来描述气相等温线到任何精度,但实际上,缺少广泛而精确的体积数据来确定高次项维里系数,使用三项维里舍项式一般又只能适用到临界密度的数量级,要进一步应用到更高压力范围非常困难。最为遗憾的是,使用舍项的维里方程和单独一套维里系数不能用来同时描述汽、液两相。因此,描述更高密度的气体和液体的性质必须通过寻求具有一定物理意义的半经验半理论的状态方程来完成,这类方程称为经典状态方程。

截至目前,已经提出的经典状态方程已有一百多个,而且还不断有新的方程发表,这些方程大多引入经验常数去拟合实验数据。经验常数的数目少则只有两个,多的竟达二十多个,甚至更多。对于多常数的状态方程,除非使用计算机,否则根本无法完成。这些经验状态方程大致可分为两类:第一类是立方型状态方程,参数较少,一般只有两个或三个;这类方程的原型是 van der Waals 方程,因此也叫做 van der Waals 型状态方程。第二类是多参

数状态方程，参数比较多，类似有限项的级数展开式，类似于维里方程。

下面就这两类方程从历史发展角度来选取其中著名的状态方程，并按其发展路线逐个进行讨论：

路线1：van der Waals(1873)→Redlich-Kwong(1949)→Wilson(1965)→Soave(1972)→Peng-Robinson(1976)

路线2：Beattie-Bridgeman(1928)→Benedict-Webb-Rubin(1940—1942)→Starling(1971)→Starling-Han(1972)

2.3.1 立方型状态方程

1. van der Waals 状态方程

1873年，J. D. van der Waals 首次导出了能表达从气态到液态的连续性状态方程：

$$\left(p+\frac{a}{V^2}\right)(V-b)=RT$$

或

$$p=\frac{RT}{V-b}-\frac{a}{V^2} \tag{2-24}$$

该式尽管不精确，但还是特别值得关注，因为它对对比态原理以及后来的类似的状态方程的开发有着巨大的贡献。

式(2-24)与理想气体定律相比，所不同的是多引入了两个参数。参数 a 表征了分子间的引力。由于分子间引力的存在，气体分子施加于器壁的压力要比理想气体状态下的压力小，故上述状态方程中就多增加了一项 a/V^2，以表示对压力的校正。参数 b 称为协体积(covolume)，表示气体总体积 V 中包含分子本身的体积，所以在气体总体积中要减去 b 值。

任何一个真实气体状态方程，当 $p\to 0, V\to\infty$ 时，其极限情况应该符合理想气体定律。考察方程式(2-24)，它能满足这一要求。式(2-24)可以改写成

$$pV=\frac{RT}{1-b/V}-\frac{a}{V} \tag{2-25}$$

在上述极限情况下，式(2-25)就变成理想气体状态方程。

现按 van der Waals 方程，在 p-V 图上画出几条等温线，如图2-5所示。很明显，式(2-24)是体积 V 的立方型方程，对于 T,p 的每一对给定值，V 有三个根。设温度维持不变，压力每变动一次，V 的三个根有时均为实根，有时为一个实根和两个虚根。现就等温线 $T<T_c$ 的情况来看，在压力 p_1 和 p_3 之间，V 有三个不同的实根，但压力等于 p_1 或 p_3 时，则其中两个根合为一个，例如压力等于 p_1，F点表示两根合一的值。设压力低于 p_3 或高于 p_1，则 V 只有一个实根，其他两根均为虚根。温度逐渐提高，各个等温线上的三个实根渐趋接近；当温度升高到某一定值 T_c，压力增加到某一定值 p_c 时，V 的三个根合并为一，如图中的C点，该点叫做临界点，此时的体积为 V_c，称为临界体积。

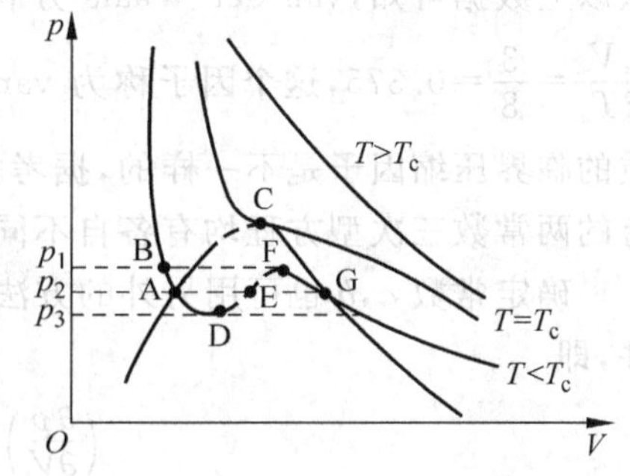

图2-5 van der Waals 方程的曲线

凡是温度超过 T_c 的每条等温线，任何一给定压

力所对应的体积 V，只有一个实根，如等温线 $T>T_c$ 所示。

再看一下 $T<T_c$ 的等温线上，p_2 等压线所交的A和G；最小根(A点)表示饱和液相体积，最大根(G点)表示饱和汽相体积，中间根没有物理意义。在 p_1 和 p_3 之间的等温线部分，$(\partial p/\partial V)_T$ 为正值，这和我们所了解的真实流体的行为相违背，由此得出结论，等温线DEF线段部分是没有物理意义的，这也就是刚才讨论的有三个不等实根存在时其中间值没有意义的原因。等温线的AD和FG部分，其 $(\partial p/\partial V)_T$ 均为负值，这是符合实际流体行为的，尽管它们的压力不是该温度下的饱和压力，但它们是有一定意义的。AD部分代表过热液体状态，FG部分代表过冷气体状态，在一定条件下，这些状态都是可以实现的，是亚稳状态。中间线段DF代表完全不稳定状态，实际上不可能实现。

van der Waals方程的三个实根既然能在临界点合并为一个，这使我们可用 p_c，V_c 和 T_c 三个值来推算 a，b 值。其算法如下：令 V 表示同值的三个实根，得 $(V-V_c)^3=0$，表示成展开式

$$V^3-3V_cV^2+3V_c^2V-V_c^3=0 \tag{2-26}$$

另一方面，van der Waals方程在临界点上，也可表示成

$$V^3-\left(\frac{bp_c+RT_c}{p_c}\right)V^2+\frac{a}{p_c}V-\frac{ab}{p_c}=0 \tag{2-27}$$

在以上两式中，同幂的系数必相等，所以

$$3V_c=\frac{bp_c+RT_c}{p_c}$$

$$3V_c^2=\frac{a}{p_c}$$

$$V_c^3=\frac{ab}{p_c}$$

由此可解得

$$\left.\begin{aligned} a&=\frac{27}{64}\cdot\frac{(RT_c)^2}{p_c}\\ b&=\frac{1}{8}\cdot\frac{RT_c}{p_c}\\ \frac{p_cV_c}{RT_c}&=\frac{3}{8}\end{aligned}\right\} \tag{2-28}$$

参数 a 和 b 通常均用 p_c，T_c 来确定，因为这两个临界参数比起临界体积要精确可靠。从以上数据可知，van der Waals方程给出了一个本方程固有的临界压缩因子值，即 $\zeta_c=\frac{p_cV_c}{RT_c}=\frac{3}{8}=0.375$，这个因子称为van der Waals方程理论临界压缩因子。实际上，不同物质的临界压缩因子是不一样的，据考察，其数值范围为0.23～0.29。后面我们还会介绍所有的两常数三次型方程均有各自不同的理论临界压缩因子。

确定常数 a，b 也可用另外的方法，如利用临界等温线在临界点上的水平拐点的特殊条件，即

$$\left(\frac{\partial p}{\partial V}\right)_{T_c}=0,\quad \left(\frac{\partial^2 p}{\partial V^2}\right)_{T_c}=0 \tag{2-29}$$

把van der Waals方程代入上述条件，即可得

$$\left(\frac{\partial p}{\partial V}\right)_{T_c}=-\frac{RT_c}{(V_c-b)^2}+\frac{2a}{V_c^3}=0 \tag{2-30}$$

$$\left(\frac{\partial^2 p}{\partial V^2}\right)_{T_c}=\frac{2RT_c}{(V_c-b)^3}-\frac{6a}{V_c^4}=0 \tag{2-31}$$

联立求解方程(2-30)和式(2-31)，得

$$b=\frac{1}{3}V_c,\quad a=\left(\frac{9}{8}\right)RT_cV_c \tag{2-32}$$

将方程(2-24)应用于临界点，并与方程(2-32)联立，即得

$$\frac{p_cV_c}{RT_c}=\frac{3}{8}=0.375 \tag{2-33}$$

于是，从方程(2-32)和(2-33)可求得

$$b=\frac{1}{8}\cdot\frac{RT_c}{p_c},\quad a=\frac{27}{64}\cdot\frac{(RT_c)^2}{p_c}$$

van der Waals 方程中的每一项虽然可赋予一定的物理解释，但这种改进式毕竟是过于简单，用它来推算流体的 p-V-T 性质误差很大。当然也可以采用实验的 p-V-T 数据来拟合 a 和 b 的数值，但往往又受到所选数据范围的限制，外推时其偏差比较大。van der Waals 工作的重要意义在于开辟了一个研究方向，这个体积为三次幂的状态方程是能够同时描述气、液两相的最低阶的物态方程。后来发展的许多有实用价值并颇受重视的状态方程，不少都衍源于它。

2. Redlich-Kwong 方程(RK 方程)

正如许多早期研究者所做的那样，Redlich-Kwong 修正了压力校正项 a/V^2，于 1949 年提出下列方程[4]：

$$p=\frac{RT}{V-b}-\frac{a}{T^{0.5}V(V+b)} \tag{2-34}$$

式中 a,b 也是各物质特有的参数，与 van der Waals 方程的参数一样，最好是用实验数据来拟合确定，但在实际应用中为了计算方便，通常还是用 T_c 和 p_c 来表示。

上述状态方程可表示成摩尔体积 V 的三次幂形式，即

$$V^3-\left(\frac{RT}{p}\right)V^2+\left(\frac{a}{\sqrt{T}p}-\frac{bRT}{p}-b^2\right)V-\frac{a}{\sqrt{T}}\cdot\frac{b}{p}=0 \tag{2-35}$$

如同求算 van der Waals 方程参数 a,b 一样，RK 方程的可调参数 a 和 b 也可以根据临界点特性，即方程(2-29)，或根据方程(2-26)和(2-35)在临界点上同幂系数相等的特性求得：

$$3V_c=\frac{RT_c}{p_c} \tag{2-36}$$

$$3V_c^2=\frac{a_c}{\sqrt{T_c}p_c}-\frac{bRT_c}{p_c}-b^2 \tag{2-37}$$

$$V_c^3=\frac{a_cb}{\sqrt{T_c}p_c} \tag{2-38}$$

由方程式(2-36)，Redlich-Kwong 方程的理论临界压缩因子为 $\frac{p_cV_c}{RT_c}=\frac{1}{3}=0.333$，它也是一个所有流体的通用常数。由于这一缺陷，Redlich-Kwong 方程在临界区是不准确的。

从方程(2-36),(2-37)和(2-38)可求解 a 和 b。三个方程式联立,得

$$b^3+(3V_c)b^2+(3V_c^2)b-V_c^3=0$$

重排此方程,得

$$b^3+3b^2V_c+3bV_c^2+V_c^3=2V_c^3$$

或

$$(b+V_c)^3=2V_c^3$$

或

$$b=(2^{1/3}-1)V_c \tag{2-39}$$

联立方程(2-36)和(2-39)得

$$b=\frac{(2^{1/3}-1)RT_c}{3p_c}=0.086\,64\frac{RT_c}{p_c} \tag{2-40}$$

联立方程式(2-36),(2-38)和(2-40)得

$$a_c=\frac{R^2T_c^{2.5}}{9(2^{1/3}-1)p_c}=0.427\,48\frac{R^2T_c^{2.5}}{p_c} \tag{2-41}$$

如果用 ZRT/p 替代 V,并重排式(2-34),即得

$$Z^3-Z^2+(A-B-B^2)Z-AB=0 \tag{2-42}$$

其中

$$A=\frac{ap}{R^2T^{2.5}}=0.427\,48\frac{p_r}{T_r^{2.5}} \tag{2-43}$$

$$B=\frac{bp}{RT}=0.086\,64\frac{p_r}{T_r} \tag{2-44}$$

Redlich-Kwong 曾将$\frac{a}{R^2T^{2.5}}$,$\frac{b}{RT}$和$\frac{b}{V}$分别表示为A^2,B和h,于是方程式(2-34)可表示成下列形式

$$Z=\frac{1}{1-h}-\left(\frac{A^2}{B}\right)_{RK}\frac{h}{1+h} \tag{2-45}$$

方程式(2-45)在文献中经常使用。应该指出的是,Redlich-Kwong 在偏心因子发表之前6年就提出了他们的方程。

3. Wilson 方程[5]

Redlich-Kwong 方程可改写成下列普遍式

$$p=\frac{RT}{V-b}-\frac{a}{V(V+b)} \tag{2-46}$$

其中

$$a=a_c\alpha \tag{2-47}$$

$$a_c=0.427\,48\frac{(RT_c)^2}{p_c} \tag{2-48}$$

α 是一温度函数,如原始 Redlich-Kwong 方程,$\alpha=T_r^{-0.5}$。Wilson 定义一个参数 g,相当于 α/T_r,并使该参数为对比温度 T_r 和偏心因子 ω 的函数,

$$\alpha=T_rg(T_r,\omega) \tag{2-49}$$

对一给定流体,即给定的 ω,设参数 g 是 $1/T_r$ 的线性函数,

$$g = c + mT_r^{-1}$$

利用临界态的约束条件；当 $T_r=1, g=1$，即得

$$g = 1 + m(T_r^{-1} - 1) \tag{2-50}$$

然后，将斜率 m 与偏心因子 ω 进行关联。此处可以利用的条件是蒸汽压线与临界等容线在临界点的连续性，即蒸汽压线与临界等容线在临界点上具有公切线，可用下列方程表示：

$$\left(\frac{\partial p}{\partial T}\right)_{\text{sat}} = \left(\frac{\partial p}{\partial T}\right)_{V_c} \tag{2-51}$$

根据上述条件即可求得斜率 m 与 ω 的线性关系

$$m = 1.57 + 1.62\omega \tag{2-52}$$

将它代入式(2-50)，得

$$g = 1 + (1.57 + 1.62\omega)(T_r^{-1} - 1) \tag{2-53}$$

最后得

$$\alpha = T_r[1 + (1.57 + 1.62\omega)(T_r^{-1} - 1)] \tag{2-54}$$

4. Soave 方程(SRK 方程)[6]

Soave 也把 α 定义为对比温度 T_r 和偏心因子 ω 的函数，但他在建立 α 函数时所采用的方法与 Wilson 的有很大的不同。

Soave 为了确立温度函数 α，曾对许多轻烃计算了 $T_r=0.4\sim1.0$ 范围的 α 值，发现每种流体的 $\alpha^{0.5}$ 与 $T_r^{0.5}$ 是负斜率的线性关系，即

$$\alpha^{0.5} = c - mT_r^{0.5}$$

根据定义(见式(2-47))，当 $T_r=1$ 时，$\alpha=1$，于是上述方程可改写成

$$\alpha^{0.5} = 1 + m(1 - T_r^{0.5}) \tag{2-55}$$

在建立方程(2-55)的线性关系时，Soave 曾直接应用 ω 的定义式，并用同温下纯物质的饱和汽、液两相逸度相等为目标函数回归出温度函数的系数 m，然后将 m 与物质的偏心因子相关联，于是得到一个 ω 的二次函数，即

$$m = 0.480 + 1.574\omega - 0.176\omega^2 \tag{2-56}$$

联立方程(2-55)和(2-56)，得

$$\alpha^{0.5} = 1 + (0.480 + 1.574\omega - 0.176\omega^2)(1 - T_r^{0.5}) \tag{2-57}$$

经 Soave 改进后的 Redlich-Kwong 方程显示出很大的优越性，特别是用它来计算纯烃和烃类混合物体系的汽-液平衡具有较高的精度。Soave 的工作使简单状态方程在烃加工工业中扩大应用方面做出了很大的贡献。

实用上为了方程式求解方便，常将状态方程表示为如下多项式

$$Z^3 - Z^2 + (A - B - B^2)Z - AB = 0 \tag{2-58}$$

其中

$$A = \frac{ap}{(RT)^2} = 0.427\,48\alpha\frac{p_r}{T_r^2} \tag{2-59}$$

$$B = \frac{bp}{RT} = 0.086\,64\frac{p_r}{T_r} \tag{2-60}$$

5. Peng-Robinson 方程(PR 方程)[7]

原 Redlich-Kwong 方程和经 Wilson 和 Soave 改进的方程有一共同的缺点,就是预计液相密度时精度很差。为了克服这一缺陷,Peng 和 Robinson 又对 Redlich-Kwong 方程进行了改进,于 1976 年提出如下形式的状态方程:

$$p=\frac{RT}{V-b}-\frac{a}{V(V+b)+b(V-b)} \tag{2-61}$$

或

$$p=\frac{RT}{V-b}-\frac{a}{[V+(\sqrt{2}+1)b][V-(\sqrt{2}-1)b]} \tag{2-61a}$$

其中 a 与式(2-47)形式一样。参数 a 和 b 同样可用前面所述的方法确定。先将方程(2-61)改写成 V 的三次幂形式,且在临界点可表示为

$$V^3-\left(\frac{RT_c}{p_c}-b\right)V^2+\left(\frac{a}{p_c}-\frac{2bRT_c}{p_c}-3b^2\right)V-b\left(\frac{a}{p_c}-\frac{bRT_c}{p_c}-b^2\right)=0 \tag{2-62}$$

根据方程(2-26)和(2-62),使之在临界点上同幂系数相等,得

$$3V_c=\frac{RT_c}{p_c}-b \tag{2-63}$$

$$3V_c^2=\frac{a}{p_c}-\frac{2bRT_c}{p_c}-3b^2 \tag{2-64}$$

$$V_c^3=\frac{ab}{p_c}-\frac{b^2RT_c}{p_c}-b^3 \tag{2-65}$$

联立方程式(2-63),(2-64)和(2-65),并令 $b/V_c=\beta_c$,得

$$3\beta_c^3+3\beta_c^2+3\beta_c-1=0 \tag{2-66}$$

从上式解得

$$\beta_c=0.253\,076 \tag{2-67}$$

将 β_c 值代入方程式(2-63),可求得该状态方程的理论临界压缩因子

$$\zeta_c=\frac{p_cV_c}{RT_c}=0.307\,401 \tag{2-68}$$

于是,参数 a_c 和 b 确定为

$$a_c=\Omega_a\frac{(RT_c)^2}{p_c},\quad \Omega_a=0.457\,235 \tag{2-69}$$

$$b=\Omega_b\frac{RT_c}{p_c},\quad \Omega_b=0.077\,796 \tag{2-70}$$

如方程式(2-68)所指出,其通用临界压缩因子值为 0.3074。该值比起 Redlich-Kwong 方程所计算的 0.333,有明显改进。然而仍然和实际流体的真实临界压缩因子的数值(除 H_2 和 He 以外)有差别。方程式(2-61)预计的液相密度比之 Soave 方程所预计的,其精度有明显提高。

将方程(2-61)重排成压缩因子形式,得

$$Z^3-(1-B)Z^2+(A-2B-3B^2)Z-(AB-B^2-B^3)=0 \tag{2-71}$$

其中

$$A=\frac{ap}{R^2T^2}=0.457\,235\frac{\alpha p_r}{T_r^2} \tag{2-72}$$

$$B = \frac{bp}{RT} = 0.077\,796\,\frac{p_r}{T_r} \tag{2-73}$$

Peng-Robinson 方程中的温度函数 α 可用与 Soave 方程同样的方法得到，即 α 与 T_r 的关系仍然表示为

$$\alpha^{0.5} = 1 + m(1 - T_r^{0.5})$$

其中斜率 m 值是根据一些烃类物质从正常沸点到临界点的蒸汽压数据求得，并将它与偏心因子 ω 进行关联，得

$$m = 0.376\,46 + 1.542\,26\omega - 0.269\,92\omega^2 \tag{2-74}$$

因此，Peng-Robinson 方程中的温度函数 α 为

$$\alpha^{0.5} = 1 + (0.376\,46 + 1.542\,26\omega - 0.269\,92\omega^2)(1 - T_r^{0.5}) \tag{2-75}$$

值得指出的是，Soave 方程和 Peng-Robinson 方程在预计蒸汽压时显示出优点，其重要原因是由于它们有了很好的温度函数 α。在预计稠密区的摩尔体积方面，Peng-Robinson 方程比 Soave 方程更优越。

6. 多参数立方型方程

两常数立方型状态方程，由于其形式简单，使用方便，因而在化工、石油、动力等领域的工程计算中得到广泛应用。据分析，各个方程各有其比较合适的使用范围，如 Redlich-Kwong 方程比较适合于一些简单物质，如 Ar，Kr，Xe，N_2，O_2，CO，CH_4 等(这些物质的 ω 值一般都很小)，而 Peng-Robinson 方程则对于 ω=0.35 左右(相当于 Z_c=0.26 左右)的物质比较适合，要进一步外推同样也比较困难。产生两参数状态方程这一局限性的根本原因是各方程本身所固有的理论临界压缩因子 ζ_c 是一定值，ζ_c 值一般比其最佳适用范围的物质的实际临界压缩因子要高 15%左右。由于上述原因，不少学者在这方面加以改进。通过引入第三参数，使得立方型状态方程的 ζ_c 值随物质不同而变化，收到了较好的效果，如 1980 年 Schmidt 和 Wenzel[8]

$$P = \frac{RT}{V-b} - \frac{a}{V^2 + ubV + wb^2} \tag{2-76}$$

1982 年 Patel 和 Teja[9]

$$P = \frac{RT}{V-b} - \frac{a}{V(V+b) + c(V-b)} \tag{2-77}$$

这类方程也被称为总包型立方型方程。

1981 年童景山和刘裕品发表了一个类似形式的立方型状态方程[10]：

$$p = \frac{RT}{V-b} - \frac{a}{(V+mb)(V-nb)} \tag{2-78}$$

式中，$a=a_c\alpha$(α 为温度函数)。

前面讨论的几个状态方程可以归纳为本方程的特例，其 m，n 值示于表 2-2。

表 2-2 几个状态方程的 m 和 n 值

状态方程名称	m	n
van der Waals	0	0
Redlich-Kwong	1	0
Wilson，Soave	1	0
Peng-Robinson	$\sqrt{2}+1$	$\sqrt{2}-1$

为了提高本方程的精度和拓宽其适用范围，本文在分析了前面若干方程特点的基础上，对 m,n 提出如下的关联式：

$$m = 1 + 2\sqrt{2}\sqrt{\omega},\quad n = 2(\sqrt{2} - 1)\sqrt{\omega} \tag{2-79}$$

将式(2-79)和临界条件

$$\left(\frac{\partial p}{\partial V}\right)_{T_c} = \left(\frac{\partial^2 p}{\partial V^2}\right)_{T_c} = 0$$

一并用于方程(2-78)，可解得

$$a = \Omega_a \frac{R^2 T_c^2}{p_c}$$

$$\Omega_a = \zeta_c^2/\beta_c + mn\beta_c\zeta_c(1 + \beta_c\zeta_c)$$

$$b = \Omega_b \frac{RT_c}{p_c},\quad \Omega_b = \beta_c\zeta_c$$

$$\zeta_c = [3 + (m - n - 1)\beta_c]^{-1}$$

$\beta_c\left(=\dfrac{b}{V_c}\right)$可从下列三次型方程求解得到：

$$\beta_c^3(m^2 + n^2 - m^2 n + mn^2 - mn) + 3\beta_c^2(m - n - mn) + 3\beta_c - 1 = 0$$

或者按下列经验公式计算

$$\beta_c = 0.259\,90 - 0.168\,24\,\omega + 0.756\,22\,\omega^2 - 0.807\,32\,\omega^3 \quad (\omega = 0 \sim 0.5)$$

温度函数 α 沿用 Soave 方程的形式：

$$\alpha^{0.5} = 1 + k(1 - T_r^{0.5})$$

其中

$$k = 0.4514 + 1.3210\omega - 0.5327\omega^2$$

本方程写成 z 的三次型形式为

$$Z^3 + [(m - n - 1)B - 1]Z^2 + [A - (m - n)B - (m - n + mn)B^2]Z + [mn(B^2 + B^3) - AB] = 0 \tag{2-80}$$

其中，

$$A = \frac{a_c \alpha p}{(RT)^2},\quad B = \frac{bp}{RT}$$

本状态方程既可用于气相计算，也可用于液相计算，其精度比 RKS 与 PR 方程有所提高，液相计算精度的提高尤为明显。

例 2-2 质量为 0.5kg 的气态氨，贮于浸没在 338.2K 的恒温浴中的 30 000cm^3 高压容器内，试按下列方法计算气体的压力。

(1) 理想气体定律；

(2) Redlich-Kwong 方程；

(3) Soave 改进的 Redlich-Kwong 方程；

(4) Peng-Robinson 方程；

(5) 童景山-刘裕品方程。

解 先从附录 B 查得氨的物性数据：

$M = 17.031$，$T_c = 405.6\text{K}$，$p_c = 11.28 \times 10^3\text{kPa} = 111.3\text{atm}$

$Z_c = 0.242$，$\omega = 0.250$

(1) 计算氨的摩尔体积

$$V = \frac{V_T}{n} = \frac{V_T}{m/M}$$

式中，n 是氨的物质的量，m 是高压容器中氨的质量，M 是氨的摩尔质量，因此

$$V = \frac{30\,000}{500/17.02} = 1021\mathrm{cm^3 \cdot mol^{-1}}$$

故

$$p = \frac{8.314 \times 10^6 \times 338.15}{1021} = 2.753 \times 10^3 \mathrm{kPa}$$

(2) 计算

$$h = \frac{b}{V} = 0.0867\frac{RT_c}{p_c V} = \frac{0.0867 \times 8.314 \times 10^6 \times 405.6}{11.28 \times 10^6 \times 1021}$$

$$= 0.0253$$

$$\frac{A^2}{B} = \frac{a}{bRT^{1.5}} = \frac{0.4278 \times T_c^{1.5}}{0.0867 \times T^{1.5}} = \frac{4.934}{T_r^{1.5}}$$

$$T_r = \frac{T}{T_c} = \frac{338.15}{405.6} = 0.833$$

把以上数值代入式(2-45)，得

$$Z = \frac{1}{1-h} - \frac{4.934}{T_r^{1.5}} \cdot \frac{h}{1+h} = \frac{1}{0.9747} - \frac{4.934}{(0.833)^{1.5}} \times \frac{0.0253}{1.0253}$$

$$= 0.867$$

故

$$p = \frac{ZRT}{V} = \frac{0.867 \times 8.314 \times 10^6 \times 338.15}{1021} = 2.387 \times 10^3 \mathrm{kPa}$$

(3) 计算

$$b = 0.086\,64\frac{RT_c}{p_c} = 0.086\,64\frac{8.314 \times 10^6 \times 405.6}{11.28 \times 10^6} = 25.90$$

$$a_c = 0.427\,48\frac{(RT_c)^2}{p_c} = 0.427\,48 \times \frac{(8.314 \times 10^6 \times 405.6)^2}{11.28 \times 10^6}$$

$$= 4.3095 \times 10^{11}$$

$$m = 0.480 + 1.574 \times 0.250 - 0.176 \times 0.250^2 = 0.8625$$

$$\alpha = [1 + 0.8625(1 - 0.833^{0.5})] = 1.156$$

$$a = a_c\alpha = 4.9817 \times 10^{11}$$

故

$$p = \frac{8.314 \times 10^6 \times 338.15}{1021 - 25.90} - \frac{4.9817 \times 10^{11}}{1021(1021 + 25.90)}$$

$$= 2.8252 \times 10^6 - 0.466\,06 \times 10^6 = 2.359 \times 10^3 \mathrm{kPa}$$

(4) 计算

$$b = 0.077\,796\frac{RT_c}{p_c} = 0.077\,796 \times \frac{8.314 \times 10^6 \times 405.6}{11.28 \times 10^6} = 23.264$$

$$a_c = 0.457\,24\frac{(RT_c)^2}{p_c} = 0.457\,24 \times \frac{(8.314 \times 10^6 \times 405.6)^2}{11.28} = 4.6095 \times 10^{11}$$

$m=0.376\,46+1.542\,26\times0.25-0.269\,92\times(0.25)^2=0.745\,15$

$\alpha=[1+0.745\,16(1-0.833^{0.5})]=1.134\,35$

$a=a_c\alpha=5.228\,75\times10^{11}$

将上述数值代入式(2-61),得

$$p=\frac{8.314\times10^6\times338.15}{1021-23.264}-\frac{5.228\,75\times10^{11}}{1021(1021+23.264)+23.264(1021-23.264)}$$

$$=2.817\,76-0.479\,96=2.3378\times10^3\,\text{kPa}$$

(5) 计算

$$\beta_c=0.259\,90-0.168\,24(0.25)+0.756\,22(0.25)^2-0.807\,32(0.25)^3=0.2525$$

$$\zeta_c=\frac{1}{(2\sqrt{\omega}\beta_c+3)}=\frac{1}{(3+2\sqrt{0.25}\times0.2525)}=0.307\,457$$

$$\Omega_b=\zeta_c\beta_c=0.307\,457\times0.2525=0.077\,633$$

$$m=1+2\sqrt{2}\sqrt{\omega}=1+2\sqrt{2}\sqrt{0.25}=2.4142$$

$$n=2(\sqrt{2}-1)\sqrt{0.25}=0.4142$$

$$\Omega_a=\zeta_c^2/\beta_c+mn\beta_c\zeta_c(1+\beta_c\zeta_c)=(0.307\,457)^2/0.2525$$
$$+2.4142\times0.4142\times0.2525\times0.307\,457(1+0.2525\times0.307\,457)$$
$$=0.4580$$

$$k=0.4514+1.321\times0.25-0.5327\times(0.25)^2$$
$$=0.7484$$

$$\alpha=[1+(1-0.833^{0.5})\times0.7484]^2=1.134\,66$$

$$b=0.077\,633\frac{(RT_c)^2}{p_c}=0.077\,633\frac{(8.314\times10^6\times405.6)}{11.28\times10^6}=23.21$$

$$a=0.4580\frac{(RT_c)^2}{p_c}\cdot\alpha=0.4580\frac{(8.314\times10^6\times405.6)^2}{11.28\times10^6}\times1.134\,66$$
$$=5.2389\times10^{11}$$

故

$$p=\frac{8.314\times10^6\times338.15}{1021-23.21}-\frac{5.2389\times10^{11}}{(1021+56.034)(1021-9.614)}$$
$$=(2.8179-0.480\,94)\times10^6=2.337\times10^3\,\text{kPa}$$

在给定条件下其压力的实验值为 2.382×10^3 kPa,因此,按理想气体定律计算约大15%,而使用其他方法计算的数值,尽管氨为极性分子,但它们与实验数据基本相符。

7. 立方型方程的极性物质参数

Soave 方程的 α 参数的公式(2-57)、Peng-Robinson 方程的 α 参数公式(2-75),都是从非极性和简单小分子的 p-V-T 性质获得的,都是和分子的偏心因子进行关联,对于这些分子体系的计算精度基本满足要求,但是对于极性和较大分子的计算,精度较差。除了上节提到的多参数立方型方程可全面改善临界点和液体体积的计算精度以外,方程的 α 参数表达式的改进也是一个主要方向,下面介绍两个常见的公式。

1983 年 Mathias 和 Copeman 在 Soave 的 α 参数的公式基础上,提出了一个多项式[11]:

$$\alpha = \left[1 + c_1(1 - \sqrt{T_r}) + c_2(1 - \sqrt{T_r})^2 + c_3(1 - \sqrt{T_r})^3\right]^2, \quad T_r \leqslant 1 \tag{2-81}$$

式中增加了参数 c_2 和 c_3，对于极性和强极性物质，可以大幅度提高计算精度。

Stryjek 和 Vera(1986)两次对 PR 方程的 α 项中的斜率 m 表达式加以修正，并命名为 PRSV 和 PRSV-Ⅱ方程[12,13]。对于 PRSV：

$$m = \kappa_0 + \kappa_1(1 + T_r^{0.5})(0.7 - T_r), \quad T_r \leqslant 0.7 \tag{2-82a}$$

$$m = \kappa_0 \quad T_r > 0.7 \tag{2-82b}$$

其中，

$$\kappa_0 = 0.378\,893 + 1.489\,715\,3\omega - 0.171\,318\,48\omega^2 + 0.019\,654\,4\omega^3$$

而 κ_1 对于不同物质是特定的经验常数。PRSV 方程对于极性物质改进是明显的。

进一步 PRSV-Ⅱ的表达式为

$$m = \kappa_0 + [\kappa_1 + \kappa_2(\kappa_3 - T_r)(1 - T_r^{0.5})](1 + T_r^{0.5})(0.7 - T_r), \quad T_r \leqslant 0.7 \tag{2-83}$$

其中 $\kappa_1,\kappa_2,\kappa_3$ 对于不同物质是特定的经验常数。这些特定参数对于每个物质都是独立的，增加了方程参数，提高了极性分子、缔合物质的 p-V-T 计算精确度。可适用于 H_2O、HCl、酮、醇、醚、胺、酚、腈和酸等有机物。例如对水在不同温度下的饱和蒸汽压的计算，若使用 PR 方程，平均相对偏差为 20%；若使用 PRSV 方程，则平均相对偏差可降至 0.5%。

综上所述，这些随温度变化的 α 参数表达式，如应用于多参数立方型方程如 T-L 或 P-T，可以将极性分子和缔合物质的 p-V-T 的计算精度提高到 1%～2%[14]，基本可以满足化工过程的计算要求。

2.3.2 多参数状态方程

对状态方程的研究和改进，还有另一条发展路线，那就是类似于维里方程的多参数状态方程的研究。现在从工业应用角度选取其中一些有代表性的方程逐个进行讨论。

1. Beattie-Bridgeman 方程（BB 方程）

1928 年，Beattie 和 Bridgeman 提出如下形式的经验方程[15]

$$\left.\begin{aligned} &p = RT\rho(1 + B\rho)(1 - \delta) - A\rho^2 \\ &B = B_0(1 - b\rho) \\ &A = A_0(1 - a\rho) \\ &\delta = c\rho/T^3 \end{aligned}\right\} \tag{2-84}$$

其中

式中 ρ 为密度，等于 $\frac{1}{V}$；B_0, A_0, a, b, c 均为经验常数，可由纯物质的 p-V-T 实验数据求得。

BB 方程可以表示成下列形式：

$$p = p_{th} - p_i \tag{2-85}$$

即真实气体的压力 p 等于热压力 p_{th} 与内压力 p_i 之差。在理想气体中，分子运动所产生的压力为 ρRT，但当分子之间作用力不能忽略时，需要进行修正。van der Waals 假设气体内部分子的作用相互抵消，而不考虑这一项修正。Beattie 和 Bridgeman 根据 Lorentz 观点，认为真实气体的热压力总是大于理想气体的压力，而且分子体积越大，气体密度越高，则热压力就越大。因此将 p_{th} 表示成密度的函数

$$p_{th} = \rho RT(1 + B\rho) \tag{2-86}$$

在高密度时,进一步设 B 是密度的函数,于是

$$p_{th} = \rho RT[1 + B_0(1 - b\rho)\rho] \tag{2-87}$$

在高密度情况下,由于分子间引力作用,分子有形成分子集团的趋向,一个分子集团的行为相当于一个分子,所以实质上可以认为气体内的实际粒子数减少而表现分子质量增大。因此,需要修正摩尔气体常数 $R(=N_0\kappa)$。Beattie 等假设由于这种分子集团化使分子质量增大应与密度成正比,与温度的 n 次幂成反比,从而提出摩尔气体常数修正式为

$$R' = R(1 - c\rho/T^n) \tag{2-88}$$

式中 T 的指数 n 根据实验确定。Beattie 和 Bridgeman 研究发现,许多气体如 He,Ar,Ne,H_2,O_2,CO_2,CH_4 及乙醚等,其 n 的最佳值为 3,于是,修正的气体常数公式为

$$R' = R\left(1 - \frac{c\rho}{T^3}\right) \tag{2-89}$$

此时,热压力的公式应表示为

$$p_{th} = \rho RT[1 + B_0(1 - b\rho)\rho]\left(1 - \frac{c\rho}{T^3}\right) \tag{2-90}$$

其次,还要考虑分子间力对压力的影响。由于分子间力使压力减小的部分 p_i 可用下式表示

$$p_i = A\rho^2 \tag{2-91}$$

而 Lorentz 找到了内压 p_i 更精确的公式为

$$p_i = A_0\rho^2(1 - a\rho) \tag{2-92}$$

将方程(2-90)和(2-92)代入式(2-85),得到著名的 Beattie-Bridgeman 方程。

方程(2-84)也可表示成维里展开式:

$$p = \frac{RT}{V} + \frac{\beta}{V^2} + \frac{\gamma}{V^3} + \frac{\delta}{V^4} \tag{2-93}$$

其中

$$\beta = RTB_0 - A_0 - cR/T^2$$

$$\gamma = -RTB_0 b + A_0 a - cRB_0/T^2$$

$$\delta = \frac{RB_0 bc}{T^2}$$

童景山曾从分析分子聚集反应机理出发,应用统计力学原理,提出一个用来表征分子聚集程度的 j 函数,并且用它来改进现有的一些状态方程,取得了好的效果[16,17]。

2. Benedict-Webb-Rubin 方程(BWR 方程)[18,19]

Benedict,Webb 和 Rubin 在分析 Beattie-Bridgeman 方程特性的基础上,为了使状态方程能更好地反映高密度气体和液体区的行为,使用轻烃的实测数据,沿等密度线研究了压力与温度的关系直到高密度区,结果找到了适合气、液两相的,其形式与 Beattie-Bridgeman 方程类同的状态方程,即

$$(p - RT\rho)/\rho = RT\psi(\rho) - \phi(\rho) - \Gamma(\rho)/T^2 \tag{2-94}$$

式中 $\psi(\rho)$,$\phi(\rho)$和 $\Gamma(\rho)$是只与密度有关的函数。使上式与实测的各等密度线关联起来,得到了各密度下的 $\psi(\rho)$,$\phi(\rho)$和 $\Gamma(\rho)$值,再将其与密度进行回归关联,即得

$$\left.\begin{aligned}\psi(\rho) &= B_0 + b\rho \\ \phi(\rho) &= A_0 + a\rho(1-\alpha\rho^3) \\ \Gamma(\rho) &= C_0 - c\rho(1+\gamma\rho^2)\exp(-\gamma\rho^2)\end{aligned}\right\} \tag{2-95}$$

和 BB 方程相比，BWR 方程增加了三个经验参数：C_0，α，γ。将式(2-95)代入方程(2-94)，整理后可得

$$\begin{aligned}p =& RT\rho + \left(B_0RT - A_0 - \frac{C_0}{T^2}\right)\rho^2 + (bRT-a)\rho^3 \\ &+ a\alpha\rho^6 + c\,\frac{\rho^3}{T^2}(1+\gamma\rho^2)\exp(-\gamma\rho^2)\end{aligned} \tag{2-96}$$

这就是著名的 BWR 方程。

对烃类热力学性质的计算，BWR 方程能给出比较好的结果，在比临界密度大 1.8～2.0 倍的高压条件下，平均误差约为 0.3%。

关于方程中的参数，1967 年 Cooper 和 Goldfrank[20,27] 推荐了 33 种物质的常数值。

BWR 方程常数的另一个可靠的数据表是由 Orge 提供的[21]。值得注意的是，不同表中的常数，即使换算成同一单位制也不能混用。对指定的物质，所有常数必须取自同一文献。在附录 B 中列出了 21 种物质的 BWR 方程的参数，可供查阅。

3. K. E. Starling 改进的 BWR 方程(BWRS 方程)[22]

1971 年，K. E. Starling 等在 BWR 方程的基础上，提出一个具有 11 个常数的状态方程，称为 BWRS 或 SHBWR 方程，其目的是拓宽 BWR 方程的应用范围。经改进后，对比温度可低至 $T_r=0.3$，在对比密度高达 3 的条件下也能适用。对于轻烃气体以及 CO_2，H_2S 和 N_2 进行了计算，其体积性质的误差为 0.5%～2.0%。

BWRS 方程的形式如下

$$\begin{aligned}p =& \rho RT + \left(B_0RT - A_0 - \frac{C_0}{T^2} + \frac{D_0}{T^3} - \frac{E_0}{T^4}\right)\rho^2 \\ &+ \left(bRT - a - \frac{d}{T}\right)\rho^3 + \alpha\left(a + \frac{d}{T}\right)\rho^6 \\ &+ \frac{c\rho^3}{T^2}(1+\gamma\rho^2)\exp(-\gamma\rho^2)\end{aligned} \tag{2-97}$$

式中除了原来 BWR 方程中所使用的常数外，还新增加了三个参数 D_0，E_0 和 d。

4. Starling-Han 方程[23]

在纯物质的 BWRS 方程基础上，将方程中 11 个常数分别与临界常数 ρ_c 和 T_c 构成无量纲的组合数，并将各组合数与偏心因子 ω 关联，得

$$\rho_c B_0 = A_1 + B_1\omega$$

$$\frac{\rho_c A_0}{RT_c} = A_2 + B_2\omega$$

$$\frac{\rho_c C_0}{RT_c^3} = A_3 + B_3\omega$$

$$\rho_c^2\gamma = A_4 + B_4\omega$$

$$\rho_c^2 b = A_5 + B_5 \omega$$

$$\frac{\rho_c^2 a}{RT_c} = A_6 + B_6 \omega$$

$$\rho_c^3 \alpha = A_7 + B_7 \omega$$

$$\frac{\rho_c^2 C}{RT_c^3} = A_8 + B_8 \omega$$

$$\frac{\rho_c D_0}{RT_c^4} = A_9 + B_9 \omega$$

$$\frac{\rho_c^2 d}{RT_c^3} = A_{10} + B_{10} \omega$$

$$\frac{\rho_c E_0}{RT_c^5} = A_{11} + B_{11} \omega \exp(-3.8\omega)$$

这样,BWRS方程即变成一个普遍化状态方程,不仅使用方便,而且适用范围也有所扩大。式中,A_j 和 B_j($j=1,2,\cdots,11$)的数值列在表2-3中。表中数值是用 C_1 到 C_8 正烷烃的 T_c,ρ_c 和 ω 回归得到的。

表 2-3 常数 A_j 和 B_j 的数值

j	A_j	B_j	j	A_j	B_j
1	0.443 690	0.115 449	7	0.070 523 3	−0.044 448
2	1.284 380	−0.920 731	8	0.504 087	1.322 45
3	0.356 306	1.708 71	9	0.030 745 2	0.179 433
4	0.544 979	−0.270 896	10	0.073 282 8	0.463 492
5	0.528 629	0.349 261	11	0.006 450	−0.022 143
6	0.484 011	0.754 130			

比较有名的多参数维里型方程还有 Martin-侯方程[24]。

2.4 对比态原理

2.4.1 对比态原理的提出

每一种流体均有其确定的临界参数:临界压力 p_c,临界温度 T_c 和临界体积 V_c。如果用 p_c,V_c 和 T_c 作为度量单位来衡量流体的压力、体积和温度,以代替其绝对数值,它们就具有"对比"值的性质。对比压力、对比体积和对比温度分别定义如下

$$p_r = p/p_c \tag{2-98}$$

$$V_r = V/V_c \tag{2-99}$$

$$T_r = T/T_c \tag{2-100}$$

如果几种非临界态的气体,它们的对比参数值都相等(例如 $p_{r甲}=p_{r乙}=p_{r丙}=\cdots$,$V_{r甲}=V_{r乙}=V_{r丙}=\cdots$,$T_{r甲}=T_{r乙}=T_{r丙}=\cdots$),则称这几种气体处于相同的对比状态。

假如各种气体都共同遵守一个两参数(如 a 和 b)的状态方程,则状态方程是 p,V,T,a 和 b 这5个量的关系式,如 van der Waals 方程

$$\left(p+\frac{a}{V^2}\right)(V-b)=RT$$

现把 $p=p_cp_r$，$V=V_cV_r$ 和 $T=T_cT_r$ 代入上述状态方程，并考虑

$$a=3p_cV_c^2,\quad b=\frac{1}{3}V_c,\quad \frac{p_cV_c}{RT_c}=\frac{3}{8}$$

则可以得到

$$\left(p_r+\frac{3}{V_r^2}\right)\left(V_r-\frac{1}{3}\right)=\frac{8}{3}T_r \tag{2-101}$$

这是一个用对比参数表示的状态方程，称为对比状态方程，或称为普遍化状态方程。所谓对比态定律，首先是由式(2-101)得来的。因为在这种方程中不含有与气体种类有关的任何常数，已成为任何气体都适用的方程式。也就是说，对于两种或几种气体，如果它们的 p_r，V_r 和 T_r 中的两个相同，那么第三个必相同，这就是对比态定律，共同遵守这一定律的物质，称为热力学相似物质。

在数学上，对比态定律可用下式来表示

$$f(p_r,V_r,T_r)=0 \tag{2-102}$$

上式是原始对比态原理的数学表达式，但这只是一个近似方程，特别是在低压下不适用，这就暴露出它的局限性。

已知在低压下大多数气体都遵守理想气体定律，即

$$pV=RT$$

现用对比参数予以表示，则得

$$p_rV_r=\frac{RT_c}{p_cV_c}T_r$$

式中$\frac{p_cV_c}{RT_c}$是临界压缩因子，令$\frac{p_cV_c}{RT_c}=Z_c$，则得

$$p_rV_r=T_r/Z_c \tag{2-103}$$

如果式(2-103)成立，则必须要求 Z_c 是一个通用常数，但实测数据表明，各种气体的 Z_c 是不一样的，即非常数，这就表明，式(2-103)在低压下不适用，只能近似成立。

2.4.2 改良对比态原理

为了解决原始对比态原理中存在的问题，苏国桢[25]提出一个新的概念，即理想对比体积 V_{ri}。对于真实气体的描述，可在理想气体定律中引入 Z，即得下列 p-V-T 关系：

$$pV=ZRT \tag{2-104}$$

引入对比参数后，得

$$p_rV_r=\frac{Z}{Z_c}T_r \tag{2-105}$$

令 $V_rZ_c=V_{ri}$

$$V_{ri}=V_rZ_c=\left(\frac{V}{V_c}\right)\left(\frac{p_cV_c}{RT_c}\right)=\frac{V}{RT_c/p_c}=\frac{V}{V_{ci}} \tag{2-106}$$

其中 $V_{ci}=RT_c/p_c$ 称为理想临界体积，它和临界体积有相同的量纲，但它们相差 Z_c 倍。有了理想对比体积的定义以后，式(2-105)即可变为

$$p_rV_{ri}=ZT_r \tag{2-107}$$

由上式可知,Z 可以由 p_r,V_{ri},T_r 来关联:

$$Z = f_1(p_r, V_{ri}, T_r) \tag{2-108}$$

上式对于任何气体来说都是严格适用的。此外,从几种常见气体的压缩因子实验值来看,Z 可以用 P_r 和 T_r 近似确定,除了对一些极性气体,如 NH_3,H_2O 等误差较大以外,大多数气体的误差一般在2%左右,可见 Z 可以表示为

$$Z = f_2(p_r, T_r) \tag{2-109}$$

比较式(2-108)和式(2-109)可知,在式(2-108)中 p_r,V_{ri} 和 T_r 三个变量中只能有两个是独立的。因此它们之间必须满足

$$f(p_r, V_{ri}, T_r) = 0 \tag{2-110}$$

式(2-110)说明了任何气体的 P_r,V_{ri} 和 T_r 之间存在着普遍化状态方程,这就是改良的对比态原理。应该指出,由于式(2-110)在推导过程中使用了式(2-109)这一近似的结论,所以改良对比态方程同样具有近似性,但无论如何,它比原始对比态原理假设 Z_c 是一个通用常数更接近实验结果,具有比较高的计算精度,而且该式还可以适用于低压条件,故在文献中经常采用理想对比体积的概念。

2.4.3 普遍化的真实气体状态方程

应用改良对比态定律,可以将真实气体的状态方程进行普遍化处理,即消去其中的物质特性常数,变为只由 P_r,V_{ri} 和 T_r 所构成的通用式。如普遍化的 van der Waals 方程为

$$p_r = \frac{T_r}{V_{ri} - \frac{1}{8}} - \frac{27}{64V_{ri}^2} \tag{2-111}$$

同样,可写出普遍化的 Redlich-Kwong 方程为

$$p_r = \frac{T_r}{V_{ri} - 0.08664} - \frac{0.42748}{T_r^{0.5} V_{ri}(V_{ri} + 0.08664)} \tag{2-112}$$

苏国桢等人[26]曾提出普遍化的 Beattie-Bridgeman 方程,其形式如下

$$p_r = \frac{T_r}{V_{ri}^2}\left(1 - \frac{0.05}{T_r^3 V_{ri}}\right)[V_{ri} + 0.1867(1 - 0.03833/V_{ri})] - (0.4758/V_{ri}^2)(1 - 0.1127/V_{ri}) \tag{2-113}$$

普遍化 BWR 方程结构形式比较复杂,如有兴趣,可参看文献[27]。

例 2-3 已知过氯酰氟(ClO_3F)的临界参数:$p_c = 53.74\text{bar}(1\text{bar} = 10^5\text{Pa})$,$T_c = 368.28\text{K}$,$V_c = 125.02\text{cm}^3 \cdot \text{mol}^{-1}$。试应用以下诸方程计算在 $T = 404.42\text{K}$,$V = 279.25\text{cm}^3 \cdot \text{mol}^{-1}$ 时和 $T = 404.42\text{K}$,$V = 20\,382\text{cm}^3 \cdot \text{mol}^{-1}$ 时的压力,实验值分别为 69.23bar 和 1.508bar。

(1) 普遍化的 van der Waals 方程;

(2) 改良后的普遍化 van der Waals 方程;

(3) 改良后的普遍化 Redlich-Kwong 方程;

(4) 改良后的普遍化 Beattie-Bridgeman 方程。

解 先计算 $T = 404.42\text{K}$ 和 $V = 279.25\text{cm}^3 \cdot \text{mol}^{-1}$ 时的压力。

(1) $T_r = \frac{404.42}{368.28} = 1.098$,$V_r = \frac{279.25}{125.02} = 2.234$

由式(2-101)得

$$p_r = \frac{\frac{8}{3}\times 1.098}{2.234 - 1/3} - \frac{3}{(2.234)^2} = 1.5405 - 0.6011 = 0.9394$$

$$p = 0.9394 \times 53.74 = 5048\text{kPa}$$

(2) $V_{ri} = \dfrac{279.25 \times 53.74}{83.14 \times 368.28} = 0.4901$

由式(2-111)

$$p_r = \frac{1.098}{0.4901 - 0.125} - \frac{27}{64 \times (0.4901)^2} = 3.007 - 1.756 = 1.251$$

$$p = 1.251 \times 53.74 = 6723\text{kPa}$$

(3) 由式(2-112)

$$p_r = \frac{1.098}{0.4901 - 0.086\,64} - \frac{0.427\,48}{1.098^{0.5} \times 0.4901(0.4901 + 0.086\,64)}$$

$$= 2.7215 - 1.4433 = 1.2782$$

$$p = 1.2782 \times 53.74 = 6870\text{kPa}$$

(4) 由式(2-113)

$$p_r = \frac{1.098}{(0.4901)^2}\left(1 - \frac{0.05}{(1.098)^3 \times 0.4901}\right)\left[0.4901 + 0.1867\left(1 - \frac{0.038\,33}{0.4901}\right)\right]$$

$$-\left(0.4758/(0.4901)^2\right)\left(1 - \frac{0.1127}{0.4901}\right)$$

$$= 2.793\,775 - 1.525\,36 = 1.268\,415$$

$$p = 1.268\,415 \times 53.74 = 6817\text{kPa}$$

再计算 $T=404.42\text{K}$ 和 $V=20\,382\text{cm}^3 \cdot \text{mol}^{-1}$ 的压力。

(1) $V_r = \dfrac{20\,382}{125.02} = 163.02$

$$p_r = \frac{\frac{8}{3}\times 1.098}{163.02 - 1/3} - \frac{3}{(163.02)^2} = 0.0179$$

$$p = 0.0179 \times 53.74 = 96.2\text{kPa}$$

(2) $V_{ri} = \dfrac{20\,382 \times 53.74}{83.14 \times 368.28} = 35.771$

$$p_r = \frac{1.098}{35.771 - 0.125} - \frac{27}{64 \times (35.771)^2} = 0.030\,47$$

$$p = 0.030\,47 \times 53.74 = 163.7\text{kPa}$$

(3) $p_r = \dfrac{1.098}{35.771 - 0.086\,64} - \dfrac{0.427\,48}{(1.098)^{0.5} \times 35.771 \times (35.771 + 0.086\,64)}$

$$= 0.030\,45$$

$$p = 0.030\,45 \times 53.74 = 163.6\text{kPa}$$

(4) $p_r = \dfrac{1.098}{(35.771)^2}\left(1 - \dfrac{0.05}{(1.098)^3 \times 35.771}\right)\left[35.771 + 0.1867\left(1 - \dfrac{0.038\,33}{35.771}\right)\right]$

$$-\left[\frac{0.4758}{(35.771)^2}\right]\left(1 - \frac{0.1127}{35.771}\right) = 0.029\,84$$

$$p = 0.029\,84 \times 53.74 = 160.34\text{kPa}$$

各方法的压力计算值与实验值之比较 kPa

$T=404.42$K 和 $V=279.25\text{cm}^3\cdot\text{mol}^{-1}$				$T=404.42$K 和 $V=20\ 382\text{cm}^3\cdot\text{mol}^{-1}$			
计算法	$p_{计}$	$p_{实}-p_{计}$	误差/%	计算法	$p_{计}$	$p_{实}-p_{计}$	误差/%
方法(1)	5048	1875	27.08	方法(1)	96.2	54.6	36.20
方法(2)	6723	200	2.88	方法(2)	163.7	−12.9	−8.55
方法(3)	6870	53	0.77	方法(3)	163.6	−12.8	−8.49
方法(4)	6817	106	1.53	方法(4)	160.34	−9.5	−6.32

2.5 对比态关联

2.5.1 普遍化压缩因子图

对比态原理最初的,也是最为成功的应用是制作通用气体压缩因子图和表。根据原始对比态原理,压缩因子 Z 可以用 p_r 和 T_r 予以确定,即 $Z=f(p_r,T_r)$。尽管该表达式近似成立,但如果取的实验数据可靠而且比较广泛,那么对多种物质取平均值来制作的图表,仍然具有较好的代表性和准确性。目前用得比较多也是比较成功的是 Nelson 和 Obert[28] 于 1954 年发表的三段压缩因子图。参看图 2-6～图 2-8。

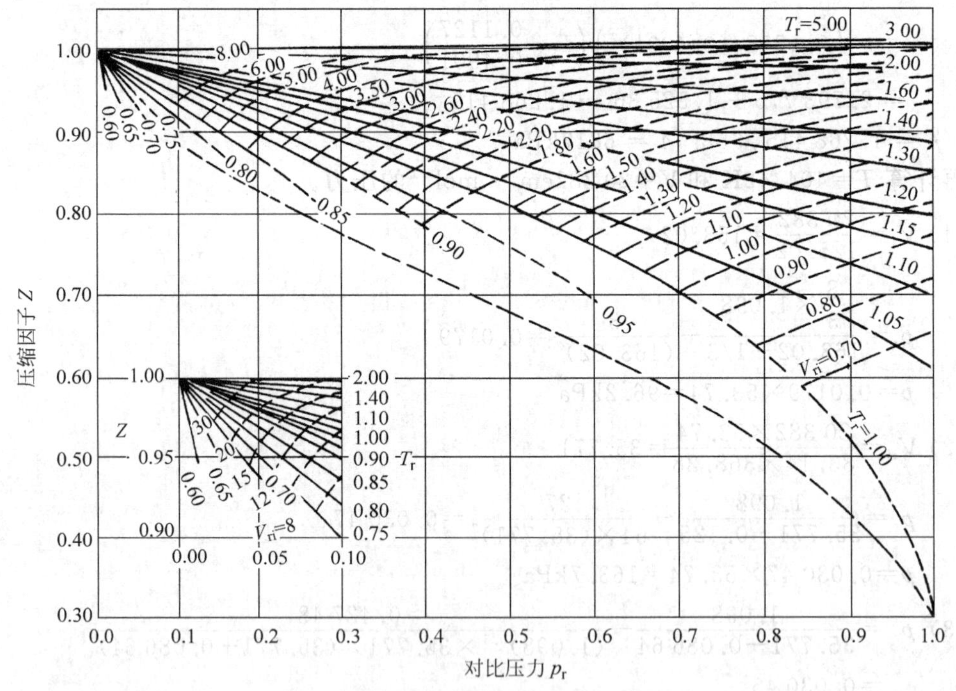

图 2-6 普遍化压缩因子图(低压段)

三段压缩因子图具有以下两个优点:

(1) 依据的数据比较广泛、全面,再加上按压力大小分成三段做图,制作仔细,准确度比较高。

(2) 在图上画出了等 V_{ri} 曲线,便于在压力或温度为未知数时,避免用试差法或做图法求解。

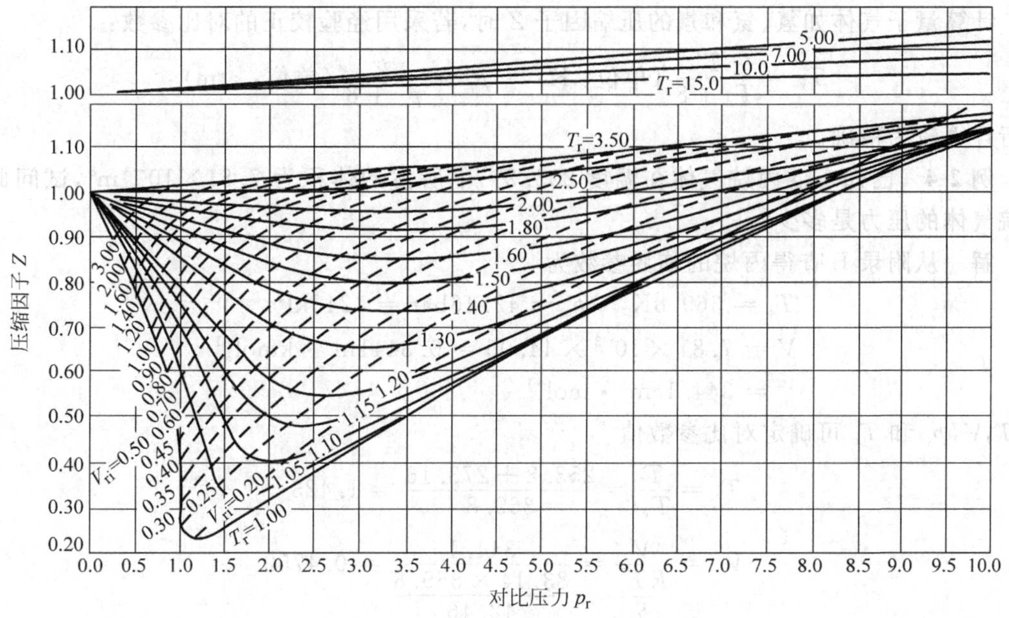

图 2-7　普遍化压缩因子图(中压段)

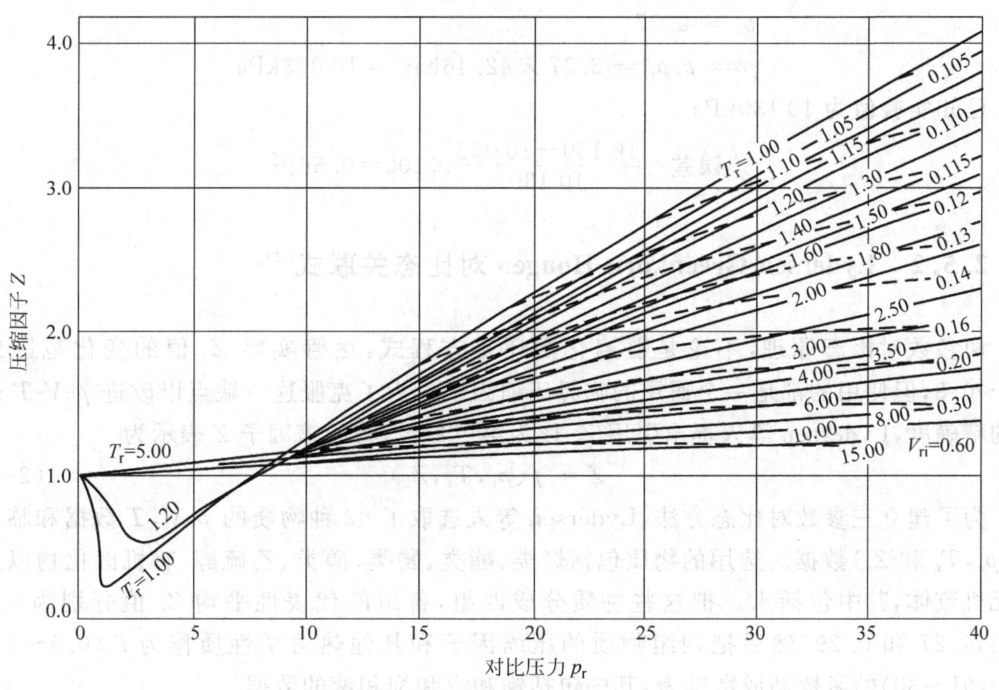

图 2-8　普遍化压缩因子图(高压段)

低压段(p_r＝0～1)的普遍化压缩因子图是由 30 种气体的实验数据绘制而成的，26 种非极性气体的最大偏差为 1%；氢、氦(临界参数未加校正)、氨和水蒸汽的最大偏差为 3%～4%。在中压段(p_r＝1～10)，也根据 30 种气体的数据绘成，除氢、氦、氨、氟甲烷外，最大偏差为 2.5%。氟甲烷在低温下最大偏差可达 7%；在 p_r＞1 时对氨不很可靠。制作高压段的普遍化压缩因子图所能找到的实验数据颇少，在 T_r＝1～3.5，p_r＝10～20 时，偏差一般在 5%以内。

计算量子气体如氢、氦和氖的压缩因子 Z 时,若采用经验校正的对比参数:

$$T_r = \frac{T}{T_c + 8}\ (\text{单位: K}), \quad p_r = \frac{p}{p_c + 8}\ (\text{单位: atm})$$

进行计算较为精确。

例 2-4 已知 1kg 丙烷气体在温度 253.2℃下所占的体积为 $7.81\times10^{-3}\,m^3$,试问此时丙烷气体的压力是多少?

解 从附录 B 查得丙烷的临界参数为

$$T_c = 369.8\text{K}, \quad p_c = 42.46\text{bar} = 4246\text{kPa}$$

$$V = 7.81\times10^{-3}\times44.06 = 0.3441\text{m}^3\cdot\text{kmol}^{-1}$$

$$= 344.1\text{cm}^3\cdot\text{mol}^{-1}$$

由 T, V, p_c 和 T_c 可确定对比参数值

$$T_r = \frac{T}{T_c} = \frac{253.2 + 273.16}{369.8} = 1.423$$

$$V_{ri} = \frac{V}{\dfrac{RT_c}{p_c}} = \frac{344.1}{\dfrac{83.14\times369.8}{42.46}} = 0.4752$$

由 $V_{ri}=0.4752$ 和 $T_r=1.423$,查图 2-7,得

$$p_r = 2.37$$

$$p = p_r p_c = 2.37\times42.46\text{bar} = 10\,063\text{kPa}$$

已知实验值为 10 130kPa

$$\text{误差} = \frac{10\,130 - 10\,063}{10\,130}\times100 = 0.66\%$$

2.5.2 Lydersen-Greenkorn-Hougen 对比态关联式[29]

两参数对比态原理,不论是普遍化图还是方程式,尽管实际 Z_c 值的变化范围约为 0.2~0.3,但使用的都是一个通用的临界压缩因子。为了克服这一缺点以改进 p-V-T 表达式的精确度,Lydersen 等人提出引用 Z_c 作为第三参数,将压缩因子 Z 表示为

$$Z = f(p_r, T_r, Z_c) \tag{2-114}$$

为了建立三参数对比态方法,Lydersen 等人选取了 82 种物质的 p, V, T 数据和临界参数(p_c, T_c 和 Z_c)数据。选用的物质包括烃类、酯类、醚类、醇类、乙硫醇、有机卤化物以及许多无机流体,其中包括水。把这些物质分成四组,各组的代表性平均 Z_c 值分别为 0.23,0.25,0.27 和 0.29,然后把四组物质的压缩因子和其他热力学性质作为 T_r(0.5~15)和 p_r(0.01~30)的函数制成数据表,其中包括饱和汽和饱和液的数据。

后来 Hougen 等人改进此种方法,把它制作成 Z_c 的连续函数(不包括饱和汽和饱和液)。他们选用 $Z_c=0.27$ 的流体作为参比流体,因为 60%被研究的纯流体的 Z_c 值均处于 0.26~0.28 内。他们保留了 Lydersen 等人的 0.27 的 Z 值图,并增加了一个校正系数 D,并按 Z_c 大于 0.27 和 Z_c 小于 0.27 取两个不同的数值。校正系数与压缩因子 Z 构成了如下的线性关系:

$$Z = Z_{0.27} + D(Z_c - 0.27) \tag{2-115}$$

将 D 作为 T_r 和 p_r 的函数关系列成表,其范围为 $T_r=0.5$~15,$p_r=0.01$~30。

2.5.3 Pitzer 对比态关联式[30]

Pitzer 等发现，有一类遵守六次方引力势的球形分子流体，他们把这种流体称为"简单流体"，尽管这些流体的临界参数很不一样，但是在 $T_r=0.7$ 情况下的对比蒸汽压数值均等于 0.1。Pitzer 等人还发现别的流体(除 H_2 和 He 外)在 $T_r=0.7$ 情况下的对比蒸汽压值均小于 0.1。这些观察结果就形成了定义偏心因子的基础，其定义式为

$$\omega = -(\lg p_r^s)_{T_r=0.7} - 1.000 \tag{2-116}$$

简单流体的 ω 为零，其他流体的 ω 则为正值。偏心因子被认为可用来说明正常流体的分子间势能与简单流体的偏差。实际上，该参数可用来表征正常流体对简单流体的体积性质和热力学性质的偏差。正常流体包括一大类非极性和微极性的非球形分子流体。

Pitzer 等人确定了许多流体的偏心因子，并应用 ω 构作了一个压缩因子 Z 的关联式，其具体形式为

$$Z = Z^{(0)} + \omega Z^{(1)} \tag{2-117}$$

式中，$Z^{(0)}$ 是简单流体压缩因子；$Z^{(1)}$ 为求取实际流体压缩因子 Z 的校正值。

$Z^{(0)}$ 和 $Z^{(1)}$ 数值作为 $T_r=0.8\sim4$ 和 $p_r=0.2\sim9$ 的函数已制成数据表。应指出，上述关联式不适用于极性物质，如 H_2O，NH_3 等。

图 2-9 和图 2-10 分别给出了 $Z^{(0)}$，$Z^{(1)}$ 对 T_r 和 p_r 的曲线图。

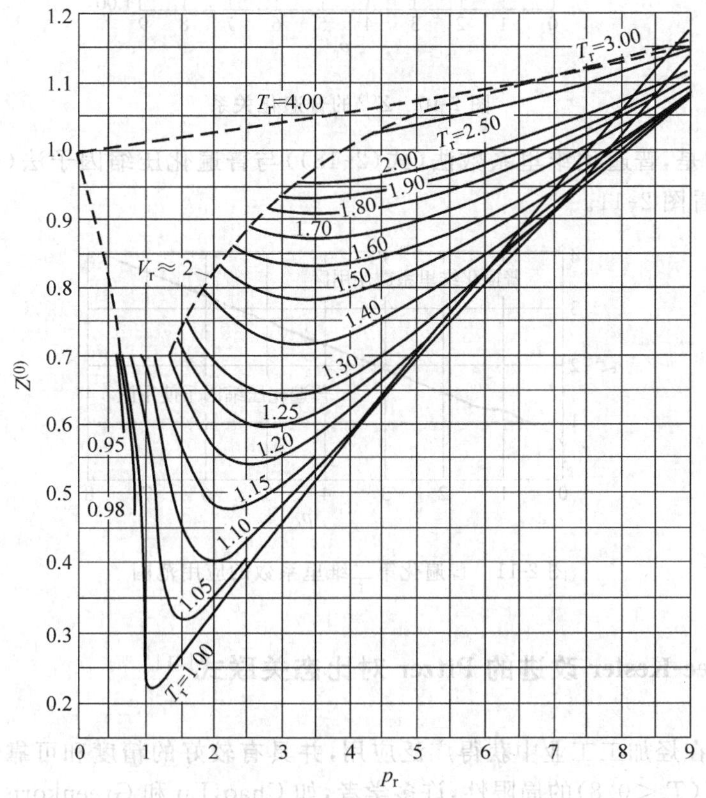

图 2-9 $Z^{(0)}$ 的普遍化关系

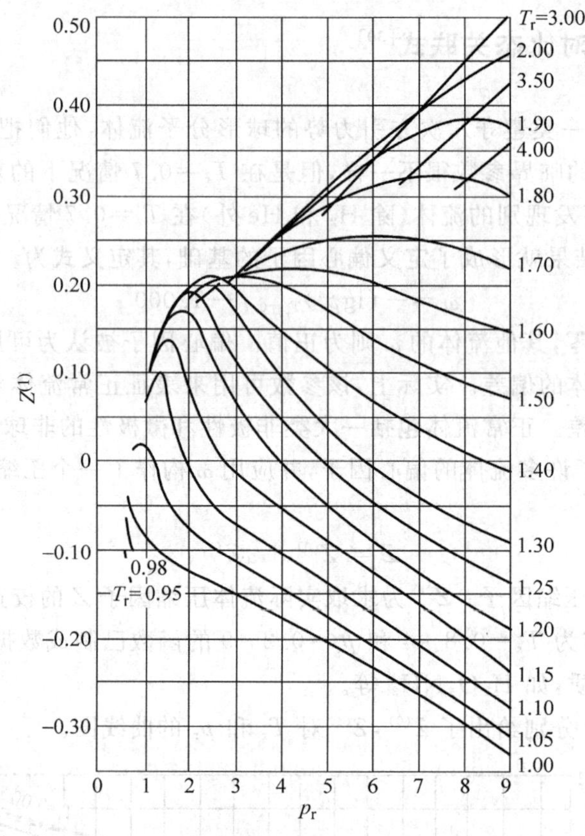

图 2-10 $Z^{(1)}$ 的普遍化关系

应该注意的是,普遍化维里系数法(式(2-18))与普遍化压缩因子法(式(2-117))的使用范围不同,参看图 2-11。

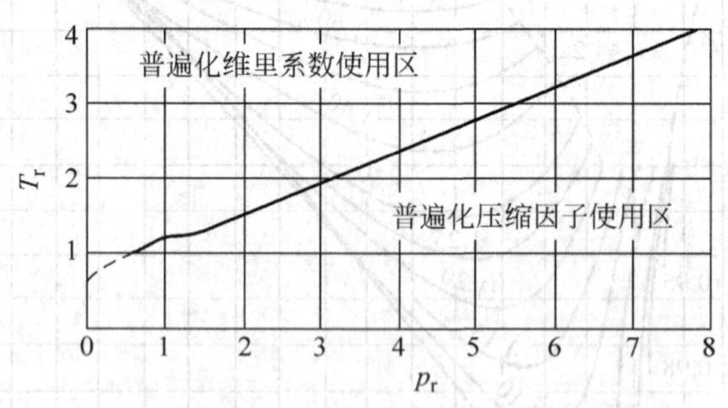

图 2-11 普遍化第二维里系数的应用范围

2.5.4 Lee-Kesler 改进的 Pitzer 对比态关联式[31]

Pitzer 方法在烃加工工业中获得广泛应用,并具有较好的精度和可靠性。然而考虑到本方法对低温区(T_r<0.8)的局限性,许多学者,如 Chao,Lu 和 Greenkorn 等在把数据表向低温扩展方面做了许多工作。Lee 和 Kesler 试图把所有这些扩展工作统一成一个关系式,

以使表列的关联法便于计算机应用。他们首先把任何流体的压缩因子 Z 与简单流体压缩因子 $Z^{(0)}$ 和参比流体压缩因子 $Z^{(r)}$，构成如下的简单比例关系，即

$$\frac{Z-Z^{(0)}}{Z^{(r)}-Z^{(0)}}=\frac{\omega}{\omega^{(r)}}$$

或

$$Z=Z^{(0)}+\omega\frac{Z^{(r)}-Z^{(0)}}{\omega^{(r)}} \tag{2-118}$$

显而易见，方程式(2-117)中的偏差函数 $Z^{(1)}$ 相当于方程式(2-118)中的$(Z^{(r)}-Z^{(0)})/\omega^{(r)}$。尽管方程式(2-117)在形式上比较简单，但方程式(2-118)更便于使用，因为 $Z^{(0)}$ 和 $Z^{(1)}$ 可用一个方程来表示。应该指出，事实上是不可能用单个方程来表示 $Z^{(1)}$ 的。Lee 和 Kesler 用如下对比态形式的修正的 BWR 方程来表示 $Z^{(0)}$ 和 $Z^{(1)}$：

$$Z=\frac{p_r V_{ri}}{T_r}=1+\frac{B}{V_{ri}}+\frac{C}{V_{ri}^2}+\frac{D}{V_{ri}^5}+\frac{C_4}{T_r^3 V_{ri}^2}\left(\beta+\frac{\gamma}{V_{ri}^2}\right)\exp\left(-\frac{\gamma}{V_{ri}^2}\right) \tag{2-119}$$

式中，$V_{ri}=V\Big/\dfrac{RT_c}{p_c}$；$B=b_1-b_2/T_r-b_3/T_r^2-b_4/T_r^3$；$C=c_1-c_2/T_r+c_3/T_r^3$；$D=d_1+d_2/T_r$。

在确定方程中的常数时，使用了实测的压缩因子和焓数据，还有临界点特性 $\left(\dfrac{\partial p}{\partial V}\right)_{T_c}=0$，$\left(\dfrac{\partial^2 p}{\partial V^2}\right)_{T_c}=0$ 和逸度准则 $f_i^V=f_i^L$。一共确定了两组常数，一组是简单流体的($\omega=0$)，另一组是参比流体(正辛烷，$\omega^{(r)}=0.3978$)的，见表 2-4。

表 2-4 Lee-Kesler 方程的常数

常数	简单流体	参比流体	常数	简单流体	参比流体
b_1	0.118 119 3	0.202 657 9	c_3	0.0	0.016 901
b_2	0.265 728	0.331 511	c_4	0.042 724	0.041 577
b_3	0.154 790	0.027 655	$\alpha_1\times10^4$	0.155 488	0.487 36
b_4	0.030 323	0.203 488	$\alpha_2\times10^4$	0.623 689	0.074 033 6
c_1	0.023 674 4	0.031 338 5	β	0.653 92	1.226
c_2	0.018 698 4	0.050 361 8	γ	0.060 167	0.037 54

2.5.5 极性物质的对比态关联式

前面介绍的方法只适用于非极性和微极性物质。为了能关联和预测极性物质的压缩因子和其他热力学性质，有人把 Lee-Kesler 法进行扩展，将它变成如下形式的关联式：

$$Z=Z^{(0)}+\omega Z^{(1)}+XZ^{(2)} \tag{2-120}$$

式中，X 是极性因子，$Z^{(2)}$ 是极性部分校正项。上式最后一项不仅涉及如何选择参比物质，而且也必须考虑选取合适的极性因子。目前已有人考虑将水的蒸汽作为极性参比物质。至于极性因子，现已发表的有 Stiel 因子 X 等，似乎还不能完全满足要求，故极性物质的多参数对比态关联法还有待进一步研究。

例 2-5 在125cm³容器中贮有50℃的1mol甲烷时产生的压力有多大?计算时应用:

(1) 理想气体定律;

(2) Pitzer 普遍化式;

(3) Redlich-Kwong 方程。

解 (1) 理想气体定律

$$p=\frac{82.06\times 323.15}{125}=212\text{atm}=21.48\times 10^3\text{kPa}$$

(2) Pitzer 普遍化式

在缺乏已知的 p_r 值时,需要采用迭代法计算。所需的方程如下:

$$p=\frac{ZRT}{V}=\frac{Z\times 82.06\times 323.15}{125}=212Z$$

由于 $p=p_c p_r=45.4p_r$,则上述方程表示为

$$Z=\frac{45.4p_r}{212}=0.216p_r$$

现在,可以假定一个 Z 的初始值,比如设 $z=1$。计算出 $p_r=4.60$ 后,根据在图 2-9 和图 2-10 上读得的 $Z^{(0)}$ 和 $Z^{(1)}$ 值并代入式(2-117)计算出一个新的 Z 值。再用此新的 Z 值计算得到一新的 p_r 值。如此继续下去,直到相邻两个步骤求得的值无显著差别为止。最后求得 Z 的值等于0.877。这个值可以 $p_r=4.06$ 和 $T_r=1.7$,由图 2-9 和图 2-10 读得的 $Z^{(0)}$ 和 $Z^{(1)}$ 值代入方程式(2-117)的计算值所验证。已知 $\omega=0.007$,于是得

$$Z=Z^{(0)}+\omega Z^{(1)}=0.874+0.007\times 0.240=0.876$$

$$p=\frac{0.876\times 82.06\times 323.15}{125}=185.8\text{atm}=18.83\times 10^3\text{kPa}$$

(3) Redlich-Kwong 方程

根据

$$h=\frac{b}{V}=\frac{0.0867\times RT_c}{p_c V}=\frac{0.0867\times 82.06\times 190.6}{45.4\times 125}$$
$$=0.239$$

$$\frac{A}{B}=\frac{a}{bRT_r^{1.5}}=\frac{4.934}{T_r^{1.5}}$$

$$T_r=\frac{323.15}{190.6}=1.7$$

将以上数值代入式(2-45)可得

$$Z=\frac{1}{1-h}-\frac{4.934}{T_r^{1.5}}\left(\frac{h}{1+h}\right)=\frac{1}{1-0.239}-\frac{4.934}{(1.7)^{1.5}}\left(\frac{0.238}{1.238}\right)$$
$$=0.883$$

于是

$$p=\frac{ZRT}{V}=\frac{0.883\times 82.06\times 323.15}{125}\text{atm}=187\text{atm}=18.95\times 10^3\text{kPa}$$

由普遍化式和 Redlich-Kwong 方程得到的结果与实验值185atm很接近。由理想气体定律得到的结果则偏高14.6%。

2.6 液体的 p-V-T 性质

一个复杂的状态方程，如 Lee-Kesler 方程的长处在于它的多功能性，即此种状态方程可以用于所有相态——气相、液相和稠密相。然而，仅为了计算饱和液体的摩尔体积，使用较简单的方程往往更精确和更方便。关于液体摩尔体积的对比态关联式已发表过很多，本节只选其中若干个，供读者参考。

2.6.1 饱和液体状态方程

1. Rackett 方程

1970 年 Rackett 提出如下形式的饱和液体体积的经验关联式[32]：

$$V^{SL} = V_c Z_c^{(1-T_r)^{2/7}} \tag{2-121}$$

作者曾应用上式对 16 种不同性质液体进行检验，其中包括强极性物质，如氨、丙酮、氰化氢等，最大误差为 7%，多数物质的计算误差均在 2% 以内。但本方程对缔合液体，如醇类、羧酸类和腈类不适用。此式也不适用于量子效应很强的流体，如氦、氢等。

2. Yamada-Gunn 式[33]

Yamada 和 Gunn 对 Rackett 方程做了一些修正，提出如下的改进式：

$$V^{SL} = V^{R} Z_{cr}^{\phi(T_r, T_r^R)} \tag{2-122}$$

式中，$Z_{cr}=0.290\,56-0.087\,75\omega$；$\phi(T_r, T_r^R)=(1-T_r)^{2/7}-(1-T_r^R)^{2/7}$；$V^R$ 是指在参比温度 T_r^R 下的液体摩尔体积。

该方程计算精度比较高，对许多非极性的饱和液体，误差在 1% 以内。

3. 童景山式[34]

童景山等人在 Rackett 方程的基础上，引入了一个新的特性因子——构形因子，提出下列的饱和液体状态方程：

$$V^{SL} = \frac{RT_c}{p_c}\exp\{-(1.2310+0.8777\zeta)[1+(1-T_r)^{2/7}]\} \tag{2-123}$$

式中 ζ 为物质的构形因子，参看附录 B。

为了对本方程的通用性和精确性进行检验，作者从文献中收集了 10 类 40 种物质的体积数据，其中包括酮、醇、羧酸、腈、胺等缔合物质的数据，用式(2-123)进行计算并与实验比较，其总的平均误差为 0.58%，最大误差为 2.7%。而 Rackett 方程总的平均误差为 2.9%，最大误差为 12.1%。本方程不仅具有较高的精度而且适用范围也很广。

4. Spencer-Danner 式[35]

Spencer 等用 $Z_c \dfrac{RT_c}{p_c}$ 代替 Rackett 方程中 V_c，从而提出下列改进式

$$V^{SL} = \frac{RT_c}{p_c} Z_{RA}^{[1+(1-T_r)^{2/7}]} \tag{2-124}$$

其中 Z_{RA} 与 Rackett 方程中采用的实际的 Z_c 有区别，对每种物质，它是从饱和液体体积数据拟合得到的，正是 Z_{RA} 与 Z_c 的差别使得本方程计算精度有所提高。

例 2-6 试应用以下诸方程计算 150℃下乙硫醇饱和液相的摩尔体积。已知其实验值为 $95.0\text{cm}^3\cdot\text{mol}^{-1}$。查得乙硫醇的物性：$p_c=5.49\times10^3\text{kPa}(54.2\text{atm})$，$T_c=499\text{K}$，$V_c=207\text{cm}^3\cdot\text{mol}^{-1}$，$\omega=0.190$，$\zeta=0.0892$。

(1) Rackett 方程；

(2) Yamada-Gunn 式；

(3) 童景山式。

解 (1) Rackett 方程

$$T_r=\frac{150+273.16}{499}=0.848$$

$$Z_c=\frac{54.2\times207}{82.06\times499}=0.274$$

$$V^{SL}=207\times(0.274)^{(1-0.848)^{2/7}}\text{cm}^3\cdot\text{mol}^{-1}=97.218\text{cm}^3\cdot\text{mol}^{-1}$$

$$误差=\frac{97.218-95.0}{95.0}\times100\%=2.34\%$$

(2) Yamada-Gunn 式

$$V^R=\frac{1}{0.839}\times62.134=74.057\text{cm}^3\cdot\text{mol}^{-1}$$

$$Z_{cr}=0.2905-0.08775\times0.190=0.274$$

$$\phi(T_r,T_r^R)=(1-0.848)^{2/7}-\left(1-\frac{20+273.16}{419}\right)^{2/7}=-0.193$$

$$V^{SL}=74.057\times(0.274)^{-0.193}=95.078\text{cm}^3\cdot\text{mol}^{-1}$$

$$误差=\frac{95.078-95.0}{95.0}\times100\%=0.08\%$$

(3) 童景山式

$$V^{SL}=\frac{82.06\times499}{54.2}\exp\{-(1.2310+0.08775\times0.0892)\times[1+(1-0.848)^{2/7}]\}=94.99\text{cm}^3\cdot\text{mol}^{-1}$$

$$误差=\frac{94.99-95.0}{95.0}\times100\%=-0.01\%$$

2.6.2 压缩液体状态方程

液体的体积是随压力增大而减小的，但其改变量与气体相比要小得多。通常所谓压力对液体体积的影响，是指等温条件下液体的摩尔体积随压力变化的规律。

1. Tait 方程[36]

从液体的压缩性概念出发，设

$$-\frac{\mathrm{d}V}{\mathrm{d}p}=\frac{D}{p+E}$$

式中 D 和 E 在给定温度下为常数。把上式改写为

$$\mathrm{d}V = -D\frac{\mathrm{d}p}{p+E}$$

积分得

$$V = V_0 - D\ln\frac{p+E}{p_0+E} \tag{2-125}$$

这就是著名的 Tait 方程，它是描述高压液体行为最好的经验状态方程。其中 p_0 和 V_0 是在给定温度下，该液体在参比态时的压力和摩尔体积。如果有足够的数据，确定出 D，E，即可计算沿等温线的 V-p 关系。

2. Thomson-Brobst-Hankinson 方程

Thomson 等(1982)对 Tait 方程做了修正，提出如下形式的方程：

$$V = V_s\left(1 - C\ln\frac{p+B}{p^s+B}\right) \tag{2-126}$$

式中，V_s 和 p^s 分别是饱和态下的液相体积和压力；C 是偏心因子的线性函数；B 是偏心因子和对比温度的复杂函数，参看文献[37]。

3. Chueh-Prausnitz 式[38]

Chueh 和 Prausnitz(1969)提出了液体密度与 p，T，Z_c，p_c，T_c 和 ω 的关联式，即

$$\rho = \rho^s\left[1 + \frac{9Z_cD(p-p^s)}{p_c}\right] \tag{2-127}$$

式中，ρ^s，p^s 分别是饱和态下的密度和压力；p_c，Z_c 分别为临界态下的压力和压缩因子；p 是系统压力；D 是偏心因子 ω 和对比温度的函数：

$$D = (1-0.89\omega)[\exp(6.9547) - 76.2853T_r + 191.3060T_r^2 - 203.5472T_r^3 + 82.7631T_r^4]$$

应用方程(2-127)对烃类液体进行了验算，其总的平均偏差约 1%。

2.6.3　普遍化关联式

Lydersen 等提出了估算液体体积的普遍化方法，此法是以对比态原理为基础的，故可用于任何液体。图 2-12 给出了液体对比密度与对比温度和对比压力的关系。对比密度定义为

$$\rho_r = \frac{\rho}{\rho_c} = \frac{V_c}{V} \tag{2-128}$$

式中 ρ_c 是物质的临界密度。

若物质的临界密度已知，则根据给定的 T_r 和 p_r，由图 2-12 直接读得 ρ_r，乘以临界密度 ρ_c 即求得密度。

在缺乏临界密度数据的情况下，可应用以下关系式进行计算

$$V_2^L = V_1^L\frac{\rho_{r1}}{\rho_{r2}} \tag{2-129}$$

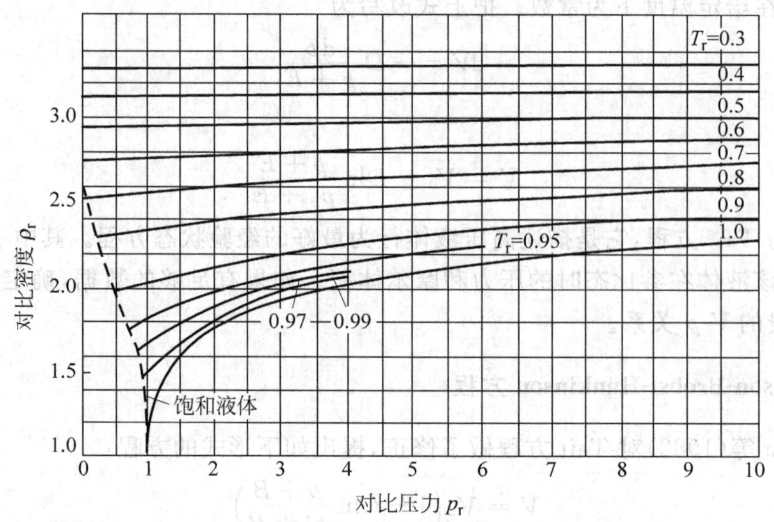

图 2-12 液体的普遍化密度关系图

式中 V_2^L 是所需求的液体的体积；V_1^L 是已知的液体的体积；ρ_{r1}，ρ_{r2} 分别为条件 1 和 2 下的对比密度值，可以从图 2-12 中直接读得。

Hougen 等又把对比态密度视为 T_r，p_r 和 Z_c 的函数，绘制成数据表，见附录 D。

例 2-7 试估算饱和液态异丁酸在 220℃时的摩尔体积。已查得异丁酸的物性为 $T_c=609.5\text{K}$，$p_c=4.05\times10^3\text{kPa}$，$V_c=292\text{cm}^3\cdot\text{mol}^{-1}$，$Z_c=0.23$，摩尔质量 $M=88.10\text{g}\cdot\text{mol}^{-1}$ 和在 20℃时的密度为 $0.949\text{g}\cdot\text{cm}^{-3}$。

解 (1) Lydersen 法

根据式(2-129)得

$$V_1=\frac{1}{0.949}\times 88.10=92.8\text{cm}^3\cdot\text{mol}^{-1}$$

$$T_{r1}=\frac{20+273.16}{609.5}=0.481$$

从附录 D 中的饱和液栏内查得：当 $T_{r1}=0.481$，$Z_c=0.23$ 时，$\rho_{r1}=3.117$。在 220℃下，

$$T_{r2}=\frac{220+223.16}{609.5}=0.809$$

同样，可从附录 D 中查得 $\rho_{r2}=2.505$，于是

$$V_2=V_1\frac{\rho_{r1}}{\rho_{r2}}=92.8\times\frac{3.117}{2.505}=115\text{cm}^3\cdot\text{mol}^{-1}$$

$$\text{误差}=\frac{115-122}{122}\times100\%=-5.7\%$$

如果利用正常沸点(154℃)下的饱和体积，$V_b=109\text{cm}^3\cdot\text{mol}^{-1}$，同样应用上述方法，则得到 $V_2=121\text{cm}^3\cdot\text{mol}^{-1}$。

(2) 根据对比密度的定义式(2-128)

利用以上已得到的数值和 $V_c=292\text{cm}^3\cdot\text{mol}^{-1}$ 和 220℃下的 $\rho_{r2}=2.505$ 直接可求得

$$V_2=\frac{292}{2.505}=116\text{cm}^3\cdot\text{mol}^{-1}$$

$$误差 = \frac{116-122}{122} \times 100\% = -4.9\%$$

2.6.4 结构加和法

Bondi 和 Simkin[39] 曾建立了一套新参数，目的是以此来取代大分子质量化合物的临界参数，因为这种化合物尚未到达临界点之前，已经分解。而没有临界数据，就无法应用前面介绍的方法进行计算。这里，新的对比密度定义为

$$\rho_r^* = \frac{V^*}{V} \tag{2-130}$$

式中 V^* 是由分子键的距离和原子的 van der Waals 半径计算而得，各种官能团的增量列于表 2-5。新的对比温度则定义为

$$T_r^* = \frac{T}{T^*} \tag{2-131}$$

式中

$$T^* = E^0/3CR \tag{2-132}$$

E^0 是 $V_r^*=1.70$ 时蒸发内能；$3C$ 是每个分子的外自由度数，E^0 也可以用结构加和法来计算[39]。此方法虽然有理论基础，但通常把它用于从一个已知实验点求算另一条件下的液体体积或密度。先由表 2-5 按结构加和法求得 V^*，由已知某温度下的液体密度值，按式(2-130)求出 ρ_r^*，通过 ρ_r^* 和 T_r^* 之间的关联式：

$$\rho_r^* = 0.726 - 0.249T_r^* - 0.019(T_r^*)^2 \tag{2-133}$$

求得 T_r^*，然后由式(2-131)求出 T^*。从 T^* 按新的所需条件确定出新的 T_r^* 值，再由式(2-133)计算出 ρ_r^*，最后就可由式(2-130)算出所需条件下的液体体积。

表 2-5 计算 V^* 时所需的基团增量

基团，原子，环	增量/($cm^3 \cdot mol^{-1}$)
$-\overset{\vert}{\underset{\vert}{C}}-$	3.33
$-\overset{\vert}{\underset{\vert}{C}}H$	6.78
$-\overset{\vert}{\underset{\vert}{C}}H_2$	10.23
$-CH_3$	13.67
CH_4	17.12
芳香族基团 $\diagdown\!\!\!\!\diagup$CH	8.06
$\diagdown\!\!\!\!\diagup$C—	5.54
$\diagdown\!\!\!\!\diagup$C—（缩合）	4.74

续表

基团,原子,环	增量/($cm^3 \cdot mol^{-1}$)
不饱和基团	
$=C\langle$	5.01
$=C\langle_H$	8.47
$=CH_2$	11.94
$\equiv C-$	6.87
$\equiv C-H$	10.42
$\equiv C-$(在双炔中)	6.65
醚中氧(与碳相连)	5.20
羟基(与碳相连)	8.04①
羰基($-\overset{\vert}{C}=O$) (与碳相连)	11.70
脂肪伯胺 $-NH_4$ (与碳相连)	10.54
脂肪仲胺 $\rangle NH$ (与碳相连)	8.08
脂肪叔胺 $-\overset{\vert}{N}$ (与碳相连)	4.33
腈基 $-C\equiv N$ (与碳相连)	14.70
硝基 $-NO_2$ (与碳相连)	16.8
硫醚中硫 $-S-$ (与碳相连)	10.8
硫醇 $-SH$ (与碳相连)	14.8
氟	
与链烷相连,一元	5.72
与链烷相连,二元,三元	6.20
与全氟链烷相连	6.00
与苯环相连	5.80
氯	
与链烷相连,一元	11.62
与链烷相连,二元,三元及多氯链烷	12.24
与乙烯基相连	11.65
与苯环相连	12.0
溴	
与链烷相连,一元	14.40
与链烷相连,二元,三元及多溴链烷	14.60
与苯环相连	15.12
碘	
与链烷相连,一元	19.18
与链烷相连,三元及多碘链烷	20.35
与苯环相连	19.64
呋喃环	37.50
吡啶环	46.18
吡咯环	39.76
咔唑环	93.10

① 对于典型的氢键体系 O…H,两个原子之间的距离等于 0.278nm,每一个氢键应在增量中减去 1.05$cm^3 \cdot mol^{-1}$。

例 2-8 已知 1,1-双环己基己烷在 311K 时的密度为 0.88g·cm^{-3},试求在 422K 时该液体的密度。其实验值为 0.82g·cm^{-3}。

解 该物质的临界常数无法查到,它在 546K 开始沸腾;在 639K 时,即比其临界温度低得多时就急速分解,故采用 Bondi 法为宜。由表 2-5 查得:

$$V^* = 10\times\Delta V^*\left(\begin{array}{c}|\\ —CH_2\\ |\end{array}\right) + 3\times\Delta V^*\left(\begin{array}{c}|\\ —CH\\ |\end{array}\right) + 1\times\Delta V^*(—CH_3)$$

$$= 10\times10.23 + 3\times6.78 + 1\times13.67 = 136.3\text{cm}^3\cdot\text{mol}^{-1}$$

在 311K 时 $\rho_r^* = \dfrac{136.3}{194}\times0.88 = 0.6183$

按式(2-133),在 311K 时,

$$0.6183 = 0.726 \sim 0.249T_r^* - 0.019T_r^{*2}$$

解得

$$T_r^* = 0.4192$$

则

$$T^* = \frac{T}{T_r^*} = \frac{311}{0.4192} = 741.9\text{K}$$

在 422K 时,$T_r^* = \dfrac{422}{741.9} = 0.5688$

$$\rho_r^* = 0.726 - 0.249\times0.5688 - 0.019\times(0.5688)^2 = 0.5782$$

$$V^L = \frac{V^*}{\rho_r^*} = \frac{136.2}{0.5782} = 235.73\text{cm}^3\cdot\text{mol}^{-1}$$

$$\rho = \frac{M}{V} = \frac{194}{235.73} = 0.823\text{g}\cdot\text{cm}^{-3}$$

$$误差 = \left(\frac{0.82-0.823}{0.82}\right)\times100\% = 0.36\%$$

2.7 真实气体混合物

在化工过程设计中,往往遇到的是多组分的真实气体混合物,例如在合成氨的工艺计算中,经常要处理 10 个组分的混合气体。至于在石油化工中气体的种类就更为复杂。大家知道,目前虽已积累了不少 p-V-T 数据,可是即使对纯化合物而言,许多设计所需的 p-V-T 数据仍然还很缺乏。不言而喻,混合物的实验数据就更少了。故要想从手册或文献中找到恰好所需要的数据,这种机会极少。为此,更多地要求助于关联的方法,从纯物质的 p-V-T 关系推算混合物的性质。真实气体混合物的 p-V-T 数据的计算方法很多,并且还在继续发展,本节主要介绍一些比较实用而计算又不太复杂的方法。

2.7.1 Amagat 定律、Dalton 定律与普遍化压缩因子图联用

1. Amagat 定律与普遍化压缩因子图联用

按 Amagat 定律,混合气体的体积等于各气体在总压力 p 下的体积之和,即

$$V = \sum_{i=1}^{c} y_i V_i \tag{2-134}$$

式中,V_i 是 i 气体在总压力 p 下的摩尔体积。上式可写成

$$pV = y_1V_1p + y_2V_2p + \cdots + y_cV_cp$$

或

$$p = y_1p\frac{pV_1}{pV} + y_2p\frac{pV_2}{pV} + \cdots + y_cp\frac{pV_c}{pV}$$

在上式右边各项中引入压缩因子定义式 $Z=\frac{pV}{RT}$,由此即得 Amagat 分压的定义:

$$p_i = y_ip\frac{Z_i(T,p)}{Z(T,p)} \tag{2-135}$$

从上式也可得到真实气体压缩因子加和式

$$\begin{aligned} Z(T,p) &= y_1Z_1(T,p) + y_2Z_2(T,p) + \cdots + y_cZ_c(T,p) \\ &= \sum_{i=1}^{c} y_iZ_i(T,p) \end{aligned} \tag{2-136}$$

显然,各组成气体的压缩因子是按混合气体的压力和温度计算的。

2. Dalton 定律与普遍化压缩因子图联用

按 Dalton 定律,混合气体中各组成气体的压力等于它在同温度下独占总体积的压力。设在一定的温度和压力下,总体积 V_t 中各气体的物质的量为 $n_1,n_2,\cdots,n_c$,则 1mol 混合气体的体积为

$$V = \frac{V_t}{n_1 + n_2 + \cdots + n_c} \tag{2-137}$$

此时 i 组分气体的 Dalton 分压为 p_i。用 y_i(i 组分气体的摩尔分数)除 V,即得 1mol i 气体的体积 $V/y_i=V_i$,这也就是在温度 T 和压力 p_i 下 i 组分气体单独存在时的摩尔体积,显然

$$p_i\left(\frac{V}{y_i}\right) = p_iV_i$$

将上式写成 $p_i=y_ip_iV_i/V$,在等式右边分子及分母同乘以总压 p,于是得

$$p_i = y_ip\frac{p_iV_i}{pV} \tag{2-138}$$

仿照式(2-135),可将式(2-138)变成

$$p_i = y_ip\frac{Z_i(T,p_i)}{Z(T,p)} \tag{2-139}$$

对上式求和,即

$$\sum_{i=1}^{c} p_i = p\sum_{i=1}^{c} y_i\frac{Z_i(T,p_i)}{Z(T,p)} \tag{2-140}$$

当 $\sum_{i=1}^{c} y_i\frac{Z_i(T,p_i)}{Z(T,p)}=1$,即

$$Z(T,p) = \sum_{i=1}^{c} y_iZ_i(T,p_i)$$

则有 $p = \sum_{i=1}^{c} p_i$,此即 Dalton 定律。对于真实气体,由式(2-139)可知,$p_i \neq y_ip$。

例 2-9 设某合成氨厂的原料气的配比是 N_2 : H_2 =1 : 3(物质的量比),进催化合成塔

前，先把混合气加压到 400atm(40.5×10^3kPa)，加热到 300℃。因混合气的摩尔体积是合成塔尺寸设计中的必要数据，试应用下列各方法进行计算，并与文献值 $Z=1.1155$ 比较。

(1) 理想气体定律；

(2) Amagat 定律与普遍化压缩因子图；

(3) Dalton 定律与普遍化压缩因子图。

解 (1) 按理想气体定律，$Z=1$，所以

$$V=\frac{RT}{p}=\frac{82.06(273.16+300)}{400}=117.6\text{cm}^3\cdot\text{mol}^{-1}$$
$$=1.176\times10^{-4}\text{m}^3\cdot\text{mol}^{-1}$$

(2) 应用 Amagat 定律

由附录 B 查表得

H_2：$p_c=12.8\text{atm}(1.30\times10^3\text{kPa})$，　$T_c=33.2\text{K}$

N_2：$p_c=33.5\text{atm}(3.39\times10^3\text{kPa})$，　$T_c=126.2\text{K}$

H_2：$p_r=\dfrac{400}{12.8+8}=19.23$，　$T_r=\dfrac{573.2}{33.2+8}=13.91$

N_2：$p_r=\dfrac{400}{33.5}=11.94$，　$T_r=\dfrac{573.2}{126.2}=4.54$

从图 2-7 查得

$$Z_{H_2}=1.15,\quad Z_{N_2}=1.20$$

按式(2-136)

$$Z=1.15\times0.75+1.20\times0.25=0.863+0.30=1.163$$
$$V=\frac{1.163\times82.06\times573.2}{400}=136.70\text{cm}^3\cdot\text{mol}^{-1}$$
$$=1.367\times10^{-4}\text{m}^3\cdot\text{mol}^{-1}$$

(3) 应用 Dalton 定律需知纯组分的压力 p_{N_2} 及 p_{H_2}，但开始时是未知值，要用试差法求解。在初值选取时，先设纯组分的压力可按 $p_i=y_ip$ 来估算：

$$p_{H_2}=0.75\times400=300\text{atm}$$
$$p_{N_2}=0.25\times400=100\text{atm}$$

由此可计算对比压力

$$H_2: p_r=\frac{300}{12.8+8}=14.42$$
$$N_2: p_r=\frac{100}{33.5}=2.99$$

根据已确立的 p_r，T_r 值，从图 2-6 及图 2-7 查得

$$Z_{H_2}=1.10,\quad Z_{N_2}=1.05$$

按式(2-136)

$$Z=1.10\times0.75+1.05\times0.25=0.825+0.263=1.088$$
$$V=\frac{1.088\times82.06\times573.2}{400}=127.94\text{cm}^3\cdot\text{mol}^{-1}$$
$$=1.2794\times10^{-4}\text{m}^3\cdot\text{mol}^{-1}$$

校验所设纯组分的压力是否正确：

$$p_{H_2}=\frac{1.10\times0.75\times82.06\times573.2}{127.94}=303.3\text{atm}$$

$$p_{N_2}=\frac{1.05\times0.25\times82.06\times573.2}{127.94}=96.50\text{atm}$$

进行第二次试算：

$$H_2：p_r=\frac{303.3}{20.8}=14.58$$

$$N_2：p_r=\frac{96.50}{33.5}=2.88$$

按以上 p_r,T_r 值重新查图,所得 Z_{H_2} 和 Z_{N_2} 值基本不变,故可认为上述 Z 及 V 值是最后结果。

计算结果的误差比较

计算方法	压缩因子	体积/($m^3\cdot mol^{-1}$)	误差/%
文献值	1.155	135.8	—
理想气体定律	1.000	117.6	13.40
Amagat 定律	1.163	136.7	−0.66
Dalton 定律	1.088	127.9	5.82

从以上例子可知,以 Amagat 定律与普遍化 Z 图联用法为最佳,但该法不适用于极性气体混合物。而 Dalton 定律与普遍化 Z 图联法不仅计算麻烦,而且误差也比较大。应指出,以上计算所需的 Z 值都是由两参数法的图中查得的,如果应用三参数法,计算精度可能会提高。从图 2-10 及图 2-11 的坐标可看到,T_r 及 p_r 的数值范围较小,上述例题所需的数据远远超出图中给出的范围,故对含氢混合气体的计算,要求有对比参数范围更广的图。

2.7.2 状态方程混合规则

如本章前面所述,状态方程通常都是针对纯物质构成的。对混合物的扩展则需要所谓的混合规则。混合规则不过是用来计算混合物参数的一种方法。除维里系数的混合规则外,一般混合规则多少有些任意性,仅在一定程度上反映了组成对体系性质的影响。从 van der Waals 方程发展来的大多数简单方程都使用未经修改的或经改进的 van der Waals 混合规则。从数学表示式来看,该混合规则是第二维里系数混合规则的特殊形式：

$$B=\sum\sum x_i x_j B_{ij} \tag{2-141}$$

如果 B_{ij} 假定为 B_i 和 B_j 的算术平均值,则上式变为

$$B=\sum_i x_i B_i \tag{2-142}$$

如果 B_{ij} 假定为 B_i 和 B_j 的几何平均值,则式(2-141)变成

$$B=\left(\sum_i x_i B_i^{0.5}\right)^2 \tag{2-143}$$

van der Waals 方程参数 b 和 a 的混合规则分别相当于式(2-142)和式(2-143)。

下面再介绍四个立方型方程的混合规则。

1. Redlich-Kwong 方程

将式(2-34)应用于混合物,则其中 b 和 a 为

$$b = \sum_i x_i b_i \tag{2-144}$$

$$a = \left(\sum_i x_i a_i^{0.5}\right)^2 \tag{2-145}$$

式中 b_i 和 a_i 分别由式(2-40)和式(2-41)给出。

如果将式(2-42)应用于混合物,则其中 A 和 B 为

$$A = \left(\sum_i x_i A_i^{0.5}\right)^2 \tag{2-146}$$

$$B = \sum_i x_i B_i \tag{2-147}$$

其中 A_i 和 B_i 分别由式(2-43)和式(2-44)给出。

Prausnitz 等[40]建议将 a 的混合规则修改成:

$$a = \sum_i \sum_j x_i x_j a_{ij} \tag{2-148}$$

其中相互作用参数 a_{ij} 按下列公式计算:

$$a_{ij} = \frac{(\Omega_{ai} + \Omega_{aj}) R^2 T_{cij}^{2.5}}{2 p_{cij}} \tag{2-149}$$

式中

$$p_{cij} = \frac{Z_{cij} R T_{cij}}{V_{cij}}$$

$$V_{cij} = \left(\frac{V_{ci}^{1/3} + V_{cj}^{1/3}}{2}\right)^3$$

$$Z_{cij} = 0.291 - 0.08\left(\frac{\omega_i + \omega_j}{2}\right)$$

$$T_{cij} = (T_{ci} T_{cj})^{0.5}(1 - k_{ij})$$

其中经验参数 k_{ij} 称为双元相互作用系数。

2. Wilson 方程

将式(2-46)应用于混合物,则其中 b 和 a 表示为

$$b = \sum_i x_i b_i \tag{2-150}$$

$$a = \frac{\Omega_a}{\Omega_b} \cdot RTb \sum_i x_i g_i \tag{2-151}$$

式中 b_i 和 g_i 分别由式(2-40)和式(2-53)给出。

3. Soave 方程

Soave 方程与 Wilson 方程形式一样,只是温度函数 α 不同。Soave 方程的混合规则为

$$b = \sum_i x_i b_i$$

$$a = \sum_i \sum_j x_i x_j (a_i a_j)^{0.5} (1 - k_{ij})$$

其中 b_i 由式(2-40)给出，而 a_i 或(a_j)则由式(2-47)和式(2-57)共同给出，其中相互作用系数 k_{ij} 值见表 2-6。

表 2-6 Soave 方程的相互作用系数 k_{ij}

	H_2S	CO_2	N_2	CO
H_2S	—	0.102	0.140	—
CO_2	0.102	—	−0.022	−0.064
N_2	0.140	−0.022	—	0.046
CO	—	−0.064	0.046	—
甲烷	0.0850	0.0973	0.0319	0.03
乙烷	0.0829	0.1346	0.0388	0.00
n-丙烷	0.0831	0.1018	0.0807	0.02
2-甲基丙烷	0.0523	0.1358	0.1357	—
n-丁烷	0.0609	0.1474	0.1007	—
2-甲基丁烷	—	0.1262	—	—
n-戊烷	0.0697	0.1278	—	—
n-己烷	—	—	0.1444	—
n-庚烷	0.0737	0.1136	—	—
n-辛烷	—	—	—	0.10
n-壬烷	0.0542	—	—	—
n-癸烷	0.0464	0.1377	0.1293	—
丙烯	—	0.0914	—	—
环己烷	—	0.1087	—	—
异丙基环己烷	0.0562	—	—	0.01
苯	—	0.0810	0.2131	—
1,3,5-三甲基苯	0.0282	—	—	—

* 该值由汽-液平衡测量结果得到，对烃-烃双元体系和氢，$k_{ij}=0$。

如果将方程(2-58)应用于混合物，则其中 A 和 B 为

$$A=\sum_i\sum_j x_i x_j A_{ij} \tag{2-152}$$

$$B=\sum_i x_i B_i \tag{2-153}$$

这里 A_i 和 B_i 由式(2-59)和式(2-60)给出。

4. Peng-Robinson 方程

将式(2-61)应用混合物，则其混合规则为

$$b=\sum_i x_i b_i \tag{2-154}$$

$$a=\sum_i\sum_j x_i x_j (a_i a_j)^{0.5}(1-k_{ij}) \tag{2-155}$$

其中 b_i 由式(2-70)给出，而 a_i(或 a_j)则由式(2-47)和式(2-69)共同给定。双元相互作用系数 k_{ij} 的值列于表 2-7。

表 2-7　双元相互作用系数 k_{ij}

体系		k_{ij}
氮＋HC		0.12
CO_2＋HC		0.15
乙烷＋HC		0.01
丙烷＋HC		0.01
甲烷＋	乙烷	0
	丙烷	0
	nC_4	0.02
	nC_5	0.02
	nC_6	0.025
	nC_7	0.025
	nC_8	0.035
	nC_9	0.035
	nC_{10}	0.035
	nC_{20}	0.054
	苯	0.06
	环己烷	0.03

对于分子大小和形状有明显差异的非对称烃类混合物，高光华等人[41]提出了 Peng-Robinson 方程二元相互作用参数 k_{ij} 的半理论表达式，即

$$\left.\begin{aligned} 1-k_{ij} &= \left[\frac{(T_{ci}T_{cj})^{0.5}}{(T_{ci}+T_{cj})/2}\right]^{Z_{cij}} \\ Z_{cij} &= (Z_{ci}+Z_{cj})/2 \end{aligned}\right\} \tag{2-156}$$

因为上述方程中 k_{ij} 的计算仅需要纯组分的临界温度和临界压缩因子，故上式为 Peng-Robinson 方程二元相互作用参数的预测式。

如果把方程式(2-71)用于混合物，则其混合规则为

$$A = \sum_i \sum_j x_i x_j (A_i A_j)^{0.5} \cdot (1-k_{ij}) \tag{2-157}$$

$$B = \sum_i x_i B_i \tag{2-158}$$

其中 A_i（或 A_j）和 B_i 分别由式(2-72)和式(2-73)给定。

5. 极性物质的混合规则

上面主要叙述的是 van der Waals 单流体混合规则，也称为二次型混合规则，主要适用于非极性或弱极性化合物的混合物体系，表示分子在体系中的分布是根据浓度随机分布的。但二次型混合规则，对于含极性或强极性物质的混合物的计算误差很大。

针对含极性物质的体系，Panagiotopoulos 和 Reid[42] 提出了新的混合规则：

$$a = \sum_i \sum_j x_i x_j a_{ij} \tag{2-148}$$

$$a_{ij} = \sqrt{a_i a_j}\left[1-k_{ij}+(k_{ij}-k_{ji})x_i\right] \quad k_{ij} \neq k_{ji} \tag{2-159}$$

适用于含极性物质或缔合物质的混合物。这个混合规则，实际上是在 van der Waals 混合规

则的基础上,将 a_{ij} 写成了浓度的函数,也称为随浓度变化的混合规则。

为了便于从二元体系扩展到三元以上的混合物体系,Stryjek 和 Vera[12] 提出了类似的混合规则:

$$a_{ij} = (a_{ii}a_{jj})^{1/2}(1 - x_i k_{ij} - x_j k_{ji}) \tag{2-160}$$

随着研究的深入,后续还有随密度变化的混合规则,以及和溶液理论模型相结合的 G^E 型混合规则,使状态方程发展到比较完美的程度,在第7章中将对 G^E 型混合规则进行重点介绍。

2.7.3 混合物的临界参数

1. 混合物的真实临界参数

正如纯物质有其确定的临界参数一样,混合物也有自己的临界参数。对于定组成的混合物,分别有其确定的临界温度和临界压力。

图2-13为烃类混合物在高压下不同温度的汽-液平衡相图。在261K较低温度的等温线时,混合物的平衡温度既低于纯乙烷的临界温度($T_c = 305.4\text{K}$),也低于纯丙烯的临界温

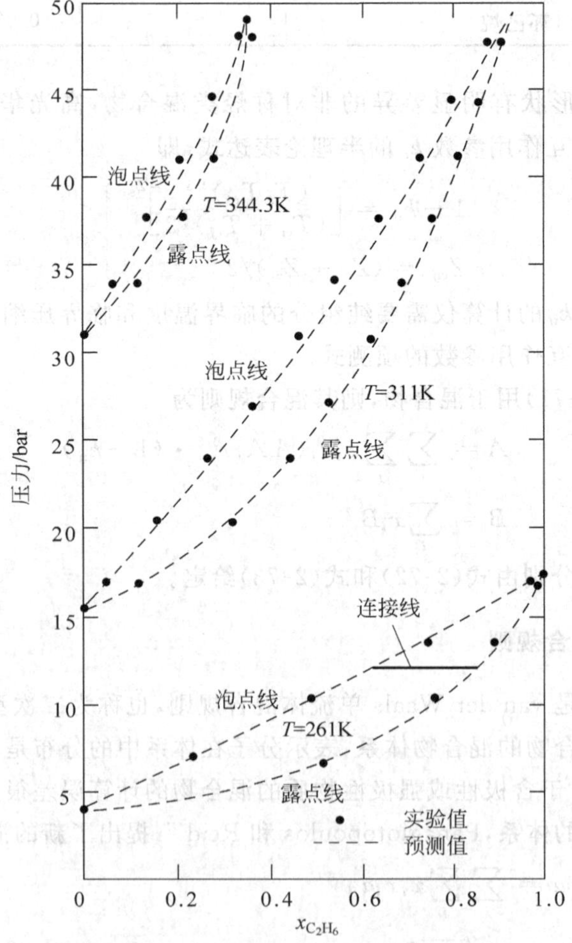

图2-13 乙烷-丙烯体系的等温汽-液平衡

度(T_c=365.0K),此时饱和蒸汽和饱和液体在所有组成范围内(摩尔分数 $x_{C_2H_6}$=0～1)平衡共存,相图与普通低压相图类似。图 2-13 中间的等温相图中,T=311K 略高于乙烷的临界温度但低于丙烯的临界温度,所以在 T=311K 时,乙烷不能以液体形式存在,也不能存在于很高浓度的乙烷混合物中。泡点线与露点线相交于 $x_{C_2H_6}$=0.93 处,也就是说汽-液平衡相图在 T=311K 时只存在于乙烷摩尔分数为 0～0.93 范围内,在 $x_{C_2H_6}$=0.93 以上浓度,不存在汽液两相平衡,而成为单相超临界混合流体。在泡点线和露点线相交处,

$$x_{C_2H_5} = 0.93,\quad T = 311\text{K},\quad p = 49.8 \times 10^5\text{Pa}$$

则对于摩尔分数为 0.93 的乙烷-丙烯混合物,它的临界温度 T_c=311K,临界压力 p_c=49.8×10^5Pa。

在图 2-13 上部较高温相图中,T=344.3K 远高于乙烷的临界温度 305.4K,平衡液相中乙烷的浓度较低。在泡点线和露点线相交处,有

$$x_{C_2H_6} = 0.35,\quad T = 344.3\text{K},\quad p = 48.6 \times 10^5\text{Pa}$$

上面的温度和压力数值即是组成为 $x_{C_2H_6}$=0.35 的乙烷-丙烯混合物的临界温度和临界压力数值。

由以上讨论可知,混合物无单一临界点,而与混合物的组成有关。

2. 混合物的虚拟临界参数

混合物真实临界温度和压力的计算是一个很复杂的过程。幸而,应用对比态原理对混合物性质进行关联的最好参比点,不是真实临界点而是另一种临界点,即 W. B. Kay(1936)提出的,称为“虚拟临界点”。他指出,此临界点处在由泡点线和露点线形成的相界曲线之内,用符号 T_{pc} 和 p_{pc} 来标记。在本书中,所有计算的临界性质均用下标 cm,以代替原作者提出的 pc。

(1) Kay 规则[43]

按 Kay 规则,混合物的虚拟临界性质是纯组分的临界性质与其摩尔分数乘积的总和,即

$$T_{cm} = \sum_i x_i T_{ci} \tag{2-161}$$

$$p_{cm} = \sum_i x_i p_{ci} \tag{2-162}$$

也就是说,Kay 提出的混合物的虚拟临界温度和压力是对应组分值的摩尔平均值。

自从 Kay 规则发表后,相继发表了许多各种不同的计算混合物临界性质的规则,但没有一个方法是完全满意的。往往是不同的混合规则针对某个不同的对比态方法。Kay 规则只近似理想的混合才是有效的;对于大多数烃类混合物并不完全令人满意。

(2) RK 方程的虚拟临界参数

式(2-40)对混合物可写成

$$b = 0.086\,64\,\frac{RT_{cm}}{p_{cm}} \tag{2-163}$$

同理,式(2-41),对混合物可写成

$$a = 0.427\,48\,\frac{R^2 T_{cm}^{2.5}}{T^{0.5} p_{cm}} \tag{2-164}$$

由式(2-40)和式(2-144)得

$$b = 0.086\,64R\sum_i x_i\left(\frac{T_{ci}}{p_{ci}}\right) \tag{2-165}$$

由式(2-41)和式(2-145)得

$$a = 0.427\,48\frac{R^2}{T^{0.5}}\left[\sum_i x_i\left(\frac{T_{ci}^{1.25}}{p_{ci}^{0.5}}\right)\right]^2 \tag{2-166}$$

使式(2-163)和式(2-165)相等,式(2-164)和式(2-166)相等,即得

$$\frac{T_{cm}}{p_{cm}} = \sum_i x_i\left(\frac{T_{ci}}{p_{ci}}\right) \tag{2-167}$$

$$\frac{T_{cm}^{2.5}}{p_{cm}} = \left[\sum_i x_i\left(\frac{T_{ci}^{1.25}}{p_{ci}^{0.5}}\right)\right]^2 \tag{2-168}$$

用式(2-167)除式(2-168)解得下列混合规则:

$$T_{cm} = \left\{\frac{\left[\sum_i x_i\left(\frac{T_{ci}^{1.25}}{p_{ci}}\right)\right]^2}{\sum_i x_i\left(\frac{T_{ci}}{p_{ci}}\right)}\right\}^{2/3} \tag{2-169}$$

$$p_{cm} = \frac{T_{cm}}{\sum_i x_i\left(\frac{T_{ci}}{p_{ci}}\right)} \tag{2-170}$$

以上表明,由式(2-144)和式(2-145)给出的系数混合规则与式(2-169)和式(2-170)给出的虚拟临界参数混合规则是等效的,所以,式(2-163)和式(2-164),与式(2-169)和式(2-170)结合,也必然与式(2-144)和式(2-145)给出的结果相同。然而,式(2-144)和式(2-145)对状态方程的应用比式(2-163)和式(2-164)要方便,用于计算混合物的组分性质,如组分逸度时更是如此。但虚拟临界参数在应用对比态方法计算混合物性质时确实具有重要作用。

除以上所述的虚拟临界性质的估算方法外,在文献资料中常见的还有 Lee-Kesler 法[44]以及 Joffe-Lee 法[45]等。

例 2-10 用下列方法重新计算例 2-9 中混合气体的摩尔体积:

(1) Kay 规则;

(2) 第二维里系数法;

(3) RK 方程法。

解 (1) 氢是量子气体,在计算含氢混合气的虚拟临界参数时,宜用下列经验方程计算其临界常数:

$$T_{ci} = \frac{T_{ci}^0}{1 + \frac{21.8}{mT}}$$

$$p_{ci} = \frac{p_{ci}^0}{1 + \frac{44.2}{mT}}$$

式中,T_{ci}和 p_{ci}分别为氢的临界温度和临界压力,T_{ci}^0和 p_{ci}^0分别为氢的经典临界温度和经典临界压力(p_{ci}和 p_{ci}^0均用 atm 表示)。从文献[40]查得

$$T_{ci}^0 = 43.6\text{K}, \quad p_{ci}^0 = 20.2\text{atm}, \quad V_{ci}^0 = 515\text{cm}^3\cdot\text{mol}^{-1}$$

m 为氢的摩尔质量，T 为体系温度，故

$$T_{ci} = \frac{43.6}{1+\dfrac{21.8}{2\times 573.2}} = 42.78\text{K}$$

$$p_{ci} = \frac{20.2}{1+\dfrac{44.2}{2\times 573.2}} = 19.45\text{atm}$$

现将由附录 B 查得的 H_2，N_2 的数据列表如下：

组　　分	T_c/K	p_c/atm	V_c/($cm^3\cdot mol^{-1}$)	ω	Z_c
H_2(1)	42.78	19.45	51.5	0	0.305
N_2(2)	126.2	33.5	89.5	0.04	0.290

由式(2-163)和式(2-164)，

$$T_{cm} = 0.75\times 42.786 + 0.25\times 126.2 = 32.09 + 31.55 = 63.64\text{K}$$

$$p_{cm} = 0.75\times 19.45 + 0.25\times 33.5 = 14.59 + 8.37 = 22.96\text{atm}$$

$$p_{rm} = \frac{400}{22.96} = 17.42$$

$$T_{rm} = \frac{573.2}{63.64} = 9.01$$

从文献[46]查得

$$V = \frac{1.175\times 82.06\times 573.2}{400} = 138.17\text{cm}^3\cdot\text{mol}^{-1}$$

(2) 第二维里系数

首先计算纯物质的第二维里系数，由式(2-19)

$$H_2：B^{(0)} = 0.083 - \frac{0.422}{\left(\dfrac{573.2}{42.78}\right)^{1.6}} = 0.0764$$

因 $\omega_1=0$，由式(2-18)得

$$B_{11} = \frac{B^{(0)}\times RT_c}{p_c} = \frac{0.0764\times 82.06\times 42.78}{19.45} = 13.78$$

$$N_2：B^{(0)} = 0.083 - \frac{0.422}{\left(\dfrac{573.2}{126.2}\right)^{1.6}} = 0.045$$

由式(2-20)

$$B^{(1)} = 0.139 - \frac{0.172}{\left(\dfrac{573.2}{126.2}\right)^{4.2}} = 0.139(\text{近似值})$$

$$\frac{B_{22}p_c}{RT_c} = 0.045 + 0.04\times 0.139 = 0.0506$$

$$B_{22} = \frac{0.0506\times 126.2\times 82.06}{33.5} = 15.64$$

根据 Prausnitz 所提的混合规则[47]，有

$$T_{c12} = (T_{c1}T_{c2})^{0.5} = (42.78\times 126.2)^{0.5} = 73.48\text{K}$$

$$Z_{c12}=\frac{Z_{c1}+Z_{c2}}{2}=\frac{0.305+0.290}{2}=0.298$$

$$V_{c12}=\left(\frac{V_{c1}^{1/3}+V_{c2}^{1/3}}{2}\right)^3=\left(\frac{51.5^{1/3}+89.5^{1/3}}{2}\right)^3=\left(\frac{3.72+4.47)}{2}\right)^3$$

$$=68.99\text{cm}^3\cdot\text{mol}^{-1}$$

$$p_{c12}=\frac{Z_{c12}RT_{cij}}{V_{cij}}=\frac{0.218\times 82.06\times 73.48}{68.99}=26.05\text{atm}$$

B_{12}的计算：由方程式(2-18)～(2-20)，得

$$B^{(0)}=0.083-\frac{0.422}{\left(\frac{573.2}{73.48}\right)^{1.6}}=0.0672$$

$$B^{(1)}=0.139-\frac{0.172}{\left(\frac{573.2}{73.48}\right)^{4.2}}=0.139(\text{近似值})$$

$$B_{12}=\frac{52.06\times 73.48}{26.05}(0.0672+0.02\times 0.139)=16.20$$

再按第二维里系数混合规则，即 $B=\sum_i\sum_j x_ix_jB_{ij}$，求得

$$B=0.75^2\times 13.78+2\times 0.75\times 0.25\times 16.20+0.25^2\times 15.64$$
$$=14.81$$

由式(2-15)

$$Z=1+\frac{Bp}{RT}=1+\frac{14.81\times 400}{82.06\times 573.2}=1.126$$

$$V=\frac{1.126\times 82.06\times 573.2}{400}=132.43\text{cm}^3\cdot\text{mol}^{-1}$$

(3) RK 方程法[48]

先计算出纯物质的方程常数

$$a_1=\frac{0.42748\times 82.06^2\times 42.78^{2.5}}{19.45}=1.774\times 10^6\text{atm}\cdot\text{cm}^6\cdot\text{K}^{\frac{1}{2}}\cdot\text{mol}^{-2}$$

$$a_2=\frac{0.42748\times 82.06^2\times 126.2^{2.5}}{33.5}=1.539\times 10^7\text{atm}\cdot\text{cm}^6\cdot\text{K}^{\frac{1}{2}}\cdot\text{mol}^{-2}$$

$$b_1=\frac{0.08664\times 82.06\times 42.78}{19.45}=15.65\text{cm}^3\cdot\text{mol}^{-1}$$

$$b_2=\frac{0.08664\times 82.06\times 126.2}{33.5}=26.80\text{cm}^3\cdot\text{mol}^{-1}$$

从(2)知：$T_{c12}=73.48\text{K}$，$p_{c12}=26.05\text{atm}$，于是求得

$$a_{12}=\frac{0.42748\times 82.06^2\times 73.48^{2.5}}{26.05}=5.118\times 10^6\text{atm}\cdot\text{cm}^6\cdot\text{K}^{\frac{1}{2}}\cdot\text{mol}^{-2}$$

$$a_m=0.75^2\times 1.774\times 10^6+2\times 0.75\times 0.25\times 5.118\times 10^6+0.25^2$$
$$\times 1.539\times 10^7=3.879\times 10^6\text{atm}\cdot\text{cm}^6\cdot\text{K}^{\frac{1}{2}}\cdot\text{mol}^{-2}$$

$$b_m=0.75\times 15.06+0.25\times 26.8=18.44\text{cm}^3\cdot\text{mol}^{-1}$$

代入式(2-34)

$$400 = \frac{82.06 \times 573.2}{V - 18.44} - \frac{3.879 \times 10^6}{573.2^{1/2} \cdot V(V + 18.44)}$$

由上式解得

$$V = 133.64\text{cm}^3 \cdot \text{mol}^{-1}$$

$$Z = \frac{400 \times 133.64}{82.06 \times 573.2} = 1.137$$

通过实际演算，对气体混合物的体积数据的计算有了一定的了解，现将计算结果列于下页表：

计算方法	压缩因子	体积/($\text{cm}^3 \cdot \text{mol}^{-1}$)	误　差
文献值	1.155	135.8	—
Kay 规则	1.175	136.17	−1.73%
第二维里系数法	1.126	132.43	2.51%
RK 方法	1.137	133.64	−1.56%

从计算结果来看，以上所列的几个方法均可以在工程设计中应用。

2.7.4 液体混合物的混合规则

1. Rackett 方程[49]

Rackett(1971)曾推荐以下方程用于烃类混合物泡点密度的计算：

$$\left(\frac{1}{\rho_{\text{bp}}}\right) = V_{\text{bp}} = V_{\text{cm}} Z_{\text{cm}}^{\left(1-\frac{T}{T_{\text{cb}}}\right)^{2/7}} \tag{2-171}$$

式中，V_{cm} 和 Z_{cm} 是纯组分临界体积和临界压缩因子的摩尔平均值。T_{cb} 基本上是一虚拟临界温度，由下列方程给出：

$$T_{\text{cb}} = \sum_i x_i b_i T_{ci} / \sum_i x_i b_i \tag{2-172}$$

其中 b_i 是权重因子，由下列方程给出：

$$b_i = \exp\left[(0.000\,633)\sum_{j=1}^{n} x_j (T_{ci} - T_{cj})^{9/7} + \ln C_i\right] \tag{2-173}$$

方程中 C_i 是一个可调的权重因子，对脂肪烃其值为 1；对芳烃、环烷烃以及非烃类则为一特定值，参看表 2-8。

表 2-8　权重因子可调系数

物　质	C	物　质	C	物　质	C
环戊烷	0.74	甲苯	0.70	一氧化碳	0.82
环己烷	0.78	二甲苯	0.74	二氧化碳	1.16
苯	0.67	氮	0.82	硫化氢	0.74

2. 童景山式[50]

将式(2-123)应用于混合物，则其混合规则为

$$\frac{RT_c}{p_c} = R\sum_i x_i \frac{T_{ci}}{p_{ci}} \tag{2-174}$$

$$\zeta = \sum_i x_i \zeta_i \tag{2-175}$$

$$T_c = \left(\sum_i x_i V_{ci} T_{ci}\right) / \left(\sum_i x_i V_{ci}\right) \tag{2-176}$$

3. Spencer-Danner 式[51]

Spencer-Danner 方程式(2-124)的混合规则：

$$\frac{RT_c}{p_c} = R\sum_i x_i \frac{T_{ci}}{p_{ci}} \tag{2-177}$$

$$Z_{RA} = \sum_i x_i Z_{RAi} \tag{2-178}$$

$$T_c = \left(\sum_i x_i V_{ci} T_{ci}\right) / \left(\sum_i x_i V_{ci}\right) \tag{2-179}$$

例 2-11 试应用下列方程预测含 0.3749(摩尔分数)的甲烷和 0.6251(摩尔分数)的正戊烷体系的泡点密度。已知体系温度和压力为 $T=310.94\text{K}$，$p=8612.6\text{kPa}(85\text{atm})$。实测值 $\rho_m=0.5247\text{g/cm}^3$。

(1) Rackett 方程；

(2) 童景山方程；

(3) Spencer-Danner 方程。

解 从附录 B 查得

甲烷：$p_{ci}=4.60\times10^3\text{kPa}$，$T_{ci}=190.6\text{K}$，$V_{ci}=99\text{cm}^3\cdot\text{mol}^{-1}$，$\zeta_1=0.0096$

正戊烷：$p_{c2}=3.37\times10^3\text{kPa}$，$T_{c2}=496.6\text{K}$，$V_{c2}=304\text{cm}^3\cdot\text{mol}^{-1}$
$\zeta_2=0.0985$

(1) 先按式(2-173)求得

$$b_1 = 0.576,\quad b_2 = 1.3922$$

于是

$$T_{cb} = \frac{0.3749\times0.576\times190.6 + 0.6251\times1.3922\times469.6}{0.3749\times0.576 + 0.6251\times1.3922}\text{K}$$
$$= 414.133\text{K}$$

根据查得的临界态数据求混合物的下列参数：

$$V_c = 0.3749\times99 + 0.6251\times304 = 227.1455\text{cm}^3\cdot\text{mol}^{-1}$$

$$Z_c = 0.3749\times0.288 + 0.6251\times0.263 = 0.27237$$

$$V_{bp} = 227.1455(0.27237)^{\left(1-\frac{310.94}{414.133}\right)^{2/7}}$$
$$= 94.7435\text{cm}^3\cdot\text{mol}^{-1}$$

求混合物泡点密度

$$\rho_{bp} = \sum_i x_i M_i / V_{bp} = \frac{51.00}{94.7435} = 0.53835\text{g/cm}^3$$

$$误差 = \frac{0.53835 - 0.5247}{0.5247}\times100\% = 2.60\%$$

(2) 根据已查得的数据计算：

$$\frac{RT_c}{p_c}=R\left[0.3749\,\frac{190.6}{4.60\times10^3}+0.6251\,\frac{469.6}{3.37\times10^3}\right]$$
$$=0.102\,63R=0.102\,63\times8314$$

$$T_c=\frac{0.3749\times99\times190.6+0.6251\times304\times469.6}{0.3749\times99+0.6251\times304}$$
$$=\frac{96\,312.414}{227.1455}=424.012\text{K}$$

$$\zeta=0.3749\times0.0096+0.6251\times0.0985=0.065\,17$$

$$V_{bp}=8314\times0.102\,63\exp\left\{-(1.2310+0.8777\times0.065\,17)\times\left[1+\left(1-\frac{310.94}{424.012}\right)^{2/7}\right]\right\}=97.22\text{cm}^3\cdot\text{mol}^{-1}$$

$$\rho_{bp}=\frac{51.00}{97.22}=0.524\,64\text{g/cm}^3$$

$$\text{误差}=\frac{0.524\,64-0.5247}{0.5247}\times100\%=-0.01\%$$

(3) 从文献[37]查得

$$Z_{RA1}=0.2892,\quad Z_{RA2}=0.2684$$
$$Z_{RA}=0.3749\times0.2892+0.6251\times0.2684=0.276$$

从前面已求得

$$\frac{RT_c}{p_c}=0.102\,63\times8314$$

于是

$$V_{bp}=0.102\,63\times8314(0.276)^{\left[1+\left(1-\frac{310.94}{424.012}\right)^{2/7}\right]}$$
$$=97.36\text{cm}^3\cdot\text{mol}^{-1}$$

$$\rho_{bp}=51.0/97.36=0.5239\text{g/cm}^3$$

$$\text{误差}=\frac{0.5239-0.5247}{0.5247}\times100\%=-0.15\%$$

习　题

2-1　已知有一个以微扰硬球斥力项修正的 van der Waals 方程：

$$p=\frac{RT}{V}\left[\frac{1+y+y^2+y^3}{(1-y)^3}\right]-\frac{a}{V^2}$$

式中 $y=b/4V$。试求证 a,b 及通用临界压缩因子 ζ_c 为

$$a=1.38RT_cV_c$$
$$b=0.5216V_c$$
$$\zeta_c=0.359$$

2-2　设有一个总包性(或称通用性)三次型方程如下：

$$p=\frac{RT}{V-b}-\frac{\theta(V-\eta)}{(V-b)(V^2+\delta V+\varepsilon)}$$

式中θ为一温度函数。如果方程中常数加以某种特殊规定,则可得到,如 van der Waals,RK 及 PR 等方程,试证明之。

2-3　现将压力为1bar(10^5Pa)和温度为25℃的氮气100L,压缩到1L,其温度为−110℃,试求终了压力。

2-4　试应用下列立方型状态方程计算1.013×10^5kPa(1000atm),0℃下氮气的压缩因子Z。已知实验值$Z=2.0685$。

$$p=\frac{RT}{V-b}-\frac{a}{(V+mb)^2}\quad(m=\sqrt{2}-1)$$

其中
$$a=\frac{27}{64}\cdot\frac{R^2T_c^2}{p_c}\exp\left(\frac{T_c}{T}-1\right)$$

$$b=\frac{1}{8\sqrt{2}}\cdot\frac{RT_c}{p_c}$$

$$\zeta_c=\frac{1}{4}\left(1+\frac{\sqrt{2}}{4}\right)$$

并与 RK 方程计算结果进行比较。

2-5　已知一立方型方程如下:

$$p=\frac{RT}{V-b}-\frac{a}{V^2+b^2}$$

$$a=\Omega_a\frac{R^2T_c^2}{p_c},\quad b=\Omega_b\frac{RT_c}{p_c}$$

(1) 试应用改良对比态原理把它变成普遍化方程;

(2) 试把该方程化成下列多项式

$$Z^3-(1+B)Z^2+(A+B^2)Z-(AB+B^2+B^3)=0$$

其中
$$A=\frac{ap}{(RT)^2},\quad B=\frac{bp}{RT},\quad Z=\frac{pV}{RT}$$

2-6　试应用R-K方程及其有关的修正式求算在294.3K和1.013×10^3kPa(10atm)以及294.3K和1.013×10^4kPa(100atm)下的甲烷的摩尔体积。已知实验值为

$$V(10\text{atm},294.3\text{K})=2370.27\text{cm}^3\cdot\text{mol}^{-1}$$

$$V(100\text{atm},294.3\text{K})=203.07\text{cm}^3\cdot\text{mol}^{-1}$$

2-7　工程设计中需要乙烷在3446kPa(34.01atm)和93.33℃下的体积数据。已查到的文献值为$0.025\,27\text{m}^3\cdot\text{kg}^{-1}$,试应用下列诸方法进行核算:

(1) 两参数压缩因子法;

(2) 三参数压缩因子法;

(3) SRK 方程法;

(4) PR 方程法;

(5) Berthelot 维里方程法。

2-8　已知氨的临界参数为$p_c=11.28\times10^3$kPa(111.3atm),$T_c=405.6$K,$Z_c=0.242$,$\zeta=0.1951$,求:

(1) 310K 饱和液氨的体积;

(2) 1.013×10^4kPa(100atm)和310K压缩氨的体积。

试应用下述四种方法计算并与实验值进行比较：

① Rackett 式；

② Yamada-Gunn 式；

③ 童景山式；

④ 普遍化关联式。

已知实验值 $V^{SL}=29.14\text{cm}^3\cdot\text{mol}^{-1}$

$V^L=28.60\text{cm}^3\cdot\text{mol}^{-1}$

2-9 在 50℃，6.08×10^4kPa(600atm)下由 0.401(摩尔分数)的氮和 0.599(摩尔分数)的乙烯组成的混合气，试由下列各方法求算混合气的体积：

(1) 理想气体定律；

(2) Amagat 定律与普遍化压缩因子图；

(3) Dalton 定律与普遍化压缩因子图；

(4) Kay 规则。

从实验得到的 $Z=1.40$，按此时上述诸法进行比较。

2-10 一个体积为 0.283m³ 的封闭贮槽，内含乙烷气体，温度 290K，压力 2.48×10^3kPa(24.5atm)。试问将乙烷加热到 478K 时，其压力将是多少？

2-11 将 2.03×10^3kPa(20atm)，478K 的氨从 2.83m³ 压缩到 0.1415m³，已知压缩后的温度为 450K，试问压力多少？

2-12 已知有一个修正的 van der Waals 方程：

$$p=\frac{RT}{V-b}-\frac{a\alpha}{V^2}$$

其中 α 为温度函数

$$\alpha=\exp[m(1-T_r)]$$

$$m=0.525\,37+1.823\,60\omega-1.493\,35\omega^2+1.507\,05\omega^3$$

试应用此方程计算将 1mol 甲烷在 25℃下自 101kPa(1atm)连续压缩到 1.03×10^4kPa(100atm)，所需的理论功

$$W=-\int_{p_1}^{p_2}V\mathrm{d}p$$

2-13 试应用下列方法计算 0.30(摩尔分数)N_2(1)和 0.7(摩尔分数)n-C_4H_{10}(2)所组成的双元气体混合物在 188℃，6.89×10^3kPa(68atm)下的摩尔体积。

(1) 理想气体定律；

(2) 舍项式维里方程

$$pV=RT\left(1+\frac{B}{V}+\frac{C}{V^2}\right)$$

混合规则：

$$B=\sum_i\sum_j y_iy_jB_{ij}$$

$$C=\sum_i\sum_j\sum_k y_iy_jy_kC_{ijk}$$

已知数据

$B_{11} = 14\text{cm}^3 \cdot \text{mol}^{-1}$，　　$C_{111} = 1300(\text{cm}^3 \cdot \text{mol}^{-1})^2$

$B_{22} = -265\text{cm}^3 \cdot \text{mol}^{-1}$，　　$C_{222} = 30\,250(\text{cm}^3 \cdot \text{mol}^{-1})^2$

$B_{12} = B_{21} = -9.5\text{cm}^3 \cdot \text{mol}^{-1}$，　　$C_{112} = 4950(\text{cm}^3 \cdot \text{mol}^{-1})^2$

$C_{122} = 7270(\text{cm}^3 \cdot \text{mol}^{-1})^2$

(3) 三参数法

$$Z = Z^{(0)} + \omega Z^{(1)}$$

2-14　试应用下列方程预计含43.91%(摩尔分数)甲烷(1)和56.09%(摩尔分数)正戊烷(2)的液体混合物的泡点体积及密度,并与实验值进行比较。已知体系温度和压力为 $T=310.94\text{K}$, $p=1.033\times10^4\text{kPa}(102\text{atm})$,已查得

$p_{c1} = 45.4\text{atm}(4600\text{kPa})$，　$V_{c1} = 99\text{cm}^3 \cdot \text{mol}^{-1}$

$T_{c1} = 190.6\text{K}$，　$\zeta_1 = 0.0096$

$p_{c2} = 33.3\text{atm}(3374\text{kPa})$，　$V_{c2} = 304\text{cm}^3 \cdot \text{mol}^{-1}$

$T_{c2} = 469.6\text{K}$，　$\zeta_2 = 0.0985$

(1) Rackett 方程;

(2) 童景山方程。

已知实验值　$V_{\text{bp}} = 94.23\text{cm}^3 \cdot \text{mol}^{-1}$

$\rho_{\text{bp}} = 0.5031\text{g} \cdot \text{cm}^3$

2-15　把氨通入贮罐,测得高压贮罐内压力为 $2.027\times10^4\text{kPa}(200\text{atm})$ 和温度为200℃,由于贮罐出口管阀有泄漏,经过若干时间,压力下降了709kPa(7atm),但温度没有变,试问罐内尚存的氨量为原始氨量的百分之几?

2-16　某压缩机1h处理453.6kg含有75%(摩尔分数)的乙烷的丙烷-乙烷混合物,气体在 $5.066\times10^3\text{kPa}(50\text{atm})$,100℃下离开压缩机,试求1h离开压缩机的气体体积。

2-17　要求 $4.053\times10^4\text{kPa}(400\text{atm})$,50℃下,$CO_2$ 和 N_2 所组成的混合物,其摩尔体积为 $62.43\text{cm}^3 \cdot \text{mol}^{-1}$,试问混合物应具有什么组成?

参考文献

[1] Smith S M, van Ness H C. Introduction to Chemical Engineering Thermodynamics[M]. Third Edition. McGraw-Hill Book Company, 1975.

[2] Tsonopoulos C. AIChE J., 1974, 20: 263.

[3] Prausnitz J M. Computer Calculations for Multicomponent Vapor-Liquid and Liquid-Liquid Equilibria [M]. Prentice-Hall, 1980.

[4] Redlich O, Kwong J N S. Chem. Rev., 1949, 44: 233.

[5] Wilson G M. Advan. Cryog. Eng., 1966, 11: 392.

[6] Soave G. Chem. Eng. Sci., 1972, 27: 1197.

[7] Peng D Y, Robinson D B. Ind. Eng. Chem. Fundam., 1976, 15: 59.

[8] Schmidt G, Wenzel H. Chem. Eng. Sci., 1980, 35(7): 1503.

[9] Patel N C, Teja A S. Chem. Eng. Sci., 1982, 37(3): 463.

[10] 童景山,刘裕品. 工程热物理学报, 1982, 3(3): 209.

[11] Mathias P M, Copeman T W. Fluid Phase Equilib., 1983, 13: 91.

[12] Stryjek R, Vera J H. Can. J. Chem. Eng., 1986, 64: 334.
[13] Stryjek R, Vera J H. Can. J. Chem. Eng., 1986, 64: 820.
[14] Proust P, Vera J H. Can. J. Chem. Eng., 1989, 67: 170.
[15] Beattie J A, Bridgeman O C. Proc. Am. Acad. Arts Sci., 1928, 63: 229.
[16] 童景山，高光华，王晓工. 清华大学学报，1988，28(3)：12.
[17] 童景山，等. 天然气化工，1990，15(4)：61.
[18] Benedict M G B Webb, Rubin L C. J. Chem. Phys., 1940, 8: 334; 1942, 10: 747.
[19] Benedict M G B Webb, Rubin L C. Chem. Eng. Prog., 1951, 47: 419.
[20] Cooper H W, Goldfrank J C. Hydrocarbon Process., 1967, 46(12): 141.
[21] Orye R V. Ind. Eng. Chem. Process Des. Dev., 1969, 8: 579.
[22] Starling K E. Hydrocarbon Process, 1971, 50(3): 101.
[23] Starling K E, Han M S. Hydrocarbon Process, 1972, 51(5): 129; 1972, 51(6): 107.
[24] Martin J J, Hou Y C. AIChE J., 1955, 1: 142.
[25] Su G-J, Chang C-H. Ind. Eng Chem., 1946, 38: 800-802.
[26] Su G-J, Chang C-H. J. Am. Chem. Soc., 1946, 68: 1080.
[27] 童景山，李敬. 流体热物理性质的计算[M]. 北京：清华大学出版社，1982.
[28] Nelson L C, Obert E F. Trans. ASME, 1954, 76: 1057.
[29] Lydersen A L, Greenkorn R A, Hougen O A. Generalized Thermodynamic Properties of Pure Fluids. Univ. of Wisconsin Eng. Expt. Sta. Rept. 4 October 1955.
[30] Pitzer K S, Lipmann D Z, Curl R E Jr, et al. Am. Chem Soc., 1955, 77: 3433.
[31] Lee B I, Kesler M G. AIChE J., 1975, 21: 510.
[32] Rackett H G. J. Chem. Eng. Data, 1970, 15: 514.
[33] Yamada T, Gunn R D. J. Chem. Eng. Data, 1973, 18: 234.
[34] 童景山，马楙. 工程热物理学报，1985，6(1)：11.
[35] Spencer C F, Danner R P. J. Chem. Eng. Data, 1972, 17: 236.
[36] Newitt D M. The Design of High Pressure Plant and the Properties of Fluids at High Pressures[M]. Oxford: The Clarendon Press, 1940.
[37] Edmister W C, Lee B I. Applied Hydrocarbon Thermodynamics: vol. 1[M]. Houston: Gulf Pub Co., 1984.
[38] Chueh P L, Prausnitz J M. AIChE J., 1967, 13(6): 1099-1107; 1969, 15(3): 471-472.
[39] Bondi A, et al., AIChE J., 1960, 6: 191.
[40] Prausnitz J M, Chueh P L. Computer Calculations for High-Pressure Vapor-Liquid Equilibria[M]. Prentice-Hall, 1968.
[41] Gao G H(高光华), et al. Fluid Phase Equilib., 1992, 74: 85.
[42] Panagiotopoulos A Z, Reid R C. Am. Chem. Soc., 1986, 300: 571.
[43] Kay W B. Ind. Eng. Chem., 1936, 28: 1014.
[44] Lee B I, et al., AIChE J., 1975, 21(3): 510.
[45] Joffe J. Ind. Eng. Chem. Fundam., 1976, 15(4): 298.
[46] Hougen O A, et al. Chem Process Principles[M]. John Wiley and Sons, 1947.
[47] Prausnitz J M. Molecular Thermodynamics of Fluid-Phase Equilibria[M]. Prentice-Hall, 1969.
[48] Walas S M. Phase Equilibria in Chemical Engineering[M]. Butterworth Publishers, Boston, 1985.
[49] Rackett H G. J Chem. Eng. Data, 1971, 16: 308.
[50] 童景山，张亦文. 天然气化工，1991，16(4)：54.
[51] Spencer C F, Danner R P. J. Chem. Eng. Data, 1973, 18: 230.

3 流体的热力学性质

流体的热力学性质包括气体、液体的热性质和热力学性质。除了第 2 章中讨论的流体压力、体积、温度以外，还包括热容、内能、焓、亥姆霍兹自由能、吉布斯自由能和逸度等函数。这些基础数据在化工装置设计和过程分析中都是不可缺少的，例如在气体的压缩和膨胀，流体的加热和冷却过程中，系统的温度、压力和体积都会变化，而且它们的内能、焓、熵等其他热力学性质也随之变化。所以计算这些状态函数在某一特定过程中的变化量是流体热力学性质研究的一个重要方面。

在物理化学中，已对各种基本的热力学函数做了比较详尽的讨论。在这些热力学函数中，有些是可以直接测量的，如 p,V,T；有些是不能直接测量的，如 U,H,S 等，但这些不能直接测量的性质可以通过一定的数学关系根据可测量的 p-V-T 数据计算得到。这种数学关系也就是我们在本章中所要讨论的热力学关系。

3.1 热力学关系

3.1.1 麦克斯韦关系式

在正式讨论之前，先复习一下高等数学中有关偏微分的两个重要关系。

首先设 z 为 x,y 的连续函数，则

$$dz = \left(\frac{\partial z}{\partial x}\right)_y dx + \left(\frac{\partial z}{\partial y}\right)_x dy = Mdx + Ndy \tag{3-1}$$

如果 x,y,z 都是点函数(即状态函数)，那么，$Mdx+Ndy$ 是函数 $z(x,y)$ 的全微分所需满足的条件为

$$\left(\frac{\partial M}{\partial y}\right)_x = \left(\frac{\partial N}{\partial x}\right)_y = \frac{\partial^2 z}{\partial x \partial y} \tag{3-2}$$

式(3-2)称为全微分的必要充分条件。

第二个重要关系，也称欧拉连锁式，即

$$\left(\frac{\partial x}{\partial y}\right)_z \left(\frac{\partial y}{\partial z}\right)_x \left(\frac{\partial z}{\partial x}\right)_y = -1 \tag{3-3}$$

根据热力学第一定律和热力学第二定律，对于组成固定不变的均相封闭体系，可写出如下四个基本方程：

$$dU = TdS - pdV \tag{3-4}$$

$$dH = TdS + Vdp \tag{3-5}$$

$$dA = -SdT - pdV \tag{3-6}$$

$$dG = -SdT + Vdp \tag{3-7}$$

这四个式子是热力学第一定律与第二定律的综合式，它们是完全等价的，可以从其中任一个推导出其他三个。这一方程组有时称为微分能量表达式。

对于一定质量的流体，可以写出

$$U=f(S,V) \tag{3-8}$$

$$H=f(S,p) \tag{3-9}$$

$$A=f(V,T) \tag{3-10}$$

$$G=f(p,T) \tag{3-11}$$

由于U,H,A,G都是状态函数，它们的微分都是全微分，应用全微分数学式可得

$$\mathrm{d}U=\left(\frac{\partial U}{\partial S}\right)_V\mathrm{d}S+\left(\frac{\partial U}{\partial V}\right)_S\mathrm{d}V \tag{3-12}$$

$$\mathrm{d}H=\left(\frac{\partial H}{\partial S}\right)_p\mathrm{d}S+\left(\frac{\partial H}{\partial p}\right)_S\mathrm{d}p \tag{3-13}$$

$$\mathrm{d}A=\left(\frac{\partial A}{\partial V}\right)_T\mathrm{d}V+\left(\frac{\partial A}{\partial T}\right)_V\mathrm{d}T \tag{3-14}$$

$$\mathrm{d}G=\left(\frac{\partial G}{\partial p}\right)_T\mathrm{d}p+\left(\frac{\partial G}{\partial T}\right)_p\mathrm{d}T \tag{3-15}$$

将它们与前面给出的四个微分能量表达式相比较，即可得到能量函数的一阶偏导数：

$$\left(\frac{\partial U}{\partial S}\right)_V=T=\left(\frac{\partial H}{\partial S}\right)_p \tag{3-16}$$

$$\left(\frac{\partial U}{\partial V}\right)_S=-p=\left(\frac{\partial A}{\partial V}\right)_T \tag{3-17}$$

$$\left(\frac{\partial H}{\partial p}\right)_S=V=\left(\frac{\partial G}{\partial p}\right)_T \tag{3-18}$$

$$\left(\frac{\partial A}{\partial T}\right)_V=-S=\left(\frac{\partial G}{\partial T}\right)_p \tag{3-19}$$

再应用$\left(\frac{\partial M}{\partial y}\right)_x=\left(\frac{\partial N}{\partial x}\right)_y$关系式，即可得到能量函数的二阶偏导数：

$$\left(\frac{\partial T}{\partial V}\right)_S=-\left(\frac{\partial P}{\partial S}\right)_V=\frac{\partial^2 U}{\partial V\,\partial S} \tag{3-20}$$

$$\left(\frac{\partial T}{\partial p}\right)_S=\left(\frac{\partial V}{\partial S}\right)_p=\frac{\partial^2 H}{\partial p\partial S} \tag{3-21}$$

$$-\left(\frac{\partial p}{\partial T}\right)_V=-\left(\frac{\partial S}{\partial V}\right)_T=\frac{\partial^2 A}{\partial V\partial T} \tag{3-22}$$

$$\left(\frac{\partial V}{\partial T}\right)_p=-\left(\frac{\partial S}{\partial p}\right)_T=\frac{\partial^2 G}{\partial p\partial T} \tag{3-23}$$

这组方程通称为麦克斯韦(Maxwell)关系式。该组方程式的重要性在于它们将S与其他基本参数p,V,T联系起来。麦克斯韦关系式对于计算热力学函数有着重要意义。

3.1.2 热力学函数的一阶导数间的普遍关系

内能、熵等热力学函数都是不能直接测量的，但它们可以通过状态方程和热容的实验数据计算得到。利用麦克斯韦关系式可将这些热力学函数用p-V-T数据和热容表示出来。

1. 熵的普遍式

以 T 和 V 作为自变量，则熵的微分式：

$$dS = \left(\frac{\partial S}{\partial T}\right)_V dT + \left(\frac{\partial S}{\partial V}\right)_T dV \tag{3-24}$$

等式两边乘以 T，即可得

$$TdS = T\left(\frac{\partial S}{\partial T}\right)_V dT + T\left(\frac{\partial S}{\partial V}\right)_T dV \tag{3-25}$$

因为

$$C_V = \left(\frac{\partial Q}{\partial T}\right)_V = \left(\frac{\partial U}{\partial T}\right)_V = \left(\frac{\partial U}{\partial S}\right)_V \left(\frac{\partial S}{\partial T}\right)_V = T\left(\frac{\partial S}{\partial T}\right)_V \tag{3-26}$$

应用$\left(\frac{\partial p}{\partial T}\right)_V = \left(\frac{\partial S}{\partial V}\right)_T$，于是得

$$dS = \frac{C_V}{T} dT + \left(\frac{\partial p}{\partial T}\right)_V dV \tag{3-27}$$

同理，若把 S 表示成 T 和 p 的函数，可得

$$dS = \frac{C_p}{T} dT - \left(\frac{\partial V}{\partial T}\right)_p dp \tag{3-28}$$

以上式(3-27)和式(3-28)，其右边的量只有热容和 p-V-T 性质。它们是熵的计算式，可应用于许多的热力学计算式中。

2. 内能的普遍式

在计算内能时，用 T 和 V 作为自变量比较方便。已知

$$dU = TdS - pdV \tag{3-4}$$

将式(3-27)代入上式，即得

$$dU = C_V dT + \left[T\left(\frac{\partial p}{\partial T}\right)_V - p\right] dV \tag{3-29}$$

此式的右边只包含热容和 p-V-T 关系诸量。这就是内能的计算式。另外，已知

$$dU = \left(\frac{\partial U}{\partial T}\right)_V dT + \left(\frac{\partial U}{\partial V}\right)_T dV = C_V dT + \left(\frac{\partial U}{\partial V}\right)_T dV$$

将上式与式(3-29)比较，即可得

$$\left(\frac{\partial U}{\partial V}\right)_T = T\left(\frac{\partial p}{\partial T}\right)_V - p \tag{3-30}$$

上述方程中每一项均有明确的物理意义，左边一项称为内压力，$p_i = \left(\frac{\partial U}{\partial V}\right)_T$；右边第一项称为热压力，$p_t = T\left(\frac{\partial p}{\partial T}\right)_V$。其中$\left(\frac{\partial p}{\partial T}\right)_V$ 称为热压力系数，它是恒容下压力随温度的变化率。

例 3-1 试应用范德华状态方程求范德华气体的热压力系数、热压力和内压力。

解 已知范德华状态方程为

$$p = \frac{RT}{V-b} - \frac{a}{V^2} \tag{a}$$

即可求得热压力系数为

$$\left(\frac{\partial p}{\partial T}\right)_V = \frac{R}{V-b} \tag{b}$$

因此，热压力为

$$p_t = T\left(\frac{\partial p}{\partial T}\right)_V = \frac{RT}{V-b} \tag{c}$$

应用式(3-30)，即可求得内压力为

$$p_i = T\left(\frac{\partial p}{\partial T}\right)_V - p = \frac{RT}{V-b} - \left(\frac{RT}{V-b} - \frac{a}{V^2}\right) = \frac{a}{V^2}$$

例 3-2 试证明下列关系式：

$$\left(\frac{\partial \beta}{\partial p}\right)_T = -\left(\frac{\partial \kappa}{\partial T}\right)_p$$

式中 β 和 κ 分别为体积膨胀系数和等温压缩系数，即

$$\beta = \frac{1}{V}\left(\frac{\partial V}{\partial T}\right)_p,\quad \kappa = -\frac{1}{V}\left(\frac{\partial V}{\partial p}\right)_T$$

解 如果对一系统，V 是 T 和 p 的函数，则

$$\mathrm{d}V = \left(\frac{\partial V}{\partial T}\right)_p \mathrm{d}T + \left(\frac{\partial V}{\partial p}\right)_T \mathrm{d}p \tag{a}$$

该式中的两个偏微分系数与纯物质的两个热系数 β 和 κ 有直接关系；将它们的定义式代入式(a)中，即得

$$\frac{\mathrm{d}V}{V} = \beta \mathrm{d}T - \kappa \mathrm{d}p \tag{b}$$

再将全微分判别式，即式(3-2)应用于式(b)中，则得

$$\left(\frac{\partial \beta}{\partial p}\right)_T = -\left(\frac{\partial \kappa}{\partial T}\right)_p$$

对于理想气体这一特殊情况，$pV=RT$，对其微分可得

$$\beta = \frac{1}{T},\quad \kappa = \frac{1}{p}$$

在此情况下，上述式(b)成为

$$\frac{\mathrm{d}V}{V} = \frac{\mathrm{d}T}{T} - \frac{\mathrm{d}p}{p} \tag{c}$$

例 3-3 Charles 定律可以这样表述：恒压下，低压缩体的体积与温度成正比；而 Boyle 定律则可表达为：恒温下，低压缩体的压力与体积成反比。试应用此两定律推导理想气体定律。

解 根据 Charles 定律，在恒压下，$V=C_1T$，其中 C_1 为常数，因此

$$\left(\frac{\partial V}{\partial T}\right)_p = C_1 = \frac{V}{T} \tag{a}$$

根据 Boyle 定律，在恒温下，$p=C_2/V$，其中 C_2 为常数，因此

$$\left(\frac{\partial V}{\partial p}\right)_T = -\frac{C_2}{p^2} = -\frac{V}{p} \tag{b}$$

对于定组成的系统，若 V 是 p 和 T 的函数，则有

$$\mathrm{d}V = \left(\frac{\partial V}{\partial T}\right)_p \mathrm{d}T + \left(\frac{\partial V}{\partial p}\right)_T \mathrm{d}p \tag{c}$$

将前面推得的$\left(\frac{\partial V}{\partial T}\right)_p$和$\left(\frac{\partial V}{\partial p}\right)_T$的表达式代入该微分方程,得

$$\frac{\mathrm{d}V}{V}=\frac{\mathrm{d}T}{T}-\frac{\mathrm{d}p}{p}$$

这和例 3-2 中式(c)是相同的。对其积分,可得

$$V=\frac{RT}{p}$$

式中 R 是摩尔气体常数。

3. 焓的普遍式

当计算焓时,用 T 和 p 作为自变量比较方便。已知

$$\mathrm{d}H=T\mathrm{d}S+V\mathrm{d}p \tag{3-5}$$

将式(3-28)代入上式,即得

$$\mathrm{d}H=C_p\mathrm{d}T+\left[V-T\left(\frac{\partial V}{\partial T}\right)_p\right]\mathrm{d}p \tag{3-31}$$

这就是焓的计算式。另外,已知

$$\begin{aligned}\mathrm{d}H&=\left(\frac{\partial H}{\partial T}\right)_p\mathrm{d}T+\left(\frac{\partial H}{\partial p}\right)_T\mathrm{d}p\\&=C_p\mathrm{d}T+\left(\frac{\partial H}{\partial p}\right)_T\mathrm{d}p\end{aligned}$$

将它与式(3-31)相比较,即得

$$\left(\frac{\partial H}{\partial p}\right)_T=V-T\left(\frac{\partial V}{\partial T}\right)_p \tag{3-32}$$

4. 热容的普遍式

利用内能和焓的计算式,即式(3-29)和式(3-31),可进一步得到热容的计算式

$$C_p-C_V=T\left(\frac{\partial V}{\partial T}\right)_p\left(\frac{\partial p}{\partial T}\right)_V \tag{3-33}$$

将全微分判据式(3-2)应用于式(3-27)和式(3-28),即可得到只与 p-V-T 数据有关的热容偏导数:

$$\left(\frac{\partial C_V}{\partial V}\right)_T=T\left(\frac{\partial^2 p}{\partial T^2}\right)_V \tag{3-34}$$

$$\left(\frac{\partial C_p}{\partial p}\right)_T=-T\left(\frac{\partial^2 V}{\partial T^2}\right)_p \tag{3-35}$$

3.2 热力学性质的计算

从以上的讨论可知,要计算流体的热力学性质,首先必须具备下列两类数据:

(1) 理想气体状态的热容数据。很多气体和液体的热容均在 1atm(101 325Pa)下测定的,在实际应用中可视作理想气体状态。

(2) p-V-T 数据,包括气体、饱和蒸汽和饱和液体的 p-V-T 关系。这些数据可以列表,

也可以表示成状态方程或绘成压缩因子图。除了密度很低的气体的 p-V-T 数据可稍做外推外，一般最好不要外推，因外推所得数据往往不甚可靠。为了要计算蒸发潜热，饱和气体和液体的 p-V-T 实验数据是必须具备的。

有了热力学关系式，就可以从热容和 p-V-T 实验数据来计算体系的热力学性质，从而构做出图或表，供工程设计和科学研究之用。

3.2.1 参比态的选择和理想气体的热力学性质

经典热力学只能关联平衡态下的体系的热力学性质，而且它不能告诉人们在某一温度和压力下该热力学函数的绝对值。为此，必须选定一个参比态。

参比态的选择完全是随意的，并假定在参比态下物质的焓和熵等于零。例如在水蒸汽表中，以 0℃的纯饱和水为参比态，其所受压力等于 0℃时水的饱和蒸汽压。当参比态选定以后，U，H 和 S 的数值就等于自参比态(初态)到终态时该过程的内能、焓和熵的变化值。

在习惯上，参比态的选择有其一般规则，通常以该物质(如轻烃类)在熔点时的饱和液体(如水)或以正常沸点时的饱和液体作参比态。不管温度如何选择，参比态的压力 p_0 应足够低，这样才可能将理想气体状态的热容 C_p 用于过热蒸汽的计算中。在参比压力和任意温度 T 条件下理想气体的焓和熵用下列方程表达：

$$H'_{T,p_0}=H'_{T_0,p_0}+\int_{T_0}^{T}C'_p\mathrm{d}T=\int_{T_0}^{T}C'_p\mathrm{d}T \tag{3-36}$$

$$S'_{T,p_0}=S'_{T_0,p_0}+\int_{T_0}^{T}\frac{C'_p}{T}\mathrm{d}T=\int_{T_0}^{T}\frac{C'_p}{T}\mathrm{d}T \tag{3-37}$$

式中，H'_{T,p_0} 和 S'_{T,p_0} 分别是在参比压力 p_0(即理想气体状态)下，温度为 T 时理想气体的摩尔焓和摩尔熵；H'_{T_0,p_0} 和 S'_{T_0,p_0} 分别为在参比态 T_0，p_0 下的理想气体摩尔焓和摩尔熵，有已知值。为简便计，将 H'_{T,p_0} 和 S'_{T,p_0} 改写成 H'_T 和 S'_T。

在热力学性质的计算中，首先总是考虑在理想气体状态下温度对热力学性质的影响求出 H'_T 和 S'_T，然后再在等温条件下，考虑压力对焓、熵的影响。由于焓、熵等热力学性质是状态函数，因此，经综合考虑后，即可求出该物质在任意压力和温度下的焓、熵等热力学性质。

3.2.2 真实气体的热力学性质

真实气体热力学性质的计算，关键在于考虑压力对这些热力学函数的影响。若从热力学函数的导数关系式中获得所需的计算热力学函数与压力变化的关系式，那么可用不同方法进行求算。

1. 焓变化的计算

从式(3-32)可得

$$H_T-H'_T=\int_{p_0}^{p}\left[V-T\left(\frac{\partial V}{\partial T}\right)_p\right]\mathrm{d}p=(H-H')_T \tag{3-38}$$

式中,H_T 是温度 T 和压力 p 下的摩尔焓;H'_T 是温度 T 和压力 p_0 下的摩尔焓,可由式(3-36)算得。若已知流体的 p-V-T 数据,则可运用式(3-38)计算在温度 T 和压力 p 下的焓变化。至于求式(3-38)中的积分值可采用下面各种方法进行。

(1) p-V-T 数据的图解微分与积分法

现以 V 为纵坐标,T 为横坐标,做一组 V-T 的曲线。每一条曲线均为等压线(图 3-1)。再对某一等压线,在温度 T 处做一切线,其斜率为 $\left(\frac{\partial V}{\partial T}\right)_p$,从切点画一平行横轴的直线,并在纵坐标上找到相对应的 V 值,就求得在不同压力 p 时的 $\left[V-T\left(\frac{\partial V}{\partial T}\right)_p\right]$ 值。然后以该值为纵坐标,p 为横坐标做图,并用图解积分法从 p_0 积分到 p,所得面积就是式(3-37)中的积分值,即焓变化。

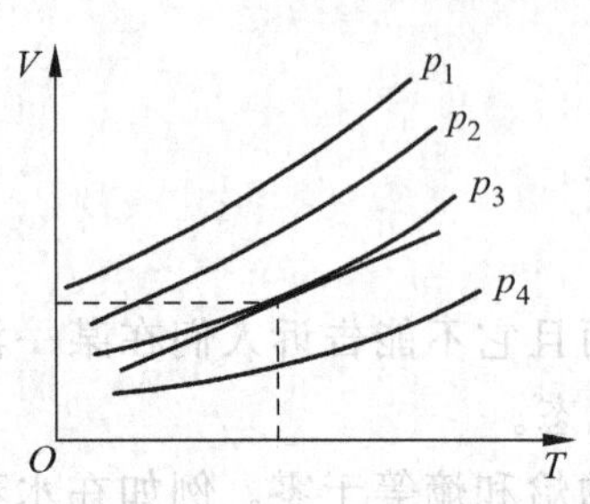

图 3-1 从斜率求 $\left(\frac{\partial V}{\partial T}\right)_p$ 的示意图

(2) 剩余体积的图解微分与积分法

剩余体积的定义是在相同 p,T 下的理想气体体积减去真实气体的体积的差值,如以 α 表示,则

$$\alpha=\frac{RT}{p}-V \tag{3-39}$$

式(3-39)代入式(3-38),得

$$(H-H')_T=\int_{p_0}^{p}\left\{V-T\left[\frac{R}{p}-\left(\frac{\partial \alpha}{\partial T}\right)_p\right]\right\}\mathrm{d}p$$

$$=\int_{p_0}^{p}\left[T\left(\frac{\partial \alpha}{\partial T}\right)_p-\alpha\right]\mathrm{d}p \tag{3-40}$$

求解上式时,先将 α 由 p-V-T 数据求出,再由微分图解法求得 $\left(\frac{\partial \alpha}{\partial T}\right)_p$,然后以 $\left[T\left(\frac{\partial \alpha}{\partial T}\right)_p-\alpha\right]$ 为纵坐标,p 为横坐标,用图解积分法从 p_0 积分到 p,所得面积即为式(3-40)的积分值。一般来说,此法的计算结果是相当准确的。

(3) 压缩因子数据的图解微分与积分法

如果以 $pV=ZRT$ 代入式(3-38),则得

$$(H-H')_T=\int_{p_0}^{p}\left\{\frac{ZRT}{p}-T\left[\frac{RZ}{p}+\frac{RT}{p}\left(\frac{\partial Z}{\partial T}\right)_p\right]\right\}\mathrm{d}p$$

或者

$$(H-H')_T=-\int_{p_0}^{p}\frac{RT^2}{p}\left(\frac{\partial Z}{\partial T}\right)_p\mathrm{d}p \tag{3-41}$$

自上式可先用图解微分求得 $\left(\frac{\partial Z}{\partial T}\right)_p$,然后以 $\frac{RT^2}{p}\left(\frac{\partial Z}{\partial T}\right)_p$ 为纵坐标,p 为横坐标做图;用图解积分法从 p_0 积分到 p,所得面积即为式(3-41)中的积分值。

(4) 用 RK 状态方程计算

如果把状态方程表示成 V 是 p 和 T 的函数,则式(3-38)很容易积分。但常用的状态方程中均把 p 表示成 V,T 的函数,如立方型状态方程就是明显的例子,故求解式(3-38)之前必须先以下式代入:

$$\left(\frac{\partial V}{\partial T}\right)_p = -\left(\frac{\partial p}{\partial T}\right)_V \left(\frac{\partial V}{\partial p}\right)_T$$

或

$$\left(\frac{\partial V}{\partial T}\right)_p \mathrm{d}p = -\left(\frac{\partial p}{\partial T}\right)_V \mathrm{d}V \tag{3-42}$$

从微积分学可以得到

$$pV - p_0V_0 = \int_{p_0}^{p} V\mathrm{d}p + \int_{V_0}^{V} p\mathrm{d}V \tag{3-43}$$

上式中 p_0V_0 等于 RT，将式(3-42)和式(3-43)代入式(3-38)，即得

$$(H - H')_T = PV - RT - \int_{V_0}^{V} p\mathrm{d}V + T\int_{V_0}^{V} \left(\frac{\partial p}{\partial T}\right)_V \mathrm{d}V \tag{3-44}$$

如果以 RK 方程代入式(3-44)，则结果为

$$\frac{(H - H')_T}{RT} = Z - 1 - \frac{3}{2} \cdot \frac{a}{bRT^{1.5}} \ln\left(1 + \frac{b}{V}\right) \tag{3-45}$$

Redlich 和 Kwong 当初把$\frac{a}{R^2T^{2.5}}$和$\frac{b}{RT}$分别表示为 A^2 和 B，代入上式可得

$$\frac{b}{V} = \frac{Bp}{Z}, \quad \frac{a}{bRT^{1.5}} = \frac{A^2}{B}$$

故

$$\frac{(H - H')_T}{RT} = Z - 1 - \frac{3}{2} \cdot \frac{A^2}{B} \ln\left(1 + \frac{Bp}{Z}\right) \tag{3-46}$$

由 RK 方程求得 Z，再用式(3-46)求出等温焓变。为了计算简便，已制成图 3-2 和图 3-3 可供查用[1]。此法是一种分析计算法，只要有合适的状态方程，就可利用上述方法进行计算。状态方程法的计算结果也比其他方法准确。

例 3-4 从文献[2]得知在 633.15K，98.06kPa 时水的焓为 $5.75\times10^4\mathrm{J\cdot mol^{-1}}$，试应用 RK 方程求解在 633.15K，9806kPa 下水的焓。

解 从附录 B 查得 $T_c=647.1\mathrm{K}$，$p_c=22\,048.3\mathrm{kPa}$。由于水是极性物质，如果按照原始的 RK 方程中所用的参数计算会有较大的偏差。最近曾有把 RK 方程用于极性物质的报道[3]，当 $T_r=\frac{633.15}{647.1}=0.978$ 时，从文献[3]中查得 $\Omega_a=0.438\,08$，$\Omega_b=0.081\,43$。

$$a = \Omega_a \cdot \frac{R^2T_c^{2.5}}{p_c} = 0.4381\,\frac{8314.73^2 \times 647.1^{2.5}}{22\,048}$$

$$= 1.463 \times 10^{10}\,\mathrm{kPa\cdot cm^6\cdot K^{0.5}\cdot mol^{-2}}$$

$$b = \Omega_b\,\frac{RT_c}{p_c} = 0.0814 \times \frac{8314.73 \times 647.1}{22\,048} = 19.864\mathrm{cm^3\cdot mol^{-1}}$$

代入 $p=9806.0=\frac{633.15\times8314.73}{V-19.864}-\frac{1.463\times10^{10}}{633.15^{0.5}V(V+19.864)}$

解得 $V=431.2\mathrm{cm^3\cdot mol^{-1}}$

从文献中查得 $V=432\mathrm{cm^3\cdot mol^{-1}}$

$$误差 = \frac{432 - 431.2}{432} \times 100\% = 0.18\%$$

故其压缩因子为

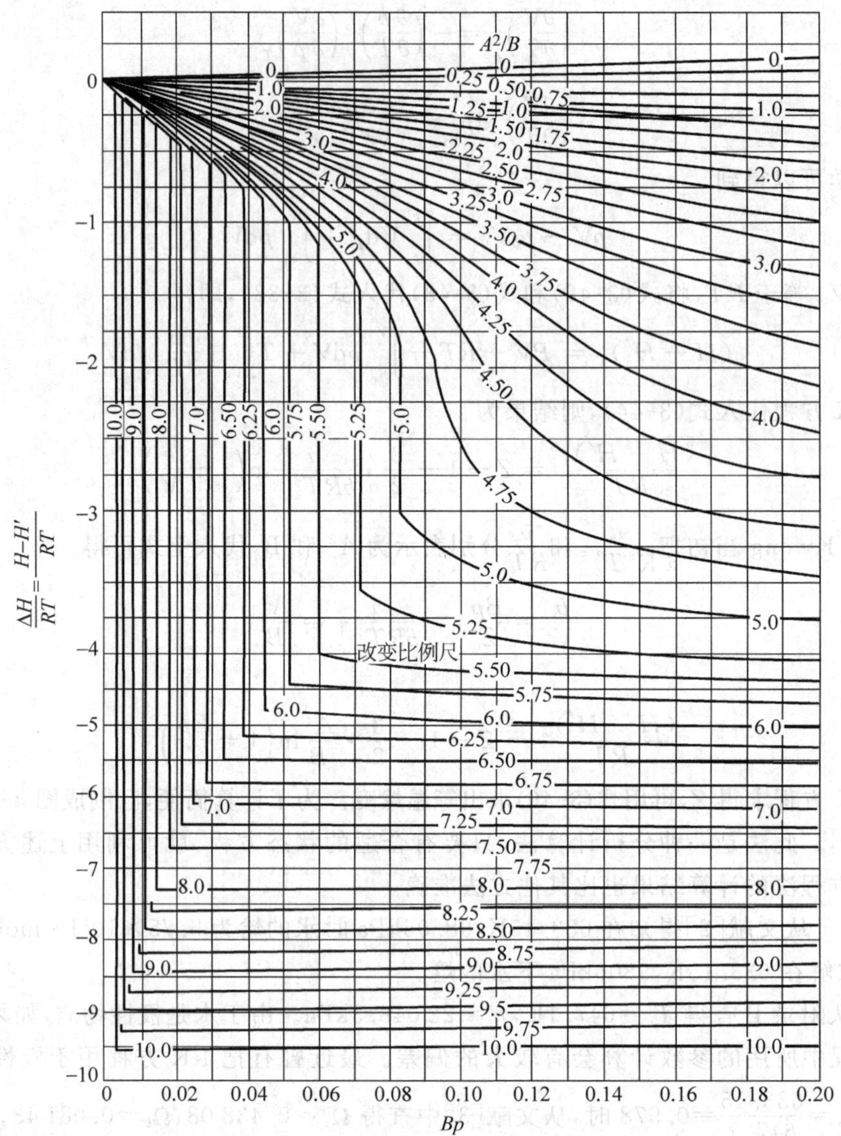

图 3-2 等温焓差和 RK 方程参数$\frac{A^2}{B}$和Bp(低数值)的关系

$$Z=\frac{pV}{RT}=\frac{9806.0\times 431.2}{8314.73\times 633.15}=0.803$$

从式(3-46)

$$\frac{(H-H')_T}{RT}=(Z-1)-\frac{3}{2}\cdot\frac{A^2}{B}\ln\left(1+\frac{Bp}{Z}\right)$$

$$\frac{b}{V}=\frac{Bp}{Z}=\frac{bp}{ZRT}=\frac{19.864\times 9806.23}{0.803\times 8314.73\times 633.15}=0.0461$$

$$\frac{A^2}{B}=\frac{a}{bRT^{1.5}}=\frac{1.463\times 10^{10}}{19.864\times 8314.73\times 633.15^{1.5}}=5.56$$

故

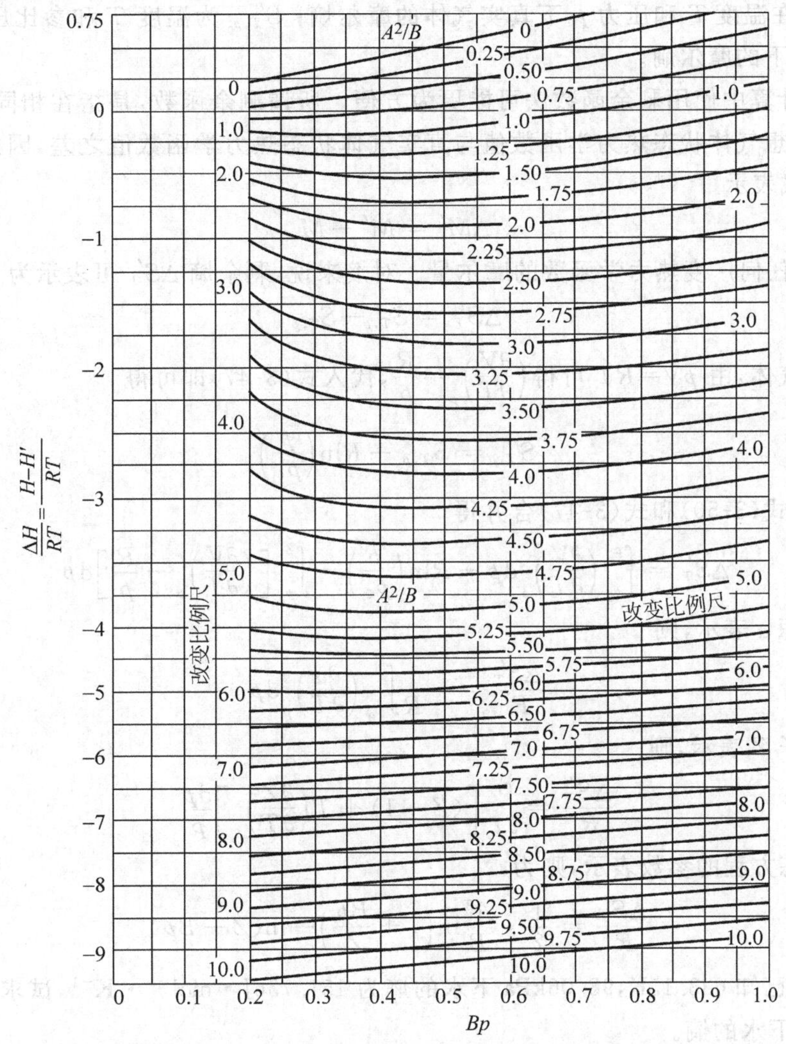

图 3-3 等温焓差和 RK 方程参数$\frac{A^2}{B}$和 Bp（高数值）的关系

$$\frac{(H-H')_T}{RT}=\left(0.803-1-\frac{3}{2}\times 5.56\right)\ln(1+0.0461)=-0.571$$

$$(H-H')_T=-0.571\times 8.3196\times 633.15=-3007.76\mathrm{J\cdot mol^{-1}}$$

$$H=H'-3007.76=57\,496.72-3007.76=5.449\times 10^4\mathrm{J\cdot mol^{-1}}$$

从文献[2]查得 $H=5.345\times 10^4\mathrm{J\cdot mol^{-1}}$

$$\text{误差}=\frac{5.449\times 10^4-5.345\times 10^4}{5.345\times 10^4}\times 100\%=1.95\%$$

2. 熵变化的计算

为了计算在一定温度和任意压力下真实气体的熵值，可由式(3-28)推导得如下方程：

$$S_{T,p}=S'_{T,p_0}-\int_{p_0}^{p}\left(\frac{\partial V}{\partial T}\right)_p\mathrm{d}p \tag{3-47}$$

式中,$S_{T,p}$为在温度 T 和压力 p 下真实气体的摩尔熵;S'_{T,p_0}为温度 T 和参比压力 p_0(即理想气体状态)下的摩尔熵。

在熵的计算中使用剩余函数法可能更为方便。所谓剩余函数,是指在相同温度和压力的条件下,理想气体状态热力学函数值与真实气体状态热力学函数值之差,因此,剩余函数 $\Delta M'$可用下式表示

$$\Delta M' = M' - M \tag{3-48}$$

式中 M 代表任何广度热力学函数的摩尔量。对熵来说,剩余熵 $\Delta S'_T$ 可表示为

$$\Delta S'_T = S'_{T,p} - S_{T,p} \tag{3-49}$$

对理想气体,由 $pV=RT$ 可得 $\left(\dfrac{\partial V}{\partial T}\right)_p = \dfrac{R}{p}$,代入式(3-47)即可得

$$S'_{T,p} = S'_{T,p_0} - R\ln\left(\frac{p}{p_0}\right) \tag{3-50}$$

将式(3-49),式(3-50)和式(3-47)合并得

$$\Delta S'_T = \int_{p_0}^{p}\left(\frac{\partial V}{\partial T}\right)_p \mathrm{d}p - R\ln\left(\frac{p}{p_0}\right) = \int_{p_0}^{p}\left[\left(\frac{\partial V}{\partial T}\right)_p - \frac{R}{p}\right]\mathrm{d}p \tag{3-51}$$

若用剩余体积 α 表示,则

$$\frac{\Delta S'_T}{R} = -\frac{1}{R}\int_{p_0}^{p}\left(\frac{\partial \alpha}{\partial T}\right)_p \mathrm{d}p \tag{3-52}$$

若用压缩因子 Z 表示,则

$$\frac{\Delta S'_T}{R} = \int_{p_0}^{p}\left[(Z-1) + T\left(\frac{\partial Z}{\partial T}\right)_p\right]\frac{\mathrm{d}p}{p} \tag{3-53}$$

若用 RK 状态方程的参数表示,则为

$$\frac{\Delta S'_T}{R} = \frac{1}{2}\cdot\frac{A^2}{B}\ln\left(1+\frac{Bp}{Z}\right) - \ln(Z - Bp) \tag{3-54}$$

例 3-5 已知 633.15K,98.06kPa 下水的熵为 151.756J·mol^{-1}·K^{-1},试求在 633.15K,9806.23kPa 下水的熵。

解 本题采用 RK 方程计算,从例 3-4 已知 $Z=0.803$,$\dfrac{b}{V}=\dfrac{Bp}{Z}=0.0461$,故

$$Bp = 0.0461 \times 0.803 = 0.0370$$

及

$$\frac{A^2}{B} = 5.56$$

根据式(3-54)

$$\frac{\Delta S'_T}{R} = \frac{1}{2}\times 5.56\ln(1+0.0461) - \ln(0.803 - 0.0370)$$
$$= 0.1253 + 0.2666 = 0.3919$$
$$\Delta S'_T = 0.3919 \times 8.3196 = 3.260\,\mathrm{J\cdot mol^{-1}\cdot K^{-1}}$$

已知 $S'_{T,p_0} = 151.756\,\mathrm{J\cdot mol^{-1}\cdot K^{-1}}$

从式(3-49)和式(3-50),得

$$S_{T,p} = -\Delta S'_T - R\ln\left(\frac{p}{p_0}\right) + S'_{T,p_0}$$

$$= -3.260 - 8.3196\ln\left(\frac{9806.23}{98.06}\right) + 151.256$$

$$= 110.15\text{J} \cdot \text{mol}^{-1} \cdot \text{K}^{-1}$$

已知文献值为 $S_{T,p} = 108.35\text{J} \cdot \text{mol}^{-1} \cdot \text{K}^{-1}$

$$误差 = \frac{110.15 - 108.35}{108.35} \times 100\% = 1.69\%$$

3. 用低压下的 C_p' 和 p-V-T 数据计算焓变化和熵变化

(1) 焓变化的计算

由式(3-31),焓变化为

$$\text{d}H = C_p\text{d}T + \left[V - T\left(\frac{\partial V}{\partial T}\right)_p\right]\text{d}p$$

从上式可知,焓变化包括两部分:一部分是由于温度变化引起的,另一部分是由于压力变化引起的。由温度变化引起的这部分与热容有关,而热容的数据绝大部分是低压数据,故它的积分只能在低压下进行,假设初始状态为(T_0,p_0),终了状态为(T,p),而且 p_0 足够低,气体可视为处于理想气体状态,于是积分可分成两步:在低压下考虑温度的变化,从 T_0 积分到 T;在恒温下考虑压力的变化,从 p_0 积分到 p,积分途径如图 3-4 所示。此时焓变的积分表达式为

$$H - H_0 = \int_{T_0}^{T} C_p'\text{d}T + \int_{p_0}^{p}\left[V - T\left(\frac{\partial V}{\partial T}\right)_p\right]\text{d}p \tag{3-55}$$

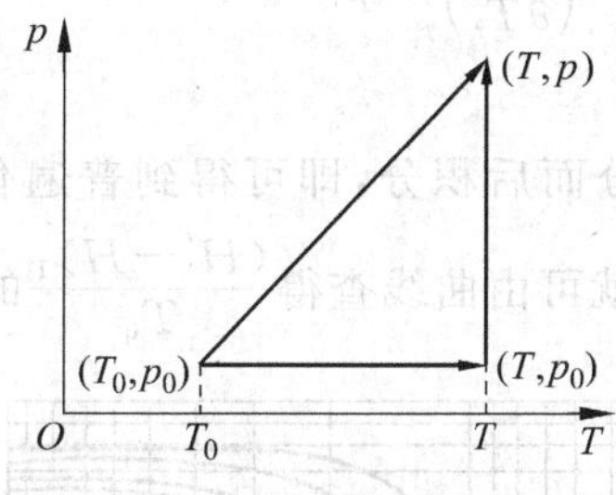

图 3-4 积分途径

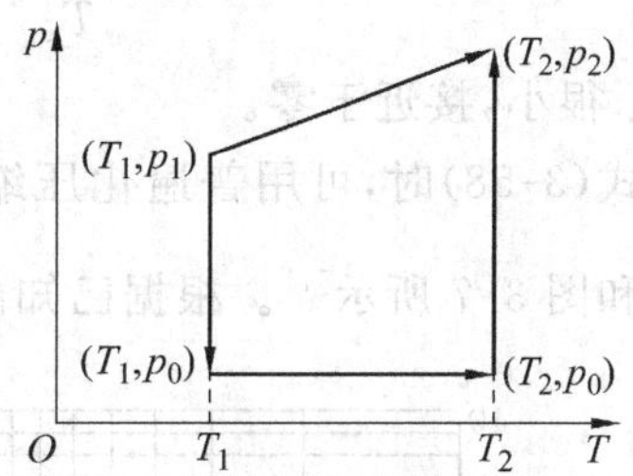

图 3-5 积分途径

如果气体的状态从(T_1,p_1)变化到(T_2,p_2)而且初始压力 p_1 不是低压,那么,焓变的积分途径如图 3-5 所示,首先应当在恒温 T_1 下,把压力从 p_1 降低到 p_0,而 p_0 是处于足够低的状态。在低压状态下,利用理想气体的热容数据计算由于温度变化($T_1 \rightarrow T_2$)而引起的焓变,然后再计算由于压力的变化而引起的焓变,因此,整个过程总焓变的积分表达式为

$$\Delta H = H_2 - H_1 = \int_{T_1}^{T_2} C_p'\text{d}T + \int_{p_0}^{p_2}\left[V - T\left(\frac{\partial V}{\partial T}\right)_p\right]_{T_2}\text{d}p - \int_{p_0}^{p_1}\left[V - T\left(\frac{\partial V}{\partial T}\right)_p\right]_{T_1}\text{d}p \tag{3-56}$$

式(3-56)右边第一项利用低压热容的温度函数进行积分,第二项和第三项积分分别在恒温 T_2 和恒温 T_1 下进行。

(2) 熵变化的计算

由式(3-28)可知熵变化也包括温度影响和压力影响两部分。由于熵也是状态函数,所以与上面焓变化所述的情况相类似,其积分方程为

$$\Delta S = S_2 - S_1 = \int_{T_1}^{T_2} \frac{C'_p}{T} \mathrm{d}T + \int_{p_0}^{p_1} \left[\left(\frac{\partial V}{\partial T} \right)_p - \frac{R}{p} \right]_{T_1} \mathrm{d}p$$

$$- \int_{p_0}^{p_2} \left[\left(\frac{\partial V}{\partial T} \right)_p - \frac{R}{p} \right]_{T_2} \mathrm{d}p - R\ln\left(\frac{p_2}{p_1} \right) \tag{3-57}$$

上式右边第一项是利用低压热容与温度的关系进行积分；第二项和第三项利用真实气体的 p-V-T 数据分别在恒温 T_1 和 T_2 下进行积分。

3.2.3 普遍化热力学性质图

当气体的 p-V-T 数据(不论何种形式)缺乏时,则需要用普遍化压缩因子计算。为简化计算,可用普遍化压缩因子数据来构制普遍化热力学性质图。由于这种图的普适性和使用方便,故在化工中应用甚广。常见的普遍化热力学性质图的构制过程分述如下:

1. 普遍化焓差图

如以对比压力 p_r 和对比温度 T_r 代入式(3-41)

$$p = p_c p_r \quad 及 \quad \mathrm{d}p = p_c \mathrm{d}p_r$$

$$T = T_c T_r \quad 及 \quad \mathrm{d}T = T_c \mathrm{d}T_r$$

则

$$\frac{(H - H')_T}{T_c} = -\int_{p_{0,r}}^{p_r} \frac{RT_r^2}{p_r} \left(\frac{\partial Z}{\partial T_r} \right)_{p_r} \mathrm{d}p_r \tag{3-58}$$

式中的 $p_{0,r}$ 很小,接近于零。

求解式(3-58)时,可用普遍化压缩因子图,先微分而后积分,即可得到普遍化焓差图,如图 3-6 和图 3-7 所示[4]。根据已知的 T_r 和 p_r 值,就可由曲线查得 $\frac{(H'-H)_T}{T_c}$ 的值。

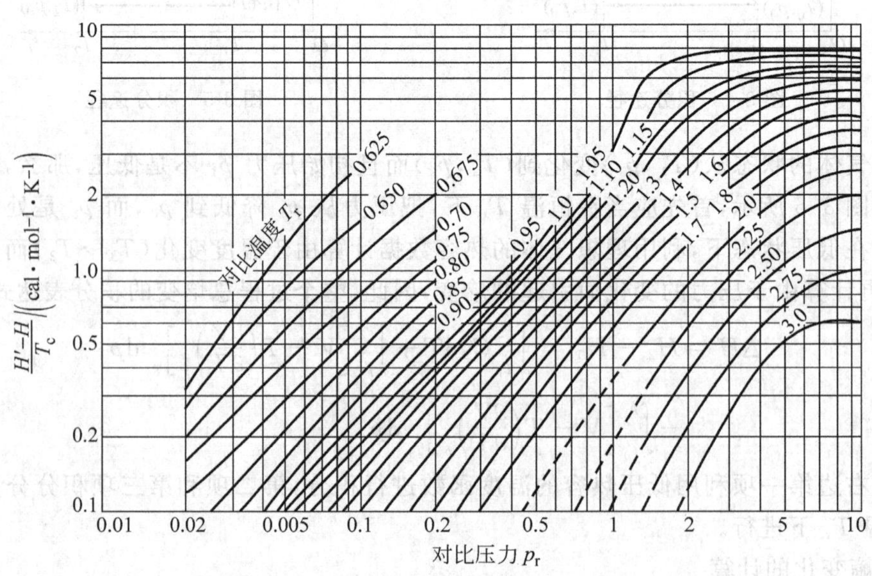

图 3-6 普遍化的焓差图($0.01 < p_r < 10$)

(1cal=4.187J)

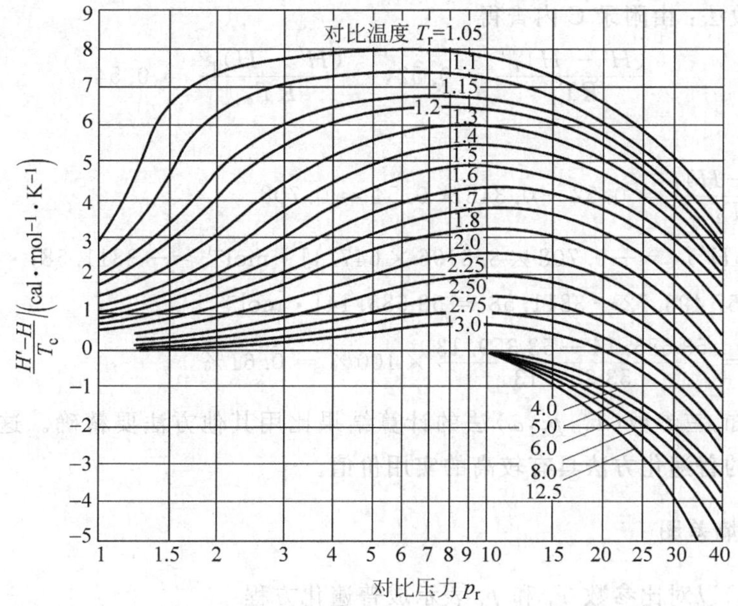

图 3-7 普遍化的焓差图($1<p_r<40$)

除上述的两参数法外，工程上常用的是三参数法。若以偏心因子 ω 为第三参数，此方法与式(2-117)相类似，把$\frac{(H'-H)_T}{RT_c}$表示成 ω 的线性方程[6]，即

$$\frac{(H'-H)_T}{RT_c}=\frac{(H'-H)_T^{(0)}}{RT_c}+\omega\frac{(H'-H)_T^{(1)}}{RT_c} \tag{3-59}$$

式中$\frac{(H'-H)_T^{(0)}}{RT_c}$为简单流体($\omega\approx0$)的普遍化焓差，是 T_r，p_r 的函数。$\frac{(H'-H)_T^{(1)}}{RT_c}$是普遍化焓差的校正函数，反映了标准流体对简单流体行为的偏差，也是 T_r，p_r 的函数。在附录 C 中列出了在不同的 T_r 和 p_r 状态下的$\frac{(H'-H)_T^{(0)}}{RT_c}$和$\frac{(H'-H)_T^{(1)}}{RT_c}$数值。

例 3-6 试应用两参数法和三参数法再计算例 3-4。

解 $T_r=\frac{633.15}{647.1}=0.978$，$p_r=\frac{9806.23}{22\,048.32}=0.445$，$\omega=0.348$

(1) 两参数法：根据 T_r 和 p_r 值从图 3-6 查得

$$\frac{(H'-H)_T}{T_c}=1.1\text{cal}\cdot\text{mol}^{-1}\cdot\text{K}^{-1}$$

$$H-H'=-1.1\times647.1=-771.8\text{cal}\cdot\text{mol}^{-1}$$
$$=-2980.35\text{J}\cdot\text{mol}^{-1}$$

已知 $H'=57\,496.72\text{J}\cdot\text{mol}^{-1}$

$$H=57\,496.72-2980.35=54\,516.37\text{J}\cdot\text{mol}^{-1}$$

已知文献值 $H=53\,359.13\text{J}\cdot\text{mol}^{-1}$

$$\text{误差}=\frac{54\,516.37-53\,359.13}{53\,359.13}\times100\%=2.17\%$$

(2) 三参数法：由附录C内查得

$$\frac{(H'-H)_T^{(0)}}{RT_c}=0.52,\quad \frac{(H'-H)_T^{(1)}}{RT_c}=0.54$$

则

$$\frac{(H'-H)_T}{RT_2}=0.52+0.348\times0.54=0.708$$

$$(H-H')_T=-0.708\times8.3196\times647.1\mathrm{J\cdot mol^{-1}}=-3811.58\mathrm{J\cdot mol^{-1}}$$

$$H=57\,496.72-3811.58=53\,685.14\mathrm{J\cdot mol^{-1}}$$

$$误差=\frac{53\,685.14-53\,359.13}{53\,359.13}\times100\%=0.61\%$$

从本例可知，三参数(T_r，p_r，ω)法的计算结果比用其他方法要精确。这说明以偏心因子为第三参数的普遍化方法具有较高的实用价值。

2. 普遍化熵差图

将式(3-53)以对比参数 T_r 和 p_r 表示成普遍化方程

$$\frac{\Delta S'_T}{R}=\int_{p_{0,r}}^{p_r}\left[(Z-1)+T_r\left(\frac{\partial Z}{\partial T_r}\right)_{p_r}\right]\frac{\mathrm{d}p_r}{p_r}\tag{3-60}$$

式(3-53)表示相同 p，T 下，真实气体和理想气体状态熵的差异，故($S'_{T,p}-S_{T,p}$)又称为真实气体熵的校正项。应用普遍化压缩因子图，式(3-60)可以用图解微分及积分法求得普遍化熵差图。图3-8绘出 $\Delta S'_T$ 与 T_r，p_r 的关系。

从图3-8中可以看出，$\Delta S'_T$ 均为正值，即在同一压力和温度下，理想气体的熵常较真实气体熵为大。

当应用图3-8于真实气体的压缩或膨胀时，需注意正负号，现分述如下：

(1) 当真实气体自低压 p_0 压缩到高压 p 时，其熵变化为

$$\Delta S=S_{p,T}-S'_{p_0,T}=-(S'_{T,p}-S_{T,p})+(S'_{T,p}-S'_{T,p_0})$$

现设($S'_{T,p}-S_{T,p}$)之值为 Δ(常为一正数)，则上式可写成

$$\Delta S=-\Delta-R\ln\left(\frac{p}{p_0}\right)\tag{3-61}$$

换言之，真实气体被压缩时，熵的减少常比理想气体熵的减少为大。

(2) 当真实气体自高压 p 膨胀到低压 p_0 时，其熵变化为

$$\Delta S=S'_{T,p_0}-S_{T,p}=(S'_{T,p_0}-S'_{T,p})+(S'_{T,p}-S_{T,p})$$

或

$$\Delta S=R\ln\left(\frac{p}{p_0}\right)+\Delta\tag{3-62}$$

换言之，真实气体膨胀时，熵的增加常较理想气体熵的增加为大。

熵差的计算，除上述的两参数法外，还常用三参数(T_r，p_r，ω)法。熵差的等温压力校正与焓差的情况类似，即采用

$$\frac{\Delta S'_T}{R}=\frac{(S'-S)^{(0)}}{R}+\omega\frac{(S'-S)^{(1)}}{R}\tag{3-63}$$

式中

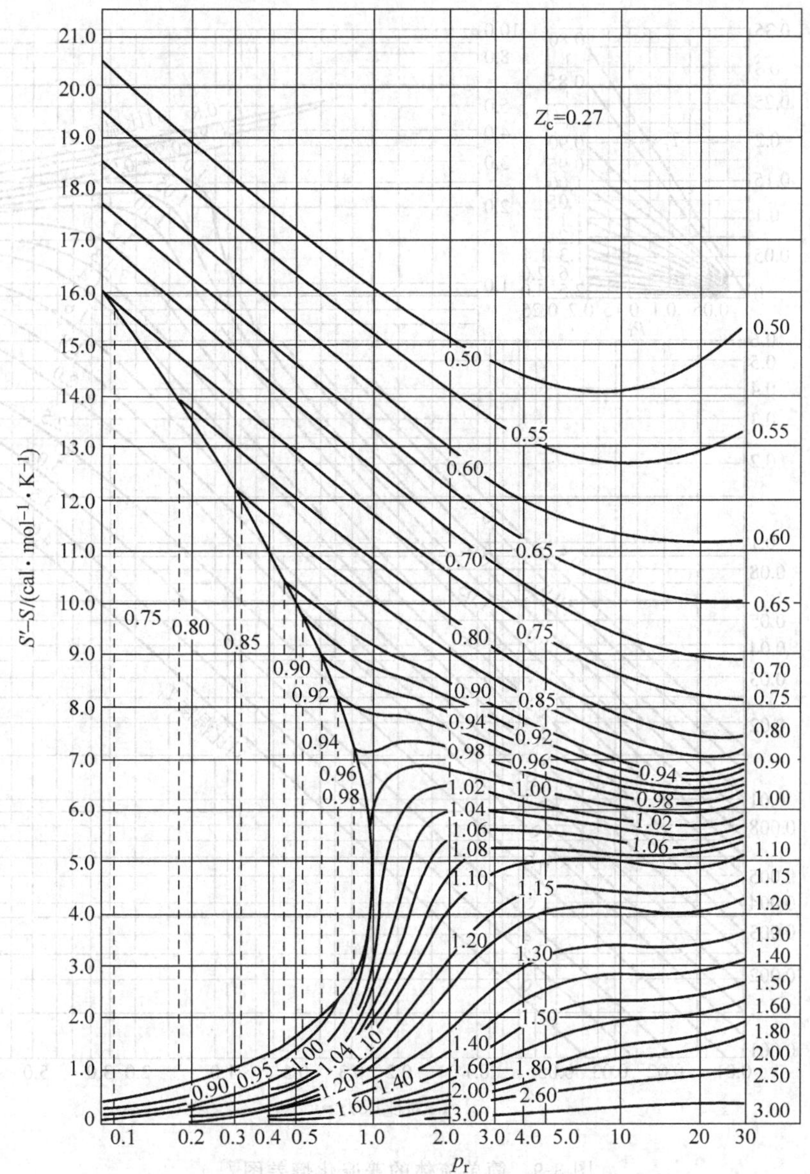

图 3-8　普遍化熵差图(1mol 气体或液体,$Z_c=0.27$)

$$\frac{\Delta S'_T}{R}=\left(\frac{S'_{T,p_0}-S_{T,p}}{R}-\ln\frac{p}{p_0}\right)$$

$$\frac{(S'-S)^{(0)}}{R}=\int_{p_{0,r}}^{p_r}\left[(Z^{(0)}-1)+T_r\left(\frac{\partial Z}{\partial T_r}\right)_{p_r}\right]\frac{\mathrm{d}p_r}{p_r}$$

$$\frac{(S'-S)^{(1)}}{R}=\int_{p_{0,r}}^{p_r}\left[Z^{(1)}+T_r\left(\frac{\partial Z}{\partial T_r}\right)_{p_r}\right]\frac{\mathrm{d}p_r}{T_r}$$

其中$\frac{(S'-S)^{(0)}}{R}$和$\frac{(S'-S)^{(1)}}{R}$已利用 p-V-T 数据通过图解微分与积分法做图,如图 3-9 和图 3-10。

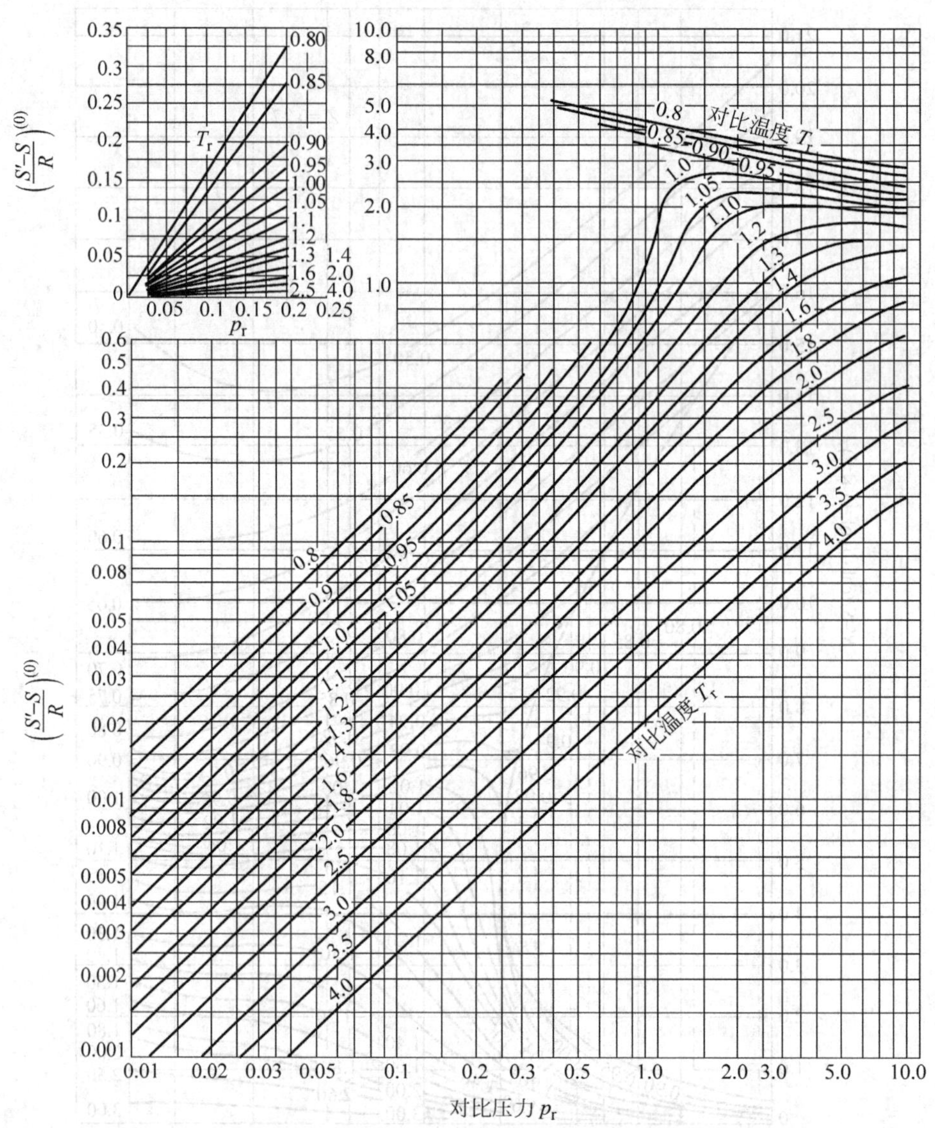

图 3-9 简单流体的普遍化熵差图[7]

例 3-7 已知在 298.15K,101.33kPa 下 CO_2 的理想气体状态的绝对熵为 213.79J·mol^{-1}·K^{-1},$C_p=22.258+5.981\times10^{-2}T-3.501\times10^{-5}T^2+7.465\times10^{-9}T^3$,试求在 373.15K 和 10 132.5kPa 下的气态 CO_2 的绝对熵。

解 从附录 B 查得 CO_2 的有关物性参数

$$T_c=304.2\text{K},\quad p_c=7376.46\text{kPa},\quad \omega=0.225$$

$$T_r=\frac{373.15}{304.2}=1.227$$

$$p_r=\frac{10\ 132.5}{7376.46}=1.374$$

从图 3-8 查得

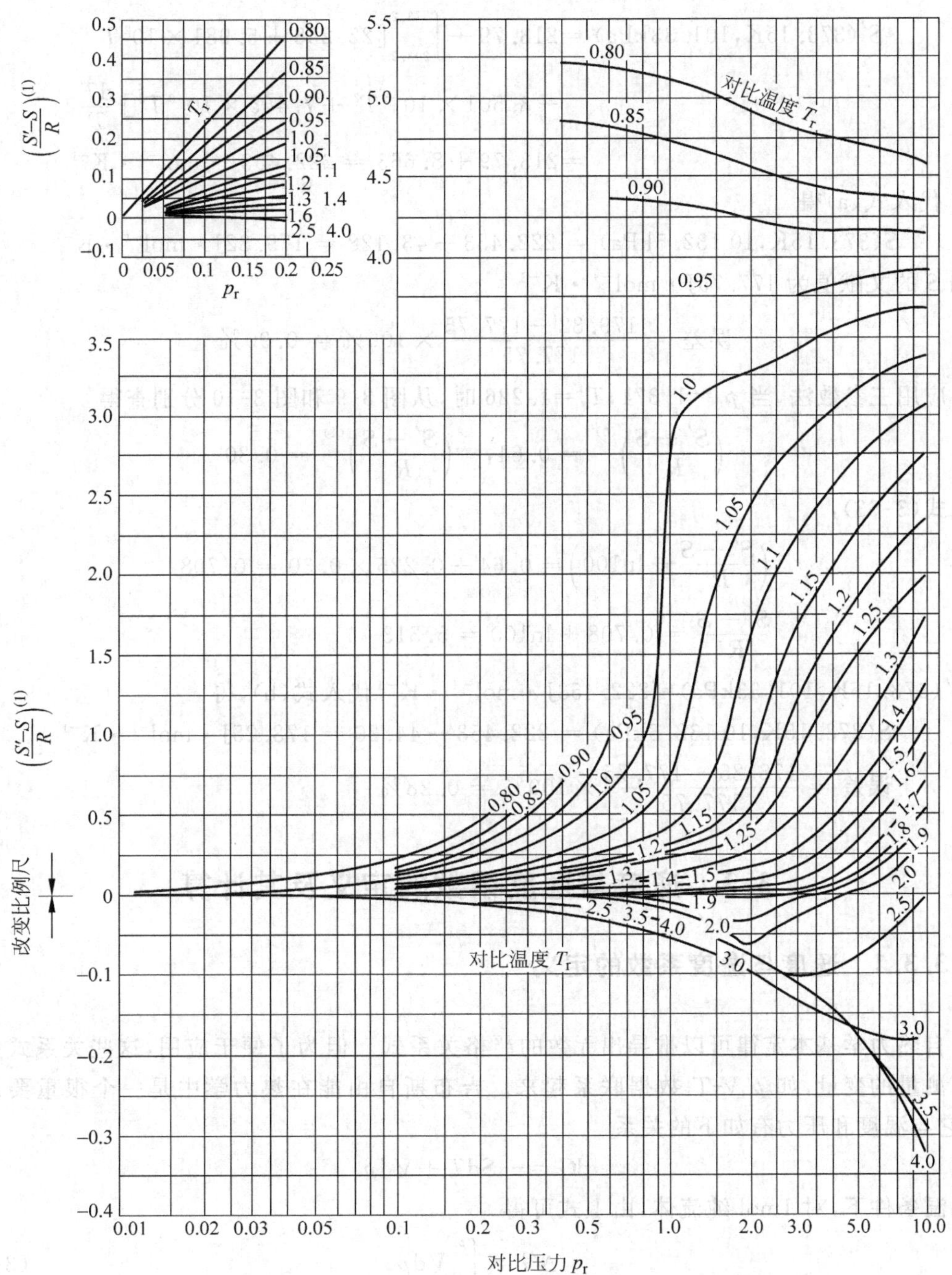

图 3-10 对简单流体有偏差的普遍化熵差的压力校正

$$(S'-S)=1.15\text{cal}\cdot\text{mol}^{-1}\cdot\text{K}^{-1}$$

$$(S'_{T,p_0}-S_{T,p})=1.987\times\ln100+1.15$$

或

$$S_{T,p_0}'-S_{T,p}=10.30\text{cal}\cdot\text{mol}^{-1}\cdot\text{K}^{-1}=43.13\text{J}\cdot\text{mol}^{-1}\cdot\text{K}^{-1} \tag{a}$$

再求等压时温度对熵值的影响

$$S'(373.15\text{K},101.33\text{kPa})=213.79+\int_{298.2}^{373.2}[22.258+5.981\times10^{2}T-3.501\times10^{-5}T^{2}+7.465\times10^{-9}T^{3}]\frac{\mathrm{d}T}{T}$$

$$=213.79+8.663=222.453\text{J}\cdot\text{mol}^{-1}\cdot\text{K}^{-1}$$

将 S' 代入式(a)得

$$S(373.15\text{K},10\,132.5\text{kPa})=222.453-43.128=179.32\text{J}\cdot\text{mol}^{-1}\cdot\text{K}^{-1}$$

已知 S 的文献值为 $177.75\text{J}\cdot\text{mol}^{-1}\cdot\text{K}^{-1}$

$$误差=\frac{179.32-177.75}{177.75}\times100\%=0.90\%$$

应用三参数法，当 $p_r=1.374$，$T_r=1.226$ 时，从图3-9和图3-10分别查得

$$\left(\frac{S'-S}{R}\right)^{(0)}=0.64,\quad\left(\frac{S'-S}{R}\right)^{(1)}=0.30$$

代入式(3-63)，

$$\left(\frac{S'-S}{R}-\ln100\right)=0.64+0.225\times0.30=0.708$$

$$\frac{S'-S}{R}=0.708+\ln100=5.313\tag{b}$$

将 $S'(373.15\text{K},101.33\text{kPa})=222.453\text{J}\cdot\text{mol}^{-1}\cdot\text{K}^{-1}$ 代入式(b)，得

$$S(373.15\text{K},10\,132.5\text{kPa})=222.453-44.20=178.25\text{J}\cdot\text{mol}^{-1}\cdot\text{K}^{-1}$$

$$误差=\frac{178.25-177.75}{177.75}\times100\%=0.28\%$$

3.3 逸度与逸度系数的定义及其计算

3.3.1 逸度与逸度系数的定义

自热力学基本定律可以推导出无数的严格关系式。但为了便于应用，这些关系式必须与可测量的变量，如 p-V-T 数据联系起来。吉布斯自由能在热力学中是一个很重要的性质，它与温度和压力有如下的关系

$$\mathrm{d}G=-S\mathrm{d}T+V\mathrm{d}p$$

在恒温条件下，对1mol纯流体，由上式可得

$$\Delta G=\int_{p_1}^{p_2}V\mathrm{d}p\tag{3-64}$$

上式是一个严格的关系式，但应用不方便，引用理想气体定律后，即得

$$\Delta G=RT\ln\left(\frac{p_2}{p_1}\right)\tag{3-65}$$

这是一个近似的计算式，只在压力不很大时才与事实相符。在高压条件下，积分时必须使用真实气体状态方程，但是直到现在还没有一个既简便又正确的状态方程。为了保持热力学公式的严格性和正确性，同时又不使其变为极复杂的形式，G. N. Lewis 提出了逸度的概念。

我们先讨论纯气体的逸度。在恒温下 1mol 气体的化学势可写为

$$\mu = \mu^{\ominus} + \int_{1}^{p} V\mathrm{d}p \tag{3-66}$$

式中 $\mu^{\ominus}$ 是标准化学势，其物理意义是在 1atm，T(K)时，1mol 的理想气体的化学位。

如果是理想气体，则上式可写成

$$\mu = \mu^{\ominus} + RT\ln p \tag{3-67}$$

如果是真实气体，可应用 Berlin 型维里方程，将式(2-10)代入式(3-66)后得

$$\mu = \mu^{\ominus} + RT\left(\ln p + B'p + \frac{1}{2}C'p^2 + \frac{1}{3}D'p^3 + \cdots\right) \tag{3-68}$$

比较式(3-68)与式(3-66)，式(3-68)显得非常繁琐，而且对许多气体，B'，C'，D'，…系数的数值尚不可知，所以应用不方便，或者根本无法使用。为了保存式(3-68)的简洁形式，同时又要使公式和事实符合，G. N. Lewis 提出以逸度 f 代替压力

$$\mu = \mu^{\ominus} + RT\ln f \tag{3-69}$$

与式(3-68)相比较，$\ln f$ 代表了式(3-68)中括号内的所有项。如果我们能计算出 f，那么这就比式(3-68)方便，同时形式也很简单，还能与实验值相符。这就是提出逸度的意义。

可是我们仔细考察式(3-69)就会发现，从该式并不能得到 f 的绝对值。为了计算 f 的绝对值，在式(3-69)之外还需附加条件。当压力很低时，任何气体皆是理想气体，其逸度等于压力，逸度的定义必须与此相符。因此，可用

$$p \to 0, \frac{f}{p} \to 1 \quad 或 \quad p \to 0, \frac{fV}{RT} \to 1 \tag{3-70}$$

为其附加条件。对于真实气体

$$\frac{f}{p} = \phi, \quad \frac{fV}{RT} = \phi' \tag{3-71}$$

ϕ 称为逸度系数，它是压力 p 的函数。若已知 ϕ，即可由 $f=\phi p$ 确定 f。$1-\phi$ 或 $1-\phi'$ 可用来衡量气体的非理想程度，因为对于理想气体两者皆等于零。

从式(3-71)可知，理想气体的逸度就是它的压力，因此其单位与压力相同。我们可将逸度看作校正压力，或“有效”压力。既然逸度与压力(对液体和固体而言应该是蒸汽压)的关系那么密切，而气体的压力和液体、固体的蒸汽压却是表征着物质的逃逸趋势，因而逸度也是表征体系的逃逸趋势，逸度也就因此得名。综上所述，逸度的物理意义就很明确了。

3.3.2 纯气体逸度的计算

纯气体逸度的计算有数种方法，其中包括用气体状态方程的解析法，用 p-V-T 数据通过剩余体积的图解积分法[8]，在压力不大时把剩余体积作为常数的近似法和普遍化法即对比态法等。其中又以近似法和对比态法比较简便，且对比态法的准确度比较高，所以实用上常采用对比态法来计算气体的逸度值。

1. 用对比态法计算逸度系数

将式(3-66)和式(3-69)合并后可得

$$RT\mathrm{d}\ln f = (\mathrm{d}\mu)_T = V\mathrm{d}p \tag{3-72}$$

或

$$\frac{\mathrm{d}\ln f}{\mathrm{d}p}=\frac{V}{RT}$$

积分得

$$\ln\frac{f}{f_0}=\frac{1}{RT}\int_{p_0}^{p}V\mathrm{d}p \tag{3-73}$$

将

$$V=Z\frac{RT}{p}$$

代入式(3-73),得

$$\ln\frac{f}{f_0}=\int_{p_0}^{p}\frac{Z\mathrm{d}p}{p} \tag{3-74}$$

当 p_0 接近于零时,Z/p 趋于无穷大,所以上式积分有困难。现将上式改写为

$$\ln\frac{f}{f_0}=\int_{p_0}^{p}\frac{\mathrm{d}p}{p}-\int_{p_0}^{p}\frac{1-Z}{p}\mathrm{d}p \tag{3-75}$$

当 $p_0\to 0$ 时,$p_0=f_0$,那么上式变成

$$\ln\frac{f}{p}=-\int_{p_0}^{p}\frac{1-Z}{p}\mathrm{d}p \tag{3-76}$$

当压力接近于零时,$(1-Z)/p$ 为定值,因此式(3-76)积分就不存在困难。只要有压缩因子的数据,就可以从式(3-76)计算逸度系数或逸度。如再变成对比态形式,则为

$$\ln\phi=\ln\left(\frac{f}{p}\right)=-\int_{p_{0,\mathrm{r}}}^{p_{\mathrm{r}}}\frac{1-Z}{p_{\mathrm{r}}}\mathrm{d}p_{\mathrm{r}} \tag{3-77}$$

此式表明,逸度是 p_{r} 和 Z 的函数。如第2章所述,Z 在两参数法中是 T_{r} 和 p_{r} 的函数,而在三参数法中是 $T_{\mathrm{r}},p_{\mathrm{r}},Z_{\mathrm{c}}$(或 ω)的函数,因此在用对比态法计算逸度系数时也有两参数法和三参数法。

(1) 两参数法

根据式(3-77)将 f/p 对 T_{r} 和 p_{r} 做图,结果如图3-11所示[9]。只要有 $T_{\mathrm{r}},p_{\mathrm{r}}$ 值,就可以从图中查得逸度系数值,从而可计算逸度。用这种图计算,误差一般在10%以内。

(2) 三参数法

为了提高普遍化逸度系数图的精度,引入了第三参数 Z_{c}。这样,对不同的 Z_{c} 值就可做成一幅幅如图3-11那样的图形或表以供查用[5]。该方法还可以用来求液体的逸度。

如果以 ω 为第三参数,像关联压缩因子时一样,逸度系数的对数值也可表示为 ω 的线性方程,即

$$\lg\left(\frac{f}{p}\right)=\lg\left(\frac{f}{p}\right)^{(0)}+\omega\lg\left(\frac{f}{p}\right)^{(1)} \tag{3-78}$$

式中 $\lg\left(\frac{f}{p}\right)^{(0)}$ 与 $\lg\left(\frac{f}{p}\right)^{(1)}$ 分别为简单流体($\omega\approx 0$)的逸度系数的对数值和逸度系数的校正项,后者反映标准流体对简单流体行为的偏差。两者都是 $T_{\mathrm{r}},p_{\mathrm{r}}$ 的函数,并已列成表供查用(见附录C)。这样,只要已知 $T_{\mathrm{r}},p_{\mathrm{r}}$ 就可以很快查到 $\lg\left(\frac{f}{p}\right)^{(0)}$ 和 $\lg\left(\frac{f}{p}\right)^{(1)}$ 的数值。给定纯流体的 ω,代入式(3-78)即可求得逸度系数。本方法也可以求液体的逸度。

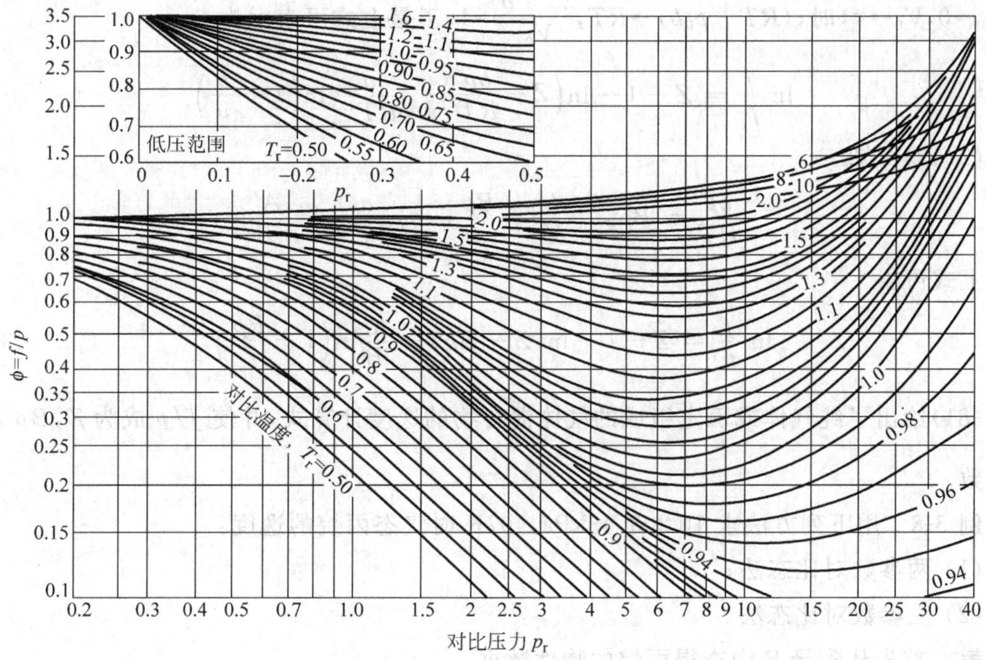

图 3-11 气体和蒸汽的逸度系数

2. 用状态方程法计算逸度系数

先将式(3-77)改写成下列形式：

$$\ln\phi=\ln\left(\frac{f}{p}\right)=\frac{1}{RT}\int_{p_0}^{p}\left(V-\frac{RT}{p}\right)\mathrm{d}p$$
$$=\frac{1}{RT}\int_{p_0}^{p}V\mathrm{d}p-\ln\frac{p}{p_0} \tag{3-79}$$

现以 RK 方程为例来说明这一计算方法。首先把式(3-79)右边第一项改写成

$$\int_{p_0}^{p}V\mathrm{d}p=pV-p_0V_0-\int_{V_0}^{V}p\mathrm{d}V \tag{3-80}$$

并应用 RK 方程计算上式中的 $\int_{V_0}^{V}p\mathrm{d}V$ 项，得

$$\int_{p_0}^{p}V\mathrm{d}p=pV-p_0V_0-\mathrm{RT}\ln\frac{V-b}{V_0-b}$$
$$+\frac{a}{bT^{0.5}}\ln\left[\left(\frac{V}{V_0}\right)\left(\frac{V_0+b}{V+b}\right)\right] \tag{3-80a}$$

把式(3-79)和式(3-80a)合并得

$$\ln\frac{f}{p}=\frac{pV-p_0V_0}{RT}-\ln\frac{V-b}{V_0-b}+\frac{a}{bRT^{1.5}}\ln\left[\left(\frac{V}{V_0}\right)\left(\frac{V_0+b}{V+b}\right)\right]-\ln\frac{p}{p_0}$$

因为 $pV=ZRT$，$p_0V_0=RT$，故

$$\ln\frac{f}{p}=Z-1-\ln\frac{pV-bp}{RT-bp_0}+\frac{a}{bRT^{1.5}}\ln\left[\left(\frac{V}{V_0}\right)\left(\frac{V_0+b}{V+b}\right)\right]$$

当 $p_0 \to 0, V_0 \to \infty$时，$(RT - p_0 b) \to RT, \dfrac{V_0 + b}{V_0} \to 1$，于是上式可表示为

$$\ln \frac{f}{p} = Z - 1 - \ln\left(Z - \frac{bp}{RT}\right) - \frac{a}{bRT^{1.5}} \ln\left(1 + \frac{b}{v}\right)$$

由式(2-42)可知

$$\frac{bp}{RT} = Bp, \quad \frac{b}{V} = \frac{Bp}{Z}, \quad \frac{a}{bRT^{1.5}} = \frac{A^2}{B}$$

代入上式可得

$$\ln \frac{f}{p} = Z - 1 - \ln(Z - Bp) - \frac{A^2}{B} \ln\left(1 + \frac{Bp}{Z}\right) \tag{3-81}$$

式(3-81)给出了纯气体或恒定组成的气体混合物的逸度计算式，并使 f/p 成为 Z, Bp 和 $\dfrac{A^2}{B}$ 的函数。

例 3-8 用下列方法求 10 203.43kPa，407K 时气态丙烷的逸度：

(1) 两参数对比态法；

(2) 三参数对比态法。

解 首先从附录 B 中查得丙烷的物性数据

$$T_c = 369.8\text{K}, \quad V_c = 203\text{cm}^3 \cdot \text{mol}^{-1}$$

$$p_c = 4245.5\text{kPa}, \quad Z_c = 0.281, \quad \omega = 0.145$$

(1) $T_r = \dfrac{407}{369.8} = 1.101, \quad p_r = \dfrac{10\,203.43}{4245.50} = 2.403$

由图 3-11 查得 $\dfrac{f}{p} = 0.452$

$$f = 0.452 \times 10\,203.43\text{kPa} = 4611.95\text{kPa}$$

(2) 以 Z_c 为第三参数

当 $Z_c = 0.281, T_r = 1.101, p_r = 2.403$ 时，查表[5]得 $\dfrac{f}{p} = 0.521$，因此

$$f = 0.521 \times 10\,203.43\text{kPa} = 5315.99\text{kPa}$$

若以 ω 为第三参数，已知 $T_r = 1.101, p_r = 2.403, \omega = 0.145$，又从附录C查得

$$\lg\left(\frac{f}{p}\right)^{(0)} = -0.311, \quad \lg\left(\frac{f}{p}\right)^{(1)} = 0.03$$

代入式(3-78)，得

$$\lg \frac{f}{p} = -0.311 + 0.145 \times 0.03 = 0.3066$$

$$\frac{f}{p} = 0.4936$$

$$f = 0.4936 \times 10\,203.43 = 5036.41\text{kPa}$$

已知文献值为 $f = 5034.84$kPa(参看文献[10])。

现将几种方法计算结果的误差总结如下：

误差 \ 方法	两参数法	三参数法（ω 法）	三参数法（Z_c 法）	状态方程法
$\dfrac{计算值-文献值}{文献值}\times 100\%$	-8.39%	0.04%	5.59%	0.95%

从上表可以看出，三参数法比两参数法精确，其中尤以 ω 法为最佳，用 RK 方程计算的结果也很满意。

3.3.3 逸度与温度和压力的关系

根据式(3-69)，纯气体逸度与其化学势之间的关系为

$$\ln f=\frac{\mu-\mu^{\ominus}}{RT}$$

在定压下将上式对 T 求导数

$$\left(\frac{\partial \ln f}{\partial T}\right)_p=\frac{1}{R}\left[\frac{\partial\left(\frac{\mu}{T}\right)}{\partial T}\right]_p-\frac{1}{R}\left[\frac{\mathrm{d}\left(\frac{\mu^{\ominus}}{T}\right)}{\mathrm{d}T}\right] \tag{3-82}$$

根据式(3-18)，式(3-72)和吉布斯自由能的定义，式(3-82)中的右边部分第一项为

$$\frac{1}{R}\left[\frac{\partial\left(\frac{\mu}{T}\right)}{\partial T}\right]_p=\frac{1}{RT}\left(\frac{\partial \mu}{\partial T}\right)_p-\frac{\mu}{RT^2}=\frac{S}{RT}-\frac{\mu}{RT^2}=-\frac{H}{RT^2} \tag{3-83}$$

再把式(3-82)用于同一体系的参比条件下，则得

$$\left(\frac{\partial \ln f'}{\partial T}\right)_{p=p_0}=\frac{1}{R}\left[\frac{\partial\left(\frac{\mu'}{T}\right)}{\partial T}\right]_{p=p_0}-\frac{1}{R}\left[\frac{\mathrm{d}\left(\frac{\mu^{\ominus}}{T}\right)}{\mathrm{d}T}\right] \tag{3-84}$$

因为 $f'=p_0$，上式的左边项等于零，故该式可写成

$$\frac{1}{R}\left[\frac{\mathrm{d}\left(\frac{\mu^{\ominus}}{T}\right)}{\mathrm{d}T}\right]=\frac{1}{R}\left[\frac{\partial\left(\frac{\mu'}{T}\right)}{\partial T}\right]_{p=p_0}=-\frac{H'}{RT^2} \tag{3-85}$$

将式(3-83)和式(3-85)代入式(3-82)得

$$\left(\frac{\partial \ln f}{\partial T}\right)_p=\frac{H'-H}{RT^2} \tag{3-86}$$

式(3-86)就是纯流体的逸度随温度变化的微分式。关于 $H'-H$ 的计算已在 3.2 节中详细讨论过，有了普遍化焓差图或状态方程等就能计算在定压下温度对逸度的影响。

纯气体逸度随压力变化的微分式更容易求得，因为

$$\left(\frac{\partial \ln f}{\partial p}\right)_T=\frac{1}{RT}\left[\frac{\partial(\mu-\mu^{\ominus})}{\partial p}\right]_T=\frac{1}{RT}\left(\frac{\partial \mu}{\partial p}\right)_T \tag{3-87}$$

又因 $\left(\frac{\partial \mu}{\partial p}\right)_T=V$，故

$$\left(\frac{\partial \ln f}{\partial p}\right)_T=\frac{V}{RT} \tag{3-88}$$

式中 V 是纯气体的摩尔体积。

很明显,只要有状态方程或普遍化压缩因子图,就可以计算压力对逸度的影响。

3.3.4 凝聚态物质的逸度

上面讨论了气态物质的逸度和它的计算方法,对于凝聚态物质,逸度的定义和式(3-69)一样,只是式中的 μ 及 f 系指凝聚态物质的化学势和逸度。当一个纯物质在定温、定压下达到平衡时,这个物质在 α,β 两相中的化学势应相等,所以

$$\mu^{\ominus} + RT\ln f^{\alpha} = \mu^{\ominus} + RT\ln f^{\beta}$$

故

$$f^{\alpha} = f^{\beta} \tag{3-89}$$

在相平衡时,由于该物质在不同相中的化学势相等,故其逸度也必相等。换言之,只有当物质在两相中的逃逸趋势相同时才能达到相平衡。根据上述原则,可以由凝聚相与气相间的平衡来计算凝聚态物质的逸度。

由于气体和凝聚态物质的逸度与化学势的关系式完全相同,所以 3.3.3 节中所讨论的温度和压力对逸度的影响的关系式也同样适用于凝聚态,即

$$\left(\frac{\partial \ln f^{\mathrm{L}}}{\partial T}\right)_p = \frac{H' - H^{\mathrm{L}}}{RT^2} \tag{3-90}$$

$$\left(\frac{\partial \ln f^{\mathrm{L}}}{\partial p}\right)_T = \frac{V^{\mathrm{L}}}{RT} \tag{3-91}$$

在以上诸式中,H^{L} 和 V^{L} 分别是液态物质的摩尔焓和摩尔体积。H' 仍然是在同温度下,该物质为理想气体时的摩尔焓。

例 3-9 用下列方法计算在 312K,6890.1kPa 时丙烷的逸度。已知在 412K 时丙烷的蒸汽压为 1309.1kPa;在 1309.1～6890.1kPa 的压力范围内,液态丙烷的平均比容为 $2.06\mathrm{cm^3 \cdot g^{-1}}$。

(1) 两参数法;

(2) 压缩因子的三参数法;

(3) 偏心因子的三参数法。

解 先从附录 B 中查得丙烷的物性参数:

$$p_c = 4245.5\mathrm{kPa},\quad T_c = 369.8\mathrm{K},\quad V_c = 203\mathrm{cm^3 \cdot mol^{-1}}$$
$$Z_c = 0.281,\quad \omega = 0.145$$

(1) 在 312K 和 6890.1kPa 时丙烷呈液态,先求饱和蒸汽压为 1309.1kPa 时的逸度,

$$T_r = \frac{312}{369.8} = 0.844$$

$$p_r = \frac{1309.1}{4245.5} = 0.308$$

由图 3-11 查得 $\dfrac{f^{\mathrm{V}}}{p} = 0.81$,则

$$f^{\mathrm{V}} = 0.81 \times 1309.1\mathrm{kPa} = 1060.37\mathrm{kPa}$$

在 312K,1309.1kPa 下,丙烷液体和蒸汽达到平衡态,根据凝聚态物质逸度计算的原

则，在上述条件下液态丙烷的逸度也为 1060.37kPa。

从式(3-91)知，压力对液相逸度的影响为

$$\ln \frac{f_2^{\mathrm{L}}}{f_1^{\mathrm{L}}} = \frac{1}{RT}\int_{p_1}^{p_2} V^{\mathrm{L}}\mathrm{d}p$$

液体的摩尔体积随压力的变化不大，作为常数处理

$$\ln \frac{f_2^{\mathrm{L}}}{1060.37} = \frac{44.06}{312 \times 8314.73} \times 2.06 \times (6890.1 - 1309.1) = 0.195$$

故

$$\frac{f_2^{\mathrm{L}}}{1060.37} = 1.215$$

$$f_2^{\mathrm{L}} = 1.215 \times 1060.37 = 1288.35\mathrm{kPa}$$

(2) 当 $p_r = 1.62, T_r = 0.84, Z_c = 0.281$ 时，从文献[5]所列表内查得 $\frac{f^{\mathrm{L}}}{p} = 0.188$，则

$$f^{\mathrm{L}} = 0.188 \times 6890.1 = 1295.34\mathrm{kPa}$$

(3) 当 $p_r = 1.62, T_r = 0.84, \omega = 0.145$ 时，从附录 C 的表内查得

$$\lg\left(\frac{f}{p}\right)^{(0)} = -0.671, \quad \lg\left(\frac{f}{p}\right)^{(1)} = -0.38$$

由式(3-79)

$$\begin{aligned} \lg\phi^{\mathrm{L}} &= \lg\left(\frac{f}{p}\right)^{\mathrm{L}} \\ &= -0.671 + 0.2145 \times (-0.38) \\ &= -0.7261 \end{aligned}$$

故

$$\begin{aligned} \phi^{\mathrm{L}} &= \left(\frac{f}{p}\right)^{\mathrm{L}} = 0.188 \\ f^2 &= 0.188 \times 6890.1 \\ &= 1295.34\mathrm{kPa} \end{aligned}$$

利用丙烷的 p-V-T 数据，用剩余体积图解积分算得的逸度值为 1276.7kPa。从上例计算结果可知，采用的三种方法都有一定精度，可以供工程计算使用。特别是偏心因子三参数法不但简捷，而且计算精度也高，应该说是一种比较理想的方法。

3.4　热力学图表

3.4.1　从实验数据制作热力学图表的方法与步骤

前面已经提到，纯流体的热力学性质可以从 p-V-T 数据、热容数据以及蒸发潜热数据求得。一般将计算结果绘制成图(如水蒸汽 Mollier 图)或列成表(如水和水蒸汽表)。应用时可方便地直接查出热力学性质。现在把热力学性质的计算方法与步骤简述如下：

(1) 先选择一参比态 p_0, T_0，并使该状态下的焓和熵等于零。

(2) 饱和压力与温度之间的关系，已有许多经验公式。这里不一一列举这些公式，只用下式代表它们：

$$p^{\mathrm{S}} = f(T) \tag{a}$$

给定一温度 T，即可用式(a)求得相应的 p^{S}。

(3) 将给定的 T 和求得的 p^{S} 代入蒸汽状态方程 $f(p,V,T)=0$ 就可求得饱和汽的体积 V''。

(4) 在不同温度和压力下的液体体积 V' 可据经验公式计算,

$$V' = f(T,p) \tag{b}$$

将给定的 T 和求得的 p^{S} 代入式(b),即可求得饱和液体的体积 V'。

(5) 由式(a)求 $\left(\frac{\mathrm{d}p}{\mathrm{d}T}\right)_{\mathrm{S}}$。将 $\left(\frac{\mathrm{d}p}{\mathrm{d}T}\right)_{\mathrm{S}}$ 和 $V''-V'$ 的数值代入 Clapeyron 方程

$$\left(\frac{\mathrm{d}p}{\mathrm{d}T}\right)_{\mathrm{S}} = \frac{\Delta H^{\mathrm{V}}}{T(V''-V')} \tag{c}$$

求得在给定温度下的蒸发潜热 ΔH^{V}。

(6) 由蒸汽状态方程 $f(p,V,T)=0$ 求 $\left(\frac{\partial V}{\partial T}\right)_p$。将给定的 T 和已求得的 p^{S},V'' 和 $\left(\frac{\partial V}{\partial T}\right)_p$ 代入焓的普遍式,即可求得饱和蒸汽的焓 H''(其计算方法已在 3.2.2 节中讨论过),再由 $H''-\Delta H^{\mathrm{V}}=H'$ 求得饱和液体的焓 H'。

(7) 已知 $\left(\frac{\partial V}{\partial T}\right)_p$ 和低压下热容 C_p' 数据,然后代入熵的普遍式(3-28),按图 3-4 所示进行积分求得 S'';据 $S'=S''-\Delta H^{\mathrm{V}}/T$ 求得 S'。

(8) 已知过热蒸汽的 C_p,就可利用下列各式求得温度为 T,压力为 p 时的过热蒸汽的焓与熵

$$H = H'' + C_{pm}(T - T^{\mathrm{S}}) \tag{d}$$

$$S = S'' + C_{pm}\ln\left(\frac{T}{T^{\mathrm{S}}}\right) \tag{e}$$

式中 C_{pm} 是在给定压力下的饱和温度 T^{S} 与给定的过热蒸汽温度 T 之间的平均热容。

根据以上八项计算所得结果即可制成表格或绘成热力学图。

3.4.2 热力学图的形式

最通用的热力学图是:温-熵图,压力-焓图(常用 $\ln p$-H)和焓-熵图(常称 Mollier 图)。图 3-12～图 3-14 表明了上述三种图的一般形式。它们是水的热力学性质图的示意图。其他物质的热力学性质图也具有相类似的情况。

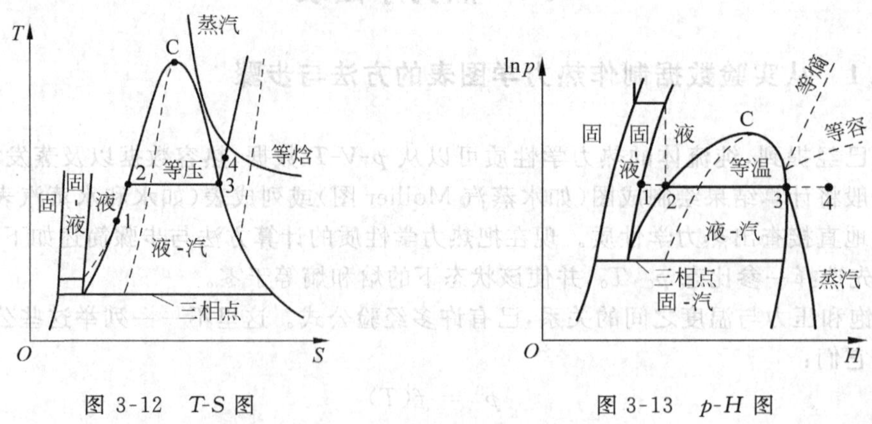

图 3-12　T-S 图　　　　图 3-13　p-H 图

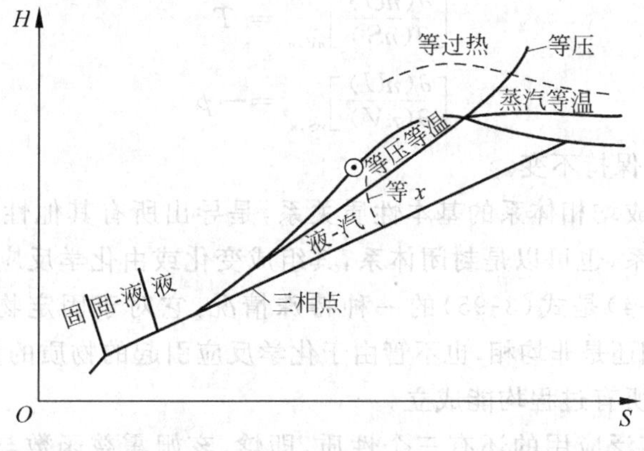

图 3-14 Mollier 图

饱和两相区内还有等质量线，有关广度热力学性质和质量 x 的关系为

$$V = V'(1-x) + V''x \tag{3-92}$$

$$H = H'(1-x) + H''x \tag{3-93}$$

$$S = S'(1-x) + S''x \tag{3-94}$$

此处所谓质量 x 是指该汽、液混合物中干饱和汽的摩尔分数，也称"干度"。

在图 3-12 和图 3-13 中，点 1,2,3,4 代表纯物质的各种状态。点 1 指物质处在沸点状态以下，点 2 开始沸腾，在蒸发过程中压力和温度保持不变，到点 3 时完全汽化，当继续加热时，蒸汽沿途径 3～4 变为过热蒸汽。在 T-S 图中，因液体的可压缩性小，液相区的等压线与饱和液相线十分接近。

目前已具有详细热力学图表的流体计有水及水蒸汽、氨、二氧化碳、二氧化硫、氮、氢、氧和碳氢化合物中的甲烷至庚烷等物质。

3.5 变组成体系的主要性质关系

许多实际的化学工程问题常涉及液体或气体的多组分混合物，若系统中存在传质或化学反应，会使系统的组成发生变化，对这类系统的热力学描述，必须要考虑组成对性质的影响。

3.5.1 开放体系的热力学关系式和化学势

现来讨论含有物质的量为 $n_1, n_2, \cdots, n_m$ 的 m 个化学组分的均相系统。内能、熵和体积是广度性质，因此总的系统性质是 nU, nS 和 nV，其中 U, S 和 V 是摩尔性质，n 是所有组分的物质的量总和。对于全部 n_i 都不变的可逆过程这一特殊情况，有

$$\delta Q_{可逆} = T\mathrm{d}(nS), \quad \delta W_{可逆} = p\mathrm{d}(nV)$$

由此可得

$$\mathrm{d}(nU) = T\mathrm{d}(nS) - p\mathrm{d}(nV) \tag{3-95}$$

上式是一全微分表达式，因此，按照式(3-16)和式(3-17)

$$\left[\frac{\partial(nU)}{\partial(nS)}\right]_{nV,n} = T \tag{3-96}$$

$$\left[\frac{\partial(nU)}{\partial(nV)}\right]_{nS,n} = -p \tag{3-97}$$

下标 n 表示所有的 n_i 保持不变。

式(3-95)是变组成均相体系的基本性质关系,是导出所有其他性质关系式的基础。这种体系可以是开放体系,也可以是封闭体系,其组成变化或由化学反应,或由传质,或由两者共同引起。方程式(3-4)是式(3-95)的一种特殊情况,它对于固定物质的量的体系成立。此外,不论体系是均相还是非均相,也不管由于化学反应引起的物质的量如何变化,式(3-95)对连接各平衡态间的所有过程均能成立。

除了内能外,被广泛应用的还有三个性质,即焓、亥姆霍兹函数与吉布斯函数,分别定义为

$$(nH) = (nU) + p(nV) \tag{3-98}$$

$$(nA) = (nU) - T(nS) \tag{3-99}$$

$$(nG) = (nU) + p(nV) - T(nS) \tag{3-100}$$

对式(3-98)~式(3-100)进行全微分,并由式(3-95)消去 $\mathrm{d}(nU)$,即可得到下述微分表达式:

$$\mathrm{d}(nH) = T\mathrm{d}(nS) + (nV)\mathrm{d}p + \sum \mu_i \mathrm{d}n_i \tag{3-101}$$

$$\mathrm{d}(nA) = -(nS)\mathrm{d}T - p\mathrm{d}(nV) + \sum \mu_i \mathrm{d}n_i \tag{3-102}$$

$$\mathrm{d}(nG) = -(nS)\mathrm{d}T + (nV)\mathrm{d}p + \sum \mu_i \mathrm{d}n_i \tag{3-103}$$

大量有用的关系式是根据式(3-95),式(3-101)~式(3-103)全微分得到的。按照式(3-16)~式(3-19)有

$$T = \left(\frac{\partial U}{\partial S}\right)_{V,n} = \left(\frac{\partial H}{\partial S}\right)_{p,n} \tag{3-104}$$

$$p = \left(\frac{\partial U}{\partial V}\right)_{S,n} = -\left(\frac{\partial A}{\partial V}\right)_{T,n} \tag{3-105}$$

$$V = -\left(\frac{\partial H}{\partial p}\right)_{S,n} = \left(\frac{\partial G}{\partial p}\right)_{T,n} \tag{3-106}$$

$$S = -\left(\frac{\partial A}{\partial T}\right)_{V,n} = -\left(\frac{\partial G}{\partial T}\right)_{p,n} \tag{3-107}$$

$$\mu_i = -\left(\frac{\partial(nU)}{\partial n_i}\right)_{nS,nV,n_j} = \left(\frac{\partial(nH)}{\partial n_i}\right)_{nS,p,n_j}$$

$$= \left(\frac{\partial(nA)}{\partial n_i}\right)_{nV,T,n_j} = \left(\frac{\partial(nG)}{\partial n_i}\right)_{T,p,n_j} \tag{3-108}$$

下标 n_j 表示 i 以外的其他组分的组成不变。

我们把全微分判据(3-2)应用于式(3-95),式(3-101)~式(3-103),可得

$$\left(\frac{\partial T}{\partial V}\right)_{S,n} = -\left(\frac{\partial p}{\partial S}\right)_{V,n} \tag{3-109}$$

$$\left(\frac{\partial T}{\partial p}\right)_{S,n} = \left(\frac{\partial V}{\partial S}\right)_{p,n} \tag{3-110}$$

$$\left(\frac{\partial p}{\partial T}\right)_{V,n}=\left(\frac{\partial S}{\partial V}\right)_{T,n} \tag{3-111}$$

$$\left(\frac{\partial V}{\partial T}\right)_{p,n}=-\left(\frac{\partial S}{\partial p}\right)_{T,n} \tag{3-112}$$

$$\left(\frac{\partial \mu_i}{\partial T}\right)_{p,n}=-\left[\frac{\partial (nS)}{\partial n_i}\right]_{T,p,n_j} \tag{3-113}$$

$$\left(\frac{\partial \mu_i}{\partial p}\right)_{T,n}=-\left[\frac{\partial (nV)}{\partial n_i}\right]_{T,p,n_j} \tag{3-114}$$

$$\left(\frac{\partial \mu_i}{\partial n_k}\right)_{T,p,n_{j\neq k}}=\left(\frac{\partial \mu_k}{\partial n_i}\right)_{T,p,n_{j\neq i}} \tag{3-115}$$

式中的下标 n_j 是指除了 n_i 或 n_k 以外的所有其他组分的物质的量均保持不变。式(3-109)～式(3-112)称为麦克斯韦方程,用摩尔性质表示；与式(3-20)～式(3-23)一样,适用于定组成溶液。在形式上和式(3-2)一样,同时又包含 μ_i 的方程式一共可写出 12 个,我们只写出其中三个,即式(3-113)～式(3-115),它们都是从式(3-103)导出的,对处理有关溶液的问题特别有用。

3.5.2 偏摩尔性质

根据式(3-108),μ_i 可定义为吉布斯函数对物质的量的导数:

$$\mu_i=\left[\frac{\partial (nG)}{\partial n_i}\right]_{T,p,n_j}$$

对于恒组分的混合物,μ_i 对温度和压力的导数为

$$\left(\frac{\partial \mu_i}{\partial T}\right)_{p,n}=-\left[\frac{\partial (nS)}{\partial n_i}\right]_{T,p,n_j} \tag{3-113}$$

$$\left(\frac{\partial \mu_i}{\partial p}\right)_{T,n}=-\left[\frac{\partial (nV)}{\partial n_i}\right]_{T,p,n_j} \tag{3-114}$$

于是由式(3-108),式(3-113)和式(3-114)可预料到有一个如下形式的函数:

$$\overline{M}_i=\left[\frac{\partial (nM)}{\partial n_i}\right]_{T,p,n_j} \tag{3-116}$$

式中 M 是指均相混合物广度性质的摩尔变量,即 V,U,H,S,F,G 等。$\overline{M}_i$ 表示组分 i 的偏摩尔性质。

所谓组分 i 的偏摩尔性质,即在恒温、恒压和给定的组成下,将 1mol 组分 i 加到大量的混合物中所引起的广度性质的变化。由于混合物的量非常大,所以加入 1mol 组分 i 不致引起组成的显著变化。偏摩尔性质与温度及压力一样是溶液的强度性质。

V,U,H,S,F,G 的偏摩尔性质分别叫做偏摩尔体积、偏摩尔内能等,并分别用符号 $\overline{V}_i$,$\overline{U}_i$ 等表示。这些偏摩尔性质相互间的关系也服从热力学的基本关系式,例如

$$nG=nH-T(nS)$$

在 T,p 和 n_j 一定时对 n_i 微分,得

$$\left[\frac{\partial (nG)}{\partial n_i}\right]_{T,p,n_j}=\left[\frac{\partial (nH)}{\partial n_i}\right]_{T,p,n_j}-T\left[\frac{\partial (nS)}{\partial n_i}\right]_{T,p,n_j}$$

即

$$\overline{G}_i = \overline{H}_i - T\overline{S}_i$$

偏摩尔性质对分析溶液热力学性质,尤其是在考虑有关相平衡的问题上具有特别重要的意义。实际上,无论 $\overline{M}_i$ 是否涉及相平衡的计算,对于溶液热力学来说均是有普遍意义的。

对于恒温和恒压下的单相体系,某一些热力学函数如总体积 V_t、总焓 H_t 等,是物质的量 n_i(或质量 m)的一阶齐次函数,即如果给定一个含有物质的量为 $n_1, n_2, \cdots, n_m$ 的体系,而且有一个总性质 M_t,可发现,在温度和压力不变时,若每一个物质的量增大相同的倍数 λ,总性质的数值将变为 λM_t,符合这种行为的性质称为广度性质。如在例 3-10 中所证明的那样,总性质 $M_t(=nM)$ 与相应的偏摩尔性质 $\overline{M}_i$ 有关,可用下式表示:

$$nM = \sum_i n_i \overline{M}_i \tag{3-117}$$

将上式两边除以总物质的量 n,则得到用 $\overline{M}_i$ 和摩尔分数 x_i 表示的摩尔性质 M 的表达式:

$$M = \sum x_i \overline{M}_i \tag{3-118}$$

显然,由式(3-118)可知 $\overline{M}_i$ 与 M 一样,都是强度性质。它们一般是温度、压力和组成 x_i 的函数,但它们与体系的大小无关。对于纯物质,$\overline{M}_i$ 等于纯物质 i 的摩尔性质 M_i。

如果所讨论的是体系中组分的质量(而不是讨论其物质的量),那么在方程(3-116)~(3-118)中,只需用 m_i 代替 n_i,用 m 代替 n。在这种情况下,x_i 是组分 i 的质量分数,$\overline{M}_i$ 称为偏比性质。概括地说,这三类性质在溶液热力学中可用下列符号系统来区别。

溶液性质:M,例如 U,H,S,G;

偏摩尔性质:$\overline{M}_i$,例如 $\overline{U}_i,\overline{H}_i,\overline{S}_i,\overline{G}_i$;

纯组分性质:M_i,例如 U_i,H_i,S_i,G_i。

例 3-10 一组学生决定做一个实验,将 2dm^3 含 96%(质量)乙醇和 4%(质量)水的实验室酒精溶液转变为含 56%(质量)乙醇和 44%(质量)水的伏特加。为了仔细地做好这次实验,他们查阅了文献资料,得知 25℃和 101.33kPa 下乙醇和水的混合物的偏比容数据如下:

偏比容/(dm^3·kg^{-1})	96%乙醇	伏特加
$\overline{v}_{水}$	0.816	0.953
$\overline{v}_{乙醇}$	1.273	1.243

已知 25℃下水的比容为 1.003dm^3·kg^{-1}。试问在 2dm^3 实验室酒精中加多少 dm^3 水,并且可得多少 dm^3 伏特加?

解 令在质量为 m_a 的实验室酒精溶液中加入水的质量为 m_w 得到质量为 m_v 的伏特加。那么总的物料衡算为

$$m_a + m_w = m_v$$

对水的物料衡算为

$$0.04m_a + m_w = 0.44m_v$$

解上述方程得

$$m_w = 0.7143m_a$$

$$m_v = 1.7143 m_a$$

总体积V_w^t,V_a^t和V_v^t通过比容与相应的质量进行关联：

$$V_w^t = m_w v_w, \quad V_a^t = m_a v_a, \quad V_v^t = m_v v_v$$

因此

$$V_w^t = 0.7143 \frac{v_w V_a^t}{v_a}$$

$$V_v^t = 1.7143 \frac{v_v V_a^t}{v_a}$$

根据式(3-118),二元溶液的比容可由组分的偏比容得到

$$v = x_1 \bar{v}_1 + x_2 \bar{v}_2$$

对于实验室酒精和伏特加,其体积为

$$v_a = (0.04) \times (0.816) + (0.96) \times (1.273) = 1.255 \text{dm}^3 \cdot \text{kg}^{-1}$$

$$v_v = (0.44) \times (0.953) + (0.56) \times (1.243) = 1.115 \text{dm}^3 \cdot \text{kg}^{-1}$$

由题意得知：

$$v_w = 1.003 \text{dm}^3 \cdot \text{kg}^{-1}, \quad V_a^t = 2 \text{dm}^3 \cdot \text{kg}^{-1}$$

把这些数值代入,即得

$$V_w^t = 0.7143 \times \frac{1.003 \times 2}{1.255} = 1.142 \text{dm}^3$$

$$V_v^t = 1.7143 \times \frac{1.115 \times 2}{1.255} = 3.046 \text{dm}^3$$

注意：酒精混合物的总体积为$2\text{dm}^3 + 1.142\text{dm}^3 = 3.142\text{dm}^3$,但是所得到的伏特加体积只有$3.046\text{dm}^3$。

例 3-11 证明每一个关联溶液各摩尔热力学性质的方程式都对应一个关联溶液中某一组分i的相应偏比性质的方程式。

解 (1) 讨论摩尔焓定义式

$$H = U + pV$$

当物质的量为n时

$$nH = nU + p(nV)$$

在T,p和n_j一定时,对n_i微分,得

$$\left[\frac{\partial(nH)}{\partial n_i}\right]_{T,p,n_j} = \left[\frac{\partial(nU)}{\partial n_i}\right]_{T,p,n_j} + p\left[\frac{\partial(nV)}{\partial n_i}\right]_{T,p,n_j}$$

按方程式(3-116),上式可表示为

$$\bar{H}_i = \bar{U}_i + p\bar{V}_i \tag{3-119}$$

(2) 讨论热容定义式

$$C_p = \left(\frac{\partial H}{\partial T}\right)_p$$

上式在组成不变的情况下成立。对于物质的量为n的混合物质,

$$nC_p = \left[\frac{\partial(nH)}{\partial T}\right]_{p,x}$$

在T,p和n_j一定时,对n_i微分,得

$$\left[\frac{\partial(nC_p)}{\partial n_i}\right]_{T,p,n_j}=\left\{\frac{\partial[\partial(nH)/\partial T]_{p,x}}{\partial n_i}\right\}_{T,p,n_j}$$

或表示为

$$\overline{C}_p=\left(\frac{\partial \overline{H}_i}{\partial T}\right)_{p,x} \tag{3-120}$$

(3) 讨论下列微分式(适用于定组成的溶液)

$$\mathrm{d}G=-S\mathrm{d}T+V\mathrm{d}p$$

当物质的量为 n 时,有

$$\mathrm{d}(nG)=-(nS)\mathrm{d}T+(nV)\mathrm{d}p$$

因为 n 是常数

$$nG=g(T,p)$$

根据式(3-118)

$$nG=\sum_i n_i\overline{G}_i$$

当 n_i 不变时

$$\overline{G}_i=f(T,p)$$

因此

$$\mathrm{d}\overline{G}_i=\left(\frac{\partial \overline{G}_i}{\partial T}\right)_{p,n}\mathrm{d}T+\left(\frac{\partial \overline{G}_i}{\partial p}\right)_{T,n}\mathrm{d}p$$

由式(3-108)给出的最后一项可知,μ_i 与 $\overline{G}_i$ 是一致的,于是

$$\mu_i=\overline{G}_i \tag{3-121}$$

而式(3-113)和式(3-114)给出了上述的 $\mathrm{d}\overline{G}_i$ 方程式所需的偏微分系数,而且式(3-114)和式(3-115)的右边代表由式(3-116)定义的偏摩尔性质,故

$$\left(\frac{\partial \mu_i}{\partial T}\right)_{p,n}=\left(\frac{\partial \overline{G}_i}{\partial T}\right)_{p,n}=-\overline{S}_i \tag{3-122}$$

及

$$\left(\frac{\partial \mu_i}{\partial p}\right)_{T,n}=\left(\frac{\partial \overline{G}_i}{\partial p}\right)_{T,n}=\overline{V}_i \tag{3-123}$$

代入上述 $\mathrm{d}\overline{G}_i$ 的方程式中,得

$$\mathrm{d}\overline{G}_i=-\overline{S}_i\mathrm{d}T+\overline{V}_i\mathrm{d}p \tag{3-124}$$

这三个例子说明一个事实:每一个关联定组成溶液各摩尔热力学性质的方程式,均存在一个与之对应的相似方程式,即关联溶液中某组分相应的偏摩尔性质的方程式。应当承认,这种平行关系的存在,使我们能够凭观察即可写出许多关联偏摩尔性质的方程式:

$$\left.\begin{aligned}\mathrm{d}\overline{U}_i&=T\mathrm{d}\overline{S}_i-p\mathrm{d}\overline{V}_i &(3\text{-}125)\\ \mathrm{d}\overline{H}_i&=T\mathrm{d}\overline{S}_i+\overline{V}_i\mathrm{d}p &(3\text{-}126)\\ \mathrm{d}\overline{A}_i&=-\overline{S}_i\mathrm{d}T-p\mathrm{d}\overline{V}_i &(3\text{-}127)\end{aligned}\right\}(\text{定 } x)$$

另外,还有一个有关偏摩尔性质的特别有用的方程式——吉布斯-杜亥姆方程,它是按以下方式导出的。式(3-117)是对均相流体在平衡态时的普遍表达式,微分该式

$$\mathrm{d}(nM)=\sum_i(n_i\mathrm{d}\overline{M}_i)+\sum_i(\overline{M}_i\mathrm{d}n_i) \tag{3-128}$$

式中全微分 $d(nM)$ 代表了由于 T,p 或 n_i 的变化而引起的 nM 的变化。

因为 nM 的普遍函数关系为

$$nM = f(T, p, n_1, n_2, n_3, \cdots)$$

全微分 $d(nM)$ 也可以由下式表示

$$d(nM) = \left[\frac{\partial(nM)}{\partial T}\right]_{p,n} dT + \left[\frac{\partial(nM)}{\partial p}\right]_{T,n} dp + \sum_i \overline{M}_i dn_i \tag{3-129}$$

或者

$$d(nM) = n\left(\frac{\partial M}{\partial T}\right)_{p,x} dT + n\left(\frac{\partial M}{\partial p}\right)_{T,x} dp + \sum_i \overline{M}_i dn_i \tag{3-129a}$$

下角标 x 表示所有的摩尔分数都保持不变。比较式(3-128)与式(3-129)，可得

$$n\left(\frac{\partial M}{\partial T}\right)_{p,x} dT + n\left(\frac{\partial M}{\partial p}\right)_{T,x} dp - \sum_i (n_i d\overline{M}_i) = 0$$

再用 n 除之，得

$$\left(\frac{\partial M}{\partial T}\right)_{p,x} dT + \left(\frac{\partial M}{\partial p}\right)_{T,x} dp - \sum_i x_i d\overline{M}_i = 0 \tag{3-130}$$

上式是吉布斯-杜亥姆方程的一般形式，它适用于均相体系中任何热力学函数 M。

值得注意的是，当 T,p 一定时，式(3-130)可简化为

$$\sum_i x_i d\overline{M}_i = 0 \tag{3-131}$$

这就是在相平衡中获得广泛应用的吉布斯-杜亥姆方程。

按照 n 和 n_i 表示的由式(3-117)给出偏摩尔性质的定义，由实验数据进行数值计算并不方便。因为由实验得到的数据往往是以 1mol(或单位质量)为基准，而且，组成是用摩尔(或质量)分数表示的，故需要一个能把偏摩尔性质与溶液的摩尔性质和摩尔分数关联起来的方程式。

把定义式(3-117)改写成用强度量 M 和 x_i 表示更为方便。首先展开此微分

$$\left[\frac{\partial(nM)}{\partial n_i}\right]_{T,p,n_j} = M\left(\frac{\partial n}{\partial n_i}\right)_{T,p,n_j} + n\left(\frac{\partial M}{\partial n_i}\right)_{T,p,n_j}$$

但是 $\left(\frac{\partial n}{\partial n_i}\right)_{T,p,n_j}=1$，故式(3-116)为

$$\overline{M}_i = M + n\left(\frac{\partial M}{\partial n_i}\right)_{T,p,n_j} \tag{3-132}$$

现有 m 个组分的混合物，其强度量 M 是 T 和 p 以及 $(m-1)$ 个独立的摩尔分数的函数。为了方便，将这些摩尔分数记作 $x_1, x_2, \cdots, x_{i-1}, x_i, x_{i+1}, \cdots, x_m$。所考虑的组分 i 的摩尔分数为 x_i，因此，在定温和定压下，可写出：

$$dM = \sum_k \left(\frac{\partial M}{\partial x_k}\right)_{T,p,x_l} dx_k \quad (T,p\ 一定)$$

这里，在 k 上方的加和不包括组分 i，下标 x_l 表示在所有的摩尔分数中除去 x_i 和 x_k 之外均保持不变。用 dn_i 除该方程，并限制 n_j 不变，则得

$$\left(\frac{\partial M}{\partial n_i}\right)_{T,p,n_j} = \sum_k \left(\frac{\partial M}{\partial x_k}\right)_{T,p,x_l}\left(\frac{\partial x_k}{\partial n_i}\right)_{n_j} \tag{3-133}$$

现必须求算 $\left(\frac{\partial x_k}{\partial n_i}\right)_{n_j}$ 的表达式，由定义 $x_k = n_k/n$ 得出

$$\left(\frac{\partial x_k}{\partial n_i}\right)_{n_j} = -\frac{n_k}{n^2} = -\frac{x_k}{n} \quad (k \neq i) \tag{3-134}$$

联立式(3-132),式(3-133)和式(3-134),得到所希望的结果:

$$\overline{M}_i = M - \sum_{k \neq i} x_k \left(\frac{\partial M}{\partial x_k}\right)_{T,p,x_{l \neq k,i}} \tag{3-135}$$

此处已清楚地指出对下标 k 和 l 的限制。方程(3-135)仅仅是方程(3-116)的另一种形式,它是由式(3-116)推导而得的。但由于它用 x_i(而非 n_i)作为组成,并且使用的是摩尔性质 M(而非 M_t),因而广泛地用于实验数据处理。

例 3-12 试写出二元混合物组分的方程(3-131),并证明如何由 M 对 x_1(在定温、定压下)的曲线图来求二元体系的 $\overline{M}_i$。

解 由式(3-135)

$$\overline{M}_1 = M - x_2 \frac{\mathrm{d}M}{\mathrm{d}x_2}$$

或

$$\overline{M}_1 = M + (1 - x_1) \frac{\mathrm{d}M}{\mathrm{d}x_1} \tag{3-136a}$$

这里应用 $x_1 + x_2 = 1$,及 $\mathrm{d}x_2 = -\mathrm{d}x_1$,由于温度和压力保持不变,所以只有一个独立变量,选定 x_1,因此$\frac{\mathrm{d}M}{\mathrm{d}x_1}$可写作全微分。同理

$$\overline{M}_2 = M - x_1 \frac{\mathrm{d}M}{\mathrm{d}x_1} \tag{3-136b}$$

图 3-15 所示是一典型的 M 对 x_1 的曲线图,在任何一个组成 x_1 的$\frac{\mathrm{d}M}{\mathrm{d}x_1}$可对曲线做切线求得,该切线与 M 轴相交于 I_2(在 $x_1=0$ 处)和 I_1(在 $x_1=1$ 处),从而可写出两个关于$\frac{\mathrm{d}M}{\mathrm{d}x_1}$的表达式:

$$\frac{\mathrm{d}M}{\mathrm{d}x_1} = \frac{M - I_2}{x_1}, \quad \frac{\mathrm{d}M}{\mathrm{d}x_2} = I_1 - I_2$$

由此解得 I_1 和 I_2:

$$I_1 = M + (1 - x_1) \frac{\mathrm{d}M}{\mathrm{d}x_1}, \quad I_2 = M - x_1 \frac{\mathrm{d}M}{\mathrm{d}x_1}$$

把这两个方程式与式(3-136a)和式(3-136b)比较,可得

$$I_1 = \overline{M}_1, \quad I_2 = \overline{M}_2$$

因此,二元溶液的两个组分的 $\overline{M}_i$ 值,等于在相应的组成处对 M-x 曲线所做的切线在 M 轴上的截距,如图 3-15 所示。很显然,据此做图,当 $x_1=1$ 时,由所做的切线可得 $\overline{M}_1 = M_1$,而在 $x_1=0(x_2=1)$处做切线得 $\overline{M}_2 = M_2$。由图 3-16 可看到是符合如此要求的,即对于纯物质,其相应的数值为 $\overline{M}_i = M_i$,如图 3-16 所示。这两条切线的另一端与相对的 M 轴相交,得出该组分在无限稀释时的偏摩尔性质 $\overline{M}^\infty$。因此在 $x_1=1(x_2=0)$时,$\overline{M}_2 = \overline{M}_2^\infty$,而在 $x_1=0(x_2=1)$时,$\overline{M}_1 = \overline{M}_1^\infty$。

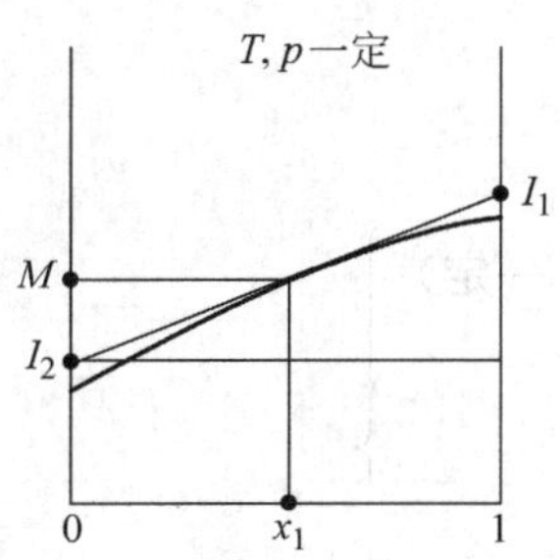

图 3-15 摩尔热力学性质 M 与摩尔分数 x_1 的关系

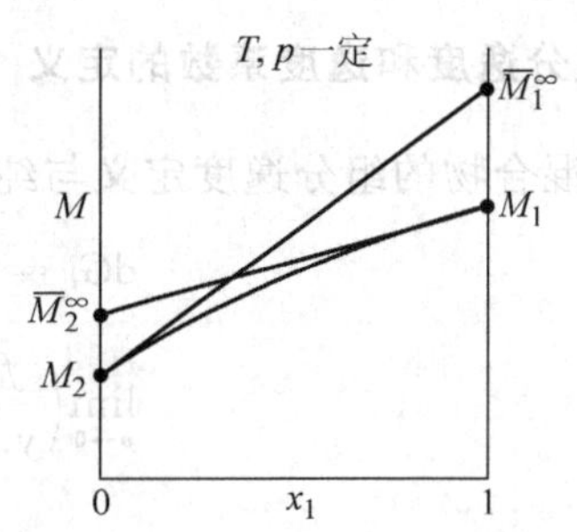

图 3-16 组分 i 的 M_i 和 $\overline{M}_i^\infty$ 在 M-x 图上的确定方法

该方法的一个数值实例如图 3-17 所示。该图表示在 25℃，101.33kPa 下乙醇、水混合物的比容与乙醇质量分数的曲线图。在 $x_{乙醇}=0.5$ 处做切线，得到表示 $\overline{v}_{H_2O}$ 和 $\overline{v}_{乙醇}$ 值的截距，因此求得 $\overline{v}_{H_2O}=0.963\mathrm{dm^3/kg}$，$\overline{v}_{乙醇}=1.235\mathrm{dm^3/kg}$。上述曲线对全浓度范围内所得到的 $\overline{v}_i$ 值如图 3-18 所示。

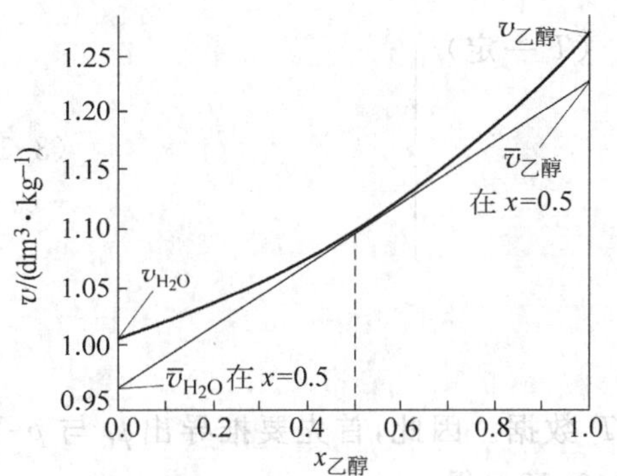

图 3-17 乙醇水溶液的比容与乙醇质量分数的关系

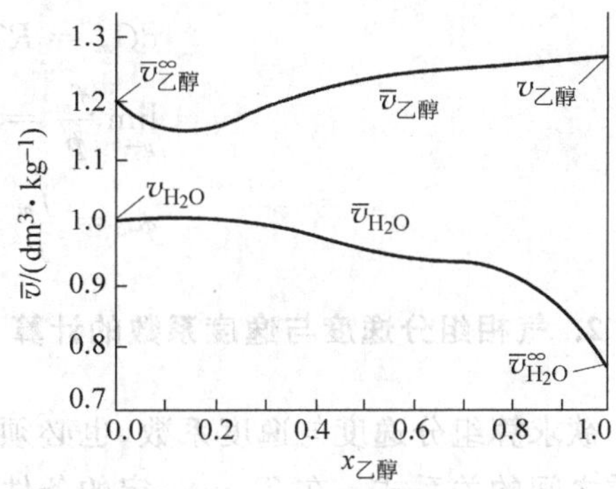

图 3-18 $\overline{v}_{乙醇}$ 和 $\overline{v}_{H_2O}$ 与 $x_{乙醇}$ 的关系

3.6 气体混合物的热力学性质

有关气体混合物热力学性质的内容很多，但限于篇幅，不可能全面介绍，现择其主要（逸度与焓）予以论述。

3.6.1 气体混合物的组分逸度

气体逸度是描述纯气体和气体混合物行为的重要热力学函数，特别是体系在远离理想状态的情况下，更需要逸度的知识。值得指出，这种气相的非理想性可以是纯物质本身固有的，也可以是由于组分的混合而引起的。

1. 组分逸度和逸度系数的定义

气体混合物的组分逸度定义与纯物质相似，

$$\left.\begin{aligned} &\mathrm{d}\overline{G}_i = RT\,\mathrm{d}\ln\hat{f}_i \quad (T, y_i\ 一定)\\ &\lim_{p\to 0}\left(\frac{\hat{f}_i}{y_i p}\right) = 1\\ &\hat{\phi}_i = \frac{\hat{f}_i}{y_i p}\end{aligned}\right\} \tag{3-137}$$

对纯组分，从 3.3 节可知

$$\left.\begin{aligned} &\mathrm{d}G_i = RT\,\mathrm{d}\ln f_i \quad (T\ 一定)\\ &\lim_{p\to 0}\frac{f_i}{p} = 1\\ &\phi_i = \frac{f_i}{p}\end{aligned}\right\} \tag{3-138}$$

同理，对气体混合物，

$$\left.\begin{aligned} &\mathrm{d}G_m = RT\,\mathrm{d}\ln f_m \quad (T\ 一定)\\ &\lim_{p\to 0}\frac{f_m}{p} = 1\\ &\phi_m = \frac{f_m}{p}\end{aligned}\right\} \tag{3-139}$$

2. 气相组分逸度与逸度系数的计算

欲求算组分逸度与逸度系数，也必须有 p-V-T 数据。因此，首先要推导出 $\hat{\phi}_i$ 与 p-V-T 性质之间的关系式。在 T, y_i 一定的条件下，从式(3-124)得

$$\mathrm{d}\overline{G}_i = \overline{V}_i\,\mathrm{d}p \tag{3-140}$$

将上式代入式(3-137)，即得

$$\mathrm{d}\ln\bar{\phi}_i = \frac{p\overline{V}_i}{RT}\frac{\mathrm{d}p}{p} - \frac{\mathrm{d}p}{p}$$

因为

$$\frac{p\overline{V}_i}{RT} = \overline{Z}_i$$

所以

$$\mathrm{d}\ln\hat{\phi}_i = (\overline{Z}_i - 1)\frac{\mathrm{d}p}{p}$$

若将上式从 0 到 p 积分，则

$$\ln\hat{\phi}_i = \int_0^p(\overline{Z}_i - 1)\frac{\mathrm{d}p}{p} \tag{3-141}$$

上式也可写成

$$\ln\hat{\phi}_i = \int_0^p\left(\frac{\overline{V}_i}{RT}\mathrm{d}p - \frac{\mathrm{d}p}{p}\right)$$

或

$$RT\ln\hat{\phi}_i=\int_0^p\left[\left(\frac{\partial V_t}{\partial n_i}\right)_{T,p,n_j}-\frac{RT}{p}\right]\mathrm{d}p \tag{3-142}$$

式中 V_t 为混合物的总体积。

除式(3-142)外，还有另一种形式的逸度系数方程：

$$RT\ln\hat{\phi}_i=\int_{V_t}^{\infty}\left[\left(\frac{\partial p}{\partial n_i}\right)_{T,V_t,n_j}-\frac{RT}{V_t}\right]\mathrm{d}V_t-RT\ln Z \tag{3-143}$$

式中 Z 为体系在 p 及 T 下的混合物的压缩因子。在实际计算中式(3-143)更为方便，因为多数的状态方程都是以 p 为显函数表示的。该式推导如下：

从式(3-17)，有

$$\left(\frac{\partial A_t}{\partial V_t}\right)_{T,n}=-p$$

$$A_t-A_t'=-\int_{V_t'}^{V_t}p\mathrm{d}V_t$$

为了计算方便，把上式积分分成两部分：

$$A_t-A_t'=-\int_{\infty}^{V_t}p\mathrm{d}V_t-\int_{V_t'}^{\infty}p\mathrm{d}V_t$$

上式右边第一项积分需要用定温下真实气体的 p-V 关系，第二项积分是对理想气体，可直接积分。在积分之前，为了避免无穷大积分限的困难，在式右边加减 $\int_{\infty}^{V_t}\frac{nRT}{V_t}\mathrm{d}V_t$，得

$$A_t-A_t'=-\int_{\infty}^{V_t}\left(p-\frac{nRT}{V_t}\right)\mathrm{d}V_t-nRT\ln\frac{V_t}{V_t'}$$

当 T,V_t,n_j 为常数时，对 n_i 进行微分，得

$$\left(\frac{\partial A_t}{\partial n_i}\right)_{T,V_t,n_j}-\left(\frac{\partial A_t'}{\partial n_i}\right)_{T,V_t,n_j}$$

$$=-\int_{\infty}^{V_t}\left[\left(\frac{\partial p}{\partial n_i}\right)_{T,V_t,n_j}-\frac{RT}{V_t}\right]\mathrm{d}V_t-RT\ln\frac{V_t}{V_t'} \tag{3-144}$$

由式(3-108)，

$$\left(\frac{\partial A_t}{\partial n_i}\right)_{T,V_t,n_j}=\left(\frac{\partial G_t}{\partial n_i}\right)_{T,p,n_j}=\overline{G}_i$$

$$\left(\frac{\partial A_t'}{\partial n_i}\right)_{T,V_t,n_j}=\left(\frac{\partial G_t'}{\partial n_i}\right)_{T,p,n_j}=\overline{G}_i'$$

把它们代入式(3-144)，并根据组分逸度的定义

$$\overline{G}_i-\overline{G}_i'=-\int_{\infty}^{V_t}\left[\left(\frac{\partial p}{\partial n_i}\right)_{T,V_t,n_j}-\frac{RT}{V_t}\right]\mathrm{d}V_t-RT\ln\frac{V_t}{V_t'}$$

$$=RT\ln\frac{\hat{f}_i}{\hat{f}_i'}=RT\ln\frac{\hat{f}_i}{y_ip_0} \tag{3-145}$$

又因

$$RT\ln\frac{V_t}{V_t'}=RT\ln\left[\frac{\left(\frac{nZRT}{p}\right)}{\left(\frac{nRT}{p_0}\right)}\right]=RT\ln Z+RT\ln\frac{p_0}{p}$$

将它代入式(3-145),并化简得

$$RT\ln\frac{\hat{f}_i}{py_i}=RT\ln\hat{\phi}_i=-\int_{\infty}^{V_t}\left[\left(\frac{\partial p}{\partial n_i}\right)_{T,V_t,n_j}-\frac{RT}{V_t}\right]\mathrm{d}V_t-RT\ln Z \tag{3-146}$$

上式在流体相平衡计算中广泛使用。

(1) 路易斯-伦达尔规则

从式(3-142)可以得到气体混合物的组分 i 的逸度系数,从式(3-76)可得纯组分 i 的逸度系数,在同样的温度和压力下,两者的差值为

$$\begin{aligned}\ln\left(\frac{\hat{\phi}_i}{\phi_i}\right)&=\frac{1}{RT}\int_0^p\left(\overline{V}_i-\frac{RT}{p}+\frac{RT}{p}-V_i\right)\mathrm{d}p\\&=\frac{1}{RT}\int_0^p(\overline{V}_i-V_i)\mathrm{d}p\end{aligned} \tag{3-147}$$

从式(3-71)和式(3-137)给出

$$\ln\frac{\hat{f}_i}{y_if_i}=\frac{1}{RT}\int_0^p(\overline{V}_i-V_i)\mathrm{d}p \tag{3-148}$$

上式给出了在同温、同压下混合物中组分逸度与纯组分逸度的关系式。如果具备偏摩尔体积的数据,可直接用此式进行计算。如果设此混合物是理想溶液,偏摩尔体积与摩尔体积相等,即 $\overline{V}_i=V_i$,则上式简化为

$$\hat{f}_i^{\mathrm{id}}=y_if_i \tag{3-149}$$

这一结果称为路易斯-伦达尔(Lewis-Randal)规则,该规则同样可用于液相溶液。

(2) 用维里方程计算

维里方程式有其坚实的理论基础,正如上一章中所论述的那样。但此种方程也有很大的缺点,即维里系数的数据很缺乏;除了对第二维里系数有较多的理解和掌握外,高阶维里系数很少,这就影响了该方程的实际应用。目前在工程中获较多应用的是舍项式维里方程,如式(2-15)等。

对于物质的量为 n 的混合气体,将式(2-15)改写为

$$V_t=\frac{nRT}{p}+\frac{n^2B_m}{n} \tag{3-150}$$

其中

$$n^2B_m=\sum_i\sum_j n_in_jB_{ij}$$

在 T,p 和 n_j 为常数时,V_t 对 n_i 微分,

$$\overline{V}_i=\left(\frac{\partial V_t}{\partial n_i}\right)_{T,p,n_j}=\frac{RT}{p}+\left(2\sum_j y_jB_{ij}-B_m\right)$$

代入式(3-142),并积分得

$$\ln\hat{\phi}_i=\frac{p}{RT}\left(2\sum_j y_jB_{ij}-B_m\right) \tag{3-151}$$

式中 B_{ij} 是表征分子 i 和 j 之间相互作用的第二维里系数。

式(3-151)也常表示成下列形式

$$\ln\hat{\phi}_i=\frac{p}{RT}\left\{B_{ii}+\frac{1}{2}\sum_i\sum_k\left[y_iy_k(2\delta_{ji}-\delta_{ik})\right]\right\} \tag{3-152}$$

其中

$$\delta_{ji}=2B_{ji}-B_{jj}-B_{ii}$$
$$\delta_{jk}=2B_{jk}-B_{jj}-B_{kk}$$

在处理汽-液平衡的数据时，常要进行气相的非理想性校正，解决此问题的关键是求算气相组分的逸度系数。

现在考察气相校正究竟有多大的必要性。在常压条件下，气相组分逸度系数究竟会有多大的偏离呢？也就是说，$\hat{\phi}_i$ 会偏离 1 多少呢？以丙酸(1)-甲异丁酮(2)体系在 101.33kPa 下的逸度系数和气相中丙酸的组成之间的变化关系[11]为例，当丙酸很少时，$\hat{\phi}_1$ 和 $\hat{\phi}_2$ 都接近于 1，随着丙酸量的增加，$\hat{\phi}_1$ 变小，$\hat{\phi}_2$ 增大。当丙酸的摩尔分数接近于 1 时，则 $\hat{\phi}_1$ 小于 0.6，而 $\hat{\phi}_2$ 则接近于 1.5。由此可见，偏离程度是相当大的。如果不进行气相校正，会带来很大的偏差。所以对一些极性体系，特别是气相发生缔合的组分更要引起注意。当然，用维里系数来进行一般的极性物质的气相非理想性校正还是适用的，但对上述气相缔合体系，就不能采用此法，而要求助于所谓“化学处理”了。编者曾发表了分子聚集型维里方程，把第二维里系数分成两部分，即物理作用部分和化学作用部分，其中化学作用部分是应用分子聚集理论导出的，应用该方程来进行气相的非理想性校正，能取得非常满意的结果[12,13]。

(3) 用立方型状态方程计算

当气体混合物的密度比较高时，维里方程就不再适用，而要用半经验的状态方程来计算逸度系数。由于是计算气体混合物的逸度系数，故首先要考虑如何求算混合物的状态方程常数。应该注意，所选用的混合规则对逸度系数的计算非常重要。

现在我们应用 Redlich-Kwong 方程来计算组分的逸度系数。将式(2-144)和式(2-148)所表示的混合规则代入方程式(2-34)，再通过微分求取 $\left(\dfrac{\partial p}{\partial n_i}\right)_{T,V_t,n_j}$，把它代入式(3-143)，积分即可求得

$$\ln\hat{\phi}_i=\ln\frac{V}{V-b}+\frac{b_j}{V-b}-\frac{2\sum_j y_j a_{ij}}{RT^{3/2}b}\ln\frac{V+b}{V}+\frac{ab_i}{RT^{3/2}b^2}\left(\ln\frac{V+b}{V}-\frac{b}{V+b}\right)-\ln Z \tag{3-153}$$

式中

$$a=\sum_i\sum_j y_i y_j a_{ij}$$
$$b=\sum_i y_i b_i$$

式中 a_{ii}，a_{jj}，b_i，b_j 分别为组分 i 和 j 的 RK 方程常数，a_{ij} 为双元相互作用常数，参看 2.7.2 节。

Prausnitz 等人用式(3-150)对正丁烷(1)-CO_2(2)的气相逸度系数做了校正计算，并与实验结果进行比较[14]，如图 3-19 所示。从图中可以看出，如果在混合规则中引入经验系数 k_{ij}，能获得比较好的结果。

(4) 用 BWR 方程计算

同理，应用 BWR 方程，即式(2-93)，及其混合规则(参看 2.7.2 节)即可导得

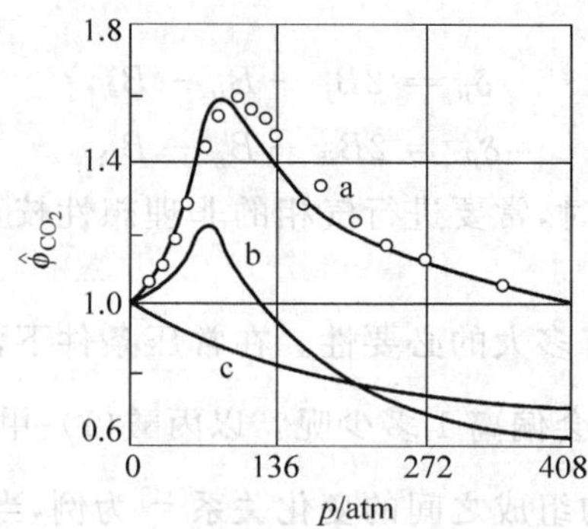

图 3-19　171.1℃时含有 0.85(摩尔分数)正丁烷的双元系中 CO_2 的气相逸度系数

实验数据：a 为 $k_{ij}=0.18$ 时的计算值；b 为 $k_{ij}=0$ 时的计算值；c 为 Lewis-Randall 逸度规则

$$
\begin{aligned}
RT\ln\hat{\phi}_i =& \left[(B_0+B_{0i})RT-2(A_0A_{0i})^{\frac{1}{2}}-\frac{2(C_0C_{0i})^{\frac{1}{2}}}{T^2}\right]\frac{1}{V}\\
&+\frac{3}{2}\left[RT(b^2b_i)^{\frac{1}{3}}-(a^2a_i)^{\frac{1}{3}}\right]\frac{1}{V^2}+\frac{3}{5}\left[a(\alpha^2\alpha_i)^{\frac{1}{3}}+\alpha(a^2a_i)^{\frac{1}{3}}\right]\frac{1}{V^5}\\
&+\frac{3(C^2C_i)^{\frac{1}{3}}}{T^2V^2}\left\{\frac{1-\exp(-r/V^2)}{r/V^2}-\frac{\exp(-r/V^2)}{2}\right\}\\
&-\frac{2C}{T^2V^2}\left(\frac{r_i}{r}\right)^{\frac{1}{2}}\left\{\frac{1-\exp(-r/V^2)}{r/V^2}-\exp\left(-\frac{r}{V^2}\right)\left(\frac{1+r/V^2}{2}\right)\right\}\\
&-RT\ln Z
\end{aligned}
\tag{3-154}
$$

现在我国许多化工物性数据库均有 BWR 方程的通用程序，可以用来计算汽-液平衡常数(含组分逸度系数)、露点温度、泡点温度以及其他热力学数据，供工程设计使用。

另外，多参数对比态原理也可用来计算气体混合物的组分逸度系数。

例 3-13　已知一双元体系 $H_2(1)$-$C_3H_8(2)$，$y_1=0.208$(摩尔分数)，其体系压力和温度为 $p=3197.26\text{kPa}$，$T=344.75\text{K}$。试应用 RK 状态方程计算混合物中氢的逸度系数。测得 $\hat{\phi}_1$ 的实验值为 1.439。

解　从附录 B 中查得 C_3H_8 的物性数据，列于下表：

组分	T_c/K	p_c/kPa	V_c/($cm^3\cdot mol^{-1}$)	ω
H_2	42.26	1923.46	51.5	0
C_3H_8	369.8	4245.52	203	0.145

因为 H_2 是量子气体，故其表中数据是按例 2-10 中给出的方法确定的。

从文献中查得该系统经验系数 $k_{ij}=0.07$。

按照 2.7.2 节中给出的混合规则，先计算以下各常数：

$$a_{11}=\frac{0.4278\times(8314.73)^2\times 42.26^{2.5}}{1923.46}=1.7850\times10^8\text{kPa}\cdot\text{cm}^6\cdot\text{K}^{1/2}\cdot\text{mol}^{-2}$$

$$a_{22}=\frac{0.4278\times(8314.73)^2\times 369.8^{2.5}}{4245.52}=1.8320\times10^{10}\text{kPa}\cdot\text{cm}^6\cdot\text{K}^{1/2}\cdot\text{mol}^{-2}$$

$$b_1=\frac{0.0867\times 8314.73\times 42.26}{1923.46}=15.9385\text{cm}^3\cdot\text{mol}^{-1}$$

$$b_2=\frac{0.0862\times 8314.73\times 369.8}{4245.52}=62.792\text{cm}^3\cdot\text{mol}^{-1}$$

$$T_{c12}=(1-0.07)(369.8\times 42.26)^{1/2}=116.26\text{K}$$

$$V_{c12}=\frac{1}{8}(51.5^{1/3}+203^{1/3})^3=110.51\text{cm}^3\cdot\text{mol}^{-1}$$

$$w_{12}=\frac{0+0.145}{2}=0.0725$$

$$Z_{c12}=0.291-0.08\times 0.0725=0.285$$

$$p_{c12}=\frac{0.285\times 8314.73\times 116.26}{110.51}=2493.0\text{kPa}$$

$$a_{12}=\frac{0.4278\times(8314.73)^2\times 116.26^{2.5}}{2493.0}=1.729\times 10^9\text{kPa}^{-1}\cdot\text{cm}^6\cdot\text{K}^{1/2}\cdot\text{mol}^{-2}$$

已知 $y_1=0.208$，故 $y_2=1-0.208=0.798$。

$$a=0.208^2\times 1.7850\times 10^8+0.792^2\times 1.8320\times 10^{10}$$
$$+2\times 0.208\times 0.792\times 1.729\times 10^9=1.207\times 10^{10}\text{kPa}^{-1}\cdot\text{cm}^6\cdot\text{K}^{1/2}\cdot\text{mol}^{-2}$$

$$b=0.208\times 15.8385+0.798\times 62.79=53.40\text{cm}^3\cdot\text{mol}^{-1}$$

将这些数据代入式(2-34)得

$$\left(3797.26+\frac{1.207\times 10^{10}}{344.8^{1/2}V(V+53.40)}\right)(V-53.40)=8314.73\times 344.8$$

应用迭代法解得

$$V=554\text{cm}^3\cdot\text{mol}^{-1}$$

将以上所得数据代入式(3-153)，

$$\ln\hat{\phi}_1=\ln\frac{554}{554-53.4}+\frac{15.94}{554-53.4}$$
$$-\frac{2(0.208\times 1.7939\times 10^8+0.792\times 1.729\times 10^9)}{8314.73\times 344.8^{1.5}\times 53.4}\times\ln\frac{554+53.40}{554}$$
$$+\frac{1.207\times 10^{10}\times 15.94}{8314.73\times 344.8^{1.5}\times(53.40)^2}\left(\ln\frac{554+53.40}{554}-\frac{554}{554+53.40}\right)$$
$$-\ln\frac{3797.26\times 554}{8314.73\times 344.8}=0.3567$$

$$\hat{\phi}_1=1.429$$

$$误差=\frac{1.429-1.439}{1.439}\times 100\%=-0.72\%$$

以上计算结果表明，氢的逸度系数计算值与实验值吻合较好。

3.6.2 气体混合物的焓值计算

气体混合物的热力学性质应为组成、温度和压力的函数。对于理想气体，其热力学性质，如 V,U,H 及 S 等可直接通过各组分的组成及其相应的热力学性质进行线性加和求得，对于真实气体混合物，则需要从其他数据，如 p-V-T 数据来计算。

1. 理想气体状态下气体混合物的焓

在理想气体状态下,气体混合物的焓和各组分的焓值之间有线性关系:

$$H' = \sum_i y_i H'_i \tag{3-155}$$

式中 H',H'_i 分别为理想气体状态下混合物和纯物质的摩尔焓。只要知道在给定温度下各纯组分的理想气体状态的焓值,即可按上式计算该温度下的气体混合物在理想气体状态下的焓值。

2. 气体混合物中组分的偏摩尔焓

计算气体混合物的焓有两种方法:第一种,运用混合规则,找出一种相当于混合物的平均虚拟物质,然后按纯物质的等温焓差的计算方法求算;第二种,由混合物的组成与各组分的偏摩尔焓来确定气体混合物的焓值。现简要叙述第二种方法。

已知偏摩尔焓的定义为

$$\overline{H}_i = \left[\frac{\partial(nH)}{\partial n_i}\right]_{T,p,n_j}$$

气体混合物的焓值与组分偏摩尔焓的关系为

$$H = \sum y_i \overline{H}_i \tag{3-156}$$

显然,要通过式(3-156)计算 H_M,首先必须求算 $\overline{H}_i$,计算气体混合物的组分的偏摩尔焓方法有多种,现采用定温摩尔焓方程和偏摩尔量的定义来推导组分的偏摩尔焓差方程。应用RK方程来表示定温下气体混合物的摩尔焓差:

$$\frac{\Delta H}{RT} = \frac{H - H'}{RT} = -\frac{3}{2}\frac{A^2}{B}\ln(1+h) + Z - 1 \tag{3-157}$$

首先,$\frac{\Delta H}{RT}$乘以总物质的量 n,并在 T,p 和 n_j 为常数时,对 n_i 微分:

$$\frac{\partial}{\partial n_i}\left(n\frac{\Delta H}{RT}\right)_{T,p,n_j} = \frac{\Delta H}{RT} + n\frac{\partial}{\partial n_i}\left(\frac{\Delta H}{RT}\right)_{T,p,n_j} \tag{3-158}$$

把式(3-157)代入式(3-158)得

$$\begin{aligned}
\frac{\Delta \overline{H}_i}{RT} &= \frac{\Delta H}{RT} + n\left[\frac{\partial}{\partial n_i}\left(-\frac{3}{2}\cdot\frac{A^2}{B}\ln(1+h) + Z - 1\right)\right]_{T,p,n_j} \\
&= \frac{\Delta H}{RT} + n\left[-\frac{3}{2}\ln(1+h)\frac{\partial}{\partial n_i}\left(\frac{A^2}{B}\right)_{T,p,n_j}\right. \\
&\quad -\frac{3}{2}\cdot\frac{A^2}{B}\cdot\frac{1}{1+h}\left(\frac{p}{Z}\left(\frac{\partial B}{\partial n_i}\right)_{T,p,n_j} - \frac{Bp}{Z^2}\left(\frac{\partial Z}{\partial n_i}\right)_{T,p,n_j}\right) \\
&\quad \left. + \left(\frac{\partial Z}{\partial n_i}\right)_{T,p,n_j}\right]
\end{aligned} \tag{3-159}$$

上式中的三个偏导数的求算与 A 和 B 的混合规则有关。因其推导过程十分繁琐,仅将推导结果直接给出,并表示成如下形式:

$$\frac{\Delta \overline{H}_i}{RT}=\frac{\Delta H}{RT}-M\left(\frac{A_i}{A}-1\right)-N\left(\frac{B_i}{B}-1\right) \tag{3-160}$$

式中

$$M=\frac{A^2}{B}\left[3\ln(1+h)+\frac{h(3-Z+Bp)}{3Z+h\left(\frac{A^2}{B}-1-Bp\right)-2}\right] \tag{3-161}$$

$$N=-\left[\frac{3}{2}\frac{A^2}{B}\ln(1+h)+\frac{1}{2}\frac{(1+h)(1-2Z+2Bp)(3-Z+Bp)}{(1-h)\left(3Z-h^2Z-2-h+\frac{A^2}{B}h\right)}+z\right] \tag{3-162}$$

这里 M,N 是 RK 方程的参数 $\frac{A^2}{B}$, Bp 以及 h 和 Z 的函数，又因 h 和 Z 也是 $\frac{A^2}{B}$ 和 Bp 的函数。因此，M,N 是 $\frac{A^2}{B}$ 和 Bp 的函数。Edmister[1] 已把式(3-162)和式(3-163)做成图，见图 3-20 和图 3-21。

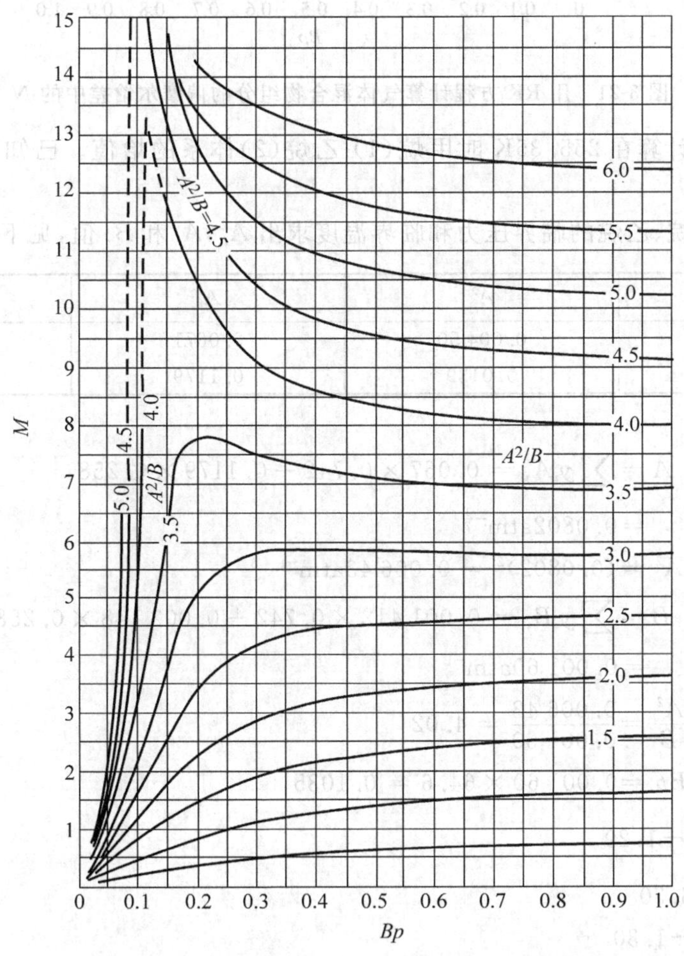

图 3-20 用 RK 方程计算气体混合物组分的偏摩尔焓差中的 M

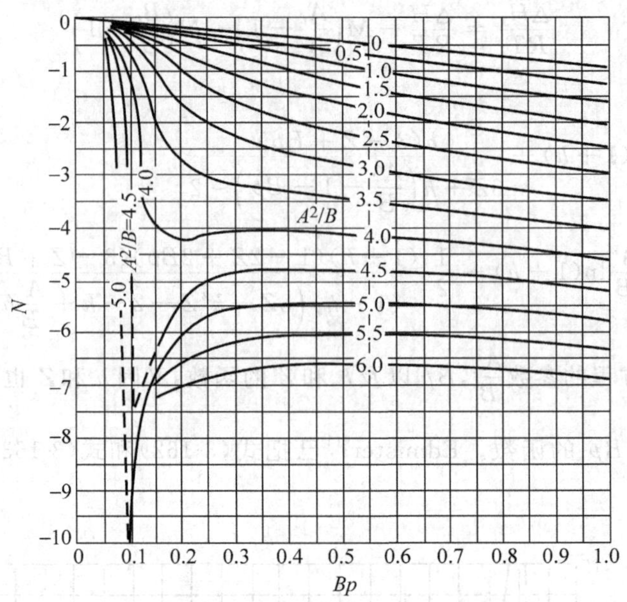

图 3-21 用 RK 方程计算气体混合物组分的偏摩尔焓差中的 N

例 3-14 试计算在 255.35K 时甲烷(1)-乙烷(2)体系的焓值。已知 $y_1=0.742$(摩尔分数)。

解 先从甲烷、乙烷的临界压力和临界温度求出 A_i^2,A_i 和 B_i 值,见下表:

组分	A_i^2	A_i	B_i
甲烷	0.004 50	0.0671	0.001 412
乙烷	0.0139	0.1179	0.002 148

$$A=\sum y_i A_i=0.067\times0.742+0.1179\times0.258$$
$$=0.0802\text{atm}^{-\frac{1}{2}}$$
$$A^2=(0.0802)^2=0.006\,43\text{atm}^{-1}$$
$$B=\sum y_i B_i=0.001\,412\times0.742+0.002\,148\times0.258$$
$$=0.001\,60\text{atm}^{-1}$$
$$\frac{A^2}{B}=\frac{0.006\,43}{0.001\,60}=4.02$$
$$Bp=0.001\,60\times64.6=0.1035$$

查图 3-2:$\dfrac{\Delta H}{RT}=-1.29$

查图 3-20:$M=6.30$

查图 3-21:$N=-1.30$

代入式(3-160)得

$$\frac{\Delta\overline{H}_1}{RT}=-1.29-6.30\left(\frac{0.0671}{0.0802}-1\right)+1.30\left(\frac{0.001\,412}{0.001\,60}-1\right)=-0.39$$

$$\Delta \overline{H}_1 = -0.39 \times 8.3196 \times 255.35 \text{J} \cdot \text{mol}^{-1} = -849.96 \text{J} \cdot \text{mol}^{-1}$$

$$\frac{\Delta \overline{H}_2}{RT} = -1.29 - 6.30\left(\frac{0.1179}{0.0802} - 1\right) + 1.30\left(\frac{0.021\,48}{0.001\,60} - 1\right) = -3.79$$

$$\Delta \overline{H}_2 = -3.79 \times 8.3196 \times 255.35 = -8059.97 \text{J} \cdot \text{mol}^{-1}$$

由式(3-156)得

$$\Delta H = 0.742(-849.96) + 0.258(-8059.97) = -2698.6 \text{J} \cdot \text{mol}^{-1}$$

根据 A^2/B 和 Bp 从图 3-2 直接查得 $\Delta H/RT = -1.29$,故

$$\Delta H = -1.29 \times 8.3196 \times 255.35 = -2753 \text{J} \cdot \text{mol}^{-1}$$

两种方法的计算结果相差不大,故均可在工程计算中应用。如果需要计算气体混合物在给定温度下的焓,还需要求出该混合物在给定温度下的理想气体状态下的焓,然后才能确定。

习　题

3-1　试证明下列各关系式:

(1) $U = -T^2\left[\dfrac{\partial\left(\dfrac{A}{T}\right)}{\partial T}\right]_V$;

(2) $\left(\dfrac{\partial U}{\partial V}\right)_T = T^2\left[\dfrac{\partial\left(\dfrac{p}{T}\right)}{\partial T}\right]_V$;

(3) $\left(\dfrac{\partial U}{\partial S}\right)_T = -p^2\left[\dfrac{\partial\left(\dfrac{T}{p}\right)}{\partial p}\right]_V$;

(4) $\left(\dfrac{\partial U}{\partial T}\right)_S = c_V\left(\dfrac{\partial \ln T}{\partial \ln p}\right)_V$。

3-2　试应用 Pitzer 关联式

$$\frac{Bp_c}{RT_c} = B^{(0)} + \omega B^{(1)}$$

及 T_r,p_r 表示的压缩因子 Z,导出无因次剩余焓 $\Delta H'/RT$ 及无因次剩余熵 $\Delta S'/R$ 的表达式。

3-3　试应用图解微分积分法计算由 $p_1 = 1\text{atm}(=101.3\text{kPa})$,$T_1 = 273.2\text{K}$ 压缩到 $p_2 = 200\text{atm}(=20\,265\text{kPa})$,$T_2 = 473.2\text{K}$ 时 1mol 甲烷的焓变。已知甲烷的 p-V-T 数据(参看附录)及低压下比热容与温度关联式为 $c_p = 1.1889 + 0.003\,81T \text{J} \cdot \text{g}^{-1} \cdot \text{K}^{-1}$。

p/atm	10	40	60	100	140	160	180	200
$V/(\text{cm}^3 \cdot \text{mol}^{-1})$	3879	968	644.7	388.0	279.2	245.2	219.2	198.6
$\dfrac{T}{V}\left(\dfrac{\partial V}{\partial T}\right)_p$	1.016	1.016	1.088	1.135	1.171	1.182	1.191	1.176

3-4　试使用下列水蒸汽的第二维里系数数据计算在 573.2K 和 506.63kPa(5atm)下蒸汽的 Z,$\Delta H'$及 $\Delta S'$值。

T/K	563.2	573.2	583.2
B/($cm^3 \cdot mol^{-1}$)	−125	−119	−113

3-5　试运用适当的普遍化关系计算 1mol 的 1,3-丁二烯从 2533.13kPa(25atm)和 400K 压缩到 12 665.63kPa(125atm)和 550K 时的 ΔH,ΔS,ΔU 及 ΔV。

3-6　试计算 1mol 丙烯在 410K 和 5471.55kPa 下的 V,U,S,A 及 G。取丙烯蒸汽在 101.33kPa 和 0℃时的焓和熵等于零。

3-7　试说明下列各个过程的特点,并在 p-V,$\ln p$-H,T-S 及 H-S 图上绘出其所经历的途径:

(1) 过热蒸汽冷凝为过冷液体;

(2) 饱和蒸汽可逆绝热膨胀;

(3) 饱和液体定容加热;

(4) 在临界点开始的定温膨胀。

3-8　已知饱和蒸汽和液态水的混合物在 505K 下呈平衡态存在,如果已知该混合物的比容为 41.70$cm^3 \cdot g^{-1}$,根据蒸汽表上的数据计算:

(1) 百分湿含量;

(2) 混合物的焓;

(3) 混合物的熵。

3-9　石油裂解分离制取乙烯的车间需用乙烯的逸度数据,试计算在 241K 和 2026.6kPa 下的乙烯逸度。

3-10　由实验测得在 101.33kPa 下,0.582(摩尔分数)甲醇(1)和 0.418 水(2)的混合物的露点为 354.8K,查得第二维里系数数据如下表所示,试求混合蒸汽中甲醇和水的逸度系数。

y_1	露点/K	B_{11}/($cm^3 \cdot mol^{-1}$)	B_{22}/($cm^3 \cdot mol^{-1}$)	B_{12}/($cm^3 \cdot mol^{-1}$)
0.582	354.68	−981	−559	−784

3-11　已知在 303.2K 和 101.33kPa 下,苯(b)和环己烷(c)的液体混合物的体积数据由一简单的二次方程表示,即 $V=109.4-16.8x_b-2.64x_b^2$,式中 x_b 是苯的摩尔分数,V 的单位为 $cm^3 \cdot mol^{-1}$,试计算该温度和压力下的 $\overline{V}_b$,$\overline{V}_c$ 和 ΔV 的表达式(基于 Lewis-Randal 规则的标准态)。

3-12　已知溶液中各组分性质的数据可用表观摩尔性质表示:双元系的组分 1 的表观摩尔性质 μ_1 定义为

$$\mu_1=\frac{M-x_2M_2}{x_1}$$

式中，x 是混合物的摩尔分数；M 是其摩尔性质；M_2 是纯组分 2 在溶液的 T 和 p 时的摩尔性质。

(1) 试根据在 T,p 一定条件下，从作为 x_1 函数的 μ_1 导出确定偏摩尔性质 $\overline{M}_1$ 和 $\overline{M}_2$ 的方程式；

(2) 找出 $x_1=0, x_1=1$ 的极限情况下的表达式。

答案：(1) $\overline{M}_1=\mu_1+x_1(1-x_1)\dfrac{\mathrm{d}\mu_1}{\mathrm{d}x_1}$

$$\overline{M}_2=M_2-x_1^2\frac{\mathrm{d}\mu_1}{\mathrm{d}x_1};$$

(2) 当 $x_1=0, \overline{M}_1^{\infty}=\mu_1^{\infty}$

$$x_1=1, \overline{M}_2^{\infty}=M_2-\left(\frac{\partial\mu_1}{\partial x_1}\right)_{x_1=1}。$$

3-13 设有一含 20%(摩尔分数)A，35%B 和 45%C 的三元气体混合物。已知在体系压力 6079.5kPa(60atm)及 348.2K 下混合物中组分 A，B 和 C 的逸度系数分别为 0.7，0.6 和 0.9，试计算该混合物的逸度。

3-14 Prausnitz 等人曾测定了从 323.2K 到 373.2K 乙腈(1)-乙醛(2)体系的第二维里系数：

$$B_{11}=-8.55\left(\frac{1}{T}\times10^3\right)^{5.50}, \quad B_{22}=-21.5\left(\frac{1}{T}\times10^3\right)^{3.25}$$

$$B_{12}=-1.74\left(\frac{1}{T}\times10^3\right)^{7.350}$$

式中，T 为热力学温度，单位为 K；B 的单位为 $\mathrm{cm^3\cdot mol^{-1}}$。如果在 80kPa 和 353.2K 定温定压下混合纯乙腈(1)和纯乙醛(2)，形成了 $y_1=0.3$(摩尔分数)的蒸汽溶液，试计算其混合热和混合熵变化。

3-15 应用习题 3-14 的数据计算在 80kPa 和 353.2K 时等物质的量的蒸汽混合物的 $\hat{f}_1$ 和 $\hat{f}_2$($\hat{f}_1$ 和 $\hat{f}_2$ 的单位为 kPa)。

参考文献

[1] Edmister W C. Applied Hydrocarbon Thermodynamics: Vol Ⅱ[M]. Houston: Gulf Publishing Company, 1974.

[2] Vargaftik N B. Tables on the Thermophysical Properties of Liquids and Gases[M]. 2nd Edition. New York: Wiley, 1975.

[3] Djordjevic B D, et al. Chem. Eng. Sci., 1977, 32: 1103.

[4] Kordbachen R, et al. Can. J. Chem. Eng., 1959, 37: 162.

[5] Reid R C, et al. The Properties of Gases and Liquids[M]. 2nd Edition. McGraw-Hill, 1996: 587.

[6] Chao K C, et al. Thermodynamics of Fluids an Introduction to Equilibriam Theory[M]. Marcel Dekker, 1975.

[7] Pitzer K S, et al, I. E. C., 1958, 50: 265.

[8] 郭润生，何福城. 逸度及活度[M]. 北京：高等教育出版社，1965：14.

[9] Hougen O A, et al. Chemical Process Principles[M]. Wiley, 1947: 621.

[10] Canjar L N, et al. Thermodynamic Properties and Reduced Correlations for Gases[M]. Houston, Texas: Gulf Publishing Company, 1967.

[11] Prausnitz J M. Phase Equilibria and Fluid Properties in the Chemical Industry[C]//. ACS: Symp. 60. Storvick T S. and S I Sandler ed. Washington: ACS, 1977: 11.

[12] 童景山,高光华. 化工学报,1990,41(2):195.

[13] 童景山,张建. 石油化工,1993,22(1):27.

[14] Prausnitz J M, et al. Computer Calculations for High Pressure Vapor-Liquid Equilibria[M]. Prentice-Hall, 1968.

[15] 华东化工学院等校. 无机物工艺过程原理[M]. 北京:中国工业出版社,1961.

4　气体的压缩和膨胀过程

4.1　压　缩　机

在化学工业中广泛地应用压缩机、鼓风机和送风机等，例如：①对于某些特定的化学反应需创造合适的压力环境，在石油炼制中需采用压缩气体以来增压及加压，借以加强“触媒”的作用和提高化学反应的速率；②在制冷工业中往往利用常温下的压缩气体急剧膨胀而得到低温；③输送气体，如天然气的远距离输送，中间需要加压站；④气固流动，如固体粉粒体的气流输送及流化床等；⑤自控仪表，将压缩气体作为工作介质来操纵仪表（如各种气体仪表等）。

广义来说，凡是能够升高空气或其他气体压力的机械设备均可称之为“压缩机”。习惯上往往用压力比 $r=\dfrac{p_2}{p_1}$（p_1，p_2 分别代表压缩前和压缩后的压力）的数值把压缩机划分为下列三类：

通风机：$r=1.0\sim1.1$；

鼓风机：$r=1.1\sim4.0$；

狭义的压缩机：$r\geqslant4.0$。

如果按运动机构来分，压缩机主要有往复式（活塞式）和回转式两大类，回转式中最常见的是离心式，另外还有轴流式等。

压缩机的运行，无论是往复式或回转式都要靠外界供给功，要用蒸汽机、内燃机、汽轮机及其他原动机来带动。离心式压缩机需要高转速，一般都用电动机或直接用汽轮机来带动。压缩机的大小往往用单位时间内压缩的气体在压缩前所占的体积来表示，也可以用单位时间所能供给的压缩气体的体积或质量来表示，但不论哪一种表示方式，均必须同时说明压力比 r 的数值或压缩机的进气或排气的状态，才能确切地表明压缩机的工作情况。

压缩气体在工程上应用很广，常常会遇到这样一些问题：①从一种压力压缩到另一种压力，需要多少压缩功，要用多大功率的原动机来带动压缩机；②进气温度改变对于压缩机所消耗功率有何影响；③在压缩过程中，气体温度升高到何种程度，会不会影响压缩机正常运行，是否需要加强冷却等。

4.1.1　单级往复式压缩机

图 4-1 为单级往复式压缩机的设备简图。原动机的机轴转动时，经曲柄和连杆传动活塞，使之在气缸里做往复运动，而且机轴每转一周，活塞就来回一次。当活塞 2 向下移动时，在气缸内造成部分真空，外部气体的压力（如果是外界的大气，即为 1atm）将超过气缸内的压力，因而将进气门 4 顶开气体进入气缸，这种因活塞向下移动而完成气体进入气缸的过

程,叫做吸气过程。当活塞向上回行时,进气门4自动关闭,此时留在缸内的气体受到压缩,这就是压缩过程。当缸内气体的压力增加到预定程度,就冲开排气阀门5,此时活塞继续向上移动,将已被压缩的气体排出气缸,此过程叫做排气过程。当活塞第二次向下移动时,外部气体又将顶开进气阀门4,进入气缸,如此周而复始工作。

如果不考虑一切摩擦阻力、扰动和漏气等损失,而且想象活塞在最上端位置时,气缸内没有余留任何容积(即假定气体没有余隙容积),则简单往复式压缩机理想示功图如图4-2所示。

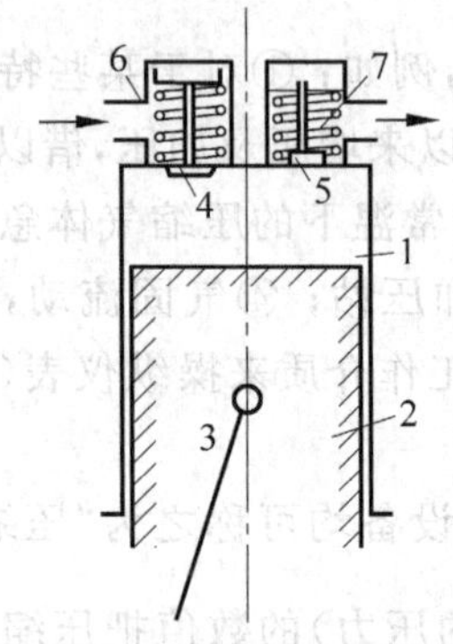

图4-1 单级往复式压缩机

1—气缸;2—活塞;3—连杆;4—进气门;5—排气门;6—气阀室;7—弹簧

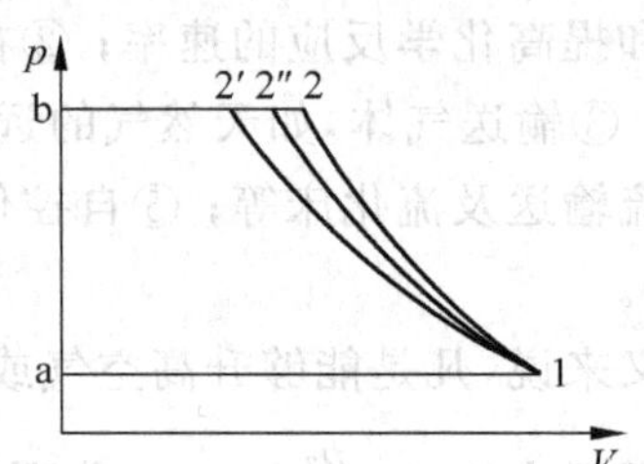

图4-2 三种不同压缩的示功图

其中a—1线代表吸气过程,a为起点,相当于活塞在最上端的位置,当活塞向上移动时,对气体进行压缩,这种压缩过程可以是不同的过程。如果活塞与气缸是绝热的,被压缩的气体与外界完全没有传热,就是绝热的压缩过程(以1—2线表示);如果所有因压缩产生的热都能传出,使气体的温度不会升高,压缩为等温过程(以1—2′线表示)。当被压缩的气体压力升高到p_2时,则排气过程开始。在图4-2中,压缩为绝热时以2—b线表示;压缩为等温时,以2′—b表示,这样所得到的闭合面积a12ba或a12′ba即代表压缩机所消耗的压缩功。因面积a12′ba小于面积a12ba,所以等温压缩过程所需压缩功小于绝热压缩所需要的功。

必须注意:吸气过程1—a及排气过程2—b或2′—b虽然在图4-2中都表示为等压线,但与前面所述等压过程(压缩或膨胀)并不相同。以前所述的是指定量气体的状态变化过程,气体除压力不变化外,状态是在变化着的,因此,体积、温度都在变化。可是这里,由a到1不过是把同状态的气体吸入气缸,不但压力未变,其他热力参数都未改变。由2或2′到b不过是把同一种状态气体排出气缸,2及b或2′及b都表示相同的热力状态。由此可见,在开放体系的压容图上,有时一条线表示同一个状态的物质数量变化的过程,并不表示状态变化的过程,但a—1和2—b或2′—b线下的面积仍代表功,表示气体在最初状态下进入气缸时所给气缸内气体的流动功和气体在终了状态下被排出气缸时所带走的流动功。

为了减少所消耗的压缩功量,减轻原动机的负荷,实际压缩机都装有一套能够把压缩产生的热量传出,从而减少气体温度上升的冷却设备。一般是在气缸外围装一夹套,冷却水不断从夹套中流过,吸取由气缸壁传出的热量,这就是所谓水冷设备(简称水套)。比较小型的压缩机，因产生的热量不多，故在气缸外壁装有突出的肋片——风翼，以增加散热面积，让外界的空气把热量带走，这样的冷却方式叫风冷。不过因为压缩生热的过程很快，不论是风冷或水冷都来不及将全部产生的热取走，因此要维持等温实际上是做不到的，换言之，等温是一种理想的情况。同样，要做到完全的绝热也是做不到的，因为完全绝热的材料是没有的，或多或少均有一定的传热能力，因此绝热过程也是一种理想的过程。由此可见，在压缩机中的压缩过程一定是介于两者之间的一种过程。

理想的压缩机的工作过程是由如下几个单元过程所组成，即吸气过程、压缩过程及排气过程，如图 4-2 所示。现计算每一单元过程的功：

$$W_{a1}=p_1(V_1-0)=p_1V_1,\quad W_{2b}=p_2(0-V_2)=-p_2V_2$$

$$W_{12}=\int_{V_1}^{V_2}p\mathrm{d}V,\quad W_{ba}=0$$

因此

$$W=W_{a1}+W_{12}+W_{2b}+W_{ba}=p_1V_1-p_2V_2+\int_{V_1}^{V_2}p\mathrm{d}V$$

由于

$$\int_1^2\mathrm{d}(pV)=p_2V_2-p_1V_1=\int_{V_1}^{V_2}p\mathrm{d}V+\int_{p_1}^{p_2}V\mathrm{d}p$$

于是压缩功为

$$W=-\int_{p_1}^{p_2}V\mathrm{d}p \tag{4-1}$$

式中 W 表示压缩功，也就是前面所说的轴功。

从稳定流动的能量方程式可以知道，如果不计及动能差和位能差，压缩机和压缩气体所需轴功如式(4-1)所示。此表达式与以上分析所得结果是一样的。但必须注意，往复式压缩机的进气管和排气管中靠近气阀处的气体有时流动，有时完全不流，这显然不是严格的稳定流动，但是，假如活塞每分钟往返许多次，则按每往返一次的周期来说，进气量和排气量都是定数，因而可以当作稳定流动，因此式(4-1)仍可应用。

在理想气体和可逆过程的条件下，就很容易得到包括下列诸过程的压缩机功的计算式：

压缩过程 12 为等温过程

$$W=-p_1V_1\ln\frac{p_2}{p_1} \tag{4-2}$$

压缩过程 12 为绝热过程

$$W=\frac{k}{k-1}p_1V_1\left[1-\left(\frac{p_2}{p_1}\right)^{\frac{k-1}{k}}\right] \tag{4-3}$$

压缩过程 12 为多方过程

$$W=\frac{m}{m-1}p_1V_1\left[1-\left(\frac{p_2}{p_1}\right)^{\frac{m-1}{m}}\right] \tag{4-4}$$

4.1.2　有余隙的往复式压缩机

上面所讨论的，是假定气缸的余隙容积等于零，所以活塞全行程所让出的气缸容积即活塞排量，也称“位移容积”，就同时代表压缩机机轴每转一周所吸入的气体量。实际的往复式

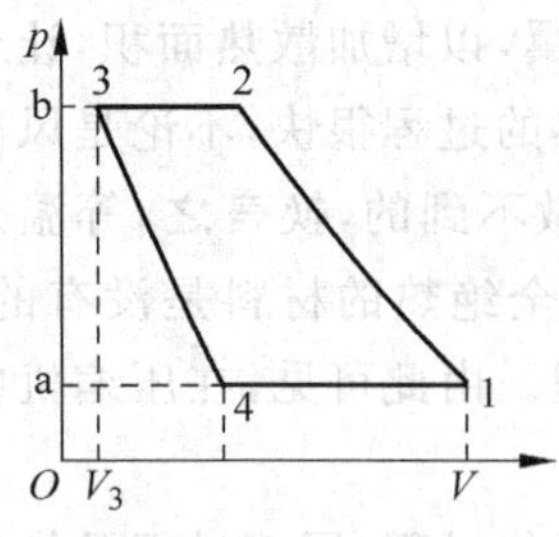

图 4-3　有余隙容积的压缩机的理想示功图

压缩机不能完全没有余隙,而且还要利用余隙的"气垫"作用,防止活塞与气缸顶相碰。这样,参看图 4-3 所示,排气过程终了时,余隙容积 V_3 内还充满未被排出的高压缩体,所以当活塞回行,排气门不能马上打开,必须待余隙容积内的余气发生"再膨胀"过程,压力降低到吸气压力时才能开始吸气。由于余隙内余气的再膨胀的结果,压缩机机轴每转一周实际上吸入气缸之气体容积为(V_1-V_4),比活塞排量(V_1-V_3)减少了 $V'=V_4-V_3$。现计算有余隙时所需要的压缩功。如图 4-3 所示,每一单元过程功为

$$W_{4-1}=p_1(V_1-V_4)$$

$$W_{1-2}=\int_{V_1}^{V_2}p\mathrm{d}V$$

$$W_{2-3}=p_2(V_3-V_2)$$

$$W_{3-4}=\int_{V_3}^{V_4}p\mathrm{d}V$$

于是压缩功为

$$\begin{aligned}W&=W_{4-1}+W_{1-2}+W_{2-3}+W_{3-4}\\&=p_1V_1-p_1V_4+\int_{V_1}^{V_2}p\mathrm{d}V+p_2V_3-p_2V_2+\int_{V_3}^{V_4}p\mathrm{d}V\\&=-\int_{p_1}^{p_2}V\mathrm{d}p-\int_{p_3}^{p_4}V\mathrm{d}p\\&=-\int_{p_1}^{p_2}V\mathrm{d}p+\int_{p_4}^{p_3}V\mathrm{d}p\end{aligned}\tag{4-5}$$

在图 4-3 中,$p_3=p_2$,$p_4=p_1$,表示式$-\int_{p_1}^{p_2}V\mathrm{d}p$ 可用图中面积 a4123ba 代表,表示式 $\int_{p_1}^{p_2}V\mathrm{d}p$ 用图中面积 a43ba 代表,此两块面积之差值即面积 12341 代表压缩功。

过程 1—2 和 3—4 分别为可逆绝热压缩和膨胀时,则

$$W=\frac{k}{k-1}p_1V_1\left[1-\left(\frac{p_2}{p_1}\right)^{\frac{k-1}{k}}\right]-\frac{k}{k-1}p_4V_4\left[1-\left(\frac{p_3}{p_4}\right)^{\frac{k-1}{k}}\right]$$

表示成压力 p_1 及 p_2,则得

$$W=\frac{k}{k-1}p_1(V_1-V_4)\left[1-\left(\frac{p_2}{p_1}\right)^{\frac{k-1}{k}}\right]\tag{4-6}$$

在往复式压缩机的计算中常用"容积效率"一词,它的定义为

$$\text{容积效率(VE)}=\frac{\text{吸入压缩机的气体容积}}{\text{活塞位移容积}}=\frac{V_1-V_4}{V_1-V_3}\tag{4-7}$$

如果活塞位移容积(V_1-V_3)用 D 来表示,则吸入压缩机的气体体积$(V_1-V_4)=(D)(\mathrm{VE})$,代入式(4-6)

$$W=\frac{k}{k-1}p_1(D)\mathrm{VE}\left[1-\left(\frac{p_2}{p_1}\right)^{\frac{k-1}{k}}\right]\tag{4-8}$$

容积效率 VE 可由压缩机的余隙比来计算,余隙比 C 定义为

$$C = \frac{\text{余隙容积}}{\text{活塞位移容积}} = \frac{V_3}{V_1 - V_3} \tag{4-9}$$

对于实际工业压缩机，在小型设备中，余隙比高达8%，而在设计良好的大型设备中可低到1%以下。

将式(4-9)代入式(4-7)得

$$\mathrm{VE} = \frac{V_1 - V_4}{V_1 - V_3} = \frac{(V_1 - V_3) + (V_3 - V_4)}{V_1 - V_3} = 1 + C - C\left(\frac{V_4}{V_3}\right)$$

又因

$$\frac{V_4}{V_3} = \left(\frac{p_2}{p_1}\right)^{\frac{1}{k}}$$

所以

$$\mathrm{VE} = 1 + C - C\left(\frac{p_2}{p_1}\right)^{\frac{1}{k}} \tag{4-10}$$

这就是往复式压缩机的容积效率与余隙比及压缩比p_2/p_1之间的关系，如图4-4所示。

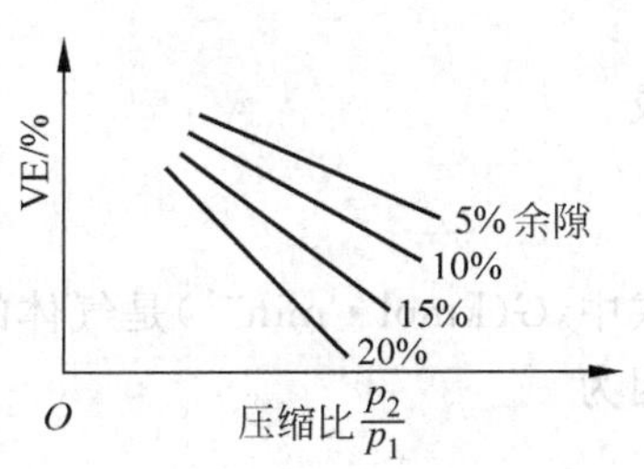

图4-4　余隙的影响

对一给定的压缩机及压缩过程，余隙比和压力比是确定的，因此，容积效率VE即可按式(4-10)计算得到。在同样压力比下，如余隙比越大，则VE越小，一般工业上所用的往复式压缩机的VE为50%～90%。

例4-1　希望用一台单级往复式压缩机(气缸外壁面用循环水进行冷却)24h压缩2830m^3的空气，使其从初始状态1atm(101.33kPa)及15.6℃压缩到50atm(5.07×10^3kPa)，如果空气假设为理想的并设其压力-体积关系为

$$pV^{1.15} = \text{常数}$$

试计算：

(1) 需要气缸的数目；

(2) 所需理论压缩功；

(3) 冷却水所需带走的热量。

数据：压缩机气缸直径228mm，活塞行程915mm，转速$=125\mathrm{r\cdot min^{-1}}$，余隙容积为活塞位移容积的3.2%。

解　(1) 因余隙为活塞位移容积的3.2%

$$C = 0.032$$

从式(4-10)

$$\mathrm{VE} = 1 + 0.032 - 0.032\left(\frac{50}{1}\right)^{\frac{0.1}{1.15}} = 0.072$$

每一气缸的位移容积(面积×行程)

$$\left(\frac{\pi}{4}\right)(0.228)^2(0.915) = 3.74\times10^{-2}\,\mathrm{m^3}$$

设压缩机为单动，即每转一周为一个位移容积，则每个气缸排量

$$(3.74\times10^{-2}\,\mathrm{m^3})(125\mathrm{r\cdot min^{-1}}) = 4.68\mathrm{m^3\cdot min^{-1}}$$

每个气缸之容量(VE)×(位移容积)

$$0.072 \times 4.68 = 0.337\text{m}^3 \cdot \text{min}^{-1}$$

已知压缩机生产能力为 $118\text{m}^3\text{h}^{-1}$,在入口压力下,$\dfrac{2830}{24\times 60}=1.97\text{m}^3 \cdot \text{min}^{-1}$,故所需的气缸数目

$$\frac{1.97}{0.337} = 5.85 \approx 6$$

(2) 6 个气缸所消耗的功为

$$\begin{aligned} W_F &= -\frac{1.15}{1.15-1} \times 1.0332 \times 10^4 \times 1.97\left[\left(\frac{50}{1}\right)^{\frac{0.15}{1.15}} - 1\right]\frac{1}{427} \\ &= -244\text{kcal} \cdot \text{min}^{-1} \\ &= -61.5 \times 10^6\text{J} \cdot \text{h}^{-1} \end{aligned}$$

(3) 冷却水带走的热量(冷却水负荷量)按下列方法计算

$$Q = \Delta H + W_F$$

或

$$Q - G\int C_p \text{d}T + W_F$$

式中,$G(\text{kmol} \cdot \text{min}^{-1})$是气体的流量;$C_p$ 设为 $6.9\text{kcal} \cdot \text{kmol}^{-1} \cdot \text{K}^{-1}$。

因为

$$T_2 = T_1\left(\frac{p_2}{p_1}\right)^{\frac{n-1}{n}}$$

所以

$$T_2 = 288.8\left(\frac{50}{1}\right)^{\frac{0.15}{1.15}} = 481\text{K}$$

并且

$$G = \frac{2830}{22.4} \times \frac{273}{273+15.6} \times \frac{1}{60 \times 24} = 0.083\text{kmol} \cdot \text{min}^{-1}$$

因此

$$\begin{aligned} Q &= 0.083 \times 6.9 \times (481 - 288.8) + (-244) \\ &= 110.5 + (-244) = -133.5\text{kcal} \cdot \text{min}^{-1} \end{aligned}$$

或者

$$Q = -8000\text{kcal} \cdot \text{h}^{-1} = -33.4 \times 10^6\text{J} \cdot \text{h}^{-1}$$

4.1.3 多级压缩机

在 4.1.2 节我们已经知道,在同一压力范围内工作时,降低进气温度 T_1,可以减少压缩机压缩同一气量所需压缩功;或消耗一定量的压缩功,可以增加同一压缩机所输出的压缩气体量。由此提供了另一种节约压缩机所耗功量的主要途径,即采取分级压气和级间冷却的方法。

如图 4-5,原动机带动机轴 7 回转时,由于曲柄和连杆 5 和 6 的传动,使活塞 3 和 4 上下移动,而且,两曲柄相差 180°,所以活塞 3 上升时,活塞 4 下降。当活塞 3 向下移动时,气体

经进气门 9 进入第一级气缸或低压气缸 1，当活塞 3 向上移动时，低压气缸里的气体受压缩而达到压力 p_2、温度 T_2，活塞 3 继续上升，该压缩气体就由排气门 10 流入级间冷却器 8，当其通过冷却管时，被管外冷水所冷却，温度可以降到与进低压气缸时的初温一样。当活塞 4 向下移动时，又将冷却后的中压气体吸入第二级气缸或称"高压气缸"。在高压气缸里，因活塞 4 的作用，气体被压缩到压力 p_3，然后经排气门 12 排入储气罐，或直接送到需用压缩气体的地方。

图 4-6 表示上述两级压缩机的理想示功图。图 4-6 中面积 a122′3ca 代表该两级压缩机所需压缩功量。"级间冷却"的效果，将降低压缩机的功量消耗，如同图 4-6 中面积 22′33′2 所指。

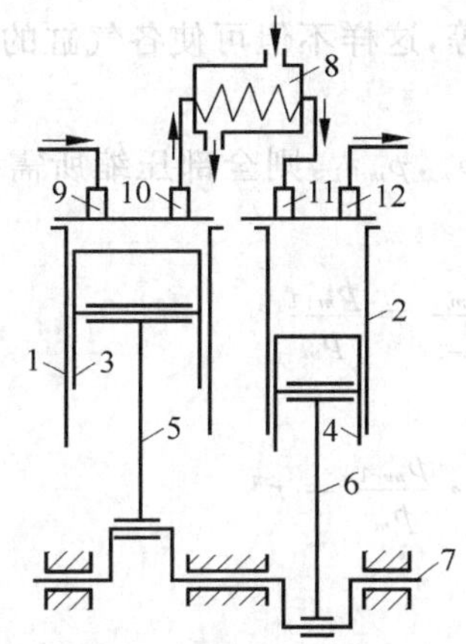

图 4-5　两级压缩机

1,2—低、高压气缸；3,4—活塞；5,6—连杆；7—机轴；8—级间冷却器；9,11—进气门；10,12—排气门

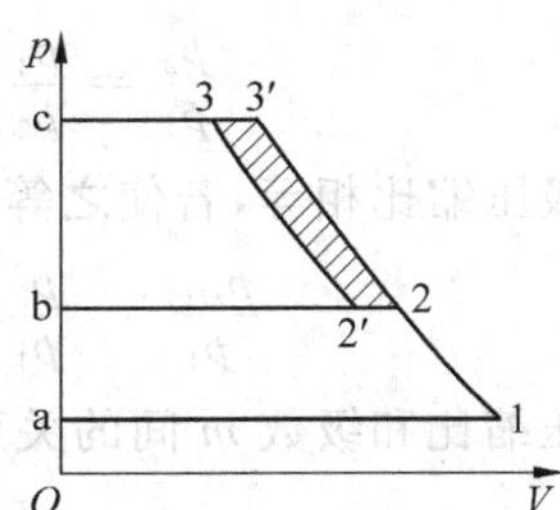

图 4-6　两级压缩机的理想示功图

分级压缩和级间冷却的另一个效果是减少每一级气缸内气温的升高，以保证压缩机的安全正常运行。

此外，对于压缩机的容积效率，分级压缩显然要比单级压缩优越，因为分级压缩将降低低压气缸，即第一级气缸的排气压力，削弱该气缸余隙的影响，相对地增加压缩机的进气数量。

为了使压缩机的压缩功量减到最小，多级压缩机的设计都力求各气缸里压气负荷的均匀分配。仍以图 4-5 所示两级压缩机为例，应用式(4-4)，第一级和第二级所需压缩功为

$$W_1 = \frac{m}{m-1} p_1 V_1 \left[1 - \left(\frac{p_2}{p_1}\right)^{\frac{m-1}{m}}\right]$$

$$W_2 = \frac{m}{m-1} p_{2'} V_{2'} \left[1 - \left(\frac{p_3}{p_2}\right)^{\frac{m-1}{m}}\right]$$

这里，$p_{2'} = p_2$。又因在等温条件下

$$p_1 V_1 = p_{2'} V_{2'}$$

所以全机的压缩功为

$$W = W_1 + W_2 = \frac{m}{m-1} p_1 V_1 \left[2 - \left(\frac{p_2}{p_1}\right)^{\frac{m-1}{m}} - \left(\frac{p_3}{p_2}\right)^{\frac{m-1}{m}}\right]$$

上式表明压缩机所耗总压缩功与中间压力 p_2 如何选取有关，总功最小时的中间压力称

为最佳中间压力,其值可根据$\frac{\mathrm{d}W}{\mathrm{d}p_2}=0$求得

$$\frac{\mathrm{d}}{\mathrm{d}p_2}\left[2-\left(\frac{p_3}{p_2}\right)^{\frac{m-1}{m}}-\left(\frac{p_4}{p_2}\right)^{\frac{m-1}{m}}\right]=0$$

求解上式

$$p_{2最佳}=\sqrt{p_1p_3} \quad 或 \quad \frac{p_2}{p_1}=\frac{p_3}{p_2} \tag{4-11}$$

此时

$$W_1=W_2$$

这就是说,每一级气缸所需的压缩功量应设法使其均等,这样不但可使各气缸的负担没有畸轻畸重,还可以延长全机的耐用性。

若多级压缩机为 m 级,设各级压力为 $p_1,p_2,\cdots,p_m,p_{m+1}$,则全部压缩所需要的功为最小时,必具有下列关系:

$$\frac{p_2}{p_1}=\frac{p_3}{p_2}=\frac{p_4}{p_3}=\cdots=\frac{p_m}{p_{m-1}}=\frac{p_{m+1}}{p_m} \tag{4-12}$$

上式表示各级压缩比相等,若使之等于 r,则可得

$$\frac{p_{m+1}}{p_1}=\frac{p_2}{p_1}\cdot\frac{p_3}{p_2}\cdot\frac{p_4}{p_3}\cdots\frac{p_m}{p_{m-1}}\cdot\frac{p_{m+1}}{p_m}=r^m$$

由此得最优压缩比和级数 m 间的关系为

$$r=\sqrt[m]{\frac{p_{m+1}}{p_1}} \tag{4-13}$$

因此对于 m 级的无余隙压缩机的理论压缩功为

$$W=m\frac{k}{k-1}p_1V_1\left[1-(r)^{\frac{k-1}{k}}\right] \tag{4-14}$$

在一般情况下应考虑余隙存在,如在各级的压缩比和容积效率相同的条件下,则有余隙的多级压缩机的理论压缩功为

$$W=m\frac{k}{k-1}p_1D\cdot \mathrm{VE}\left[1-r^{\frac{k-1}{k}}\right] \tag{4-15}$$

4.1.4 压缩机的功率与效率

以一单级压缩机为例来说明各种功率的名称及定义。设带动压缩机的原动机(如电动机)的有效功率为 N_e。由于原动机与压缩机之间的传动机构所造成的功的损失,故有效功率 N_e 必须比压缩机轴功率 N_F 大;又由于压缩机本身的机械摩擦损失,故压缩机轴功率必须比压缩机气缸内的指示功率 N_i 大,再由于不可逆及其他损失,指示功率 N_i 又要比理论功率大,参看图 4-7。

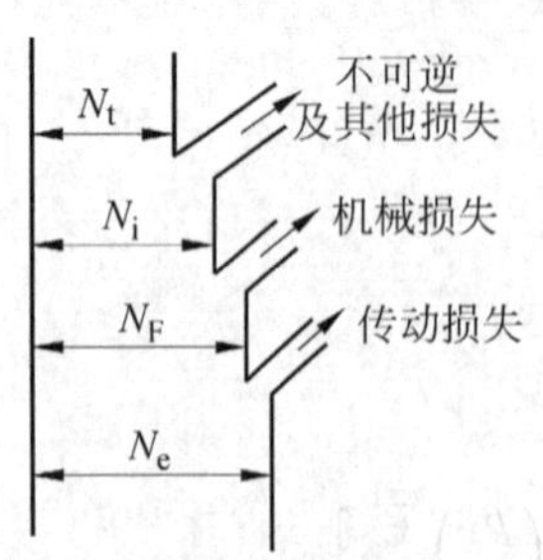

图 4-7 压缩机的功率及效率分析

(1) 理论功率

前面详细地讨论了在等温、多方、绝热条件下用热力

学分析的方法计算压缩机理论功。如果已知每分钟生产量 $G(\text{kmol}\cdot\text{min}^{-1}$ 或 $\text{kg}\cdot\text{min}^{-1})$，并由分析计算得到理论压缩功 $W(\text{kg}\cdot\text{m}\cdot\text{kmol}^{-1})$，则理论功率为

$$N_t = \frac{GW_F}{60}(\text{kg}\cdot\text{m}\cdot\text{s}^{-1}) = \frac{GW_F}{102\times 60}(\text{kW}) \tag{4-16}$$

(2) 指示功率

指示功率和理论功率的关系可用下式表明

$$N_i = \frac{N_{t(T)}}{\eta_{i(T)}} \tag{4-17}$$

及

$$N_i = \frac{N_{t(S)}}{\eta_{i(S)}} \tag{4-18}$$

式中，$\eta_{i(T)}$，$\eta_{i(S)}$ 分别为等温指示效率和绝热指示效率。前者一般为 0.65～0.76，后者一般为 0.85～0.97。下标"T"及"S"分别表示等温及绝热过程。

一般在压缩气缸上安装示功器测量指示功率，它可按比例将气缸内每一循环的 p-V 变化关系描绘出来，如图 4-8 所示，曲线所包围的面积 f_i 即压缩机指示功的大小。

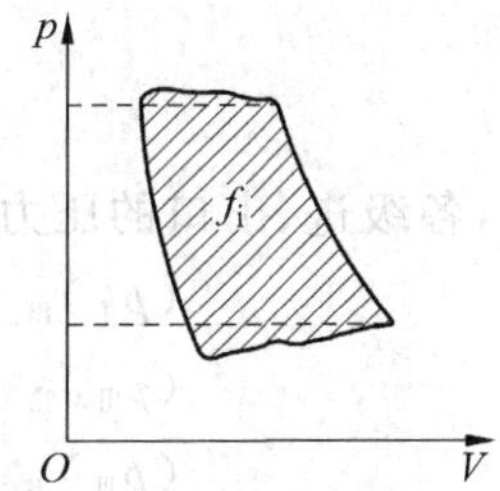

图 4-8　压缩机的实际示功图

(3) 轴功率

$$N_F = \frac{N_i}{\eta_m} \tag{4-19}$$

式中，η_m 为机械效率，一般为 0.88～0.92，如加工细致及油润滑良好，大型低速压缩机可取上限值。

(4) 原动机有效功率

原动机往往要经过皮带、齿轮箱等传动机构来带动，功在传动过程中有损失，故用传动效率除以轴功率得到原动机的有效功率

$$N_e = \frac{N_F}{\eta_c} \tag{4-20}$$

式中，η_c 为传动效率，其数值大致为：

平皮带传动　　$\eta_c = 0.90 \sim 0.94$

三角皮带传动　　$\eta_c = 0.92 \sim 0.98$

齿轮变速箱传动　　$\eta_c = 0.96 \sim 0.99$

直接连接　　$\eta_c = 1$

为了保证压缩机工作可靠，选用原动机功率应比计算出来的 N_e 稍大一些。

例 4-2　某合成氨厂用国产 $3D_{22}$(Ⅱ)-14.5/320 型往复式压缩机压缩氢、氮混合气体，如果该压缩机的绝热指示效率为 0.90，机械效率为 0.92，已知该压缩机的主要技术性能数据是：

排气量(一级吸入状态)：$14.5\text{m}^3\cdot\text{min}^{-1}$

一级吸入压力(绝对)：$15\text{kgf}\cdot\text{cm}^{-2}$*

一、二、三级的吸入温度：38℃

气缸直径：

一级(双作用)：300mm

二级(双作用)：180mm

* $1\text{kgf}\cdot\text{cm}^{-2} = 98.0665\text{kPa}$。

三级排出压力(绝对)：321kgf · cm^{-2}　　三级(单作用)：150mm

三级排出温度：不超过140℃　　活塞行程：420mm

冷却水温度：<32℃　　轴功率：1669kW

压缩级数：三级

主轴转速：380r · min^{-1}

现认为压缩机在可逆绝热条件下操作，在下列两种情形下计算进、出口的压力，各级出口的温度，加于压缩机的最小功率和轴功率，并对选用电动机提出意见。

(1) 设氮、氢混合气体符合理想气体定律；

(2) 将氮、氢混合气体作真实气体处理。

解　(1) 如果把氮、氢混合气体作为理想气体，则可以用式(4-13)计算压缩比

$$r=\sqrt[3]{\frac{321}{15}}=2.78$$

这样，各级进、出口的压力就可依次计算：

$$(p_{\mathrm{I}})_{出}=2.78\times 15=41.6\mathrm{kgf\cdot cm^{-2}}=4079.6\mathrm{kPa}$$

$$(p_{\mathrm{II}})_{出}=41.6\times 2.78=116\mathrm{kgf\cdot cm^{-2}}=11\,375.7\mathrm{kPa}$$

$$(p_{\mathrm{III}})_{出}=116\times 2.78=321\mathrm{kgf\cdot cm^{-2}}=31\,479.3\mathrm{kPa}$$

按式(1-25)计算各级出口温度。由于各级进口温度相同，压缩比又一致，所以各级出口的温度应该相同：

$$(T_{\mathrm{I}})_{出}=(T_{\mathrm{II}})_{出}=(T_{\mathrm{III}})_{出}=(38+273)(2.78)^{\frac{k-1}{k}}$$

由于 $k_{H_2}=1.408$，$k_{N_2}=1.400$，且 $n(N_2):n(H_2)=1:3$，故

$$k=0.75\times 1.408+0.25\times 1.400=1.406$$

$$(T_{\mathrm{I}})_{出}=(T_{\mathrm{II}})_{出}=(T_{\mathrm{III}})_{出}=311\times 2.78^{\frac{1.406-1}{1.406}}=416\mathrm{K}=143℃$$

按理想气体计算，第三级已超过允许排出的温度140℃。

用式(4-14)计算最小压缩功率：

$$N_{\mathrm{t}}=-\frac{1.406}{1.406-1}\times 15\times 14.5\times 3\times(2.78^{(1.406-1)/1.406}-1)\times 60\times 10^4$$

$$=-4.66\times 10^8\mathrm{kg\cdot m\cdot h^{-1}}=-\frac{4.66\times 10^8}{367.1\times 10^3}=1260\mathrm{kW}$$

由式(4-18)，式(4-19)计算轴功率：

$$N_{\mathrm{F}}=\frac{-1260}{0.9}\times\frac{1}{0.92}=-1520\mathrm{kW}$$

这与设计的轴功率1669kW相差149kW。

如果取原动机的传动效率为0.96，则选用电机的功率应稍大于1520/0.96=1585kW。

(2) 把氢、氮混合气作为真实混合气，那么上述计算公式全部不能应用。

从附录B及参考资料查表得到下列数据：

参　数	N_2	H_2	参　数	N_2	H_2
ω	0.04	0	T_c/K	126.2	33
p_c/atm	33.5	12.8	C_p'/(cal · mol^{-1} · K^{-1})	$6.66+1.20\times10^{-3}T$	$6.947-0.1999\times10^{-3}T$

混合气的虚拟临界参数为

$$T_{cM}=0.75\times(33.3+8)+0.25\times126.2=62.5\text{K}$$

$$p_{cM}=0.75\times(12.8+8)+0.25\times33.5=23.97\text{atm}=2432.1\text{kPa}$$

以及

$$C'_{pM}=\sum y_iC_{pi}=0.75\times(6.947-0.1999\times10^{-3}T)+0.25\times(6.66+1.02\times10^{-3}T)$$
$$=6.87+0.104\times10^{-3}T$$

$$\omega_M=\sum y_i\omega_i=0+0.25\times0.04=0.01$$

由于 ω_M 很小,因此以下计算可以用两参数计算法。

由于压缩机各级的出口压力及温度未知,先用理想气体定律所算得的各级出口压力作为计算的基础。

在压缩机的应用规程中说明,第三级的排出温度不能超过 144℃,这是检验排气温度的依据。既然是可逆绝热过程,可用熵平衡的方法计算各级的出口温度。现在计算第三级的出口温度。

将式(3-84)用于混合气体:

$$(\Delta S_{1-2})_M=\frac{(\Delta H_{1-a})_M}{T_1}+\frac{(\Delta H_{b-2})_M}{T_2}+\int_{T_1}^{T_2}\frac{C'_p}{T}\mathrm{d}T-R\ln\frac{f_2}{f_1}$$

为此要计算压力对焓的影响和逸度。根据第 3 章所学的原理,用普遍化焓差和逸度系数的方法计算:

$$(p_r)_{\text{Ⅲ进}}=\frac{116}{24.8}=4.67$$

$$(T_r)_{\text{Ⅲ进}}=\frac{311}{62.5}=4.98$$

$$(p_r)_{\text{Ⅲ出}}=\frac{321}{24.8}=12.9$$

设 $(T)_{\text{Ⅲ出}}=140℃=413\text{K}$,则 $(T_r)_{\text{Ⅲ出}}=\frac{413}{62.5}=6.61$。

由普遍化焓差图和普遍化逸度系数图查得

$$\frac{(H'_a-H_1)_M}{T_c}=-0.1,\quad \frac{(H'_b-H_2)_M}{T_c}=-0.3$$

$$\left(\frac{f}{P}\right)_{\text{Ⅲ进}}=1.06,\quad \left(\frac{f}{P}\right)_{\text{Ⅲ出}}=1.22$$

所以

$$(\Delta S_{1-2})_M=\frac{-62.5\times0.1}{311}+\frac{62.5\times0.3}{413}-1.987\times2.3\lg\frac{1.22\times321}{1.06\times116}$$
$$+6.87\times2.3\lg\frac{413}{311}+0.104\times10^{-3}\times(413-311)$$
$$=-0.31\text{cal}\cdot\text{mol}^{-1}\cdot\text{K}^{-1}$$

再设 $(T)_{\text{Ⅲ出}}=150℃$,同样计算得 $(\Delta S_{1-2})_M=-0.10\text{cal}\cdot\text{mol}^{-1}\cdot\text{K}^{-1}$;

再设 $(T)_{\text{Ⅲ出}}=160℃$,同样计算得 $(\Delta S_{1-2})_M=0.01\text{cal}\cdot\text{mol}^{-1}\cdot\text{K}^{-1}$。

做 $(\Delta S_{1-2})_M$ 和 T 的图(图 4-9),$(\Delta S_{1-2})_M=0$ 时 $(T)_{\text{Ⅲ出}}=159℃$,这已大大超过规定的

140℃,说明不能取这样的压缩比,第三级压缩比要适当减小,取 $r_{Ⅲ}=2.5$ 则 $p_{Ⅲ进}=\frac{321}{2.5}=128.3\text{kg}\cdot\text{cm}^{-2}$,这样 $r_{Ⅰ}r_{Ⅱ}=\frac{321/15}{2.5}=8.55$,取 $r_{Ⅰ}=3.0$,则 $r_{Ⅱ}=2.85$,根据上述压缩比,各级压力如下:

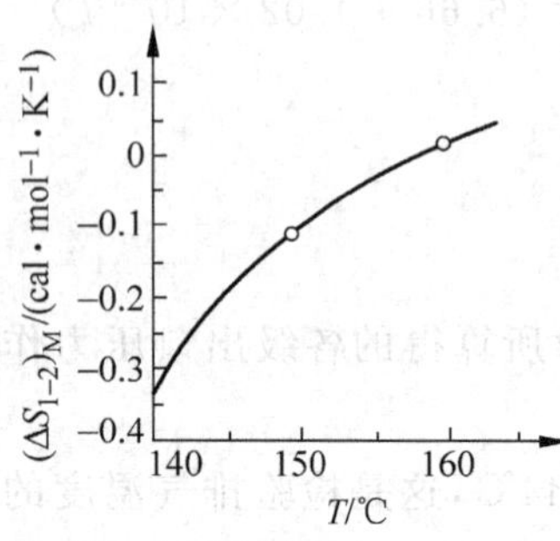

图 4-9 熵变-温度曲线

级数	进气压力/(kgf·cm^{-2}(kPa))	排出压力/(kgf·cm^{-2}(kPa))
Ⅰ	15(1471.0)	45(4413.0)
Ⅱ	45(4413.0)	128.3(12 581.9)
Ⅲ	128.3(12 581.9)	321(31 479.3)

各级进气及排气温度的计算仍用熵平衡法,为简便计,把试差的最后结果列出如下:

设 $(T)_{Ⅰ出}=153℃=426\text{K}$

$$(T_r)_{Ⅰ出}=\frac{426}{62.5}=6.81,\quad (p_r)_{Ⅰ出}=\frac{45}{24.8}=1.82$$

$$(T_r)_{Ⅰ进}=\frac{311}{62.5}=4.98,\quad (p_r)_{Ⅰ进}=\frac{15}{24.8}=0.6$$

查图 4-9 知

$$\frac{H'_a-H_1}{T_c}\approx 0,\quad \frac{H'_b-H_2}{T_c}\approx 0$$

$$\lg\left(\frac{f}{p}\right)_{Ⅰ进}\approx 1.0,\quad \lg\left(\frac{f}{p}\right)_{Ⅰ出}\approx 1.0$$

$$(\Delta S_{1-2})_M=-1.987\times 2.3\lg\frac{45}{15}+6.87\times 2.3\lg\frac{426}{311}$$
$$+0.104\times 10^{-3}(426-311)\approx 0$$

说明假设的一级出口温度是正确的。

设 $(T)_{Ⅱ出}=152℃=425\text{K}$

$$(T_r)_{Ⅱ出}=6.8$$
$$(T_r)_{Ⅱ进}=4.98$$
$$(p_r)_{Ⅱ出}=\frac{128.3}{24.8}=5.16$$
$$(p_r)_{Ⅱ进}=1.82$$

查图 4-9 知

$$\frac{(H'_a-H_1)_M}{T_c}\approx 0$$

$$\frac{(H'_b-H_2)_M}{T_c}=-0.1$$

$$\left(\frac{f}{p}\right)_{\text{Ⅱ进}}=1.02,\quad \left(\frac{f}{p}\right)_{\text{Ⅱ出}}=1.08$$

$$(\Delta S_{1-2})_{\mathrm{M}}=0+\frac{62.5\times 0.1}{425}-1.987\times 2.3\lg\frac{1.08\times 128.3}{1.02\times 45}$$

$$+6.87\times 2.3\lg\frac{425}{311}+0.104\times 10^{-3}(425-311)\approx 0$$

说明假设的二级出口温度是正确的。

设$(T)_{\text{Ⅲ出}}=140℃=413\mathrm{K}$

$$(T_{\mathrm{r}})_{\text{Ⅲ出}}=6.61,\quad (p_{\mathrm{r}})_{\text{Ⅲ出}}=\frac{321}{24.8}=12.9$$

$$(T_{\mathrm{r}})_{\text{Ⅲ进}}=4.98,\quad (p_{\mathrm{r}})_{\text{Ⅲ进}}=5.16$$

查图 4-9 知

$$\frac{(H'_{\mathrm{a}}-H_1)_{\mathrm{M}}}{T_{\mathrm{c}}}=-0.1,\quad \frac{(H'_{\mathrm{b}}-H_2)_{\mathrm{M}}}{T_{\mathrm{c}}}=-0.40$$

$$\left(\frac{f}{p}\right)_{\text{Ⅲ出}}=1.27,\quad \left(\frac{f}{p}\right)_{\text{Ⅲ进}}=1.14$$

$$(\Delta S_{1-2})_{\mathrm{M}}=\frac{0.25\times 0.1}{311}+\frac{62.5\times 0.4}{413}-1.987\times 2.3\lg\frac{321\times 1.27}{128.3\times 1.14}$$

$$+6.87\times 2.3\lg\frac{413}{311}+0.104\times 10^{-3}(413-311)=0$$

说明假设的第三级出口温度也是正确的。

忽略压缩机的位能差和动能差，则所加的轴功可由式(1-36)计算，而焓差 ΔH 则可由式(1-8)计算，因此，第一级的压缩功为

$$W_{\mathrm{F}\,\mathrm{I}}=(-\Delta H_{1-2})_{\mathrm{I}}=-[(\Delta H_{1-\mathrm{a}})_{\mathrm{I}}+(\Delta H_{\mathrm{a-b}})_{\mathrm{I}}+(\Delta H_{\mathrm{b}-2})_{\mathrm{I}}]$$

$$=-\left[0+6.87(426-311)+\frac{0.104\times 10^{-3}}{2}(426^2-311^2)+0\right]$$

$$=-794\mathrm{cal}\cdot\mathrm{mol}^{-1}=-3324.5\mathrm{J}\cdot\mathrm{mol}^{-1}$$

同样

$$W_{\mathrm{F}\,\text{Ⅱ}}=-\Delta H_{\text{Ⅱ}}=-\left[6.25\times 0.1+6.87(425-311)+\frac{0.104\times 10^{-3}}{2}(425^2-311^2)\right]$$

$$=-794\mathrm{cal}\cdot\mathrm{mol}^{-1}=-3324.5\mathrm{J}\cdot\mathrm{mol}^{-1}$$

$$W_{\mathrm{F}\,\text{Ⅲ}}=-\Delta H_{\text{Ⅲ}}=-\left[-62.5\times 0.1+62.5\times 0.4+6.87\times(413-311)+\frac{0.104\times 10^{-3}}{2}(413^2-311^2)\right]$$

$$=-726\mathrm{cal}\cdot\mathrm{mol}^{-1}=3039.8\mathrm{J}\cdot\mathrm{mol}^{-1}$$

$3D_{22}$(Ⅱ)-14.5/320 型氮、氢气压缩机的一级进气压力为 $15\mathrm{kgf}\cdot\mathrm{cm}^{-2}$(1471.0kPa)，一级吸气体积为 $14.5\mathrm{m}^3\cdot\mathrm{min}^{-1}$，从第一级的计算可知，在这样的压力下，氢、氮混合气近似于理想气体，所以总的物质的量为

$$n=\frac{pV}{RT}=\frac{\frac{15}{1.033}\times 14.5\times 10^3}{0.082\,06\times 311}=8220\mathrm{mol}\cdot\mathrm{min}^{-1}$$

$$\begin{aligned}N_1&=[(W_F)_{\mathrm{I}}+(W_F)_{\mathrm{II}}+(W_F)_{\mathrm{III}}]_n\\&=-8220(794+794+726)\\&=-1.91\times 10^4\mathrm{kcal}\cdot\mathrm{min}^{-1}\\&=-1.91\times 10^4\times 60\times 1.163\times 10^{-3}\\&=-1340\mathrm{kW}\end{aligned}$$

同样可以计算轴功率为$-\frac{1340}{0.9}\times\frac{1}{0.90}=-1620\mathrm{kW}$,这和设计的轴功率值 1669kW 只差 49kW。

选用电动机的功率应稍大一些,即$\frac{1620}{0.96}=1690\mathrm{kW}$。

现将上面所得的计算结果和该压缩机的设计工况下各级压力及温度的控制指标,示于表 4-1。

该厂的实践经验表明,这台卧式三列对称平衡式往复压缩机系用 1800kW,18 级同步电动机带动,这和用真实混合气的热力学计算功率相当吻合。表 4-1 的结果也充分说明,用真实混合气的处理方法要比用理想气体更为接近实际。

表 4-1 $3D_{22}$(Ⅱ)-14.5/320 型氮、氢气压缩机的热力学计算结果和设计工况下压力和温度之比较

级数	进气压力/(kgf·cm⁻²(kPa))	排出压力/(kgf·cm⁻²(kPa))	排出温度/℃	热力学计算结果 按理想气体 进气压力/(kgf·cm⁻²(kPa))	按理想气体 排出压力/(kgf·cm⁻²(kPa))	按理想气体 排出温度/℃	按真实气体 进气压力/(kgf·cm⁻²(kPa))	按真实气体 排出压力/(kgf·cm⁻²(kPa))	按真实气体 排出温度/℃
Ⅰ	15 (1471.0)	44.9 (4403.2)	154	15 (1471.0)	41.6 (4079.6)	143	15 (1471.0)	45 (4413.0)	153
Ⅱ	44.9 (4403.2)	128.7 (12 621.8)	149	41.6 (4079.6)	116 (11 376.3)	143	45 (4413.0)	128.3 (12 582.0)	152
Ⅲ	128.7 (12 621.1)	321 (31 479.3)	136	116 (11 375.7)	321 (31 479.3)	143	128.3 (12 582.0)	321 (31 479.3)	140

4.1.5 压缩机的冷却

从图 4-2 中直接可以看出,多方压缩所需的功要比绝热过程来的小,这表明气体压缩时,移去热量是有利的。

为了实现一给定的多方压缩过程,必须从压缩机气缸内的气体中移去热量,该热量可由下式计算:

$$Q_n=C\Delta T$$

将式(1-47)代入上式可得

$$Q_n = C_V \frac{m-k}{m-1}(T_2 - T_1) \tag{4-21}$$

除上述这种对气缸的冷却以外，在多级压缩机中因采用级间冷却，移去热量，使气体温度降到最初的入口温度，或尽可能降到接近入口的温度。冷却是在恒压下进行的，其压力基本上与前一排气压力相同，移去的热量可按下式计算：

$$Q = \int_{T_0}^{T_1} C_p \mathrm{d}T \tag{4-22}$$

如果气体入口和出口温度相差不大，近似地可用平均热容计算：

$$Q = C_{pm}(T_i - T_0) \tag{4-23}$$

式中，C_{pm} 为 T_i 到 T_0 范围内的真正平均热容；T_i 为某级入口温度；T_0 为某级出口温度。

在多级压缩机的后面几级，当压力很高时，必须考虑真实气体的 C_p 是压力的函数，即要计及压力对 C_p 值的影响。

图 4-10 是三级压缩机中气体多方压缩过程的 T-S 图。线 1—2，2′—3，3′—4 表示在第一、第二和第三级压缩机中气体的多方压缩过程。2—2′和 3—3′表示在中间冷却器中压缩气体的等压冷却过程。图 4-10 中面积 a12ba 表示气体在多方压缩中移去的热量，而面积 b22′cb 表示当压缩气体通过中间冷却器时所移去的热量。

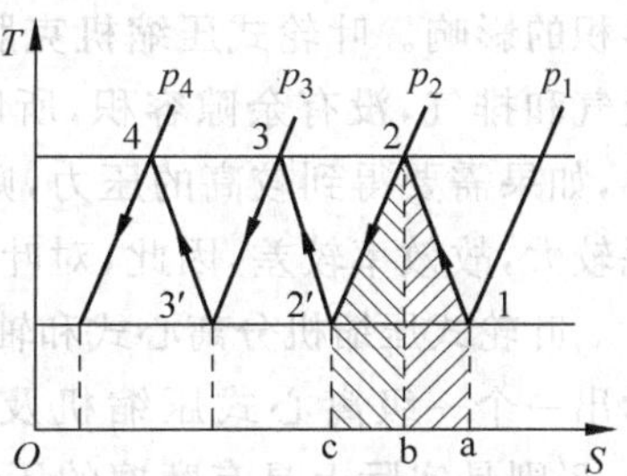

图 4-10　三级压缩机中气体的多变压缩过程的 T-S 图

例 4-3　上例中 $3D_{22}$(Ⅱ)-14.5/320 型往复式压缩机系可逆绝热操作，但有中间冷却器用冷水冷却。如果冷却水的温度为 5℃，试问：(1)按理想气体和(2)按真实混合气体处理，每小时需用冷却水多少吨？

解　该压缩机系绝热操作，所以在气缸中气体无热量交换，主要是冷却水用于第一级与第二级间和第二级与第三级间的中间冷却器中。

(1) 从例 4-2 的解中知道，如按理想气体计算，第一级与第二级的排出温度均为 143℃，因此

$$\begin{aligned} Q &= \int_{416}^{311} C_p \mathrm{d}T = \int_{416}^{311} (6.87 + 0.104 \times 10^{-3} T)\mathrm{d}T \\ &= -\left[6.87 \times (416 - 311) + \frac{0.104 \times 10^{-3}}{2}(416^2 - 311^2)\right] \\ &= -[721 + 4] = -725\mathrm{cal \cdot mol^{-1}} = 3023\mathrm{J \cdot mol^{-1}} \end{aligned}$$

其中负号表示热量从体系中移去。

$$\begin{aligned} \text{总的热量} &= -725 \times 8220 \times 60 \times 2 = -7.15 \times 10^5 \mathrm{kcal \cdot h^{-1}} \\ &= 3 \times 10^6 \mathrm{kJ \cdot h^{-1}} \end{aligned}$$

设水的比热容为 1kcal·kg⁻¹·℃⁻¹，则

$$\text{所需冷却水量} = \frac{715\,000}{1 \times 5} = 143\mathrm{t \cdot h^{-1}}$$

(2) 如果按真实混合气处理，不计及动能差和位能差的影响，则

$$Q = \Delta H$$

在例 4-2 中,对 ΔH 已进行过计算,但必须注意符号,在气缸中加入轴功,则升压、升温,但中间冷却器内却是使排出气体冷却,由于各级的进口温度相同,所以从中间冷却器中必须移去的热量在数值上与例 4-2 中的 ΔH 相同,符号则相反。

$$Q = -(794 + 794)\text{cal} \cdot \text{mol}^{-1} = -1588\text{cal} \cdot \text{mol}^{-1} = 6622\text{J} \cdot \text{mol}^{-1}$$

$$\text{总的热量} = -1588 \times 8220 \times 60 = -7.86 \times 10^5 \text{kcal} \cdot \text{h}^{-1} = 6.28\text{kJ} \cdot \text{h}^{-1}$$

$$\text{所需冷却水量} = \frac{786\ 000}{1 \times 5} = 157\text{t} \cdot \text{h}^{-1}$$

该机的冷却水消耗量设计值为 $153\text{t} \cdot \text{h}^{-1}$。由此可见,上述计算法是可行的,数据基本符合。

4.1.6 叶轮式压缩机

往复式压缩机的最大缺点是排量不大,其原因是转速不高,间歇吸气与排气以及有余隙容积的影响。叶轮式压缩机克服了这些缺点,它的转速比活塞式的高几十倍,能继续不断地吸气和排气,没有余隙容积,所以它的机体不大而排量较大;但它也有缺点,每级的增压比小,如果需要得到较高的压力,则需要很多的级数。其次,因气体流速很大,各部分的摩擦损耗较大,故效率较差,因此,对叶轮式压缩机的设计和制造的技术水平要求甚高。

叶轮式压缩机分离心式和轴流式两种类型,其中最常见的是高速离心式压缩机。图 4-11 示出一个一级离心式压缩机及其 T-S 图。图 4-11(b)上 1—2 是理想可逆的绝热压缩,1—2′则是实际上具有摩擦的压缩线,这种具有摩擦的绝热压缩,消耗的功 W'_p 仍等于终态焓值与初态焓值之差:

$$W'_p = H'_2 - H_1 \tag{4-24}$$

对于理想气体,这部分功可用图 4-11(b)中面积 2′3462′来表示,可见有摩擦时的压缩功较大,其差额为面积 62′256=面积 2′3462′－面积 23452。压缩所花费的功之所以增加有两种原因:第一个是有摩擦存在,必须额外消耗摩擦功;第二个是气体吸收摩擦所产生的热量而体积增加,所以压缩又需要一份额外的功。

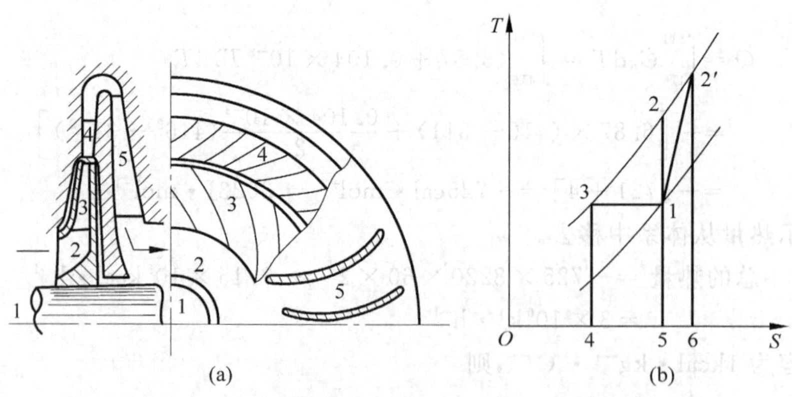

图 4-11 离心式压缩机的一个级(a)及其 T-S 图(b)

1—转轴;2—进气口;3—叶轮;4—扩压管;5—导向管

在叶轮式压缩机中，机械能转变为高压势能是分两步进行的：第一步在叶轮中把机械能转变为工质的动能，第二步把工质的动能经过扩压管转变为势能，因为要经过动能这一阶段，工质在这一阶段的速度相当高，就会增加工质内部的损耗。内部损耗的大小，可以用压缩机的内部相对效率 η_{0i} 来表示，内部相对效率是指理想无内部损耗时压缩机所消耗的功 W_{KS} 与实际所消耗的内部功 W_K 的比值：

$$\eta_{0i} = \frac{W_{KS}}{W_K} \tag{4-25}$$

由此，对任何一种气体，

$$\eta_{0i} = \frac{H_2 - H_1}{H_{2'} - H_1} \tag{4-26}$$

如果是理想气体，当 C_p = 常数，则

$$\eta_{0i} = \frac{t_2 - t_1}{t_{2'} - t_1} \tag{4-27}$$

知道了 η_{0i} 就可以求出有摩擦时 H-S 图及 T-S 图上蒸汽(气体)的终了状态点。按式(4-26)，对任何一种气体，

$$H_{2'} = H_1 + \frac{H_2 - H_1}{\eta_{0i}}$$

根据此 $H_{2'}$ 值及已知 p_2，在 H-S 图上可以找到 $t_{2'}$。

对于理想气体，根据式(4-27)得

$$t_{2'} = t_1 + \frac{t_2 - t_1}{\eta_{0i}}$$

在叶轮式压缩机中是否能像往复式那样采用一些方法使压缩过程更接近等温过程呢？由于转速太快，采用夹层冷却有困难，但多级压缩及中间冷却的方法是常常采用的。这里需指出，此处多级压缩的级数常不等于中间冷却的次数，前者多，后者少，即要压缩好几次才有一次中间冷却。

例 4-4 设有一台轴流式压缩机以绝热压缩方式进行工作，排出压缩空气量 $V_2 = 400\text{m}^3 \cdot \text{h}^{-1}$，压缩机吸入空气的初始参数为：$p_1 = 1\text{atm}(98.1\text{kPa})$，$t_1 = 17℃$，$\eta_{0i} = 0.85$，$p_2 = 4\text{atm}(392.3\text{kPa})$，试求压缩终了时空气的温度及压缩机每小时所消耗的能量。

解 可逆压缩时，压缩空气的终温为

$$T_2 = T_1\left(\frac{p_2}{p_1}\right)^{\frac{k-1}{k}} = 290 \times 4^{0.286} = 430\text{K}$$

由于实际的压缩过程是不可逆过程，因此其终温为

$$T_{2'} = T_1 + \frac{T_2 - T_1}{\eta_{0i}} = 290 + \frac{430 - 290}{0.85} = 455\text{K}$$

压缩机实际所消耗的内部功为

$$\begin{aligned} W_i &= G(H_{2'} - H_1) = \frac{p_2 V_2}{RT_2} C_p (T_{2'} - T_1) \\ &= \frac{4 \times 10^4 \times 400}{29.27 \times 455} \times \frac{7}{28.9}(455 - 290) \\ &= 48\,000\text{kcal} \cdot \text{h}^{-1} = 55.8\text{kW} \end{aligned}$$

4.2 喷管和扩压管的热力学分析

喷管和扩压管在工程上有着较广泛的应用,例如在汽轮机、燃气轮机中,工质先通过喷管,使之膨胀,压力降低、速度增大,然后就在高速下向安装在叶轮上的工作叶片喷射,使叶轮高速转动,产生动力。在喷气推进机及火箭发动机中,也是利用具有一定压力的高温气体经过尾部喷管,使之产生高速气流,然后利用气流向后喷射的反作用力作为飞行器的推动力。其他如回转式压缩机、喷射器等也都应用扩压管、喷管作为其工作部件。现在我们对喷管和扩压管的工作过程分析如下。

4.2.1 喷管

首先是关于喷管出口的气速计算。应用1.1.3节中式(1-7),可导得喷管出口气速 u_2 的公式为

$$u_2 = 91.5\sqrt{(H_1 - H_2) + \frac{u_1^2}{2g}}\,(\mathrm{m \cdot s^{-1}}) \tag{4-28}$$

当进口气速 u_1 相对较小可以忽略不计时,

$$u_2 = 91.5\sqrt{H_1 - H_2}\,(\mathrm{m \cdot s^{-1}}) \tag{4-29}$$

当工质为水蒸汽时,由于焓值 H 可查热力学图(如Mollier图),式(4-28)或式(4-29)就可以很方便地直接用来计算蒸汽的出口流速;如果工质为理想气体,则可应用下列方程式

$$\frac{u_2^2 - u_1^2}{2g} = \frac{k}{k-1}p_1V_1\left[1 - \left(\frac{p_2}{p_1}\right)^{\frac{k-1}{k}}\right] \tag{4-30}$$

当初始气速 u_1 忽略不计时,则

$$u_2 = \sqrt{2g\frac{k}{k-1}p_1V_1\left[1 - \left(\frac{p_2}{p_1}\right)^{\frac{k-1}{k}}\right]} \tag{4-31}$$

式中,p_1,V_1 是气体入口状态的压力和比容,其单位分别为 $\mathrm{kg \cdot m^{-2}}$,$\mathrm{m^3 \cdot kg^{-1}}$。

设任意喷管截面上压力为 p,速度为 u,则

$$u = \sqrt{2g\frac{k}{k-1}p_1V_1\left[1 - \left(\frac{p}{p_1}\right)^{\frac{k-1}{k}}\right]} \tag{4-32}$$

下面讨论喷管的基本形式。根据稳定流动的特点,通过喷管任意截面(面积为 F)的气体流量 G 都应该相同:

$$G = \frac{uF}{V} = 常量 = \frac{u_1F_1}{V_1} \tag{4-33}$$

由此可见,沿气流方向,压力降到 p 时,$V = V_1\left(\frac{p_1}{p}\right)^{\frac{1}{k}}$(见式(1-24)),流速也有一定值,所以对应于给定的 G,就有一定的截面积。计算表明,随着气体压力沿途降低,气体的比容和流速都增加,但是相对于流速的增加,开始时比容增加得较慢,后来反而增加得更快,所以喷管的纵剖面可以有两种基本形状,即“渐缩式”和“缩扩式”(又叫“拉伐尔”式),如图4-12所示。渐缩喷管的出口流速最大只能达到声波在该出口状态的介质中的传播速度——音

速,要想获得超音速,必须采用缩扩喷管。缩扩喷管的收缩和扩张部分的连接处就构成了整个喷管的最小截面,即所谓"喉部",相应于该截面的压力和流速分别叫做临界压力和临界速度。

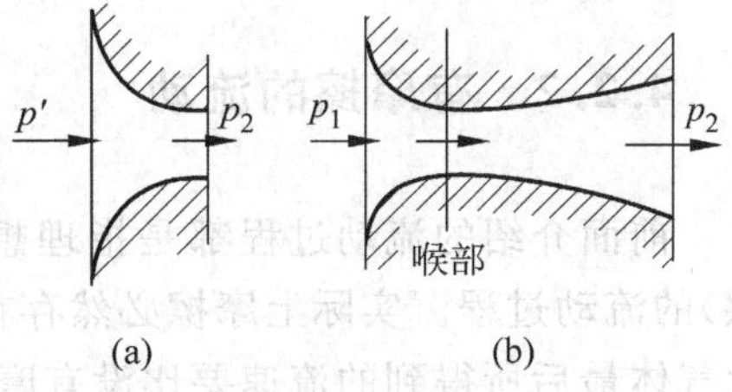

图 4-12 喷管的两种基本形式

(a) 渐缩喷管;(b) 缩扩喷管

上述结论在工程热力学中可以严格地给予证明。大致思路如下:对于可逆的绝热膨胀,根据式(1-24),即 $pV^k=$常数$=p_1V_1^k$,两边微分,可以得到两紧邻状态之间压力与比容的相对变化关系为:

$$V^k\mathrm{d}p+kpV^{k-1}\mathrm{d}V=0$$

或

$$\frac{\mathrm{d}V}{V}=-\frac{1}{kp}\mathrm{d}p \tag{a}$$

喷管是不做轴功的机件,$W_F=0$,而且位能差可以忽略不计 $\Delta E_p=0$,对于可逆流动过程,由方程式(1-10)得

$$-\int_{p_1}^{p_2}V\mathrm{d}p=\frac{u_2^2-u_1^2}{2g}$$

可见,在没有摩擦和散热损失的理想喷管里,工质的做功本领是储存于工质本身中的喷射动能,或微小的膨胀将导致相应的动能增加:

$$-V\mathrm{d}p=\frac{u}{g}\mathrm{d}u \quad 或 \quad \frac{\mathrm{d}u}{u}=-\frac{gV}{u^2}\mathrm{d}p \tag{b}$$

由式(4-33),既然 G 不随截面而异,所以

$$\frac{\mathrm{d}F}{F}+\frac{\mathrm{d}u}{u}-\frac{\mathrm{d}V}{V}=0$$

或将式(a),式(b)代入后,可得

$$\frac{\mathrm{d}F}{F}=\frac{kgpV-u^2}{u^2kp}\mathrm{d}p$$

又从普通物理学已知音速为

$$a=\sqrt{kgpV} \tag{c}$$

于是

$$\frac{\mathrm{d}F}{F}=\frac{a^2-u^2}{u^2}\cdot\frac{1}{kp}\mathrm{d}p \tag{4-34}$$

应该注意,沿途的气体状态在改变,音速也不是常量,而且 $a=\sqrt{kgRT}$,由于气体绝热膨胀时温度下降,音速必将沿途减小。凡 $u<a$ 的,称之亚音速区;$u>a$ 时,则为超音速区。对于喷管,顺着流动方向,$\mathrm{d}p<0$,所以亚音速区的 $\mathrm{d}F<0$,超音速区的 $\mathrm{d}F>0$;当 $\mathrm{d}F=0$,$u=a$,这就是说,从很小的进口流速 u_1 开始,喷管应先收缩,然后扩张,才能得到超音速,在喉部处的流速恰为音速。

渐缩和缩扩两种喷管的选择,决定于工质在喷管内的压力降,即决定于喷管出口与进口的压力比 $p_2/p_1=\beta$。如果这个比值大于临界值 β_k,应采用渐缩喷管;若小于 β_k,则应采用缩扩喷管。β_k 的数值与工质性质有关,理论上,对于双原子气体,取 $k=1.4$ 时,$\beta_k=0.528$;对于三原子和多原子气体,当取 $k=1.3$ 时,$\beta_k=0.546$。

4.2.2 有摩擦的流动

前面介绍的流动过程都是指理想的情况，即没有摩擦(指气体与管壁及气体内部的摩擦)的流动过程。实际上摩擦必然存在，为了克服这些摩擦阻力，气体要消耗一部分动能，因此气体最后所得到的流速要比没有摩擦时为小，这一部分动能的消耗转变成热能仍为气体本身所吸收。虽然气体对外界没有热交换(绝热过程)，但是因有摩擦存在，过程为不可逆，因此熵是增加的，也就是说，用来克服阻力的一部分动能变成热能，被气体所吸收后，使得气流终态的焓比没有摩擦时增大了。对于上述过程中有关各个量之变化，现用符号表示如下：

$$u_{实} < u_{理};\quad H_{实} > H_{理};\quad T_{实} > T_{理}$$

究竟具体有多大的改变，要视具体情况而定，工程上常用速度系数 φ 来说明：

$$\varphi = \frac{u_{实}}{u_{理}} \tag{4-35}$$

φ 为一经验数字，依喷管的形式、材料及加工精度等而定，一般为 0.92～0.98。渐缩喷管的系数较大，缩扩喷管则较小(因超音速气流的摩擦损耗较大)。工程计算中常按理想情况先求得 $u_{理}$，再根据经验估计 φ 而求得 $u_{实}$：

$$u_{实} = \varphi u_{理} = \varphi(91.5\sqrt{H_1 - H_2}) \tag{4-36}$$

另外，也可以用喷管效率 η 作为衡量实际喷管效果的指标：

$$\eta = \frac{\text{喷管出口处的实际动能}}{\text{喷管出口处的理想动能}} = \frac{u_{实}^2/2g}{u_{理}^2/2g} = \varphi^2 \tag{4-37}$$

η 值为 0.85～0.95。

例 4-5 已知燃气进入喷管时的状态为 $p_1=6\text{atm}(608\text{kPa})$，$t_1=350℃$，出口处的压力为 $p_2=4\text{atm}(405\text{kPa})$ 如果喷管效率为 90%，燃气的性质可视为接近于空气，即 $k=1.4$ 和 $c_p=0.24\text{kcal}\cdot\text{kg}^{-1}\cdot\text{K}^{-1}$，试求喷管出口的燃气流速和温度。

解 在理想情况下

$$T_2 = T_1\left(\frac{p_2}{p_1}\right)^{\frac{k-1}{k}} = (350+273)\times\left(\frac{4}{6}\right)^{\frac{1.4-1}{1.4}} = 555\text{K}$$

如果 u_1 可被忽略不计，根据式(4-29)得

$$u_2 = 91.5\sqrt{H_1 - H_2} = 91.5\sqrt{c_p(T_1 - T_2)}$$

$$= 91.5\sqrt{0.24\times(623-555)} = 369\text{m}\cdot\text{s}^{-1}$$

令 $\eta_c=\varphi^2=0.9$，$\varphi=0.947$，故实际出口流速为

$$u_{2实} = \phi u_2 = 0.947\times 369 = 350\text{m}\cdot\text{s}^{-1}$$

以此代回式(4-29)，则

$$0.24(T_1 - T_{2实}) = \left(\frac{u_{2实}}{91.5}\right)^2 = 14.65$$

所以

$$T_{2实} = 562\text{K} \quad 或 \quad t_{2实} = 289℃$$

4.2.3 扩压管

上面的分析说明了在绝热流动过程中,气体动能的增加是由于工质的焓降所造成,即降低了工质的压力。在喷管中工质工况变化的特点是 $du>0$,$dp<0$,但是,如果使过程倒过来进行,使其动能减少,必然使得工质的焓增加,压力也增加。在工程中,这种用减低速度增加压力的通道称为扩压管(也叫扩散管),气体参数的改变和在喷管中正好相反,即 $du<0$,$dp>0$。根据式(4-34),若进口流速低于音速,扩压管应该是渐扩式的;若进口流速高于音速,又希望其他出口流速尽量小,扩压管应该作成渐缩渐扩式的。由此可知,喷管有两种形式,即渐缩式和渐缩渐扩式。相应地,扩压管也有两种形式,因此,实际上只要把喷管倒过来使用即变成扩压管。

4.3 喷 射 器

喷射器的操作原理是一种流体(称为驱动流体或引射流体)的压力能在喷管中变成速度能,高速喷出的流体抽吸第二种流体(称为被引射流体)。两种流体的混合物以一定速度进入扩压管,速度能又变成压力能,因此,喷射器排出的混合物的压力,实质上是高于吸入室中的压力,所以喷射器是一种有效的真空发生装置。由于该设备内没有活动部件,处理量又相当大,在化学工业中得到较广泛的应用,用在真空蒸馏、蒸发和冷冻过程以创造和维持真空条件,在空气调节中以此来循环二次空气等。此外,在蒸汽动力厂中,汽轮机乏汽的冷凝器也是应用喷射器作为抽气设备以维持其真空状态,小型锅炉也用它作为给水设备。在以上的应用中,第一种流体是蒸汽或气体,在工业中常用的是水蒸汽和空气。当然,第一种流体也可以是液体,通常用的是水。当工业冷却水使用深井水时,也可用这样的喷射泵来吸取。实验室中的真空吸滤,也常使用水的喷射泵来创造及维持真空条件。特别对某些高温和腐蚀性液体的处理和输送也有采用喷射泵来完成的。

喷射器有一级,也有多级,视需要也可组合使用。为了便于分析,现以单级喷射器为例进行讨论。

一个喷射器包括下列四个主要部分:

(1) 高压喷管,用于加速驱动流体;

(2) 略有收缩的第二种流体的进口截面,使被驱动流体在抽吸前加速;

(3) 混合段,驱动流体和被引射流体在此相混合,使前者减速后者加速;

(4) 扩压管,使混合流体减速提高压力。

现对一文氏管型的单级喷射器的总的工作性能进行热力学分析。

如果驱动流体和被引射流体属于同样的流体,假设被引射流体的进口混合段间没有压降,这样的喷射器如图 4-13 所示。在分析过程中,以上角标“′”表示驱动流体,“″”表示被引射流体。

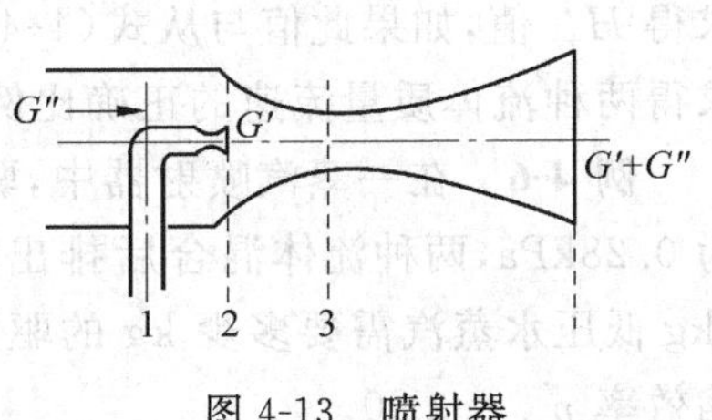

图 4-13 喷射器

$G'(\text{kg}\cdot\text{s}^{-1})$的高压流体以 p'_1(kPa)通过喷管膨胀,而以 p'_{23}(kPa)进入混合截面。运用稳定流动的热力学第一定律,在可逆绝热条件下喷射出口与进口间动能之差等于驱动流体在状态 1 与 2 之间的焓差。但在实际喷管中,由于存在不可逆的因素,不能使全部的焓差变为动能的增加,设喷管效率为 η'_{12},则

$$\text{膨胀过程中机械能的损失} = (1-\eta'_{12})(H'_1 - H'_2)_s \tag{4-38}$$

式中,下角标"s"代表可逆绝热过程。

被引射的流体在 2 处的压力为 p''_2,因为假设被引射流体在进口处和混合段间没有压降,所以 $p''_2 = p'_{23}$;被引射流体的质量流速为 $G''(\text{kg}\cdot\text{s}^{-1})$,一种流体与另一种流体相碰撞时也有能量损失,从而又要耗费驱动流体的动能,设在混合过程中能量转换的效率为 η'_{23},因此

$$\text{混合过程中机械能的损失} = (1-\eta'_{23})(H'_1 - H'_2)_s \tag{4-39}$$

总的机械能损失应为膨胀过程和混合过程中两者损失的总和:

$$\text{总机械能损失} = (2-\eta'_{12}-\eta'_{23})(H'_1 - H'_2)_s \tag{4-40}$$

在截面 3 处混合流体中,膨胀后的驱动流体的真正焓值为

$$H'_3 = (H'_2)_s + (2-\eta'_{12}-\eta'_{23})(H'_1 - H'_2)_s \tag{4-41}$$

通过扩压管的混合流体的质量流速为 $G=G'+G''$,离开扩压管的压力为 p_4,在扩压管内速度动能转变为压力能,如果压缩效率为 η'_{34},这样

$$\eta'_{34} = \frac{(H_4 - H_3)_s}{H_4^* - H_3} = \frac{u_3^2 - u_4^2}{2g(H_4^* - H_3)} \tag{4-42}$$

此处 H_4^* 是流出流体的真正焓,H_3 是混合流体在截面 3 处的焓值。

如果不计及流出流体的动能,在扩压管中混合流体的焓的增加等于驱动流体在喷管和混合段内焓的损失,因此

$$(G'+G'')(H_4^* - H_3) = G'(H'_1 - H'_3)$$

或

$$\frac{G'+G''}{G'} = \frac{H'_1 - H'_2}{H_4^* - H_3} \tag{4-43}$$

从上式就可以计算 1kg 高压流体可以压缩低压流体的量。

如果忽略进口和出口的动能,对整个喷射器进行能量平衡,可得

$$G''H'_1 + G''H''_1 = (G'+G'')H_4^* \tag{4-44}$$

当一个喷射器在特定的 p'_1,p''_{23} 和 p_4 的压力下操作,通过式(4-42)和式(4-44),可用图解法求得质量流速的比例。先假设一系列的 H_3,并从式(4-42)计算出 H_4^*,再从式(4-43)计算$(G'+G'')/G'$,由式(4-42)重新计算 H_4^*,通过试差法或图解法从假设的 H_3 由式(4-42)求得 H_4^* 值,如果此值与从式(4-44)求得的 H_4^* 值相符合,则将 H_4^* 值代入式(4-43)即可求得两种流体质量流速的正确比例。

例 4-6 在一蒸汽喷射器中,驱动蒸汽为 785kPa 的饱和蒸汽,被引射流体的饱和蒸汽为 0.28kPa,两种流体混合后排出的压力为 101kPa,如果混合在等压下进行,试求每引射 1kg 低压水蒸汽需要多少 kg 的驱动蒸汽?设喷管效率 $\eta'_{12}=0.95$,混合效率 $\eta'_{23}=0.80$,压缩效率 $\eta'_{34}=0.90$。

解　从水蒸汽表查得

$$H_1'(p_1' \text{ 为 785kPa 时的饱和蒸汽的焓}) = 661\text{kcal}\cdot\text{kg}^{-1} = 2763\text{kJ}\cdot\text{kg}^{-1}$$

$$S_1'(p_1' \text{ 为 785kPa 时的饱和蒸汽的熵}) = 1.59\text{kcal}\cdot\text{kg}^{-1}\cdot\text{K}^{-1} = 6.65\text{kJ}\cdot\text{kg}^{-1}\cdot\text{K}^{-1}$$

$$(H_2')_s(\text{驱动蒸汽等熵膨胀到 0.28bar 时的焓}) = 536\text{kcal}\cdot\text{kg}^{-1} = 2240\text{kJ}\cdot\text{kg}^{-1}$$

参照图 4-14,根据式(4-41)

$$H_3' = 536 + (2 - 0.95 - 0.80)\times(661 - 536) = 567\text{kcal}\cdot\text{kg}^{-1} = 2370\text{kJ}\cdot\text{kg}^{-1}$$

$$\text{可用来压缩的机械能} = H_1' - H_3' = 661 - 567 = 94\text{kcal}\cdot\text{kg}^{-1} = 393\text{kJ}\cdot\text{kg}^{-1}$$

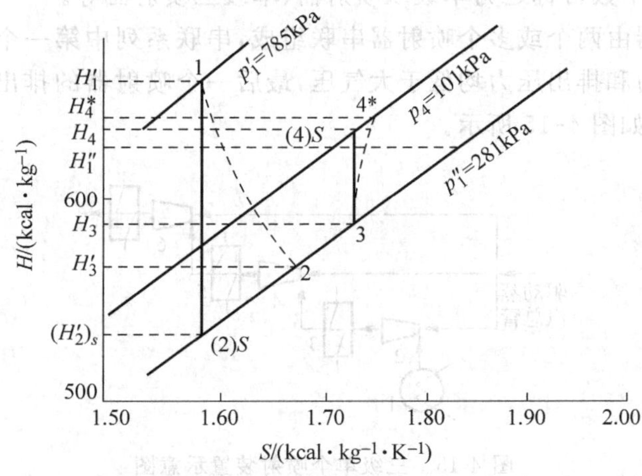

图 4-14　蒸汽喷射器的 H-S 图

先假设在 0.28bar 下混合物的焓 $H_3 = 587\text{kcal}\cdot\text{kg}^{-1} = 2454\text{kJ}\cdot\text{kg}^{-1}$,则等熵压缩到 1.03bar 时的混合物的焓 $H_4 = 635.2\text{kcal}\cdot\text{kg}^{-1} = 2655\text{kJ}\cdot\text{kg}^{-1}$,

$$H_4 - H_3 = 635.2 - 587 = 48.2\text{kcal}\cdot\text{kg}^{-1} = 201.5\text{kJ}\cdot\text{kg}^{-1}$$

应用式(4-42)

$$H_4^* - H_3 = \frac{(H_4 - H_3)_s}{\eta_{34}} = \frac{48.2}{0.90} = 53.6\text{kcal}\cdot\text{kg}^{-1} = 224\text{kJ}\cdot\text{kg}^{-1}$$

则

$$H_4^* = 587 + 53.6 = 640.6\text{kcal}\cdot\text{kg}^{-1} = 2678\text{kJ}\cdot\text{kg}^{-1}$$

从式(4-43)

$$\frac{G' + G''}{G'} = \frac{H_1' - H_3'}{H_4^* - H_3} = \frac{94}{53.6} = 1.75$$

$$\frac{G''}{G'} = 0.75$$

再从总的能量平衡来验证 H_3 的假设值是否正确。从查表或图得到在 0.28bar 时饱和

蒸汽的焓 $H_1''=625\text{kcal}\cdot\text{kg}^{-1}$,从式(4-44)得

$$1.0\times 661+0.75\times 625=1.75H_4^*$$

故

$$H_4^*=642\text{kcal}\cdot\text{kg}^{-1}=2684\text{kJ}\cdot\text{kg}^{-1}$$

与假设值之计算结果相近,说明假设的 H_3 是正确的,因此 1kg 高压驱动蒸汽可以引射 0.75kg 的低压蒸汽,换言之,每引射 1kg 低压水蒸汽需用 1.33kg 的驱动蒸汽。

在蒸汽、空气喷射器的设计中,有的已使其图表化,通常只要驱动流体的入口压力、吸入压力和排出压力已知,以及吸入气体流量给定后,即可进行喷射器的设计计算。

在工厂里为了排除大量的气体(或蒸汽)和建立较高的真空度,可以把多个喷射器并联和串联,前者称为单级多个喷射器,后者称为多级单个喷射器。

单级多个喷射器由两个或多个喷射器并联组成,每一个喷射器的设计吸入压力均低于大气压,排出压力等于或高于大气压。这种喷射装置中每一个喷射器称为元件,整个装置为单级,视所需喷射器个数可称之为单级双喷射器、单级三喷射器等。

多级单个射喷器由两个或多个喷射器串联组成,串联系列中第一个和中间任何一个喷射器的设计吸入压力和排出压力均低于大气压,最后一个喷射器的排出压力等于或高于大气压,其串联的方式如图 4-15 所示。

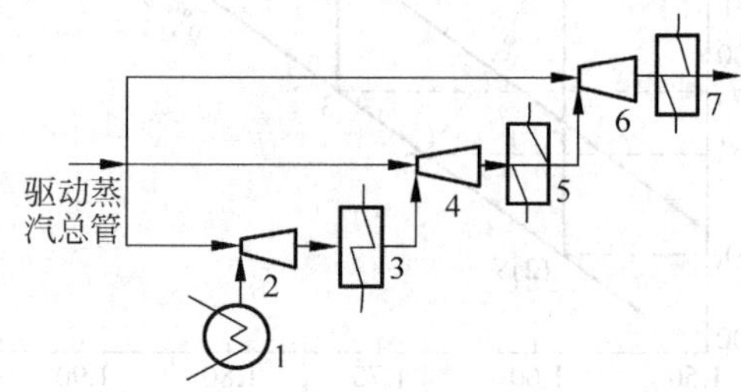

图 4-15 三级单个喷射装置示意图

1—需要建立的真空装置;2,4,6—分别为一、二、三级喷射器;3,5,7—分别为一、二、三级冷却器

习 题

4-1 甲烷在一单级压缩机中从 5℃,150kPa 压缩到 600kPa。倘若压缩机为可逆绝热操作,试计算处理 $3\text{m}^3\cdot\text{min}^{-1}$(在 20℃及 100kPa)甲烷时所需的功率,分别按如下方法计算:

(1) 作为理想气体处理;

(2) 应用甲烷的热力学图表。

4-2 丙烷从 100kPa 及 60℃压缩到 420kPa,试计算压缩 1kmol 丙烷所需的压缩功(设过程为可逆、绝热)。已知低压下比热容为 $C_p=(5.42+0.0414T)\text{kcal}\cdot\text{kmol}^{-1}\cdot\text{K}^{-1}$。

4-3 若纯氮的状态方程式在所要考察的区间内可用下式表示:

$$pV=RT+30.0p$$

其中 p,V,T 的单位分别是 kPa,$\text{cm}^3\cdot\text{mol}^{-1}$ 和 K。氮在 100kPa 下的 kmol 定压热容表示式为 $C_p=(6.66+1.02\times 10^{-3}T)\text{kcal}\cdot\text{kmol}^{-1}\cdot\text{K}^{-1}$。

现将 25℃及 100kPa 的氮压缩到 15 000kPa,如果压缩是可逆绝热过程,试计算:

(1) 最终温度；

(2) 最小的压缩功；

(3) 如果假设氮是理想气体，并已知 $k=1.394$，同样计算最终温度和最小压缩功。

4-4　用单缸双动活塞式压缩机来制备压力为 800kPa 的压缩空气，已知该压缩机的各项数据是：

气缸直径 $D=30$cm，活塞冲程 $S=20$cm，活塞杆直径 $d=6$cm，余隙容积是活塞排量的 5%，机轴转速 $n=300\text{r}\cdot\text{min}^{-1}$。

假定这种压缩机的绝热压气效率 $\eta_{ab}=0.78$，试选择一合适的电动机(提示：风机升压很小，空气通过风机前后比容可认为近似不变。"风压"指风机出口与入口压力差(p_2-p_1)，风机的效率仍指理论计算所需功率与实际所需功率之比)。

4-5　某厂用 N-50/200 二氧化碳压缩机压缩二氧化碳生产尿素，该机的主要参数如下：

压缩机转速$=125\text{r}\cdot\text{min}^{-1}$

压缩介质为 98%CO_2，其余为 N_2，H_2，CH_4，O_2

最初吸入压力$=103$kPa

轴功率$=880$kW

生产能力$=3000\text{m}^3\cdot\text{h}^{-1}$

电动机是 TDK1000-48(1000kW)

生产实践的数据如下：

段　数	一段		二段		三段		四段		五段	
	进	出	进	出	进	出	进	出	进	出
绝对压力/kPa	103	330	330	960	960	3020	2960	7000	7000	20 900
气体温度/℃	13	101	32	117	27	117	25	93	33	107

在上述工况下的实际生产能力(通过标定)为 $3950\text{m}^3\cdot\text{h}^{-1}$(标准状态下)，主机电流为 85A，功率因子为 1.0。现要求按上述工况复算轴功率和相应的进出口温度。建议采用下列方法计算，并进行比较。

(1) 按理想气体定律；

(2) 用二氧化碳的热力学图表；

(3) 采用普遍化热力性质。

4-6　轴流式压缩机做绝热压缩，吸气量为 $V_1=500\text{m}^3\cdot\text{h}^{-1}$，空气的初参数为 $p_1=100$kPa，$t_1=27$℃，被压缩到 $p_2=500$kPa，假如电动机效率为 0.95，压缩机效率为 0.75，试问带动此压缩机的电动机功率多大？

4-7　一压缩空气储罐内装有压力为 700kPa，温度为 16℃，体积为 2800L 的空气，空气通过一直径为 25.4mm 的短喷管通向大气，试计算：

(1) 初始的流量；

(2) 储罐压力降到 150kPa 需要多少时间？

4-8　过热蒸汽定熵地流过一个直径为 7.6mm 的喷管，如果蒸汽的入口状态是 1400kPa，260℃，试描绘以下的关系曲线：

(1) 喷管气速与压力比 p_2/p_1 的关系曲线;

(2) 蒸汽比容与压力比 p_2/p_1 的关系曲线;

(3) 质量流速与压力比 p_2/p_1 的关系曲线。

4-9 设一高速喷管,在其中流过压力为700kPa,温度为304℃的蒸汽。已知在喷管入口处速度为30.5m·s^{-1},试计算在压力为560,490,420,350,280,210及140kPa处的截面比 F/F_1(其中 F 为计算压力处的截面积,F_1 是喷管入口处的截面积)。假设喷管绝热操作且无摩擦。

4-10 空气在喷管中绝热膨胀,已知入口参数 p_1=1000kPa,t_1=300℃,入口速度很小,膨胀到 p_2=100kPa。已知流量 G=0.1kg·s^{-1},若有摩擦存在,其速度系数 φ=0.94,试求空气流速和喷管出口截面(提示:需求出口空气实际比容)。

4-11 欲通过扩压管把 p_1=100kPa,t_1=27℃的空气压力提高到182kPa,试问空气进入扩压管时至少应有多大速度?

参考文献

[1] Laby T H, Hercus E O. Phil. Trans. Roy. Soc., 1928, 277: 63.

[2] Laby T H. Proc. Phys. Soc. (London), 1926, 38: 169.

[3] Laby T H, Hercus E O. Phys. Soc. (London), 1935, 47: 1003.

[4] Osborne N S, Stimson H F, Ginnings D C. J. Res. Natl. Bur. Std., 1939, 23: 197.

[5] Laeger W, von Stein Wehr H. Ann. Physik, 1921, 369: 305.

[6] Warner R E. Am. J. Phys., 1961, 29: 124.

5 热功转换过程

5.1 动力装置循环

5.1.1 蒸汽动力装置循环

1. 最简单的蒸汽动力装置循环

图 5-1 表示一简单蒸汽动力装置的示意图和工质所进行的热力循环图，习惯上常把这种循环叫做 Rankine 循环(图 5-2)，其中，1—2 为绝热膨胀过程，在蒸汽机中进行，膨胀的结果使蒸汽的温度和压力都大大降低，对外做功为 W_F；2—3 为等压放热过程，在冷凝器中进行，蒸汽凝结时，温度保持不变，对外放出热量 Q_2，由冷却水带走；3—4 为绝热压缩过程，在给水泵中进行，压力又升高到锅炉中的压力，温度稍升高，但很有限，在压缩中，水接受外功 W_p；4—1 为等压加热过程，在锅炉中进行，使水变为蒸汽，吸收热量 Q_1。

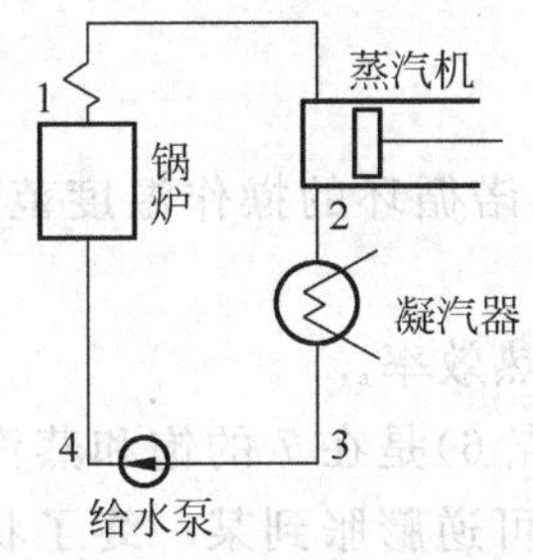

图 5-1　蒸汽动力装置

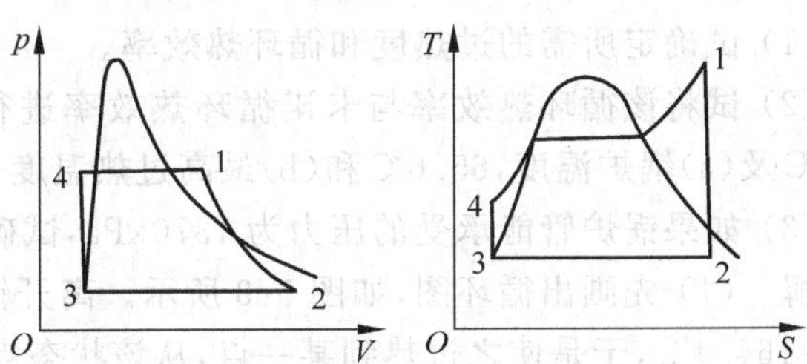

图 5-2　蒸汽动力装置循环

上述分析是考虑 1kg 工质通过全套设备各个部分的状态变化情况。应该注意，无论是锅炉、蒸汽机、凝汽器，或给水泵，都各为一开放体系，例如，对于蒸汽机，1 是工质入口状态，2 是工质出口状态；对于锅炉，4 是入口状态，1 是出口状态；其余以此类推。因此，分析 Rankine 循环时，应该运用简化了的稳定流动能量方程式，即

$$Q = \Delta H + W_F$$

蒸汽通过锅炉时($W_F=0$)所接受的热量为

$$Q_1 = \Delta H = H_1 - H_4$$

蒸汽在通过蒸汽机时($Q=0$)所做的功为

$$W_F = -\Delta H = H_1 - H_2$$

蒸汽在通过冷凝器时($W_F=0$)所放出的热量为

$$Q_2 = \Delta H = H_3 - H_2$$

水在通过给水泵时($Q=0$)所接受的功

$$W_p = -\Delta H = H_4 - H_3$$

全循环之净功为

$$W = W_F - W_p = (H_1 - H_2) - (H_4 - H_3)$$

或者

$$W = Q_1 - Q_2 = (H_1 - H_4) - (H_3 - H_2)$$

Rankine 循环热效率为

$$\eta_t = \frac{W}{Q_1} = \frac{(H_1 - H_2) - (H_4 - H_3)}{H_1 - H_4} \tag{5-1}$$

通常,水在给水泵中受压缩后,焓的增加很小,可以认为 $H_4 \approx H_3$,因此,上述可以简化为

$$\eta_t = \frac{H_1 - H_2}{H_1 - H_4} = 1 - \frac{H_2 - H_3}{H_1 - H_4} \tag{5-2}$$

在这里,还没有考虑实际运行时不可避免的一些损失,例如管路中的压力损失、散热损失、摩擦扰动、漏气以及阻塞等损失,所以根据式(5-1)及式(5-2)所算出的热效率比实际动力厂的热效率要大一些,不过根据这种简单的计算结果仍可以大致了解蒸汽动力厂热转化为功的完善程度。

例 5-1[1] 设有一蒸汽生产站按有过热的 Rankine 循环进行操作,锅炉管限制最高压力为 6.87bar,可利用的冷却水温度为 49℃。凝汽器是按 16.6℃温差设计,故在该循环中最低温度为 49+16.6=65.6℃。过热器和凝汽器是如此进行操作以使蒸汽机及泵所处理的只是单相物质。泵和汽机可视为绝热可逆操作。

(1) 试确定所需的过热度和循环热效率。

(2) 试将该循环热效率与卡诺循环热效率进行比较。设卡诺循环的操作温度范围为 65.6℃及(a)锅炉温度,65.6℃和(b)最高过热温度。

(3) 如果锅炉管能承受的压力为 1370kPa,试确定新的循环热效率。

解 (1) 先画出循环图,如图 5-3 所示。离开锅炉的蒸汽(点 6)是在 7 的饱和蒸汽,所以 t=164.4℃,于是使之过热到某一点,从该状态点可在汽机中可逆膨胀到某一终了状态,该状态即为压力为 25kPa 的饱和蒸汽(对应于 65.6℃的冷凝温度)。因在透平机中是绝热和可逆过程,故为一等熵过程,因此按照等熵要求自透平机出口到压力为 687kPa 的状态,即可找到过热器所需达到的温度,此温度为 460℃,所以蒸汽的过热度为

$$(460 - 164.4)℃ = 295.6℃$$

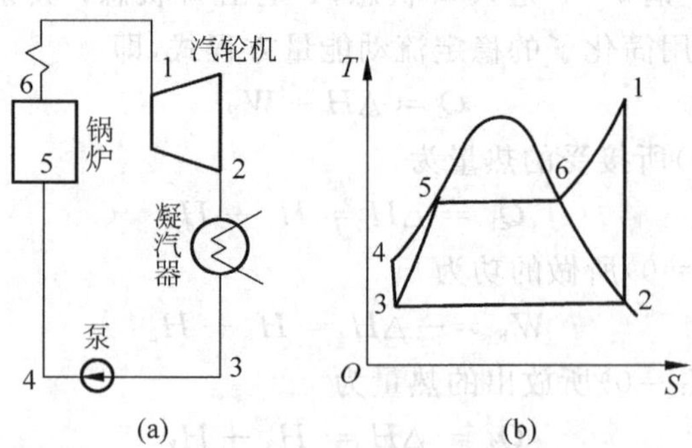

图 5-3 具有过热的 Rankine 循环

若已知透平机进、出口蒸汽的状态，则可以确定其膨胀时所产生的功量。如果忽略透平机进、出口之间的位能差和动能差，并假设是绝热操作，则能量平衡为

$$-W_{透平}=\Delta H_{1-2}=H_2-H_1$$

但

$$H_2=2605\text{kJ}\cdot\text{kg}^{-1},\quad H_1=3376\text{kJ}\cdot\text{kg}^{-1}$$

所以

$$W_{透平}=771\text{kJ}\cdot\text{kg}^{-1}$$

离开凝汽器的液体为65.6℃的饱和液，它的焓 $H_3=273\text{kJ}\cdot\text{kg}^{-1}$。从此状态可绝热可逆地用泵压缩到687kPa，泵所给的功可按下式求得

$$W_{泵}=-\int_{p_3}^{p_4}V\mathrm{d}p$$

然而，由于液体基本上是不可压缩的，V 不是压力的函数，所以可将它从积分号中移出：

$$W_{泵}=-V\int_{p_3}^{p_4}\mathrm{d}p=-V(p_4-p_3)$$

$$=-0.001\,02(6.87-0.25)\frac{10^4}{102}=-0.672\text{kJ}\cdot\text{kg}^{-1}$$

现确定进入锅炉的液体的焓。对泵进行能量平衡，设动能差和位能差可忽略，而且是稳定绝热操作，即得

$$-W_{泵}=\Delta H_{3-4}=H_4-H_3$$

或

$$H_4=H_3-W_{泵}$$

因 $H_3=273\text{kJ}\cdot\text{kg}^{-1}$，则

$$H_4=273.7\text{kJ}\cdot\text{kg}^{-1}$$

现根据能量平衡计算供给锅炉-过热器的热量。设位能差和动能差可忽略，而且是稳定操作，对锅炉-过热器进行能量平衡：

$$\Delta H_{4-1}=Q-W$$

但 $W=0$，故

$$Q=\Delta H_{4-1}=H_1-H_4$$
$$=3376-273.7=3102.3\text{kJ}\cdot\text{kg}^{-1}$$

循环净功是由透平机产生的功和泵消耗功之和

$$W_{净}=W_{透平}+W_{泵}=771-0.672$$
$$=770.3\text{kJ}\cdot\text{kg}^{-1}=7.70\times10^5\text{J}\cdot\text{kg}^{-1}$$

而循环热效率为

$$\eta=\frac{W_{净}}{Q_{锅}}=\frac{770.3}{3102.3}=24.8\%$$

(2)

(a) 对于卡诺循环，$\eta=\dfrac{T_H-T_L}{T_H}$，因此，对于在锅炉温度 $T=437.5\text{K}$ 和凝汽器温度 $T=339\text{K}$ 之间操作的卡诺循环，其效率为

$$\eta=\frac{437.5-339}{437.5}\times100\%=22.5\%$$

(b) 过热器的最高温度734K,则此时卡诺循环热效率为

$$\eta=\frac{734-339}{734}\times 100\%=53.8\%$$

由此可见,具有过热的Rankine循环的效率比在锅炉温度操作的卡诺循环的效率要稍高一点,但是,在最高过热器温度操作的卡诺循环的效率要比Rankine循环高许多。

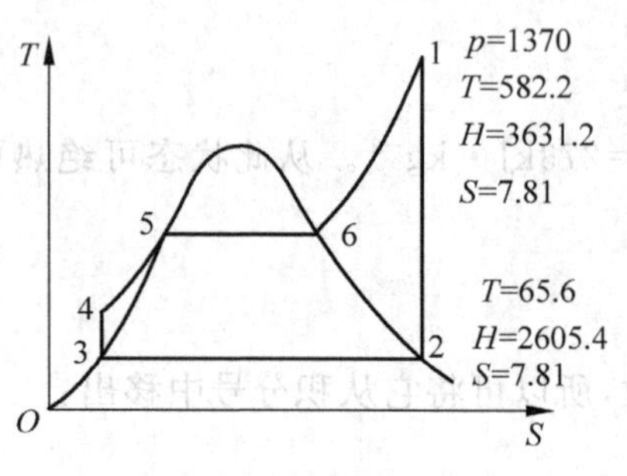

图5-4 Rankine循环

单位:p,kPa; T,K; H, kJ·kg^{-1}; S,kJ·kg^{-1}·K^{-1}

(3) 如果现用可耐1370kPa的管子代替原来687kPa的锅炉管,则必须用新的锅炉压力对(1)重新计算。此新循环的T-S图如图5-4所示,因此透平机产生的功

$$-W_{透平}=\Delta H_{1-2}=2605.4-3631.2$$
$$=-1025.8\text{kJ}\cdot\text{kg}^{-1}$$

泵所消耗的功为

$$-W_{泵}=V(p_4-p_3)=0.001\,02(13.7-0.25)\frac{10^4}{102}$$
$$=1.347\text{kJ}\cdot\text{kg}^{-1}$$

进入锅炉的液体焓为

$$H_4=H_3-W_{泵}=274.4\text{kJ}\cdot\text{kg}^{-1}$$

加给锅炉-过热器的热量为

$$Q=\Delta H_{4-1}=3631.2-274.4=3.36\times 10^6\text{J}\cdot\text{kg}^{-1}$$

循环净功为

$$W_{净}=W_{透平}+W_{泵}=1025.7-1.347=1.024\times 10^6\text{J}\cdot\text{kg}^{-1}$$

因此热效率为

$$\eta=\frac{W_{净}}{Q_{锅}}=\frac{1024.4}{3356.6}\times 100\%=30.5\%$$

与前面所得结果比较有明显的改进。

2. Rankine循环的改进

如在例5-1中所看到的,使用较高的锅炉压力可以显著增加Rankine循环的热效率,但需提高过热度(如例5-1中(3),对于只有1370kPa的锅炉压力需要近371℃的过热)。因Rankine循环的大部分热量是在锅炉中供给的,不是在过热器,所以如果要得到明显的效率改进,就必须提高锅炉温度(因此相应压力也提高了)。从例5-1看出,如果膨胀蒸汽在整个膨胀过程中保持单相状态而且过热器中允许的最高温度为595℃的话,锅炉压力要大大超过1370kPa,这在简单的Rankine循环中是不可能的。

怎样解决过高的过热器温度问题?如果对部分膨胀后的蒸汽进行再热,可以避免在膨胀过程中出现两相混合物,如图5-5所示。这样,离开锅炉的蒸汽(点1)过热达到所要求的温度,然后进行膨胀—直到与饱和线相交,此蒸汽然后在第二过热器中进行再热,并且在第二级透平机中膨胀,一直到与饱和线再次相遇(点2),于是此蒸汽在凝汽器中冷凝且再送回锅炉。

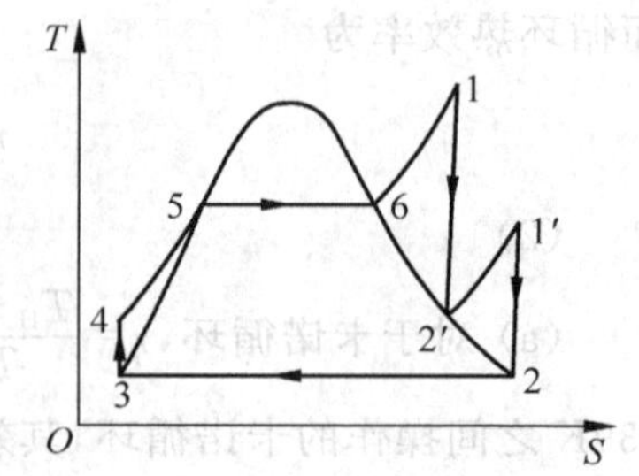

图5-5 具有再热的Rankine循环

上述是一次再热操作，只要有必要，是可以采用多次再热的。应用这种方法，可以采用较高的锅炉压力(由此可提高热力循环效率)而不会使过热器温度增高到超过管道工作温度的极限[2]。

例 5-2 在例 5-1 中锅炉的管子用耐高压达 6180kPa 而温度不超过 400℃的管子替换。凝汽器仍设在 65.6℃下操作。

(1) 如果采用不再热的典型的 Rankine 循环，试问最高锅炉压力和循环热效率是多少？

(2) 如果锅炉压力升到 6180kPa，并且增加再热使之做单相膨胀，问：(a)需要轮回几次再热？(b)在最后的过热器中最高温度是多少？(c)整个循环效率是多少(注：可以假设泵和透平机是绝热和可逆的)？

解 (1) 因为 460℃是例 5-1 中最高的过热器温度，当锅炉压力为 6870kPa 时，此压力仍然为可用的最高锅炉压力。如果超过此压力值，对蒸汽进行过热则难以避免在透平机中发生凝结，因此循环效率与例 5-1(1)中相同，即 $\eta=24.8\%$。

(2) 当锅炉压力为 6180kPa 时，如图 5-6 所示，在点 6 为 6180kPa 的饱和蒸汽离开锅炉，并且在恒压下过热到 460℃(点 1)。蒸汽进行绝热可逆(即等熵)膨胀，一直到达与饱和线相遇，在该点其压力为 618kPa，然后再在此压力 618kPa 下再热，并与 460℃的等温线相遇，或者与通过饱和线上 65.5℃状态点的等熵线相交。这里它先在温度 443.3℃点相交于等熵线。从此状态点开始蒸汽在第二级透平机中膨胀，直到与饱和线相交达到温度 65.6℃，因此需要一次再热，而整个循环如图 5-6 所示。

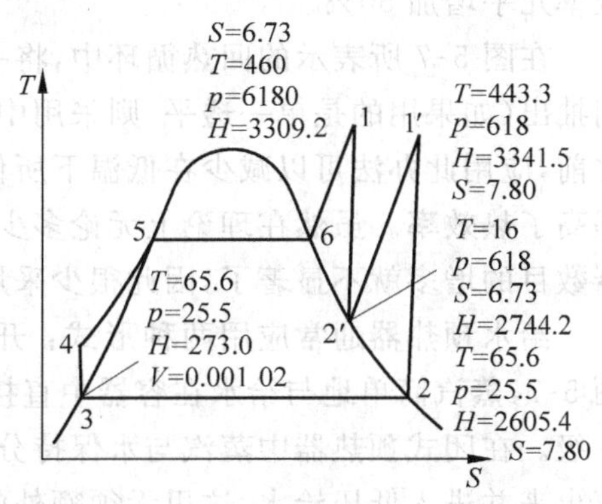

图 5-6 改进的 Rankine 循环

单位：p,kPa；T,K；H,kJ·kg^{-1}；S,kJ·kg·K^{-1}

在循环中所产生的净功是两个透平机所做的功之和，加上泵的功；输入的热量等于预热器-锅炉中加入的热量以及在两个过热器中加入热量的总和。现对此循环进行分析。对每一个透平机进行能量平衡(设没有位能和动能的变化，并假设为绝热可逆)，得

$$-W_T=\Delta H$$

因此第一级透平机所产生的功为

$$W_{T1}=H_1-H_{2'}=3309.4-2744.2=565.2\text{kJ}\cdot\text{kg}^{-1}$$

同时在第二级透平机中，得

$$W_{T2}=H_{1'}-H_2=3341.5-2605.4=736.1\text{kJ}\cdot\text{kg}^{-1}$$

泵所产生的功由下式给出

$$W_p=-V\Delta p=-0.001\,02(61.8-0.255)\frac{10^4}{102}=-6.15\text{kJ}\cdot\text{kg}^{-1}$$

因此，循环净功为

$$W_{净}=565.2+736.1-6.15=1295.1\text{kJ}\cdot\text{kg}^{-1}=1.30\times10^3\text{kJ}\cdot\text{kg}^{-1}$$

对泵进行能量衡算即可计算出进入锅炉的水的焓：

$$-W_p=\Delta H=H_4-H_3$$

或者

$$H_4 = H_3 - W_p = 273.0 + 6.15 = 279.15\text{kJ} \cdot \text{kg}^{-1}$$

加给锅炉和第一级过热器的热量,可对此工作段进行能量衡算来确定。假设位能和动能变化可以忽略而且为不做功的稳定流动,则能量平衡为

$$Q_{B-S} = \Delta H_{B-S} = H_6 - H_4 = 3309.2 - 279.15 = 3030.05\text{kJ} \cdot \text{kg}^{-1}$$

同理,再热器所给的热量为

$$Q_R = \Delta H = H_{1'} - H_{2'} = 3341.5 - 2744.2 = 579.3\text{kJ} \cdot \text{kg}^{-1}$$

所给的总热量为 $Q_H = Q_{B-S} + Q_R$,即

$$Q_H = 3030.05 + 579.3 = 3609.45\text{kJ} \cdot \text{kg}^{-1} = 3.61 \times 10^3\text{kJ} \cdot \text{kg}^{-1}$$

热效率为

$$\eta = \frac{W_{净}}{Q_H} = \frac{1.30 \times 10^6}{3.61 \times 10^6} \times 100\% = 36.0\%$$

由此可见,与没有再热,且在相同的最高温度下操作的简单 Rankine 循环的效率相比,效率几乎增加 50%。

在图 5-7 所表示的回热循环中,将一部分经过局部膨胀后的蒸汽从高压和低压透平之间抽出(如果用的是单一透平,则采用中间分汽)。此蒸汽用来预热冷凝液,当它返回到锅炉之前,应用此办法可以减少在低温下所供给的热量,因此提高了循环加热的平均温度,从而提高了热效率。虽然在理论上无论多少个预热器都是可以的,但其热效率的改进随着预热器数目的增多就不显著了,因此很少采用 5 个以上的预热器,比较典型的是采用 3 个。

给水预热器通常应用两种形式:开式(混合式)预热器和闭式预热器。开式预热器如图 5-7,蒸汽简单地与给水在容器中直接混合,蒸汽冷凝使水加热,汽、水混合水用泵送到下一级。在闭式预热器中蒸汽与水保持分开,蒸汽经过预热器管道冷凝,冷凝水通过分离器分离出来并进入低压给水,这里无须额外的水泵。一个两级闭式预热器流程图如图 5-8 所示。

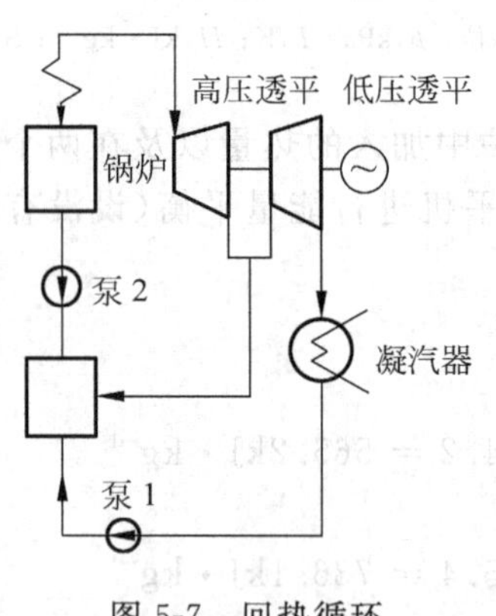

图 5-7　回热循环

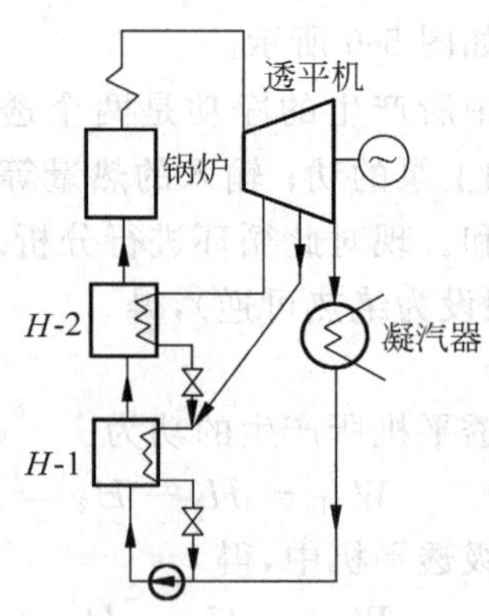

图 5-8　闭式预热器

开式预热器的好处是具有极好的传热特性,操作和设计容易并且制作方便,不利的是,每一级都需外加一台给水泵。

5.1.2　燃气轮机动力装置循环

燃气轮机动力装置是一种比较新型的热力原动机,从理论上讲,一方面它没有像内燃机

那样必须有往复运动的部分，因此可以进行完全膨胀，也可以高速旋转；另一方面它也用不着像汽轮机装置那样必须具有比较笨重的蒸汽锅炉，因此质量轻，功率大。燃气轮机装置兼有内燃机与汽轮机二者的优点[3]。目前燃气轮机装置已广泛应用于航空、机车、船舶等运输部门，冶金工业，石油工业以及陆用电厂等。随着整个工业之发展，它的应用将更广泛。

燃气轮机是用由燃烧室来的高温气体进行操作的，为了得到高效率，必须在燃烧前把空气压缩到几个大气压。采用离心式压缩机，透平机与压缩机安装在同一个轴上操作，应用气轮机所产生的功的一部分来驱动压缩机，见图 5-9，该图所表示的是一整套燃气轮机装置。气轮机是整套装置中的一部分，它与蒸汽动力装置中的蒸汽轮机的功能是一样的。

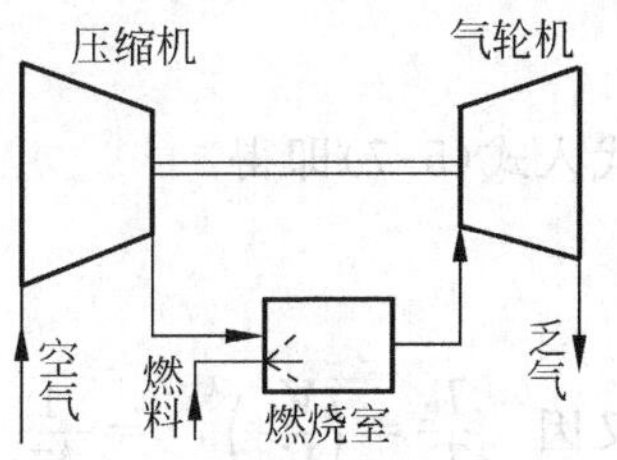

图 5-9　燃气轮机装置

进入气轮机的燃气温度愈高，则此装置的效率愈高，温度的限制将取决于气轮机叶片金属材料的强度。因为温度与气体向叶片的传热速率有关，因此任何一种降低传热速率及冷却叶片的方法将有助于在较高的温度下操作。但不管怎样，操作温度都要比在绝热条件下或火焰本身的温度低得多，因此，必须应用低的燃料-空气比，以提供足够稀释的空气，这样可以把燃烧温度降低到安全线以下。

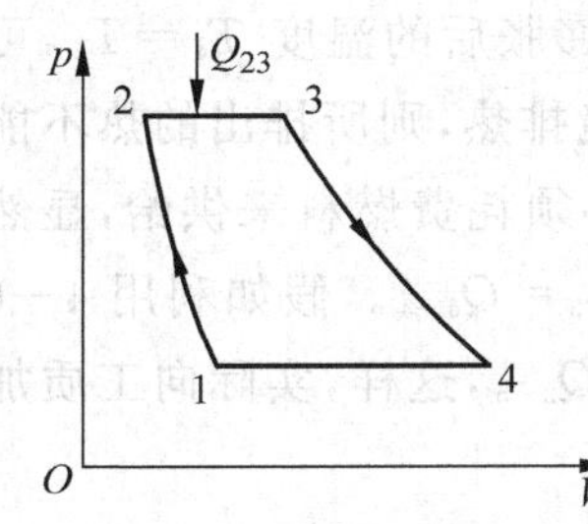

图 5-10　气轮机装置理想循环

气轮机装置的理想循环（以空气为基础，称为 Brayton 循环）如图 5-10 所示。压缩机过程 1—2 是一个可逆绝热（等熵）操作，在此过程中压力由 p_1 升高到 p_2。对实际的燃烧过程，这里用加热量为 Q_{23} 的等压过程来代替，气轮机以等熵膨胀产生功，使压力降低到 p_4。乏气从气轮机被排到大气中去，因此 $p_4=p_1$。将空气在等压下进行冷却（过程 4—1），即可完成此理想循环，其效率如下式表示

$$\eta=\frac{W_{净}}{Q_{23}}=\frac{W_{34}+W_{12}}{Q_{23}} \tag{5-3}$$

式中每一能量都是以 1kmol 的空气为基础的。

空气在通过压缩机时所做的功可应用稳定流动能量方程式（式(1-7)）表示，对于数值很小的位能及动能可忽略不计，则得

$$-W_{12}=H_2-H_1$$

如果热容量为常数，对于理想气体的焓变可写作

$$-W_{12}=H_2-H_1=C_p(T_2-T_1) \tag{5-4}$$

以同样的形式把能量方程式应用于燃烧及气轮机，则得

$$-W_{34}=C_p(T_4-T_3) \tag{5-5}$$

及

$$Q_{23}=C_p(T_3-T_2) \tag{5-6}$$

把上述方程代入效率关系式，简化得

$$\eta=1-\frac{T_4-T_1}{T_3-T_2}=1-\frac{T_1\left(\frac{T_4}{T_1}-1\right)}{T_2\left(\frac{T_3}{T_2}-1\right)} \tag{5-7}$$

因为过程 1—2 及 3—4 是等熵,故温度和压力的关系如下:

$$\frac{T_2}{T_1}=\left(\frac{p_2}{p_1}\right)^{\frac{k-1}{k}},\quad \frac{T_4}{T_3}=\left(\frac{p_4}{p_3}\right)^{\frac{k-1}{k}} \tag{5-8}$$

由于 $p_2=p_3$,$p_4=p_1$,从式(5-8)即得

$$\frac{T_1}{T_2}=\frac{T_4}{T_3}\quad 或 \quad \frac{T_3}{T_2}=\frac{T_4}{T_1} \tag{5-9}$$

代入式(5-7)即得

$$\eta=1-\frac{T_1}{T_2} \tag{5-10}$$

又因 $\frac{T_1}{T_2}=\left(\frac{V_2}{V_1}\right)^{k-1}=\frac{1}{\varepsilon^{k-1}}$,故

$$\eta=1-\frac{1}{\varepsilon^{k-1}} \tag{5-11}$$

式中,$\varepsilon=\frac{V_1}{V_2}$称为等熵压缩化。

由式(5-11)可知,对于等熵压缩及等压加热燃气轮机装置循环,压缩比越大越好。在实际燃气轮机装置中,压缩比 ε 一般都不大,即 1—2 线段相当短(图 5-11),而加热量和排热量都很大,即 2—3 过程与 1—4 过程的线段相当长。气体在等熵膨胀后的温度 $T_4=T_5$,可能比压缩后的温度 $T_2=T_6$ 高得多。假如 4—6 过程是向大气环境排热,则所排出的热不能用来做功,而工质在 2—5 过程中同一温度范围内所吸入的热又必须耗费燃料来供给,显然这是不经济的。由 $Q_{2-5}=C_p(T_5-T_2)$,$Q_{6-4}=C_p(T_4-T_6)$知 $Q_{25}=Q_{6-4}$。假如利用 4—6 过程中放出的热量使工质由 T_2 升到 T_5,就可节省这部分的热量 Q_{2-5},这样,实际向工质加热只有 $Q_{53}=Q_{23}-Q_{25}=C_p(T_3-T_4)$,此时循环热效率为

$$\eta=\frac{(T_3-T_2)-(T_4-T_1)}{T_3-T_4}=1-\frac{T_2-T_1}{T_3-T_4} \tag{5-12}$$

经变换后,得

$$\eta=1-\frac{T_1}{T_3}\cdot\varepsilon^{k-1} \tag{5-13}$$

图 5-12 是表示具有回热的定压加热的燃气轮装置。将式(5-7)和式(5-12)比较,显然有回热的燃气轮机装置循环的热效率高于没有回热的。

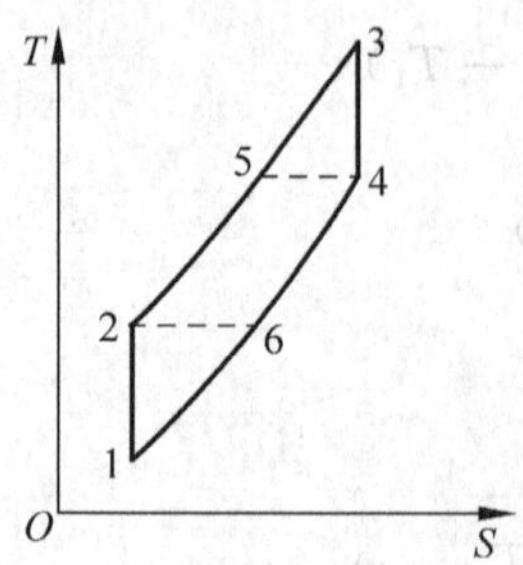

图 5-11 燃气轮机装置循环的 T-S 图

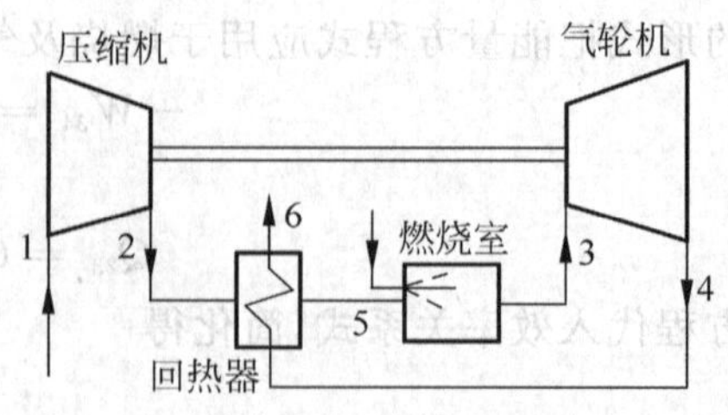

图 5-12 有回热器的燃气轮机装置

5.1.3 蒸汽-燃气联合装置循环

提高蒸汽参数,采用再热循环或回热循环等,都可以提高蒸汽动力厂的经济性,并已逐步应用于实际中。但是这些都是把注意力集中在蒸汽循环的改善上。事实上,如在蒸汽动力厂中除了蒸汽-水之外再加上空气-燃气的利用也会提高整个动力厂的经济性。当今燃气轮机技术的飞跃发展,给空气-燃气的利用提供了新的途径,这就是蒸汽-燃气联合循环研究和应用的目的。

由于蒸汽压力和温度之间的关系,对蒸汽参数的提高有一定的限制。在燃气轮中,燃气初参数的提高比较容易解决,但是由于燃气轮排出的乏气具有相当高的温度,蒸汽-燃气联合循环的目的就是将蒸汽和燃气按照某种热力循环联合起来,使它们在热力性能上相互取长补短,来提高整个装置的经济性。

图 5-13 为蒸汽-燃气联合循环的布置简图[4]。假定燃气循环中压缩机入口温度与蒸汽循环的凝结水温度相等。如果不计不同循环工质的影响,并且考虑到工质的循环倍数(燃气的流量与蒸汽的流量之比)的影响,就可以示意地将两个不同工质的循环画在 T-S 图上(图 5-14)。

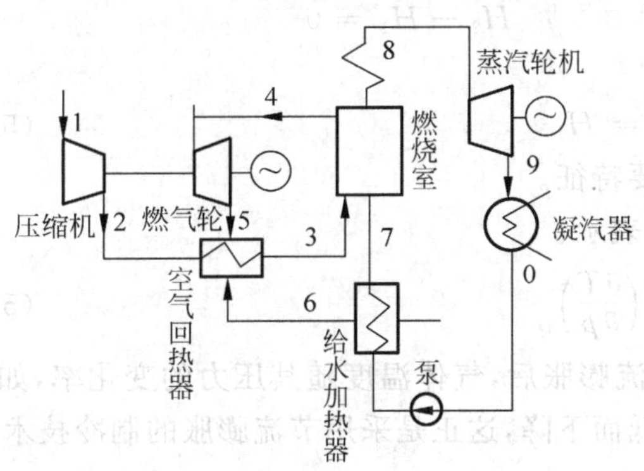

图 5-13 蒸汽-燃气联合循环的布置简图

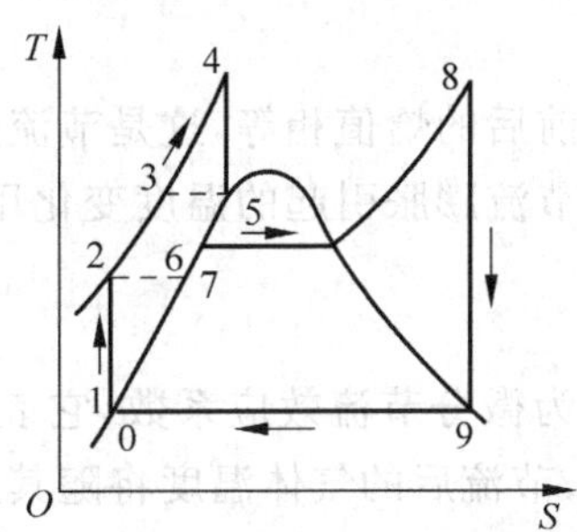

图 5-14 蒸汽-燃气联合循环的 T-S 图

联合循环的热效率为

$$\eta_{合} = \frac{W_{气} + W_{汽}}{Q_{1气} + Q_{1汽}} = \frac{Q_{1气}\eta_{气合} + Q_{1汽}\eta_{汽合}}{Q_{1气} + Q_{1汽}}$$

或者

$$\eta_{合} = \frac{\eta_{气} + \delta\eta_{汽}}{1+\delta} \tag{5-14}$$

$$\delta = \frac{Q_{1气}}{Q_{1汽}} = \frac{m(H_4 - H_3)}{H_8 - H_7}$$

式中,$\eta_{汽合}$为联合循环中蒸汽循环之热效率;$\eta_{气合}$为联合循环中燃气循环之热效率;m 是燃气流量与蒸汽流之比:

$$m = \frac{(H_7 - H_0)_{水}}{(H_6 - H_1)_{气}}$$

如果对联合循环做进一步的热力学分析,可得到如下的结论:对燃气循环部分,可以证明其热效率 $\eta_{气合}$大于在同样条件下的单独的燃气循环的热效率 $\eta_{气}$。同样,对于蒸汽循环部分,其热效率 $\eta_{汽合}$ 要比同样条件下 Rankine 循环的热效率要高,也就是说,蒸汽-燃气联合循环比单独的燃气轮装置和蒸汽动力厂的效率都要高,一般地可提高 4%～8%。

5.2 节流膨胀与做功膨胀

在冷冻机中有两种常见的情况:节流膨胀和做功的绝热膨胀。

5.2.1 节流膨胀过程

冷冻设备经常采用"节流阀",使气体进行节流膨胀,降低温度。

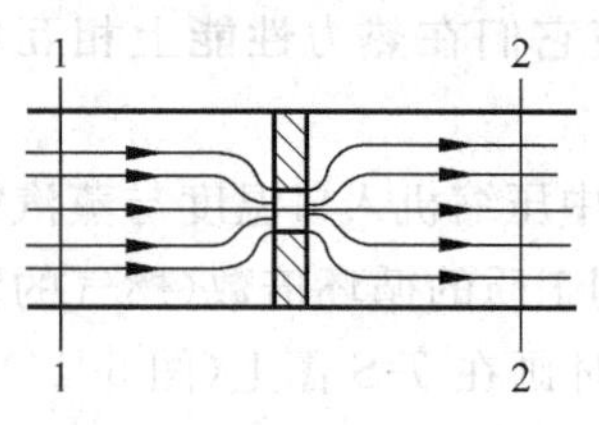

图 5-15 节流现象

当气体在管道流动时,遇到一狭窄的通道,如阀门、孔板等(图 5-15),由于局部阻力,使气体压力显著降低,这种现象称为节流。由于过程进行得很快,可以认为是绝热的,即 $Q=0$,节流前后的速度变化也不大,动能的改变可以忽略不计,根据稳定流动能量方程式,可直接得到

$$H_2 - H_1 = 0$$

或者

$$H_2 = H_1 \tag{5-15}$$

即节流前后的焓值相等,这是节流过程的重要特征。

把节流膨胀引起的温度变化用微分式来表示:

$$\mu = \left(\frac{\partial T}{\partial p}\right)_H \tag{5-16}$$

式中 μ 为微分节流效应系数,它表示经过节流膨胀后,气体温度随其压力的变化率,如果 μ 是正值,节流后的气体温度将随其压力的降低而下降,这正是采用节流膨胀的制冷技术所引为依据的物理基础。

根据实验得出,空气在 20℃,196kPa 节流到 98kPa 时,$\mu=0.26$,表明经过这样的节流膨胀,空气温度下降 0.26℃。在同样条件下,用氢作为工质,$\mu=-0.03$,它的节流效应是负值,即节流后的温度随压力下降而升高。为了说明此现象,可用焓的全微分推导。因为焓只随系统的状态而定,故可设它为 p 和 T 的函数:

$$\mathrm{d}H = \left(\frac{\partial H}{\partial T}\right)_p \mathrm{d}T + \left(\frac{\partial H}{\partial p}\right)_T \mathrm{d}p$$

因节流前后的焓值不变,$\mathrm{d}H=0$,上式可写为

$$\left(\frac{\partial T}{\partial p}\right)_H = \frac{-\left(\frac{\partial H}{\partial p}\right)_T}{\left(\frac{\partial H}{\partial T}\right)_p}$$

已知 $\left(\frac{\partial H}{\partial T}\right)_p = C_p$,故

$$\left(\frac{\partial T}{\partial p}\right)_H = \frac{-\left(\frac{\partial H}{\partial p}\right)_T}{C_p} = \mu \tag{5-17}$$

因为 $H=U+pV$，式(5-17)可写成

$$\left(\frac{\partial T}{\partial p}\right)_H=\mu=\frac{-\left[\frac{\partial(U+pV)}{\partial p}\right]_T}{C_p}$$

$$=-\frac{1}{C_p}\left(\frac{\partial U}{\partial p}\right)_T-\frac{1}{C_p}\left[\frac{\partial(pV)}{\partial p}\right]_T \tag{5-18}$$

由此可见，μ 值可为正，为负或为零，视式(5-18)右边两个值而定。右边的第一项中的 $\left(\frac{\partial U}{\partial p}\right)_T$ 的物理意义是指在恒定的温度下，压力改变时气体的内能变化。可将它写成 $\left(\frac{\partial U}{\partial V}\right)_T\left(\frac{\partial V}{\partial p}\right)_T$。对于真实气体，由于分子间的吸引力，$\left(\frac{\partial U}{\partial V}\right)_T$ 一定是正值，说明当气体比容增大时内能中的位能部分增加。而 $\left(\frac{\partial V}{\partial p}\right)_T$ 一定是负值，所以式(5-18)中的第一项 $-\frac{1}{C_p}\left(\frac{\partial U}{\partial p}\right)_T$ 就应该是正值。这样，μ 值的符号和数值就决定于式中右边的第二项，即 $-\frac{1}{C_p}\left[\frac{\partial(pV)}{\partial p}\right]_T$。此项可由实验的 pV-p 图中看出。如图 5-16 所示，对于室温下的空气，$\Delta(pV)_T$ 与 p 的关系是先下降后上升；在下降部分(即在压力小于 p' 时)，$p_1V_1<p_2V_2$，故 $-\frac{1}{C_p}\left[\frac{\partial(pV)}{\partial p}\right]_T$ 为正值，既然在等式右边都是正值，在这种情况下，当气体节流时，温度就下降，在上升部分(即当压力大于 p' 时)，$p_1V_1>p_2V_2$，故 $-\frac{1}{C_p}\left[\frac{\partial(pV)}{\partial p}\right]_T$ 为负值。这时式(5-18)中第一项为正值，第二项都为负值，两个因素相互对抗，如果第一项的绝对值大于第二项的绝对值，则 μ 仍为正值；如两者相等，则 $\mu=0$，即在节流过程中温度不变；如后者大于前者，μ 就为负值，此时，当气体节流时反而使温度升高，这时就不可能产生制冷的效果。

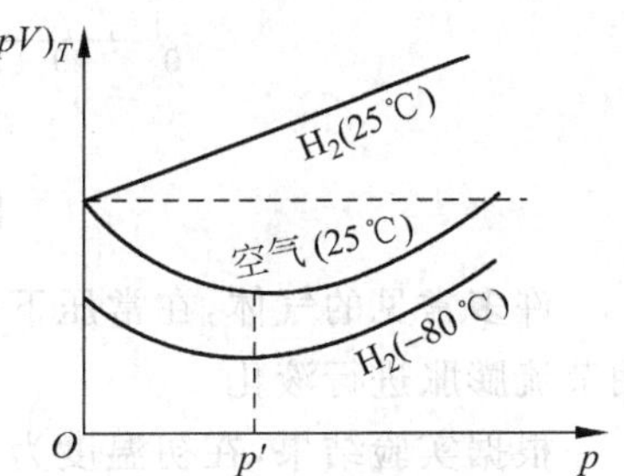

图 5-16　pV 对 p 的关系曲线

从图 5-16 还可以看出，一种气体的 $\left[\frac{\partial(pV)}{\partial p}\right]_T$ 数值不仅与压力范围有关，而且也和气体的初温度有关。如对氢，在室温下节流，温度是升高的，但若将氢的温度预冷到 $-80℃$，则氢的 pV-p 的曲线改变，此时可以获得正的 μ 值，即在节流后可获得制冷效应。

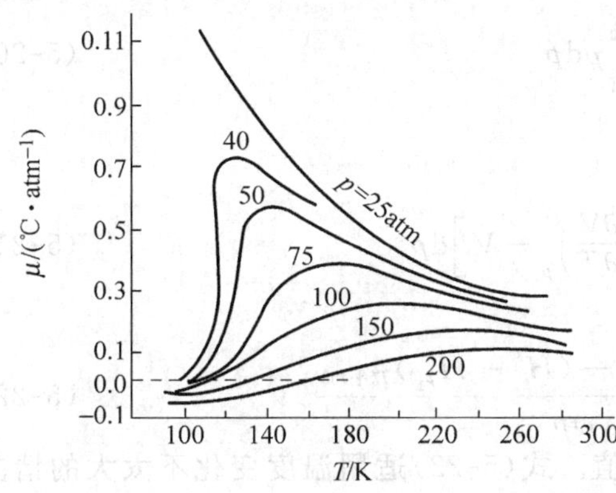

图 5-17　空气的 μ 与温度和压力的关系

对于大多数气体，在室温下 $(pV)_T$-p 曲线与空气一样，即先下降而后上升，因此，大多数气体可在室温下利用节流膨胀使之液化。

图 5-17 是空气的 μ-T 图，可见在许多情况下 μ 为正值；但若温度降低，压力升高，μ 可能由正值经过 $\mu=0$ 的转折点而转变为负值。

节流效应为零亦即 $\mu=0$ 时的温度，称为"转回温度"或转折点温度。必须注意，对于理想气体，焓只是温度的函数，不随压力而变化，

因此按式(5-17),$\mu=0$,但在转回温度 $\mu=0$ 时,却并不含有气体必须遵循理想气体定律的意思。

如图 5-17 所指出的,同一气体在不同的情况下,其 μ 值可以是正、负或零,也就是说转回温度不是一点,而是在不同 p 和 T 情况下有一系列的点。将这些点连接起来,形成的曲线称为转回曲线,图 5-18 所示为由实验确定的氮的转回曲线,在曲线上任何一点 $\mu=0$,在限度 $p=0$ 到 $p=375\text{atm}$ 曲线区域以内 μ 为正;在曲线区域以外 μ 为负,在 $p=375\text{atm}$ 以下,对于任何一个压力 p,则有两个转回温度存在,当温度下降时,上面的 μ 由负转变为正,而下面的 μ 则由正转变为负。如果 p 超过 375atm,则无转回温度。

从转回温度曲线可以看出 μ 的变更情况,从而确定气体液化的操作条件,氢在室温下不能液化的事实也可以从它的转回曲线看出(图 5-18)。氢的转回温度最高为 200K,故必须冷却到 200K 即 -73℃以下,才能使之液化。

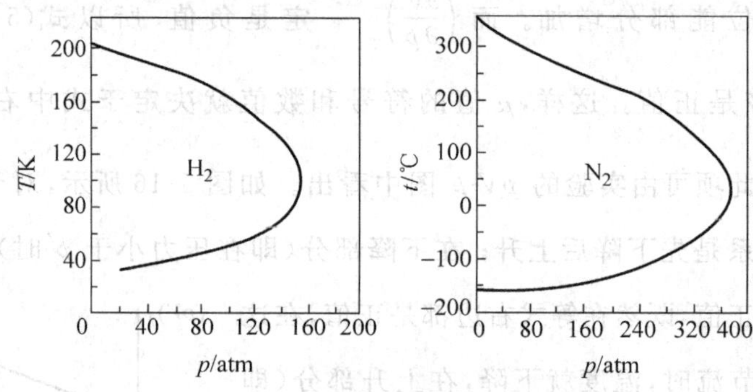

图 5-18 氢和氮的转回温度曲线

许多常见的气体,在常压下皆有高的转回温度,由此也可看出,许多气体可在室温下利用节流膨胀进行液化。

根据实验结果,在初温度为 10℃时,气体的 μ 值可以用下列近似的经验方程式表示:

$$\mu=(a-bp)\left(\frac{273}{T}\right)^2(℃\cdot\text{atm}^{-1}) \tag{5-19}$$

式中 a 和 b 为不同气体的特性常数。空气:$a=0.268, b=0.000\,86$;氧气:$a=0.313, b=0.000\,85$。

上面所讨论的是指微分节流效应,即压力变化为无限小时温度的变化。然而在实际节流膨胀中,压力的变化不是无限小的 $\mathrm{d}p$,而是压差 Δp,由此获得的相应温度也不是无限小的 $\mathrm{d}T$,而是温差 ΔT_{H}。ΔT_{H} 为一积分值,所以称为积分节流效应,

$$\Delta T_{\mathrm{H}}=\int_{p_1}^{p_2}\mu\mathrm{d}p \tag{5-20}$$

若 μ 为正值,则所得的 ΔT 为负值,温度降低。

根据 μ 之定义,式(5-20)可写成

$$\Delta T_{\mathrm{H}}=\int_{p_1}^{p_2}\frac{1}{C_p}\left[T\left(\frac{\partial V}{\partial T}\right)_p-V\right]\mathrm{d}p \tag{5-21}$$

如果把普遍化的焓差方程代入,得

$$\Delta T_{\mathrm{H}}=\frac{(H'-H_{p_2})_{T(\text{平均})}-(H'-H_{p_1})_{T(\text{平均})}}{C_{p(\text{平均})}} \tag{5-22}$$

式中 $C_{p(\text{平均})}$ 指在所需温度及压力范围内的平均值。式(5-22)适用温度变化不太大的情况下,如果精确计算,则由式(5-21)积分而得。

对于空气，当压降不大，且不考虑温度变化的影响，ΔT_H 可以近似按下式计算

$$\Delta T_{\mathrm{H}} = 0.29\Delta p\left(\frac{273}{T_1}\right)^2 \tag{5-23}$$

从上式可知，由节流膨胀所获得的温度降与压力差成正比，与气体的初温成反比，增加压力差或降低气体的初温，皆可使节流效应增加，这就说明为什么在节流前气体要预冷。

求气体节流效应最简便的方法是利用温熵图，只要节流过程确定后，可从温熵图上直接读出 ΔT_H 的数值。

气体从状态 1(p_1，T_1)膨胀到 p_2，在 T-S 图上就可以用等焓线定出状态 2，并从纵坐标上读出 $T_1-T_2=\Delta T_H$。若气体在节流前压力为 p_3，节流膨胀到状态 4，已位于气、液两相区，从 T-S 图上不但可以读出 $T_3-T_4=\Delta T_H$，而且可以计算液体生产量，从而可以实现气体液化过程。

5.2.2 做外功的等熵膨胀过程

做外功的等熵膨胀是在膨胀机中进行的。如同压缩机一样，膨胀机有往复式和叶轮式，此两种情况理论上都是等熵过程。膨胀是压缩的逆向过程；高压气体通过膨胀机做外功，使气体温度下降。至于最大的外功(即所得的外功)与压缩机中的计算方法相似，只是气体的初、终态刚好相反而已。

如有温熵图可以利用，那就容易从图 5-19 中看到等熵膨胀的温度下降为 $\Delta T_S=T_1-T_2$，终态 $2'$ 的确定可以由状态 1 做垂直于横轴的直线与 p_2 线相交得到，这是十分方便的方法。

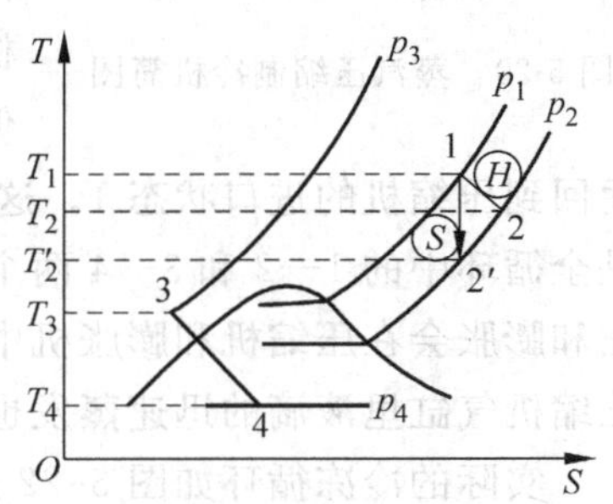

图 5-19 节流效应在 T-S 图上的表示

(Ⓗ Ⓢ分别代表等焓和等熵线)

以下对节流膨胀和做外功的等熵膨胀做一比较：

(1) 从降温的程度比较：从图 5-19 清楚地看到等熵膨胀的降温值远较节流膨胀大，例如 20℃的空气，从 10atm 降到 1atm，采用节流膨胀时，温度可降低到 290.7K，即下降 2.3K，如果用等熵膨胀，则温度可降到 153K，下降达 140K，两者相差达 60 倍。

(2) 从适应情况比较：等熵膨胀适用于任何情况下的任何气体，而节流膨胀对于少数气体(如 H_2，He)则必须预先冷却到一定的低温，然后节流，才能获得冷效应。

(3) 从设备上比较：节流膨胀简单易行，没有运动的部件，因此无需润滑；做外功的等熵膨胀需要构造较为复杂的膨胀机，从而需用耐低温的润滑油。

(4) 从操作上比较：节流膨胀操作简单，而在膨胀机中，不允许气体在气缸中液化，否则会造成很大困难，此外，还可能发生操作不稳定，效果不好等情况。

(5) 从初温对降温的影响比较：在节流膨胀中，如果 μ 是正值，则被温越低，ΔT_H 越大，而在等熵膨胀中则相反，初温越低，ΔT_S 则越小。

5.3 制冷装置循环

制冷机械的主要目的在于低温吸热，高温放热，用人工的方法来创造或维持低温的环境，因此，广泛应用于气体和蒸汽的液化、气体的分离、盐类结晶、溶液的浓缩等过程。在反

应工程中有时为了控制副反应的干扰,要低温控制,以提高主要产物的收率,因此,制冷设备已成为化学工厂中常用的装置。

在工业实践中有蒸汽压缩制冷、喷射制冷和吸收制冷,其中以蒸汽压缩制冷应用最为广泛,我们就以此种方式制冷为主要讨论对象,而其余方式也适当介绍。

5.3.1 蒸汽压缩制冷循环

1. 制冷机的操作原理

蒸汽压缩式制冷机的工质——"冷冻剂",可以是氨、氟利昂、二氧化碳、乙烯等。图 5-20 就是这种制冷机的组成示意图,节流阀也可以改用膨胀机,以得到一部分功,减少整个制冷设备的动力消耗,而且改用膨胀机还可以获得较大的温度降,不过,改用膨胀机,增加了机械装备的投资。

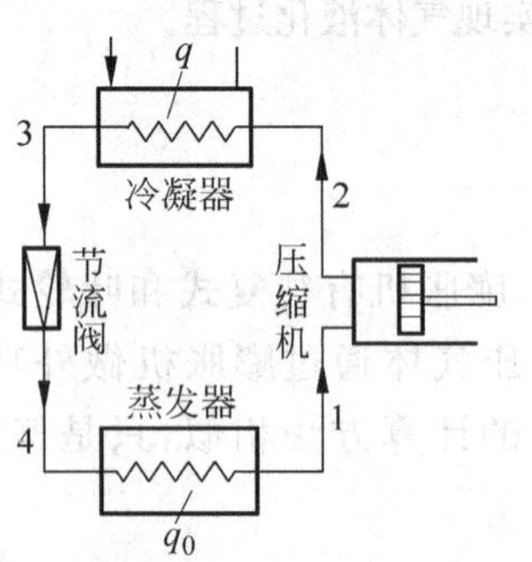

图 5-20 蒸汽压缩制冷机简图

图 5-21 表示为改用膨胀机,而且工作在湿蒸汽区域内的理想制冷机循环。可以设想:工质在压缩机中经过 1—2 绝热压缩后,经过冷凝器,因压降损失不大,2—3 可以近似看作是一个等压冷凝过程,温度保持饱和温度 T 不变;在膨胀机中沿着 3—4 线绝热膨胀,最后又流过蒸发器,4—1 又可近似地看作是一个等压下沸腾汽化的过程,温度保持 T_0 不变而回到压缩机的进口状态 1。这是一个反向卡诺循环,也是制冷系数最大的理想情况。可是全循环中的 1—2 和 3—4 两个过程在实际执行中是有困难的,这是因为在湿蒸汽区域压缩和膨胀会在压缩机和膨胀机中的气缸中形成液滴,造成"水击"现象,容易损坏机器;同时压缩机气缸里液滴的迅速蒸发也会使压缩机的容积效率降低。

实际的冷冻循环如图 5-22 所示,压缩过程安排在过热蒸汽区,即采用所谓"干法操作",把等熵膨胀过程改为节流膨胀过程 3—4,另外,为了增加冷冻量 q_0,使冷冻剂流过冷凝器,不但全部冷凝成饱和液体,还被过冷到温度低于饱和温度 T_3。

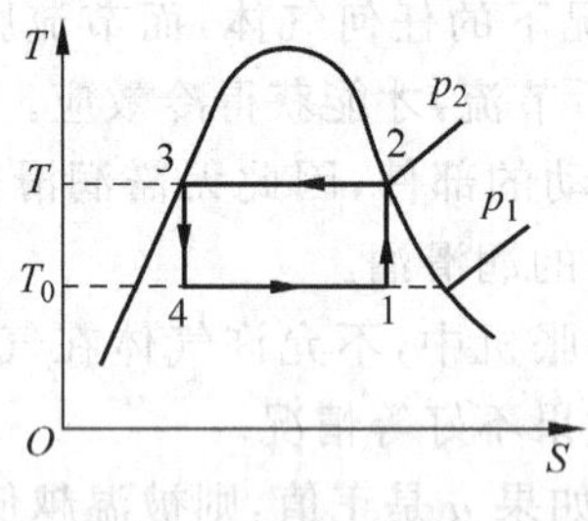

图 5-21 理想冷冻循环

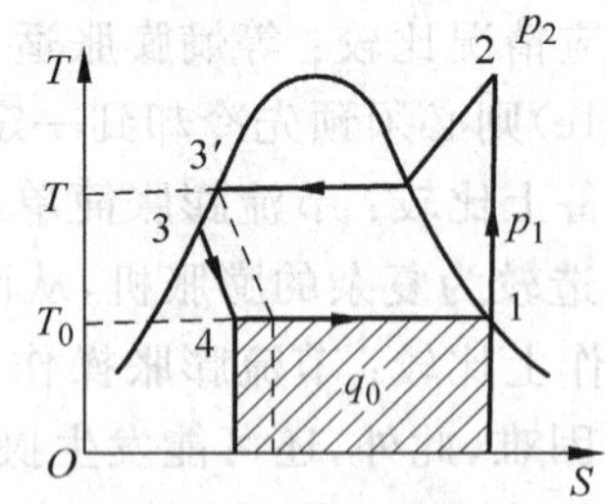

图 5-22 实际冷冻循环

2. 制冷机制冷能力和功率消耗

我们感兴趣的是冷冻量 q_0 和功量消耗 W_F 两个量,前一个量代表成果,后一个量代表代价,对蒸发器应用稳定流动能量方程式,就可以得出单位质量制冷剂的制冷量 q_0(kcal·kg^{-1}):

$$q_0 = H_1 - H_4 \tag{5-24}$$

若制冷机的制冷能力为 Q_0(kcal·h^{-1})，那么，制冷剂的循环量应为

$$G = \frac{Q_0}{q_0}(\mathrm{kg \cdot h^{-1}}) \tag{5-25}$$

应用稳定流动能量方程式，也可以直接得出压缩单位质量冷冻剂压缩机所消耗的功

$$W = H_2 - H_1 \tag{5-26}$$

故制冷机的制冷系数为

$$\varepsilon = \frac{q_0}{W} = \frac{H_1 - H_4}{H_2 - H_1} \tag{5-27}$$

制冷机所消耗的理论功率则为

$$N_T = GW(\mathrm{kcal \cdot h^{-1}})$$

或

$$N_T = \frac{GW}{860}(\mathrm{kW}) \tag{5-28}$$

代入 $G=\dfrac{Q_0}{q_0}$ 得

$$N_T = \frac{Q_0}{860\varepsilon}(\mathrm{kW}) \tag{5-29}$$

在实际操作中，由于存在各种损失，如克服流动阻力所造成的节流损失，克服机械摩擦力所造成的摩擦损失，所以实际消耗的功率要比理论功率大一些。

在利用式(5-24)，式(5-26)及式(5-27)时，H_1，H_2，H_3 和 H_4 的值均可以从制冷剂的热力学性质图表(如 T-S 图等)中查得。

总之，要计算制冷剂的循环量 G，制冷系数 ε 和理论功率 N_T，已知条件是制冷能力 Q_0。对于已经选定的制冷剂，只要知道冷凝温度 T，蒸发温度 T_0 以及过冷温度 T_3 即可。因为 p_1 是 T_0 的饱和压力，p_2 是 T 的饱和压力，至于冷凝温度 T 和过冷温度 T_3，是由冷却水温度决定的。传热需要温差，所以过冷温度 T_3 一般定为比冷却水进口温度高 3～5℃，而冷凝温度 T 又比过冷温度 T_3 高 5℃。冷凝温度 T 确定后，它的饱和压力 p_3 也就确定了。于是 T_0 越低，p_1 越小，需要的压缩比 p_3/p_1 以及功率消耗也就越大，与此同时，制冷系数则越小。由此可见，不能盲目地降低温度 T_0，能够在－30℃完成的工艺，就不要去搞－40℃的冷冻设备。

例 5-3 设需要制冷能力为 Q_0＝40 000kcal·h^{-1}，试求 G，ε，N_T。若已知：

制冷剂	冷凝温度/℃	蒸发温度/℃	过冷温度/℃
氨	30	－15	25
氨	30	－35	25
氨	30	－35	无过冷
氟利昂-12	30	－15	25

解 (1) 由氨的 T-S 图查得在 t_0＝－15℃时饱和蒸汽的 H_1＝397kcal·kg^{-1}，参考图 5-22，由该状态点沿等熵线向上，到温度为 t＝30℃的交点、查得 H_2＝452kcal·kg^{-1}，饱和压力 p_2＝11.8atm。同样，由过冷温度 t_3＝25℃查得状态点 3 的焓值为 H_3＝128kcal·kg^{-1}，则节流前后焓值不变，H_4＝H_3＝128kcal·kg^{-1}。

代入式(5-24)得

$$q_0 = H_1 - H_4 = 397 - 128 = 269\text{kcal}\cdot\text{kg}^{-1}$$

代入式(5-25)得

$$G = \frac{Q_0}{q_0} = \frac{40\,000}{269} = 148.7\text{kg}\cdot\text{h}^{-1}$$

代入式(5-27)可得

$$\varepsilon = \frac{H_1 - H_4}{H_2 - H_1} = \frac{269}{452 - 397} = 4.9$$

代入式(5-29)得

$$N_\text{T} = \frac{Q_0}{860\varepsilon} = \frac{40\,000}{860 \times 4.9} = 9.4\text{kW}$$

压缩机的压缩比为

$$\frac{p_k}{p_0} = \frac{11.8}{2.4} = 4.92$$

这里,p_0 是对应于 $t_0 = -15$℃时氨的饱和压力。

(2) 按上述同样方法查得:$H_1 = 390\text{kcal}\cdot\text{kg}^{-1}$,$H_2 = 483\text{kcal}\cdot\text{kg}^{-1}$,$H_4 = H_3$ 不变,仍为 $128\text{kcal}\cdot\text{kg}^{-1}$;$p_0 = 0.95\text{atm}$,故

$$q_0 = H_1 - H_4 = 390 - 128 = 262\text{kcal}\cdot\text{kg}^{-1}$$

$$G = \frac{Q_0}{q_0} = \frac{40\,000}{262} = 153\text{kg}\cdot\text{h}^{-1}$$

$$\varepsilon = \frac{H_1 - H_4}{H_2 - H_1} = \frac{262}{483 - 390} = \frac{262}{93} = 2.81$$

$$N_\text{T} = \frac{Q}{860\varepsilon} = \frac{40\,000}{860 \times 2.81} = 16.5\text{kW}$$

$$\text{压缩比} = \frac{p_k}{p_0} = \frac{11.8}{0.95} = 12.4$$

(3) 根据已知数据,查得 $H_1 = 390\text{kcal}\cdot\text{kg}^{-1}$,$H_2 = 483\text{kcal}\cdot\text{kg}^{-1}$,$t = 30$℃的饱和液体的焓值为 $H_3 = 134\text{kcal}\cdot\text{kg}^{-1}$,而 $H_4 = H_3 = 134\text{kcal}\cdot\text{kg}^{-1}$,故

$$q_0 = H_1 - H_4 = 390 - 134 = 256\text{kcal}\cdot\text{kg}^{-1}$$

$$G = \frac{Q_0}{q_0} = \frac{40\,000}{256} = 156\text{kg}\cdot\text{h}^{-1}$$

$$\varepsilon = \frac{H_1 - H_4}{H_2 - H_1} = \frac{256}{483 - 390} = 2.75$$

$$N_\text{T} = \frac{Q_0}{860\varepsilon} = \frac{40\,000}{860 \times 2.75} = 16.9\text{kW}$$

$$\text{压缩比} = \frac{p_k}{p_0} = 12.4$$

(4) 根据已知数据,查氟利昂-12 的 T-S 图,得 $H_1 = 135.2\text{kcal}\cdot\text{kg}^{-1}$;$H_2 = 141.4\text{kcal}\cdot\text{kg}^{-1}$;$H_4 = H_3 = 105.8\text{kcal}\cdot\text{kg}^{-1}$,故

$$q_0 = H_1 - H_4 = 135.2 - 105.8 = 29.4\text{kcal}\cdot\text{kg}^{-1}$$

$$G = \frac{Q_0}{q_0} = \frac{40\,000}{29.4} = 1360\text{kg}\cdot\text{h}^{-1}$$

$$\varepsilon = \frac{H_1 - H_4}{H_2 - H_1} = \frac{29.4}{6.2} = 4.75$$

$$N_T = \frac{Q_0}{860\varepsilon} = \frac{40\,000}{860 \times 4.75} = 9.8\text{kW}$$

根据温度 t=30℃和 t_0=－15℃,查得饱和压力为 p_k=7.59atm(744.3kPa)和 p_0=1.86atm(182.4kPa)。由此,压缩比为

$$\frac{p_k}{p_0} = \frac{7.59}{1.86} = 4.08$$

比较(1)到(4)的计算结果将不难发现:

① 冷凝温度和过冷温度相同时,蒸发温度较高者,冷冻系数较大,消耗的理论功率较小;

② 蒸发温度和冷凝温度各相同时,无过冷者,制冷量较小;

③ 制冷剂不一样,而上述(1)与(4)的冷凝温度、蒸发温度、过冷温度相同时,则氟利昂-12 的制冷量比氨小,制冷剂循环量比使用氨时要大,两者相差将近 10 倍。

5.3.2 制冷剂的选择

制冷剂的性质决定制冷机的操作压力、结构尺寸、使用材料、运行维护等,工业上应用比较广泛的制冷剂有氨、氟利昂-11、氟利昂-12、氟利昂-113、二氧化碳、二氧化硫、乙烷、乙烯等十几种,应用得最为广泛的是氨。

工作原理和生产的安全操作对制冷剂的性质提出如下要求:

(1) 潜热要尽可能大,潜热大,冷冻量就大,对于一定制冷能力所需要的制冷剂循环量就小。这样,就可以降低功率消耗,提高经济性。氨在此方面占绝对优势,它的潜热要比氟利昂大 10 倍左右。

(2) 操作压力和比容要合适,即冷凝压力不要过高,蒸发压力不要过低,蒸汽的比容也不要过大,因为压力过高将增加压缩机和冷凝器的设备费用。蒸汽比容过大,使活塞式压缩机的设计很困难,也要增加设备费用。而蒸汽压力过低,大气就会漏入真空操作的冷凝剂系统,不利于操作的稳定。在这方面,氨也是比较理想的,在冷凝温度较高(如 30℃)时,其冷凝压力不超过 1471kPa,而蒸发温度低到－34℃时,其蒸发压力不低于98.1kPa。二氧化硫和氯化甲烷的冷凝压力比氨低,当冷凝温度为 30℃时,它们的冷凝压力不超过 637kPa 和 882.6kPa,但是它们的蒸发压力过低,如当二氧化硫蒸发温度低于－10℃,氯化甲烷低于－23.5℃时,则蒸发压力就将低于 98.1kPa。

(3) 具有化学稳定性。制冷剂对于循环经过的设备不应有显著的腐蚀破坏作用,如氨对铜有强烈的腐蚀作用,对钢则否。此外,制冷剂常有漏失,其漏到大气中的制冷剂蒸汽对操作人员的身体健康不应有毒害或强烈的刺激作用,在这方面,氨和二氧化硫均有刺激人体器官的作用,吸入量过多,还会产生永久性损害。

(4) 为了操作安全,制冷剂不应有易燃性和爆炸性。

(5) 价格便宜,而且可获得大量的供应。

综合上述各点,氨作为制冷剂的优点多于缺点,而且价格低,容易大量购得,故在目前工业生产上被广泛应用,有关各种制冷剂的物理性质参看表 5-1。

表 5-1　制冷剂的物理性质

制冷剂	化学式	相对分子质量	正常沸点 t_b/℃	临界温度 T_c/K	临界压力 p_c/kPa	临界体积 V_c/(cm³·mol⁻¹)	凝固温度 t_s/℃	绝热指数 $k=\frac{C_p}{C_V}$	Trouton 系数 $\frac{M\Delta H_V}{T_b}$	最低的冷冻温度/℃
水	H_2O	18.016	100	647.1	22 048	56	0.0	1.33	26.02	—
氨	NH_3	17.031	−33.4	405.6	11 277	72.5	−77.7	1.30	23.25	−65
二氧化硫	SO_2	64.06	−10.0	430.8	7883	122	−75.2	1.26	22.70	−45
甲胺	CH_3NH_2	31.06	−6.5	430.2	7407	123	−92.5	1.18	23.29	—
二氧化碳	CO_2	44.01	−78.5	304.2	7376	94.0	−56.6	1.30	—	−50
氯甲烷	CH_3Cl	50.49	−24.2	416.2	6677	139	−97.6	1.20	20.7	−60
氟利昂-11	$CFCl_3$	137.38	23.1	471.2	4408	248	−111.0	1.13	20.1	−25
氟利昂-12	CF_2Cl_2	120.92	−28.2	384.7	4012	218	−155.0	1.14	19.9	−65
氟利昂-13	CF_3Cl	104.47	−80.2	302.0	3870	180	−180.0	—	19.5	−110
氟利昂-14	CF_4	88.01	−127.8	227.7	4195	153	−190.9	—	19.81	−140
氟利昂-21	$CHFCl_2$	102.93	8.9	451.7	5168	197	−135.0	1.16	20.85	—
氟利昂-22	CHF_2Cl	86.48	−40.8	369.6	4914	165	−160.0	1.20	20.8	−70
氟利昂-23	CHF_3	70.01	−82.2	298.2	4752	145	−163.0	1.21	22.6	—
氟利昂-113	$C_2F_3Cl_3$	187.39	92.8	487.2	3415	304	−36.5	1.09	20.46	—
氟利昂-114	$C_2F_4Cl_2$	170.91	3.8	419.0	3273	292	−93.9	1.107	20.05	—
氟利昂-142	$C_2H_3F_2Cl$	100.48	−9.21	—	—	—	−13.08	1.137	20.28	—
氟利昂-143	$C_2H_3F_3$	84.04	−47.3	344.6	4256	—	−111.3	—	—	—
乙烷	C_2H_6	30.06	−88.6	305.4	4884	148	−183.2	1.25	18.86	—
丙烷	C_3H_8	44.1	−42.1	369.8	4246	203	−187.1	1.13	19.36	—
乙烯	C_2H_4	28.05	−103.7	282.4	5036	12.9	−169.5	—	18.94	—
丙烯	C_3H_6	42.08	−47.7	365.0	4620	181	−185.0	—	19.54	—

5.3.3 载冷剂的选用

制冷机所生产的制冷量,常常通过作为载冷体的某种盐水溶液从被冷物体取走热量,此种载冷体也称载冷剂,循环于制冷机与被冷物体之间,即从被冷物体取得热量,然后传递给制冷剂,载冷剂的温度降低以后,又重新回到被冷物体那里吸取热量。常用的载冷剂有氯化钠、氯化钙和氯化镁等水溶液,这些溶液习惯通称冷冻盐水。

一定浓度的冷冻盐水有一定的冻结温度,因此当选用冷冻盐水和浓度时,首先要仔细考虑需要的低温,选用的温度显然不能低于冷冻盐水的冻结温度,一般要高于冻结温度若干度,例如,氯化钠冷冻盐水的最低冻结温度为-21℃,实际应用的温度不低于-18℃;氯化钙的冷冻盐水的最低冻结温度为-55℃,实际应用的温度不宜低于-45℃。

在冷冻操作中,除了采用盐水溶液作为载冷剂外,还有采用有机化合物如甲醇、乙醇等水溶液作为载冷剂的。

5.3.4 冷冻能力的比较

单给出制冷量不足以说明一台制冷机制冷能力的确切大小,必须同时指明这个制冷能力是在什么温度条件下(具体的冷凝温度、蒸发温度和过冷温度)所具有的,或者要同时说明制冷系数或功率消耗,否则只有数量而没有质量标准,仍不好比较。

有一种直接比较制冷能力的办法,就是把实际的制冷能力换算成标准条件下的制冷能力。根据国际人工冷冻研究所的规定,选定下列标准的温度条件:

蒸发温度 $t_0=-15$℃

冷凝温度 $t=+30$℃

过冷温度 $t_3=+25$℃(即过冷 5℃)

用下标"标"代表标准温度条件下的量,根据式(5-25)

$$Q_0 = Gq_0$$

得到换算关系为

$$\frac{Q_{0标}}{Q_0} = \frac{G_{标}\ q_{0标}}{Gq_0} \tag{5-30}$$

如果制冷剂进压缩机的比容为 v_1($\mathrm{m^3 \cdot kg^{-1}}$),单位体积制冷剂的制冷量为 q_v($\mathrm{kcal \cdot m^{-3}}$),则

$$q_0 = q_v v_1 \tag{5-31}$$

随着蒸发温度和压力的降低,v_1 增大,显然 q_v 随之减小。

压缩机的质量流量 G($\mathrm{kg \cdot h^{-1}}$)也可以表示成如下的关系式:

$$G = \frac{V_{有效}}{v_1} = \frac{\lambda V_n}{v_1} \tag{5-32}$$

式中,$V_{有效}$($\mathrm{m^3 \cdot h^{-1}}$)是活塞式压缩机的有效容积流量;$V_n$($\mathrm{m^3 \cdot h^{-1}}$)称为压缩机的活塞排量,是压缩机的理论容积流量,即活塞在单位时间内所走过的容积,它只决定于气缸直径、行程和压缩机转速(可参看下面例题),与制冷剂状态无关;λ 称为压缩机的容积系数(或称供

给系数),考虑到压缩机气缸存在着余隙容积,制冷剂与气缸壁有热量交换,以及克服流动阻力等原因,实际上气缸每次所吸入的制冷剂的数量要比理论少,λ 值随着蒸发温度的降低,压缩比的提高而减小,λ 还与压缩机结构、制造安装质量等因素有关,见表5-2和表5-3。

表5-2 大型立式氨压缩机的 值

蒸发温度 t_1/℃	冷凝温度 t_2/℃				
	15	20	25	30	35
−5	0.915	0.899	0.882	0.862	0.841
−10	0.900	0.885	0.869	0.850	0.830
−15	0.882	0.867	0.851	0.832	0.812
−20	0.862	0.848	0.832	0.812	0.792
−25	0.841	0.827	0.811	0.793	0.772
−30	0.819	0.805	0.789	0.711	0.750

表5-3 大型卧式氨压缩机的 值

蒸发温度 t_1/℃	冷凝温度 t_2/℃				
	15	20	25	30	35
−5	0.843	0.829	0.813	0.795	0.775
−10	0.814	0.800	0.784	0.766	0.746
−15	0.786	0.772	0.756	0.738	0.718
−20	0.758	0.744	0.728	0.711	0.691
−25	0.732	0.718	0.702	0.685	0.665
−30	0.707	0.693	0.677	0.659	0.639

将式(5-31)和式(5-32)代入式(5-30),得

$$\frac{Q_{0标}}{Q_0}=\frac{\dfrac{\lambda_{标}V_n}{v_{1标}}(q_{v标}v_{1标})}{\dfrac{\lambda V_n}{v_1}(q_v v_1)}=\frac{\lambda_{标}q_{v标}}{\lambda q_v} \tag{5-33}$$

或

$$Q_{0标}=Q_0\frac{\lambda_{标}\ q_{v标}}{\lambda q_v} \tag{5-34}$$

这样,就可以把实际温度条件下的制冷能力 Q_0 换算成标准制冷能力 $Q_{0标}$。

例5-4 设有一台卧式氨压缩制冷机,冷凝温度为 $t=30$℃,过冷温度为 $t_3=+25$℃,蒸发温度为 $t_0=-30$℃,其制冷能力为 $Q_0=40\ 000\text{kcal}\cdot\text{h}^{-1}$,试求这台制冷机的标准制冷能力。

解 先从氨的 T-S 图上查出在已知温度条件下,压缩机入口状态(可参看图5-22中的状态4)的焓值 $H_4=128\text{kcal}\cdot\text{kg}^{-1}$。另由氨 T-S 图中查出在标准温度条件下压缩机入口状态的焓值 $H_{1标}=397.5\text{kcal}\cdot\text{kg}^{-1}$,比容 $v_{1标}=0.5\text{m}^3\cdot\text{kg}^{-1}$,$H_{4标}=128\text{kcal}\cdot\text{kg}^{-1}$。

将查得的数值代入式(5-24)得

$$q_0=H_1-H_4=393-128=265\text{kcal}\cdot\text{kg}^{-1}$$

代入式(5-31)得

$$q_v=\frac{q_0}{v_1}=\frac{265}{0.97}=273\text{kcal}\cdot\text{m}^{-3}$$

同样

$$q_{0标}=H_{1标}-H_{4标}=397.5-128=269.5\text{kcal}\cdot\text{kg}^{-1}$$

$$q_{v标}=\frac{q_{0标}}{v_{1标}}=\frac{269.5}{0.5}=539\text{kcal}\cdot\text{m}^{-3}$$

再从表5-3查出实际温度条件下的供给系数 $\lambda=0.659$ 以及标准温度条件下的供给系数 $\lambda_{标}=0.738$,代入式(5-30),即得标准制冷能力为

$$\begin{aligned}Q_{0标}&=Q_0\frac{\lambda_{标}\ q_{v标}}{\lambda q_v}=40\ 000\frac{0.738\times 539}{0.659\times 273}\\&=88\ 800\text{kcal}\cdot\text{h}^{-1}\end{aligned}$$

从理论功率换算到轴功率，这和在第4章中讨论往复式压缩机一样，必须有各种效率的数据。

有人曾推荐用下列的经验公式来估算指示效率 η_i：

$$\eta_i = \lambda_w + bt_1 \tag{5-35}$$

式中

加热系数 $\lambda_w = \dfrac{t_1 + 273}{t_2 + 299}$（大型卧式压缩机）

$= \dfrac{t_1 + 273}{t_2 + 273}$（大型立式直流压缩机）

经验系数 $b = 0.002$（卧式氨压缩机）

$= 0.001$（立式氨压缩机）

$= 0.0025$（立式氟利昂压缩机）

t_1（℃）为蒸发温度，t_2（℃）为冷凝温度。因此，

$$\text{指示功率}\ N_i = \frac{N_t}{\eta_i} \tag{5-36}$$

压缩机机械损失的计算是与运动部件摩擦功率的确定相联系的，摩擦功率既与机器的尺寸有关，也和压缩机的工作情况有密切关系，因此，有人提出如下经验公式

$$N_f = \frac{V_n p_f}{36.72} \tag{5-37}$$

式中，N_f(kW)是摩擦功率；p_f 是平均摩擦压力，对立式氨压缩机 p_f 约为 $0.6\text{kg}\cdot\text{cm}^{-2}$，对于氟利昂压缩机为 $0.3\sim0.5\text{kg}\cdot\text{cm}^{-2}$；$V_n(\text{m}^3\cdot\text{h}^{-1})$为活塞排量。

在压缩机轴上所耗功率 N_F 与指示功率 N_i 的差别等于诸运动部分的摩擦损失：

$$N_F = N_i + N_f \tag{5-38}$$

例 5-5 国产12.5系列的单级制冷压缩机（12.5系列指气缸直径125mm）具有质量轻、体积小、运转平稳、效率高等特点，并能适用多种工质，如氨、氟利昂-22及氟利昂-12等。其中8S-12.5A型的主要参数如下：

气缸排列形式：双V型

气缸数=8

气缸直径=125mm

活塞行程=100mm

额定转速=$960\text{r}\cdot\text{min}^{-1}$

若用氨为制冷剂，冷凝温度为+30℃，蒸发温度−10℃，过冷度和过热度为5℃，此时的制冷能力为 $272\,000\text{kcal}\cdot\text{h}^{-1}$，试求：

(1) 制冷系数；

(2) 节流膨胀后的氨蒸汽湿度；

(3) 轴功率。

解 根据上述循环的特点，可做出图5-23。在该循环中既有过热，也有过冷。

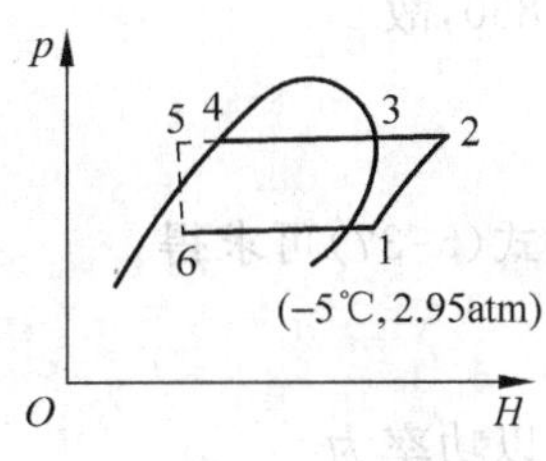

图5-23 氨的 p-H 图

从氨的热力学图上可查出有关各状态点上的热力学参数。

$$H_1 = 402\text{kcal}\cdot\text{kg}^{-1}$$

$$p_1 = 2.95\text{atm}$$
$$S_1 = 2.15\text{kcal}\cdot\text{kg}^{-1}\cdot\text{K}^{-1}$$
$$v_1 = 0.44\text{m}^3\cdot\text{kg}^{-1}$$
$$H_2 = 452\text{kcal}\cdot\text{kg}^{-1}$$
$$p_2 = 11.95\text{atm}$$
$$S_2 = S_1 = 2.15\text{kcal}\cdot\text{kg}^{-1}\cdot\text{K}^{-1}$$
$$t_2 = 97℃$$
$$H_5 = 129\text{kcal}\cdot\text{kg}^{-1}\text{(因节流前后焓相等)}$$
$$q_0 = H_1 - H_6 = 402 - 129 = 273\text{kcal}\cdot\text{kg}^{-1}$$

氨的循环量：

$$G = \frac{272\,000}{273} = 996\text{kg}\cdot\text{h}^{-1}$$
$$N = GW = G(H_2 - H_1) = 996(452 - 402) = 49\,800\text{kcal}\cdot\text{h}^{-1}$$

(1) 制冷系数

$$\varepsilon = \frac{q_0}{H_2 - H_1} = \frac{273}{50} = 5.47$$

(2) 节流后，氨从过冷的液体状态变为湿蒸汽状态，从图上查得蒸汽的干度：$x=0.128$，即含有87.2%饱和液体的蒸汽。如果图上没有干度线，也可应用分析法得到：已知$H_6=89\text{kcal}\cdot\text{kg}^{-1}$，饱和蒸汽的焓为$397\text{kcal}\cdot\text{kg}^{-1}$，进行热衡算

$$H'' = H' + \Delta H_v(1 - x)$$
$$397 = 129 + (397 - 129)(1 - x)$$

解得

$$x = 12.8\%$$

(3) 从式(5-29)

$$N_t = \frac{GW}{860} = \frac{49\,800}{860} = 57.7\text{kW}$$

再从式(5-35)

$$\eta_i = \lambda_w + bt_0 = \frac{-10 + 273}{30 + 273} + 0.001(-10) = 0.868 - 0.01 = 0.858$$

故其指示功率为

$$N_i = \frac{N_t}{\eta_i} = \frac{57.7}{0.858} = 67.3\text{kW}$$

实际循环体积 $V_{有效} = Gv_1 = 996 \times 0.44\text{m}^3\cdot\text{h}^{-1} = 438\text{m}^3\cdot\text{h}^{-1}$，从表5-2，查得$\lambda=0.850$，故

$$V_n = \frac{V_{有效}}{\lambda} = \frac{438}{0.850} = 516\text{m}^3\cdot\text{h}^{-1}$$

由式(5-37)可求得

$$N_f = \frac{V_n p_f}{36.72} = \frac{516 \times 0.6}{36.72} = 8.4\text{kW}$$

所以功率为

$$N_p = N_i + N_f = 67.3 + 8.4 = 75.7\text{kW}$$

5.4 分级压缩制冷及复迭式制冷

在5.3节的单级蒸汽压缩制冷循环的基础上，由于生产的需要，又发展出一些新流程，这些流程虽然较复杂，但基本原理并没有什么本质上的差别，分述如下：

5.4.1 分级压缩制冷循环

当需要较低的蒸发温度时，冷凝温度和蒸发温度之差就比较大，即需要较高的压缩比。已知，活塞式压缩机的容积系数是随压缩比的增高而降低的(见表5-2和表5-3)；压缩比过高，还将导致出口蒸汽温度过高，使制冷剂分解(例如氨在120℃以上就分解)。此时最好的办法是采用多级压缩和级间冷却，这样还可以降低功率消耗，当然，机械设备就复杂了。

在氨制冷机中，一般蒸发温度低于−30℃，采用两级压缩；低于−45℃，采用三级压缩。

图5-24(a)所示为一双级压缩制冷机。相应的工作循环如图5-24(b)所示。图中状态1代表低压气缸吸入状态。经压缩机等熵压缩到状态点2，排出的蒸汽通过中间冷却器经冷却后到达状态3，再进入分离器。在分离器中，蒸汽与同一压力下的沸腾液体相接触，将自己过热部分的热量传给沸腾液体，使分离器中的液体部分蒸发，从而保证了进入高压气缸的蒸汽为干饱和蒸汽。该蒸汽经高压气缸等熵压缩到状态点4，然后在冷凝器中等压冷却到状态点5(过冷液体)，再在节流阀中膨胀到状态6(湿蒸汽)，进入分离器。分离器的液体一部分进入高压蒸发器，吸取热量而蒸发，然后进高压气缸。另一部分液体经节流阀膨胀进入低压蒸发器吸收热量，蒸发成为干饱和蒸汽，回到状态1，进入低压气缸，开始另一循环。

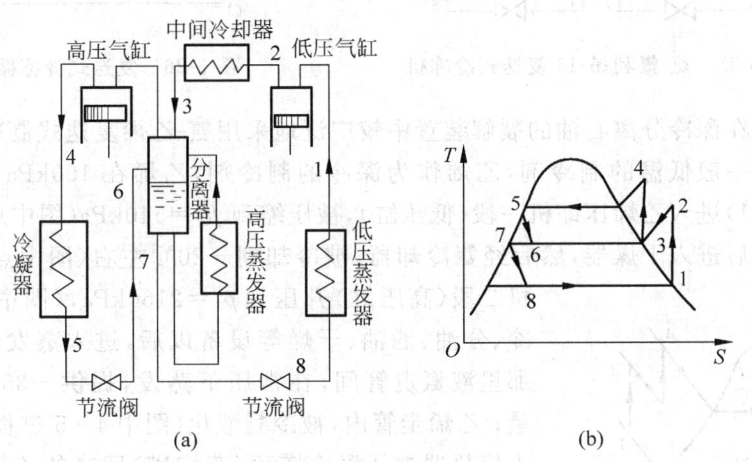

图5-24 两级压缩冷冻机和循环图

参考图5-24，考虑采用三级压缩的制冷机将如何组织安排，试画出它的工作循环图。

显然，在多级压缩制冷机中，通过各级蒸发器，可提供几种不同温度的冷冻级供使用。

5.4.2 复迭式制冷循环

制冷剂的蒸发温度降低,蒸发器内的压力也随之降低,比容增大。活塞式压缩机的阀门系统限制了进口压力不可能低于10～15kPa,而当p=10～15kPa,与之相应的蒸发温度为:氨,−65℃;氟利昂-12,−67℃;氟利昂-22,−75℃,达到这样低的压力时,低压气缸的尺寸也大大增加。所以要获得比上述更低的温度,往往采用复迭式制冷循环。它的特点是:选用两种不同制冷剂的制冷机组合在一起进行工作,让其中的一个在一般的低温范围内工作,另一个在更低温度范围内工作;并且让在一般低温范围内工作的制冷机的蒸发器同时又是在更低温度范围内工作的制冷机的冷凝器,这也就是运用串联操作的制冷方法。

参看图5-25,氨循环的蒸发温度为−30℃,冷凝温度为+25℃,在更低温范围内则采用氟利昂-13,冷凝温度为−25℃,蒸发温度为−90℃,在T-S图中(图5-26)循环1—2—3′—3—4—1是氨制冷循环,循环5—6—7—8—5为氟利昂-13制冷循环。显然,在氨蒸发器-氟利昂-13冷凝器设备中把两个循环组合在一起,氨制冷机的冷冻量是用来冷凝氟利昂-13的蒸汽。氨和氟利昂-13之间的传热维持3～5℃的温差。

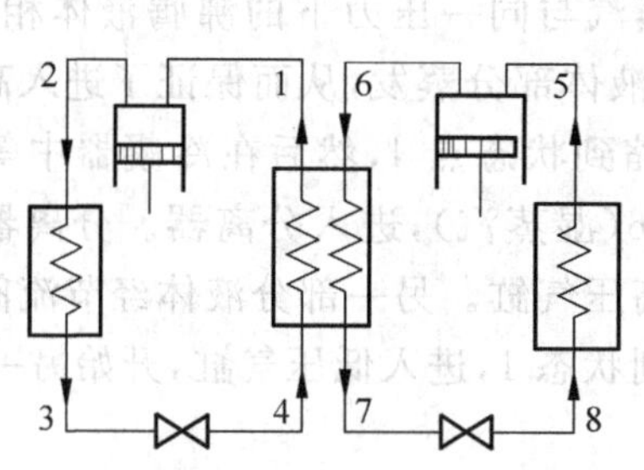

图5-25 氨-氟利昂-13复迭式冷冻机

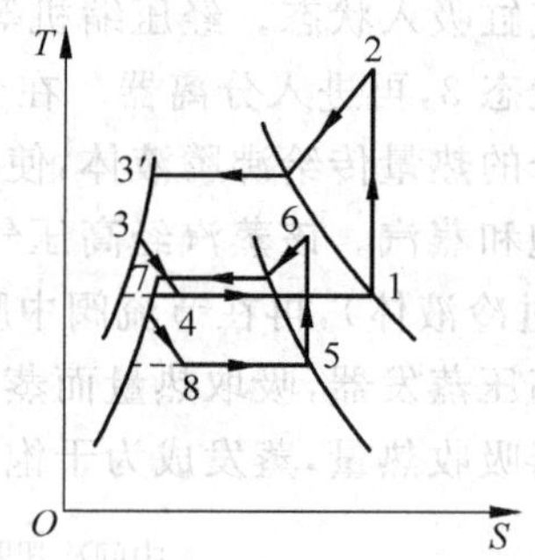

图5-26 复迭式冷冻循环

目前国内在深冷分离石油的裂解装置中较广泛地采用氨-乙烯复迭式制冷的工艺流程。它是以氨作为一般低温的制冷剂,乙烯作为深冷的制冷剂,乙烯在100kPa和−40℃左右(图5-27中点1)进入乙烯压缩机一段(低压缸),被压缩到p_2=540kPa(图中点2),经水冷却和分离润滑油后进入干燥器,然后经氨冷却器,被冷却到−20℃左右(图中点3),进入压缩机二段(高压缸)升压到p_3=2160kPa,(图中点4),再经水冷、分油、滤油、干燥等设备以后,进入蒸发器-冷凝器。在那里液氨走管间,在常压下蒸发,提供−35℃左右的冷冻量;乙烯走管内,被冷凝液化(图中4—5过程),液态乙烯进入换热器被从深冷塔顶(蒸馏塔)回来的乙烯气体冷却,过冷到−45℃(图中点6)流入贮槽备用,以便送往深冷塔顶乙烯冷凝蒸发器,让乙烯膨胀蒸发而提供了−100℃的低温冷冻量(实际上因有传热温差,只能达到−95℃左右的冷凝温度),乙烯本身则恢复到图中状态点1,再次进入压缩机一段循环使用。

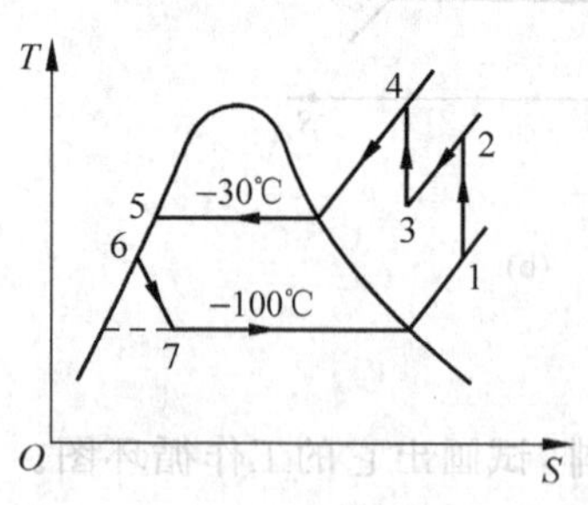

图5-27 氨-乙烯复迭冷冻循环中的乙烯循环

注意，用乙烷或乙烯作为低温制冷剂时，如与空气混合，有爆炸危险，故最好采用氟利昂-13或氟利昂-23代替乙烯和乙烷等。

5.5 其他形式的制冷装置

5.5.1 蒸汽喷射式制冷循环

蒸汽喷射制冷循环在本质上也是蒸汽压缩循环，所不同的地方是不耗费功而耗费热来产生压缩作用。喷射式制冷通常用水作为制冷剂，其优点是无毒、价廉，容易获得。为了使水的蒸发温度降低到接近于0℃，必须保持高度的真空。例如蒸发温度相当于0℃的饱和压力是0.61kPa，为了保持系统达到如此低压力，可以利用多级喷射泵来实现。附带指出，在这种低压下，水蒸汽的比容极大，例如 $t_0=5$℃，$p_0=0.87$kPa时，干饱和蒸汽的比容 $v''=147.2\text{m}^3\cdot\text{kg}^{-1}$，所以这种情况下压缩式制冷是非常困难的。

喷射式制冷机的工作过程参看图5-28，在锅炉1中产生较高压力 p_1(300～600kPa)的水蒸汽，进入喷射泵，通过喷管2，达到蒸发器6中的压力 p_0(49～98Pa)，喷管中的高速气流与从蒸发器来的饱和水蒸汽混合，在喷射泵的扩压管3中，升压到冷凝器4中的压力 p_k(294～392Pa)，并在冷凝器4中蒸汽凝结成水。然后分成两股：一股经过调节阀5节流膨胀，进入蒸发器6，在蒸发器提供制冷量，吸收热量变成饱和蒸汽，被喷射泵抽走；另一股由泵7打回锅炉。

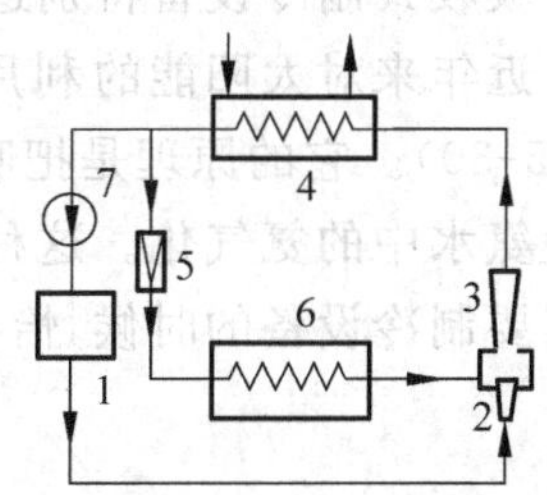

图5-28 蒸汽喷射式制冷装置

1—锅炉；2—喷管；3—扩压管；4—冷凝器；5—节流阀；6—蒸发器；7—水泵

喷射式制冷机常用水作为制冷剂，在0℃以上制冷，可供空气调节系统降温使用。如果需在0℃以下制冷，可采用氯化钠、氯化钙的水溶液等作为制冷剂。

衡量喷射式制冷机的经济指标是热力系数 ε，即

$$\varepsilon=\frac{Q_0}{Q} \tag{5-39}$$

式中，Q_0(kJ·h^{-1})是蒸发器中吸收的热量(制冷能力)，Q(kJ·h^{-1})是锅炉中的加热量。

5.5.2 吸收式制冷循环

这也是一种不依靠机械功，而是依靠热能的耗费取得制冷效果的装置，同样可用氨作为制冷剂。它的工作原理与前两种的区别，仍然只是在气体的压缩方式上[5]。参看图5-29，以水作为吸收剂，利用溶液吸收原理，由图中1,2,3,4组成所谓的"化学泵"。具体地说，从蒸发器来的低压氨气在吸收器里凝结为氨液，并被器内的稀氨溶液所吸收，成为氨水溶液，在这一凝结过程中所放出的热量由冷却水带走。形成的氨水溶液，通过氨水泵送入压力较高的发生器被加热(可通过蒸汽盘管来加热，图中未示出)，于是溶解在水中的氨又被驱逐出来。送往制冷系统中的冷凝器释放出氨之后所制得的稀氨液，经过减压阀降低压力，又进入吸收器，完成它本身的循环。

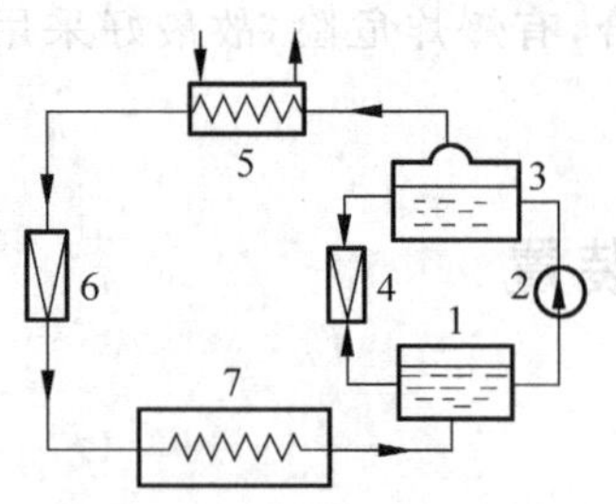

图 5-29 吸收式制冷装置

1—吸收器；2—氨水泵；3—发生器；
4—减压阀；5—冷凝器；6—节流阀；7—蒸发器

和喷射式制冷装置一样,吸收式制冷装置运行经济性也由热能利用系数表示。此时,式(5-34)中的 Q 代表制备加热用蒸汽的热量。

大型吸收式制冷机的热力系数为 0.3～0.5,通常冷冻能力可达每小时几百万千焦或更高。

吸收式制冷机所用的制冷剂和吸收剂是多种多样的,应用得较多的除氨-水之外,还有水-溴化锂,水为冷冻剂,以溴化锂为吸收剂。它的优点是没有氨那种的刺激性,冷冻设备中压力差小,这样就减少了设备和管路的金属消耗,结构轻便。另外因为溴化锂本身不挥发,所以不需要精馏塔,只用一个简单的发生器就够了,热力系数也较高。溴化锂的缺点是有较大的腐蚀作用,除在溴化锂溶液中添加防腐剂外,设备需用不锈钢制造。

吸收式制冷设备特别适用于有废热可利用的场合,如化工厂、食品厂等。

近年来对太阳能的利用也越来越广泛,因此,如果条件许可,可设计太阳能制冷设备(图 5-30)。它的原理是把吸收式制冷设备中的发生器改成太阳能吸热器,利用太阳的辐射热使氨水中的氨气化。这种设备在南方炎热地带是最经济的,因为夏季最热的时候也正是最需要制冷设备的时候,恰好可以利用火热的太阳制造凉爽的室内工作环境。

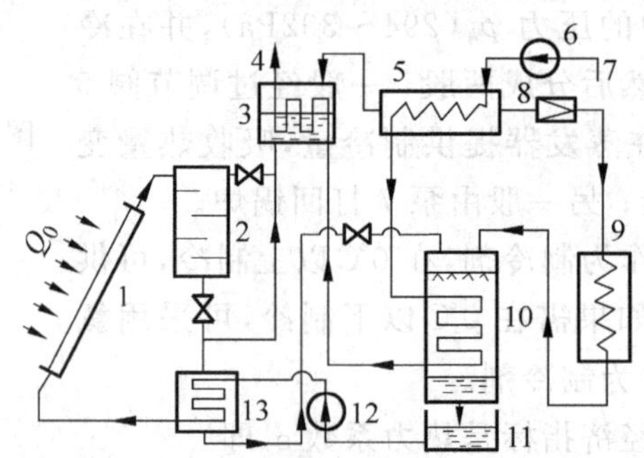

图 5-30 太阳能制冷装置

1—太阳能辐射吸收器；2—沸液器；3—气液分离器；4—出水管；5—冷凝器；6—水泵；7—深井；
8—节流阀；9—蒸发器；10—吸收器；11—贮液筒；12—氨泵；13—换热器

5.6 热泵原理与热能的综合利用

在 5.1 节中已经讨论过有关热能综合利用在化工厂中的重要性。热能的综合利用有两种途径：一种是利用厂内的工艺废热—余热,通过余热锅炉,蒸汽透平等一系列设备,从高温热源取得热量,使其中部分热量转变为外功,加以利用。另一种是应用热泵。该设备是以消耗一定量的机械功为代价,可以把热能由较低温度提高到能够被利用的较高温度,这对于热能的利用也具有很大的经济意义[6]。

为了阐明热泵的工作原理,现以卡诺热泵为例说明,如图 5-31 所示,设该热泵是在环境温度 T_0 和所需温度 T_1 之间按逆向卡诺循环进行工作的。在此循环中工质首先沿绝热线

$1-2$膨胀，同时温度从T_1降低到T_0，然后沿等温线$2-3$膨胀，在等温膨胀中，工质在温度T_0下从冷源（环境）吸取热量Q_0。从状态3工质沿绝热线$3-4$被压缩，同时其温度由T_0升高到T_1。最后沿等温线$4-1$被压缩，在等温压缩中，工质在温度T_1下向热源（受热体）放出热量Q_1。

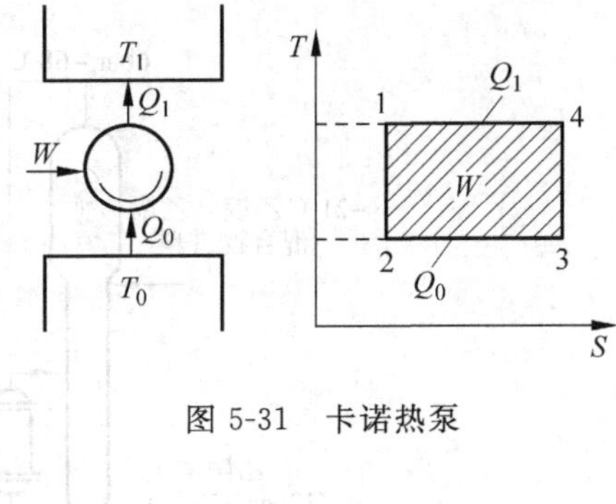

图 5-31　卡诺热泵

逆向卡诺循环的结果是消耗机械功W，把从恒温冷源T_0所得到的热量Q_0输送给恒温热源T_1。此时，恒温热源所得到的热量为Q_1

$$Q_1 = Q_0 + W$$

即等于恒温冷源传给工质的热量和完成循环所消耗的机械功之和。

热泵的经济性一般用供热系数ε_1来衡量：

$$\varepsilon_1 = \frac{Q_1}{W}$$

因$Q_1 = Q_0 + W$，故ε_1永远大于1，假如$\varepsilon_1 = 5$，表示消耗1J的功，可以获得5J的热量，显然这比直接燃烧燃料来获得热量更为有利。

化工厂中有大量的低温废热，往往是白白地浪费掉。利用热泵可以把这些低温热能转变为高温热能，用于蒸发、蒸馏等工艺过程的加热，从而达到节约能源，降低成本的目的。如石油裂解深冷分离中最简单形式的热泵，是将制冷系统与精馏设备结合起来。制冷剂经压缩以后，用于精馏塔的再沸器作为加热介质，制冷剂本身被冷凝，然后将此液态制冷剂输送到塔顶蒸汽冷凝器管间蒸发，供给冷量，使塔顶蒸汽冷凝，制冷蒸汽重新去压缩，起到了热泵的作用。

某厂分离乙烯、乙烷的乙烯塔流程中有关热泵部分如图5-32所示。以乙烷、乙烯液体混合物为进料的精馏塔，塔顶产品为纯乙烯蒸汽，经过压缩后，以塔顶压力6×10^2kPa，提高到18×10^2kPa，温度从-68℃升高到85℃，经过一系列的冷却器，先后为水、0℃的液态丙烯、-21℃的液态丙烯所冷却。然后，其中一部分-43℃丙烯冷凝为-36℃的液态乙烯，另一部分则为-43℃的丙烯冷却为-32℃的气态乙烯，进入乙烯-乙烷塔底的再沸器中，供加热汽化塔底的乙烷之用。此时，乙烯本身则冷凝为液态乙烯，连同前一部分的液态乙烯作为产品。这样，塔顶压力较低的气体乙烯由于经过压缩，就可将其一部分热量传给塔底再沸器中的乙烷，使之部分气化，进行精馏，而本身则被冷凝成为液体。总的效果就是将塔顶-68℃的气体乙烯中的部分热量传给塔底-50℃的液体乙烷，即将低温物质中的热量通过加入外功而传给高温物质，因此构成了一个热泵装置。在这一过程中，冷却气体乙烯的冷却剂，除水以外，还有各级温度的丙烯，这是由图5-32中丙烯分级压缩冷冻所提供的（在生产实际中，丙烯分级压缩冷冻提供的各级冷冻量，除供此处使用外，还有其他用途）。而且在此流程中，故意让一部分乙烯不被丙烯所冷凝，仅冷却到-32℃的气态乙烯，最后为乙烯塔底的乙烷所冷凝。这样巧妙地利用热泵原理，一方面可以减少丙烯冷冻负担，从而减少压缩丙烯的能量消耗，另一方面又为加热乙烯塔底的乙烷提供热量，从而达到能量的综合利用，节约总的能量消耗。否则，必须另外消耗热量。

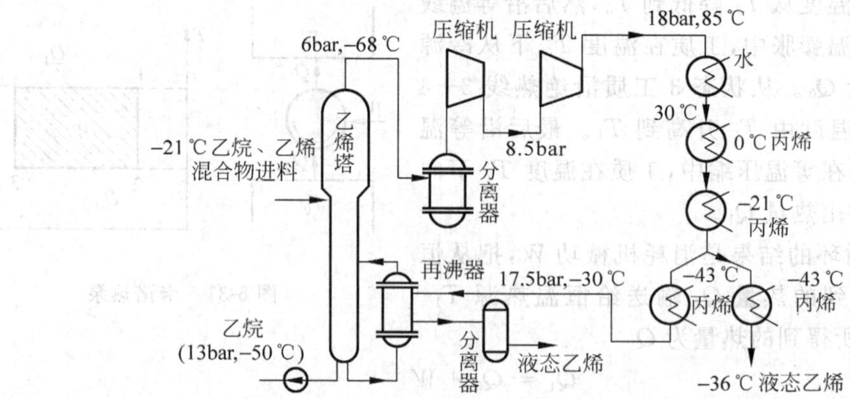

图 5-32　石油裂解气深冷分离过程中乙烯精馏塔的有关热泵部分(1bar＝10^2 kPa)

应该指出：在上述流程中,乙烯不但是热泵中的工质,而且又是塔顶的产物。和上面讲的热泵中制冷剂在精馏塔的冷凝器和再沸器间循环运用的流程又有所差别,可是热泵的原理都是完全一致的。由此可见,许多设备的安排、技术的应用是根据工艺方面的需要,反过来,由于先进技术和设备的采用又能改革流程,降低成本,提高技术经济指标。

5.7　气体的液化

凡冷冻范围高于－100℃的称为冷冻,低于－100℃的则称为深度冷冻(简称深冷)。所有气体若冷却到临界温度以下,皆可使之液化,因此,深冷技术实际上就是液化技术,主要是用来液化那些沸点很低的气体,从而可以有效地分离如空气中的氧、氮和氢、氖,天然气和水煤气中的氢以及石油气中的甲烷、乙烷等[7]。也就是说,用深冷技术可将混合气体液化,再用精馏或部分冷凝的方法分离出所需要的产品。

深度冷冻和普通冷冻(中冷或浅冷)仅在冷冻温度上有量的差别,工作原理是相同的;膨胀过程除使用膨胀阀外还常常使用膨胀机,此外,在膨胀以前要预冷到相当低的温度。

下面主要对深冷原理及其工作循环进行分析。

5.7.1　简单林德(Linde)冷冻装置循环

1. 装置的工作原理

参看图 5-33,气体从状态 1(p_1,T_1)经多级压缩压力增加到 p_2,再经冷却器,温度恢复到初始温度 T_1。状态 2(p_2,T_1)的气体再经过换热器预冷到相当低的温度(状态 3),经节流阀膨胀到蒸发温度如 T_0 的湿蒸汽区(状态 4),经气液分离器将液态气体(饱和液体)分离出去,分离后的干饱和蒸汽送到换热器去预冷新来的高压气体,而其本身被加热恢复到原来状态 1。

可见,在此流程中,气体实际上被分为两部分,液化部分(以 x 表示)沿路线 1—2—3—4—5 进行,达到终点状态 5,作为产品被分离出来;未液化部分($1-x$)则沿 1—2—3—4—6—1 路线循环,起着冷冻剂的作用,既液化本身又起冷冻剂作用是深度冷冻与普通冷冻所不同的一个特点。

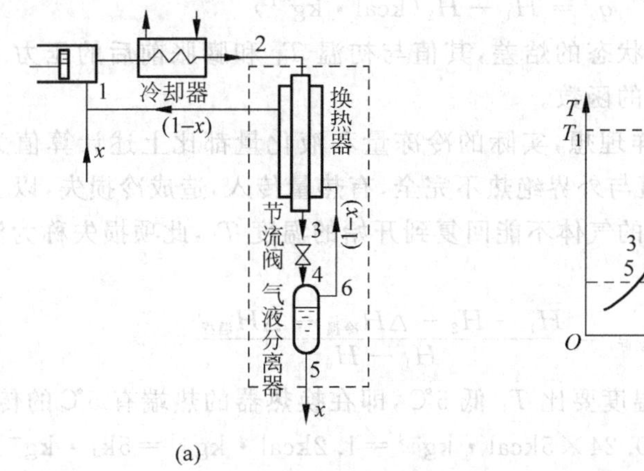

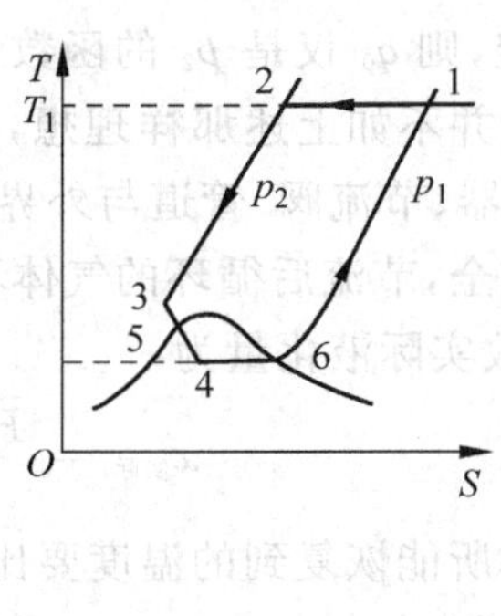

图 5-33　林德冷冻装置及其循环图

2. 冷冻装置的开工阶段

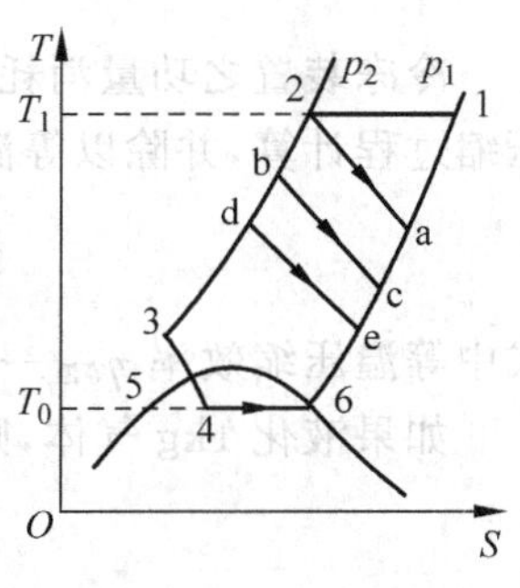

图 5-34　开工阶段情况

参看图 5-34，装置在开工阶段，一开始的节流是从温度 T_1 的状态 2 降压减温，达到状态 a，温降显然是有限的，达不到液化的程度。但借助于换热器，让节流后的气体（状态 a）全部用来预冷新进入换热器的状态 2 的高压气体，使其温度由 T_1 降到 T_b，低压气体本身吸收热量温度由 T_a 升高到 T_1，并在状态 1 下再进压缩机。以后，状态 b 的高压气体节流到状态 c，回到换热器把新进入换热器的高压气体预冷到 T_d，如此反复进行，冷冻能力逐步积累，直到达到液化温度 T_0，进入稳定操作，开始正常出产品。

3. 冷冻量与液化量

这里仍以 1kg 气体为计算基准，取 x(kg) 为气体液化量，则在稳定操作工况下，液化 x(kg) 气体，需取走的热量，就是装置的冷冻量 q_0 ($\mathrm{kJ \cdot kg^{-1}}$)

$$q_0 = x(H_1 - H_0) \tag{5-40}$$

式中，H_1 是在初温 T_1 及压力 p_1 下气体的焓；H_0 是在液化温度 T_0 下饱和液体的焓，即 H_5。

参看图 5-33(a) 装置图中有虚线框的部分，进入的气体是 1kg 状态 2 的高压气体，分离出去 x(kg) 状态 5 的饱和液体，另外循环返回压缩机的 $(1-x)$kg 状态 1 的低压气体，其热量平衡式如下：

$$1 \cdot H_2 = xH_0 + (1-x)H_1$$

或

$$x = \frac{H_1 - H_2}{H_1 - H_0} \tag{5-41}$$

即为所要求的液化量，其中 H_2 是温度为 T_1 和压力为 p_2，即状态 2 的气体的焓。合并式(5-40)和式(5-41)：

$$q_0 = H_1 - H_2(\text{kcal} \cdot \text{kg}^{-1}) \tag{5-42}$$

可见,循环的冷冻量为 1,2 两状态的焓差,其值与初温 T_1 和膨胀前后的压力 p_2,p_1 有关。若 p_1,T_1 一定,则 q_0 仅是 p_2 的函数。

实际运行并不如上述那样理想,实际的冷冻量和液化量都比上述计算值为小,原因有二:一是换热器、节流阀、管道与外界绝热不完全,有热量传入,造成冷损失,以 $\Delta H_{冷损}$ 表示;二是换热不完全,节流后循环的气体不能回复到开始的温度 T_1,此项损失称为温度损失,以 $\Delta H_{温损}$ 表示,故实际液化量为

$$x_{实际} = \frac{H_1 - H_2 - \Delta H_{冷损} - \Delta H_{温损}}{H_1 - H_0} \tag{5-43}$$

一般循环气体所能恢复到的温度要比 T_1 低 5℃,即在换热器的热端有 5℃的传热温差。对于空气液化,$\Delta H_{温损} = c_p \Delta t = 0.24 \times 5\text{kcal} \cdot \text{kg}^{-1} = 1.2\text{kcal} \cdot \text{kg}^{-1} = 5\text{kJ} \cdot \text{kg}^{-1}$。至于冷损 $\Delta H_{冷损}$ 是由设备尺寸和保温完善程度决定,在现代空气液化装置中,为 $1 \sim 2\text{kcal} \cdot \text{kg}^{-1} = 4 \sim 8\text{kJ} \cdot \text{kg}^{-1}$。

4. 功量消耗

冷冻装置之功量消耗是多级压缩机的压缩功 W。为简便起见,W 可按理想气体的等温压缩过程计算,并除以等温压缩效率,

$$W = \frac{1}{\eta_{等温}} R T_1 \ln \frac{p_2}{p_1} \tag{5-44}$$

式中等温压缩效率 $\eta_{等温}$ 一般取 0.6 左右。

如果液化 1kg 气体,则按液化气体计,需消耗的功为

$$W_x = \frac{W}{x} = \frac{1}{x \eta_{等温}} R T_1 \ln \frac{p_2}{p_1} \tag{5-45}$$

或

$$W_x = \frac{R T_1 \ln \frac{p_2}{p_1}}{3600 \times 102 \eta_{等温} x} \tag{5-46}$$

可见,液化单位质量气体的功量消耗是与初温 T_1 和压力比 p_2/p_1 的对数成正比,与气体的液化量 x 成反比。当 p_2 增加时,能量消耗也增加,液化量 x 也随之增加,x 的增加近似地与($p_2 - p_1$)成正比,而功量的消耗仅与 p_2/p_1 的对数成正比。因此,增加 p_2,有利于减少功量的消耗。但 p_2 超过 20MPa,对设备的设计和运行都会带来新的问题,故一般常取 p_2 为 20MPa 左右。

5.7.2 Heylandt 冷冻装置循环

1. 装置的工作原理

该冷冻装置是在过热蒸汽区采用膨胀机的工作方式。在 5.2 节中就已经指出:气体通过膨胀做功的绝热膨胀所获得的温降,比通过节流阀节流的绝热膨胀所获得的温降要大得多。换句话说,用膨胀机比用节流阀能够产生较大的冷冻量,具有较高的冷冻系数,例如使初温为 20℃的空气从 1000kPa 膨胀到 10kPa,若采用等熵膨胀约得 140℃的温降,若节流膨胀仅得约 2.3℃的温降,可见,从冷冻量来说,做外功的绝热膨胀,显然占绝对优势。

在实际操作中，等熵的膨胀过程是不能实现的，这是由于实际上绝热总是不完全，气体流动也总会有摩擦发热等原因，所以图 5-35(b)的 T-S 图上，从 2 点开始的膨胀过程线不会是垂直线 2—a，而像 2—1′线那样，只能温降到 T_1，所获得的冷冻量比等熵膨胀时小。我们用膨胀机的效率 η_0 来表示两者之差别：

$$\eta_0 = \frac{H_2 - H_1'}{H_2 - H_d} \tag{5-47}$$

式中，$(H_2 - H_d)$是 1kg 气体通过膨胀机时做出的理论膨胀功 W_p；$(H_2 - H_1')$是 1kg 气体通过膨胀机时做出的实际膨胀功 W_p'。

若膨胀前初温度高于 30℃，则通常按 $\eta_0 = 0.7$ 考虑；低于 30℃时，按 $\eta_0 = 0.65$ 考虑。为了避免膨胀机在操作上出现麻烦，不允许气体在膨胀机中液化，否则会造成"水击"现象，损坏机器；其次操作温度过低，润滑问题也不能解决。因此，通常并不是单独采用膨胀机，而是与节流阀配合使用，这是 Heylandt 装置的一个特点。

如图 5-35 所示，1kg 气体经压缩机(多级压缩，中间冷却)压缩到 $p_2 = 20\text{MPa}$ 的状态 2，然后分成两部分：一部分 M(kg)，经过换热器 C_1，C_2 被预冷到状态 3，然后经节流阀膨胀到状态 4，其中又有一部分 x(kg)被液分，经气、液化离后排出作为产品，未被液化的部分$(M-x)$(kg)引入换热器 C_2 去预冷新送来的高压气体；另外一部分$(1-M)$(kg)则进入膨胀机，沿过程线 2—1′膨胀做功 W_p' 其排气与经换热器 C_2 出来的低压气体汇合，一起进入换热器 C_1 去预冷新送来的高压气体，经历过程 1′—1，然后恢复到初始状态 1(实际上其温度比 T_1 低 3～5℃)。

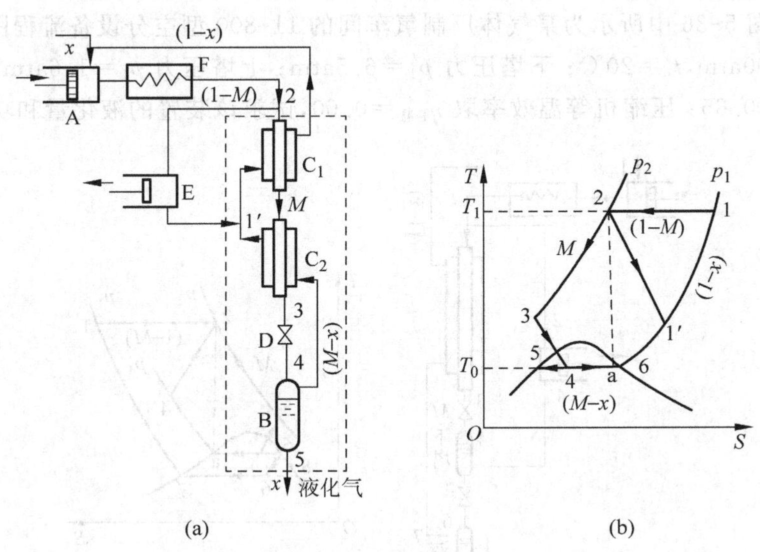

图 5-35 Heylandt 冷冻装置及其工作循环

A—压缩机；B—气液分离器；C_1，C_2—换热器；D—节流阀；E—膨胀机；F—冷却器

2. 冷冻量和液化量

如果采用前面分析林德装置的类似的方法，那么 Heylandt 装置的冷冻量仍和式(5-40)一样计算，但液化量为

$$x = \frac{H_1 - H_2}{H_1 - H_0} + \frac{(1-M)(H_2 - H_1')}{H_1 - H_0} \tag{5-48}$$

和林德装置的式(5-41)相比较,上式中多了第二项,这是由于 Heylandt 装置让$(1-M)$(kg)的气体在膨胀机中做功 $W_p = H_2 - H_1'$ 而增加了液化量。

参看图 5-35,在气体性质的 T-S 图上,根据(p_2, T_1)确定状态点 2,沿垂直线找到与 T_0 线相交的点 a。从 T-S 图上查到 H_2 和 H_a 的数值后,则 $H_2 - H_1' = \eta_0(H_2 - H_a)$就很容易求出。

3. 功量消耗

因为压缩机每压缩 1kg 气体,就有$(1-M)$(kg)气体在膨胀机中做功$(1-M)W_p = (H_2 - H_1')(1-M)$。如果考虑到膨胀机的机械摩擦损失,取它的"机械效率"$\eta_m = 90\% \sim 95\%$,则实际上所能回收的功量将是$(H_2 - H_1')(1-M)\eta_m$,使装置的功量消耗由式(5-44)中的 W 值减少为

$$W = \frac{1}{\eta_{等温}} RT_1 \ln \frac{p_2}{p_1} - \eta_m (1-M)(H_2 - H_1') \tag{5-49}$$

实际上,由于膨胀机所做的功比压缩机所消耗的功 W_K 要小得多,因此,有的就让它另外带动发电机,有的则用风机制动从而把这部分功消耗掉。在后一种情况下,整个装置的功量消耗仍按式(5-44)计算。使用膨胀机并不在于回收一部分功量,仅仅是为了提高液化量,不增加功量消耗而能扩大液化气体的产量。

例 5-6 图 5-36 中所示为某气体厂制氧车间的 11-800 型空分设备流程图,已知:高压空气的 $p_2 = 200\text{atm}, t_1 = 20℃$;下塔压力 $p_1' = 6.5\text{atm}$;上塔压力 $p_1 = 1.6\text{atm}$;$M = 0.6$;膨胀机效率 $\eta_0 = 0.65$;压缩机等温效率取 $\eta_{等温} = 0.60$,试求该装置的液化量和功量消耗。

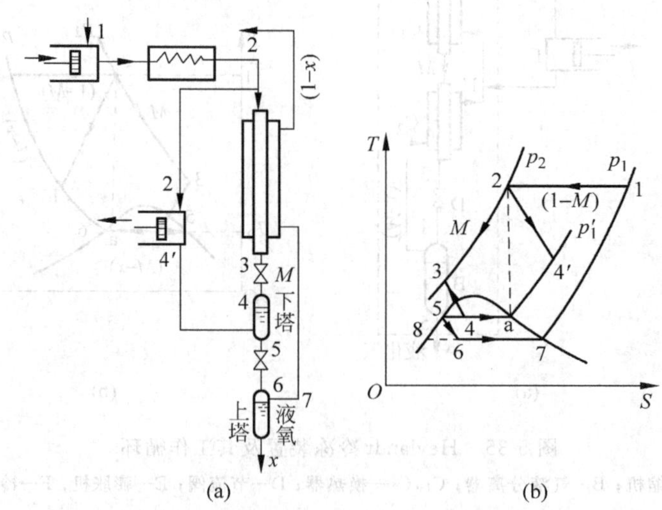

图 5-36　例 5-6 用图

解　参看图 5-36,该装置本质上属于 Heylandt 循环,从空气的 T-S 图中,根据给出的已知数据查得:$p_2 = 200\text{atm}$ 和 $T_1 = 293\text{K}$ 时,$H_2 = 112\text{kcal} \cdot \text{kg}^{-1}$;

$p_1 = 1.6\text{atm}$ 和 $T_1 = 293\text{K}$ 时,$H_1 = 121\text{kcal} \cdot \text{kg}^{-1}$,从空气的 T-S 图中,还可以查到:

$$H_a = 65\text{kcal} \cdot \text{kg}^{-1}$$

根据 $p_1 = 1.6\text{atm}$，查得饱和液体(图 5-36 中状态 8)的焓为

$$H_0 = 25\text{kcal} \cdot \text{kg}^{-1}$$

这样可求得液化量为

$$x = \frac{(H_1 - H_2) + (1 - M)(H_2 - H_4)}{H_1 - H_0}$$

$$= \frac{(121 - 112) + (1 - 0.6)(112 - 65)0.65}{121 - 25}\text{kg} = 0.245\text{kg}$$

如果取机械效率为 $\eta_m = 0.90$，则消耗的功量为

$$W = \frac{RT_1 \ln \frac{p_2}{p_1}}{\eta_{等温}} - (1 - M)(H_2 - H_4)\eta_m$$

$$= \frac{29.3 \times 293 \ln \frac{200}{1.6}}{0.6} - (1 - 0.6)427 \times (112 - 65)0.65 \times 0.90$$

$$= 6.32 \times 10^4 \text{kg} \cdot \text{m} \cdot \text{kg}^{-1}(\text{气体}) = 6.2 \times 10^5 \text{J} \cdot \text{kg}^{-1}(\text{气体})$$

习　题

5-1　某试验电厂设计参数为锅炉出口蒸汽参数：2500kPa，390℃；汽轮机入口蒸汽参数：2300kPa，385℃；凝汽器中蒸汽压力为 7kPa。

(1) 试求相应的 Rankine 循环热效率(新汽参数按汽轮机入口蒸汽参数考虑)；

(2) 已知以发电机电能输出为基准的煤耗率为 $b_a = 0.71\text{kg}(\text{kW} \cdot \text{h})^{-1}$(按发热量为 $7000\text{kcal} \cdot \text{kg}^{-1}$ 的标准煤计)，求此期间发电的热效率 η_a。

5-2　某高压电厂中采用再热循环，新汽参数为 17 000kPa，565℃；再热压力为 3500kPa，再热后温度为 570℃，乏汽压力为 5kPa。试求：

(1) 再热循环理想热效率；

(2) 与同样条件下无再热的 Rankine 循环热效率进行比较；

(3) 乏汽干度比相同条件下 Rankine 循环乏汽干度提高了多少？

(4) 理想汽耗率。

5-3　某热电厂中以背压式汽轮机的乏汽供热，其新汽参数为 3000kPa，400℃，背压为 1200kPa，乏汽被送入用热系统作为加热蒸汽，把热量放出后，凝为同一压力下的饱和水，返回锅炉车间。设用热系统中的热量消耗为 $10.6 \times 10^6 \text{kcal} \cdot \text{h}^{-1}$ $(44.3 \times 10^6 \text{kJ} \cdot \text{h}^{-1})$，问理论上此背压式汽轮机的电功率输出为多少 kW？

5-4　设在某化工厂有一台蒸汽动力装置必须满足如下的需要：

(1) 每小时供 4500kg 的 500kPa，175℃的蒸汽；

(2) 每小时供 900kg 的 140kPa 的蒸汽；

(3) 1100kW 的功率。

蒸汽锅炉操作压力为 1200kPa，所需的动力将由两台汽轮机提供，其中一台汽轮机用的过热蒸汽是直接取自锅炉并且在压力为 500kPa 及 175℃时排汽，其中部分蒸汽返回锅炉，

在锅炉中过热到 255℃,然后进入第二台汽轮机。为了(2)中的需要,每小时从乏汽中提取 900kg 的 140kPa 的蒸汽,其余蒸汽则送入凝汽器。

假设两台汽轮机是可逆绝热操作,并且此动力设备所有各部分均在恒压下操作,除去两台汽轮机和给水泵外,假定对锅炉的补充水是在与冷凝水相同温度下加入,然后用泵送给锅炉的。

(1) 画一操作流程图,并在 T-S 图上画循环图;

(2) 计算锅炉所需的水流量;

(3) 计算锅炉的加热量。

5-5 我国第一台 1500kW 燃气轮机装置设计参数如下:压缩机入口气体温度为 15℃;升压比 $\beta=3.5$;燃气轮机入口气体温度为 600℃,设工质为空气,试计算:

(1) 各点的压力、温度和容积;

(2) 压缩机消耗的功及气轮机所做的功(均指每千克工质);

(3) 循环热效率;

(4) 若采用回热,理想循环热效率提高多少?

5-6 设有某汽-气联合动力装置,其系统如习题图 5-1 所示,已知:

气系统:$p_1=100\text{kPa}$,$t_1=20℃$,$t_3=800℃$,$t_1'=120℃$,$\beta=8$。

水与汽系统:$p_5=13\,000\text{kPa}$,$t_5=565℃$,$p_6=p_7=3000\text{kPa}$,$t_7=565℃$,$p_8=4\text{kPa}$。

设在回热加热器中水被加热到 $t_1=300℃$,气被冷却到 $t_1'=120℃$,试求整个装置的热效率。

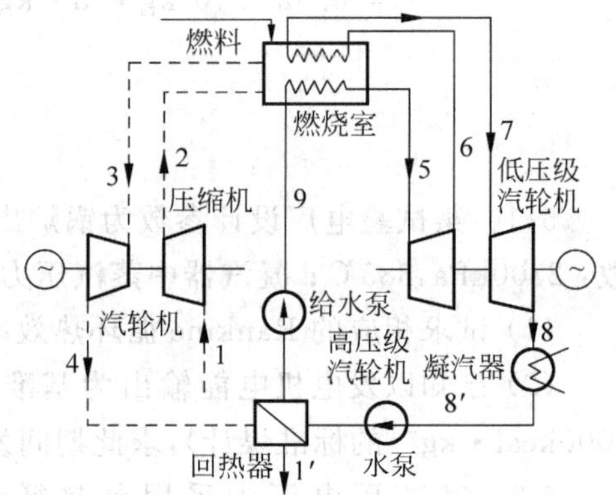

习题图 5-1

5-7 某压缩制冷装置,用氨作为制冷剂,氨在蒸发器中的温度为−25℃,冷凝器内的压力为 1180kPa,假定氨进入压缩机时为饱和蒸汽而离开冷凝器时是饱和液体,如果每小时的制冷量为 40 000kcal(167 000kJ),求:

(1) 所需的氨流率;

(2) 制冷系数。

5-8 设某单级卧式氨压缩机用干法操作,需要的冷冻能力为 250 000kcal · h^{-1}(1 045 000kJ · h^{-1}),蒸发温度为−20℃,冷凝温度为+25℃,过冷温度为+20℃。压缩机中活塞冲程与直径之比 $S/D=1.2$,活塞每分钟往复次数为 $n=200$。理论功率与实际功率之比 $N_0/N=0.63$。在上述条件下,试求压缩机的实际功率、气缸体积和尺寸。

5-9 设有一制冷能力为 $Q_0=10\,000\text{kcal}\cdot\text{h}^{-1}$($41\,800\text{kJ}\cdot\text{h}^{-1}$)的氨压缩机,在下列条件下工作:蒸发温度 $t_0=-15℃$,冷凝温度 $t_k=+25℃$,过冷温度 $t=+20℃$,压缩机吸入的是干饱和蒸汽,试计算:

(1) 单位质量的制冷能力;

(2) 每小时制冷剂循环量;

(3) 在冷凝器中制冷剂放出的热量;

(4) 压缩机的理论功率;

(5) 理论制冷系数。

5-10 吸收式制冷机以氨作为制冷剂以水作为吸收剂,由常压下冷凝的蒸汽来供给再生设备所需的热量。设再生设备温度是79℃,可利用的冷却水其温度为16℃,冷凝器和吸收器的温度是21℃,氨在制冷机中蒸发时的温度是−12℃。

假设操作是绝热的(除了那些有目的的加热或放热的地方),并且忽略由于流体摩擦所造成的压降(除膨胀阀外),试计算:

(1) 该系统每一部分的压力;

(2) 强的和弱的氨溶液的组成;

(3) 对每吨制冷剂所消耗的最小功;

(4) 在再生器、冷凝器及吸收器中对每吨制冷剂传递的热量。

5-11 有人设计了一套装置用来降低室温(习题图5-2),所用工质为水。工质喷入蒸发器内有部分汽化,其余变为5℃的汽水,被送到使用地点吸热升温后以13℃的温度回到蒸发器,蒸发器中所形成的蒸汽(其干度为98%)被某种压缩机(离心式或引射式)送往冷凝器中,在32℃的温度下凝结为水。为此设备每分钟制成750kg的冷水,求:

(1) 蒸发器和冷凝器中的压力;

(2) 制冷量($kJ \cdot h^{-1}$);

(3) 冷水循环所需的补充量;

(4) 每分钟进入压缩机的蒸汽体积。

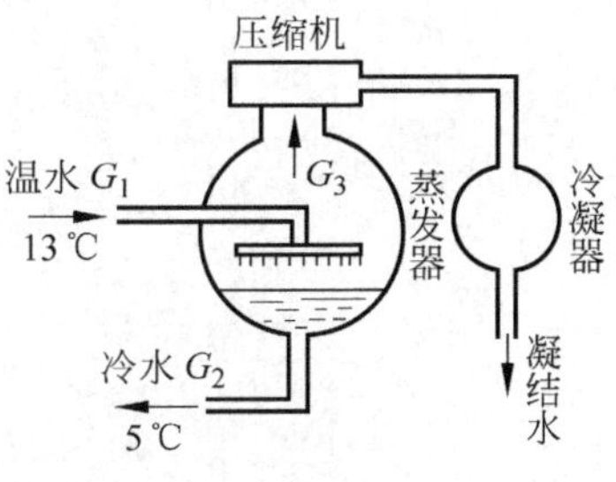

习题图 5-2

5-12 某厂按Claude循环制取液化空气(习题图5-3),其操作情况如下:将空气压缩到3500kPa,其进入换热器的温度为25℃;当冷却到−11℃时,以80%的气体通入膨胀机,膨胀到100kPa,其余20%按照简单的林德循环进行节流。膨胀机的效率为50%。假定热交换完全且无外界热量传入,试计算处理1kg气体所得到的冷冻量和所需消耗的能量。

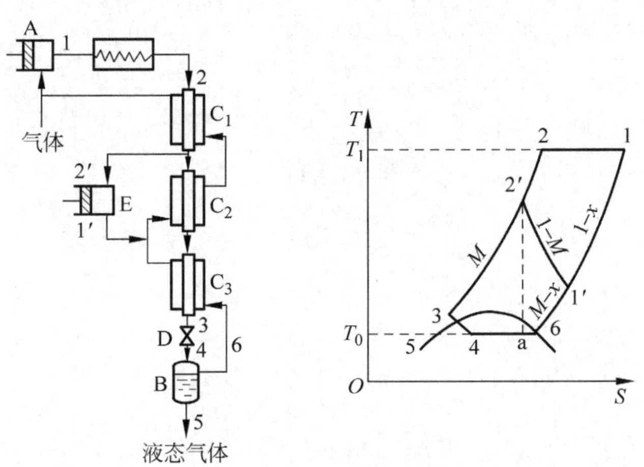

习题图 5-3

A—压缩机;B—气液分离器;C_1,C_2,C_3—热交换器;D—节流阀;E—膨胀机

参 考 文 献

[1] [美]艾博特 M M,范内斯 H C. 热力学理论与习题[M]. 童景山,李敬,等,译. 北京：化学工业出版社,1987.

[2] [美]史密斯 J M,范内斯 H C. 化工热力学导论[M]. 苏裕光,等,译. 北京：化学工业出版社,1982.

[3] 沈维道. 工程热力学[M]. 北京：人民教育出版社,1965.

[4] 夏彦儒. 工程热力学[M]. 北京：中国工业出版社,1963.

[5] Вукалович М П и др., Техническая Термодинамика[M]. Госэнергои 3дат,1952.

[6] 浙江大学、清华大学合编(朱自强主编). 化工热力学[M]. 北京：化学工业出版社,1982.

[7] Bett K E, et al. Thermodynamics for Chemical Engineers[M]. Athlonf Press of the University of London,1975.

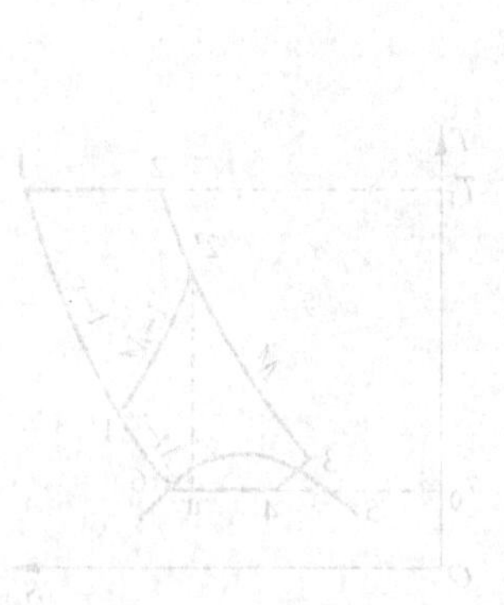

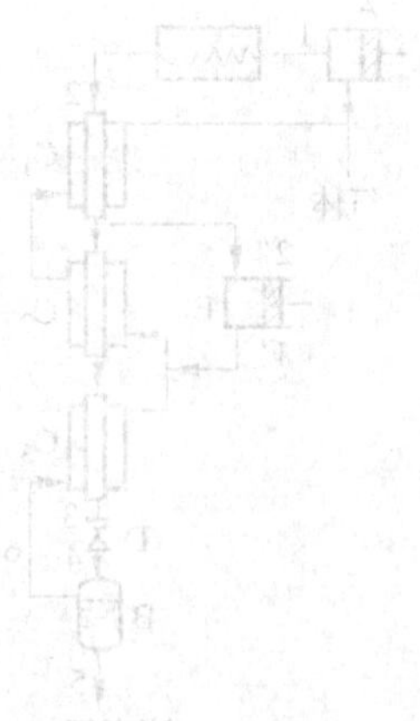

6 过程热力学分析

本章的目的是要建立一种方法，以此对真实过程进行分析，并做出估价。虽然在热力学中的许多计算是以理想条件，即可逆过程的假设作为基础的，但对真实过程(或者说不可逆过程)仍然是定性地适合。分析的目的是指出能量利用的效果，并计算过程各个步骤的效率。为了对生产操作过程中能量利用做出评价，这里首先要考虑的是：确定在什么地方由于过程的不可逆性而损失能量，损失的程度如何？

6.1 理 想 功

理想功是指体系的状态变化完全依可逆过程进行时所表现出的功，即体系在做功过程中，在给定变化条件下所能够完成的最大功量，或者在消耗功的过程中所需的最小功。不论哪一种情况，此功的极限值统称为“理想功”。这里所指完全可逆性应包括如下两点内容：

(1) 体系内所有变化过程必须是可逆的；

(2) 体系与环境之间的传热也必须是可逆的。

为了建立理想功的方程式，所选择的体系应包括经受过实际过程所给定的状态变化的物质，而且必须符合上述所指出的两点要求。为了达到上述要求，在体系内部还有必要包括一个卡诺机来实现体系中各个不同温度与环境温度 T_0 之间的可逆传热。由于此种机器是循环的，故它不产生状态的净变化，也不会使体系内产生任何性质的变化。

可以根据热力学第一定律和第二定律以及可逆性的要求把理想功的方程式导出。这里假设过程是完全可逆的，而且体系所处的环境构成了一个温度为 T_0 的恒温热源。因为体系与环境之间所有热传递必须在温度 T_0 下进行，根据热力学第二定律，体系与环境的传热量应为

$$Q = T_0 \Delta S \tag{6-1}$$

此方程式既适用于非流动过程，也适用于稳定流动过程，但必须要求过程是可逆的。

对于封闭体系的非流动过程，热力学第一定律可表示为

$$W = Q - \Delta U \tag{6-2}$$

把式(6-1)中的 Q 代入，即得

$$W_R = T_0 \Delta S - \Delta U \tag{6-3}$$

式中，W_R 是体系对环境或环境对体系所做的可逆功，而 ΔS 和 ΔU 分别为体系的熵变和内能变化，其中 T_0 为环境的绝对温度。

非流动体系在膨胀过程中要对大气做功，相反，在压缩过程则接受大气所给的功。在前一种情况下，此种功是不能被利用的；在后一种情况下，这是自然的，并不需要为此付出任何代价。根据上述原因，理想功就必须从式(6-1)中减去这部分与四周大气所交换的功，即

$p_0\Delta V$,其中,p_0 是大气压,ΔV 是体系的体积变化,结果是

$$W_{id} = T_0\Delta S - \Delta U - p_0\Delta V \tag{6-4}$$

上式给出了非流动过程的理想功,它代表封闭体系所能够做出的最大功,或者对体系做压缩操作时所必须消耗的最小功。上述都是指体系在给定的变化条件下以及相对环境温度 T_0 和压力 p_0 而言的。

在工程实际中,更为重要的是稳定流动过程,根据14.2节,其能量方程式为

$$W_F = Q - \Delta H - \Delta E_k - \Delta E_p \tag{6-5}$$

式中,ΔE_k 和 ΔE_p 分别表示动能差和位能差。将式(6-1)中的 Q 代入,

$$W_{id} = T_0\Delta S - \Delta H - \Delta E_k - \Delta E_p \tag{6-6}$$

应指出,所假设的可逆过程必须按照与之相应的实际过程发生同样的状态变化来拟定,其目的是对不可逆过程的功与在虚拟的可逆过程中完成同样状态变化所做的功进行比较。式(6-4)和式(6-6)给出了体系在完全可逆的过程中所做的功。这里,对于非流动过程,其状态变化用 $\Delta S, \Delta U$ 及 ΔV 表示;而对稳定流动过程,则用 $\Delta S, \Delta H, \Delta E_k$ 和 ΔE_p 表示。如果这些性质变化都是指体系的实际不可逆过程的数值,那么由式(6-4)和式(6-6)所求得的功将是与实际过程具有相同状态变化的理想过程的功。

在许多情况下,式(6-6)中的动能差和位能差往往可以忽略不计,

$$W_{id} = T_0\Delta S - \Delta H \tag{6-7}$$

例6-1 试求算在流动过程中1kmol氮气其温度为800K及压力为3923kPa所能给出的最大功,取环境温度为298K。

解 这里是求算1kmol氮气由初始状态(800K,3923kPa)膨胀到终了状态(298K,100kPa)所得到的最大功。应用式(6-7),式中 ΔS 和 ΔH 是指氮气的熵变和焓变。由于理想气体焓与压力无关,于是其焓变可用下式计算

$$\Delta H = \int_{T_1}^{T_0} C_p' \mathrm{d}T = \int_{800}^{298} (6.50 + 1.00\times10^{-3}T)\mathrm{d}T = -3538.6\mathrm{kcal\cdot kmol^{-1}}$$

而熵变可按下式计算

$$\Delta S = \int_{T_1}^{T_0} \frac{C_p'}{T}\mathrm{d}T - R\ln\frac{p_0}{p_1} = \int_{800}^{298}(6.50/T + 1.00\times10^{-3})\mathrm{d}T - 1.986\ln\frac{100}{3923}$$

$$= 0.409\mathrm{kcal\cdot kmol^{-1}\cdot K^{-1}}$$

把 ΔH 及 ΔS 值代入式(6-7)得

$$W_{id} = T_0\Delta S - \Delta H = 298\times0.409 - (-3538.6)$$

$$= 3660\mathrm{kcal\cdot kmol^{-1}} = 1.53\times10^7\mathrm{J\cdot kmol^{-1}}$$

为了让以上计算结果的意义变得更为明确一些,对上述过程做如下的设想,再重复计算一次。假设氮气是按下列两个步骤连续变化到终了状态的:

第一步同在气轮机中作可逆绝热膨胀一样,从初始状态 p_1, T_1 变化到终了压力 $p_0 =$ 1atm,设在此膨胀过程中终了温度为 T_2;

第二步气轮机排出的气体再在1atm下等压冷却,使温度由 T_2 变到 T_0。

对于第一步,应用稳定流动能量方程

$$Q = \Delta H + W_F$$

由于过程是绝热的,$Q=0$,故

$$W_F = -\Delta H = H_1 - H_2$$

其中，H_2 是中间状态(即温度 T_2 及压力 1atm)下的焓。为了得到最大功，要求第二步必须是可逆的，并且所有对环境的传热要在温度 T_0 下进行。为了实现这个要求，必须借助于可逆卡诺机，即卡诺机从氮气吸取热量，在做功 $W_{卡诺}$ 的同时又把废热在温度 T_0 下排给环境。应用式(1-50)，在微小变化过程中卡诺机所做的功为

$$\delta W_{卡诺} = \frac{T - T_0}{T}(-\delta Q)$$

此处，δQ 前面引入负号是指 Q 对氮气(热源)而言的。对上式积分：

$$W_{卡诺} = -Q + T_0\int_{T_0}^{T}\frac{\delta Q}{T}$$

其中，积分项代表氮气的熵变，由于氮气是通过卡诺机进行冷却的，又因为第一步是等熵过程，所以此积分实际上也是代表了全部过程的总熵变。Q 表示氮气与环境之间交换的热量，等于氮气在冷却过程中的焓变($H_0 - H_2$)，因此

$$W_{卡诺} = -(H_0 - H_2) + T_0\Delta S$$

最大功(即理想功)是 W_F 和 $W_{卡诺}$ 两者之和，

$$W_{id} = -(H_2 - H_1) - (H_0 - H_2) + T_0\Delta S$$
$$= H_1 - H_0 - T_0(S_0 - S_1)$$

所得结果与式(6-7)相同。图 6-1 是最大功在 T-S 图上的表示；图中 1—2 代表可逆绝热膨胀过程，2—O 代表等压冷却过程，面积 1bdO′1 代表焓变($H_1 - H_0$)，面积 abcOa 代表热量 $T_0\Delta S$，故理想功相当于图中面积 1aOcdO′1。

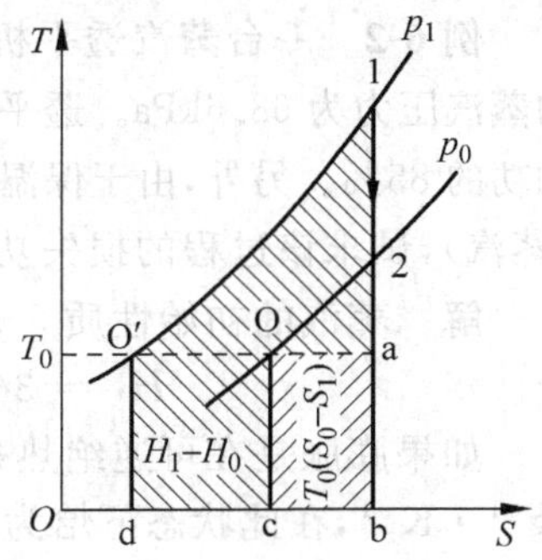

图 6-1 例 6-1 附图

6.2 损 失 功

在第 1 章中讨论过熵变与不可逆性程度之间的关系，并推导出损失功的公式为

$$W_L = T_0\Delta S_T \tag{6-8}$$

式中，T_0 是环境温度，ΔS_T 为体系与环境的总熵变。

上式虽然是按不可逆传热过程，即存在一定温差条件下的热传递导出的，但此公式却具有普遍意义，也适用于任何其他种类的不可逆过程。损失功的定义如下：体系在给定状态变化过程中所做的可逆功与其相应的实际过程所做的功之间的差值即为损失功。如果是稳定流动过程，其损失功为

$$W_L = W_{id} - W_F \tag{6-9}$$

式中的 W_{id} 和 W_F 分别以式(6-6)和式(6-5)代入，

$$W_L = T_0\Delta S - Q \tag{6-10}$$

其中，Q 是相对体系而言的传热量，ΔS 是体系的熵变。

如果传热量对环境而言，此时式(6-9)可改写为

$$W_L = T_0\Delta S + Q_0$$

其中，Q_0 表示环境所吸收的热量，等于 $-Q$，又因环境的熵变 ΔS_0 为 Q_0/T_0，故

$$Q_0 = T_0 \Delta S_0$$

因此

$$W_L = T_0 \Delta S + T_0 \Delta S_0 = T_0(\Delta S + \Delta S_0)$$

或

$$W_L = T_0 \Delta S_T$$

根据热力学第二定律，一切自然过程都是向着总熵增加的方向进行的，极限值是熵变为零，此时过程是可逆的，故 $\Delta S_T \geqslant 0$，因此式(6-10)即可表示为

$$W_L \geqslant 0$$

这里，当过程是完全可逆的，取等号，损失等于零；对于不可逆过程，取不等号，损失功(或不能利用来做功的那一部分能量)是正值。此结果的工程意义很清楚，过程的不可逆性愈大，总熵的增加也愈大，表明损失功也愈大，故每个不可逆性都是有其代价的。

例 6-2 一台蒸汽透平机，进入的是压力为 1471kPa 和温度为 480℃ 的过热蒸汽，排出的蒸汽压力为 68.6kPa。透平机中过程不是可逆也不是绝热，实际输出的功等于可逆绝热时轴功的 85%。另外，由于保温不完善，在环境温度 20℃ 时损失于环境的热量为 $7.11\text{kJ} \cdot \text{kg}^{-1}$(蒸汽)，试求该过程的损失功。

解 蒸汽的初始性质

$$H_1 = 3423\text{kJ} \cdot \text{kg}^{-1}, \quad S_1 = 7.511\text{kJ} \cdot \text{kg}^{-1} \cdot \text{K}^{-1}$$

如果膨胀是在可逆绝热条件下进行的，最后达到 0.7bar，最终状态的熵仍为 $7.511\text{kJ} \cdot \text{kg}^{-1} \cdot \text{K}^{-1}$，在此状态下焓为 $2660\text{kJ} \cdot \text{kg}^{-1}$，因此可逆绝热功为

$$3423 - 2660 = 763\text{kJ} \cdot \text{kg}^{-1}$$

透平机的实际功为

$$W_F = 0.85 \times 763 = 648.55\text{kJ} \cdot \text{kg}^{-1}$$

应用稳定流动能量方程式，当不考虑动能差和位能差时，

$$\Delta H = Q - W_F$$

因此

$$H_2 = H_1 + Q - W_F = 3423 - 7.11 - 648.55 = 2767.3\text{kJ} \cdot \text{kg}^{-1}$$

于是，蒸汽的实际最终状态为

$$p_2 = 68.6\text{kPa}$$

$$H_2 = 2767.3\ \text{kJ} \cdot \text{kg}^{-1}$$

$$S_2 = 7.766\ \text{kJ} \cdot \text{kg}^{-1} \cdot \text{K}^{-1}$$

过程的损失功根据式(6-10)为

$$W_L = T_0 \Delta S - Q = 293(7.766 - 7.511) + 7.11 = 8.18 \times 10^4 \text{J} \cdot \text{kg}^{-1}$$

上述损失功是由两部分损失的能量组成，一部分是由于过程中有摩擦等不可逆性引起熵增，另一部分是由于散热损失。

损失功也可以按该过程的理想功与实际功之差来确定。理想功(按与实际过程相同状态变化计算)为

$$W_{id} = T_0 \Delta S - \Delta H = 293(7.766 - 7.511) - (2767.3 - 3423) = 730.4\text{kJ} \cdot \text{kg}^{-1}$$

因此

$$W_L = W_{id} - W_F = (730.4 - 648.55)\text{kJ} \cdot \text{kg}^{-1}$$

$$= 8.19 \times 10^4 \text{J} \cdot \text{kg}^{-1}$$

6.3 稳定流动过程的热力学分析

6.3.1 过程热力学分析的表达式

对于单一步骤过程，其损失功可直接应用式(6-9)计算。对于更为复杂的包括几个步骤的过程，则必须对每一个步骤分别进行损失功的计算。在此情况下，式(6-9)最好改写成下列形式

$$\sum W_L = W_{id} - W_F \tag{6-11a}$$

式中，累加号是指过程中所有步骤而言。式中各项要分别计算：应用式(6-6)或式(6-7)计算全过程的理想功 W_{id}，应用式(6-10)计算每个步骤的损失功 W_L，过程的实际功 W_F 通常用式(6-5)确定。

对于产生功的过程，最好将公式(6-11a)写成下列形式

$$W_{id} = W_F + \sum W_L \tag{6-11b}$$

上式表明，过程的理想功在数值上等于两部分功量之和，第一部分是过程的实际功 W_F，第二部分是变为不可利用的那部分功量即损失功 $\sum W_L$。既然是这样，理想功即为给定的状态变化中充其量所能得到的最大功，因此热力学效率 η_t 应为实际功对理想功之比值：

$$\eta_t = \frac{W_F}{W_{id}} \tag{6-12}$$

对于接受功的过程，将式(6-11a)最好写成

$$W_F = W_{id} - \sum W_L \tag{6-11c}$$

上式右边第一项是理想功，代表该过程在给定的状态变化中所需的最小功，第二项代表过程各个步骤由于不可逆性所引起的损失功。由此可见，对于接受功的过程，实际所需要的功量应大于理想功，于是，其热力学效率应为理想功对实际功之比

$$\eta_t = \frac{W_{id}}{W_F} \tag{6-13}$$

关于过程分析的程序用以下例子加以说明。

例 6-3 甲烷在一简单的林德系统中液化，如图 6-2 所示。甲烷进料状态为 101kPa 及 27℃，经过压缩机压缩到 6865kPa，然后再冷却到 27℃。产品是 101kPa 的饱和液态甲烷，未液化的甲烷(压力也是 101kPa)又返回到换热器，在这里被高压甲烷加热到 24℃。假设由环境漏入换热器的热量为 5.86kJ·kg^{-1}(以进入压缩机的 1kg 甲烷为基准)，并假设漏入其他设备的热量可以忽略。

试对此过程进行热力学分析，即确定此过程的热力学效率，并计算过程各个步骤的损失功且将其表示成对实际功的百分数。

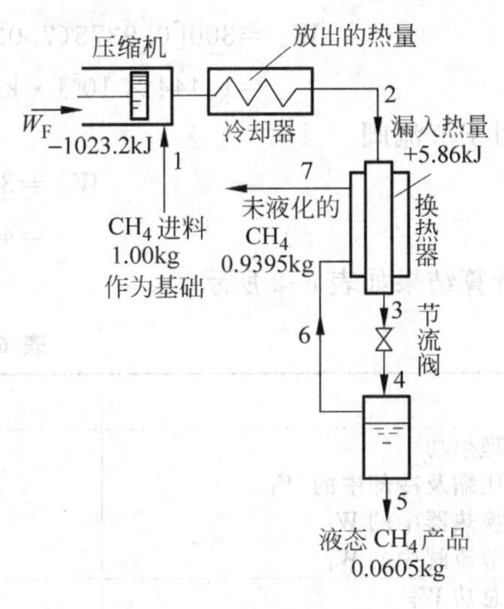

图 6-2 林德液化系统

解 对于大多数实际问题,选定 T_0 的正确值会稍有出入,但只要接近四周环境温度即可。在本题的计算中 T_0 取 300K。甲烷从 101kPa 被压缩到 6865kPa。设此过程是在带有中间冷却的三级压缩机中进行的,而且气体经冷却后的温度为 27℃。若已知压缩机的绝热效率为 75%。此压缩机之实际功按甲烷的压焓图求得为 $1022\text{kJ}\cdot\text{kg}^{-1}$。液态甲烷(产品)可应用式(5-41)计算,求得 $x=0.0605\text{kg}$。过程的各个有关热力学性质可用一般方法确定,结果如表 6-1 所示,这里所有计算都是以 1kg 甲烷为基准。

表 6-1 甲烷液化系统状态点参数值[1]

点	甲烷的状态	t/℃	p/kPa	$H/(\text{kJ}\cdot\text{kg}^{-1})$	$S/(\text{kJ}\cdot\text{kg}^{-1}\cdot\text{K}^{-1})$
1	过热蒸汽	26.7	101	952.25	7.060
2	过热蒸汽	26.7	6865	885.45	4.712
3	过热蒸汽	−66.7	6865	518.82	3.229
4	湿蒸汽	−161.4	101	518.82	4.647
5	饱和蒸汽	−161.4	101	41.10	0.367
6	饱和蒸汽	−161.4	101	549.67	4.923
7	过热蒸汽	24	101	945.97	7.039

压缩和冷却各阶段的热传递均用式(6-5)计算,其中 ΔE_k 及 ΔE_p 略去不计。

$$Q=\Delta H+W_F=(885.45-952.25)-1022=1087.8\text{kJ}\cdot\text{kg}^{-1}$$

体系是由甲烷及含有甲烷的设备所组成,因为设备没有什么变化,在计算理想功时只需要考虑甲烷,式(6-7)应用于全过程即得

$$\begin{aligned}W_{id}&=T_0\Delta S-\Delta H=300(0.0605\times0.367+0.9395\times7.039\\&\quad-7.060)-(0.0605\times41.10+0.9395\times945.97-952.25)\\&=6.64\times10^4\text{J}\cdot\text{kg}^{-1}\end{aligned}$$

将式(6-9)分别应用于过程的每个步骤即可求得各部分的损失功。对于压缩及冷却系统

$$\begin{aligned}W_L&=T_0\Delta S-Q=[300(4.712-7.060)+1087.8]\text{kJ}\cdot\text{kg}^{-1}\\&=3.834\times10^5\text{J}\cdot\text{kg}^{-1}\end{aligned}$$

对于换热器

$$\begin{aligned}W_2&=300[0.9375(7.039-4.923)+(3.229-4.712)]-5.8\\&=1.444\times10^5\text{J}\cdot\text{kg}^{-1}\end{aligned}$$

对于节流阀

$$\begin{aligned}W_2&=300(4.467-3.229)-0\\&=4.25\times10^5\text{J}\cdot\text{kg}^{-1}\end{aligned}$$

计算结果如表 6-2 所示。

表 6-2 例 6-3 的计算结果

	$W/(\text{J}\cdot\text{kg}^{-1})$	占 W_F 的百分数/%
理想功	6.64×10^4	$6.5(=\eta_t)$
压缩及冷却中的 W_L	3.834×10^5	37.6
换热器中的 W_L	1.444×10^5	14.2
节流阀中的 W_L	4.25×10^5	41.7
总功 W_F	10.188×10^5	100.0

根据式(6-11b)，表 6-2 中第一列的总和是实际功，同样，按照式(6-12)，表中第二列的第一个数值(6.5%)即为过程的热力学效率。

最大损失是在节流过程，如果采用膨胀机代替节流阀，可消除此过程的这种不可逆性，这样就可以使过程的效率提高。

例 6-4 试讨论一个产生蒸汽以驱动蒸汽透平机的简单动力循环的操作，其条件如下：物料是焦炭(在此计算中当作纯碳)并用 20%过量空气完全燃烧变成二氧化碳；产生的蒸汽其压力为 3432kPa，过热到 480℃，透平机的效率为 75%(与等熵过程相比)。经膨胀后的蒸汽排到压力为 6.86kPa 的冷凝器中，假设在冷凝器中冷凝液不出现过冷情况，同时冷凝液直接回到锅炉，把冷凝液用泵送回锅炉所消耗的功可以略去不计。从锅炉出去的烟道气温度为 260℃，可利用的冷却水其温度为 25℃，试对该过程做热力学分析。

解 动力循环如图 6-3 所示，图上各点的条件及性质如表 6-3 所示。

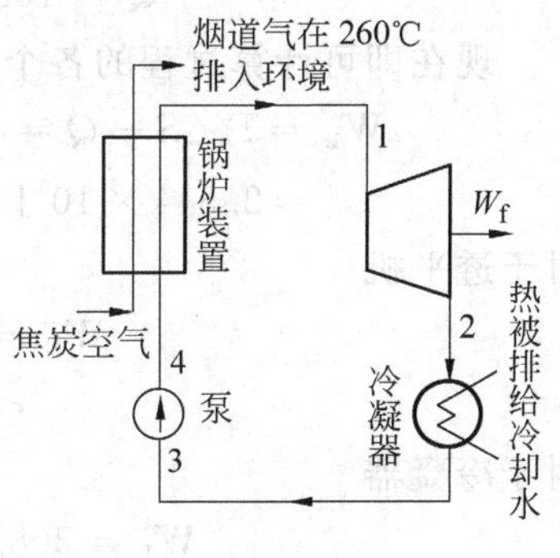

图 6-3 动力循环

系统是由蒸汽循环和通过炉膛的物料所组成，然而，循环是保持不变的，在计算理想功时需要考虑的唯一变化只是通过炉膛的物料，在理想过程中，烟道气在离开系统前一定要冷却到环境温度，因此计算理想功对于系统性质的变化可用燃烧反应的等温 ΔH 和 ΔS，这种假设基本上是正确的。

产生的反应为

$$C + O_2 \longrightarrow CO_2$$

对于此反应在 25℃下

$$\Delta H = -393\,129 \text{kJ} \cdot \text{kmol}^{-1}$$
$$\Delta S = 2.947 \text{kJ} \cdot \text{kmol}^{-1} \cdot \text{K}^{-1}$$

ΔH 是在 25℃时的标准反应热，ΔS 是相应的标准熵变。把式(6-7)应用于该过程，

$$W_{id} = T_0 \Delta S - \Delta H = 298.2 \times 2.947 + 393\,129$$
$$= 394\,000 \text{kJ} \cdot \text{kmol}^{-1}$$

以 1kmol 被燃烧的碳作为整个计算过程的基础，供给炉膛的空气含有1.2kmol的 O_2 和 4.51kmol 的 N_2，得到的烟气总物质的量为 5.71kmol。

表 6-3 图 6-3 各点的条件和性质

点	蒸汽的状态	t/℃	p/kPa	H/(kJ·kg^{-1})	S/(kJ·kg^{-1}·K^{-1})
1	过热蒸汽	480	3432	3397.9	7.090
2	湿蒸汽 x=0.973	38.7	6.86	2500.1	8.053
3	饱和液	38.7	6.86	161.8	0.554
4	过冷液	38.7	3432	161.8	0.554

将温度为 260℃的烟道气排到大气中同时也把热传递给环境，传递的热量等于把烟道气从 260℃冷却到 25℃所放出的热量。烟道气的平均比热容为 31.35kJ·kg^{-1}·K^{-1}，在这一段过程中排给环境的热量为

$$Q = 5.71 \times 31.35(25 - 260) = -42\,067\text{kJ}$$

为了产生蒸汽所需传递给锅炉的热量等于反应热减去由于烟道气在260℃被排出而损失的热量,结果为

$$393\,129 - 42\,067 = 351\,062\text{kJ}$$

所产生的蒸汽量为

$$\frac{351\,062}{3397.9 - 161.8} = 108.5\text{kg}$$

透平机产生的实际功为

$$W_F = 108.5(3397.9 - 2500.1) = 97\,411.3\text{kJ} = 9.741 \times 10^7\text{J}$$

在冷凝器中排给环境(冷却水)的热量为

$$Q = 108.5(161.8 - 2500.1) = -253\,705.6\text{kJ}$$

现在即可计算过程的各个阶段的损失功,对于炉膛及锅炉,

$$\begin{aligned} W_L &= T_0 \Delta S - Q = 298.2[108.5(7.09 - 0.554) + 2.947] + 42\,067\text{kJ} \\ &= 2.544 \times 10^8\text{J} \end{aligned}$$

对于透平机

$$\begin{aligned} W_L &= 298.2[108.5(8.053 - 7.090) - 0] \\ &= 31\,157.6\text{kJ} = 3.12 \times 10^7\text{J} \end{aligned}$$

对于冷凝器

$$\begin{aligned} W_L &= 298.2 \times 108.5(0.554 - 8.053) + 253\,705.6 \\ &= 11\,077.7\text{kJ} = 1.11 \times 10^7\text{J} \end{aligned}$$

这是产生功的情况,因此是按方程式(6-11b)进行分析,满足该方程式的计算结果列于下表中。

	$W/(\text{J} \cdot \text{kmol}^{-1})$	占 W_{id} 的百分数/%
实际功	9.741×10^7	24.7
在炉膛及锅炉中的 W_L	2.544×10^8	64.4
在透平机中的 W_L	3.12×10^7	7.9
在冷凝器中的 W_L	1.11×10^7	2.8
在泵中的 W_L	不计	—
总功	3.941×10^8	100.0

从能量守恒的观点出发,过程的热力学效率应当尽可能高,损失功应当尽可能低,但是过程的最后设计要根据经济性来考虑,能量的价格是一个重要因素。对于一个具体过程进行热力学分析后能够指出存在主要低效率的地方,即指出过程中某个步骤或某一设备应当改变或更换,以提高效率。但是,这种分析对于过程变化的性质并未给予提示,它只是指出现在的设计浪费了能量,应当进行改进。化工工作者的作用在于设计一个较好的过程,并应用各种先进的方法保持较低的投资,对每一个新设计的过程自然要进行分析,以决定曾经做了哪些改进。对于改进了的过程的深入研究涉及操作的细节,这已经不属于热力学的范围。

6.3.2　有效能

1. 有效能的定义和有效能效率

前面曾讨论了应用热力学方法来分析计算体系在给定条件下所做的理想功，以及在实际过程中由于不可逆性所产生的损失功。上述情况也可以应用有效能概念来进行分析。

为了引出有效能的概念，首先作如下的物理设想：只要每一个物体的状态和环境有差别，那么对于环境就具有一定的做功能力。如果使其与环境达到平衡，则这种做功能力就可以用来做外功。如果从已知状态过渡到环境状态的方式按热力学意义是可逆的，那么所得外功达到最大值。上述情况不仅适用于一定量的物质进行一次的状态变化而且也适用于连续的物质流过程，后者在工程上显得更为重要，在下面只考虑此种情况。

我们从能量平衡和熵平衡原理出发进行阐述。现假定物质流的状态变化在一想象的体系中进行，如图 6-4 所示。根据热力学第一定律，在稳定流动状态时体系所包含的能量是保持不变的，也就是说从体系流出的能量与流进的能量是相等的，按图 6-4 中的符号可给出如下的能量方程式

$$H_1 + \int_1^2 \delta Q = H_2 + W_{1,2} \tag{6-14}$$

式中，H_1 表示由物质流带入体系的焓；H_2 表示由物质流带出体系的焓；$W_{1,2}$ 表示从体系向外输出的功量；$\int_1^2 \delta Q$ 表示通过热传导或辐射而进入体系的热量。

在上述能量平衡中没有考虑物质的动能和位能的改变，若考虑此两项能量，则能量方程式应为

$$H_1 + E_{k1} + E_{p1} + \int_1^2 \delta Q = H_2 + E_{k2} + E_{p2} + W_{1,2} \tag{6-15}$$

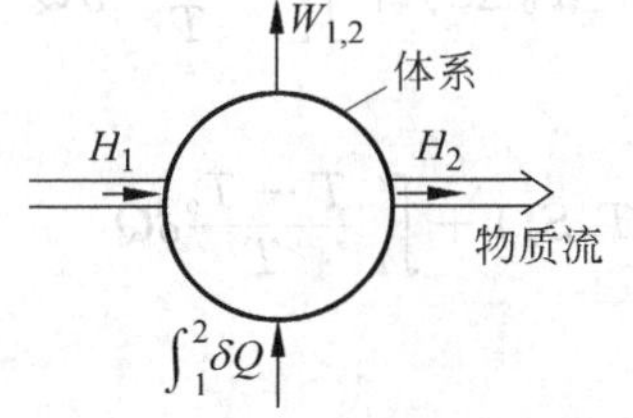

图 6-4　能量平衡图

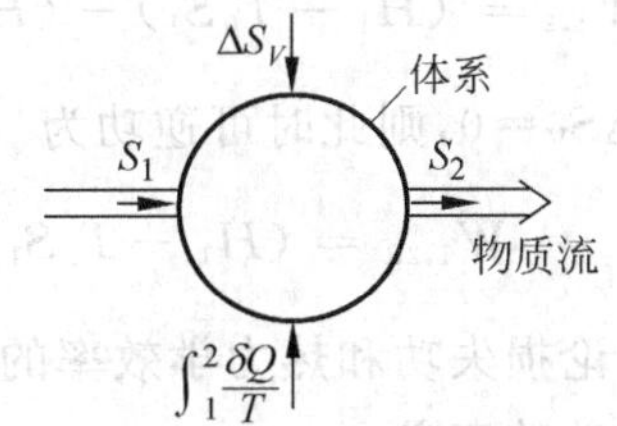

图 6-5　熵平衡图

如果再考察在此过程中所发生的熵变化，如图 6-5 所示，熵的平衡方程式为

$$S_1 + \int_1^2 \frac{\delta Q}{T} + \Delta S_V = S_2 \tag{6-16}$$

式中，S_1 表示由物质流带入体系的熵；S_2 表示由物质流带出体系的熵；$\int_1^2 \frac{\delta Q}{T}$ 表示从温度为 T 的热源加给体系的熵；ΔS_V 表示在体系内由于过程不可逆性如摩擦等所引起的熵增。

现在把式(6-15)和式(6-16)合并为一个方程式，先用带负号的环境温度($-T_0$)乘式(6-16)，然后把两式相加起来，再从所得的方程式中解出 $W_{1,2}$ 并把相同的项归并，最后就可得到如下形式的方程式，以表示物质流在此情况下所能做的功量。

$$W_{1,2} = H_1 - H_2 - T_0(S_1 - S_2) - \Delta E_{\rm k} - \Delta E_{\rm p} - T_0 \Delta S_V + \int_1^2 \frac{T - T_0}{T} \delta Q \tag{6-17}$$

此方程式对任何不可逆状态变化都是正确的。如果 $\Delta S_V = 0$,又没有外热源(或者有热源,但其温度等于环境温度 T_0),那么式(6-17)就变成下列形式,即可逆功为

$$W_{1,2\rm R} = H_1 - H_2 - T_0(S_1 - S_2) - \Delta E_{\rm k} - \Delta E_{\rm L} \tag{6-18}$$

式(6-18)对于多股物质流可表示成如下普遍形式

$$W_{1,2\rm R} = \sum_{出}\left(H - T_0 S + \frac{u^2}{2g} + Z\right) - \sum_{进}\left(H - T_0 S + \frac{u^2}{2g} + Z\right) \tag{6-19}$$

如果在式(6-18)中状态2与环境温度相符合(用下标0表示),则

$$W_{1,0\rm R} = H_1 - H_0 - T_0(S_1 - S_0) - \frac{u_1^2 - u_0^2}{2g} - (Z_1 - Z_0)$$

再令 $H - T_0 S - \frac{u^2}{2g} - Z = B$,$B$ 称为有效能函数,所以流动系所做的可逆功等于有效能函数的减少,

$$W_{1,0\rm R} = B_1 - B_0 \tag{6-20}$$

$W_{1,0\rm R}$ 即称为有效能。由此可见,有效能函数是体系的一个性质,它是由体系的状态和环境温度 T_0 所决定,和其他热力学函数一样,有效能的绝对值也是不知道的,幸而由于有效能乃是衡量一种物质相对基准态而言的做功能力,故有效能差值才是有意义的。为了分析方便起见,可以假设基准态的有效能函数等于零,即 $B_0 = 0$。于是式(6-17)就可简化为下列形式

$$W_{1,2} = B_1 - B_2 - T_0 \Delta S_V + \int_1^2 \frac{T - T_0}{T} \delta Q \tag{6-21}$$

在流动系的动能和位能可忽略的情况下,有效能函数为 $B = H - T_0 S$,此函数也称为 Darries 函数。此时式(6-21)可表示为

$$W_{1,2} = (H_1 - T_0 S_1) - (H_2 - T_0 S_2) - T_0 \Delta S_V + \int_1^2 \frac{T - T_0}{T} \delta Q \tag{6-22}$$

若过程可逆,$\Delta S_V = 0$,则此时可逆功为

$$W_{1,2\rm R} = (H_1 - T_0 S_1) - (H_2 - T_0 S_2) + \int_1^2 \frac{T - T_0}{T} \delta Q \tag{6-23}$$

下面再讨论损失功和热力学效率的表示式:

根据损失功的定义,

$$W_{\rm L} = W_{1,2\rm R} - W_{1,2}$$

由式(6-22)和式(6-23),

$$W_{\rm L} = T_0 \Delta S_V \tag{6-24}$$

此式表明:在体系内,由过程的不可逆性所造成的功量损失与不可逆性熵增成比例。此式也称为 Gauy-Stodola 方程式。它与式(6-8)物理意义是一样的。

在第1章中循环热效率曾被定义为

$$\eta_{\rm t} = \frac{有用功}{消耗的热量} = \frac{W}{Q}$$

严格来说,比值 W/Q 不是真正的效率,仅仅是对过程特性的一种评价。我们可以这样来解释:上述所定义的效率只是考虑热能的量的对比关系,而没有注意到质的问题。因此,

更确切地，效率定义式中作为对比的量不是热量，应该是它的有效能(即做功能力)。现将过程的热力学效率表示为如下形式

$$\eta_{av}=\frac{W_{1,2}}{B_1-B_2+\int_1^2\frac{T-T_0}{T}\delta Q}=1-\frac{T_0\Delta S_V}{B_1-B_2+\int_1^2\frac{T-T_0}{T}\delta Q} \tag{6-25}$$

在热力工程上最为普遍的是绝热过程的效率即可表示为

$$\eta_{av}=\frac{W_{1,2}}{B_1-B_2}=1-\frac{T_0\Delta S_V}{B_1-B_2} \tag{6-26}$$

上述 η_{av} 称为有效能效率。对于可逆过程，损失功 $T_0\Delta S_V=0$，所以 $\eta_{av}=1$；对于完全不可逆过程，有用功 $W_{1,2}=0$，则 $\eta_{av}=0$。

2. 有效能在 *H-S* 图和 *T-S* 图上的表示

在图 6-6 中，令物质流的状态为 H_1 和 S_1，环境状态为 H_0 和 S_0，此两个状态在图上分别用点 1 和点 0 表示。在定压线 p_0＝常数上画出点 0 的切线 0—2，此即为所谓"环境直线"并延长它与 S_1＝常数垂线相交。显然，线段 1—2 的长度就是物质流在状态 1 的做功本领：

$$\overline{12}=\overline{13}+\overline{32}=\overline{13}+\overline{03}\tan\varphi$$

$\left(\frac{\partial H}{\partial S}\right)_p=T$，故在 0 点的切线斜率为

$$\tan\varphi=\left(\frac{\partial H}{\partial S}\right)_{p=p_0}=T_0$$

因此，线段 1—2 的长度最后表示如下

$$\overline{12}=H_1-H_0+T_0(S_0-S_1)=B_1-B_0$$

在 *T-S* 图上有效能是用面积来表示的，如图 6-7 所示，面积 1eca1－面积 bdcab＝H_1-H_0，而面积 20fe2＝$T_0(S_0-S_1)$，故 B_1-B_0＝面积 120fdb1。

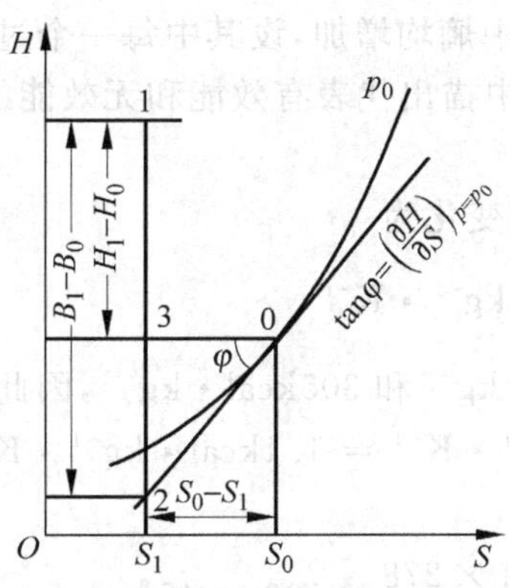

图 6-6　有效能在 *H-S* 图的表示

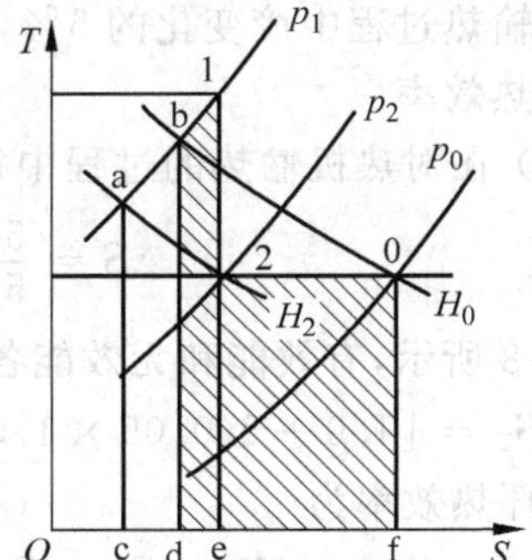

图 6-7　有效能在 *T-S* 图的表示

例 6-5　一台离心式压缩机 1min 生产干空气 23kg，下页表中给出了进出口处空气的温度、压力、内能和焓的数据。试计算 1kg 空气的理想功(最小功)和实际功。对散热损失和进出口的动能差和位能差可略去不计。假设环境温度为 300K。

	入 口	出 口
p/kPa	101.3	206.7
T/K	289	367
U/(kJ·kg^{-1})	206.1	261.7
H/(kJ·kg^{-1})	289.7	367.8

解 此为稳定流过程,故对每千克空气进行压缩所需的最小功为

$$\begin{aligned}-W_{最小} &= W_R = B_2 - B_1\\&=(H_2 - T_0S_2)-(H_1 - T_0S_1)\\&=H_2 - H_1 - T_0\left(c_p\ln\frac{T_2}{T_1} - R\ln\frac{p_2}{p_1}\right)\\&=\left[367.8 - 289.7 - 300\left(1.003\ln\frac{367}{289} - 0.2863\ln\frac{206.7}{101.3}\right)\right]\text{kJ}\cdot\text{kg}^{-1}\\&=6.74\times10^4\text{J}\cdot\text{kg}^{-1}\end{aligned}$$

$$N_{最小} = \frac{67.42\times23\times3600}{60\times2641.8}\times0.73 = 26\text{kW}$$

1kg 空气所需的实际功为

$$-W_F = H_2 - H_1 = 367.8 - 289.7 = 76.1\text{kJ}\cdot\text{kg}^{-1}$$

故所消耗的实际功率为

$$N_F = \frac{78.1\times23\times3600}{60\times3592} = 30\text{kW}$$

实际功率与理论功率的差值 $N_F - N_{最小} = 30 - 26 = 4\text{kW}$,即为功率损失。按照式(6-13),其热力学效率为

$$\eta_t = \frac{W_{最小}}{W_F} = \frac{67.42}{78.10} = 86.3\%$$

例 6-6 设一热机循环是由两个可逆等温过程和两个不可逆绝热过程所组成,热机在 555K 的高温下吸取 555kcal·kg^{-1}(工质)的热量。低温热源温度为 278K,由于在压缩过程和膨胀过程中有流体本身摩擦,因此在这两个过程中熵均增加,设其中每一个过程熵增数值等于对热机输热过程中熵变化的 5%,试在 T-S 图中描出代表有效能和无效能的面积,并求出该循环的热效率。

解 (1) 在对热机输热的过程中每一循环的熵变化为

$$\Delta S = \frac{555}{555} = 1\text{kcal}\cdot\text{kg}^{-1}\cdot\text{K}^{-1}$$

如图 6-8 所示,有效能和无效能各为 250kcal·kg^{-1} 和 305kcal·kg^{-1},因此

$$\Delta S_T = [1.0 + 2(0.05\times1.0)]\text{kcal}\cdot\text{kg}^{-1}\cdot\text{K}^{-1} = 1.1\text{kcal}\cdot\text{kg}^{-1}\cdot\text{K}^{-1}$$

(2) 循环热效率为

$$\eta_t = \frac{W}{Q} = \frac{Q_1 - Q_2}{Q_1} = \frac{555 - 1.1\times278}{555}\times100 = 45\%$$

3. 有效能能流图

上面已经讨论了有效能的性质,并且明确了这个状态函数是结合两个热力学定律而建立起来的一个重要的量。很清楚,有效能不仅有理论意义,而且在实践方面也有重要用处。

现在应用有效能对热电厂进行一次初步分析，并把有效能能流图与热流图进行对照，经此分析就可看出有效能在实践中的重要意义。

关于有效能能流图和有效能对热电厂过程的基本热力学意义，其中 Grassman 是最初提出人之一。现在我们应用一简单热电厂过程如图 6-9(a)所示，作为例子进行分析，图 6-9(b)为与它有关的热流图，图 6-9(c)为与之相应的有效能能流图。在此两个图上，过程中相同的点用相同数字号码标注。

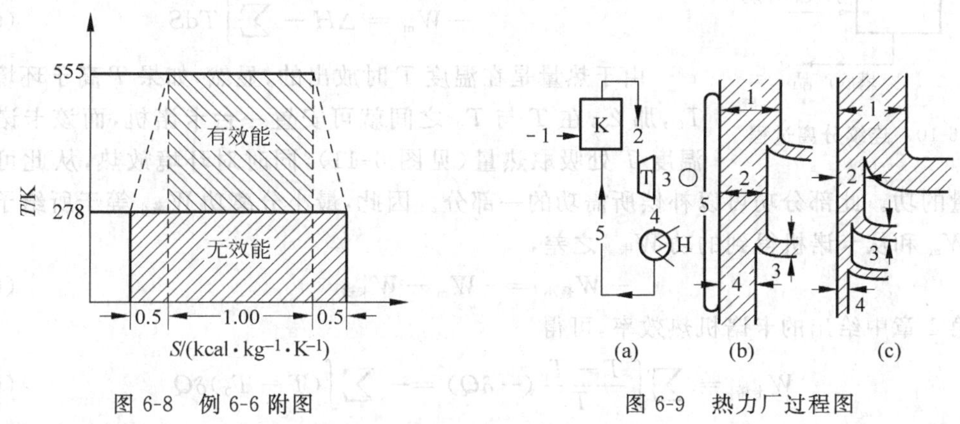

图 6-8 例 6-6 附图　　图 6-9 热力厂过程图

图 6-9 中，1 为进入锅炉 K 的燃料，在锅炉中得到蒸汽 2，它在汽轮机 T 中膨胀并输出机械功 3，然后以膨胀过程的蒸汽 4 作为供暖用，并在暖气设备 H 中完全凝结。此凝结水通过 5 再回到锅炉。热流图指出下列事实：输送到锅炉的燃料热量 1 因锅炉的热损失有所减少，并作为蒸汽热量 2 而被汽轮机所利用，机械功的热量 3 输送给发电机，其余的热量消耗在暖气设备中。每一步骤中的热量损失则完全没有考虑。事实上锅炉产生的蒸汽 2 所能够得到的驱动功率不再是相应于燃料输入的驱动功率，这种内在的热量贬值，除了由于锅炉的纯粹热损失以外，更为重要的，还由于烟气与水之间存在很大温差，在此温差条件下传热量所引起的损失在有效能能流图中清楚地显示出来。此外，汽轮机的内摩擦损失在热流图上并没有表示出来，这是因为它是以热的形式提供给蒸汽而在供暖中被利用。事实上摩擦过程是一个热力学不可逆过程，它总是与做功本领的减少联系在一起的，有效能能流明确地反映了此项损失，同样在有效能能流图上也正确地表示出取暖的蒸汽 4 具有很低的品位，这可以从它存在的有效能看出来。

应该着重指出，燃烧所产生的热量，当它透过锅炉受热面时会引起大量的有效能损失，因为烟气与水之间存在着很大的温度差，决定设备的优良程度首先是这项有效能损失而并不是纯粹的热损失。

6.4 分离过程功

分离过程是某物质在初态与终态之间产生浓度差的一种过程，按照普通术语，初态为进料时的状态，而终态则包括两个分离产品，即馏出液(塔顶产品)及残液(塔底产品)。设一连续的分离过程如图 6-10 所示，对于任何分离过程，必须给予一定量的功 W 而同时释放一定净热量 $\sum Q$，这里仍应用流动系热力学第一定律来表示：

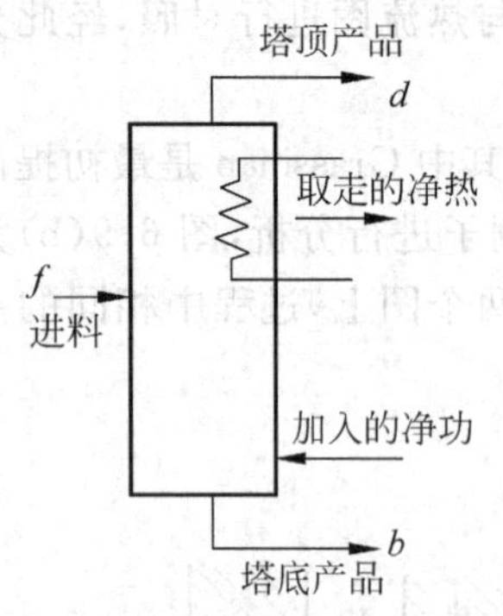

图 6-10 连续分离过程

$$\begin{cases}-W=\Delta H-\sum Q\\ \Delta H=dH_d+bH_b-fH_f\end{cases} \tag{6-27}$$

式中,字母 d,b,f 分别代表塔顶产品,塔底产品和进料,下标代表相应的状态。可逆分离过程所需的功应是最小,此时 Q 用 $\int TdS$ 来代替,则式(6-27) 则可写为

$$-W_m=\Delta H-\sum\int TdS \tag{6-28}$$

由于热量是在温度 T 时放出的,显然,如果 T 高于环境温度 T_0,那么,在 T 与 T_0 之间就可安置一台卡诺机,而该卡诺机在温度 T 处吸取热量(见图 6-11),同时对环境放热,从此可获得一定量的功。此部分功可以补偿所需功的一部分。因此,最小分离功 $W_{最小}$ 等于所给予的最小功 W_m 和从卡诺机得到的功 $W_{卡诺}$ 之差,

$$-W_{最小}=-W_m-W_{卡诺} \tag{6-29}$$

根据第 1 章中给出的卡诺机热效率,可得

$$W_{卡诺}=\sum\int\frac{T-T_0}{T}(-\delta Q)=-\sum\int(T-T_0)\delta Q \tag{6-30}$$

联合式(6-28),式(6-29)及式(6-30),

$$-W_{最小}=\Delta H-T_0\Delta S_{最小} \tag{6-31}$$

其中

$$\Delta S_{最小}=\sum\int\frac{\delta Q}{T}=dS_d+bS_b-fS_f \tag{6-32}$$

式(6-31)也可根据理想功的定义,应用式(6-23)和式(6-30)直接导出。式(6-31)对于 T 小于 T_0 的情况也是适用的,在此情况下应维持额外的致冷,并将热量从低温 T 输送到温度 T_0 的环境中。因此 $W_{最小}$ 大于 W_m,如式(6-29)所示,若式(6-31)应用有效能来表示,则

$$-W_{最小}=\Delta B \tag{6-33}$$

其中

$$\Delta B=dB_d+bB_b-fB_f$$

换言之,最小分离功等于产物与进料之间有效能的增加,这样,分离过程(见图 6-12)的热力学效率可以定义为[2~4]

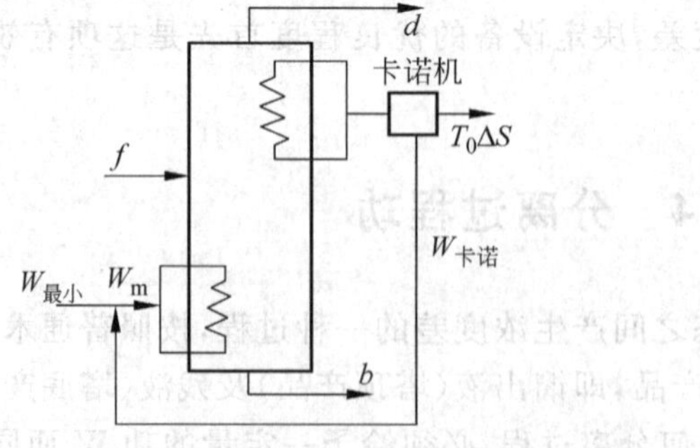

图 6-11 当 $T>T_0$ 时的最小分离功($T>T_0$)

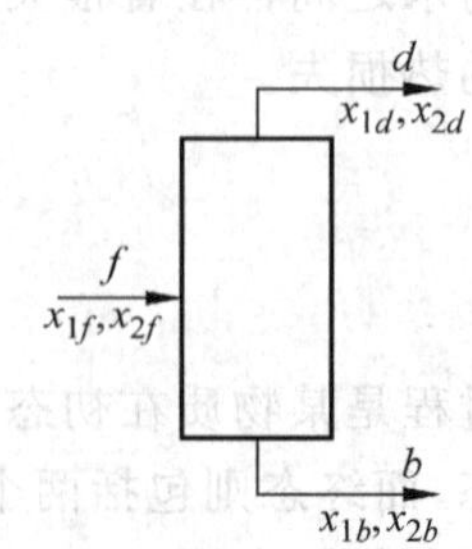

图 6-12 分离过程示意图

$$效率 = \frac{-W_{最小}}{实际输入能量} \tag{6-34}$$

为了便于进行最小功的计算，混合物的热力学性质可表示成 H-x，S-x 或 B-x 的图和表。

应该指出，在完全分离的情况下（即一种混合物完全分离成纯组分），数值 ΔH 及 $\Delta S_{最小}$ 分别变成积分溶解热（混合热）和混合熵。

例 6-7 含有30%氨的水溶液在15.5℃时分离成含有95%氨的浓缩产品和只含5%氨的稀释产品，两者均维持在1atm下的沸点。环境温度为15.5℃，试计算最小分离功。

解 因是计算有效能差，故需要计算焓和熵。进料的有效能为

$$B_f = (H_f - H_{0f}) - T_0(S_f - S_{0f})$$

因为进料是混合物，故 B_f 可以表示为

$$\begin{aligned} B_f = &(H_1x_1 + H_2x_2 + \Delta H_M) - (H_{01}x_1 + H_{02}x_2 + \Delta H_{0M}) \\ &- T_0[(S_1x_1 + S_2x_2) - R(x_1\ln x_1 + x_2\ln x_2) + \Delta S^E \\ &- (S_{01}x_1 + S_{02}x_2) + R(x_1\ln x_1 + x_2\ln x_2) - \Delta S_0^E] \end{aligned}$$

式中，下标0指基准温度 T_0。如果混合热和过量熵忽略不计，则有效能可表示成如下形式

$$B_f = (H_1 - H_{01})x_1 + (H_2 - H_{02})x_2 - T_0[(S_1 - S_{01})x_1 + (S_2 - S_{02})x_2]$$

设比热容为常数，则

$$B_f = C_{p1}(T - T_0)x_1 + C_{p2}(T - T_0)x_2 - T_0\left[C_{p1}\ln\left(\frac{T}{T_0}\right)x_1 + C_{p2}\ln\left(\frac{T}{T_0}\right)x_2\right]$$

或

$$B_f = (C_{p1}x_1 + C_{p2}x_2)\left(T - T_0 - T_0\ln\frac{T}{T_0}\right)$$

水的比热容取75.4kJ·kmol·K^{-1}，氨的比热容取75.2kJ·kmol·K^{-1}，进料温度为15.5℃（或288.7K），塔底产品 b 的温度是358K，而塔顶产品 d 为313.2K，计算 B_f，B_d 及 B_b。

$B_f = (75.4 \times 0.3 + 76.2 \times 0.70)(288.7 - 288.7 - 288.7\ln1.0) = 0\text{kJ}\cdot\text{kmol}^{-1}$

$B_d = (75.4 \times 0.95 + 76.2 \times 0.05)(313.2 - 288.7 - 288.7\ln1.085)$

$\quad = 62.8\text{kJ}\cdot\text{kmol}^{-1}$

$B_b = (75.4 \times 0.05 + 76.2 \times 0.95)(358.0 - 288.7 - 288.7\ln1.24)$

$\quad = 548.5\text{kJ}\cdot\text{kmol}^{-1}$

物料衡算给出 d 的物质的量为0.278，b 为0.722，对于1kmol的进料溶液、最小分离功为

$$\begin{aligned} -W_{最小} &= \Delta B = dB_d + bB_b - fB_f \\ &= 0.278 \times 62.8 + 0.722 \times 548.5 \\ &= 4.14 \times 10^5\text{J}\cdot\text{kmol}^{-1} \end{aligned}$$

习　题

6-1　试确定1kmol的蒸汽（1470kPa，过热到538℃，环境温度 $t_0 = 16℃$）在流动过程中可能得到的最大有用功。

6-2　1kg 的水在 100kPa 的恒压下从 20℃加热到沸点并且在此温度下完全蒸发，如果环境温度为 20℃；试问加给水的热量中最大有多少可转变成功量。

6-3　假如在习题 6-2 中所需的热量来自于温度为 260℃的炉子，由此加热过程所引起的总熵变是多少？由于此加热过程的不可逆性所引起的功损失多少？试利用习题 6-2 结果重算一下损失功。

6-4　试确定冷却 $45\text{kmol}\cdot\text{min}^{-1}$的空气，从初始温度 305K 降低到 278K 所需的最小功率 $N_{最小}$，环境温度 305K。已知空气的摩尔定压热容为 $29.3\text{kJ}\cdot\text{kmol}^{-1}\cdot\text{K}^{-1}$。

6-5　在一个往复式压缩机的试验中环境空气从 100kPa 及 5℃压缩到 1000kPa，压缩机的气缸用水冷却，在此特殊试验中，水通过冷却夹套，其流量为 $100\text{kg}\cdot\text{kmol}^{-1}$(空气)。冷却水入口温度为 5℃，出口温度 145℃。假设所有对环境的传热均可忽略。试计算实际供给压缩机的功与该过程的理想功的比值。假设空气为理想气体，其摩尔定压热容为 $29.3\text{kJ}\cdot\text{kmol}^{-1}\cdot\text{K}^{-1}$。

6-6　一气体的比热容用下列方程式表示

$$C_p = 26.377 + 7.612\times10^{-3}T - 1.453\times10^{-6}T^2$$

其中 T 及 C_p 的单位分别为 K 及 $\text{kJ}\cdot\text{kmol}^{-1}\cdot\text{K}^{-1}$。此气体在恒压下从 1100℃冷却到 38℃，环境温度为 16℃，此过程所产生的功损失多大？试证明当用一可逆机而以气体作为热源所做的功，可得出同样结果。

6-7　假如水转变成 260℃的恒温蒸汽，这是与高温燃气进行热交换的结果。在此过程中燃气温度由 1375℃降到 315℃，已知环境温度为 27℃。试确定 1kg 气体由于热交换过程，其有效能的降低，设气体的比热容为 $1\text{kJ}\cdot\text{kg}^{-1}\cdot℃^{-1}$。

6-8　如果空气进行绝热节流膨胀，从 2100kPa 降到 100kPa 不做任何功。若传热以及位能和动能变化均可忽略，确定此过程所产生的功损失。试提出一些假设。

6-9　一冷冻机连续冷却一盐水溶液，使其温度由 21℃降低到－7℃，热被排到温度为 27℃的大气中。确定冷冻机所需绝对最小功率，如果每小时冷却 25m^3 盐水，必须放给大气多少热量？盐水的数据：$c_p=3.5\text{kJ}\cdot\text{kg}^{-1}\cdot℃^{-1}$；$\rho=1150\text{kg}\cdot\text{m}^{-3}$。

6-10　倘若一含有 30%(摩尔分数)氨的混合物在一平衡状态下蒸发，保持恒温 38℃，压力 100kPa，环境温度为 16℃，试计算最小功 $W_{最小}$。

参考文献

[1] Matthews C S, Hurd C O. Trans. Am. Inst. Chem. Engrs., 1946, 42: 55.

[2] Dodge B F, Honsum C. Trans. Am. Inst. Chem. Engrs., 1927, 19: 117.

[3] Benedict M. Chem. Eng. Progr., 1947, 43: 41.

[4] 余国琮, Coull J J. Inst. Petrol, 1949, 35: 770.

7 液体溶液

本章讨论的溶液主要指液体混合物，研究溶液理论的目的在于：用分子间力以及由其决定的溶液结构来表达溶液的性质。分子间力对所有流体，不论气体或液体，都是基本的因素，而结构的问题对于液体则更为突出。从微观看，液体是近程有序的，液体的结构接近于固体而不是气体，因此结构因素的影响相对于气体来说要显著得多，必须加以足够的重视。一个完善的溶液理论必须建立在完善的分子间力理论和结构理论的基础上，它应该能从分子参数预测溶液的宏观性质，也可从纯物质的性质预测混合物的性质。然而，到现在为止，还远远不能做到这一点。目前工程设计中有关溶液性质的问题都是靠经验和半经验的关联式来解决。

7.1 溶液的热力学基本关系式

7.1.1 理想溶液

在完全理想体系中，汽相是服从道尔顿(Dalton)分压定律的理想气体，而液相是服从拉乌尔(Raoult)定律的理想溶液。如果溶液中每个组分都服从下列方程，则该溶液就称为理想溶液：

$$\hat{f}_i = x_i f_i \tag{7-1}$$

式中$\hat{f}_i$和f_i分别为组分i在同温同压下溶液态和纯态的逸度。式(7-1)常称为路易斯-伦达尔规则(参看3.6.1节)。

理想溶液的特性与理想气体混合物的特性很相似。理想溶液有以下6个特性：

$$\overline{G}_i^{\mathrm{id}} - G_i = RT\ln x_i,\quad \overline{V}_i^{\mathrm{id}} - V_i = 0$$

$$\overline{H}_i^{\mathrm{id}} - H_i = 0,\quad \overline{U}_i^{\mathrm{id}} - U_i = 0$$

$$\overline{S}_i^{\mathrm{id}} - S_i = -R\ln x_i,\quad \overline{A}_i^{\mathrm{id}} - A_i = RT\ln x_i$$

其中上标“id”是指理想溶液，“—”是指偏摩尔性质。下面将证明，这6个特性完全可由式(7-1)导出。

$\overline{G}_i^{\mathrm{id}} - G_i = RT\ln x_i$：由式(3-138)，在恒温和恒组成下，从低压$p^0$积分到$p$，得

$$\overline{G}_i - \overline{G}_i^0 = RT\ln \hat{f}_i/(x_i p_i^0) \tag{7-2}$$

由式(3-139)，对纯组分i在恒温下从p^0积分到p，得

$$G_i - G_i^0 = RT\ln f_i/p_i^0 \tag{7-3}$$

将以上两式相减，

$$(\overline{G}_i - G_i) - (\overline{G}_i^0 - G_i^0) = RT\ln(\hat{f}_i/x_i f_i) \tag{7-4}$$

令式(7-4)中的

$$\hat{f}_i / x_i f_i = r_i \tag{7-5}$$

$\hat{f}_i$与 $x_i f_i$ 的比值是一个具有很重要意义的参量,在后面将详细讨论。对理想溶液,由式(7-1)可知其值为1,因此,式(7-4)变为

$$\overline{G}_i^{\mathrm{id}} - G_i = \overline{G}_i^0 - G_i^0 \tag{7-6}$$

现在证明$(\overline{G}_i^0 - G_i^0) = RT\ln x_i$。在恒 T 和恒 p^0 下,对组分 i 将式(3-138)从纯态积分到溶液态,并考虑理想溶液$\hat{f}_i = x_i f_i$ 及 $f_i = p^0$(低压下),得

$$\overline{G}_i^0 - G_i^0 = RT\ln(x_i p_i^0) - RT\ln p_i^0 = RT\ln x_i$$

此式与式(7-6)联立,于是得

$$\overline{G}_i^{\mathrm{id}} - G_i = RT\ln x_i \tag{7-7}$$

应该指出

$$(\overline{G}_i^0 - G_i^0) = (\overline{G}_i' - G_i') \quad (\text{理想气体})$$

$\overline{V}_i^{\mathrm{id}} - V_i = 0$:先对式(7-1)取对数,并在恒温及恒组成下微分,

$$\left(\frac{\partial \ln \hat{f}_i}{\partial p}\right)_{T,n} = \left(\frac{\partial \ln f_i}{\partial p}\right)_T \quad (\text{理想溶液}) \tag{7-8}$$

由式(3-138)和式(3-141),

$$\left(\frac{\partial \ln \hat{f}_i}{\partial p}\right)_{T,n} = \frac{\overline{V}_i^{\mathrm{id}}}{RT} \tag{7-9}$$

对纯组分,上式可写出

$$\left(\frac{\partial \ln f_i}{\partial p}\right)_T = \frac{V_i}{RT}$$

把上式与式(7-8)和式(7-9)联立,

$$\overline{V}_i^{\mathrm{id}} - V_i = 0 \tag{7-10}$$

$\overline{H}_i^{\mathrm{id}} - H_i = 0$:这个方程的推导需要三步。第一步是先对式(7-1)取对数,并在恒压和恒组成下对 T 微分,得

$$\left(\frac{\partial \ln \hat{f}_i}{\partial T}\right)_{p,n} = \left(\frac{\partial \ln f_i}{\partial T}\right)_p \quad (\text{理想溶液}) \tag{7-11}$$

第二步是推导吉布斯-亥姆霍兹方程。先用 RT 去除式(7-2),且在恒压和恒组成下对 T 微分,

$$\frac{\partial}{\partial T}\left[\frac{\overline{G}_i - \overline{G}_i^0}{RT}\right]_{p,n} = \left(\frac{\partial \ln \hat{f}_i}{\partial T}\right)_{p,n} \tag{7-12}$$

对式(7-12)左边运算,

$$\frac{\partial}{\partial T}\left(\frac{\overline{G}_i - \overline{G}_i^0}{RT}\right)_{p,n} = -\frac{\overline{G}_i - \overline{G}_i^0}{RT^2} + \frac{1}{RT}\left[\left(\frac{\partial \overline{G}_i}{\partial T}\right)_{p,n} - \left(\frac{\partial \overline{G}_i^0}{\partial T}\right)_{p,n}\right] \tag{7-13}$$

现在,求式(7-13)中的导数项,在恒压和恒组成下将 $\overline{G}_i = \left(\frac{\partial G_i}{\partial n_i}\right)_{T,p,n_j}$ 对 T 微分,得

$$\left(\frac{\partial \overline{G}_i}{\partial T}\right)_{p,n} = \frac{\partial}{\partial T}\left[\left(\frac{\partial G_i}{\partial n_i}\right)_{T,p,n_j}\right]_{p,n}$$

改变一下微分次序且已知$\left(\frac{\partial G_t}{\partial T}\right)_{p,n}=-S_t$，结果为

$$\left(\frac{\partial \overline{G}_i}{\partial T}\right)_{p,n}=-\left(\frac{\partial S_t}{\partial n_i}\right)_{T,p,n_j}=-\overline{S}_i$$

把此方程式与式(7-13)联立，并由 $H=G+TS$ 即可导出混合物组分的吉布斯-亥姆霍兹方程式：

$$\frac{\partial}{\partial T}\left[\frac{\overline{G}_i-\overline{G}_i^0}{RT}\right]_{p,n}=-\frac{\overline{G}_i-\overline{G}_i^0}{RT^2}-\frac{\overline{S}_i-\overline{S}_i^0}{RT}=-\frac{\overline{H}_i-\overline{H}_i^0}{RT^2} \tag{7-14}$$

由式(7-12)和式(7-14)，得

$$\left(\frac{\partial \ln \hat{f}_i}{\partial T}\right)_{p,n}=-\frac{\overline{H}_i-\overline{H}_i^0}{RT^2} \tag{7-15}$$

对纯组分，此方程式变为

$$\left(\frac{\partial \ln f_i}{\partial T}\right)_{p}=-\frac{H_i-H_i^0}{RT^2} \tag{7-16}$$

式(7-15)和式(7-16)对任何类型的溶液都是成立的。若联合式(7-11)，式(7-15)和式(7-16)，对理想溶液，得

$$\overline{H}_i^{\mathrm{id}}-H_i=\overline{H}_i^0-H_i^0 \tag{7-17}$$

因为在 p^0 下，$\overline{H}_i^0$ 和 H_i^0 分别等于 $\overline{H}'_i$和 H'_i，联立式(7-17)和$(\overline{H}'_i-H'_i)=0$(理想气体)，于是：

$$\overline{H}_i^{\mathrm{id}}-H_i=0 \tag{7-18}$$

$\overline{U}_i^{\mathrm{id}}-U_i=0$：由 $\overline{H}_i=\overline{U}_i+p\overline{V}_i$(见例 3-11)减去纯组分的焓 $H_i=U_i+pV_i$，对理想溶液，得

$$\overline{H}_i^{\mathrm{id}}-H_i=\overline{U}_i^{\mathrm{id}}-U_i+p(\overline{V}_i^{\mathrm{id}}-V_i)$$

将此方程式与式(7-18)和式(7-10)联立，得

$$\overline{U}_i^{\mathrm{id}}-U_i=0 \tag{7-19}$$

$\overline{S}_i^{\mathrm{id}}-S_i=-R\ln x_i$：由 $\overline{G}_i=\overline{H}_i-T\overline{S}_i$(参见 3.5.2 节)减去纯组分的 $G_i=H_i-TS_i$，对理想溶液，联合式(7-7)和式(7-18)，得

$$\overline{S}_i^{\mathrm{id}}-S_i=-R\ln x_i \tag{7-20}$$

$\overline{A}_i^{\mathrm{id}}-A_i=RT\ln x_i$：同理，由 $\overline{A}_i=\overline{U}_i-T\overline{S}_i$ 和纯组分的 $A_i=U_i-TS_i$，并结合式(7-19)和式(7-20)，得

$$\overline{A}_i^{\mathrm{id}}-A_i=RT\ln x_i \tag{7-21}$$

由上所述，理想溶液性质的表达式为

$$V^{\mathrm{id}}=\sum_i^N x_i V_i \tag{7-22}$$

$$U^{\mathrm{id}}=\sum_i^N x_i U_i \tag{7-23}$$

$$H^{\mathrm{id}}=\sum_i^N x_i H_i \tag{7-24}$$

$$S^{\mathrm{id}}=\sum_i^N x_i(S_i-R\ln x_i) \tag{7-25}$$

$$A^{id} = \sum_i^N x_i(A_i + RT\ln x_i) \tag{7-26}$$

$$G^{id} = \sum_i^N x_i(G_i + RT\ln x_i) \tag{7-27}$$

7.1.2 非理想溶液、活度与活度系数

当汽相不是理想气体时，此时只要将拉乌尔定律中的压力项分别用逸度来表示即可，

$$\hat{f}_i^V = f_i^V y_i \tag{7-28}$$

式中，$\hat{f}_i^V$ 是溶液上方饱和蒸汽中组分 i 的逸度；f_i^V 是同温同压下纯组分 i 的气体逸度。

当汽、液两相平衡时，$\hat{f}_i^L = \hat{f}_i^V$。根据路易斯-伦达尔逸度法则，

$$\hat{f}_i^L = f_i^L x_i \tag{7-29}$$

故

$$\hat{f}_i^V = f_i^L x_i \tag{7-30}$$

关于汽相非理想性的校正问题，已在前面讨论过。对于非理想的液态溶液，因其不服从拉乌尔定律或逸度法则，处理的方法是在理想溶液的基础上加以校正，即在式(7-29)中用 a_i 代替 x_i。a_i 称为组分 i 在溶液中的活度，又称为有效浓度，故对于非理想的液态溶液，

$$\hat{f}_i^L = f_i^L a_i \quad 或 \quad a_i = \hat{f}_i^L / f_i^L \tag{7-31}$$

故活度又称为相对逸度。根据活度的定义，对于理想溶液，$a_i = x_i$，即组分 i 的活度等于组分 i 的摩尔分数。因理想溶液的化学势为

$$\mu_i^{id} = \mu_i^{\ominus} + RT\ln x_i \tag{7-32}$$

对于非理想溶液，

$$\mu_i = \mu_i^{\ominus} + RT\ln a_i \tag{7-33}$$

在 7.1.1 节的讨论中，可知 $\mu_i^{\ominus}$ 的物理意义为纯液体 i 的化学势，即以纯组分液体作为标准态。在汽-液平衡计算中都采用这种标准态，这是由于采用的理想溶液的表达式为拉乌尔定律，浓度的表示单位为摩尔分数。因活度的定义可以采用其他标准态，因此必须加以说明。

比较式(7-32)和式(7-33)可以看出，实际溶液对理想溶液的偏差归结为 a_i 对 x_i 的偏差，这个偏差程度常用活度系数表示：

$$\gamma_i = a_i / x_i = \hat{f}_i^L / (f_i^L x_i) \tag{7-34}$$

根据以上讨论结果，用活度与活度系数表征溶液性质可归纳成以下几点：

(1) 纯组分液体的活度为 1

在定义活度时用纯组分液体作为标准态，式(7-32)中 $\mu_i^{\ominus}$ 为纯液体 i 的化学势。根据式(7-33)，对于纯组分液体可得 $\mu_i = \mu_i^{\ominus}$，要符合这一条件，必须 $a_i = 1$，故可得$(a_i)_{x_i=1} = 1$。

$$(\gamma_i)_{x_i=1} = \frac{(a_i)_{x_i=1}}{(x_i)_{x_i=1}} = \frac{1}{1} = 1$$

可见，当 $x_i \to 1$ 时，$\gamma_i \to 1$。

(2) 理想溶液的活度等于浓度

对于理想溶液 $a_i=x_i$，或 $\gamma_i=a_i/x_i=1$。

(3) 可用活度系数来描述实际溶液的非理想行为。$\gamma_i=a_i/x_i$，对于非理想溶液 $a_i\neq x_i$，即 $\gamma_i\neq 1$。有两大类的非理想溶液：

① $\gamma_i>1$，对理想溶液具有正偏差的非理想溶液；

② $\gamma_i<1$，对理想溶液具有负偏差的非理想溶液。

在以上讨论活度和活度系数概念的基础上，下面讨论汽相是理想气体混合物，而液相则为非理想溶液的体系。在低压下的大部分体系属于这一类，故具有特别的重要性。

由于汽相为理想气体，故式(7-31)中的逸度可用分压代入，

$$a_i=\frac{\hat{f}_i^{\mathrm{L}}}{f_i^{\mathrm{L}}}=\frac{\hat{f}_i^{\mathrm{V}}}{f_i^{\mathrm{V}}}=\frac{p_i}{p_i^{\mathrm{sat}}} \tag{7-35}$$

$$\gamma_i=\frac{p_i}{x_i p_i^{\mathrm{sat}}} \tag{7-36}$$

将道尔顿分压定律代入式(7-36)，

$$\gamma_i=\frac{p y_i}{p_i^{\mathrm{sat}} x_i} \tag{7-37}$$

根据实测汽-液平衡数据求算活度系数常用上式。

若用汽-液平衡常数表示这一类体系的汽-液平衡，根据平衡常数定义，可得

$$K_i=y_i/x_i=\gamma_i p_i^{\mathrm{sat}}/p \tag{7-38}$$

若用相对挥发度表示这类体系的汽-液平衡，则

$$\alpha_i=\alpha_{ij}=\frac{K_i}{K_j}=\frac{y_i/x_i}{y_j/x_j}=\frac{\gamma_i p_i^{\mathrm{sat}}/p}{\gamma_j p_j^{\mathrm{sat}}/p}=\frac{\gamma_i p_i^{\mathrm{sat}}}{\gamma_j p_j^{\mathrm{sat}}} \tag{7-39}$$

综上所述，非理想体系汽-液平衡计算的关键在于解决活度系数问题。由此可见活度系数的重要意义，同时也进一步说明了前面讨论理想溶液的原因。虽然实际溶液中很少有严格服从理想溶液规律的，但活度系数是实际溶液行为与理想溶液的偏差，它是建立在与理想溶液比较的基础上的。

7.1.3 超额性质、吉布斯-杜亥姆方程

超额性质定义为实际性质与在相同 T，p 和 x 条件下由理想溶液方程式计算出的性质的差：

$$M^{\mathrm{E}}=M-M^{\mathrm{id}} \tag{7-40}$$

$$\Delta M^{\mathrm{E}}=\Delta M-\Delta M^{\mathrm{id}} \tag{7-41}$$

式中，M^{E}为超额溶液性质，ΔM^{E}称为超额混合性质的变化。事实上，这两个变量是相同的。混合性质变化一般用下列方程式表示：

$$\Delta M=M-\sum_i x_i M_i^{\ominus} \tag{7-42}$$

式中，$M_i^{\ominus}$为组分 i 在特定标准态的摩尔性质。例如，如果 M 是液体溶液的摩尔体积 V，且如果所有组分在和溶液相同的 T 和 p 下以纯态存在时都是稳定的液体，则 $M_i^{\ominus}$变成 $V_i^{\ominus}=V_i$。在此条件下，式(7-42)可写成

$$\Delta V = V - \sum_i x_i V_i \tag{7-43a}$$

式中 ΔV 是在 T 和 p 一定时，由纯液体各组分形成 1mol 混合物时，所观察到的混合体积变化。另外，根据式(3-119)，$V = \sum_i x_i \bar{V}_i$，故式(7-43a)又可表示为

$$\Delta V = \sum_i x_i (\bar{V}_i - V_i) \tag{7-43b}$$

同理，

$$\Delta U = U - \sum_i x_i U_i = \sum_i x_i (\bar{U}_i - U_i) \tag{7-44}$$

$$\Delta H = H - \sum_i x_i H_i = \sum_i x_i (\bar{H}_i - H_i) \tag{7-45}$$

$$\Delta S = S - \sum_i x_i S_i = \sum_i x_i (\bar{S}_i - S_i) \tag{7-46}$$

$$\Delta A = A - \sum_i x_i A_i = \sum_i x_i (\bar{A}_i - A_i) \tag{7-47}$$

$$\Delta G = G - \sum_i x_i G_i = \sum_i x_i (\bar{G}_i - G_i) \tag{7-48}$$

故以上各式可概括地表示成

$$\Delta M = M - \sum_i x_i M_i \tag{7-49}$$

将式(7-49)代入式(7-41)

$$\Delta M^{\mathrm{E}} = M - \sum_i x_i M_i - (M^{\mathrm{id}} - \sum_i x_i M_i)$$
$$= M - M^{\mathrm{id}}$$

因此，为了简化起见，就采用 M^{E}，并表示为

$$M^{\mathrm{E}} = \Delta M^{\mathrm{E}} = \Delta M - \Delta M^{\mathrm{id}} \tag{7-50}$$

对于体积可写成

$$V^{\mathrm{E}} = \Delta V^{\mathrm{E}} = \Delta V - \Delta V^{\mathrm{id}} \tag{7-51}$$

但是，根据式(7-22)，$\Delta V^{\mathrm{id}} = 0$，所以超额体积等于混合体积变化。因为 ΔU^{id}，ΔH^{id}，ΔC_p^{id} 等也都等于零，所以这些函数的超额性质也是与相应的各混合性质变化相同，因而它们并不是一些新的热力学性质，只有熵和与熵有关的函数，其超额性质代表新的有用的变量，其中最重要的就是超额吉布斯自由能，它可用方程式(7-50)及式(7-27)给出

$$G^{\mathrm{E}} = \Delta G - RT \sum_i (x_i \ln x_i) \tag{7-52}$$

或根据式(7-42)给出

$$G^{\mathrm{E}} = G - \sum_i x_i G_i^{\ominus} - RT \sum_i (x_i \ln x_i) \tag{7-53}$$

此外，很容易导出许多关联超额吉布斯自由能和其他超额性质的有用方程式，这些方程式与早已给出的固定溶液组成的性质方程式完全相似，最主要的有

$$G^{\mathrm{E}} = H^{\mathrm{E}} - TS^{\mathrm{E}} \tag{7-54}$$

$$c_p^{\mathrm{E}} = \left(\frac{\partial H^{\mathrm{E}}}{\partial T}\right)_{p,x} = T\left(\frac{\partial S^{\mathrm{E}}}{\partial T}\right)_{p,x} \tag{7-55}$$

$$V^{\mathrm{E}} = \left(\frac{\partial G^{\mathrm{E}}}{\partial p}\right)_{T,x} \tag{7-56}$$

$$S^{\mathrm{E}} = -\left(\frac{\partial G^{\mathrm{E}}}{\partial T}\right)_{p,x} \tag{7-57}$$

$$\frac{H^{\mathrm{E}}}{RT} = -T\left[\frac{\partial(G^{\mathrm{E}}/RT)}{\partial T}\right]_{p,x} \tag{7-58}$$

应注意，$H^{\mathrm{E}}=\Delta H$，$c_p^{\mathrm{E}}=\Delta c_p$ 及 $V^{\mathrm{E}}=\Delta V$。

对于溶液的摩尔性质，也同样有偏摩尔超额性质，其定义为

$$\overline{M}_i^{\mathrm{E}} = \overline{M}_i - \overline{M}_i^{\mathrm{id}} \tag{7-59}$$

例如

$$\overline{G}_i^{\mathrm{E}} = \overline{G}_i - \overline{G}_i^{\mathrm{id}} \tag{7-60}$$

且

$$\sum_i x_i \overline{G}_i^{\mathrm{E}} = G^{\mathrm{E}} \tag{7-61}$$

联合式(7-60)，式(7-61)，式(7-27)以及式(7-33)，可得

$$\begin{aligned}G^{\mathrm{E}} &= \sum_i x_i \overline{G}_i - \sum_i x_i \overline{G}_i^{\mathrm{id}} \\ &= \sum_i x_i \overline{G}_i - G^{\mathrm{id}} \\ &= \left(\sum_i x_i \overline{G}_i - \sum_i x_i G_i\right) - RT\sum_i x_i \ln x_i \\ &= RT\sum_i x_i \ln a_i - RT\sum_i x_i \ln x_i \\ &= RT\sum_i x_i \ln\frac{a_i}{x_i} \\ &= RT\sum_i x_i \ln\gamma_i\end{aligned} \tag{7-62}$$

由方程式(7-62)，可得

$$\overline{G}_i^{\mathrm{E}} = \overline{G}_i - \overline{G}_i^{\mathrm{id}} = RT\ln\gamma_i = RT\ln\frac{a_i}{x_i}$$

或

$$RT\ln\gamma_i = \overline{G}_i^{\mathrm{E}} = \left[\frac{\partial(nG^{\mathrm{E}})}{\partial n_i}\right]_{T,p,n_j} \tag{7-63}$$

由式(3-131)，对均相体系吉布斯自由能，则

$$-S\mathrm{d}T + V\mathrm{d}p - \sum_i x_i \mathrm{d}\overline{G}_i = 0$$

对于超额性质，也可以写出

$$-S^{\mathrm{E}}\mathrm{d}T + V^{\mathrm{E}}\mathrm{d}p - \sum_i x_i \mathrm{d}\overline{G}_i^{\mathrm{E}} = 0$$

或表示为

$$-S^{\mathrm{E}}\mathrm{d}T + V^{\mathrm{E}}\mathrm{d}p - \sum_i x_i \mathrm{d}(RT\ln\gamma_i) = 0 \tag{7-64}$$

对上式最后一项进行微分，得

$$\sum_i x_i d(RT\ln\gamma_i) = \sum_i x_i[(R\ln\gamma_i)\mathrm{d}T + RT\mathrm{d}\ln\gamma_i]$$

$$=\frac{G^{E}}{T}dT+RT\sum_{i}x_{i}d\ln\gamma_{i}$$

与式(7-64)联立,并考虑 $H^{E}=G^{E}+TS^{E}$,于是得到

$$-(H^{E}/RT^{2})dT+(V^{E}/RT)dp-\sum_{i}x_{i}d\ln\gamma_{i}=0 \tag{7-65}$$

式(7-65)的定温,或定压,或定温同时定压形式在分析相平衡实验数据时都是非常有用的。

从式(7-62),可知超额吉布斯自由能 G^{E},对理想溶液是零。由式(7-1),对理想溶液,$\gamma_i=1$,即

$$G^{E}=0 \quad (\text{理想溶液}) \tag{7-66}$$

与此相仿,正规溶液可用 $S^{E}=0$ 与 $V^{E}=0$ 来表征,而用 $H^{E}=0$ 表征无热溶液。因此,从 $H^{E}=U^{E}+pV^{E}$ 及式(7-54),可得

$$G^{E}=U^{E} \quad (\text{正规溶液}) \tag{7-67}$$

$$G^{E}=-TS^{E} \quad (\text{无热溶液}) \tag{7-68}$$

没有任何的实际溶液真正是"正规的"或"无热的"。正规溶液的假设对非极性溶液是近似成立的,而无热溶液的假设对聚合物与溶剂在化学上相似的溶液往往是较好的近似。

7.2 二元体系液相活度系数

液相各组分的活度系数可通过实验测定的汽-液平衡数据,由式(7-37)计算得到:

$$\gamma_i=\frac{py_i}{p_i^{sat}x_i}$$

因此可根据一系列的实验数据求出不同组成时的 γ_i。由于 γ 与 x 的关系是非线性的,故要得到 γ-x 曲线需要大量的实测数据。随着热力学在理论与实践上的不断发展,现在已提出了很多半理论半经验的方程式来关联 γ 与 x。例如。范拉尔(van Laar)方程、马居斯(Margules)方程、威尔逊(Wilson)方程以及 NRTL (Non-Random Two Liquids)方程等。这些方程之所以称为半理论半经验的方程,是由于它们都是根据不同的溶液模型提出来的,但是这些方程中的参数又必须通过实测的数据来确定。然而借助这些方程却可以大大减少实验的工作量,同时又能够获得完整的汽-液平衡数据,供设计计算使用。以下按照各种溶液模型分别讨论常用的活度系数方程以及这些方程的发展趋向。

7.2.1 Scatchard-Hildebrand 方程

正规溶液理论是由 Scatchard[3] 和 Hildebrand[2] 各自研究得出的。对于正规溶液,为了研究溶液混合过程的内能变化 ΔU,采用蒸发热表示液体和其理想气体之间的内能差,再采用如图 7-1 所示的三步过程计算液体混合过程的内能变化:

$$\Delta U=\Delta U^{\mathrm{I}}+\Delta U^{\mathrm{II}}+\Delta U^{\mathrm{III}}$$

则摩尔超额内能 U^{E} 可用下列方程式表示:

$$U^{E}=\sum_{i}x_{i}V_{i}C_{i}-\left(\sum_{i}\sum_{j}x_{i}x_{j}V_{i}V_{j}C_{ij}\right)\Big/\sum_{i}x_{i}V_{i} \tag{7-69}$$

将此方程式与式(7-67)联合,并且进一步假定,$C_{ij}=(C_iC_j)^{0.5}$,从而得

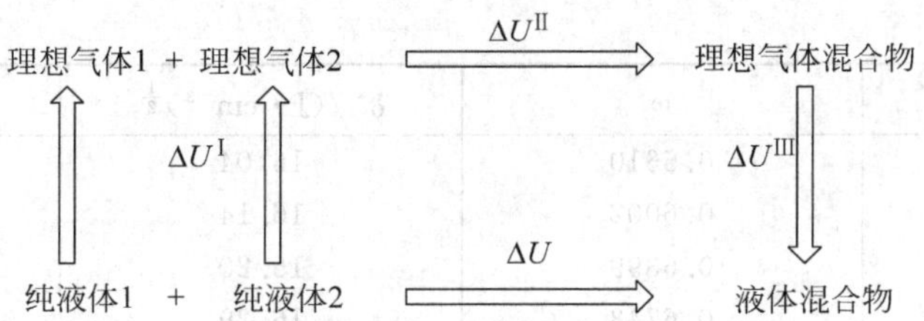

图 7-1 正规溶液理论的液体混合物内能的计算过程

$$G^{\mathrm{E}} = \sum_i x_i V_i \delta_i^2 - \left(\sum_i x_i V_i \delta_i\right)^2 \Big/ \sum_i x_i V_i \tag{7-70}$$

式中，V_i 是液体摩尔体积，溶解度参数 $\delta_i = C_i^{0.5}$，内聚能密度 $C_i = \Delta U_i / V_i$，ΔU_i 为饱和液体恒温蒸发转变为理想气体时的摩尔内能变化。

对二元系统，上式可简化为

$$G^{\mathrm{E}} = (x_1 V_1 + x_2 V_2)\phi_1 \phi_2 (\delta_1 - \delta_2)^2 \tag{7-71}$$

其中 ϕ_1，ϕ_2 分别为组分 1,2 的体积分数：

$$\phi_1 = \frac{x_1 V_1}{x_1 V_1 + x_2 V_2}, \quad \phi_2 = \frac{x_2 V_2}{x_1 V_1 + x_2 V_2}$$

结合式(7-63)和式(7-71)，并进行偏微分，得

$$\begin{cases} \ln\gamma_1 = \dfrac{V_1(\delta_1 - \delta_2)^2}{RT}\phi_2^2 \\ \ln\gamma_2 = \dfrac{V_2(\delta_1 - \delta_2)^2}{RT}\phi_1^2 \end{cases} \tag{7-72}$$

该方程式的活度系数常大于 1，给出对 Raoult 定律的正偏差。各种物质的 V 及 δ 值可参看表 7-1。

表 7-1 纯组分的溶解度参数和摩尔体积(25℃)

组　　分	ω	$\delta^* / (\mathrm{J \cdot cm^{-3}})^{\frac{1}{2}}$	$V / (\mathrm{cm^3 \cdot mol^{-1}})$
氢	0	6.65	31
烷烃：			
甲烷	0	11.62	52
乙烷	0.1064	12.38	68
丙烷	0.1538	13.09	84
异丁烷	0.1825	13.77	105.5
正丁烷	0.1953	13.77	101.4
异戊烷	0.2104	14.36	117.4
正戊烷	0.2387	14.36	116.1
季戊烷	(0.195)	14.36	123.3
正己烷	0.2927	14.87	131.6
正庚烷	0.3403	15.20	147.5
正辛烷	0.3992	15.45	163.5
正壬烷	0.4439	15.65	179.6
正癸烷	0.4869	15.80	196.0
正十一烷	0.5210	15.94	212.2

续表

组　分	ω	$\delta^*/(\mathrm{J}\cdot\mathrm{cm}^{-3})^{\frac{1}{2}}$	$V/(\mathrm{cm}^3\cdot\mathrm{mol}^{-1})$
正十二烷	0.5610	16.04	228.6
正十三烷	0.6002	16.14	244.9
正十四烷	0.6399	16.20	261.3
正十五烷	0.6743	16.29	277.8
正十六烷	0.7078	16.35	294.1
正十七烷	0.7327	16.43	310.4
烯烃:			
乙烯	0.0949	12.44	61
丙烯	0.1451	13.16	79
1-丁烯	0.2085	13.83	95.3
顺-2-丁烯	0.2575	13.83	91.2
反-2-丁烯	0.2230	13.83	93.8
异丁烯	0.1975	13.83	95.4
1,3-丁二烯	0.2028	14.20	88.0
1-戊烯	0.2198	14.42	110.4
顺-2-戊烯	(0.206)	14.42	107.8
反-2-戊烯	(0.209)	14.42	109.0
2-甲基-1-丁烯	(0.200)	14.42	108.7
3-甲基-1-丁烯	(0.149)	14.42	112.8
2-甲基-2-丁烯	(0.212)	14.42	106.7
1-己烯	0.2463	(15.14)	125.8
环烷烃:			
环戊烷	0.2051	16.59	94.7
甲基环戊烷	0.2346	16.06	113.1
环己烷	0.2032	16.78	108.7
甲基环己烷	0.2421	16.02	128.3
芳烃:			
苯	0.2130	18.74	89.4
甲苯	0.2591	18.25	106.8
邻二甲苯	0.2904	18.39	121.2
间二甲苯	0.3045	18.05	123.5
对二甲苯	0.2969	17.94	124.0
乙苯	0.2936	17.98	123.1

* 1cal=4.1868J。

本方程一个重要特点是只需要纯组分性质,就可预测组分的活度系数。也可以用$(1-k_{ij})(C_iC_j)^{0.5}$来取代式(7-69)中C_{ij},以提高计算精度,其中k_{ij}使用汽-液平衡的实验数据来确定。

7.2.2 Wohl 方程

Wohl 方程是在正规溶液的基础上获得的。1946 年 Wohl 提出一个超额吉布斯自由能的普遍表达式如下[4]:

$$G^E/(RT\sum_i x_i q_i) = \sum_i\sum_j Z_i Z_j a_{ij} + \sum_i\sum_j\sum_k Z_i Z_j Z_k a_{ijk} + \cdots \tag{7-73}$$

其中，q_i 是组分 i 的有效摩尔体积，有效体积分数 $Z_i = x_i q_i \Big/ \sum_j x_j q_j = n_i q_i \Big/ \sum_j n_j q_j$，$a_{ij}$，$a_{ijk}$ 分别为 i，j 两分子之间和 i，j，k 三分子的交互作用参数，a_{ii} 与 a_{iii} 均等于 0。

式(7-73)右边第一项表示两个不同分子之间交互作用的贡献，第二项是三个不同分子之间交互作用的贡献，依此类推。"三个不同分子"的集团也包括"两个相同和一个不同分子"的集团。如果只保留第一项，则称为二尾标方程；如果前两项（最多到三体相作用项）保留，则称为三尾标方程，依此类推。下面具体讨论二元体系的三尾标 Wohl 方程，因为由此可导出一些著名的方程，如 van Laar 方程、Margules 方程等。将式(7-73)应用于二元体系，则得

$$\begin{aligned}\frac{G^E}{RT(q_1x_1+q_2x_2)} = & Z_1Z_2a_{12} + Z_2Z_1a_{21} + Z_1Z_1Z_2a_{112} \\ & + Z_1Z_2Z_1a_{121} + Z_2Z_1Z_1a_{211} + Z_1Z_2Z_2a_{122} \\ & + Z_2Z_1Z_2a_{212} + Z_2Z_2Z_1a_{221}\end{aligned} \tag{7-74a}$$

因相互作用与排列次序无关，故 $a_{12}=a_{21}$，$a_{112}=a_{121}=a_{211}$，$a_{122}=a_{212}=a_{221}$，则上式可简化为

$$\frac{G^E}{RT(q_1x_1+q_2x_2)} = 2Z_1Z_2a_{12} + 3Z_1^2Z_2a_{112} + 3Z_1Z_2^2a_{122} \tag{7-74b}$$

为了进一步简化，将 $2Z_1Z_2a_{12}$ 乘以 (Z_1+Z_2)，因 $Z_1+Z_2=1$，故可得

$$\frac{G^E}{RT} = \left(x_1 + \frac{q_2}{q_1}x_2\right)Z_1Z_2\left[Z_1q_1(2a_{12}+3a_{112}) + Z_2q_1(2a_{12}+3a_{122})\right] \tag{7-74c}$$

令

$$q_1(2a_{12}+3a_{122}) = A_{12}, \quad q_2(2a_{12}+3a_{112}) = A_{21}$$

代入式(7-74c)，可得

$$\frac{G^E}{RT} = \left(x_1 + \frac{q_2}{q_1}x_2\right)Z_1Z_2\left[Z_1A_{21}\frac{q_1}{q_2} + Z_2A_{12}\right] \tag{7-74d}$$

因为

$$x_1 = \frac{n_1}{n} = \frac{n_1}{n_1+n_2}, \quad x_2 = \frac{n_2}{n} = \frac{n_2}{n_1+n_2}$$

$$Z_1 = \frac{n_1q_1}{n_1q_1+n_2q_2} = \frac{n_1}{n_1+n_2q_2/q_1}, \quad Z_2 = \frac{n_2q_2/q_1}{n_1+n_2q_2/q_1}$$

将这些关系代入式(7-74d)，即得

$$\frac{nG^E}{RT} = \frac{n_1^2n_2A_{21} + n_1n_2^2\left(\frac{q_2}{q_1}\right)^2A_{12}}{\left(n_1+n_2\frac{q_2}{q_1}\right)^2} \tag{7-74e}$$

将式(7-63)应用于式(7-74e)，并简化整理，

$$\ln\gamma_1 = Z_2^2\left[A_{12} + 2Z_1\left(A_{21}\frac{q_1}{q_2} - A_{12}\right)\right] \tag{7-75a}$$

$$\ln\gamma_2 = Z_1^2\left[A_{21} + 2Z_2\left(A_{12}\frac{q_2}{q_1} - A_{21}\right)\right] \tag{7-75b}$$

式(7-75a)和式(7-75b)中含有三个经验参数 A_{12}，A_{21} 及 q_2/q_1，它们必须用实验数据来确定。

如果采用各个不同的简化假设,则可导出如下各方程式:

(1) Scatchard-Hamer 方程

用纯组分的摩尔体积 V_1 及 V_2 来取代有效摩尔体积 q_1 及 q_2,则式(7-75a)和式(7-75b)成为

$$\ln\gamma_1 = Z_2^2\left[A_{12} + 2Z_1\left(A_{21}\frac{V_1}{V_2} - A_{12}\right)\right] \tag{7-76a}$$

$$\ln\gamma_2 = Z_1^2\left[A_{21} + 2Z_2\left(A_{12}\frac{V_2}{V_1} - A_{21}\right)\right] \tag{7-76b}$$

(2) van Laar 方程

若式(7-75a)和式(7-75b)中的 $q_2/q_1 = A_{21}/A_{12}$,则得

$$\ln\gamma_1 = \frac{A_{12}}{\left(1 + \frac{A_{12}}{A_{21}}\frac{x_1}{x_2}\right)^2} \tag{7-77a}$$

$$\ln\gamma_2 = \frac{A_{21}}{\left(1 + \frac{A_{21}}{A_{12}}\frac{x_2}{x_1}\right)^2} \tag{7-77b}$$

(3) Margules 方程

若式(7-75a)和式(7-75b)中 $q_2/q_1 = 1$,则

$$\ln\gamma_1 = x_2^2[A_{12} + 2x_1(A_{21} - A_{12})] \tag{7-78a}$$

$$\ln\gamma_2 = x_1^2[A_{21} + 2x_2(A_{12} - A_{21})] \tag{7-78b}$$

(4) 对称性方程

若 $A_{12} = A_{21}$,则 van Laar 方程和 Margules 方程均变为

$$\ln\gamma_1 = A_{12}x_2^2 \tag{7-79a}$$

$$\ln\gamma_2 = A_{21}x_1^2 \tag{7-79b}$$

显然,由式(7-79a)和式(7-79b)所描绘的两条 $\ln\gamma$-x 曲线是相互对称的。

通过以上讨论可知,Wohl 方程是一通式,其余四种方程都是它的特例。由此也可以知道 Wohl 方程是建立在正规溶液这一基础之上的。

7.2.3 Flory-Huggins 方程

Flory-Huggins 方程主要用于分子尺寸大小明显不同的液体混合物,特别是由有机溶剂和聚合物为溶质组成的高聚物溶液。

Flory[7] 和 Huggins[8] 各自独立提出描述聚合物溶液的混合熵表达式。对于由有机溶剂和聚合物组成的二元混合物(图 7-2),摩尔混合熵为

$$\Delta S_{\text{mix}} = -R(x_1\ln\phi_1 + x_2\ln\phi_2) \tag{7-80}$$

或

$$S^{\text{E}} = \Delta S_{\text{mix}} - \Delta S_{\text{mix}}^{\text{id}}$$

其中

$$\phi_1 = \frac{x_1V_1}{x_1V_1 + x_2V_2} = \frac{x_1}{x_1 + mx_2},\quad \phi_2 = \frac{mx_2}{x_1 + mx_2}$$

式中 ϕ_1 和 ϕ_2 分别是组分 1(有机溶剂)和组分 2(聚合物溶质)的体积分数,m 为两组分的摩尔体积比,$m=V_2/V_1$。

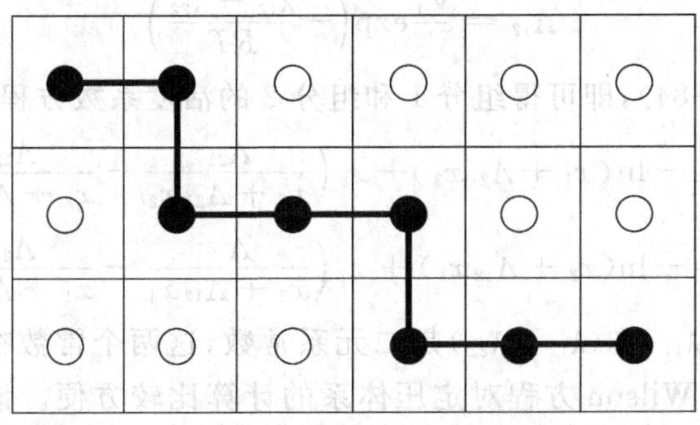

图 7-2 有机溶剂和聚合物的混合溶液示意图

对于由有机小分子溶剂和大分子聚合物溶质所组成的高聚物溶液,熵效应起主要作用,混合热可忽略,则

$$G^E = H^E - S^E = RT(x_1\ln(\phi_1/x_1) + x_2\ln(\phi_2/x_2))$$

将式(7-63)应用于上式,并进行微分计算,则对二元体系可得

$$\ln\gamma_1 = \ln(\phi_1/x_1) + 1 - \phi_1/x_1 \tag{7-81a}$$

$$\ln\gamma_2 = \ln(\phi_2/x_2) + 1 - \phi_2/x_2 \tag{7-81b}$$

上述方程活度系数的计算只需要纯组分的性质,求得的活度系数往往小于 1,因此它给出对拉乌尔定律的负偏差,被称为 Flory-Huggins 无热溶液方程。

为了更精确地计算高聚物溶液的活度系数,需考虑溶液混合时的热效应,即

$$\Delta H_{\text{mix}} = H^E = \chi RT(x_1 + mx_2)\phi_1\phi_2 \tag{7-82}$$

上式中 χ 是一个调节参数,称为 Flory 相互作用参数。

将式(7-81)和式(7-84)相结合,则超额吉布斯自由能可由下式给出

$$\begin{aligned} G^E &= H^E - TS^E \\ &= RT\left(x_1\ln\frac{\phi_1}{x_1} + x_2\ln\frac{\phi_2}{x_2}\right) + \chi RT(x_1 + mx_2)\phi_1\phi_2 \end{aligned}$$

上式称为 Flory-Huggins 模型,式中右端第一项为熵贡献,亦称组合项;第二项为焓贡献,亦称剩余项。

对上述方程进行微分计算,可得到如下二元体系 Flory-Huggins 单参数活度系数方程:

$$\ln\gamma_1 = \ln\frac{\phi_1}{x_1} + \left(1 - \frac{1}{m}\right)\phi_2 + \chi\phi_2^2 \tag{7-83a}$$

$$\ln\gamma_2 = \ln\frac{\phi_2}{x_2} - (m-1)\phi_1 + m\chi\phi_1^2 \tag{7-83b}$$

7.2.4 Wilson 方程

1964 年,Wilson 提出了用下式表示的二元系超额吉布斯自由能[5]:

$$G^E/RT = -x_1\ln(x_1 + \Lambda_{21}x_2) - x_2\ln(x_2 + \Lambda_{12}x_1) \tag{7-84}$$

式中

$$\Lambda_{21}=\frac{V_2}{V_1}\exp\left(-\frac{\lambda_{21}-\lambda_{11}}{RT}\right) \tag{7-85a}$$

$$\Lambda_{12}=\frac{V_1}{V_2}\exp\left(-\frac{\lambda_{12}-\lambda_{22}}{RT}\right) \tag{7-85b}$$

把式(7-63)应用于式(7-84),即可得组分 1 和组分 2 的活度系数方程:

$$\ln\gamma_1=-\ln(x_1+\Lambda_{21}x_2)+x_2\left(\frac{\Lambda_{21}}{x_1+\Lambda_{21}x_2}-\frac{\Lambda_{12}}{x_2+\Lambda_{12}x_1}\right) \tag{7-86a}$$

$$\ln\gamma_2=-\ln(x_2+\Lambda_{12}x_1)+x_1\left(\frac{\Lambda_{12}}{x_2+\Lambda_{12}x_1}-\frac{\Lambda_{21}}{x_1+\Lambda_{21}x_2}\right) \tag{7-86b}$$

Wilson 方程中的$(\lambda_{21}-\lambda_{11})$和$(\lambda_{12}-\lambda_{22})$是二元系常数,这两个常数在窄的温度范围内可以认为与温度无关,因此,Wilson 方程对定压体系的计算比较方便。该方程的特点在于若已知二元系的参数,便可推算出多元系的活度系数。对于许多体系,推算值与实验值符合良好,但它不适用于部分互溶体系。

下面介绍 Wilson 方程的推导。溶液中的分子,由于分子间相互作用力的不同,可以造成局部区域内分子的浓度和总体溶液的浓度不同,这可用局部浓度来表示。图 7-3 中,分子 1 和分子 2 都是 10 个,而在虚线圈内的中心分子 1 周围的分子 1 只有 3 个,分子 2 有 7 个。从 Flory-Huggins 公式出发,由式(7-81),对二元系可写出

$$G^{\mathrm{E}}/RT=x_1\ln(\phi_1/x_1)+x_2\ln(\phi_2/x_2) \tag{7-87}$$

式中,$\phi_1=x_1V_1/(x_1V_1+x_2V_2)$,$\phi_2=x_2V_2/(x_1V_1+x_2V_2)$。Wilson 将式(7-87)中的体积分数换成局部体积分数 ξ_1 和 ξ_2,从而得到一个半理论式。ξ_1 和 ξ_2 考虑了由于溶液中分子间相互作用而形成的所谓局部组成。溶液内中心分子 1 周围出现的 1 类分子的几率,以 x_{11} 表示,中心分子 1 周围出现的 2 类分子的几率,以 x_{21} 表示。两种几率的比值表示为

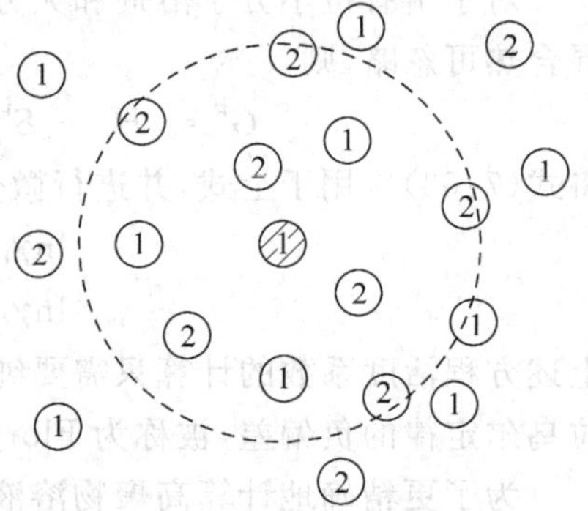

图 7-3 溶液中分子的局部分布

$$\frac{x_{21}}{x_{11}}=\frac{x_2\exp(-\lambda_{21}/RT)}{x_1\exp(-\lambda_{11}/RT)} \tag{7-88a}$$

其中

$$x_{21}+x_{11}=1$$

式中 λ_{11}是与 1 和 1 分子接触时的分子间相互作用能值,λ_{21}是与 1 和 2 分子接触时的分子间相互作用能值。相对于摩尔分数 x_1 和 x_2,称 x_{11}和 x_{21}为局部摩尔分数。同理,在中心分子 2 的周围出现 2 类分子的几率,与出现 1 类分子的几率之比表示为

$$\frac{x_{12}}{x_{22}}=\frac{x_1\exp(-\lambda_{12}/RT)}{x_2\exp(-\lambda_{22}/RT)} \tag{7-88b}$$

其中

$$x_{12}+x_{22}=1$$

然后 Wilson 经验地定义了溶液中组分 1 和组分 2 的局部体积分数 ξ_1 和 ξ_2 为

$$\xi_1 = \frac{x_{11}V_1}{x_{11}V_1 + x_{21}V_2} = \frac{1}{1 + \frac{V_2}{V_1} \cdot \frac{x_{21}}{x_{11}}}$$

$$= \frac{1}{1 + \frac{V_2}{V_1} \cdot \frac{x_2}{x_1} \cdot \frac{\exp(-\lambda_{21}/RT)}{\exp(-\lambda_{11}/RT)}} \tag{7-89a}$$

$$\xi_2 = \frac{x_{22}V_2}{x_{12}V_1 + x_{22}V_2} = \frac{1}{1 + \frac{V_1}{V_2} \cdot \frac{x_{12}}{x_{22}}}$$

$$= \frac{1}{1 + \frac{V_1}{V_2} \cdot \frac{x_1}{x_2} \cdot \frac{\exp(-\lambda_{21}/RT)}{\exp(-\lambda_{22}/RT)}} \tag{7-89b}$$

式中 $\lambda_{12} = \lambda_{21}$。最后，使用局部体积分数 ξ_1，ξ_2 代替式(7-87)的体积分数 ϕ_1，ϕ_2，

$$G^E/RT = x_1 \ln(\xi_1/x_1) + x_2 \ln(\xi_2/x_2) \tag{7-90}$$

如果将式(7-89a)和式(7-89b)代入式(7-90)，并加以整理，便可得到式(7-84)。

虽然 Wilson 方程具有适应性强、精度高的特点，但存在不适用于部分互溶体系的缺点，因而不少学者对本方程做了各种改进，其中最简单的成功的改进是 Tsuboka 和 Kalayama (1975)的工作[6]。我们把它称做 T-K-Wilson 方程。对于超额吉布斯自由能表示为

$$\frac{G^E}{RT} = x_1 \ln \frac{x_1 + V_{12}x_2}{x_1 + \Lambda_{12}x_2} + x_2 \ln \frac{x_2 + V_{21}x_1}{x_2 + \Lambda_{21}x_1} \tag{7-91}$$

式中 $V_{ij} = V_j/V_i$ 是摩尔体积之比，当 V_{ij} 为 1 时，即为 Wilson 方程。二元系的活度系数方程为

$$\ln\gamma_1 = \ln \frac{x_1 + V_{12}x_2}{x_1 + \Lambda_{12}x_2} + (\beta - \beta_V)x_2 \tag{7-92a}$$

$$\ln\gamma_2 = \ln \frac{x_2 + V_{21}x_1}{x_2 + \Lambda_{21}x_1} - (\beta - \beta_V)x_1 \tag{7-92b}$$

$$\beta_V = \frac{V_{12}}{x_1 + V_{12}x_2} - \frac{V_{21}}{x_2 + V_{21}x_1} \tag{7-93a}$$

$$\beta = \frac{\Lambda_{12}}{x_1 + \Lambda_{12}x_2} - \frac{\Lambda_{21}}{x_2 + \Lambda_{21}x_1} \tag{7-93b}$$

$$V_{12} = V_2/V_1 \tag{7-94a}$$

$$V_{21} = V_1/V_2 \tag{7-94b}$$

T-K-Wilson 方程不仅能满足汽-液平衡的计算，而且也适用于液液平衡的分析。

7.2.5 NRTL 方程

Renon 和 Prausnitz 于 1968 年提出“有序双液”方程[9]，该方程与 Wilson 方程相似，也是从局部浓度概念出发获得的一个半经验半理论方程。

对局部组成，Renon 等将 Wilson 的局部摩尔分数表达式(7-88a)和式(7-88b)改成为

$$\frac{x_{21}}{x_{11}} = \frac{x_2 \exp(-\alpha_{12} g_{21}/RT)}{x_1 \exp(-\alpha_{12} g_{11}/RT)} \tag{7-95a}$$

$$\frac{x_{12}}{x_{22}}=\frac{x_1\exp(-\alpha_{12}g_{12}/RT)}{x_2\exp(-\alpha_{12}g_{22}/RT)} \tag{7-95b}$$

其中 $g_{12}(=g_{21})$,g_{11} 和 g_{22} 分别表示分子对 1—2,1—1 和 2—2 之间的相互作用能。新引入的 $\alpha_{12}(=\alpha_{21})$表示组分 1 和组分 2 混合的有序特性参数(Non-Random Parameter)。

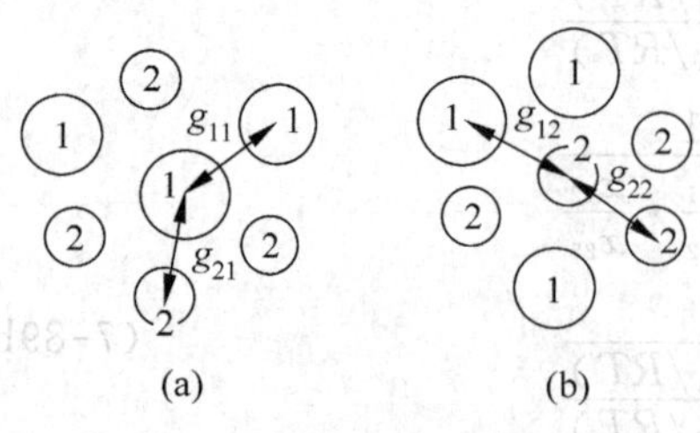

图 7-4 Scott 双液理论的微元模式图

(a) 分子 1 为中心;(b) 分子 2 为中心

在建立 G^E 函数时,这里采用了 Scott 的双流体理论。Scott 的双流体理论假设在二元混合物中有两种微元,一种以分子 1 为中心,另一种以分子 2 为中心,整个混合物等价于这两种微元所组合成的虚拟混合物,如图 7-4 所示。

对微元(1),其能量为

$$g^{(1)}=x_{11}g_{11}+x_{21}g_{21} \tag{7-96a}$$

同理,对微元(2)有

$$g^{(2)}=x_{22}g_{22}+x_{12}g_{12} \tag{7-96b}$$

对整个溶液,其能量(按 1mol 计)为

$$U=x_1g^{(1)}+x_2g^{(2)} \tag{7-97}$$

将式(7-96a)和式(7-96b)代入式(7-97),

$$U=x_1(x_{11}g_{11}+x_{21}g_{21})+x_2(x_{22}g_{22}+x_{12}g_{12})$$

对于纯组分,只有一种微元,故

$$g_{纯}^{(1)}=g_{11},\quad g_{纯}^{(2)}=g_{22}$$

假设虚拟的混合物是严格的正规溶液,于是超额吉布斯自由能为

$$\begin{aligned}G^E&=U-x_1U_1-x_2U_2\\&=x_1(x_{11}g_{11}+x_{21}g_{21}-g_{11})+x_2(x_{22}g_{22}+x_{12}g_{12}-g_{22})\\&=x_1x_{21}(g_{21}-g_{11})+x_2x_{12}(g_{12}-g_{22})\end{aligned} \tag{7-98}$$

由局部组成的定义式(7-91a)和式(7-91b)可得

$$x_{21}=\frac{x_2\exp[-\alpha_{12}(g_{21}-g_{11})/RT]}{x_1+x_2\exp[-\alpha_{12}(g_{21}-g_{11})/RT]} \tag{7-99a}$$

$$x_{12}=\frac{x_1\exp[-\alpha_{12}(g_{12}-g_{22})/RT]}{x_2+x_1\exp[-\alpha_{12}(g_{12}-g_{22})/RT]} \tag{7-99b}$$

式(7-99a)和式(7-99b)代入式(7-98),并设$(g_{21}-g_{11})/RT=\tau_{21}$,$(g_{12}-g_{22})/RT=\tau_{12}$,$G_{12}=\exp[-\alpha_{12}\tau_{12}]$,$G_{21}=\exp[-\alpha_{12}\tau_{21}]$,于是得

$$\frac{G^E}{RT}=x_1x_2\left(\frac{\tau_{21}G_{21}}{x_1+x_2G_{21}}+\frac{\tau_{12}G_{12}}{x_2+x_1G_{12}}\right) \tag{7-100}$$

将式(7-63)应用于式(7-100),

$$\ln\gamma_1=x_2^2\left[\frac{\tau_{21}G_{21}^2}{(x_1+x_2G_{21})^2}+\frac{\tau_{12}G_{12}}{(x_2+x_1G_{12})^2}\right] \tag{7-101a}$$

$$\ln\gamma_2=x_1^2\left[\frac{\tau_{12}G_{12}^2}{(x_2+x_1G_{12})^2}+\frac{\tau_{21}G_{21}}{(x_1+x_2G_{21})^2}\right] \tag{7-101b}$$

式(7-101a)和式(7-101b)即为 NRTL 方程。该方程是一个具有 τ_{12},τ_{21} 和 α_{12} 的三参数方程,但如果选定 α_{12},则是一个两参数方程。因此,如何选定 α_{12} 是具体应用 NRTL 方程的关键。一般认为 α_{12} 与温度及溶液组成无关,只取决于溶液的类型,是溶液的特征函数。Renon[9]

根据似化学理论，将 α_{12} 值定在 0.2～0.47，并把溶液分为 7 类。根据不同类型，α_{12} 值分别取为 0.2，0.3，0.4，0.47 等，参看表 7-2。

表 7-2　Renon 对各类二元系溶液 α_{12} 的推荐值

溶液种类	$\mathrm{I_a}$	$\mathrm{I_b}$	$\mathrm{I_c}$	Ⅱ	Ⅲ	Ⅳ	Ⅴ	Ⅵ	Ⅶ
α_{12}	0.30	0.30	0.20	0.40	0.47	0.47	0.47	0.30	0.47

表 7-2 中所列各类溶液说明如下。

Ⅰ类：包括和理想溶液偏离不大（正或负偏差）的体系，其 $|G^E|<0.35RT$。

本类还可进一步区分为以下三类：

$\mathrm{I_a}$：包括大部分非极性组分的混合物，如烃类和四氯化碳体系，但不包括烃类和烃氧化物体系。

$\mathrm{I_b}$：包括一些非极性和非缔合极性液体的混合物，如正庚烷-丁酮，苯-丙酮和四氯化碳-硝基乙烷等。

$\mathrm{I_c}$：极性液体混合物，其中某些体系对于 Raoult 定律为负偏差，如丙酮-氯仿、氯仿-二氧六烷等；也有对 Raoult 定律为小的正偏差的体系，如丙酮-乙酸乙酯、乙醇-水等。

Ⅱ类：饱和烃-非缔合极性体系，如正乙烷-丙酮、异辛烷-硝基乙烷等，这些体系具有较小的非理想性，但能分层，α_{12} 值较小。

Ⅲ类：饱和烃及烃的过氟化物体系，如乙烷-过氟化正己烷等。

Ⅳ类：强缔合性物质-非极性物质的体系，如醇类-烃类体系。

Ⅴ类：极性物质（乙腈或硝基甲烷）和四氯化碳体系，这些体系的 α_{12} 较高（0.47），NRTL 方程对这些体系的适应性较好。

Ⅵ类：水-非缔合极性物质（丙酮、二氧六环等）。

Ⅶ类：水和缔合极性物质（丁二醇、吡啶等）。

表 7-2 中所选定的 α_{12} 值是近似的，某些体系的 α_{12} 推荐值随意性很大，往往难以确定。某些体系的 α_{12} 值的选取对数据拟合有显著影响，因此在关联实验数据时，对 NRTL 方程仍宜按三参数方程处理。

NRTL 方程具有下述特点：①与 Wilson 方程大致相同的拟合和预测精度；②仅由二元体系数据拟合的参数可预测多元系的活度系数；③克服了 Wilson 方程的局限性，可扩展应用于部分互溶体系。

7.2.6　UNIQUAC 模型

UNIQUAC（universal Quasi chemical activity coefficient），即通用似化学活度系数法。Abrams 和 Prausnitz 于 1975 年提出此模型[15]，该模型具有如下 3 个基本特点：

（1）与组分活度系数密切相关的超额吉布斯自由能分为两个组成部分：一个称为组合部分，另一个称为剩余部分，即

$$G^E = G^E_{组合} + G^E_{剩余} \tag{7-102}$$

（2）将 Guggenheim 的似晶体（Quasi-Crystal）理论与 Flory-Huggins 的无热溶液理论

结合起来,用来计算组合部分的超额吉布斯自由能。Guggenheim 理论只考虑到大小与形状相同的球形分子混合物,而 UNIQUAC 模型则进一步考虑到大小与形状不同的分子,因而引入体积参数 r_i 和面积参数 q_i 两个参数。对二元体系混合物,可求得各组分的平均体积分数 ϕ_1,ϕ_2 和平均面积分数 θ_1,θ_2 如下:

$$\phi_1=\frac{x_1r_1}{x_1r_1+x_2r_2},\quad \phi_2=\frac{x_2r_2}{x_1r_1+x_2r_2} \tag{7-103}$$

$$\theta_1=\frac{x_1q_1}{x_1q_1+x_2q_2},\quad \theta_2=\frac{x_2q_2}{x_1q_1+x_2q_2} \tag{7-104}$$

表 7-3 列出部分物质的结构参数 r 及 q 之数值。

表 7-3 部分物质的结构参数

物质	体积参数 r_i	面积参数 q_i	物质	体积参数 r_i	面积参数 q_i
氯仿	2.70	2.34	氯苯	3.79	2.84
甲酸	1.54	1.48	苯	3.19	2.40
甲醇	1.43	1.43	苯胺	3.72	2.83
二氧化碳	1.32	1.28	环己烷	3.97	3.01
乙酸	2.23	2.04	正己烷	4.50	3.86
乙烷	1.80	1.70	甲苯	3.92	2.97
乙醇	2.11	1.97	正辛烷	5.85	4.94
丙酮	2.57	2.34	正癸烷	7.20	6.02
丙烷	2.48	2.24	水	0.92	1.40
正丁烷	3.15	2.78	氨	1.00	1.00
糠醛	3.17	2.48	乙酸乙酯	3.48	3.12
正戊烷	3.82	3.31	正庚烷	5.17	4.40

(3) 对于剩余部分的超额吉布斯自由能,UNIQUAC 模型推广应用了 Wilson 提出的局部组成概念,对二元体系混合物可得出代表晶格微观结构的 4 个参数,它们称为局部面积分数(local surface fraction)分别用 $\theta_{11},\theta_{12},\theta_{22}$ 和 θ_{21} 表示。如同局部摩尔分数的概念一样,这 4 个局部面积分数必须满足下列关系式:

$$\theta_{11}+\theta_{21}=1,\quad \theta_{12}+\theta_{22}=1$$

同时仿效 Wilson 方法,将局部面积分数与平均面积分数通过下式关联:

$$\theta_{21}=\frac{\theta_2\exp\left(-\dfrac{U_{21}-U_{11}}{RT}\right)}{\theta_1+\theta_2\exp\left(-\dfrac{U_{21}-U_{11}}{RT}\right)} \tag{7-105a}$$

$$\theta_{12}=\frac{\theta_1\exp\left(-\dfrac{U_{12}-U_{22}}{RT}\right)}{\theta_2+\theta_1\exp\left(-\dfrac{U_{12}-U_{22}}{RT}\right)} \tag{7-105b}$$

式中 U_{12},U_{21} 是分子 1 和分子 2 之间的相互作用能:

$$U_{12}=U_{21}$$

U_{11},U_{22} 分别为组分 1 和组分 2 各自分子之间的相互作用能。

根据以上三个基本论点,可得出 UNIQUAC 模型的超额吉布斯自由能公式。

组合部分的超额吉布斯自由能公式为

$$\frac{G^{E}_{组合}}{RT}=x_1\ln\frac{\phi_1}{x_1}+x_2\ln\frac{\phi_2}{x_2}+\frac{Z}{2}\left(q_1x_1\ln\frac{\theta_1}{\phi_1}+q_2x_2\ln\frac{\theta_2}{\phi_2}\right) \tag{7-106}$$

式中 Z 是晶格配位数，一般取 $Z=10$。

UNIQUAC 模型的 $G^{E}_{剩余}$ 与 Wilson 方程相仿，不同之处是以平均面积分数 θ_1，θ_2 取代 Wilson 方程中的摩尔分数，

$$\frac{G^{E}_{剩余}}{RT(x_1q_1+x_2q_2)}=-\theta_1\ln(\theta_1+\theta_2\tau_{21})-\theta_2\ln(\theta_2+\theta_1\tau_{12})$$

或表示为

$$\frac{G^{E}_{剩余}}{RT}=-x_1q_1\ln(\theta_1+\theta_2\tau_{21})-x_2q_2\ln(\theta_2+\theta_1\tau_{12}) \tag{7-107}$$

式中

$$\tau_{21}=\exp\left(-\frac{U_{21}-U_{11}}{RT}\right) \tag{7-108a}$$

$$\tau_{12}=\exp\left(-\frac{U_{12}-U_{22}}{RT}\right) \tag{7-108b}$$

应用式(7-63)和式(7-106)，即可得到组合部分的活度系数方程为

$$\begin{aligned}\ln\gamma_1^{C}&=\ln\frac{\phi_1}{x_1}+\frac{Z}{2}q_1\ln\frac{\theta_1}{\phi_1}+\phi_2\left(l_1-\frac{r_1}{r_2}l_2\right)\\&=\ln\frac{\phi_1}{x_1}+\frac{Z}{2}q_1\ln\frac{\theta_1}{\phi_1}+l_1-\frac{\phi_1}{x_1}(x_1l_1+x_2l_2)\end{aligned} \tag{7-109}$$

同理，应用式(7-63)和式(7-107)，可得到剩余部分的活度系数方程为

$$\ln\gamma_1^{R}=-q_1\ln(\theta_1+\theta_2\tau_{21})+\theta_2q_1\left(\frac{\tau_{21}}{\theta_1+\theta_2\tau_{21}}-\frac{\tau_{12}}{\theta_1\tau_{12}+\theta_2}\right) \tag{7-110}$$

根据式(7-98)，可知

$$\ln\gamma_1=\ln\gamma_1^{C}+\ln\gamma_1^{R} \tag{7-111a}$$

同理，可求得组分 2 的活度系数方程

$$\ln\gamma_2=\ln\gamma_2^{C}+\ln\gamma_2^{R} \tag{7-111b}$$

其中

$$\ln\gamma_2^{C}=\ln\frac{\phi_2}{x_2}+\frac{Z}{2}q_2\ln\frac{\theta_2}{\phi_2}+l_2-\frac{\phi_2}{x_2}(x_2l_2+x_1l_1) \tag{7-112}$$

$$\ln\gamma_2^{R}=-q_2\ln(\theta_2+\theta_1\tau_{12})+\theta_1q_2\left(\frac{\tau_{12}}{\theta_2+\theta_1\tau_{12}}-\frac{\tau_{21}}{\theta_2\tau_{21}+\theta_1}\right) \tag{7-113}$$

上式中，$l_1=\frac{Z}{2}(r_1-q_1)-(r_1-1)$，$l_2=\frac{Z}{2}(r_2-q_2)-(r_2-1)$。

1978 年 Maurer 和 Parusnitz[24] 对 UNIQUAC 模型重新进行了推导，从 NRTL 模型出发，用局部面积分数表示局部浓度，并且设定 NRTL 模型的 $\alpha=1$，给出溶液的超额内能 U^{E}，再采用对温度求积分的方法，得到溶液的超额亥姆霍兹自由能 A^{E} 的剩余项为 Wilson 形式，而组合项作为该积分的下限值（$1/T_0\rightarrow 0$）。继续假设超额体积等于 0，获得 UNIQUAC 模型的超额吉布斯自由能表达式。这个推导清楚地表达了 Wilson、NRTL 和 UNIQUAC 模型之间的联系和区别，有利于读者针对不同溶液体系选择合适的溶液模型。

和 Wilson、NRTL 模型相比，UNIQUAC 模型考虑了体积大小的影响，所以对于体积差别较大且含有极性物质的体系，UNIQUAC 模型可以获得更好的计算精度。例如对于甲基

叔丁基醚和甲醇、乙醇的汽-液平衡的计算，对汽-液平衡两相浓度的计算精度，UNIQUAC比 Wilson、NRTL 可提高 15%～25%。

7.3 多元体系液相活度系数

二元体系的汽-液平衡实验数据目前已有较多积累，一些数据手册已加以汇集，而且各种有关期刊还不断报道许多新的二元体系的实测数据，但三元体系的实验数据相对较少，四元体系或更多一些组分组成的体系则更加稀少。这是因为每增多一个组分，实验的工作量将成倍增加。但是在工业上实际的分离操作中很少只限于二元体系，常常需进行多元组分的分离。为了能合理地设计分离设备，例如精馏塔，就必须具备足够的汽-液平衡数据，这样就发生了矛盾，即所具备的数据往往是二元体系，而实际需要应用的却是多元的。能否从有关的各二元体系的汽-液平衡数据进一步推算出多元体系的汽-液平衡数据，对生产具有很重要的意义。

目前已有不少从二元系推算多元系的汽-液平衡关联式，但到底哪一种关联式比较合适，要用多元系的汽-液平衡实测数据予以验证。通过这种推算方法可大大减少测定多元系汽-液平衡数据的工作量，因此目前对多元系汽-液平衡的研究方法大体上都采取如下步骤：先精确测定有关的二元系的汽-液平衡数据，然后根据二元系的数据计算有关方程式的参数，再将这些参数代入相应的多元系关联式，计算出多组分体系的汽-液平衡组成，最后，实测一定数量的多元系汽-液平衡数据，确定合适的由二元系数据预测多元系汽-液平衡的关联式。下面介绍一些常用的由二元系数据推算多元系汽-液平衡的关联方程。

7.3.1 Scatchard-Hildebrand 方程

将式(7-63)应用于式(7-70)，得

$$
\begin{aligned}
RT\ln\gamma_i &= \frac{\partial}{\partial n_i}(nG^{\mathrm{E}})_{T,p,n_j} \\
&= \frac{\partial}{\partial n_i}\Big[\sum_k n_k V_k \delta_k^2 - \Big(\sum_k n_k V_k \delta_k\Big)^2 \Big/ \sum_k n_k V_k\Big]_{T,p,n_j} \\
&= V_i\delta_i^2 - 2V_i\delta_i\left(\frac{\sum_k n_k V_k \delta_k}{\sum_k n_k V_k}\right) + V_i\left(\frac{\sum_k n_k V_k \delta_k}{\sum_k n_k V_k}\right)^2 \\
&= V_i\Big(\delta_i - \sum_k \phi_k \delta_k\Big)^2
\end{aligned}
\tag{7-114}
$$

其中
$$\phi_i = x_i V_i \Big/ \Big(\sum_j x_j V_j\Big)$$

7.3.2 Wilson 方程

将式(7-84)推广到多元体系可得适用于多元体系的超额吉布斯自由能关联式

$$G^{\mathrm{E}}/RT = -\sum_i x_i \ln\Big(\sum_j x_j \Lambda_{ij}\Big) \tag{7-115}$$

把式(7-63)应用于式(7-115)，

$$\ln\gamma_i = 1 - \ln\left(\sum_j x_j \Lambda_{ij}\right) - \sum_k \left[\frac{x_k \Lambda_{ki}}{\sum_j x_j \Lambda_{kj}}\right] \tag{7-116}$$

本方程是目前广泛使用的活度系数模型之一。多元体系 Wilson 方程提供了由二元体系的汽-液平衡数据推算多元体系汽-液平衡数据的可能性，故对二元体系的 Wilson 配偶参数 Λ_{ij} 和 Λ_{ji} 的收集意义重要。表 7-4 给出了部分二元体系的 Wilson 配偶参数。

表 7-4 二元体系的 Wilson 配偶参数

顺序	二元体系	适用条件	Wilson 配偶参数	
			Λ_{12}	Λ_{21}
1	丙酮(1)-水(2)	1atm* 恒压	0.1692	0.4064
2	乙醇(1)-己烷(2)	1atm 恒压	0.0552	0.3167
3	丙酮(1)-醋酸甲酯(2)	50℃恒温	0.7189	1.1816
4	醋酸甲酯(1)-甲醇(2)	50℃恒温	0.5229	0.5793
5	丙酮(1)-甲醇(2)	50℃恒温	0.5088	0.9751
6	己烷(1)-苯(2)	1atm 恒压	0.5374	1.0934
7	丙酮(1)-氯仿(2)	1atm 恒压	1.2162	1.4989
8	氯仿(1)-乙醇(2)	1atm 恒压	1.1200	0.1820
9	醋酸甲酯(1)-氯仿(2)	1atm 恒压	0.0497	4.1839
10	丙酮(1)-乙醇(2)	1atm 恒压	0.5601	0.9796
11	乙醇(1)-甲基环戊烷(2)	1atm 恒压	0.1160	0.1260
12	乙醇(1)-苯(2)	1atm 恒压	0.2500	0.4140
13	异戊二烯(1)-DMF(2)	1atm 恒压	0.3600	0.3820
14	乙苯(1)-异丙苯(2)	1atm 恒压	1.7216	0.4629
15	苯(1)-甲基环己烷(2)	1atm 恒压	0.9020	0.7828
16	环氧乙烷(1)-乙醛(2)	1atm 恒压	0.3046	1.8958
17	甲醇(1)-醋酸乙酯(2)	1atm 恒压	0.5866	0.5127
18	丙烯腈(1)-乙腈(2)	1atm 恒压	0.1796	2.6244
19	乙腈(1)-水(2)	1atm 恒压	0.2390	0.2379
20	氯仿(1)-1,2-二氯乙烷(2)	1atm 恒压	1.9303	0.3671

* 1atm=101 325Pa。

例 7-1 50℃时，由丙酮(1)-醋酸甲酯(2)-甲醇(3)组成的溶液，其组成为 $x_1=0.34$，$x_2=0.33$，$x_3=0.33$，已知 50℃时各纯组分的饱和蒸汽压数据如下：

组　分	饱和蒸汽压/kPa
丙酮	81.82
醋酸甲酯	78.05
甲醇	55.58

各二元体系的有关 Wilson 配偶参数可查表 7-3，试计算在 50℃时与该溶液呈平衡的三元汽相组成和汽相压力。

解 从表 7-4 中查得有关二元系统 Wilson 配偶参数如下：

$$\Lambda_{12} = 0.7189, \quad \Lambda_{21} = 1.1816, \quad \Lambda_{13} = 0.5088$$

$$\Lambda_{31} = 0.9751, \quad \Lambda_{23} = 0.5229, \quad \Lambda_{32} = 0.5793$$

将式(7-116)应用于三元系统,并将上述的配偶参数代入,即可求得该三元系统各组分的活度系数:

$$\ln\gamma_1 = 1-\ln(x_1+x_2\Lambda_{12}+x_3\Lambda_{13})-\frac{x_1}{x_1+x_2\Lambda_{12}+x_3\Lambda_{13}}$$

$$-\frac{x_2\Lambda_{21}}{x_1\Lambda_{21}+x_2+x_3\Lambda_{23}}-\frac{x_3\Lambda_{31}}{x_1\Lambda_{31}+x_2\Lambda_{32}+x_3}$$

$$=1-\ln(0.34+0.33\times0.7189+0.33\times0.5088)$$

$$-\frac{0.34}{0.34+0.33\times0.7189+0.33\times0.5088}$$

$$-\frac{0.33\times1.1816}{0.34\times1.1816+0.33+0.33\times0.5229}$$

$$-\frac{0.33\times0.9751}{0.34\times0.9751+0.33\times0.5793+0.33}=0.03$$

则 $\gamma_1=1.03$

$$\ln\gamma_2 = 1-\ln(x_1\Lambda_{21}+x_2+x_3\Lambda_{23})-\frac{x_1\Lambda_{12}}{x_1+x_2\Lambda_{12}+x_3\Lambda_{13}}$$

$$-\frac{x_2}{x_1\Lambda_{21}+x_2+x_3\Lambda_{23}}-\frac{x_3\Lambda_{32}}{x_1\Lambda_{31}+x_2\Lambda_{32}+x_3}$$

$$=1-\ln(0.34\times1.1816+0.33+0.33\times0.5229)$$

$$-\frac{0.34\times0.7189}{0.34+0.33\times0.7189+0.33\times0.5088}$$

$$-\frac{0.33}{0.34\times1.1816+0.33+0.33\times0.5229}$$

$$-\frac{0.33\times0.5793}{0.34\times0.9751+0.33\times0.5793+0.33}=0.183$$

则 $\gamma_2=1.20$

$$\ln\gamma_3 = 1-\ln(x_1\Lambda_{31}+x_2\Lambda_{32}+x_3)-\frac{x_1\Lambda_{13}}{x_1+x_2\Lambda_{12}+x_3\Lambda_{13}}$$

$$-\frac{x_2\Lambda_{23}}{x_1\Lambda_{21}+x_2+x_3\Lambda_{23}}-\frac{x_3}{x_1\Lambda_{31}+x_2\Lambda_{32}+x_3}$$

$$=1-\ln(0.34\times0.9751+0.33\times0.5793+0.33)$$

$$-\frac{0.34\times0.5088}{0.34+0.33\times0.7189+0.33\times0.5088}$$

$$-\frac{0.33\times0.5229}{0.34\times1.1816+0.33+0.33\times0.5229}$$

$$-\frac{0.33}{0.34\times0.9751+0.33\times0.5793+0.33}=0.348$$

则 $\gamma_3=1.42$

在 50℃下该三元体系的总压力 p

$$p=\gamma_1x_1p_1^0+\gamma_2x_2p_2^0+\gamma_3x_3p_3^0$$

$$=(1.03\times0.34\times81.82+1.20\times0.33\times78.05+1.42\times0.33\times55.58)\text{kPa}$$

$$=85.59\text{kPa}$$

平衡时汽相组成

$$y_1 = \frac{\gamma_1 p_1^0 x_1}{p} = \frac{1.03 \times 81.82 \times 0.34}{85.59} = 0.335$$

$$y_2 = \frac{\gamma_2 p_2^0 x_2}{p} = \frac{1.20 \times 78.05 \times 0.33}{85.59} = 0.361$$

$$y_3 = \frac{\gamma_3 p_3^0 x_3}{p} = \frac{1.42 \times 55.58 \times 0.33}{85.59} = 0.304$$

7.3.3 NRTL 方程

7.2.5 节曾提出二元系 NRTL 模型的超额吉布斯自由能方程为

$$\frac{G^E}{RT} = x_1 x_2 \left(\frac{\tau_{21} G_{21}}{x_1 + x_2 G_{21}} + \frac{\tau_{12} G_{12}}{x_2 + x_1 G_{12}} \right) \tag{7-100}$$

将式(7-100)扩展到多元体系,可得到适用于多元体系的超额吉布斯自由能关联式:

$$\frac{G^E}{RT} = \sum_i x_i \frac{\sum_j \tau_{ji} G_{ji} x_j}{\sum_k G_{ki} x_k} \tag{7-117}$$

式中

$$\tau_{ji} = (g_{ji} - g_{ii})/RT$$

$$G_{ji} = \exp(-\alpha_{ji} \tau_{ji})$$

$$\tau_{ii} = \tau_{rj} = 0$$

$$G_{ii} = G_{jj} = 1$$

$$\alpha_{ji} = \alpha_{ij}$$

将式(7-63)应用于式(7-117)

$$\ln\gamma_i = \frac{\sum_j \tau_{ji} G_{ji} x_i}{\sum_k G_{ki} x_k} + \sum_j \frac{x_j G_{ij}}{\sum_k G_{kj} x_k} \left(\tau_{ij} - \frac{\sum_l x_l \tau_{lj} G_{lj}}{\sum_k G_{kj} x_k} \right) \tag{7-118}$$

式中各配偶参数都可从相应的二元体系的汽-液平衡数据得到,因此,应用多组分 NRTL 方程由二元体系的汽-液平衡数据可以推算多组分的汽-液平衡数据。

7.3.4 UNIQUAC 模型

UNIQUAC 方程比 Wilson 或 NRTL 更为复杂,但它可用于各种溶液,包括分子大小显著不同的体系。UNIQUAC 模型比起以上两个方程具有更好的理论基础,该方程除了一对纯组分参数外,仅需要两个可调参数。UNIQUAC 方程为

$$G^E/RT = \sum_i x_i \ln \frac{\phi_i}{x_i} + \frac{Z}{2} \sum_i x_i q_i \ln \frac{\theta_i}{\phi_i} - \sum_i x_i q_i \ln\left(\sum_j \theta_j \tau_{ji} \right) \tag{7-119}$$

$$\ln\gamma_i = \ln \frac{\phi_i}{x_i} + \frac{Z}{2} q_i \ln \frac{\theta_i}{\phi_i} + l_i - \frac{\phi_i}{x_i} \sum_j x_j l_j$$

$$-q_i\left[\ln\left(\sum_j\theta_j\tau_{ji}\right)-1+\sum_j\left(\frac{\theta_j\tau_{ij}}{\sum_k\theta_k\tau_{kj}}\right)\right] \tag{7-120}$$

其中

$$\phi_i=x_ir_i\Big/\sum_j x_jr_j$$

$$\theta_i=x_iq_i\Big/\sum_j x_jq_j$$

$$\ln\tau_{ij}=u_{ij}/RT$$

$$u_{ij}\neq u_{ji}$$

$$u_{ii}=0$$

$$l_i=(Z/2)(r_i-q_i)-r_i+1$$

$$Z=10\ (\text{配位数})$$

两个双元相互作用参数 u_{ij} 和 u_{ji} 由实验数据确定,而纯组分的参数 r_i, q_i 可由 van der Waals 体积和表面积计算而得,其值已由 Bondi 给出[17]。

7.3.5 基团贡献模型

非电解质溶液的分子理论发展迅速,已建立了各式各样的模型理论,ASOG[13] 方法即为重要一例。

1. ASOG 法(基团解析法)

ASOG(analytical solutions of groups)法以基团的配偶参数为基础来计算活度系数。将基团作用的这种思想推广到混合物具有很重要的意义。因为化合物的数目虽然非常之大,但在化学工业中遇到的成百上千种多组元液体混合物,其行为可由几十个基团的性质加以描述。

ASOG 法首先认为溶液中某一组分 i 的活度系数是由两部分构成的:

$$\lg\gamma_i=\lg\gamma_i^{\text{FH}}+\lg\gamma_i^{\text{G}} \tag{7-121}$$

其中 $\lg\gamma_i^{\text{FH}}$ 是由分子大小所引起,可用 Flory-Huggins 方程计算

$$\lg\gamma_i^{\text{FH}}=\lg\frac{\nu_i^{\text{FH}}}{\sum_j x_j\nu_j^{\text{FH}}}+0.4343\left[1-\frac{\nu_i^{\text{FH}}}{\sum_j x_j\nu_j^{\text{FH}}}\right] \tag{7-122}$$

$x_i\nu_i^{\text{FH}}\Big/\sum_j x_j\nu_j^{\text{FH}}$ 相当于 Flory-Huggins 方程中的分子体积分数 ϕ_i,参看 7.2.3 节。式中 ν_i^{FH} 是组分 i 中除氢外的原子数目; $\sum_j x_j\nu_j^{\text{FH}}$ 可由溶液的分子分数及各组分除氢外的原子数目来确定。式(7-121)中的 $\lg\gamma_i^{\text{G}}$ 是由分子间相互作用力所引起的,可用下式计算:

$$\lg\gamma_i^{\text{G}}=\sum_k\nu_k^{(i)}(\lg\Gamma_k-\lg\Gamma_k^i) \tag{7-123}$$

式中 $\nu_k^{(i)}$ 是分子 i 中基团 k 的数目,Γ_k 是基团 k 的基团活度系数,Γ_k^i 是基团 k 在标准态下(常取纯组分 i)的基团活度系数。

ASOG 法是采用 Wilson 方程来表达基团 k 的基团活度系数 Γ_k 的:

$$\lg\Gamma_k = -\lg\left(\sum_l X_l A_{kl}\right) + 0.4343\left[1 - \sum_l \frac{X_l A_{lk}}{\sum_m X_m A_{lm}}\right] \tag{7-124}$$

式中 A_{kl}，A_{lk} 分别是基团 k 与 l 的 Wilson 配偶参数，

$$A_{kl} \neq A_{lk}, \quad A_{kk} = A_{ll} = 1$$

X_k 是基团 k 的摩尔分数，可由下式求得

$$X_k = \frac{\sum_i x_i \nu_{ki}}{\sum_i x_i \sum_k \nu_{ki}} \tag{7-125}$$

根据以上这些关系式，可以从实际体系所测得的汽-液平衡数据求出基团配偶参数。实际上，前人已经把回归得到的基团参数列成表格，这样就可直接从基团参数来计算各组分的活度系数，从而计算出汽-液平衡数据。因此，ASOG 法可以在为数较少的基团配偶参数基础上计算出众多体系的汽-液平衡数据。这一点在理论上和实践上都具有很重要的意义。

2. UNIFAC 模型

UNIFAC(universal quasi chemical functional group activity coefficient，通用基团活度系数)模型吸取了 ASOG 模型和 UNIQUAC 模型各自的优点，并把两者很好地结合起来。

(1) 组分 i 的活度系数由两部分组成

$$\ln\gamma_i = \ln\gamma_i^{C} + \ln\gamma_i^{R} \tag{7-126}$$

式中，γ_i^{C} 是组合部分的活度系数，γ_i^{R} 为剩余部分的活度系数。γ_i^{C} 对于 UNIQUAC 模型取决于分子的大小与形状，但对于 UNIFAC 模型则取决于溶液中各种基团的形状与大小。例如 UNIQUAC 模型中 r_i 与 q_i 分别为纯组分 i 的体积参数与面积参数，而 UNIFAC 模型则根据基团体积参数 R_k 与基团面积参数 Q_k 的加和性来计算纯组分 i 的结构参数：

$$r_i = \sum_k \nu_k^{(i)} R_k \tag{7-127}$$

$$q_i = \sum_k \nu_k^{(i)} Q_k \tag{7-128}$$

式中 $\nu_k^{(i)}$ 是分子 i 中基团 k 的数目，基团参数可查表，参看附录 E。

(2) 基团相互作用表现为组分活度系数的剩余部分 $\ln\gamma_i^{R}$，UNIFAC 模型假设此剩余部分是溶液的组分 i 中每一个基团所起的作用减去其在纯组分中所起作用的总和。其关联式与 ASOG 模型完全相同，即

$$\ln\gamma_i^{R} = \sum_i \nu_k^{(i)}\left[\ln\Gamma_k - \ln\Gamma_k^{(i)}\right] \tag{7-129}$$

但是关于基团活度系数 Γ_k 与标准态下基团活度系数 $\Gamma_k^{(i)}$ 的计算公式，UNIFAC 模型与 ASOG 模型不同，ASOG 模型由式(7-124)计算基团活度系数，

$$\lg\Gamma_k = -\lg\left(\sum_l X_l a_{kl}\right) + 0.4343\left(1 + \sum_l \frac{X_l a_{lk}}{\sum_m X_m a_{lm}}\right)$$

而 UNIFAC 模型则以基团面积分数 Θ 取代式中基团分数 X，以基团相互作用参数 ψ_{mn} 取代式中的基团配偶 Wilson 参数 a_{kl}，故 UNIFAC 模型的计算基团活度系数的关系式为

$$\ln\Gamma_k = Q_k\left[1 - \ln\left(\sum_m \Theta_m \psi_{mk}\right) - \sum_m \frac{\Theta_m \psi_{km}}{\sum_n \Theta_n \psi_{nm}}\right] \tag{7-130a}$$

或表示为

$$\ln\Gamma_k = Q_k(1 - \ln E_k - F_k) \tag{7-130b}$$

其中 E_k 为基团 k 加权相互作用参数

$$E_k = \sum_m \Theta_m \psi_{mk} = \Theta_1\psi_{1k} + \Theta_2\psi_{2k} + \Theta_3\psi_{3k} + \cdots$$

而 F_k 可视为一辅助函数

$$F_k = \sum_m \frac{\Theta_m\psi_{mk}}{\sum_n \Theta_n\psi_{nm}} = \frac{\Theta_1\psi_{k1}}{E_1} + \frac{\Theta_2\psi_{k2}}{E_2} + \frac{\Theta_3\psi_{k3}}{E_3} + \cdots$$

式中 Θ_m 为基团 m 的面积分数,其定义为

$$\Theta_m = \frac{Q_m X_m}{\sum_n Q_n X_n} \tag{7-131}$$

Q_m 是基团 m 的面积参数; X_m 是基团 m 的摩尔分数,其定义与式(7-119)同

$$X_m = \frac{\sum_i x_i \nu_{mi}}{\sum_i x_i \sum_m \nu_{mi}} \tag{7-132}$$

ψ_{mn} 与 ψ_{nm} 是 m 与 n 基团相互作用参数。

$$\psi_{mn} = \exp\left(-\frac{U_{mn} - U_{nn}}{RT}\right) = \exp\left(-\frac{a_{mn}}{T}\right) \tag{7-133a}$$

$$\psi_{nm} = \exp\left(-\frac{U_{nm} - U_{mm}}{RT}\right) = \exp\left(-\frac{a_{nm}}{T}\right) \tag{7-133b}$$

式中 U_{mn},U_{nm} 表征配偶基团 m 与 n 之间的相互作用,称为基团配偶参数; a_{mn} 和 a_{nm} 是基团配偶能量参数,它们是由汽-液平衡数据确定的。注意,a_{mn} 的单位是 K,且 $a_{mn} \neq a_{nm}$,该参数有表可查,参看附录Ⅴ。

例 7-2 用 UNIFAC 法求乙醇与苯的活度系数,温度为 345K,组成 $x_1 = 0.2$。

解 乙醇有 1 个 CH_3 型基团,1 个 CH_2 型基团和 1 个 OH 型基团,而苯则有 6 个 ArCH 基团。参数的数据见下表:

基团	ν 乙醇	ν 苯	R_k	Q_k
CH_3	1	0	0.9011	0.848
CH_2	1	0	0.6744	0.540
OH	1	0	1.0000	1.2000
ArCH	0	6	0.5313	0.4000

$$a_{12} = 0, \quad a_{21} = 0$$

$$a_{23} = a_{13} = 986.5, \quad a_{32} = a_{31} = 156.4$$

$$a_{24} = a_{14} = 61.13, \quad a_{42} = a_{41} = -11.12$$

$$a_{34} = 89.6, \quad a_{43} = 636.1$$

$$\Psi_{12} = 1, \quad \Psi_{21} = 1$$

$$\Psi_{23} = \Psi_{13} = 0.0573, \quad \Psi_{32} = \Psi_{31} = 0.6355$$

$$\Psi_{24} = \Psi_{14} = 0.8376, \quad \Psi_{42} = \Psi_{41} = 1.0328$$

$\Psi_{34} = 0.7713$， $\Psi_{43} = 0.1582$

$r_1 = 0.9011 + 0.6744 + 1 = 2.5755$

$r_2 = 6 \times 0.5313 = 3.1878$

$q_1 = 0.848 + 0.540 + 1.200 = 2.588$

$q_2 = 6 \times 0.40 = 2.40$

$$\phi_1 = \frac{0.2 \times 2.5755}{0.2 \times 2.5755 + 0.8 \times 3.1878} = 0.1680$$

$\phi_2 = 0.8320$

$$\theta_1 = \frac{0.2 \times 2.588}{0.2 \times 2.588 + 0.8 \times 2.40} = 0.2123$$

$\theta_2 = 0.7877$

$l_1 = 5(2.5755 - 2.588) + 1 - 2.5755 = -1.6380$

$l_2 = 5(3.1878 - 2.40) + 1 - 3.1878 = 1.7512$

$$\ln\gamma_1^s = \ln\frac{0.1680}{0.2} + 5 \times 2.588\ln\frac{0.2123}{0.1680} + 0.8320\left[-1.6380 - \frac{2.5755 \times 1.7512}{3.1878}\right]$$
$$= 0.3141$$

$$\ln\gamma_2^s = \ln\frac{0.8320}{0.8} + 5 \times 2.40\ln\frac{0.7877}{0.8320} + 0.1680\left[1.7512 - \frac{3.1878(-1.6380)}{2.5755}\right]$$
$$= 0.0175$$

$$X_m = \frac{0.2\nu_m^{(1)} + 0.8\nu_m^{(2)}}{0.2 \times 3 + 0.8 \times 6}$$

基团	X_m	混合物	乙醇	苯
CH_3	X_1	0.037	1/3	0
CH_2	X_2	0.037	1/3	0
OH	X_3	0.037	1/3	0
ArCH	X_4	0.889	0	1

$$\theta_m = \frac{X_m Q_m}{0.037(0.848 + 0.540 + 1.200) + 0.889 \times 0.40} = \frac{X_m Q_m}{0.4513}$$

θ_m	混合物	乙醇	苯
θ_1	0.0695	0.3277	—
θ_2	0.0443	0.2087	—
θ_3	0.0984	0.4637	—
θ_4	0.7879	—	1

$$E_k = \theta_1\Psi_{1k} + \theta_2\Psi_{2k} + \theta_3\Psi_{3k} + \theta_4\Psi_{4k}$$

E_k	混合物	乙醇	苯
E_1	0.9901	0.8311	0
E_2	0.9901	0.8311	0
E_3	0.2296	0.4944	0
E_4	0.9591	—	1

$$F_k=\frac{\theta_1\psi_{k1}}{E_1}+\frac{\theta_2\psi_{k2}}{E_2}+\frac{\theta_3\psi_{k3}}{E_3}+\frac{\theta_4\psi_{k4}}{E_4}$$

F_k	混合物	乙醇	苯
F_1	0.8276	0.6992	—
F_2	0.8276	0.6992	—
F_3	1.1352	1.3481	—
F_4	1.0158	—	1

$$\ln\gamma_k=Q_k(1-\ln E_k-F_k)$$

$\ln\gamma_k$	混合物	乙醇	苯
$\ln\gamma_1$	0.1546	0.4120	—
$\ln\gamma_2$	0.0985	0.2623	—
$\ln\gamma_3$	1.6035	0.4276	—
$\ln\gamma_4$	0.0104	—	0

$$\ln\gamma_1-0.3141+1\times(0.1546-0.4120)+1\times(0.0985-0.2623)+1\times(1.6035-0.4276)=1.0688$$

$$\gamma_1=2.9119$$

$$\ln\gamma_2=0.0175+6(0.0104-0)=0.0799$$

$$\gamma_2=1.0832$$

3. 改进的 UNIFAC 模型

为了进一步提高计算和预测精度，提出了改进的 UNIFAC 模型(Modified UNIFAC)。共有两个改进模型，一个是丹麦技术大学提出的，另一个是德国多特蒙特大学提出的，目的都是为了扩展热力学性质的计算范围，提高计算精度。

丹麦技术大学改进的 UNIFAC 模型[25]，将 UNIFAC 的组合项简化成：

$$\ln\gamma_i^c=\ln\left(\frac{\omega_i}{x_i}\right)+1-\frac{\omega_i}{x_i} \tag{7-134a}$$

并将体积分数写成：

$$\omega_i=\frac{x_i r_i^{2/3}}{\sum_j x_j r_j^{2/3}} \tag{7-134b}$$

可提高对体积差别很大的溶液体系的计算精度。同时将基团相互作用参数写成温度的函数：

$$a_{ji}=a_{ji,1}+a_{ji,2}(T-T_0)+a_{ji,3}\left(T\ln\frac{T_0}{T}+T-T_0\right) \tag{7-134c}$$

增加了温度参数，继而提高在宽范围温度下的计算精度。

而德国多特蒙特大学改进的 UNIFAC 模型[26]，在原始 UNIFAC 的基础上，将体积分数表示为

$$\phi'_i = \frac{r_i^{3/4}}{\sum_j r_j^{3/4} x_j} \tag{7-134d}$$

以提高体积差别大的体系的计算精度。同时将基团相互作用参数也表示为温度的函数：

$$a_{nm} = a_{nm} + b_{nm} T + c_{nm} T^2 \tag{7-134e}$$

上述两个模型对 UNIFAC 的改进方法类似，关键在于模型参数的获取。由于多特蒙特大学的改进的 UNIFAC 通过汽-液平衡、液-液平衡、混合热和无限稀释活度系数的大量实验数据，获得了大量可靠的基团相互作用参数，所以得到了更多的应用。特别是将汽-液平衡和液-液平衡拟合获得了同一组参数，解决了原始的 UNIFAC 模型不能采用同一组参数计算两种平衡的问题。

7.4 无限稀释活度系数与配偶参数

7.4.1 无限稀释活度系数

在 7.2 节中曾讨论了二元系统液相活度系数的各种关联式，其共同特点之一就是每一关联式都具有一些必须通过实验数据才能确定的待定参数，而且这些参数又是成对出现的，即必须是某两个组分共同存在时才能满足。例如 van Laar 方程中的常数 A_{12} 和 A_{21}：

$$\ln\gamma_1 = \frac{A_{12}}{\left(1 + \frac{A_{12}}{A_{21}} \frac{x_1}{x_2}\right)^2} \tag{7-77a}$$

$$\ln\gamma_2 = \frac{A_{21}}{\left(1 + \frac{A_{21}}{A_{12}} \frac{x_2}{x_1}\right)^2} \tag{7-77b}$$

如果把上两式取极限，

$$\lim_{x_1 \to 0} \ln\gamma_1 = \lim_{x_1 \to 0} \frac{A_{12}}{\left(1 + \frac{A_{12}}{A_{21}} \frac{x_1}{x_2}\right)^2} = A_{12} = \ln\gamma_1^\infty \tag{7-135a}$$

$$\lim_{x_2 \to 0} \ln\gamma_2 = \lim_{x_2 \to 0} \frac{A_{21}}{\left(1 + \frac{A_{21}}{A_{12}} \frac{x_2}{x_1}\right)^2} = A_{21} = \ln\gamma_2^\infty \tag{7-135b}$$

从上两式可以看出，van Laar 常数与无限稀释活度系数之间存在简单而明确的关系。如果已知 A_{12} 和 A_{21}，即可计算出在全浓度范围内的活度系数与组成之间的相依关系，由此可见无限稀释活度系数的重要意义。

1. 无限稀释活度系数的定义及其作用

无限稀释活度系数的定义是某组分的浓度为无限稀释的情况下，该组分的活度系数，常用 γ_i^∞ 表示，对于二元系

$$\gamma_1^\infty = \lim_{x_1 \to 0} \gamma_1$$

$$\gamma_2^\infty = \lim_{x_2 \to 0} \gamma_2$$

既然无限稀释活度系数与各种关联式中的配偶参数有简单的关系，只要求得无限稀释时的

活度系数,便可求得有关关联式的配偶参数,从而可按该关联式计算活度系数与组成的关系。对于 van Laar 方程,已从式(7-135a)和式(7-135b)得知。对于 Margules,同样可得

$$\ln\gamma_1^\infty=\lim_{x_1\to 0}x_2^2[A_{12}+2x_1(A_{21}-A_{12})]=A_{12} \tag{7-136a}$$

$$\ln\gamma_2^\infty=\lim_{x_2\to 0}x_1^2[A_{21}+2x_2(A_{12}-A_{21})]=A_{21} \tag{7-136b}$$

可见 van Laar 与 Margules 方程的无限稀释活度系数的对数值与配偶参数之间关系是相同的。

对于 Wilson 方程,

$$\ln\gamma_1^\infty=\lim_{x_1\to 0}\left[-\ln(x_1+\Lambda_{12}x_2)+x_2\left(\frac{\Lambda_{12}}{x_1+\Lambda_{12}x_2}-\frac{\Lambda_{21}}{\Lambda_{21}x_1+x_2}\right)\right]=1-\ln\Lambda_{12}-\Lambda_{21} \tag{7-137a}$$

$$\ln\gamma_2^\infty=\lim_{x_2\to 0}\left[-\ln(x_2+\Lambda_{21}x_1)+x_1\left(\frac{\Lambda_{21}}{x_2+\Lambda_{21}x_1}-\frac{\Lambda_{12}}{\Lambda_{12}x_2+x_1}\right)\right]=1-\ln\Lambda_{21}-\Lambda_{12} \tag{7-137b}$$

对于 NRTL 方程,

$$\ln\gamma_1^\infty=\lim_{x_1\to 0}\left[\frac{\tau_{21}G_{21}^2x_2^2}{(x_1+G_{21}x_2)^2}+\frac{\tau_{12}G_{12}x_2^2}{(G_{12}x_1+x_2)^2}\right]$$
$$=\tau_{21}+\tau_{12}G_{12}=\tau_{21}+\tau_{12}\exp(-\alpha_{12}\tau_{12}) \tag{7-138a}$$

$$\ln\gamma_2^\infty=\lim_{x_2\to 0}\left[\frac{\tau_{12}G_{12}^2x_1^2}{(x_2+G_{12}x_1)^2}+\frac{\tau_{21}G_{21}x_1^2}{(G_{21}x_2+x_1)^2}\right]$$
$$=\tau_{12}+\tau_{21}G_{21}=\tau_{12}+\tau_{21}\exp(-\alpha_{12}\tau_{21}) \tag{7-138b}$$

根据以上讨论,可以看出,$\ln\gamma_1^\infty$,$\ln\gamma_2^\infty$ 与各相应方程的配偶参数有一定联系。常把无限稀释活度系数的对数值称为配偶参数常数,以上这些方程称为配偶参数方程,故只要已知配偶参数,即可通过配偶参数方程求得有关方程的配偶参数。

例 7-3 已知氯仿(1)-乙醇(2)系统的配偶参数为

$$\ln\gamma_1^\infty=0.59,\quad \ln\gamma_2^\infty=1.42$$

试应用式(7-133a)和式(7-133b)求算 Λ_{12} 和 Λ_{21}。

解 采用迭代法进行计算:

$$\ln\gamma_1^\infty=1-\ln\Lambda_{12}-\Lambda_{21}=0.59 \tag{1}$$

$$\ln\gamma_2^\infty=1-\ln\Lambda_{21}-\Lambda_{12}=1.42 \tag{2}$$

先从式(1)开始,令 $\Lambda_{21}=1$,于是得

$$\ln\Lambda_{12}=-0.59,\quad \Lambda_{12}=0.554$$

将 $\Lambda_{12}=0.554$ 代入式(2),得

$$\ln\Lambda_{21}=1-1.42-0.554=-0.974,\quad \Lambda_{21}=0.3775$$

再将 $\Lambda_{21}=0.3775$ 代入式(1),得

$$\ln\Lambda_{12}=1-0.59-0.3775=0.0325,\quad \Lambda_{12}=1.033$$

又将 $\Lambda_{12}=1.033$ 代入式(2),得

$$\ln\Lambda_{21}=1-1.42-1.033=-1.453,\quad \Lambda_{21}=0.234$$

如此反复迭代,一直进行到 Λ_{12},Λ_{21} 的计算结果无多大变化为止。此结果即为 Λ_{12},Λ_{21} 的正确值。本例题的最后计算结果为

$$\Lambda_{12} = 1.2475, \quad \Lambda_{21} = 0.1888$$

现在讨论如何求得配偶参数常数。初看起来,通过已测得的 $\lg\gamma$-x 关系来确定配偶参数是十分方便的,只要用做图法外延即可得到,如图 7-5 所示。事实上,由于外延的随意性较大,故此法是很粗略的。下面介绍若干求算配偶参数的方法。

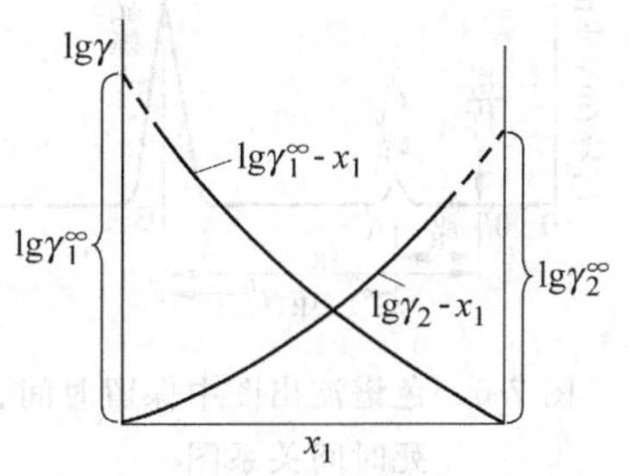

图 7-5 用做图外延法求配偶参数

2. 用色谱法测定无限稀释活度系数

近年来,随着有机化工日益发展,对原料纯度的要求也相应提高,其中关键杂质往往是 10^{-6} 级的,几乎是在无限稀释的条件下进行分离,因此直接需要无限稀释条件下的汽-液平衡数据。这就更加显示出直接测定无限稀释活度系数的重要意义。

在 20 世纪 50 年代末至 60 年代初这段时间,出现了直接用色谱法的保留体积数据计算无限稀释活度系数的方法,近年来又发展到用色谱法测定有限浓度的活度系数以及用以测定热力学的其他性质,如无限稀释下超额焓、超额熵以及超额吉布斯自由能等,使色谱法显示出更大的作用。用色谱法测定活度系数,优点是用量少,速度快,操作简便,尤其用于选择溶剂时更为优越,但它的缺点是,只能测定低沸点组分无限稀释活度系数,对高沸点组分的无限稀释活度系数的测定,还有较大的困难。

用色谱法测定无限稀释活度系数的设备与普通分析用色谱仪相仿,为了避免固定液的流失,在柱前加一饱和室,内装有与柱内固定液同样的液体,让载气先饱和后再通入柱管,这样可减少固定液流失量,提高所测数据的准确度。将高沸点组分用作固定液,涂于柱体上,低沸点组分作为样品进样,应控制进样量尽可能少,一般不到 1μL,这样才可以假定组分在固定液中是无限稀释的。为了避免其他组分的干扰,一般采用纯组分进样,但有时物料提纯困难,可采用多组分混合进样。实验测得比保留体积后,可用下式计算无限稀释活度系数。

$$\gamma_i^{\infty} = \frac{RT}{M_L p_i^{sat} V_g} \tag{7-139}$$

式中,γ_i^{∞} 是组分 i 在无限稀释条件下的活度系数,R 为摩尔气体常数,T 为色谱柱的柱温,M_L 为溶剂组分的分子质量,p_i^{sat} 是在柱温下纯溶质组分 i 的饱和蒸汽压,V_g 是柱温下的比保留体积。

$$V_g = \frac{V_R - V_R^0}{W_L} = \frac{(t_R - t_R^0)F_C}{W_L} \tag{7-140}$$

式中,W_L 是固定液的质量,V_R 是保留体积,

$$V_R = t_R F_C$$

V_R^0 是死体积,

$$V_R^0 = t_R^0 F_C$$

式中,t_R 是保留时间,t_R^0 是死时间,F_C 为气体平均流速。

色谱流出图中保留时间、死时间关系图见图 7-6。

以上讨论的测定无限稀释活度系数的方法,也可用以测定在大量溶剂存在下(即溶质的

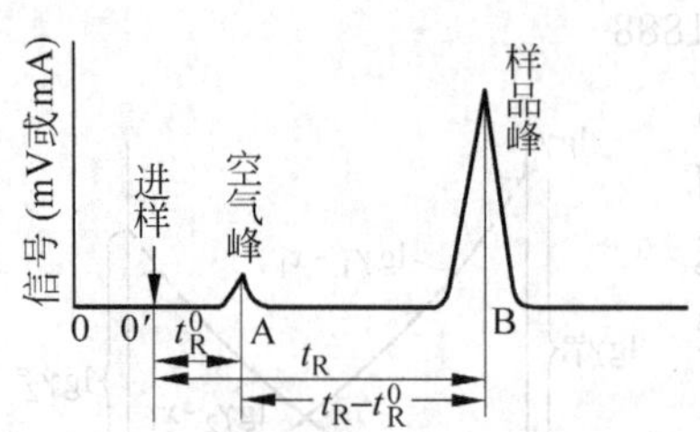

图 7-6 色谱流出图中保留时间、死时间关系图

浓度为无限稀释时)溶质之间的相对挥发度。其方法与前述的相同,仅进样采用混合溶质。如要测定组分 2 和组分 3 在溶剂 L 存在下的无限稀释相对挥发度,根据式(7-139)

$$\gamma_2^{\infty} = \frac{RT}{M_L p_2^{sat}(V_g)_2}, \quad \gamma_3^{\infty} = \frac{RT}{M_L p_3^{sat}(V_g)_3}$$

根据无限稀释相对挥发度的定义:

$$\alpha_{23}^{\infty} = \frac{\gamma_2^{\infty} p_2^{sat}}{\gamma_3^{\infty} p_3^{sat}} = \frac{RT/M_L(V_g)_2}{RT/M_L(V_g)_3} = \frac{(V_g)_3}{(V_g)_2} \tag{7-141}$$

因

$$(V_g)_3 = \frac{(V_R)_3 - V_R^0}{W_L}, \quad (V_g)_2 = \frac{(V_R)_2 - V_R^0}{W_L}$$

故

$$\alpha_{23}^{\infty} = \frac{(V_g)_3}{(V_g)_2} = \frac{(V_R)_3 - V_R^0}{(V_R)_2 - V_R^0} \tag{7-142}$$

从式(7-141)看出,α_{23}^{∞}的测定比 γ_2^{∞} 和 γ_3^{∞} 的测定要准确,因为可避免由 W_L 所产生的误差。W_L 往往由于固定液流失量的影响不易测准。α_{23}^{∞}的测定为萃取蒸馏中选择合适的溶剂提供很大的方便。如测定各种不同溶剂存在下的 α_{23}^{∞},根据其数值的大小可以选出何种溶剂最为有效,即 α_{23}^{∞}数值最大的为最有效。这方面的工作国内外都在进行,而且取得了一定进展。

3. 无限稀释活度系数的估算法

前面已阐明了根据汽-液平衡实验数据求取配偶参数的各种方法以及用色谱法直接测定无限稀释活度系数的方法,在查不到实验数据的情况下,能够用一些估算法求取该体系的配偶参数,这在科研和设计中也有一定的意义。配偶参数估算法很多,如溶解度参数法、Flory-Huggins 无热溶液活度系数方程法,含有极性物质体系的无限稀释活度系数估算法以及 Null 方法等。下面着重介绍溶解度参数法和 Flory-Huggins 无热溶液活度系数方程法。

(1) 溶解度参数法

该法的公式如下:

$$\ln\gamma_1^{\infty} = \frac{V_1(\delta_1 - \delta_2)^2}{RT} \tag{7-143a}$$

$$\ln\gamma_2^{\infty} = \frac{V_2(\delta_1 - \delta_2)^2}{RT} \tag{7-143b}$$

式中,γ_1^{∞},γ_2^{∞} 分别是组分 1,2 在无限稀释时的活度系数,V_1,V_2 分别是纯组分 1 和纯组分 2 的液相摩尔体积,δ_1,δ_2 分别是组分 1 和组分 2 的溶解度参数。

在表 7-1 中给出了各种物质的溶解度参数和液相摩尔体积数据。如无溶解度参数,可按下列公式计算:

$$\delta_1 = \sqrt{\frac{\Delta U_1^V}{V_1}} \tag{7-144a}$$

$$\delta_2 = \sqrt{\frac{\Delta U_2^V}{V_2}} \tag{7-144b}$$

此处 ΔU_i^V 是指在等温下将液体 i 从饱和态汽化变为理想气体所需的能量，即 $\Delta U_i^V=\Delta H_i^V-RT$。应指出，式(7-143a)和式(7-143b)只对正规溶液适用。

(2) Flory-Huggins 无热溶液活度系数方程法

对混合时无混合热但其熵的变化受组分液体分子体积影响的 Flory-Huggins 型二元体系，由方程(7-83a)和(7-83b)可得如下公式：

$$\ln\gamma_1^{\infty}=\ln\frac{V_1}{V_2}+1-\frac{V_1}{V_2} \tag{7-145a}$$

$$\ln\gamma_2^{\infty}=\ln\frac{V_2}{V_1}+1-\frac{V_2}{V_1} \tag{7-145b}$$

(3) 联合估算法

对具有混合热而熵的变化只受液体分子体积影响的非正规溶液体系，可用式(7-155)和式(7-156)的联合式估算，

$$\ln\gamma_1^{\infty}=1+\ln\frac{V_1}{V_2}-\frac{V_1}{V_2}+\frac{V_1(\delta_1-\delta_2)^2}{RT} \tag{7-146a}$$

$$\ln\gamma_2^{\infty}=1+\ln\frac{V_2}{V_1}-\frac{V_2}{V_1}+\frac{V_2(\delta_1-\delta_2)^2}{RT} \tag{7-146b}$$

以上各式均不适用于含有极性物质的体系，这类体系的 γ_i^{∞} 估算法可查阅文献[23]。

除了上述无限稀释活度和汽-液平衡数据外，液-液平衡、液-固平衡、气体溶解度、溶液混合热和溶液比热容等实验数据，均可用于求取配偶参数。同时配偶参数随温度变化，需要更多的温度参数。采用大量数据拟合配偶参数，就需要进行复杂的参数拟合计算。只有这样获得的配偶参数，才能应用于不同体系、不同温度和压力条件下的相平衡计算。常见的参数拟合方法是最小二乘法或单纯形法。特别是对于基团贡献模型，拟合的参数需要适用于大量的体系，数据量非常庞大，参见文献[25,26]。

7.4.2 配偶参数的确定方法

1. 根据汽-液平衡组成求配偶参数

对某一双元系，已经由实验测得一系列汽-液平衡数据，通过式(7-37)，可求得各不同液体组成下的活度系数 γ_1 和 γ_2，然后进一步计算出配偶参数。

1) 根据活度系数方程计算配偶参数

设该二元系可使用 van Laar 方程进行关联，于是由式(7-77a)和式(7-77b)可导出

$$A_{12}=\ln\gamma_1\left(1+\frac{x_2\ln\gamma_2}{x_1\ln\gamma_1}\right)^2 \tag{7-147a}$$

$$A_{21}=\ln\gamma_2\left(1+\frac{x_1\ln\gamma_1}{x_2\ln\gamma_2}\right)^2 \tag{7-147b}$$

因此，根据已得到的 x_1,x_2 和 γ_1,γ_2 的数据，通过式(7-147a)和式(7-147b)即可求得各点的 A_{12} 和 A_{21} 值。只要有一个平衡点的数据，即可确定该二元体系的一对配偶参数，但这种方法很可能由于该实验点的偶然误差而导致计算结果有很大的偏差，因此需要采用较多的实验点作为计算依据才能获得比较可靠的结果。

例 7-4 丙酮(1)-甲醇(2)体系在 101.33kPa 下的汽-液平衡数据如下表所示。试计算 van Laar 方程的配偶参数 A_{12} 和 A_{21},并做出 $\lg\gamma$-x 图。

温度/K	平衡组成		纯组分饱和蒸汽压/kPa		温度/K	平衡组成		纯组分饱和蒸汽压/kPa	
	x_1	y_1	p_1^0	p_2^0		x_1	y_1	p_1^0	p_2^0
331.45	0.280	0.420	109.19	77.19	329.25	0.600	0.656	101.19	69.99
330.35	0.400	0.516	104.79	73.46	328.25	0.676	0.710	97.72	67.06

解 (1) 先根据汽-液平衡数据计算 γ_1 和 γ_2

$$\gamma_1 = \frac{py_1}{p_1^0 x_1}, \quad \gamma_2 = \frac{py_2}{p_2^0 x_2}$$

将 γ_1 和 γ_2 的计算结果列于表中:

x_1	x_2	γ_1	γ_2	$\ln\gamma_1$	$\ln\gamma_2$
0.280	0.720	1.392	1.057	0.3307	0.0554
0.400	0.600	1.248	1.113	0.2215	0.1070
0.600	0.400	1.095	1.246	0.0907	0.2199
0.676	0.324	1.089	1.352	0.0852	0.3016

(2) 根据所求得的数据代入式(7-147a)和式(7-147b)求配偶参数 A_{12} 和 A_{21}。仍以第一点为例计算:

$$A_{12} = \lg\gamma_1\left(1+\frac{x_2\lg\gamma_2}{x_1\lg\gamma_1}\right)^2 = 0.1436\left(1+\frac{0.720\times0.0240}{0.280\times0.1436}\right)^2 = 0.294$$

$$A_{21} = \lg\gamma_2\left(1+\frac{x_1\lg\gamma_1}{x_2\lg\gamma_2}\right)^2 = 0.0240\left(1+\frac{0.280\times0.1436}{0.720\times0.0240}\right)^2 = 0.266$$

用同样方法对其他各点进行计算,计算结果列表如下:

x_1	x_2	A_{12}	A_{21}	x_1	x_2	A_{12}	A_{21}
0.280	0.720	0.294	0.266	0.600	0.400	0.270	0.250
0.400	0.600	0.286	0.263	0.676	0.324	0.269	0.331

将 4 个点所求得的配偶参数的平均值作为 van Laar 配偶参数的最终结果。

$$A_{12} = \frac{0.294+0.286+0.270+0.269}{4} = 0.280$$

$$A_{21} = \frac{0.266+0.263+0.250+0.331}{4} = 0.278$$

(3) 根据配偶参数求得关联液相活度系数和组成之间的 van Laar 方程,并计算不同组成下的活度系数:

$$\lg\gamma_1 = \frac{A_{12}}{\left(1+\dfrac{A_{12}x_1}{A_{21}x_2}\right)^2} = \frac{0.280}{\left(1+\dfrac{0.280x_1}{0.278x_2}\right)^2}$$

$$\lg\gamma_2 = \frac{A_{21}}{\left(1+\dfrac{A_{21}x_2}{A_{12}x_1}\right)^2} = \frac{0.278}{\left(1+\dfrac{0.278x_2}{0.280x_1}\right)^2}$$

根据以上两式算出不同组成下的活度系数，见下表：

x_1	x_2	$\lg\gamma_1$	$\lg\gamma_2$	x_1	x_2	$\lg\gamma_1$	$\lg\gamma_2$
0.1	0.9	0.2265	0.0028	0.6	0.4	0.0444	0.1006
0.2	0.8	0.1787	0.0112	0.7	0.3	0.0249	0.1368
0.3	0.7	0.1366	0.0253	0.8	0.2	0.0111	0.1784
0.4	0.6	0.1002	0.0449	0.9	0.1	0.0028	0.2255
0.5	0.5	0.0695	0.0700				

(4) 做图以对 van Laar 方程计算结果和实测数据进行对比，见图 7-7。

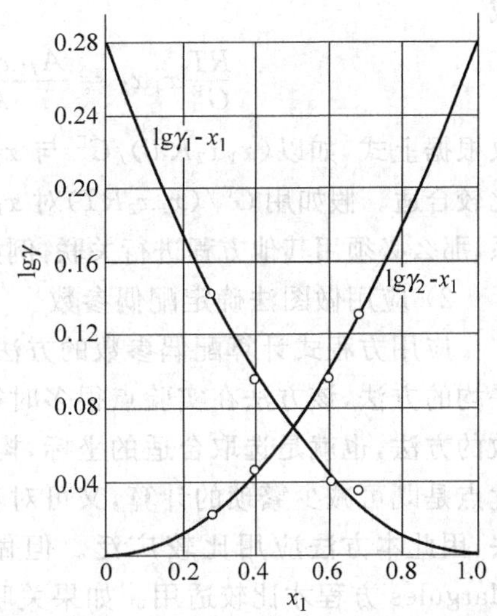

图 7-7　$\lg\gamma_1$-x_1 的计算结果与实测结果图

以上所讨论的是能够用 van Laar 方程进行关联的二元体系的情况，如果二元体系能符合 Margules 方程即符合式(7-78a)和式(7-78b)，从这两式同样可导得配偶参数的方程：

$$A_{12}=\frac{(x_2-x_1)}{x_2^2}\lg\gamma_1+\frac{2\lg\gamma_2}{x_1} \tag{7-148a}$$

$$A_{21}=\frac{(x_1-x_2)}{x_1^2}\lg\gamma_2+\frac{2\lg\gamma_1}{x_2} \tag{7-148b}$$

如果二元体系用 Wilson 方程进行关联，则必须符合式(7-86a)和式(7-86b)。显然，Wilson 方程比前两个方程要复杂得多，但原则上也只要一个点的数据，即已知 x_1 和 x_2，γ_1 和 γ_2，通过式(7-86a)和式(7-86b)联立试差求解，也可求得其配偶参数 Λ_{12} 和 Λ_{21}。如果有几组数据，则将求得的各组参数取其平均值。

以上讨论都是建立在某二元体系可采用何种方程关联这一基础上的，但是如何选择合适的方程进行关联？下面讨论这个问题。各种关联液相活度系数与组成之间的方程都是根据不同的液体模型，通过超额吉布斯自由能与组成之间的关系而导出的，因此在选择合适的关联方程式时，可根据溶液超额自由能与组成之间的关系形式做出初步判断。溶液超额自由能可用式(7-62)表示：

$$G^{\mathrm{E}}=RT\sum_i x_i\ln\gamma_i \tag{7-62}$$

对二元体系

$$G^{\mathrm{E}}=x_1RT\ln\gamma_1+x_2RT\ln\gamma_2$$

如符合 Margules 方程式(7-78a)和(7-78b)，则

$$\begin{aligned}\frac{G^{\mathrm{E}}}{RT}&=x_1x_2^2[A_{12}+2x_1(A_{21}-A_{12})]\\&\quad+x_2x_1^2[A_{21}+2x_2(A_{12}-A_{21})]\\&=x_1x_2(A_{12}x_2+A_{21}x_1)\end{aligned}$$

即

$$\frac{G^{\mathrm{E}}}{RTx_1x_2}=(A_{12}x_2+A_{21}x_1)=[A_{12}+(A_{21}-A_{12})x_1] \tag{7-149}$$

根据上式，如以 $G^{\mathrm{E}}/(x_1x_2RT)$ 对 x_1 做图，得一直线，那么对该体系用 Margules 方程进行关

联一定是比较合适的。

如符合 van Laar 方程式(7-77a)和式(7-77b)则

$$\frac{G^{\mathrm{E}}}{RT}=x_1\ln\gamma_1+x_2\ln\gamma_2=\left[x_1\frac{A_{12}}{\left(1+\dfrac{A_{12}x_1}{A_{21}x_2}\right)^2}+x_2\frac{A_{21}}{\left(1+\dfrac{A_{21}x_1}{A_{12}x_2}\right)^2}\right]$$

$$=\frac{A_{12}A_{21}x_1x_2}{A_{12}x_1+A_{21}x_2}$$

或

$$\frac{RT}{G^{\mathrm{E}}}x_1x_2=\frac{A_{12}x_1+A_{21}x_2}{A_{12}A_{21}}=\frac{A_{21}+(A_{12}-A_{21})x_1}{A_{12}A_{21}} \tag{7-150}$$

故根据上式,如以$(x_1x_2RT)/G^{\mathrm{E}}$与$x_1$做图,得一直线,则该体系用 van Laar 方程进行关联比较合适。假如用$G^{\mathrm{E}}/(x_1x_2RT)$对$x_1$做图与用$(x_1x_2RT)/G^{\mathrm{E}}$对$x_1$做图均不能获得直线关系,那么必须用其他方程进行关联,例如 Wilson 方程,NRTL 方程或修正的 Wilson 方程等。

2) 应用做图法确定配偶参数

应用方程式计算配偶参数的方法,即将每一实验数据代入方程式求出配偶参数,再进行平均的方法,该方法在实验点很多时往往计算工作量较大。这里介绍有关做图确定配偶参数的方法,也就是选取合适的坐标,构成为线性关系,从而求得有关常数。采用这种方法的优点是既可减少繁琐的计算,又可对不落在直线上的不合理点(由实验误差造成的)加以舍去,因此本方法应用比较广泛。但做图法只有对比较简单的关联式,如 van Laar 方程、Margules 方程才比较适用。如果关联式比较复杂,则很难选择合适的坐标获得线性关系,故仍需要用方程式计算配偶参数。

(1) van Laar 方程的做图法

如该体系符合 van Laar 方程:

$$\ln\gamma_1=\frac{A_{12}}{\left(1+\dfrac{A_{12}}{A_{21}}\dfrac{x_1}{x_2}\right)^2} \tag{7-77a}$$

$$\ln\gamma_2=\frac{A_{21}}{\left(1+\dfrac{A_{21}}{A_{12}}\dfrac{x_2}{x_1}\right)^2} \tag{7-77b}$$

从式(7-77a)可得

$$(\ln\gamma_1)^{-0.5}=\frac{1}{A_{12}^{0.5}}+\frac{A_{12}^{0.5}}{A_{21}}\frac{x_1}{x_2} \tag{7-151a}$$

同理,从式(7-77b),得

$$(\ln\gamma_2)^{-0.5}=\frac{1}{A_{21}^{0.5}}+\frac{A_{21}^{0.5}}{A_{12}}\frac{x_2}{x_1} \tag{7-151b}$$

从上两式看出,以$(\ln\gamma_1)^{0.5}$为纵坐标,以x_1/x_2为横坐标做图,应得一直线。该直线的截距应为$1/A_{12}^{0.5}$,其斜率为$A_{12}^{0.5}/A_{21}$,故通过直线的斜率和截距可求得配偶参数A_{12}和A_{21}。若以$(\ln\gamma_2)^{-0.5}$对x_2/x_1做图得一直线,同样可得配偶参数A_{12}和A_{21}。将两条直线所得结果互相校核,可以消除做直线时所引入的主观偏差。应用做图法求取配偶参数,要求有较多的实验数据,如果实验数据太少,做直线时会有一定的困难。

van Laar 方程的另一种做图法介绍如下:

将式(7-77a)乘以 x_1，再加上式(7-77b)乘 x_2 可得

$$x_1\ln\gamma_1 + x_2\ln\gamma_2 = \frac{A_{12}A_{21}x_1x_2}{A_{12}x_1 + A_{21}x_2}$$

$$\frac{x_1}{x_1\ln\gamma_1 + x_2\ln\gamma_2} = \frac{1}{A_{21}}\frac{x_1}{x_2} + \frac{1}{A_{12}} \tag{7-152a}$$

同理可得

$$\frac{x_2}{x_1\ln\gamma_1 + x_2\ln\gamma_2} = \frac{1}{A_{12}}\frac{x_2}{x_1} + \frac{1}{A_{21}} \tag{7-152b}$$

根据以上两式，以 $x_1/(x_1\ln\gamma_1 + x_2\ln\gamma_2)$ 对 x_1/x_2 做图，为一直线；该直线的截距为 $1/A_{12}$，斜率为 $1/A_{21}$；以 $x_2/(x_1\ln\gamma_1 + x_2\ln\gamma_2)$ 对 x_2/x_1 做图，为一直线，其截距为 $1/A_{21}$，斜率为 $1/A_{12}$。两条直线所得的配偶参数可以相互校核，获得较可靠的结果。

另外，还可用如下方法做图对所求的 van Laar 方程配偶参数进行校核：

$$\left(\frac{A_{12}}{\ln\gamma_1}\right)^{0.5} - 1 = \frac{A_{12}x_1}{A_{21}x_2} \tag{7-153}$$

以 $(A_{12}/\ln\gamma_1)^{0.5} - 1$ 对 x_1/x_2 做图，得一通过原点的直线，该直线的斜率为 A_{12}/A_{21}。

(2) Margules 方程的做图方法

如该体系符合 Margules 方程，

$$\ln\gamma_1 = x_2^2[A_{12} + 2x_1(A_{21} - A_{12})] \tag{7-78a}$$

$$\ln\gamma_2 = x_1^2[A_{21} + 2x_2(A_{12} - A_{21})] \tag{7-78b}$$

则可得

$$\frac{\ln\gamma_1}{x_2^2} = A_{12} + 2(A_{21} - A_{12})x_1 \tag{7-154a}$$

$$\frac{\ln\gamma_2}{x_1^2} = A_{21} + 2(A_{12} - A_{21})x_2 \tag{7-154b}$$

根据上两式，以 $(\ln\gamma_1)/x_2^2$ 对 x_1 做图，得一直线，该直线的截距为 A_{12}，斜率为 $2(A_{21} - A_{12})$；以 $(\ln\gamma_2)/x_2^2$ 对 x_2 做图得一直线，其截距为 A_{21}，斜率为 $2(A_{12} - A_{21})$。将两条直线所得结果相互校核，可获得较可靠的配偶参数 A_{12} 和 A_{21}。

例 7-5 已知异戊二烯(1)-乙腈(2)二元体系在 101.33kPa 下的实验数据见下表所示。试应用 van Laar 方程的做图法求配偶参数，以求得关联式，并将由关联式计算所得的液相活度系数与实验值进行比较。

温度	组成		活度系数		温度	组成		活度系数	
t/℃	$x_1\times100$	$y_1\times100$	γ_1	γ_2	t/℃	$x_1\times100$	$y_1\times100$	γ_1	γ_2
81.8	0	0		1.000	36.0	60.0	86.6	1.356	1.745
52.8	10.0	65.9	3.60	1.020	34.9	70.0	87.9	1.230	2.090
44.3	20.0	77.0	2.76	1.070	34.2	80.0	90.3	1.128	2.720
40.6	30.0	80.8	2.18	1.184	33.9	90.0	93.0	1.045	3.970
38.5	40.0	83.2	1.80	1.315	34.1	100.0	100.0	1.000	
37.1	50.0	85.0	1.541	1.491					

解 (1) 用做图法求 van Laar 方程的配偶参数

采用较精确的做图法：

$$\frac{x_1}{x_1\ln\gamma_1+x_2\ln\gamma_2}=\frac{1}{A_{21}}\frac{x_1}{x_2}+\frac{1}{A_{12}}$$

$$\frac{x_2}{x_1\ln\gamma_1+x_2\ln\gamma_2}=\frac{1}{A_{12}}\frac{x_2}{x_1}+\frac{1}{A_{21}}$$

根据实验数据计算所得结果见下表：

$x_1\times100$	$\ln\gamma_1$	$\ln\gamma_2$	$\frac{x_1}{x_1\ln\gamma_1+x_2\ln\gamma_2}$	$\frac{x_1}{x_2}$	$\frac{x_2}{x_1\ln\gamma_1+x_2\ln\gamma_2}$	$\frac{x_2}{x_1}$
10.0	1.2809	0.0198	0.6853	0.111	6.1678	9.000
20.0	1.0152	0.0676	0.7778	0.250	3.1104	4.000
30.0	0.7793	0.1689	0.8521	0.429	1.9877	2.333
40.0	0.5878	0.2738	1.0015	0.667	1.5022	1.500
50.0	0.4324	0.3994	1.2017	1.000	1.2017	1.000
60.0	0.3045	0.5567	1.4840	1.500	0.9893	0.667
70.0	0.2070	0.7372	1.9126	2.333	0.8195	0.429
80.0	0.1204	1.0006	2.7000	4.000	0.6705	0.250
90.0	0.0440	1.3787	5.0712	9.000	0.5637	0.111

根据以上计算结果以 $2.3026x_1/(x_1\ln\gamma_1+x_2\ln\gamma_2)$对 x_1/x_2 做图和以$2.3026x_2/(x_1\ln\gamma_1+x_2\ln x_2)$对 x_2/x_1 做图(参见图 7-8(a))。根据图 7-8(a)求得斜率为 1.28,截距为 1.45；根据图 7-8(b)求得斜率为 1.45,截距为 1.28,根据这两张图相互校核的结果,得 $2.3026/A_{12}=1.28$,$2.3026/A_{21}=1.45$,于是求得 $A_{12}=1.5880$,$A_{21}=1.7989$。以上做图说明该二元体系能用 van Laar 方程关联,具体关联式为

$$\ln\gamma_1=\frac{1.5880}{\left(1+\frac{1.5880x_1}{1.7989x_2}\right)^2}$$

$$\ln\gamma_2=\frac{1.7989}{\left(1+\frac{1.7989x_2}{1.5880x_1}\right)^2}$$

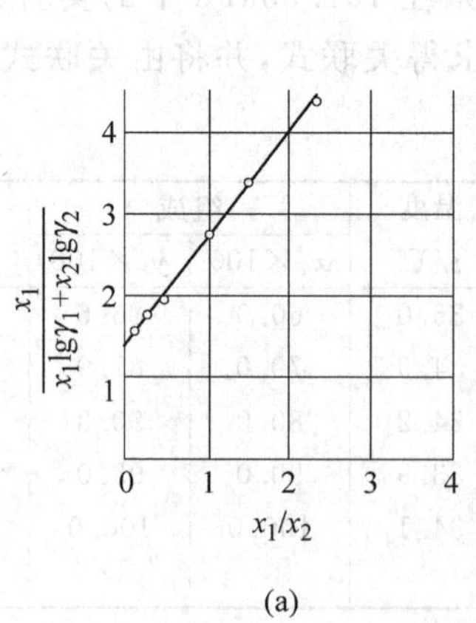

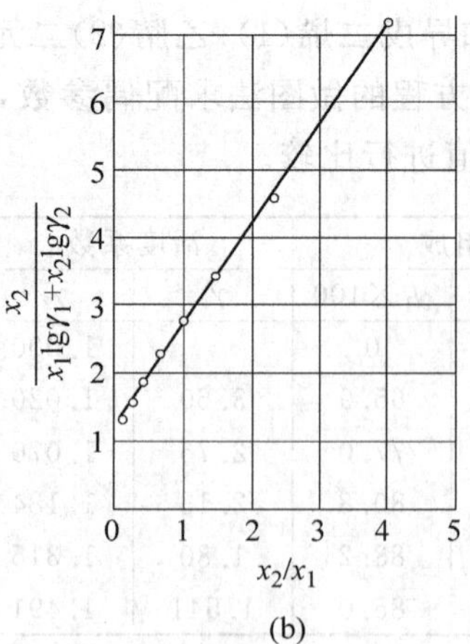

图 7-8 例 7-5 用图

(a) $x_1/(x_1\lg\gamma_1+x_2\lg\gamma_2)$-$x_1/x_2$ 图；(b) $x_2/(x_1\lg\gamma_1+x_2\lg\gamma_2)$-$x_2/x_1$ 图

(2) 根据所求得的关联式计算活度系数并与实验值对比。

将每一个液相组成 x_1，x_2 代入以上关联式即可求得 γ_1 和 γ_2，计算结果列于下表：

$x_1\times100$	$\ln\gamma_1$		γ_1		$\ln\gamma_2$		γ_2	
	计算值	实验值	计算值	实验值	计算值	实验值	计算值	实验值
10.0	1.3172	1.2809	3.733	3.60	0.0178	0.0198	1.018	1.020
20.0	1.0657	1.0152	2.903	2.76	0.0583	0.0676	1.060	1.070
30.0	0.8351	0.7793	2.305	2.18	0.1354	0.1689	1.145	1.184
40.0	0.6291	0.5878	1.876	1.80	0.2469	0.2738	1.280	1.315
50.0	0.4479	0.4324	1.565	1.541	0.3961	0.3994	1.486	1.491
60.0	0.2942	0.3045	1.342	1.356	0.5839	0.5567	1.793	1.745
70.0	0.1697	0.2070	1.185	1.230	0.8149	0.7371	2.259	2.090
80.0	0.0770	0.1204	1.080	1.128	1.0912	1.0006	2.978	2.720
90.0	0.0198	0.0440	1.020	1.045	1.4197	1.3788	4.136	3.970

根据上表数据做 $\ln\gamma_1$-x_1 和 $\ln\gamma_2$-x_1 曲线，见图 7-9，可以看出，用 van Laar 方程关联该体系是适合的。

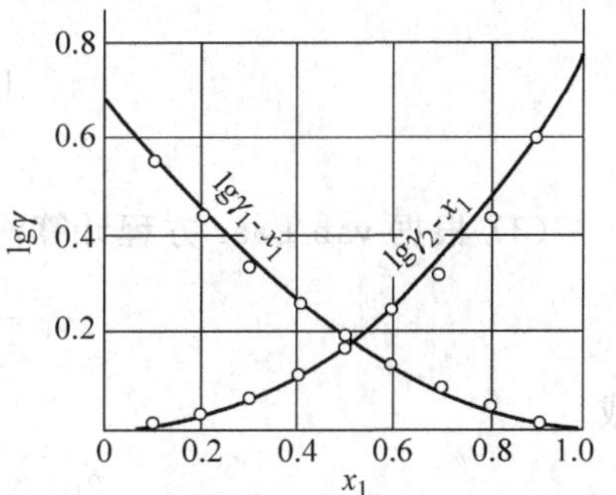

图 7-9 $\lg\gamma_1$-x_1 和 $\lg\gamma_2$-x_1 图

2. 根据共沸组成求配偶参数

若某二元体系在一定的温度、压力下能共沸，则可以根据共沸数据较方便地求出配偶参数，从而找出合适的关联式。其方法为：设汽相可作为理想气体处理，即

$$\gamma_1=\frac{y_1p}{x_1p_1^{\text{sat}}},\quad \gamma_2=\frac{y_2p}{x_2p_2^{\text{sat}}}$$

在共沸条件下汽相和液相的组成相同，故求液相中各组分的活度系数是非常方便的。有了该点的数据，便可根据 van Laar 方程或 Margules 方程求出相应的配偶参数。或代入其他方程求出有关的配偶参数。至于用什么方程关联比较合适，还必须通过实验数据的校验才能肯定。这也是一种用一个点的数据求取关联式参数的方法，但共沸点是可以精确测定的实验点，从各种数据手册较易查到，因此这种特殊情况下的单点计算法是有一定实际意义的。但该方法仅限于在均相共沸体系(即不产生液相分层的共沸体系)使用。当共沸物组成处于中间浓度范围时(指 $0.25<x_1<0.75$)，该方法计算精度尚可，如果共沸组成不在此范围内，则计算结果略粗一些。

例 7-6 正丙醇(1)-水(2)二元体系在 101.33kPa 下形成均相共沸物，实验测得其共沸温度为 87.8℃，共沸组成为 $x_1=0.432$，试应用 van Laar 方程求其汽-液平衡曲线，并与实验数据进行对比。已知在 87.8℃时纯组分的饱和蒸汽压为 $p_1^{\text{sat}}=69.86\text{kPa}$，$p_2^{\text{sat}}=64.39\text{kPa}$。计算时可假设汽相服从理想气体定律。

解 (1) 计算共沸组成下的液相活度系数

因在共沸点时，$x_1=y_1$，$x_2=y_2$，故

$$\gamma_1=\frac{p}{p_1^{\text{sat}}}=\frac{101.33}{69.86}=1.451$$

$$\gamma_2=\frac{p}{p_2^{\text{sat}}}=\frac{101.33}{64.39}=1.575$$

(2) 计算 van Laar 方程中的配偶参数

根据式(7-139a)和式(7-139b):

$$A_{12} = \ln\gamma_1\left(1+\frac{x_2\ln\gamma_2}{x_1\ln\gamma_1}\right)^2$$

$$=\ln 1.451\left(1+\frac{0.568\ln 1.575}{0.432\ln 1.451}\right)^2 = 2.525$$

$$A_{21} = \ln\gamma_2\left(1+\frac{x_1\ln\gamma_1}{x_2\ln\gamma_2}\right)^2$$

$$=\ln 1.575\left(1+\frac{0.432\ln 1.451}{0.568\ln 1.575}\right)^2 = 1.197$$

于是求得 van Laar 方程式如下:

$$\ln\gamma_1 = \frac{2.525}{\left(1+\dfrac{2.525x_1}{1.197x_2}\right)^2}$$

$$\ln\gamma_2 = \frac{1.197}{\left(1+\dfrac{1.197x_2}{2.525x_1}\right)^2}$$

(3) 根据 van Laar 方程计算汽-液平衡数据,并与实验数据进行对比。

$$y_1 = \frac{p_1^{sat}x_1\gamma_1}{p}, \quad y_2 = \frac{p_2^{sat}x_2\gamma_2}{p}$$

或

$$y_1 = \frac{p_1}{p} = \frac{p_1^{sat}x_1\gamma_1}{p_1^{sat}x_1\gamma_1 + p_2^{sat}x_2\gamma_2} = \frac{1}{1+\dfrac{p_2^{sat}x_2\gamma_2}{p_1^{sat}x_1\gamma_1}}$$

用此式计算 y_1 的优点在于 p_2^{sat}/p_1^{sat} 的比值随温度的变化较小,以致可以在较窄温度范围(沸程)内,将其作为常数处理,因此可避免在计算中使用繁琐的试差法。当然这假设是否合适要看具体的体系而定。该体系在 97.8℃时的 $p_2^{sat}/p_1^{sat}=0.923$,而在 87.8℃时也是该值,故可将其当作常数处理,否则,仍需用试差法进行计算。计算结果与实验值的比较见下表:

x_1	γ_1	γ_2	y_1(计)	y_1(实)	Δy_1
0.10	5.24	1.04	0.376	0.372	0.004
0.20	2.95	1.15	0.407	0.392	0.015
0.30	2.00	1.31	0.415	0.404	0.011
0.40	1.54	1.51	0.425	0.424	0.001
0.432	1.45	1.58	0.432	0.432	0.000
0.50	1.30	1.74	0.447	0.452	−0.005
0.60	1.16	2.00	0.484	0.492	−0.008
0.70	1.07	2.29	0.542	0.551	−0.009
0.80	1.03	2.61	0.632	0.641	−0.009
0.90	1.01	2.94	0.769	0.778	−0.009

从表中数据的对比,可以看出,使用 van Laar 方程进行关联与实验结果比较符合,说明用恒沸点数据计算配偶参数不仅方便而且也具有一定的可靠性。

3. 根据总压-组成数据求配偶参数

在进行汽-液平衡的实验测定中，有时很难找出合适又准确的测定组成的方法，因此必须采用不分析样品组成的方法获得恒温下的 p-x 关系。此时液相组成用秤量法配制，总压则可直接测得。也有时所测定的二元体系中某一组分的挥发性很高，往往采用流动法测定平衡数据，此方法可准确测量温度、压力和液相组成，但取得呈平衡的汽相样品很困难，因此也只能测得恒温下的 p-x 数据，故怎样从恒温下的 p-x 数据求出配偶参数，找到合适的关联式，计算出汽相的组成是一个重要而又有实际意义的课题。

$$\gamma_1 = \frac{y_1 p}{x_1 p_1^{\text{sat}}} = \frac{(1-y_2)p}{x_1 p_1^{\text{sat}}} = \frac{p - x_2\gamma_2 p_2^{\text{sat}}}{x_1 p_1^{\text{sat}}} \tag{7-155a}$$

当 $x_1 \to 0$，则 $x_2 \to 1$，$\gamma_2 \to 1$，故

$$\lim_{x\to 0}\gamma_1 = \gamma_1^{\infty} = \frac{p - x_2 p_2^{\text{sat}}}{x_1 p_1^{\text{sat}}} \tag{7-156a}$$

同理，可得

$$\gamma_2 = \frac{p - x_1\gamma_1 p_1^{\text{sat}}}{x_2 p_2^{\text{sat}}} \tag{7-155b}$$

当 $x_2 \to 0$，则 $x_1 \to 1$，$\gamma_1 \to 1$，则

$$\lim_{x_2\to 0}\gamma_2 = \gamma_2^{\infty} = \frac{p - x_1 p_1^{\text{sat}}}{x_2 p_2^{\text{sat}}} \tag{7-156b}$$

当 x_1 不接近于零时，γ_2 不能作为 1

$$\gamma_1' = \frac{p - x_2 p_2^{\text{sat}}}{x_1 p_1^{\text{sat}}} \tag{7-157a}$$

$$\gamma_2' = \frac{p - x_1 p_1^{\text{sat}}}{x_2 p_2^{\text{sat}}} \tag{7-157b}$$

γ_1'，γ_2'不是真正的液相活度系数，但如将 $\ln\gamma_1'$-x_1 曲线外延至 $x_1 \to 0$ 处，则得外延值 $\ln(\gamma_1')^{\infty}$。同样将 $\ln\gamma_2'$-x_2 曲线外延至 $x_2 \to 0$ 处，得外延值 $\ln(\gamma_2')^{\infty}$。根据以上所讨论的一些关系式，可以设计出由恒温下 p-x 数据计算配偶参数的具体方法和计算步骤：

(1) 根据各点的 p-x_1 数据（x_1 较小范围内），按式(7-157a)计算不同 x_1 下的 γ_1'值，做 $\ln\gamma_1'$-x_1 曲线，外延至 $x_1 \to 0$，所得的 $\ln\gamma_1'$ 即为近似的 A_{12}，用 A_{12}'表示。

(2) 同样，根据式(7-157b)计算出在不同 x_1 下的 γ_2'值（x_2 较小范围内）做 $\ln\gamma_2'$-x_1 曲线，外延至 $x_1 \to 1$，则所得 $\ln\gamma_2'$即为近似的 A_{21}，用 A_{21}'表示。

(3) 用 $\gamma_1 = (p - x_2\gamma_2 p_2^{\text{sat}})/(x_1 p_1^{\text{sat}})$重复计算在不同 x_1 下的 γ_1 值，此时由于已引入了 γ_2，故求得的是液相活度系数 γ_1，而不是 γ_1'。式中 γ_2 可用近似的配偶参数A_{12}'和 A_{21}'，根据 van Laar 方程计算而得，因现在的浓度范围是 x_1 较小，x_2 较大，此时 γ_2 值较接近于 1，故用近似的配偶参数进行计算不会引起较大的误差。此时再做 $\ln\gamma_1$-x_1 曲线，外延至 $x_1 \to 0$ 所得到的 $\ln\gamma_1$ 即为配偶参数 A_{12}。

(4) 用 $\gamma_2 = (p - x_1\gamma_1 p_1^{\text{sat}})/(x_2 p_2^{\text{sat}})$重复计算在不同 x_1 下的 γ_2 值。现在数据的范围是在 x_1 值较大的一侧，式中 γ_1 可用近似的配偶参数 A_{12}'和 A_{21}'计算而得，做出 $\ln\gamma_2$-x_1 曲线且外延至 $x_1 \to 1$ 所得的 $\ln\gamma_2$ 即为另一端的配偶参数 A_{21}。

(5) 求得配偶参数 A_{12} 和 A_{21} 后，即可建立该二元体系的活度系数与组成的关联式，并可进一步计算出 x_1-y_1 数据，从而获得了所缺少的汽相组成数据。

例 7-7 测得水(1)-二噁烷(2)二元体系在80℃时的 p-x_1 数据如下：

x_1	0.10	0.20	0.30	0.40	0.60	0.70	0.80	0.90
p/kPa	63.46	70.19	74.13	76.13	76.73	75.93	73.33	66.86

已知在80℃时水和二噁烷的饱和蒸汽压分别为 $p_1^{sat}=47.34$kPa 和 $p_2^{sat}=51.13$kPa。试求液相活度系数和组成的关联式。该体系可用 van Laar 方程关联。

解 (1) 计算 γ_1' 和 γ_2'。

根据式(7-157a)和式(7-157b)分别计算 γ_1' 和 γ_2'(计算 γ_1' 采用 x_1 较小的数据，计算 γ_2' 采用 x_2 较小的数据)，计算结果见下表：

x_1	x_2	p	$x_1 p_1^{sat}$	$x_2 p_2^{sat}$	γ_1'	$\ln\gamma_1'$	γ_2'	$\ln\gamma_2'$
0.10	0.90	63.46	4.73	45.99	3.69	1.3056		
0.20	0.80	70.19	9.47	40.93	3.09	1.1282		
0.30	0.70	74.13	14.27	35.73	2.70	0.9932		
0.40	0.60	76.13	18.93	30.53	2.40	0.8755		
0.60	0.40	76.73	28.40	20.40			2.36	0.8587
0.70	0.30	75.93	33.06	15.33			2.79	1.0260
0.80	0.20	73.33	37.86	10.21			3.47	1.2442
0.90	0.10	66.86	42.53	5.11			4.75	1.5581

根据表中数据分别以 $\ln\gamma_1'$-x_1 和 $\ln\gamma_2'$-x_1 做图(图7-10)。将曲线外延后得近似的配偶参数，即 $0.4343A_{12}'=0.65$ 或 $A_{12}'=1.497$ 和 $0.4343A_{21}'=0.88$ 或 $A_{21}'=2.026$。

(2) 根据近似配偶参数 A_{12}' 和 A_{21}'，由 van Laar 方程计算 γ_1(在 x_2 较小范围内)，作为求取 γ_1 和 γ_2 的校正。

$$\ln\gamma_1=\frac{1.497}{\left(1+\dfrac{1.497x_1}{2.026x_2}\right)^2}$$

$$\ln\gamma_2=\frac{2.026}{\left(1+\dfrac{2.026x_2}{1.497x_1}\right)^2}$$

(3) 根据式(7-155a)和式(7-155b)，重新计算 γ_1 和 γ_2，结果见下表：

x_1	x_2	γ_1	$\ln\gamma_1$	γ_2	$\ln\gamma_2$
0.10	0.90	3.60	1.2809		
0.20	0.80	2.88	1.0578		
0.30	0.70	2.40	0.8755		
0.40	0.60	2.01	0.6981		
0.60	0.40			1.81	0.5933
0.70	0.30			2.32	0.8416
0.80	0.20			3.11	1.1346
0.90	0.10			4.61	1.5282

将计算结果重新标在图 7-10 中，则得较可靠的配偶参数，即 $0.4343A_{12}=0.64$ 或 $A_{12}=1.4736$ 和 $0.4343A_{21}=0.85$ 或 $A_{21}=1.9572$。可见两次所得的配偶参数相差不大，故最后求得该二元体系液相活度系数与组成的关联式如下：

$$\ln\gamma_1=\frac{1.4736}{\left(1+\dfrac{1.4736x_1}{1.9572x_2}\right)^2}$$

$$\ln\gamma_2=\frac{1.9572}{\left(1+\dfrac{1.9572x_2}{1.4736x_1}\right)^2}$$

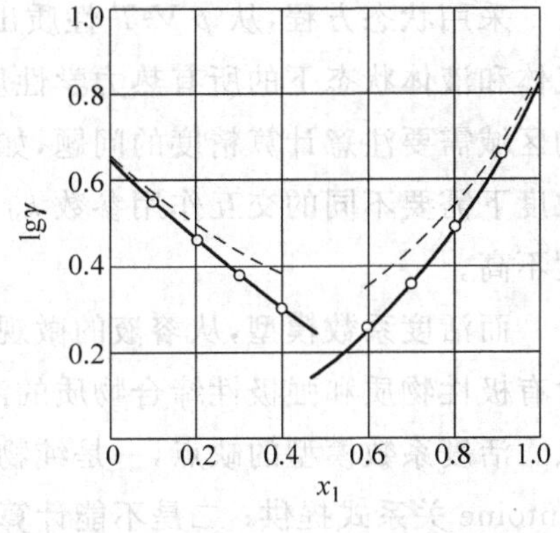

图 7-10　$\ln\gamma'_1$-x_1 及 $\ln\gamma'_2$-x_1 图

(4) 对所得关联式进行校正。根据关联式计算出不同液相组成 $x_1(x_2)$ 下的液相活度系数 γ_1 和 γ_2，再由 $p=x_1\gamma_1p_1^{\rm sat}+x_2\gamma_2p_2^{\rm sat}$ 计算总压，将计算结果与实测总压数据进行对比以校验所得关联式的可靠性。应该指出，本例中采用外延法求取配偶参数，是不够可靠的，最好是采用做图法，例如可用 $x_1/(x_1\ln\gamma_1+x_2\ln\gamma_2)$ 对 x_1/x_2 做图和 $x_2/(x_1\ln\gamma_1+x_2\ln\gamma_2)$ 对 x_2/x_1 做图的方法来确定配偶参数 A_{12} 和 A_{21}。

4. 根据沸点与组成数据求配偶参数

在某些情况下，只测定了液相在一定压力下(例如在 101.33kPa 下)的沸点与组成的数据，即 T-x_1 曲线，可用与 7.4 节中完全相似的办法来计算配偶参数。

(1) 计算 γ'_1 和 γ'_2 值

$$\gamma'_1=\frac{p-x_2p_2^{\rm sat}}{x_1p_1^{\rm sat}},\quad \gamma'_2=\frac{p-x_1p_1^{\rm sat}}{x_2p_2^{\rm sat}}$$

式中的 $p_1^{\rm sat}$ 和 $p_2^{\rm sat}$ 可根据温度通过查表或由 Antoine 公式计算得到。

(2) 通过 $\ln\gamma'_1$-x_1 曲线和 $\ln\gamma'_2$-x_1 曲线求得 A'_{12} 和 A'_{21}。

(3) 通过下式计算 γ_1

$$\gamma_1=\frac{p-x_2\gamma_2p_2^{\rm sat}}{x_1p_1^{\rm sat}}$$

式中的 γ_2 用 A'_{12} 和 A'_{21} 代入 van Laar 方程计算得到。

(4) 通过下式计算 γ_2 值

$$\gamma_2=\frac{p-x_1\gamma_1p_1^{\rm sat}}{x_2p_2^{\rm sat}}$$

式中的 γ_1 用 A'_{12} 和 A'_{21} 代入 van Laar 方程计算得到。

(5) 通过 $\ln\gamma_1$-x_1 曲线和 $\ln\gamma_2$-x_1 曲线求得 A_{12} 和 A_{21} 值。

以上计算方法适用于在体系的沸点温度区间内，液相活度系数随温度的改变不敏感的体系，故适用于两个组分的沸点比较接近的体系。

7.5　$G^{\rm E}$ 型混合规则

第 2 章和本章中，论述了大量的状态方程和活度系数模型，是化工热力学的两大热力学模型体系。而状态方程和活度系数模型各有明显的优缺点。

采用状态方程,从 p-V-T 性质出发,原则上可以计算流体在广阔温度和压力范围下的气体和液体状态下的所有热力学性质,这是状态方程的优点。状态方程的缺点,一是在不同的区域需要注意计算精度的问题,如在临界区的计算;二是对于混合物,不同温度甚至不同浓度下需要不同的交互作用参数 k_{ij};三是对液体混合物特别是极性液体混合物的计算,精度不高。

而活度系数模型,从溶液的微观结构出发,可以计算液体混合物的热力学性质,尤其对含有极性物质和强极性缔合物质的液体混合物的计算效果也很好,这是活度系数模型的优点。活度系数模型的缺点,一是纯物质的性质如饱和蒸汽压需要由其他方法如状态方程或 Antoine 关系式提供;二是不能计算液体密度及其相关的性质,即 p-V-T 的完整性质;三是不能用到气体混合物的计算等。

有意思的是,上述状态方程和活度系数模型的优缺点,正好是互补的。状态方程能计算从 p-V-T 出发的所有性质,但是对于液体混合物体系计算不好,也就是混合规则不完善。而活度系数模型恰恰是针对液体混合物,但是不适用于整个相图的 p-V-T 性质。所以学者们研究将状态方程和活度系数模型的优点结合起来,同时克服两者的缺点,建立比较完美的热力学理论模型。

为了将状态方程和活度系数模型结合起来,需要一个桥梁。活度系数模型实际上是一个混合物的模型,正好可以解决状态方程的混合规则的问题。所以这个桥梁应该是用于计算混合物性质的状态方程的混合规则。

活度系数模型都是超额吉布斯模型即 G^E 模型。将混合物的 G^E 用状态方程(EOS)表示,并和活度系数模型(ACM)的 G^E 相等,即可建立状态方程和活度系数的联系桥梁:

$$G_{\mathrm{EOS}}^{\mathrm{E}} = G_{\mathrm{ACM}}^{\mathrm{E}} \tag{7-158}$$

对于组成为 $x_1, x_2, \cdots, x_n$ 的混合物,体系的逸度系数为

$$RT\ln\phi = \int_0^p \left(V - \frac{RT}{p}\right)\mathrm{d}p \tag{7-159}$$

同时纯物质的逸度系数为

$$RT\ln\phi_i^0 = \int_0^p \left(V_i - \frac{RT}{p}\right)\mathrm{d}p \tag{7-160}$$

混合物的逸度系数是温度、压力、组分 x、状态方程混合物参数 a 和 b 的函数,而纯物质的逸度系数也是温度、压力、纯物质参数 a_{ii} 和 b_i 的函数。

根据超额吉布斯自由能和混合物及纯物质逸度系数的关系:

$$G_{\mathrm{EOS}}^{\mathrm{E}} = RT\left[\ln\phi - \sum_{i=1}^{n} x_i \ln\phi_i^0\right] \tag{7-161}$$

即可获得状态方程表示的超额吉布斯自由能的表达式。

7.5.1 Huron-Vidal 混合规则

以 RKS 方程为例,体系的超额摩尔吉布斯自由能 G^E 为

$$\frac{G_{\mathrm{EOS}}^{\mathrm{E}}}{RT}=-\left\{\ln\left[\frac{p(V-b)}{RT}\right]-\sum_{i=1}^{n}x_i\ln\left[\frac{p(V_i^0-b_i)}{RT}\right]\right\}+\frac{pV}{RT}-\sum_{i=1}^{n}x_i\frac{pV_i}{RT}$$

$$-\left\{\frac{a}{bRT}\ln\frac{V+b}{V}-\sum_{i=1}^{n}x_i\frac{a_{ii}}{b_iRT}\ln\frac{V_i^0+b_i}{V_i^0}\right\} \tag{7-162}$$

其中纯物质的 a_{ii} 和 b_i 是已知的，而混合物的 a 和 b 是未知的。如已知体系的 G^{E}，以及 b 参数的混合规则，即可获得混合物的 a 参数。

这时体系的 $G_{\mathrm{EOS}}^{\mathrm{E}}$，就可以用活度系数模型的 $G_{\mathrm{ACM}}^{\mathrm{E}}$ 代入。活度系数模型的 $G_{\mathrm{ACM}}^{\mathrm{E}}$ 中只含有体系的 T,x,A_{ij} 以及其他分子参数，而且大多数 A_{ij} 是可以随温度变化的，所以得到的状态方程的 a 参数也可以在大范围内使用。

但是公式(7-162)中，还含有压力 p、混合物和纯物质的 V 和 V_i^0。对于状态方程来说，需要已知参数 a,b 后进行迭代计算获得。如果将含有 V 的状态方程参数 a 代入立方型方程，那么立方型状态方程就不是立方型的了，就不能用立方型方程的解析法求解，计算过程变得非常复杂。所以需要将公式(7-162)加以进一步的简化。

1979 年 Huron 和 Vidal 提出[27]，在压力趋于无穷大的情况下进行简化：

$$p\to\infty,\quad V\to b,\quad V_i\to b_i \tag{7-163}$$

以 RKS 方程为例，将方程改写成：

$$\left[p+\frac{a}{V(V+b)}\right](V-b)=RT$$

$$\frac{p(V-b)}{RT}=1-\frac{a(V-b)}{RTV(V+b)}\to 1$$

以及考虑到压力无穷大时 $b=\sum_{i=1}^{n}x_ib_i$，得到

$$\frac{G_{\mathrm{EOS}}^{\mathrm{E}}}{RT}=-\left(\frac{a}{bRT}\ln 2-\sum_{i=1}^{n}x_i\frac{a_{ii}}{b_iRT}\ln 2\right)$$

结合公式(7-158)，得到：

$$\frac{a}{bRT}=\sum_i x_i\frac{a_{ii}}{b_iRT}-\frac{G_{\mathrm{ACM}}^{\mathrm{E}}}{(\ln 2)RT} \tag{7-164}$$

这样通过活度系数模型的 $G_{\mathrm{ACM}}^{\mathrm{E}}$ 以及纯物质的 a_{ii} 和 b_i，即可计算得到混合物的 a，用于混合物的状态方程的计算。

压力趋于无穷大时，体系中的分子处于精密接触的状态。对于液体是合适的，也和活度系数模型所处理的液体的状态接近。

该混合规则称为 Huron-Vidal 混合规则。其中以 RKS 方程推导的常数是 ln2，即 0.693，而 van der Waals 方程为 1.0，PR 方程为 $\frac{1}{2\sqrt{2}}\ln\left[\frac{2+\sqrt{2}}{2-\sqrt{2}}\right]=0.623$。

图 7-11 为丙酮水在 150℃下的汽-液平衡压力的 RSK 方程的计算结果，采用 Huron-Vidal 混合规则，结合 NRTL 方程的计算结果，很好地表示了这类极性混合物的汽-液平衡。

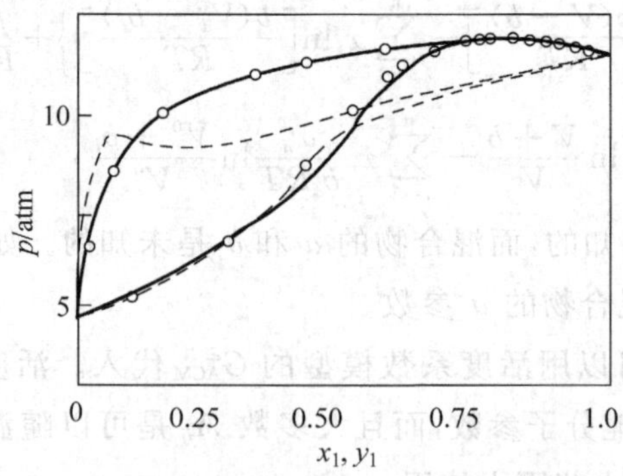

图 7-11 423K 下的丙酮(1)-水(2)的汽-液平衡

虚线：van der Waals 混合规则；实线：Huron-Vidal 混合规则结合 NRTL 方程

7.5.2 改进的 Huron-Vidal 混合规则

但是 Huron-Vidal 混合规则[28]的压力范围和经常遇到的常压体系 100kPa 附近有一些差别，所以 1986 年 Michelsen 提出在压力趋于 0kPa 的情况下进行简化：

$$p \to 0, \quad V \to \infty, \quad V_i \to \infty \tag{7-165}$$

逸度系数为

$$\ln\phi = \frac{pV}{RT} - 1 - \ln\left[\frac{p(V-b)}{RT}\right] - \frac{a}{bRT}\ln\frac{V+b}{V} \tag{7-166}$$

由于压力 p 趋于 0 时第三项没法计算，所以等式两边都加上 $\ln[pb/(RT)]$，可以换成用逸度 f 表示：

$$\ln\frac{f}{RT} + \ln b = \frac{pV}{RT} - 1 - \ln\left(\frac{V-b}{b}\right) - \frac{a}{bRT}\ln\frac{V+b}{V} \tag{7-167}$$

压力趋于 0 时，并定义 $\alpha = a/(bRT)$，$u = V/b$，则

$$\ln\frac{f_0}{RT} + \ln b = -1 - \ln(u-1) - \alpha\ln\frac{u+1}{u}$$

此处下标 0 表示压力趋于 0。根据 SRK 方程，压力趋于 0 时，

$$pb/(RT) = \frac{1}{u-1} - \frac{\alpha}{u(u+1)} = 0$$

解三次方程，当 $\alpha > 3 + 2\sqrt{2}$ 时，获得 u 和 α 的关系为

$$u = \frac{1}{2}\left[(\alpha - 1) - (\alpha^2 - 6\alpha + 1)^{1/2}\right]$$

这样逸度就可表示成 α 的函数。由于函数过于复杂，定义为

$$\ln\frac{f_0}{RT} + \ln b = q(\alpha)$$

各个纯组分的类似表达式也可写为

$$\ln\frac{f_{0i}}{RT} + \ln b_i = q(\alpha_{ii})$$

将该函数直接作图，发现基本上是线性函数，稍微有一点弯曲。若以线性函数表示：

$$q(\alpha) = q_0 + q_1\alpha$$

根据逸度和超额吉布斯自由能的关系式

$$\frac{G_{\text{EOS}}^{\text{E}}}{RT} = \ln\frac{f}{RT} - \sum_i x_i \ln\frac{f_i}{RT}$$

并使用 $G_{\text{ACM}}^{\text{E}}$ 活度系数模型，就得到

$$\frac{a}{bRT} = \sum_i x_i \frac{a_i}{b_i RT} + \frac{1}{q_1}\left(\frac{G_{\text{ACM}}^{\text{E}}}{RT} + \sum_i x_i \ln\frac{b}{b_i}\right) \tag{7-168}$$

此 G^{E} 混合规则称为 MHV1 混合规则。大多数物质在正常沸点下的 α 处于 10～13，这时对于 RKS 方程，$q_1 = -0.593$，PR 方程为 -0.53，van der Waals 方程为 -0.85。

若采用二次型：

$$q(\alpha) = q_0 + q_1\alpha + q_2\alpha^2$$

$$q_1\frac{a}{bRT} + q_2\left(\frac{a}{bRT}\right)^2 = \sum_i x_i\left[q_1\frac{a_i}{b_i RT} + q_2\left(\frac{a_i}{b_i RT}\right)^2\right] + \frac{G_{\text{ACM}}^{\text{E}}}{RT} + \sum_i x_i \ln\frac{b}{b_i} \tag{7-169}$$

称为 MHV2 混合规则。计算混合物参数 a 的过程需要求解二次方程。

图 7-12 为乙醇-水的汽-液平衡的计算结果。

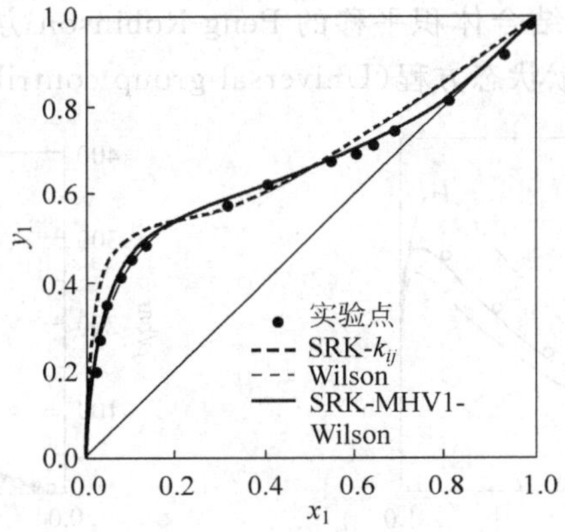

图 7-12　101.3kPa 压力下的乙醇-水二元体系汽-液平衡计算

7.5.3 预测性的 SRK 方程[29,30]

由于绝大部分的实验数据，都是在压力等于 1atm 的时候测定的，也就是 $p \to 101\ 325\text{Pa}$。上述 HV 和 MHV 混合规则分别在 $p \to \infty$ 和 $p \to 0$ 时推导得到，和常用实验数据测定条件仍有不同。所以 1991 年 Holderbaum 和 Gmehling 提出[29]将 UNIFAC 基团贡献模型作为 G^{E} 混合规则的活度系数模型，结合 SRK 方程，建立了一种具有预测性的状态方程，称为 Predictive SRK 方程，即 PSRK 方程。主要思路是在 MHV1 的基础上，在 $p \to 101\ 325\text{Pa}$ 的条件下进行近似，修改 q_1 参数，使得其更适合获取 UNIFAC 模型参数的实验范围。Predictive 的意思是可以用 UNIFAC 模型及其参数对大量混合物性质进行预测计算。从公式(7-167)可以看出：

$$q_1 = \ln\frac{u}{u+1}$$

Holderbaum 和 Gmehling 发现,在常压下,绝大多数液体的 u 值在 1.1 附近,即 $u=v/b=1.1$,得到 $q_1=-0.64663$。例如对于 423K 的乙醇-水体系的汽-液平衡,采用 SRK 方程结合 UNIFAC 模型,MHV1,MHV2,PSRK 对压力的计算误差分别为 5.5%,3.3%和 2.3%,对气相摩尔分数的计算误差分别为 0.011,0.008,0.008,PSRK 的计算精度最好。

进一步针对非对称性即体积差别很大的体系的计算误差大的问题,Chen 等[30]提出将 UNIFAC 或改进的 UNIFAC 的 G^E 模型的组合项和剩余项进行分离,因为只有剩余项才对代表分子间相互作用的 a 参数有影响。并且由于状态方程和活度系数模型中的体积参数的取值不同,导致了误差。假设状态方程和活度系数模型的体积参数相同,UNIFAC 组合项中的第一项和公式(7-168)的最后一项是可以约掉的,则有

$$\frac{a}{bRT}=\sum_i x_i\frac{a_i}{b_iRT}+\frac{1}{A}\frac{G^E_{\text{res}}}{RT} \tag{7-170}$$

其中下标 res 表示超额 Gibbs 自由能的剩余项。结合考虑了分子大小差别的体积参数的组合规则:

$$b_{ij}^{3/4}=(b_{ii}^{3/4}+b_{jj}^{3/4})/2 \tag{7-171}$$

图 7-13 和图 7-14 的结果表明,对于分子体积很大的体系,计算结果明显改善。采用上述两个公式改进的 G^E 混合规则,结合体积平移的 Peng-Robinson 方程以及改进的 UNIFAC 的剩余项,被称为通用基团贡献状态方程(Universal group contribution equation of state)。

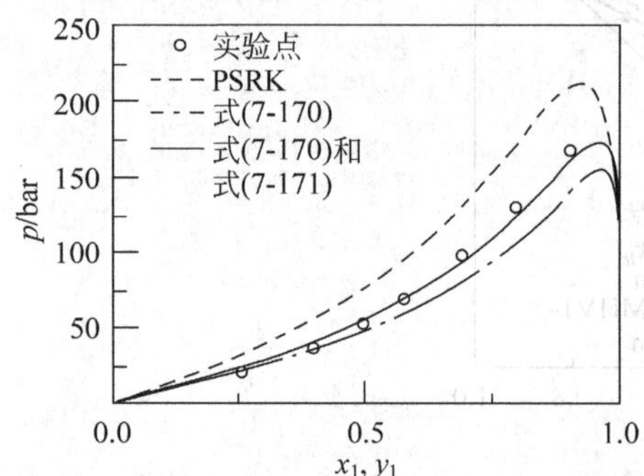

图 7-13　400K 下的乙烷(1)-正二十烷(2)的汽-液平衡计算
(1bar=100kPa)

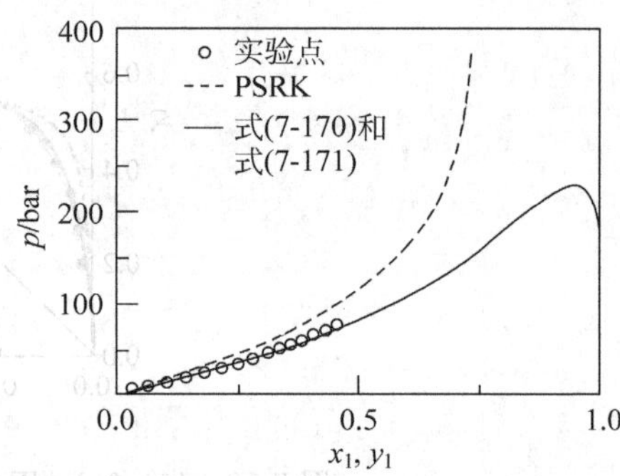

图 7-14　373.1K 下的二氧化碳(1)-正二十烷(2)的汽-液平衡计算

状态方程通过 G^E 混合规则和活度系数模型结合起来,解决了状态方程难以用于极性混合物的问题,也解决了活度系数模型不能用于气体混合物的问题,基本上可以用于所有汽-液体系的热力学性质的计算,使得经典热力学模型的发展,达到了一个比较完美的程度。

习　题

7-1　设一种二元非理想溶液,活度系数对组成的曲线不出现极大点或极小点,试证明如果一个组分的活度系数大于 1,则另一组分的活度系数亦大于 1,或者两者均小于 1,不可能一个大于 1 而另一个小于 1。

7-2　已知 45℃时四氯化碳(1)-乙腈(2)二元体系平衡蒸汽总压、液相组成及汽相组成

的数据如下：

x_1	0.0347	0.1914	0.3752	0.4790	0.6049	0.8009	0.9609
y_1	0.1801	0.4603	0.5429	0.5684	0.5936	0.6470	0.8001
p/kPa	33.06	44.80	48.60	49.27	49.47	48.36	41.91

$$p_1^0 = 34.50\text{kPa}, \quad p_2^0 = 27.50\text{kPa}$$

试应用上述数据求活度及活度系数，并用每一组分的活度对组成做图，以虚线表示理想溶液的关系。

7-3 试利用习题 7-2 中的数据和已求出的活度$\hat{a}_1$，应用吉布斯-杜安(Gibbs-Duhem)方程求活度$\hat{a}_2$，并与习题 7-2 所得结果比较。

7-4 试利用习题 7-2 的数据及下列 45℃时四氯化碳(1)-乙腈(2)的混合热数据：

x_1	0.128	0.317	0.414	0.631	0.821
$\Delta H/(\text{J}\cdot\text{mol}^{-1})$	414	745	860	930	736

(1) 分别做 45℃时的 ΔH_{mix}，ΔG_{mix}及 $T\Delta S_{\text{mix}}$与 x 的曲线；

(2) 试求 G^{E}，H^{E} 以及 TS^{E}，并描绘它们与 x 的关系曲线。

7-5 已知描述多元混合物的第二维里系数式为

$$B = \sum_i y_i B_{ii} + \frac{1}{2}\sum_i \sum_j y_i y_j \delta_{ij}$$

式中

$$\delta_{ij} = 2B_{ij} - B_{ii} - B_{jj}$$

设对于蒸汽混合物可用下列形式的舍项维里方程：

$$Z = \frac{pV}{RT} = 1 + \frac{Bp}{RT}$$

试推导下列各个超额函数表达式：

(1) $V^{\text{E}} = \frac{1}{2}\sum_i \sum_j y_i y_j \delta_{ij}$；

(2) $G^{\text{E}} = \frac{p}{2}\sum_i \sum_j y_i y_j \delta_{ij}$；

(3) $S^{\text{E}} = -\frac{p}{2}\sum_i \sum_j y_i y_j \frac{\mathrm{d}\delta_{ij}}{\mathrm{d}T}$；

(4) $H^{\text{E}} = \frac{p}{2}\sum_i \sum_j y_i y_j \left(\delta_{ij} - T\frac{\mathrm{d}\delta_{ij}}{\mathrm{d}T}\right)$。

7-6 苯和环已烷液体混合物的无因次超额吉布斯函数可用 $G^{\text{E}} = Bx_1x_2$ 表示。要求计算和画出该体系在 40℃和 101.33kPa 下，G^{E}/RT，H^{E}/RT，S^{E}/R 和活度系数与组成的函数的关系。已知在 101.33kPa 下 B 的实验值为

$$B = (0.6186 - 0.004t)℃$$

7-7 如果乙醚(1)-丙酮(2)体系的超额自由焓可近似用下式表示

$$G^{\text{E}}/RT = \beta x_1 x_2$$

设已求得 $\beta=0.735$,并已知乙醚和丙酮的饱和蒸汽压数据如下:

t/℃	p_1^0/kPa	p_2^0/kPa	t/℃	p_1^0/kPa	p_2^0/kPa
34.6	101.33	46.66	50	169.98	81.33
40	122.66	56.66	56.1	204.65	101.33
45	145.32	67.99			

试求该体系在101.33kPa压力下的 t-x-y 关系。

7-8 设已知乙醇(1)-甲苯(2)二元体系在某一汽-液平衡状态下的实测数据为 $t=45$℃,$p_{总}=24.4$kPa,$x_1=0.300$,$y_1=0.634$,并已知组分1和组分2在45℃下的饱和蒸汽压为 $p_1^0=23.06$kPa,$p_2^0=10.05$kPa,试采用低压下汽-液平衡所常用的假设,求:

(1) 液相活度系数 γ_1 和 γ_2;

(2) 液相的 G^E/RT;

(3) 液相的 $\Delta G/RT$;

(4) 与理想溶液相比,该溶液具有正偏差?还是负偏差?

7-9 如果已知氯仿(1)-乙醇(2)体系的无限稀释活度系数数据为 $\ln\gamma_1^\infty=0.59$,$\ln\gamma_2^\infty=1.42$,并已知Wilson方程的配偶参数方程为

$$\ln\gamma_1^\infty=1-\ln\Lambda_{12}-\Lambda_{21}$$
$$\ln\gamma_2^\infty=1-\ln\Lambda_{21}-\Lambda_{12}$$

试根据以上方程组应用试差法求Wilson方程的配偶参数 Λ_{12} 和 Λ_{21}。

7-10 试应用UNIFAC基团贡献法计算丙酮(1)-正戊烷(2)二元体系在 $T=307$K 和 $x_1=0.047$ 时的活度系数 γ_1 和 γ_2。已知实测的活度系数值为 $\gamma_1=4.41$ 和 $\gamma_2=1.11$。

7-11 在分析了现有的一般非电解质溶液理论所采用的物理模型的基础上提出溶液的微晶体模型并导出了二元体系超额自由焓方程为

$$\frac{G^E}{RT}=\frac{x_1x_2C_{21}}{x_1+D_{21}x_2}+\frac{x_1x_2C_{12}}{x_2+D_{12}x_1}$$

其中

$$C_{21}=(g_{21}-g_{11})/RT,\quad C_{12}=(g_{12}-g_{22})/RT$$
$$D_{21}=\exp(-\beta_{21}C_{21}),\quad D_{12}=\exp(-\beta_{12}C_{12})$$

试推导该二元体系的活度系数方程。

7-12 苯(1)-环己烷(2)体系在77.6℃和 $x_1=0.525$ 条件下形成共沸物,总压力为101.33kPa。已知在此温度下纯苯和纯环己烷的蒸汽压分别为 $p_1^{sat}=99.3$kPa 和 $p_2^{sat}=98.0$kPa。

(1) 试应用范拉尔模型计算苯和环己烷在整个组成范围内的活度系数。并用它计算和绘制在77.6℃下平衡压力与液相组成、平衡汽相与液相组成的关系曲线。

(2) 应用正规溶液理论计算苯和环己烷的活度系数并与(1)中结果进行比较。

参考文献

[1] Edmister W C, et al. Applied Hydrocarbon Thermodynamics: vol. 1[M]. 2nd Edition. Houston, Texas: Gulf Publishing Co, 1984.

[2] Hildebrand J H. J. Am. Chem. Soc. ,1929,51: 66.
[3] Scatchard G. Chem. Rev. ,1931,8: 321.
[4] Wohl K. Trans. AIChE J. ,1946,42: 215.
[5] Wilson G M. J. Am. Chem. Soc. ,1964,86: 127.
[6] Tsuboka T,Katayama T. J. Chem. Eng. ,Japan,1975,8(3): 181.
[7] Flory P J. Chem. Phy. ,1942,9: 660; 1942,10: 51.
[8] Huggins M L. J. Phy. Chem. ,1941,9: 440; Ann. NY Acad. Sci. ,1943,43: 1.
[9] Renon H,Prausnitz J M. AIChE J. ,1968,14: 135.
[10] Scott R L. Ann. Rev. Phy. Chem. ,1956,7: 43.
[11] Karr A E. Ind. Eng. Chem. ,1951,43: 961.
[12] Nagata I. J. Chem. Eng. Japan,1973,6 (1): 18.
[13] Deal C H,Derr E L. I. Chem. E. Symposium Series,1969,32: 3-40.
[14] Fredenslund A,Jones R L,Prausnitz J M. AIChE J. ,1975,21: 1086.
[15] Abram D S,Prausnitz J M. AIChE J. ,1975,21: 116.
[16] Fredenslund A. Ind. Eng. Chem. Process Des. Dev. ,1977,16 (4): 450.
[17] Bondi A. Physical Properties of Molecular Liquids,Crystals,and Glasses[M]. New York: John Wiley & Sons,1968.
[18] 小岛和夫.化工过程设计的相平衡[M].傅良,译.北京:化学工业出版社,1985.
[19] Null H R. Phase Equilibrium in Process Design[M]. New York: Wiley,1970.
[20] 宫原,等.化学工业(日文),1970,34 (7): 730.
[21] Korcatsu,Miyahara. J. Chem. Eng. Japan,1970,3(2): 157.
[22] Renon H,Prausnitz J M. Ind. Eng. Chem. Des. Dev. ,1969,8: 413.
[23] Helpinstill J G,et al. I. E. C. Process Design & Development,1968,7,2.
[24] Maurer G,Parusnitz J M. Fluid Phase Equilibria,1978,2(2): 91.
[25] Larsen B L,Rasmussen P,Fredenslund A. Ind. Eng. Chem. Res. ,1987,26: 2274.
[26] Weidlich U,Gmehling J. Ind. Eng. Chem. Res. ,1987,26: 1372.
[27] Huron M J,Vidal J. Fluid Phase Equilib. ,1979,3: 255.
[28] Michelsen M L. Fluid Phase Equilib. ,1990,60: 213.
[29] Holderbaum T,Gmehling J. Fluid Phase Equilib. ,1991,70: 251.
[30] Chen J,Fischer K,Gmehling J. Fluid Phase Equilib. 2002,200: 411.

8 相平衡

在化工生产过程中，为了实现流体混合物的分离和精制，采用了诸如蒸馏、吸收(解吸)、萃取等单元操作。相平衡对于混合物分离理论和各种分离过程的操作都是不可缺少的知识。本章首先对相平衡的一般问题做一简要介绍；然后重点讲述汽-液相平衡的基本关系及其计算方法和相平衡数据的一致性校验；对于和萃取、吸收等过程有关的液-液和气-液平衡问题也将适当加以讨论。

8.1 相平衡的热力学基础

8.1.1 相平衡的判据

相平衡指的是混合物(或溶液)形成若干相，这些相之间保持着物理平衡而处于多相共存状态。在热力学上，它意味着整个物系自由能为极小的状态；从传递速度的观点来看，又是表观速度为零的状态。

根据混合物或溶液中各相种类的不同，相平衡可分为汽-液、液-液、液-液-汽、气(临界温度以上的气体)-液平衡。在物理化学中，根据平衡物系的吉布斯自由能为最小的原则已经导出相平衡的条件为："各相的温度相等，压力相等、每一组分在各相的化学势也相等"。对于由 C 组分，P 个相构成的平衡体系，上述平衡条件可用数学式表示为

$$\mu_i^\alpha = \mu_i^\beta = \cdots = \mu_i^P, \quad i = 1,2,\cdots,C \tag{8-1}$$

式中 μ_i^P 表示在 P 相中 i 组分的化学势

$$\mu_i = \bar{G}_i = \left[\frac{\partial(nG)}{\partial n_i}\right]_{T,p,i\neq j}$$

依据吉布斯函数和逸度的关系式(3-138)

$$\mathrm{d}\bar{G}_i = RT\,\mathrm{dln}\,\hat{f}_i \quad (T\ 一定)$$

可以将式(8-1)改写成更实用的用分逸度表示的平衡判据，其证明过程如下：

因为 G 是状态函数，上式无论对 P 或任一相态积分都是可能的。今对所有组分均选取从同一个规定的相态(如 P 相态)开始积分到同温同压下其他感兴趣的相态，得

$$\mu_i^\alpha - \mu_i^P = RT\ln(\hat{f}_i^\alpha / \hat{f}_i^P)$$

$$\mu_i^\beta - \mu_i^P = RT\ln(\hat{f}_i^\beta / \hat{f}_i^P)$$

$$\vdots$$

$$\mu_i^{P-1} - \mu_i^P = RT\ln(\hat{f}_i^{P-1} / \hat{f}_i^P)$$

将上列诸式代入式(8-1)并重排得到

$$\ln\frac{\hat{f}_i^\alpha}{\hat{f}_i^P}=\ln\frac{\hat{f}_i^\beta}{\hat{f}_i^P}=\cdots=\ln\frac{\hat{f}_i^{P-1}}{\hat{f}_i^P}=0$$

或者

$$\frac{\hat{f}_i^\alpha}{\hat{f}_i^P}=\frac{\hat{f}_i^\beta}{\hat{f}_i^P}=\cdots=\frac{\hat{f}_i^{P-1}}{\hat{f}_i^P}=1$$

最后得

$$\hat{f}_i^\alpha=\hat{f}_i^\beta=\cdots=\hat{f}_i^P,\quad i=1,2,\cdots,C \tag{8-2}$$

这就是常常用到的相平衡判据，即在一定温度、压力下平衡的多相多组分体系中，任一组分 i 在各相中的分逸度必定相等。式(8-2)也说明，逸度作为一个重要的热力学变量，它的引入是合理的，而且以后我们将会看到，在平衡热力学的许多应用中，式(8-2)是一个出发点。

8.1.2 相律

对于 P 相 C 组元体系，其强度变量有 T,p 和各相组成，总变量数应为$[P(C-1)+2]$。但是在体系处于平衡时，这些强度变量并非全是独立的，也就是说，描述物系的平衡状态无需使用全部变量，只要指定其中有限数目的强度变量，其余变量也就随之确定了。这个为了确定平衡状态所需的最少独立变量数就是自由度。利用吉布斯于1875年提出的有名的相律可以确定体系的自由度数目：

$$F=C-P+2 \tag{8-3}$$

既然自由度表示了确定体系平衡状态所需的最少独立变量数，那么，对于一个具体的相平衡计算问题，自由度也就是必须提供的已知变量(或者说条件)的个数。如果已知条件数少于自由度，体系就不能确定，当然也就无从进行计算；如果提供了等于自由度的已知条件数，总变量数和自由度之差即是为求解其他强度变量所需的独立方程数目，

$$\begin{aligned}\text{独立方程数}&=\text{总变量数}-\text{自由度数}\\&=[P(C-1)+2]-[C-P+2]\\&=C(P-1)\end{aligned}$$

式(8-1)正好提供了 $C(P-1)$个独立方程。

由此可见，相平衡问题在数学上是完全可解的。

例 8-1 以简单的二元汽-液平衡体系为例，寻找独立方程的数目。

解 独立方程数$=C(P-1)=2(2-1)=2$

由式(8-1)可以写出下面两个独立方程：

$$\begin{cases}\hat{f}_1^{\mathrm{V}}=\hat{f}_1^{\mathrm{L}}\\ \hat{f}_2^{\mathrm{V}}=\hat{f}_2^{\mathrm{L}}\end{cases} \tag{1}$$

如果按 Lewis-Randall 规则选取标准态逸度 $\hat{f}_{i\mathrm{L}}^{\mathrm{L}}=x_i f_{i\mathrm{L}}^0$，$f_{i\mathrm{L}}^0$就是体系在 T,p 条件下纯液相 i 的逸度 f_i，因此可写出下述等式

$$f_{iL}^0 = f_i = p_i^{sat}\left(\frac{f_i^{sat}}{p_i^{sat}}\right)\left(\frac{f_i}{f_i^{sat}}\right) = p_i^{sat}\phi_i^{sat}\left(\frac{f_i}{f_i^{sat}}\right) \tag{2}$$

其中(f_i/f_i^{sat})是同温度下压力分别为p和p_i^{sat}时的逸度之比,可由式(3-72)积分求得

$$\ln(f_i/f_i^{sat}) = \int_{p_i^{sat}}^{p}\left(\frac{V_{iL}}{RT}\right)dp$$

在低压下液相体积一般很小,p和p_i^{sat}也相差不大,积分项近似处理为零是合理的,因此

$$f_i/f_i^{sat} = 1$$

在低压下将气体看作是理想气体,$\phi_i^{sat}=1$,由此(2)式简化为

$$f_{iL}^0 = p_i^{sat}$$

$$\hat{f}_i^L = x_i f_{iL}^0 = x_i p_i^{sat} \tag{3}$$

根据定义,汽相分逸度

$$\hat{f}_i^V = \hat{\phi}_i^V p y_i \tag{4}$$

使用理想气体假设$\hat{\phi}_i^V=1$,则

$$\hat{f}_i^V = p y_i \tag{5}$$

将式(3),式(5)代入式(1),得到完全理想的二组元汽-液平衡体系的计算方程(Raoult定律)为

$$\begin{cases} p y_1 = p_1^{sat} x_1 \\ p y_2 = p_2^{sat} x_2 \end{cases}$$

8.2 互溶系的汽-液平衡

8.2.1 汽-液平衡相图

完全互溶系的汽-液平衡在化工生产中具有很重要的意义。这些体系可以划分为四类:①一般理想系;②一般非理想体系;③具有正偏差的非理想体系(通常具有最低恒沸点);④具有负偏差的非理想体系(通常具有最高恒沸点)。

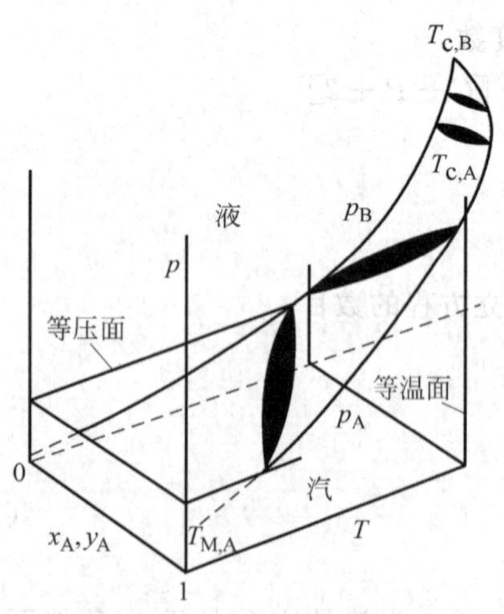

图 8-1 二元汽-液平衡图

前两类体系通常由同系物中互相邻近的物质组成,如甲醇-乙醇、正庚烷-正辛烷、苯-甲苯等。对所有这些体系,Dalton定律对汽相均适用,但液相未必遵守Raoult定律。对于同系物中邻近的组分,通常可以假设Raoult定律在整个组成范围内适用,而不会引起多大的误差;对于不太相似的物质体系,则可以假定在每一液体组分的低浓区遵守Henry定律,在高浓区遵守Raoult定律。

图8-1是第一、二类体系的三维相图。图中的温度-组成和压力-组成截面的投影见图8-2(a)和(b)。图8-2(b)是通常所说的y-x图(或平衡图)。在图8-2(a)

中做若干条水平线与泡点线及露点线相交，其交点即表示平衡的液相和汽相组成，y-x 图即由此做出。y-x 图主要用于精馏过程的工艺计算，因为精馏过程一般都是在等压下进行的。

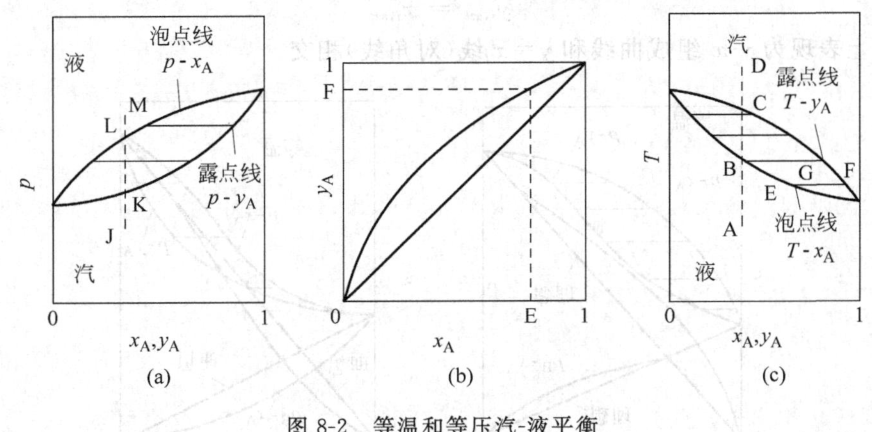

图 8-2 等温和等压汽-液平衡

对于完全理想系，分压可按 Raoult 定律计算。因此，这种体系的相图很容易由 Raoult 定律和 Dalton 定律联立，即

$$p y_i = p_i^{\text{sat}} x_i$$

图 8-3 即是这种典型的完全理想系的相图。

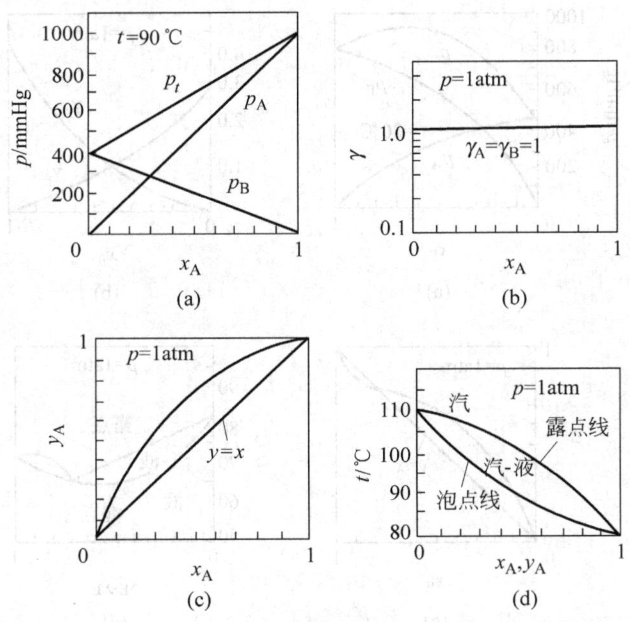

图 8-3 苯(A)-甲苯(B)体系理想溶液的汽-液平衡相图
(1mmHg＝133.322Pa)

偏离理想溶液行为的体系可以有正负两种偏差，如图 8-4 所示。更严重正负偏差可以在 x_1＝0～1 之间的某一组成处出现(图 8-5 和图 8-6)。最大压力正偏差对应着最低恒沸

点温度,如 CCl_4-乙醇、异丙醚-异丙醇、丙酮-CS_2 体系;同理,最小压力负偏差对应最高恒沸点温度,如丙酮-氯仿体系。无论是有最低还是最高恒沸温度的体系,在恒沸点处任一组分的汽、液组成均相等,即

$$y_{i,\mathrm{aze}} = x_{i,\mathrm{aze}} \tag{8-4}$$

在 y-x 图上表现为 y-x 组成曲线和 $y=x$ 线(对角线)相交。

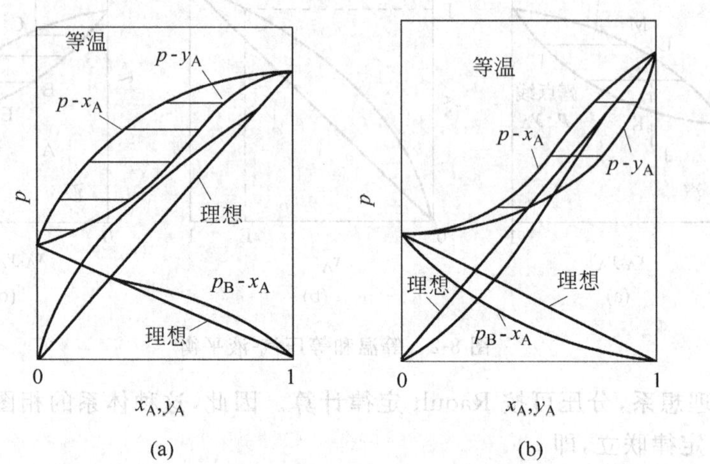

图 8-4 偏离理想行为的汽-液平衡

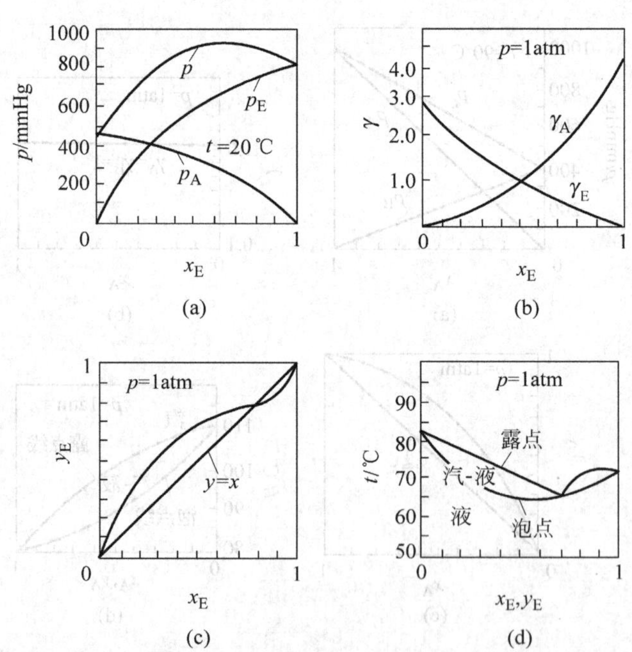

图 8-5 异丙醚(E)-异丙醇(A)体系具有最低恒沸点的汽-液平衡

(1mmHg=133.322Pa)

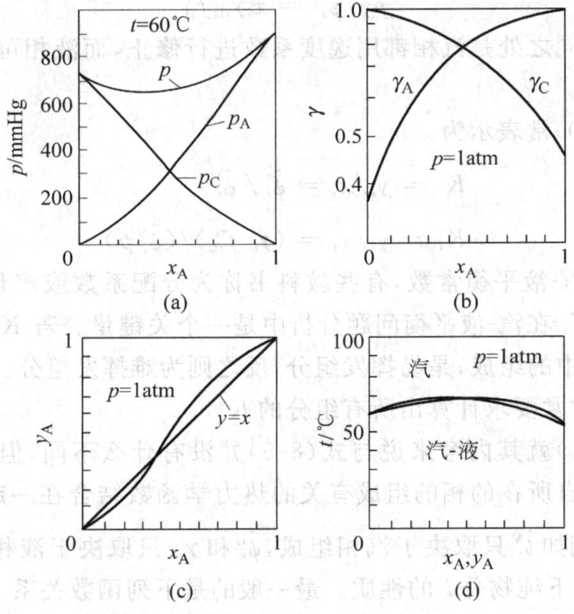

图 8-6　丙醚(A)-氯仿(C)体系具有最高恒沸点的汽-液平衡
(1mmHg=133.322Pa)

8.2.2　互溶系汽-液平衡方程

在 8.1.2 节我们已经说明相平衡问题在数学上是可解的。求解汽、液两相平衡体系所依据的方程式为

$$\hat{f}_i^{\mathrm{V}} = \hat{f}_i^{\mathrm{L}},\quad i = 1,2,\cdots,n \tag{8-5}$$

对于混合物中的 i 组分，根据逸度和活度的定义：

$$\hat{f}_i^{\mathrm{V}} = p y_i \hat{\phi}_i$$

$$\hat{f}_i^{\mathrm{L}} = x_i \gamma_i f_i^0$$

可以写出汽相和液相混合物中组分 i 的分逸度表达式：

$$\hat{f}_i^{\mathrm{V}} = p y_i \hat{\phi}_i^{\mathrm{V}},\quad \hat{f}_i^{\mathrm{L}} = p x_i \hat{\phi}_i^{\mathrm{L}} \tag{8-6}$$

或

$$\hat{f}_i^{\mathrm{V}} = y_i \gamma_{i\mathrm{V}} f_{i\mathrm{V}}^0,\quad \hat{f}_i^{\mathrm{L}} = x_i \gamma_{i\mathrm{L}} f_{i\mathrm{L}}^0 \tag{8-7}$$

其中$\hat{\phi}_i$和 γ_i 分别表示组分 i 的逸度系数和活度系数，f_i^0 表示在体系温度、压力下纯物分 i 的标准态逸度。上标 V 和 L 分别表示汽相和液相。

将式(8-6)和式(8-7)代入式(8-5)，即可得到四个汽-液平衡方程，实际上常常使用以下两个方程：

$$y_i \hat{\phi}_i^{\mathrm{V}} = x_i \hat{\phi}_i^{\mathrm{L}} \tag{8-8}$$

$$py_i\hat{\phi}_i^{\mathrm{V}} = x_i\gamma_{i\mathrm{L}}f_{i\mathrm{L}}^0 \tag{8-9}$$

这两个方程的共同之处是汽相都用逸度系数进行修正，而液相可使用逸度系数或者活度系数修正。

式(8-8)和式(8-9)常表示为

$$K_i = y_i/x_i = \hat{\phi}_i^{\mathrm{L}}/\hat{\phi}_i^{\mathrm{V}} \tag{8-8a}$$

$$K_i = y_i/x_i = (\gamma_{i\mathrm{L}}f_{i\mathrm{L}}^0)/(\hat{\phi}_i^{\mathrm{V}}p) \tag{8-9a}$$

其中 $K_i=y_i/x_i$ 称为汽-液平衡常数，有些教科书称为分配系数或汽化平衡比(vaporization equilibrium ratio)。K_i 在汽-液平衡问题分析中是一个关键量。若 $K_i>1$，说明 i 组分在汽相中的组成大于液相中的组成，是易挥发组分，反之则为难挥发组分。以分离工艺计算为目的的汽-液平衡计算常常要求计算出所有组分的 K_i。

式(8-8)和式(8-9)就其内容来说与式(8-5)并没有什么不同，但重要的是后一种形式的方程把几个只与各自所在的相的组成有关的热力学函数结合在一起，可以对这些函数分别计算再代入求解，例如 $\hat{\phi}_i^{\mathrm{V}}$ 只取决于汽相组成，$\hat{\phi}_i^{\mathrm{L}}$ 和 $\gamma_{i\mathrm{L}}$ 只取决于液相组成，标准态逸度 f_i^0 则仅是体系 T，p 条件下纯物分 i 的性质。最一般的是下列函数关系。

$$\hat{\phi}_i^{\mathrm{V}} = \phi(T,p,y_1,y_2,\cdots,y_{n-1})$$

$$\hat{\phi}_i^{\mathrm{L}} = \phi(T,p,x_1,x_2,\cdots,x_{n-1})$$

$$\gamma_{i\mathrm{L}} = \gamma(T,p,x_1,x_2,\cdots,x_{n-1})$$

$$f_{i\mathrm{L}}^0 = f(T,p)$$

对于两相多组元(设组分数为 N)体系，总变量数为$[P(C-1)+2]=[2(N-1)+2]=2N$，自由度数等于 N。所以求解的第一步是必须确定其中的 N 个自变量，然后由 N 个式(8-8)或式(8-9)求解出其余 N 个变量。已知变量和待求变量虽然可能有多种组合，但是有工程实用意义的问题通常只有以下四类：

(1) 泡点温度与组成的计算：给定 p 和 $x_1,x_2,\cdots,x_{n-1}$ 求 T 和 $y_1,y_2,\cdots,y_{n-1}$；

(2) 泡点压力与组成的计算：给定 T 和 $x_1,x_2,\cdots,x_{n-1}$ 求 p 和 $y_1,y_2,\cdots,y_{n-1}$；

(3) 露点温度与组成的计算：给定 p 和 $y_1,y_2,\cdots,y_{n-1}$ 求 T 和 $x_1,x_2,\cdots,x_{n-1}$；

(4) 露点压力与组成的计算：给定 T 和 $y_1,y_2,\cdots,y_{n-1}$ 求 p 和 $x_1,x_2,\cdots,x_{n-1}$。

在不允许做明显简化假设情况下，所有这些计算都由于汽-液平衡方程式(8-8)和式(8-9)中含有复杂组成的隐函数关系而需要采取迭代步骤。这种计算实际上只能用电子计算机进行。上述每一类都要求有一个分程序，当然可以有通用子程序。随着汽-液平衡计算方法的完善和计算机的普及，国内外已有很多单位编制了通用的计算程序。

汽-液平衡方程能否简化的关键是压力的影响。可以分三种情况来叙述汽-液平衡计算方法：理想的低压体系、一般中低压体系和高压体系。高压情况比较特殊，留待下节讨论。

8.2.3 理想低压体系的汽-液平衡计算

从式(8-9)出发，经过合理的简化假设可以导出低压下(<200kPa)理想体系的汽-液平

衡方程。式(8-9)中,重要的是计算 f^0_{iL},根据式(3-73)

$$\mathrm{d}\ln f_i = \frac{V_i}{RT}\mathrm{d}p$$

对液相,在体系温度下由饱和压力 p_i^{sat} 积分到体系压力 p 可得

$$\ln\frac{f^0_{iL}}{f^{sat}_{iL}} = \int_{p_i^{sat}}^{p}\frac{V_{iL}}{RT}\mathrm{d}p$$

所以

$$f^0_{iL} = f^{sat}_{iL}\left[\exp\left(\int_{p_i^{sat}}^{p}\frac{V_{iL}}{RT}\mathrm{d}p\right)\right] = f^{sat}_{iL}(PF)_i \tag{8-10}$$

其中

$$(PF)_i = \exp\left(\int_{p_i^{sat}}^{p}\frac{V_{iL}}{RT}\mathrm{d}p\right) \tag{8-11}$$

定义为 Poynting 因子。

将式(8-10)代入式(8-9),则

$$\begin{aligned} py_i\hat{\phi}_i^V &= x_i\gamma_i f^{sat}_{iL}(PF)_i \\ &= x_i\gamma_i p_i^{sat}\cdot\frac{f^{sat}_{iL}}{p_i^{sat}}(PF)_i \\ &= x_i\gamma_i p_i^{sat}\phi_i^{sat}(PF)_i \end{aligned} \tag{8-12}$$

由此得

$$K_i = \frac{y_i}{x_i} = \frac{\gamma_i p_i^{sat}\phi_i^{sat}(PF)_i}{p\,\hat{\phi}_i^V} \tag{8-12a}$$

到目前为止,推导中没有使用任何简化假设,式(8-12)和式(8-12a)仍然是最一般的汽-液平衡方程,适用于包括高压在内的所有情况。

在压力较低的情况下,体系压力和该温度下的 p_i^{sat} 相差不大,可以假设汽相是理想气体,因此 $\hat{\phi}_i^V = \phi_i^{sat} = 1$。此外,$V_{iL}/RT$ 一般也都很小,因此,

$$(PF)_i = \exp\left(\int_{p_i^{sat}}^{p}\frac{V_{iL}}{RT}\mathrm{d}p\right) = 1$$

式(8-12)变为

$$py_i = x_i\gamma_i p_i^{sat} \tag{8-13}$$

或

$$K_i = \frac{y_i}{x_i} = \frac{\gamma_i p_i^{sat}}{p} \tag{8-13a}$$

如果进一步假设液相是理想溶液,活度系数 $\gamma_i = 1$,则式(8-13)进一步简化为

$$py_i = x_i p_i^{sat} \tag{8-14}$$

此即 Raoult 定律。

上式中的 p_i^{sat} 只是温度的函数,没有与组成有关的复杂隐函数,无须迭代求解。但是它的用处非常有限,因为在其推导过程中所根据的假设通常不易满足。低压下假设汽相是理想气体尚有一定合理性,但理想溶液的假设很难满足,除非体系是由分子大小和化学性质都相近的物质所构成,如苯-甲苯或正己烷-正庚烷体系。

例 8-2 在高聚物加工过程和高聚物脱除溶剂等挥发物的生产工艺中,计算出溶剂-高聚物体系上方的平衡蒸汽分压十分必要。本例题要求计算出不同质量组成的苯(benzene,用 B 表示)和聚异丁烯(polyisobutylene,即 PIB)混合物上方在温度为 312.75K 时苯的分压。假定 Flory-Huggins 方程,即式(7-83)可以描述这类溶剂-高聚物混合物的溶液行为,且合理地假定聚异丁烯的蒸汽压可以忽略,Flory 参数 $\chi=1$。

已知数据:苯的摩尔体积为 $88.26\mathrm{cm^3\cdot mol^{-1}}$,相对分子质量为 78,312.75K 时的饱和蒸汽压 $p_B^0=0.1266\times10^5\mathrm{Pa}$。聚异丁烯的相对分子质量为 40 000,其单体单元的相对分子质量为 104,单体体积 $V_{PIB,m}=131.9\mathrm{cm^3\cdot mol^{-1}}$(单体)。

解 聚异丁烯高聚物单体单元的数目为

$$n=\frac{\text{高聚物相对分子质量}}{\text{单体的相对分子质量}}=\frac{40\,000}{104}=384.6$$

苯的摩尔分数和体积分数可由溶液中苯的质量分数 W_B 求得:

$$x_B=\frac{\dfrac{W_B}{78}}{\dfrac{W_B}{78}+\dfrac{W_{PIB}}{40\,000}}$$

$$\phi_B=\frac{\dfrac{W_B}{78}\times V_B}{\dfrac{W_B}{78}\times V_B+\dfrac{W_{PIB}}{40\,000}\times n\times V_{PIB,m}}$$

$$=\frac{\dfrac{W_B}{78}\times 88.26}{\dfrac{W_B}{78}\times 88.26+\dfrac{1-W_B}{40\,000}\times 384.6\times 131.9}$$

聚苯乙烯对苯的摩尔体积比为

$$m=\frac{V_{PIB}}{V_B}=\frac{V_{PIB,m}\times n}{V_B}=\frac{131.9\times 384.6}{88.26}=574.8$$

因为聚异丁烯是不挥发的,苯-聚异丁烯溶液上方的压力就是苯的分压,故应用低压体系汽-液平衡的关系即式(8-13)进行计算:

$$p_B=p_B^0x_B\gamma_B$$

上式中,苯的活度系数用 Flory-Huggins 模型,即式(7-83a)

$$\ln\gamma_B=\ln\frac{\phi_B}{x_B}+\left(1-\frac{1}{m}\right)(1-\phi_B)+\chi(1-\phi_B)^2$$

求得。

表 8-1 列出了不同质量组成的苯-聚苯乙烯溶液上方苯的蒸汽分压的计算值与实验值。

表 8-1 $T=312.75\mathrm{K}$ **时苯(简称 B)在聚异丁烯溶液中的分压** $10^5\mathrm{Pa}$

苯的质量分数/%	计算值	实验值
4.37		0.0715
5.00	0.0693	
6.33		0.0971

续表

苯的质量分数/%	计算值	实验值
9.45		0.1236
10.00	0.1224	
15.00	0.1626	
15.16		0.1681
18.42		0.1818
20.00	0.1925	
25.37		0.2095
29.71		0.2182
30.00	0.2299	
32.12		0.2207
37.30		0.2267
40.00	0.2472	
50.00	0.2572	
60.00	0.2519	
70.00	0.2482	
80.00	0.2439	
90.00	0.2405	
95.00	0.2395	
100.00	0.2392	

图 8-7 也对计算结果与 Eichinger 和 Flory(Trans. Farad. Soc. 1968,64：2053)的实验值进行了比较。从图 8-7 可知，当 $\chi=1.0$ 时，Flory-Huggins 方程可以给出合理的计算结果。

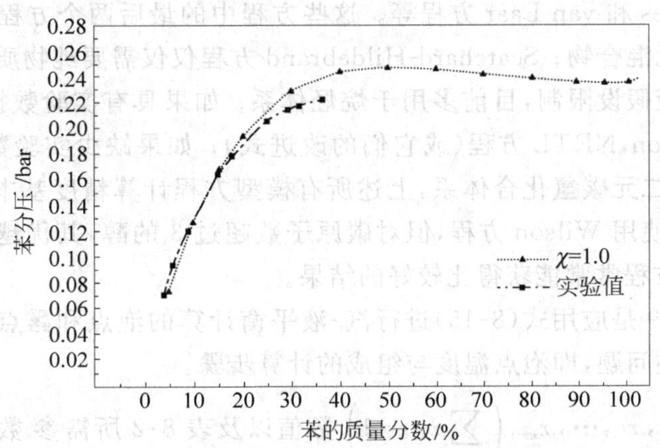

图 8-7　312.75K 时苯在苯-聚异丁烯混合物上方的分压

8.2.4 一般中低压体系的汽-液平衡计算

一般的中低压下(1500～2000kPa),且只要压力还没有接近临界压力,通常可以假设Poynting因子$(PF)_i \approx 1$,同时可以假设活度系数与压力无关,因此可以由式(8-12)得到简化的计算公式:

$$py_i \hat{\phi}_i^{\mathrm{V}} = x_i \gamma_i p_i^{\mathrm{sat}} \phi_i^{\mathrm{sat}} \tag{8-15}$$

如果压力较低,汽相可以当作理想气体处理,则可以使用进一步的简化式(8-13):

$$py_i = x_i \gamma_i p_i^{\mathrm{sat}}$$

两项式维里方程在一般中低压下(要求$V_r \geqslant 2$)具有简便和一定精度的特点。因此常常用它来计算式(8-15)中的$\hat{\phi}_i^{\mathrm{V}}$和$\phi_i^{\mathrm{sat}}$。将用压力表示的两项维里式代入逸度系数和分逸度系数的方程式:

$$\ln\phi_i = \int_0^p (Z_i - 1)\frac{\mathrm{d}p}{p}$$

$$\ln\hat{\phi}_i^{\mathrm{V}} = \int_0^p (\overline{Z}_i - 1)\frac{\mathrm{d}p}{p}$$

得到

$$\ln\phi_i^{\mathrm{S}} = \frac{B_{ii} p^{\mathrm{sat}}}{RT} \tag{8-16}$$

$$\ln\hat{\phi}_i^{\mathrm{V}} = \left(2\sum_{j=1}^{n} y_j B_{ij} - B_m\right)\frac{p}{RT} \tag{8-17}$$

其中

$$B_{\mathrm{m}} = \sum_i \sum_j y_i y_j B_{ij} \tag{8-18}$$

B_{ii}和B_{ij}可以查阅文献数据,或直接由普遍化对比关联式计算,这已在第2章中叙述。

活度系数γ_i的计算方法很多,如Wilson,NRTL,ASOG,UNIQUAC,UNIFAC,Scatchard-Hildebrand,Margules和van Laar方程等。这些方程中的最后两个方程式如果只有二元参数,很难扩大到多元混合物;Scatchard-Hildebrand方程仅仅需要纯物质的性质而无需二元参数,但受正规溶液假设限制,目前多用于烷烃体系;如果具有实验数据回归的配偶参数,最好还是使用Wilson,NRTL方程(或它们的改进式);如果缺少实验数据,则只能求助于基团贡献法。对于二元碳氢化合体系,上述所有模型方程计算精度基本相近;含有低分子质量醇的体系最好使用Wilson方程,但对碳原子数超过3的醇,其优越性不明显。对于水溶液体系,NRTL方程常常能获得比较好的结果。

图8-8和图8-9是应用式(8-15)进行汽-液平衡计算的泡点和露点框图。下面利用框图8-8叙述第(1)类问题,即泡点温度与组成的计算步骤。

从给定的$p, x_1, x_2, \cdots, x_{n-1}\left(\sum_i x_i = 1\right)$数值以及表8-2所需参数入手。温度是待求量,但计算p_i^{sat}和ϕ_i等又需要有温度变量,为此,需要按某一个比较合理的原则假设一个初始温度值。此外,$\hat{\phi}_i^{\mathrm{V}}$的计算还与组成有关,初次迭代可以令$\hat{\phi}_i^{\mathrm{V}}=1$。

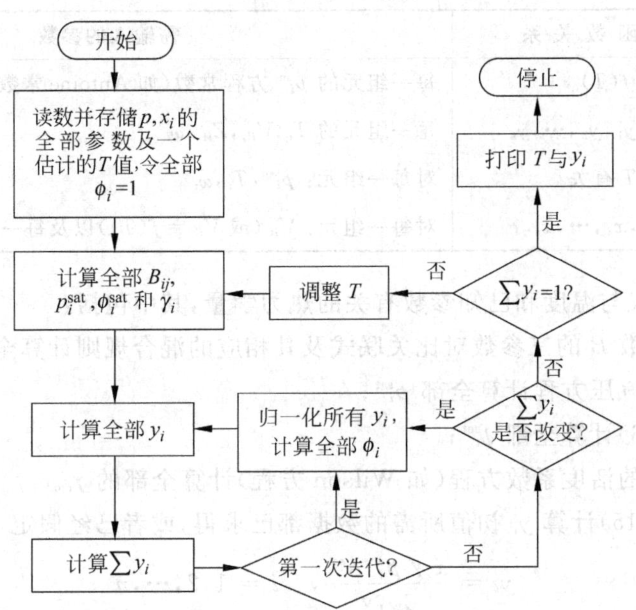

图 8-8 泡点温度与汽相组成的计算框图

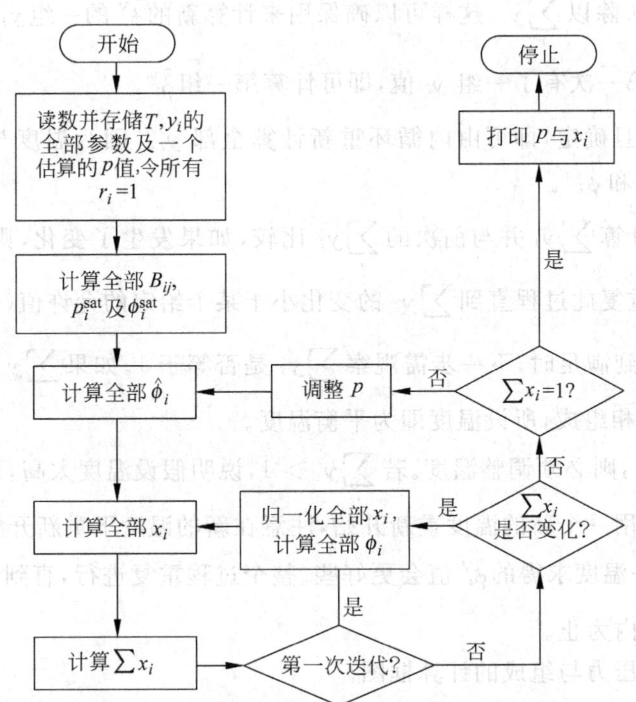

图 8-9 露点压力与液相组成的计算框图

表 8-2　中低压汽-液平衡计算所需参数

热力学函数	函数关系	需输入的参数
p_i^{sat}	$p_i^{sat}=f(T)$	每一组元的 p_i^{sat} 方程常数(如 Antoine 常数)
$\hat{\phi}_i^V$	$T,p,y_1,y_2,\cdots,y_{n-1}$	每一组元的 $T_i,V_{iL},Z_{iL},\omega_i$
ϕ_i^{sat}	仅与 T 有关	对每一组元：p_i^{sat},T_i,ω_i
γ_i	$T,x_1,x_2,\cdots,x_{n-1}$	对每一组元：V_{iL}(或 $V_{iL}=f(T)$)以及每一个二元对 α_{ij} 和 α_{ji}

第一步，计算仅与温度和已知参数有关的热力学量，其中包括：

(1) 由维里系数 B 的三参数对比关联式及其相应的混合规则计算全部的 B_{ij}；

(2) 由饱和蒸汽压方程计算全部 p_i^{sat}；

(3) 由式(8-16)计算全部 ϕ_i^{sat}；

(4) 选择合适的活度系数方程(如 Wilson 方程)计算全部的 γ_i。

至此，由式(8-15)计算 y_i 初值所需的数据都已求得，或者已经假定，于是首次得到 y_i：

$$y_i=\frac{x_i\gamma_i p_i^{sat}\phi_i^{sat}}{p\,\hat{\phi}_i^V},\quad i=1,2,\cdots,n$$

第二步，计算 $\sum_i y_i$。$\sum_i y_i=1$ 是判别程序是否收敛的准则。对于首次迭代得到的 y_i 要归一化，即将每个 y_i 除以 $\sum_i y_i$，这样可以确保用来计算新的 $\hat{\phi}_i^V$ 的一组 y_i 值之和等于1。开始假设 $\hat{\phi}_i^V=1$，现在第一次有了一组 y_i 值，即可计算第一组 $\hat{\phi}_i^V$。

第一组 $\hat{\phi}_i^V$ 值一旦确定，即可由内循环重新计算全部 y_i。因为温度与前相同，所以无须外循环计算 γ_i，p_i^{sat} 和 ϕ_i^{sat}。

第三步，再次计算 $\sum_i y_i$ 并与前次的 $\sum_i y_i$ 比较，如果发生了变化，则重新计算 $\hat{\phi}_i^V$，开始另一次新的迭代。重复此过程直到 $\sum_i y_i$ 的变化小于某个给定的允许值(一般设 $10^{-3}\sim10^{-4}$ 即可)。当此条件得到满足时，下一步需观察 $\sum_i y_i$ 是否等于1。如果 $\sum_i y_i=1$，则计算完成，y_i 值即为平衡的汽相组成，所设温度即为平衡温度。

如果 $\sum_i y_i\neq1$，则必须调整温度。若 $\sum_i y_i>1$，说明假设温度太高，反之说明温度太低。整个迭代过程要选用一个新的温度重新开始，注意在新的温度下重新开始迭代时，不需要再设 $\hat{\phi}_i^V=1$，使用上一温度求得的 $\hat{\phi}_i^V$ 值会更好些。整个过程重复进行，直到 $\sum_i y_i$ 与1的差在某个预定的允许范围内为止。

图 8-9 是露点压力与组成的计算框图。

表 8-3 给出的是用公式(8-15)结合两项维里方程和 Wilson 方程计算正已烷-乙醇-甲基环戊烷-苯四元体系的结果，压力 $p=101.33\text{kPa}$。表中将求得的泡点温度、组成与实验值作了比较，同时也给出了热力学函数的最终计算值。

表 8-3 正己烷-乙醇-甲基环戊烷-苯体系泡点温度及组成的计算结果(p=101.33kPa)

组　元	液相摩尔分数 x_i	汽相摩尔分数		p_i^{sat} /kPa	ϕ_i^{sat}	$\hat{\phi}_i^V$	γ_i
		y_i(计算)	y_i(实验)				
正己烷	0.731	0.610	0.597	82.124	0.9603	0.9512	1.0179
乙醇	0.035	0.212	0.221	51.686	0.9831	0.9664	11.6742
甲基环戊烷	0.111	0.085	0.086	74.646	0.9678	0.9565	1.0300
苯	0.123	0.093	0.096	56.377	0.9779	0.9602	1.3351

从表 8-3 中可以看出，在 101.33kPa 下，组分 i 的汽相分逸度系数和纯 i 组分的饱和逸度系数的数值一般都在 0.95～1.0 之间。如果假设为理想气体，所有组元的 $\hat{\phi}_i^V$ 和 ϕ_i^{sat} 均为 1，其误差并不很大。实际上对于给定的组元，ϕ_i^{sat} 和 $\hat{\phi}_i^V$ 彼此相差就更小。由于 ϕ_i^{sat} 和 $\hat{\phi}_i^V$ 在式(8-15)中分别位于等号的两边，当它们的数值差不多相同时(尽管和 1 的差值还比较大)，其影响可相互抵消。因此在这个例子中，以及通常压力在 101.33kPa 左右时，按理想气体假设处理不会引起太大误差。也就是说，式(8-13)完全可以适用。

在实际工业生产中，低中压体系最为多见，因此从这个意义上说，式(8-13)和式(8-15)具有广泛的应用意义。

高光华和于养信编著的《化工热力学——基本内容、习题详解和计算程序》[20] 一书第 209 页习题 8-34 也给出了采用两项维里方程计算汽相非理想性，Wilson 方程计算液相逸度系数的方法求解丙酮-甲醇-苯三元体系泡点温度和汽相组成的例子。需要特别强调的是，本习题给出了全部实用的计算机程序，采用的是国际通用的 Fortran 科学计算语言，可供读者直接使用。

8.3 高压汽-液平衡计算

8.3.1 高压汽-液平衡的特性

一般中低压汽-液平衡的总压和温度离纯组分的临界压力和临界温度较远。与此相对应的是压力从 10 多个大气压到临界压力的范围内所测定的汽-液平衡属于高压汽-液平衡范畴。当然温度也有影响，当温度在某纯组分的临界温度以上且总压超过其临界压力，则该组分称为超临界组分，在石油馏分的汽-液平衡计算中，H_2 和 CH_4 就常常以超临界组分出现。

高压汽-液平衡和低压情况有相当大的不同。首先，我们通过图 8-10 和表 8-4 表示的乙烷(1)-戊烷(2)二元系的汽-液平衡关系介绍其概况。由于测试装置的关系，高压汽-液平衡数据差不多都是一定温度下的数据。由图、表可知，在 37.8℃以上时，y-x 曲线出现极大点，且乙烷的摩尔分数不能达到 1.0，即曲线在中途中断，不能在全部组成范围内存在。这是因为纯乙烷的临界温度是 33℃，临界压力是 4883.87kPa(48.2atm)，纯戊烷的临界温度是 197℃，临界压力是 3374.12kPa (33.3atm)。在温度高于 T_{c,C_2H_6} 的情况下，纯乙烷不能以液相存在，所以使得 y-x 曲线中途中断，因此 y-x 曲线和对角线的交点就表示该温度下的二元临界状态。连结各点便得到了图中虚线表示的临界轨线(注意，混合物与纯物质不同，其临界压力不是汽-液共存区的最高压力,临界温度也不是最高温度)。例如,图中的 C 点表示一个临界点,其左侧是液相线,右侧是汽相线。图中标明了直到 171.1℃ 的数据,但在纯戊烷临界温度 197℃ 以上,液相便完全消失,汽-液平衡关系也就不复存在了。

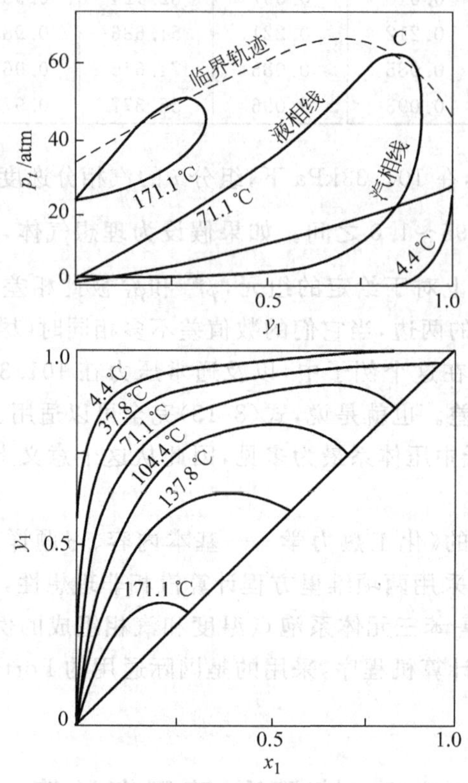

图 8-10　乙烷(1)-戊烷(2)系的汽-液平衡[10]

表 8-4　乙烷(1)-戊烷(2)系的汽-液平衡①

温度/℃	乙烷的摩尔分数/%		总压② /101.325kPa
	液相组成 x_1	气相组成 y_1	
4.4	0.00	0.00	0.30
	14.32	91.58	3.4
	28.91	95.04	6.8
	43.16	96.59	10.2
	56.59	97.63	13.6
	69.50	98.38	17.0
	81.41	99.01	20.4
	92.35	99.60	23.8
	100.00	100.00	26.18
37.8	0.00	0.00	1.07
	6.24	68.08	3.4
	15.19	84.48	6.8
	23.71	88.97	10.2

续表

温度/℃	乙烷的摩尔分数/%		总压[②] /101.325kPa
	液相组成 x_1	气相组成 y_1	
	32.01	91.34	13.6
	40.02	92.84	17.0
	47.74	93.89	20.4
	55.11	94.72	23.8
37.8	62.19	95.48	27.2
	68.79	96.09	30.6
	74.65	96.73	34.0
	85.03	97.82	40.8
	92.74	98.54	47.6
	97.78	97.78	51.41
	0.00	0.00	2.89
	7.55	58.55	6.8
	13.23	70.18	10.2
	19.00	76.92	13.6
	24.43	81.00	17.0
	29.82	83.91	20.4
	35.00	85.92	23.8
71.1	39.91	87.22	27.2
	44.71	88.23	30.6
	49.40	89.09	34.0
	58.04	90.32	40.8
	65.79	90.91	47.6
	72.95	91.00	54.4
	80.28	89.08	61.2
	85.02	85.02	62.79
	0.00	0.00	6.45
	0.48	4.62	6.8
	5.06	33.50	10.2
	9.47	48.20	13.6
	13.67	56.98	17.0
	17.96	63.58	20.4
	22.13	68.37	23.8
104.4	26.30	71.88	27.2
	30.32	74.56	30.6
	34.30	76.61	34.0
	41.88	79.38	40.8
	48.86	80.02	47.6
	55.67	80.19	54.4
	62.43	79.71	61.2
	71.89	71.89	67.32

续表

温度/℃	乙烷的摩尔分数/%		总压[②] /101.325kPa
	液相组成 x_1	气相组成 y_1	
137.8	0.00	0.00	12.64
	0.84	4.81	13.6
	4.36	20.42	17.0
	8.21	32.57	20.4
	11.72	40.50	23.8
	15.20	46.12	27.2
	18.59	50.46	30.6
	21.97	54.02	34.0
	28.42	58.74	40.8
	34.26	61.07	47.6
	39.88	61.65	54.4
	47.02	61.39	61.2
	56.30	56.30	64.4
171.1	0.00	0.00	22.39
	1.32	3.85	23.8
	4.51	12.74	27.2
	7.62	20.62	30.6
	10.70	26.98	34.0
	16.06	32.99	40.8
	22.16	33.59	47.6
	29.46	29.46	50.90

注：① 数据引自：H H Reumer, et al. J. Chem. Eng. Data, 1960, 5: 44;

② 1atm=101.325kPa。

高压给汽-液平衡计算带来了各种各样的复杂性。原来低压时所用的液相热力学函数(如活度系数)与压力无关的假设不再成立(甚至中压下也很难成立,所以中压情况也常常按高压情况处理);简单的二项维里式也不足以表达蒸汽的性质,更不能假设$\hat{\phi}_i=1$或$\hat{\phi}_1^{\mathrm{V}}=\phi_i^{\mathrm{sat}}$;此外,还常常因为有超临界组分的出现使得液相标准态逸度f_i^0的计算变得很困难。这个问题直到1961年K. C. Chao和J. D. Seader[1]根据热力学原理提出可靠的通用计算方法以后才得到解决。自20世纪60年代以来,Chao-Seader方法经过不少学者的努力,已经有了很大的改进和完善。与此同时随着状态方程的不断改进和计算技术的发展,单独使用一个能同时描述汽、液两相并进行汽-液平衡计算的状态方程也越来越多,而且大有取代Chao-Seader法的趋势。总的来说,高压汽-液平衡计算模型可以分为以下两类:

A类:混合模型关联(mixed model type correlation)[2]

此类模型由基本方程式(8-9)出发,将相平衡常数K_i表示成

$$K_i=\frac{y_i}{x_i}=\frac{\gamma_i f_i^0}{\hat{\phi}_i p} \tag{8-19}$$

上式中因为γ_i和f_i^0明显指液相而言,$\hat{\phi}_i$明显指汽(气)相而言,因而略去了角标V和L。其

中的 $f_i^0/p=\nu_i^0$ 是在体系温度、压力下纯液体 i 的标准态逸度系数。

此类模型的特点是汽相用逸度系数修正，液相则用活度系数修正。汽相逸度系数$\hat{\phi}_i$的计算通常依据的状态方程是属于 van der Waals 型的硬球模型（一般用 RK 方程），液相活度系数依据的是 Scatchard-Hildebrand 正规溶液模型，因此称为混合模型关联。这类模型以 Chao-Seader 法为代表。

B 类：状态方程法（EOS 法）

使用一个能同时描述汽、液两相的状态方程计算平衡两相中组分 i 的逸度系数$\hat{\phi}_i^{\mathrm{L}}$和$\hat{\phi}_i^{\mathrm{V}}$：

$$K_i = y_i/x_i = \hat{\phi}_i^{\mathrm{L}}/\hat{\phi}_i^{\mathrm{V}} \tag{8-8a}$$

B 类方法被公认为具有两相一致性的优点。此法无需设定标准态，计算时所需的参数也比较少，仅从纯物质的特性参数（T_c，p_c，ω）出发，必要时引入二元混合参数，即能预测高压（包括临界区）和中低压的汽-液平衡，甚至可以从状态方程出发预测气体的溶解度、液-液平衡和超临界流体的相平衡等。但是它也有缺点，那就是对混合规则的依赖性很大，到目前为止，大多数混合规则都是经验性的，不同混合规则或同一规则中不同混合参数的取值往往对计算结果表现得很敏感，对于性质差异比较大的物系尤其如此。表 8-5 是引自 Prausnitz 等[3]对 A，B 两类方法的优缺点所做的比较。

表 8-5　A，B 两类方法优缺点的比较

	优　点	缺　点
状态方程法	① 不需要设定标准态； ② 有 p-V-T-x 数据就足够了。从原则上讲，甚至不需要相平衡数据； ③ 易于应用对比态原理； ④ 可应用于临界区	① 实际上很难找到同时适用计算所有相密度（体积）的状态方程； ② 对混合规则常常很敏感； ③ 应用于极性化合物、大分子物质或电解质溶液比较困难
活度系数法	① 简单液体混合物模型常常可以取得满意的结果； ② 温度的影响主要表现在对 f_i^{V} 的影响，对 γ_i 影响不大； ③ 可用于各种混合物，包括聚合物和电解质溶液	① 需要有另外的方法计算 $\bar{V}$； ② 处理超临界组分比较麻烦； ③ 很难用于超临界区

8.3.2　状态方程法计算汽-液平衡

状态方程法计算汽-液平衡的关键是求出两相的分逸度系数$\hat{\phi}_i^{\mathrm{L}}$和$\hat{\phi}_i^{\mathrm{V}}$。目前已经建立的状态方程在一定条件下都可以同时用来描述汽、液两相的逸度行为，这些方程有 Soave，Peng-Robinson，BWR，BWRS 及 Plöcker-Lee-Kesler[7]等，这些方程的原型及其用于计算逸度系数$\hat{\phi}_i$的公式有的已在第 2、3 章中叙述过。也可以查阅有关文献。

BWR 和 BWRS 方程早已被应用来计算汽-液平衡，也比较精确。但是由于方程本身及其混合规则的复杂性而限制了其应用。现在应用得最多的还是简单的立方型方程，主要是

Soave 和 Peng-Robinson 方程,后一方程对于液相体积的再现优于前一方程,但是对于汽-液平衡计算,总的来说,其精度并不比前者好。对于烷烃混合物或烷烃和非烷烃气体(如 N_2,O_2,CO 和 CO_2 等)混合物体系,Daubert,Graboski 与 Danner(1978)[8] 曾经对 9 种现代方程进行了比较和评价,结果表明,最为可信的还是 Soave 方程。

下面给出状态方程法计算高压汽-液平衡的方法与步骤。

对于任何种类的相平衡,混合物中某组分在每个相中的分逸度应该相等。对高压汽-液相平衡而言,有

$$\hat{f}_i^{\mathrm{V}}(T,p,x) = \hat{f}_i^{\mathrm{L}}(T,p,y) \tag{8-20}$$

若将单一状态方程应用于汽-液平衡两相,则有

$$K = \frac{y_i}{x_i} = \frac{\hat{\phi}_i^{\mathrm{L}}(T,p,x)}{\hat{\phi}_i^{\mathrm{V}}(T,p,y)} \tag{8-21}$$

若使用 Soave 方程,其相关计算公式如下:

$$Z^3 - Z^2 + (A - B - B^2)Z - AB = 0 \tag{8-22}$$

其中,

$$A = ap/R^2T^2, \quad B = bp/RT$$

$$a = \sum_i \sum_j y_i y_j a_{ij} \quad 或 \quad a = \sum_i \sum_j x_i x_j a_{ij}$$

$$a_i = (0.427\,47R^2T_{ci}^2/p_{ci})[1 + (0.480 + 1.574\omega_i - 0.176\omega_i^2)(1 - T_r^{1/2})]^2$$

$$a_{ij} = (1 - k_{ij})(a_i a_j)^{1/2}$$

$$b = \sum y_i b_i \quad 或 \quad b = \sum x_i b_i$$

$$b_i = 0.086\,64RT_{ci}/p_{ci}$$

混合物中组分 i 的汽、液相分逸度系数分别为

$$\begin{aligned} \ln\frac{\hat{f}_i^{\mathrm{V}}(T,p,y)}{y_i p} &= \ln\hat{\phi}_i^{\mathrm{V}}(T,p,y) \\ &= \frac{b_i}{b}(Z^{\mathrm{V}} - 1) - \ln(Z^{\mathrm{V}} - B) \\ &\quad + \frac{A}{B}\left(\frac{b_i}{b} - \frac{2}{a}\sum_j y_j a_{ij}\right)\ln\left(1 + \frac{B}{Z^{\mathrm{V}}}\right) \end{aligned} \tag{8-23}$$

$$\begin{aligned} \ln\frac{\hat{f}_i^{\mathrm{L}}(T,p,x)}{x_i p} &= \ln\hat{\phi}_i^{\mathrm{L}}(T,p,x) \\ &= \frac{b_i}{b}(Z^{\mathrm{L}} - 1) - \ln(Z^{\mathrm{L}} - B) \\ &\quad + \frac{A}{B}\left(\frac{b_i}{b} - \frac{2}{a}\sum_j x_j a_{ij}\right)\ln\left(1 + \frac{B}{Z^{\mathrm{L}}}\right) \end{aligned} \tag{8-24}$$

应用状态方程计算相平衡的过程是比较复杂的,必须使用计算机进行反复迭代计算。以定压下已知液体组成计算泡点温度和平衡汽相组成为例,首先需假定一个泡点温度和汽相组成(或第一次迭代时令 $\hat{\phi}_i^{\mathrm{V}}=1$),然后检验是否 $\sum y_i = 1$,同时每个组分的逸度在两相中相等的条件必须满足(式(8-20)或式(8-21))。两相中每个组分的逸度由状态方程计算(式(8-23)和式(8-24))。如果不满足这些限制条件,则须重新调整 K_i 值和温度并以新值

重复计算。图 8-11 给出了状态方程法计算泡点温度和平衡汽相组成的流程框图。

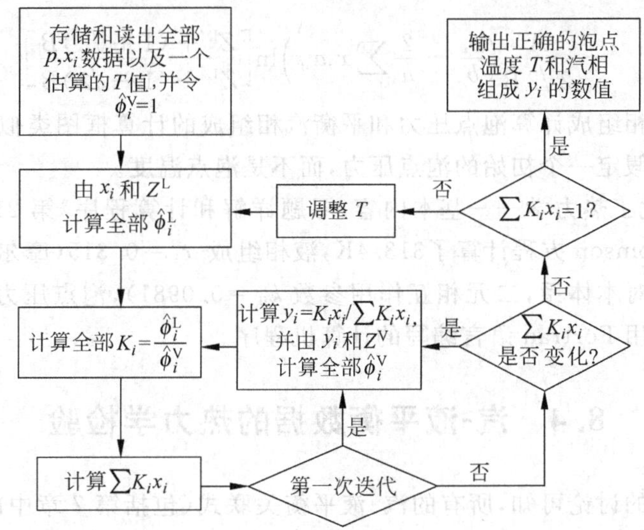

图 8-11 使用状态方程计算泡点温度和平衡汽相组成的框图

高光华和于养信编著的《化工热力学——基本内容、习题详解和计算程序》一书的第 215 页习题 8-36 给出了应用 Soave 方程(设二元相互作用参数 $k_{ij}=0$)计算压力为 2026.5kPa，液相组成 $x_1=0.6$ 时丙烯(1)-异丁烷(2)体系的泡点温度和平衡汽相组成的结果和对应的计算机程序，程序采用国际上通用的科学计算语言——Fortran 语言编写而成。

Peng-Robinson 方程是另外一个计算高压汽-液平衡常用的状态方程，其相关计算公式如下：

$$Z^3-(1-B)Z^2+(A-2B-3B^2)Z-(AB-B^2-B^3)=0 \tag{8-25}$$

其中，

$$A=ap/R^2T^2,\quad B=bp/RT$$

$$a=\sum_i\sum_j y_iy_ja_{ij}\quad 或\quad a=\sum_i\sum_j x_ix_ja_{ij}$$

$$a_i=(0.457\,24R^2T_{ci}^2/p_{ci})[1+(0.374\,64+1.542\,26\omega_i-0.269\,92\omega_i^2)(1-T_r^{1/2})]^2$$

$$a_{ij}=(1-k_{ij})\sqrt{a_ia_j}$$

$$b=\sum_i y_ib_i\quad 或\quad b=\sum_i x_ib_i$$

混合物中组分 i 的汽液相分逸度系数分别为

$$\begin{aligned}\ln\frac{\hat{f}_i^V(T,p,y)}{py_i}&=\ln\hat{\phi}_i^V(T,p,y)\\&=\frac{b_i}{b}(Z^V-1)-\ln(Z^V-B)\\&\quad+\frac{A}{2\sqrt{2}B}\left(\frac{b_i}{b}-\frac{2}{a}\sum_j y_ja_{ij}\right)\ln\left[\frac{Z^V+(1+\sqrt{2})B}{Z^V+(1-\sqrt{2})B}\right]\end{aligned} \tag{8-26}$$

$$\ln\frac{\hat{f}_i^L(T,p,x)}{px_i}=\ln\hat{\phi}_i^L(T,p,x)$$

$$= \frac{b_i}{b}(Z^L - 1) - \ln(Z^L - B)$$

$$+ \frac{A}{2\sqrt{2}B}\left(\frac{b_i}{b} - \frac{2}{a}\sum_j x_j a_{ij}\right)\ln\left[\frac{Z^L + (1+\sqrt{2})B}{Z^L + (1-\sqrt{2})B}\right] \tag{8-27}$$

已知定温下液相组成计算泡点压力和平衡汽相组成的计算框图类似图 8-11,不同点仅在于计算开始时需假定一个初始的泡点压力,而不是泡点温度。

读者可参阅《化工热力学——基本内容、习题详解和计算程序》第 217 页习题 8-37,该习题应用 Peng-Robinson 方程计算了313.4K,液相组成 $x_1 = 0.315$(摩尔分数)时甲烷(1)-二甲氧基甲烷(2)(对本体系,二元相互作用参数 $k_{ij} = 0.0981$),泡点压力和平衡汽相组成。该习题提供了全部用 Fortran 语言编写的计算机程序。

8.4 汽-液平衡数据的热力学检验

根据前面几节的讨论可知,所有的汽-液平衡关联式(包括第 7 章中的活度系数和组成间普遍关系式)都有严格的热力学推导。但是热力学目前发展的水平还不能离开实测数据只凭热力学关系就能推导出正确、可靠的定量关系。热力学基础是普遍适用的规律,正是因为它的普遍性,不可能具体表达特定体系的汽-液平衡关系。但是普遍规律对具体的个别平衡关系却有着指导意义,也就是说特定体系的汽-液平衡关系一定要服从普遍的热力学关系式,如不符合,则说明实验测定的具体的汽-液平衡数据不正确,必须重新测量。所谓汽-液平衡数据的热力学校验,就是用热力学的普遍关系式来校验实验数据的可靠性。如果测定的汽-液平衡数据能够符合热力学普遍规律,则称这套数据符合热力学一致性要求。

用于热力学检验的基本公式是吉布斯-杜亥姆(Gibbs-Duhem)方程,下面对此方程做进一步讨论。

8.4.1 应用活度系数表示的吉布斯-杜亥姆方程

由式(3-131),对吉布斯函数,在恒 p,T 下,有

$$\sum_i x_i \mathrm{d}\bar{G}_i = \sum_i x_i \mathrm{d}\mu_i = 0 \tag{8-28}$$

这是用化学势表示的吉布斯-杜亥姆方程,另外还可以用逸度和活度来表示,由

$$\mathrm{d}\bar{G}_i = \mathrm{d}\mu_i = RT\mathrm{d}\ln \hat{f}_i$$

将其代入上式,得到

$$\sum_i x_i \mathrm{d}\ln \hat{f}_i = 0 \quad (T,p\text{ 不变}) \tag{8-29}$$

再由定义式 $a_i = \hat{f}_i / f_i^{\ominus}$,当 T,p 一定时,$f_i^{\ominus}$为一常数,所以将$\hat{f}_i = a_i f_i^{\ominus}$代入式(8-29),

$$\sum_i x_i \mathrm{d}\ln a_i = 0 \tag{8-30}$$

又因 $a_i = \gamma_i x_i$,代入式(8-30),得

$$\sum_i x_i \mathrm{d}\ln a_i = \sum_i x_i \mathrm{d}\ln\gamma_i + \sum_i x_i \mathrm{d}\ln x_i = 0$$

因为 $\sum_i x_i \mathrm{d}\ln x_i = 0$，故

$$\sum_i x_i \mathrm{d}\ln\gamma_i = 0 \quad (T, p \text{ 不变}) \tag{8-31}$$

这就是用活度系数表示的吉布斯-杜亥姆方程式。或表示成

$$\sum_i x_i \left(\frac{\partial \ln\gamma_i}{\partial x_j}\right)_{T,p,x_{i\neq j}} = 0 \tag{8-32}$$

吉布斯-杜亥姆方程在溶液理论中占有重要地位，很多重要的溶液行为或结论，都可以从此方程出发得到解释或证明。热力学一致性校验中最常用的是二元系的吉布斯-杜亥姆方程表达式：

$$x_1\left(\frac{\partial \ln\gamma_1}{\partial x_1}\right)_{T,p} + x_2\left(\frac{\partial \ln\gamma_2}{\partial x_1}\right)_{T,p} = 0 \tag{8-33}$$

用相律来考察上式，不难发现吉布斯-杜亥姆方程对二元体系的应用存在一些矛盾。因为，按照相律 $F=C-P+2$，二元系的自由度为 2，所以当 T,p 固定以后，体系的状态也就确定了，即液相组成不再改变。如果改变，则必然要引起体系的温度或压力的改变。所以式(8-33)并不能严格地应用于二元体系的汽-液平衡问题。但是，由于在压力不太高的情况下，压力的变化对液相活度系数的影响很小，故该式可以用于恒温体系。

8.4.2 热力学同一性校验的定性描述

根据测得的二元汽-液平衡数据做出 $\lg\gamma_1\text{-}x_1$ 和 $\lg\gamma_2\text{-}x_1$ 曲线，如果这套数据满足热力学同一性要求，则应该符合如下几条定性规律：

(1) 所有的数据点应落在一条光滑的曲线上，即应没有分散的数据点。如果有任何落在线外的点，则表明该数据点有误差。

(2) 当两个活度系数的曲线均以 x_1 为横坐标，则两条曲线的斜率的符号一定相反，因为

$$x_1\left(\frac{\partial \ln\gamma_1}{\partial x_1}\right)_T + x_2\left(\frac{\partial \ln\gamma_2}{\partial x_1}\right)_T = 0$$

故

$$\left(\frac{\partial \ln\gamma_1}{\partial x_1}\right)_T = -\frac{x_2}{x_1}\left(\frac{\partial \ln\gamma_2}{\partial x_1}\right)_T$$

表明它们的斜率符号是相反的。如果 $x_1=x_2=0.5$，则

$$\left(\frac{\partial \ln\gamma_1}{\partial x_1}\right)_T = -\left(\frac{\partial \ln\gamma_2}{\partial x_1}\right)_T$$

即当 $x_1=0.5$ 时，两条曲线的斜率是相等的，而其符号相反。

(3) 如果两个配偶参数相当，则中点值约为配偶参数的 1/4；如果配偶参数不等，则配偶参数高的曲线的中点值低，配偶参数低的曲线的中点值高。这一规律可通过 van Laar 方程说明：根据 van Laar 方程：

$$\lg\gamma_1 = \frac{A}{\left(1+\dfrac{Ax_1}{Bx_2}\right)^2}, \quad \lg\gamma_2 = \frac{B}{\left(1+\dfrac{Bx_2}{Ax_1}\right)^2}$$

当 $x_1=0.5$ 时,$x_1=x_2$,故

$$\lg\gamma_1=\frac{A}{\left(1+\dfrac{A}{B}\right)^2}=\frac{AB^2}{(A+B)^2}$$

$$\lg\gamma_2=\frac{B}{\left(1+\dfrac{B}{A}\right)^2}=\frac{BA^2}{(A+B)^2}$$

从以上两式可明显看出:

$$\frac{\lg\gamma_1}{B}=\frac{\lg\gamma_2}{A}=\frac{AB}{(A+B)^2}$$

如果两个配偶参数相同,即 $A=B$,则上式的右边等于 1/4。随着两常数值差异的加大,这一比值略为减小。例如,$A=2B$,则其比值为 2/9。由此可以得出,具有较高配偶参数的曲线,其中点值(即在 $x_1=x_2=0.5$ 处)低,而配偶参数低的曲线,其中点值高。

(4) 如果在 $\lg\gamma\text{-}x$ 曲线上不出现最高点和最低点,那么在整个浓度范围内,两条曲线的斜率一定都是正的或是负的;若一曲线上出现极大值(或极小值),则在另一曲线上的同一组成处必定出现极小值(或极大值)。因 $x_1(\partial\ln\gamma_1/\partial x_1)_T+x_2(\partial\ln\gamma_2/\partial x_1)_T=0$,如果$(\partial\ln\gamma_1/\partial x_1)_T\neq0$,则$(\partial\ln\gamma_2/\partial x_1)_T\neq0$。如果一曲线上出现极大值(或极小值),$(\partial\ln\gamma_1/\partial x_1)_T=0$,则$(\partial\ln\gamma_2/\partial x_1)_T=0$,这表明,在另一曲线上的同一组成处要出现极小值(或极大值)。

(5) 若 $\lg\gamma\text{-}x$ 曲线符合 van Laar 方程,则以$(\lg\gamma_1)^{1/2}$对$(\lg\gamma_2)^{1/2}$做图,得一直线;如不符合 van Laar 方程,则此线有曲变。按 van Laar 方程,经推导可得

$$(\lg\gamma_1)^{\frac{1}{2}}=A^{\frac{1}{2}}[1-(\lg\gamma_2/B)^{\frac{1}{2}}]=A^{\frac{1}{2}}-\left(\frac{A}{B}\right)^{\frac{1}{2}}(\lg\gamma_2)^{\frac{1}{2}}\tag{8-34}$$

故$(\lg\gamma_1)^{\frac{1}{2}}$对$(\lg\gamma_2)^{\frac{1}{2}}$做图可得一直线,如果不符合 van Laar 方程,而是符合其他形式的方程,$(\lg\gamma_1)^{\frac{1}{2}}$对$(\lg\gamma_2)^{\frac{1}{2}}$的关系也基本如此,但不是严格的直线稍有曲变。

(6) 在两条 $\lg\gamma\text{-}x$ 曲线下面所包含的面积应相等。

首先讨论 $\lg\gamma_2\text{-}x_1$ 曲线。在图 8-12 中,$\lg\gamma_1\text{-}x_1$ 曲线下面所包含的面积应为

$$\int_{x_1=0}^{x_1=1}(\lg\gamma_1)\mathrm{d}x_1$$

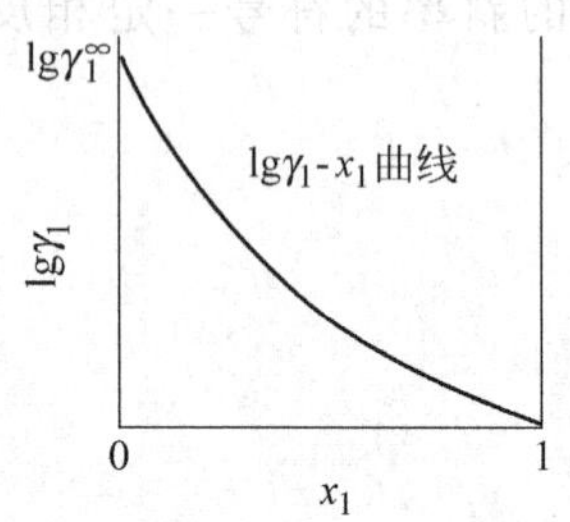

图 8-12 $\lg\gamma_1\text{-}x_1$ 曲线图

其微分

$$\mathrm{d}(x_1\lg\gamma_1)=x_1\mathrm{d}\lg\gamma_1+(\lg\gamma_1)\mathrm{d}x_1$$

或

$$(\lg\gamma_1)\mathrm{d}x_1=\mathrm{d}(x_1\lg\gamma_1)-x_1\mathrm{d}\lg\gamma_1$$

积分得

$$\int_{x_1=0}^{x_1=1}(\lg\gamma_1)\mathrm{d}x_1=x_1\lg\gamma_1\Bigg|_{x_1=0}^{x_1=1}-\int_{x_1=0}^{x_1=1}x_1\mathrm{d}\lg\gamma_1$$

当 $x_1=0$,$x_1\lg\gamma_1=0$;$x_1=1$,$\lg\gamma_1=0$,故

$$x_1\lg\gamma_1\Bigg|_{x_1=0}^{x_1=1}=0$$

因此得

$$\int_{x_1=0}^{x_1=1}(\lg\gamma_1)\mathrm{d}x_1 = -\int_{x_1=0}^{x_1=1}x_1\mathrm{dlg}\gamma_1 \tag{8-35a}$$

对 $\lg\gamma_2$-x_2 曲线，同理可得

$$\int_{x_2=0}^{x_2=1}(\lg\gamma_2)\mathrm{d}x_2 = -\int_{x_2=0}^{x_2=1}x_2\mathrm{dlg}\gamma_2 \tag{8-35b}$$

该曲线下面所包含的面积如图 8-13 所示。

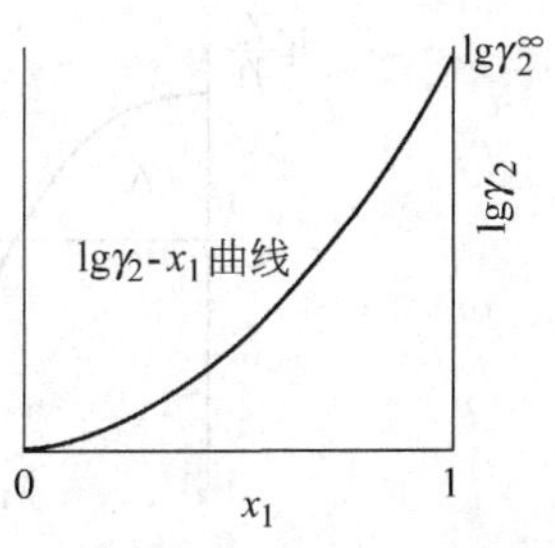

图 8-13 $\lg\gamma_2$-x_1 曲线图

现再证明两条 $\lg\gamma$-x 曲线下面所包含的面积相等，即

$$\int_{x_1=0}^{x_1=1}(\lg\gamma_1)\mathrm{d}x_1 - \int_{x_1=0}^{x_1=1}(\lg\gamma_2)\mathrm{d}x_1 = 0$$

根据式(8-35)

$$\int_{x_1=0}^{x_1=1}(\lg\gamma_1)\mathrm{d}x_1 = -\int_{x_1=0}^{x_1=1}x_1\mathrm{dlg}\gamma_1$$

$$\int_{x_1=0}^{x_1=1}(\lg\gamma_2)\mathrm{d}x_1 = -\int_{x_1=0}^{x_1=1}(\lg\gamma_2)\mathrm{d}x_2 = \int_{x_1=0}^{x_1=1}x_2\mathrm{dlg}\gamma_2$$

由此可得

$$\int_{x_1=0}^{x_1=1}(\lg\gamma_1)\mathrm{d}x_1 - \int_{x_1=0}^{x_1=1}(\lg\gamma_2)\mathrm{d}x_1 = -\int_{x_1=0}^{x_1=1}(x_1\mathrm{dlg}\gamma_1 + x_2\mathrm{dlg}\gamma_2)$$

根据吉布斯-杜亥姆方程式，$\sum_j x_j\mathrm{dlg}\gamma_j = 0$，对二元体系 $x_1\mathrm{dlg}\gamma_1 + x_2\mathrm{dlg}\gamma_2 = 0$，故

$$\int_{x_1=0}^{x_1=1}(\lg\gamma_1)\mathrm{d}x_1 - \int_{x_1=0}^{x_1=1}(\lg\gamma_2)\mathrm{d}x_1 = 0 \tag{8-36}$$

8.4.3 恒温汽-液平衡数据的热力学同一性校验

在 8.4.2 节中曾讨论了由于一般情况下的压力对液相活度系数的影响很小，故吉布斯-杜亥姆方程实际上可应用于恒温体系。根据式(8-36)可得

$$\int_{x_1=0}^{x_1=1}\left(\lg\frac{\gamma_2}{\gamma_1}\right)\mathrm{d}x_1 = 0 \tag{8-37}$$

将 $\lg(\gamma_2/\gamma_1)$ 对 x_1 做图，如图 8-14 所示。如果图中的 A 和 B 两部分的面积相同，即满足式(8-37)，则所测的数据是符合热力学同一性的。

例 8-3 从资料中查得有两套乙醇(1)-水(2)的汽-液平衡数据；一套是 25℃，另一套有两个温度，即 39.76℃和 54.81℃，如表 8-6 所示。做图后发现两套数据有矛盾。试应用热力学同一性来校验哪一套数据更正确一些。

解 39.76℃的数据应该在 25℃和 54.81℃数据之间，可是从图 8-15 中看出，54.81℃的数据介于 25℃和 39.76℃数据之间，这就出现了矛盾。由于这两套数据都是恒温数据，可用式(8-37)进行校验。本体系总压较低，可视汽相混合物服从理想气体定律。γ 可按 $\gamma_i = py_i/p_i^{\mathrm{sat}}x_i$ 计算，以 25℃的第一点为例计算如下：

$$\gamma_1 = \frac{py_1}{p_1^{\mathrm{sat}}x_1} = \frac{5572.8\times0.474}{7839.3\times0.122} = 2.762$$

乙醇在 25℃时的饱和蒸汽压为 7839.3Pa，所以

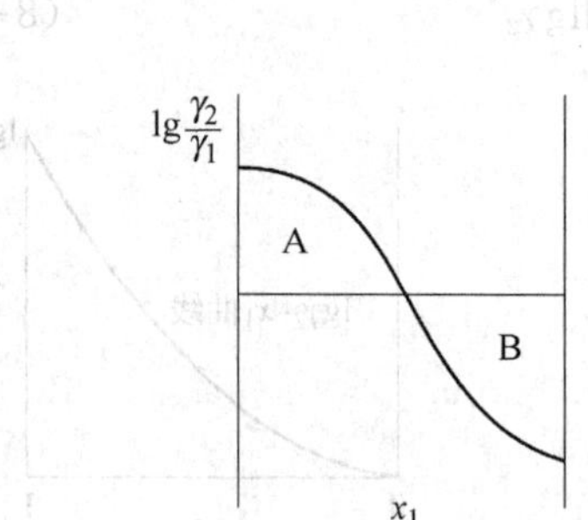

图 8-14 恒温汽-液平衡数据校验图

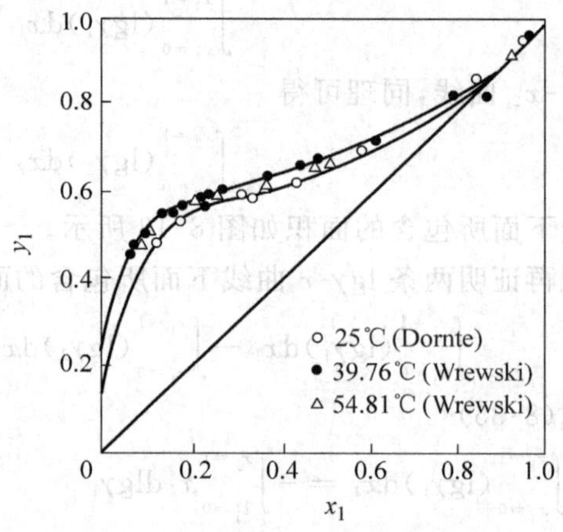

图 8-15 乙醇(1)-水(2)体系 x_1-y_1 图

表 8-6 乙醇(1)-水(2)体系等温汽-液平衡数据

t=25℃			t=39.76℃			t=54.81℃		
x_1	y_1	p/Pa	x_1	y_1	p/Pa	x_1	y_1	p/Pa
12.2	47.4	5572.8	0.00	0.00	7239.4	0.00	0.00	15 545.3
16.3	53.1	6026.1	6.89	45.6	1085.9	9.16	47.53	25 717.8
22.6	56.2	6386.1	8.03	47.30	11 292.4	11.57	50.36	27 224.3
32.0	58.2	6759.4	9.94	49.23	12 065.6	21.20	57.23	30 517.4
33.7	58.9	6799.4	14.52	54.31	13 252.2	23.75	58.28	29 850.8
43.7	62.0	7026.1	15.48	55.16	13 492.2	26.71	58.88	31 637.3
44.0	61.9	7039.4	18.31	57.19	13 918.8	36.98	61.51	32 997.2
57.9	68.5	7306.0	22.08	58.74	14 305.5	47.88	65.54	34 210.4
83.0	84.9	7786.0	23.33	58.76	14 478.8	61.02	71.02	35 277.0
			26.81	60.30	14 692.1	91.45	91.45	36 783.5
			36.77	63.41	15 425.3	100.00	100.00	36 690.2
			44.31	65.83	15 932.0			
			48.08	67.26	16 251.9			
			60.89	71.89	16 705.2			
			77.96	81.29	17 225.2			
			93.90	93.97	17 531.8			
			95.52	95.52	17 518.5			
			100.00	100.00	17 305.2			

$$\gamma_2=\frac{py_2}{p_2^{\text{sat}}x_2}=\frac{5572.28\times0.526}{3159.7\times0.878}=1.057$$

水在 25℃时饱和蒸汽压为 3159.7Pa,得

$$\ln\frac{\gamma_2}{\gamma_1}=\ln\frac{1.057}{2.762}=-0.961$$

按以上方法计算各点数据，列于表 8-7，并在图 8-16 上描绘了 25℃及 39.76℃时 $\ln(\gamma_2/\gamma_1)$ 与 x_1 的曲线，并将图解积分的结果列于表 8-8。

表 8-7 乙醇(1)-水(2)体系的热力学同一性校验的计算结果

$t=25$℃		$t=39.76$℃		$t=54.81$℃	
x_1	$\ln\dfrac{\gamma_2}{\gamma_1}$	x_1	$\ln\dfrac{\gamma_2}{\gamma_1}$	x_1	$\ln\dfrac{\gamma_2}{\gamma_1}$
0.122	−0.961	0.0689	−1.556	0.0916	−1.337
0.163	−0.852	0.0803	−1.459	0.1157	−1.187
0.226	−0.572	0.0994	−1.302	0.2120	−0.747
0.320	−0.176	0.1452	−0.1074	0.2375	−0.642
0.337	−0.128	0.1548	−1.033	0.2671	−0.510
0.437	0.116	0.1831	−0.914	0.3698	−0.143
0.440	0.425	0.2208	−0.743	0.4788	0.131
0.579	0.450	0.2333	−0.672	0.6102	0.411
0.830	0.767	0.2681	−0.551	0.9145	0.859
		0.3700	−0.220		
		0.4431	−0.013		
		0.4808	0.075		
		0.6089	0.375		
		0.7796	0.666		
		0.9390	0.859		
		0.9552	0.871		

表 8-8 图解积分的结果

t/℃	$\int_0^1\left(\ln\dfrac{\gamma_2}{\gamma_1}\right)\mathrm{d}x_1$	$\int_0^1\left\|\ln\dfrac{\gamma_2}{\gamma_1}\right\|\mathrm{d}x_1$	误差
25	0.0856	0.590	14.5
39.76	−0.0254	0.620	−4.5
54.81	−0.0299	0.653	−4.6

表 8-8 中的结果表明，25℃的数据并不符合热力学同一性，应该舍去。而 39.76℃和 54.81℃的数据比较好一些。做 39.76℃的 $\ln\gamma_1$-x_1 的曲线，见图 8-17，发现 $\ln\gamma_2$ 在 $x_1=0$ 时不等于零。但根据以前的讨论，当 $x_1=0$ 时 $\ln\gamma_2$ 必等于零，以符合 Raoult 定律。在近 $x_1=0.05$ 处，在 $\ln\gamma_2$-x_1 曲线上呈现一最低点，即在近 $x_1=0.05$ 处，$\dfrac{\mathrm{d}\ln\gamma_2}{\mathrm{d}x_1}=0$。根据热力学同一性的原理在近 $x_1=0.05$ 处，在 $\ln\gamma_1$-x_1 曲线上应出现一个最高点，可是图上并未显示出来，因此通过热力学同一性的校验，可以得出结论：39.76℃的数据优于 25℃的数据。但 39.76℃的数据也不是严格地服从热力学同一性。为了满足设计的需要，应该寻找其他数据，或在 $x_1=0$～0.2 的区间内重新进行实验，以便校正有较大误差的实验数据。

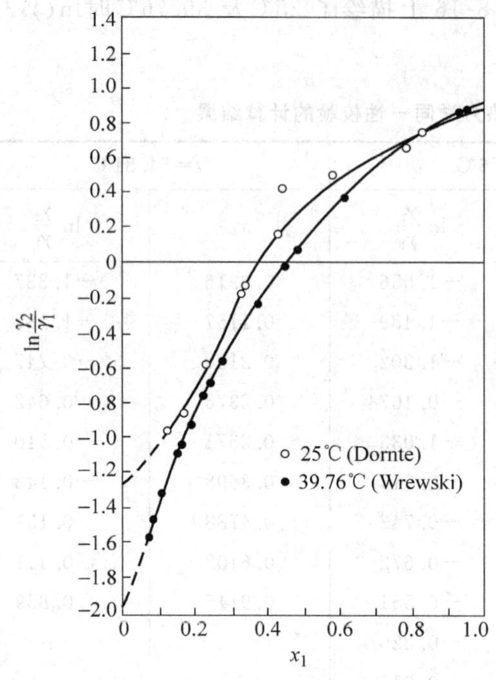

图 8-16　乙醇(1)-水(2)的热力学同一性校验图

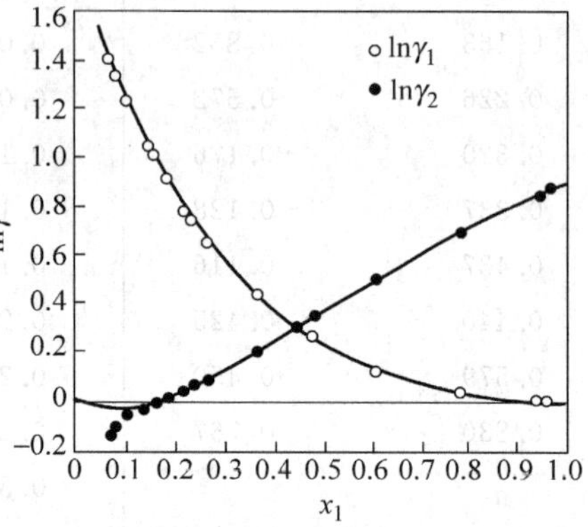

图 8-17　从实验数据计算的 $\ln\gamma$-x_1 曲线

8.4.4　恒压汽-液平衡数据的热力学同一性校验

在讨论恒压二元体系的热力学同一性校验时，着重考虑的是温度对活度系数的影响。恒压二元体系的汽-液平衡数据一定不是恒温的，这时热力学同一性校验式应为

$$\int_{x_1=0}^{x_1=1}\left(\lg\frac{\gamma_2}{\gamma_1}\right)\mathrm{d}x_1=-\int_{x_1=0}^{x_1=1}\frac{\Delta H_\mathrm{S}}{2.303RT^2}\mathrm{d}T \tag{8-38}$$

式中，ΔH_S 是溶液的积分溶解热，或溶解的积分混合热，其单位为 $\mathrm{J\cdot mol^{-1}}$。

$$\Delta H_\mathrm{S}=H-\sum_{i=1}^{2}x_iH_i \tag{8-39}$$

其中，H 是溶液的摩尔焓，H_i 为同温同压下纯组分 i 的摩尔焓，它们的单位均为 $\mathrm{J\cdot mol^{-1}}$。

从式(8-38)看出，对恒温体系，由于 $\mathrm{d}T=0$，故 $\int_{x_1=0}^{x_1=1}\frac{\Delta H_\mathrm{S}}{2.303RT^2}\mathrm{d}T=0$，式(8-38)可化简为式(8-37)。对于恒压的二元体系，如整个沸点区间此项积分比较小时，才可近似应用式(8-37)进行热力学同一性的校验，否则就必须应用式(8-38)。在应用式(8-38)时，由于 ΔH_S 的数据很缺乏，该式右边的积分值实际上很难确定。Herrington[9] 曾推荐一个半经验方法来检验二元等压数据的热力学同一性，其方法如下：

首先根据实验数据以 $\lg\frac{\gamma_2}{\gamma_1}$ 对 x_1 做图(如图 8-14 所示)，然后计算偏差

$$D=\left|\frac{(\text{面积 }A)-(\text{面积 }B)}{(\text{面积 }A)+(\text{面积 }B)}\right|\times 100 \tag{8-40}$$

为判别 D 值是否合理，Herrington 将 D 和另一数量 J 进行比较，J 和组分的沸点范围有关。

令 θ 表示组分的沸点范围，如无共沸物生成，

$$\theta = |T_1 - T_2| \tag{8-41}$$

其中 T_1 和 T_2 分别表示组分 1 和组分 2 的沸点；如有共沸物生成时，则 θ 可按图 8-18 求定。

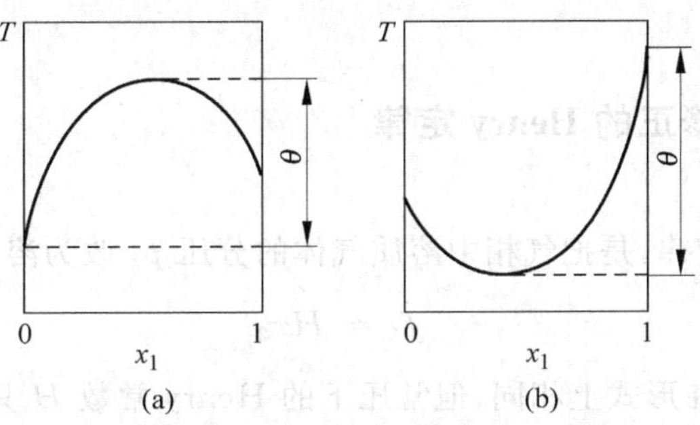

图 8-18　二元共沸物系的最大沸点差

(a) 最高沸点混合物；(b) 最低沸点混合物

令 T_m(K)表示在 $x_1=0$ 至 $x_1=1$ 之间的最低沸点，于是 J 定义为

$$J = 150\frac{\theta}{T_m} \tag{8-42}$$

其中经验常数 150 是 Herrington 在分析典型有机溶液混合热数据后提出的。他建议采用的判别标准为：若$(D-J)<10$，则一般可认为该实验数据是符合热力学同一性的。

Herrington 的判别标准虽然是近似的，但在缺少混合热数据时，仍是一很有用的经验方法。

8.5　气-液平衡和气体溶解度

8.5.1　Henry 定律及其适用范围

1803 年，W. Henry 研究了 CO_2，N_2O，O_2，N_2 及 H_2S 等在水中的溶解度，发现难溶性气体在液体中的溶解度，在一定温度下与气相中溶质组分的分压成比例，这就是 Henry 定律，用公式表示为

$$p_2 = Hx_2 \tag{8-43}$$

其中 p_2 是与液体处于平衡状态的气相中的溶质的分压力，x_2 是溶质的溶解度，而 H 是取决于溶质和溶剂种类及温度的常数，称为 Henry 常数。

Henry 定律适用于溶质气体的分压力为常压，且溶质在溶剂中不发生缔合或离解或化学反应的体系；溶剂可以是纯液体，也可以是液体混合物。如以氯甲烷在 25℃水中的溶解度为例，由图 8-19 可见，完全可以用直线来表示氯甲烷的分压与在水中的摩尔分数 x 的关系，即符合 Henry 定律。

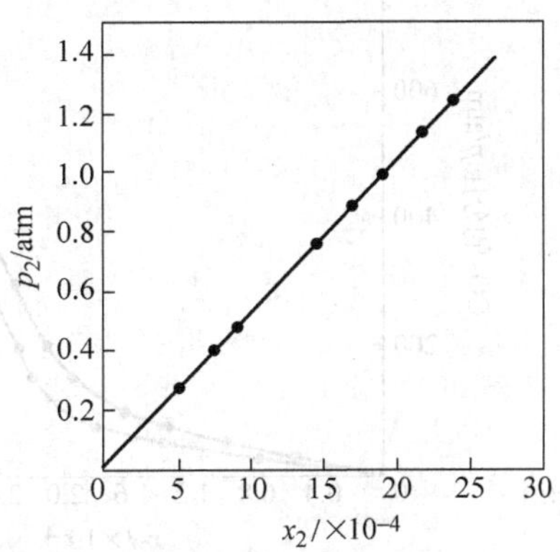

图 8-19　氯甲烷(溶质气体)在水中的溶解度(25℃)

在 Henry 定律适用的范围内，可用一个实验点的溶解度数据来确定 Henry 常数。用所有的实验点的数

据则可确定 H 的平均值,如氯甲烷在 25℃水中溶解时,其 H 的平均值为 527.6×10^5 Pa,当 $p_2=1.01325\times10^5$ Pa 时,从式(8-43)可知,溶解度越大的气体,其 H 值越小。

Henry 定律,是把气相看作理想气体时的公式,当气体压力增大不能作为理想气体处理时,就不能采用。

8.5.2 高压下修正的 Henry 定律

高压下的 Henry 定律,是把气相中溶质气体的分压 p_2 改为溶质的逸度 $\hat{f}_2$:

$$\hat{f}_2 = Hx_2$$

$\hat{f}_2=Hx_2$ 和 $p_2=Hx_2$ 在形式上相同,但常压下的 Henry 常数 H 只是体系的种类和温度的函数,而高压下的 H 却是体系的种类、温度和总压的函数。因此,高压下的 H 即使在体系种类和温度一定的情况下也会随压力而变化。图 8-20 中所示为高压下 CO_2 在水中的溶解度随压力变化的情况,其总压范围为 $25\times10^5\sim700\times10^5$ Pa。

一般情况下,高压下的难溶性气体在液体中的溶解度可以用 Kritchevsky-Kasarnovsky 导出的修正 Henry 定律来表示:

$$\ln\frac{\hat{f}_2}{x_2} = \ln K + \frac{p\bar{V}_2}{RT} \quad (T\ 一定) \tag{8-44}$$

式中,$\bar{V}_2$ 是液相中溶质的偏摩尔体积;K 为修正 Henry 常数。

根据高压下难溶性气体溶解度的修正 Henry 定律,在各个温度一定条件下用 $\ln\hat{f}_2/x_2$ 对体系总压 p 做图,可得一组直线,由其斜率得到 $\bar{V}_2/RT$,由截距得到 $\ln K$ 值。这意味着可用溶解度数据来确定液相中溶质的偏摩尔体积 $\bar{V}_2$。图 8-21 是用修正 Henry 定律表示的 CO_2 在水中的溶解度数据(参见图 8-20),可见 $\ln\hat{f}_2/x_2$ 与总压 p 呈线性关系。由直线斜率可求出溶质的偏摩尔体积 $\bar{V}_2$ 和修正 Henry 常数 K 值:在 50℃时 $\bar{V}_2=33.4\text{cm}^3\cdot\text{mol}^{-1}$,$K=2843.7\times10^5$ Pa;75℃时 $\bar{V}_2=31.4\text{cm}^3\cdot\text{mol}^{-1}$,$K=4085.6\times10^5$ Pa。用同样方法由高压下气体溶解度可求得其他气体如甲烷、乙烷、氢及氮对水的偏摩尔体积和修正的 Henry 常数。

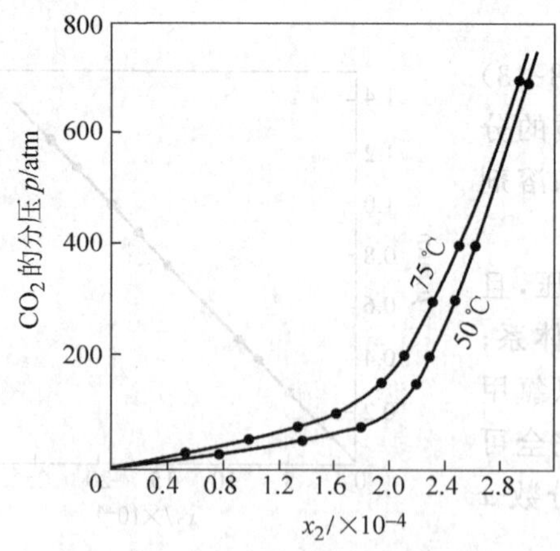

图 8-20 高压下 CO_2 在水中的溶解度

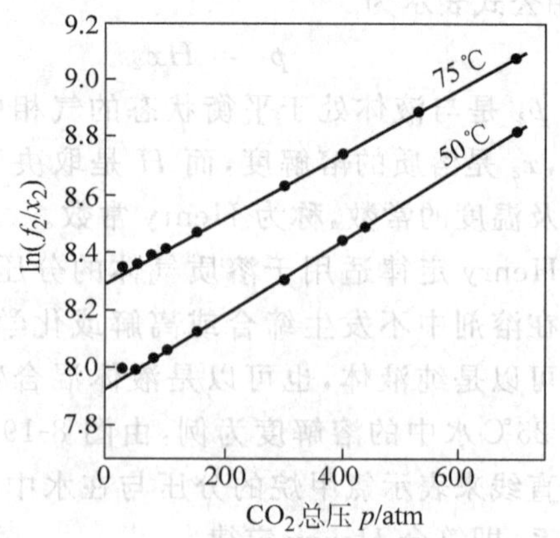

图 8-21 用修正 Henry 定律表示的 CO_2 在水中的溶解度

8.5.3 全浓度范围的气体溶解度

亨利定律(式(8-43))适用于气体溶解度很低的情况。当溶解度增加时,就需要考虑气体在溶剂中的活度系数。

常见的活度系数的定义是:当组分的摩尔分数趋于 1 时,其活度系数也趋于 1。也就是符合拉乌尔定律意义上的理想溶液:

$$\text{当 } x_i \to 1 \text{ 时}, \quad \gamma_i \to 1 \tag{8-45a}$$

这种溶液中的各组分的活度系数参考态的定义是相同的,都是指各组分的纯组分,称为对称归一化的活度系数。

而用于气体溶解度计算的亨利定律,当需要考虑活度系数时,和上述活度系数的定义是不符合的。因为对于亨利定律,需要溶质在摩尔分数趋于 0 时,活度系数趋于 1。所以对于亨利定律,溶质的活度系数的定义应该是:

$$\text{当 } x_2 \to 0 \text{ 时}, \quad \gamma_2^* \to 1 \tag{8-45b}$$

此时溶液中溶剂的活度系数仍然使用对称归一化的定义(式(8-45a))。这种溶剂和溶质使用不同参考态的方法,称为非对称归一化的活度系数。对于溶质来说,该活度系数也称为以无限稀释为参考态的活度系数,它的亨利定律公式表示为

$$\hat{f}_2 = H_2 x_2 \gamma_2^* \tag{8-45c}$$

对于溶质的两种活度系数的关系,很容易推导得到:

$$\gamma_2^* = \gamma_2 / \gamma_2^\infty \tag{8-45d}$$

使用考虑了非对称归一化活度系数的扩展的亨利定律(式(8-45c)),即可采用亨利常数去计算气体分压较大、气体溶解度较大、气体分子和溶剂分子组成的溶液具有明显非理想性的气-液平衡。

图 8-22 为 CO_2 在甲醇中的亨利常数随温度的变化关系图,图 8-23 为 298K 时 CO_2 分逸度随 CO_2 在甲醇中的溶解度的变化示意图。

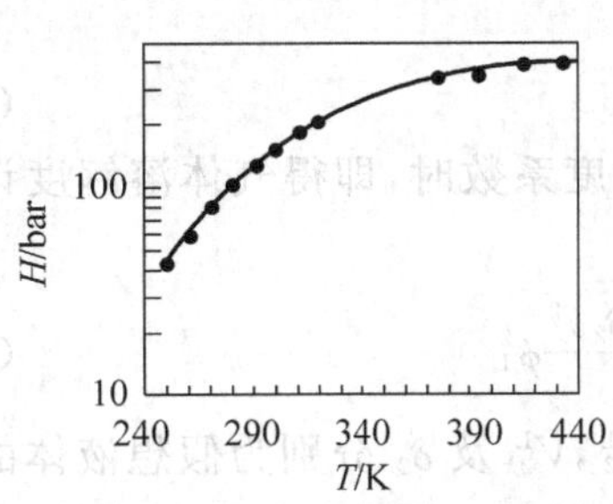

图 8-22 CO_2 在甲醇中的亨利常数-温度的关系图

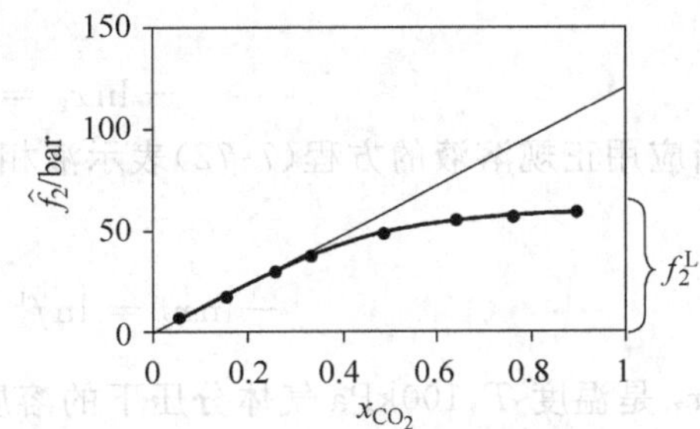

图 8-23 298K 时 CO_2 在甲醇中的 CO_2 分逸度-溶解度图

8.5.4 气体溶解度的推算法

气体溶解度的数据比较少,而且大部分都是 1atm 和 25℃下的数据。同时气体溶解度

的推算与汽-液平衡数据的推算相比,迄今为止还没有多大进展,特别是由极性物质或氢键缔合物质组成的体系的推算方法更有待进一步研究。本节将介绍 Prausnitz-Shair 法,它是以溶质和溶剂均为非极性物质的体系为研究对象。此外,再简略介绍 Yen-Mcketta 法,它是以溶质为非极性物质而溶剂为非(氢键)缔合极性物质的体系为对象。

1. Prausnitz-Shair 法[10,11]

该方法的基础是正规溶液理论,由于正规溶液指的是混合过程中没有体积改变的溶液,故不能直接应用于气体溶解在液体中有较大体积改变的过程。

Prausnitz 和 Shair 认为气体在液体中的溶解过程是由以下两个过程所组成的:

(Ⅰ)具有单位逸度($\hat{f}_2^{G}=1$)的溶质气体在一定温度下凝聚,成为假想纯液体溶质;

(Ⅱ)凝聚的纯液体溶质溶解于溶剂中,形成溶液。

此处考虑的单位逸度的溶质气体,实际上就是以溶质气体在(100kPa)分压下的溶解度为推算对象。

设气相中溶质的偏摩尔自由能为 $\overline{G}_2^{G}$,液相中溶质的偏摩尔自由能为 $\overline{G}_2^{L}$,纯液体溶质的摩尔自由能和逸度分别为 G_2^{L} 和 f_2^{L}。根据式(3-138)和式(3-139),过程(Ⅰ)的吉布斯自由能变化为

$$\Delta G_{\mathrm{I}} = G_2^{L} - \overline{G}_2^{G} = RT\ln\frac{f_2^{L}}{\hat{f}_2^{G}} = RT\ln f_2^{L} \tag{8-46}$$

再根据式(7-33),过程(Ⅱ)的自由能变化为

$$\Delta G_{\mathrm{II}} = \overline{G}_2^{L} - G_2^{L} = RT\ln\gamma_2 x_2 \tag{8-47}$$

式中,γ_2 是液相中溶质的活度系数。利用相平衡条件 $\overline{G}_2^{G}=\overline{G}_2^{L}$,并将 ΔG_{I} 和 ΔG_{II} 两者相加,即得

$$\Delta G_{\mathrm{I}} + \Delta G_{\mathrm{II}} = 0 \tag{8-48}$$

联合式(8-46),式(8-47)和式(8-48)即可导出表述气体溶解度的公式为

$$RT\ln f_2^{L} + RT\ln\gamma_2 x_2 = 0$$

或

$$-\ln x_2 = \ln f_2^{L} + \ln\gamma_2 \tag{8-49}$$

当应用正规溶液的方程(7-72)表示液相中溶质的活度系数时,即得气体溶解度计算公式为

$$-\ln x_2 = \ln f_2^{L} + \frac{V_2^{L}(\delta_1-\delta_2)^2}{RT}\phi_1^2 \tag{8-50}$$

式中,x_2 是温度 T,100kPa 气体分压下的溶质溶解度;f_2^{L},V_2^{L} 及 δ_2 分别为假想液体的纯溶质的逸度、摩尔体积和溶解度参数;δ_1 是溶剂的溶解度参数;ϕ_1 是溶剂的体积分数(因难溶性气体的 $x_2\approx0$,故 $\phi_1\approx1$)。

可应用对比态原理来建立假想液体的逸度 f_2^{L} 与对比温度 T_r 的函数关系。图 8-24 给出了对比逸度 f_2^{L}/p_c 与对比温度 T_r 的关系。图中曲线也可用下列经验公式表示:

$$f^{L}/p_c = 0.827 + 6.403\ln T_r,\quad 1\leqslant T_r\leqslant 2.5 \tag{8-51a}$$

$$f^{L}/p_c = 0.935T_r^{6.5},\quad T_r < 1 \tag{8-51b}$$

另外,通过各溶质对溶剂的气体溶解度数据,根据式(8-50),应用试差法可确定假想液体的

摩尔体积 V_2^L 和溶解度参数 δ_2，表 8-9 中列出了 10 余种气体组分作为假想液体所求得的摩尔体积和溶解度参数值。纯溶剂的溶解度参数 δ_1 可直接按公式(7-144)计算。式(8-50)可扩展应用于多元系，此时可应用式(7-114)计算式(8-49)中的 γ_2。应该指出，对于正规溶液，$\ln\gamma_2 \propto \frac{1}{T}$，由此可认为 $V_2^L(\delta_1-\delta_2)^2$ 与温度无关，所以求得的 25℃下的 V_2，δ_2 及 δ_1，在其他温度下也可以使用。

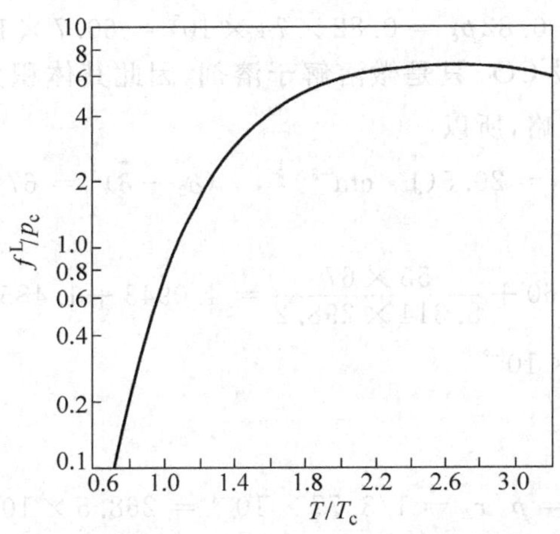

图 8-24 1atm 下的外推液相逸度系数与对比温度的关系

表 8-9 溶质气体作为假想液体所求得的溶解度参数和摩尔体积(25℃)

气体	Prausnitz-Shair 法		Yen-Mcketta 法	
	$\delta_2/(J\cdot cm^{-3})^{\frac{1}{2}}$	$V_2^L/(cm^3\cdot mol^{-1})$	$\delta_2/(J\cdot cm^{-3})^{\frac{1}{2}}$	$V_2^L/(cm^3\cdot mol^{-1})$
H_2	6.65	31.0	7.84	37.3
Ar	10.9	57.1	10.23	55.0
N_2	5.28	31.0	7.84	37.3
O_2	8.18	57.1	10.2	55.0
CO	6.40	32.4	6.55	40.0
Kr	13.1	65.0	12.1	52.0
Xe	—	—	12.9	45.8
Rn	14.0	70.0	13.9	60.0
CO_2	12.3	55.0	12.3	62.0
CH_4	11.6	52.0	10.7	50.7
C_2H_6	13.5	70.0	13.0	70.0
N_2O	—	—	12.7	51.0
C_2H_4	13.5	65.0	12.9	50.0
Cl_2	17.8	74.4	17.6	55.0

例 8-4 试计算 CO_2 在 25℃，$p_{CO_2}=101.325$kPa 条件下分别在纯 CS_2 和纯甲苯以及 50%(摩尔分数)CS_2 和 50%(摩尔分数)甲苯的混合物中的溶解度和 Henry 常数。

解 从式(8-50)出发，

$$-\ln x_2 = \ln f_2^L + \frac{V_2^L(\delta_2-\bar{\delta})^2}{RT}$$

其中

$$\bar{\delta}=\sum_j \phi_j\delta_j$$

将 CO_2 的对比温度 $T_r=298.2/304.2=0.98$ 代入式(8-51):

$$\frac{f_2^L}{p_c}=0.935T_r^{6.5}=0.935(0.98)^{6.5}=0.82$$

则

$$f_2^L=0.82p_c=0.82\times74\times10^5=60.7\times10^5\text{Pa}$$

为了计算活度系数,现假设 CO_2 只是微溶解于溶剂,因此其体积分数很小,这样,可近似认为 CO_2 对 $\bar{\delta}$ 的贡献可以忽略,所以

$$\bar{\delta}=\delta_{CS_2}=20.5(\text{J}\cdot\text{cm}^{-3})^{\frac{1}{2}},\quad (\delta_2-\bar{\delta})^2=67\text{J}\cdot\text{cm}^{-3}$$

因此

$$-\ln x_2=\ln60+\frac{55\times67}{8.314\times298.2}=4.0943+1.4852=5.5795$$

$$x_2=3.77\times10^{-3}$$

实验值为 $x_2=3.28\times10^{-3}$。

Henry 常数为

$$H=p/x_2=1/3.77\times10^{-3}=268.5\times10^5\text{Pa}$$

CO_2 在纯甲苯中的溶解度计算如下:

$$\bar{\delta}\approx\delta_T=18.25(\text{J}\cdot\text{cm}^{-3})^{\frac{1}{2}}\quad 且\quad (\delta_2-\bar{\delta})^2=35.4\text{J}\cdot\text{cm}^{-3}$$

因此

$$-\ln x_2=\ln60+\frac{55\times35.4}{8.317\times298.2}=4.0943+0.7848=4.8749$$

$$x_2=7.636\times10^{-3}$$

$$H=132.7\times10^5\text{Pa}$$

最后,CO_2 在 50%(摩尔分数)甲苯和 50%(摩尔分数)CS_2 的混合物中的溶解度计算如下:

$$V_{mix}^L=x_{CS_2}V_{CS_2}^L+x_TV_T^L=0.5\times61+0.5\times107=84\text{cm}^3\cdot\text{mol}^{-1}$$

$$\phi_{CS_2}=\frac{0.5\times61}{84}=0.363,\quad \phi_T=\frac{0.5\times107}{84}=0.637$$

$$\bar{\delta}=0.363\times20.46+0.637\times18.25=19.03(\text{J}\cdot\text{cm}^{-3})^{\frac{1}{2}}$$

及

$$(\delta-\bar{\delta})^2=45.29\text{J}\cdot\text{cm}^{-3}$$

因此

$$-\ln x_2=\ln60+\frac{55\times45.29}{8.314\times298.2}=4.0943+1.0050=5.0993$$

$$x_2=6.100\times10^{-3}$$

$$H=166.7\text{Pa}$$

2. Yen-Mcketta 法

Yen-Mcketta 法是对溶质为非极性物质,溶剂为非(氢键)缔合极性物质体系的气体溶

解度推算法，它是改良的 Prausnitz-Shair 法，其要点是改进了活度系数的表达方式。

正规溶液的摩尔超额自由能可用更普遍化的公式表示。对双元体系，式(7-69)可转化为下式：

$$G^{E}=(x_1V_1+x_2V_2)(C_{11}+C_{22}-2C_{12})\phi_1\phi_2$$

把式(7-63)应用于上式即得

$$\ln\gamma_2=V_2^{L}(C_{11}+C_{22}-2C_{12})\phi_1^2/RT$$

从 7.2.1 节可知，

$$C_{11}=\delta_1^2,\quad C_{22}=\delta_2^2,\quad C_{12}=\delta_1\delta_2$$

对于非(氢键)缔合极性物质，Yen-Mcketta 令

$$C_{12}=\delta_2(\delta_1^2+\Delta)^{\frac{1}{2}} \tag{8-52}$$

式中 Δ 为极性溶剂分子行为特性的校正项。由此，当溶剂(1)为非(氢键)缔合极性物质，溶质(2)为非极性物质时，可应用下列公式计算溶质的活度系数 γ_2：

$$\ln\gamma_2=V_2^{L}[\delta_1^2+\delta_2^2-2\delta_2(\delta_1^2+\Delta)^{\frac{1}{2}}]\phi_1^2/RT \tag{8-53}$$

于是可导出如下的气体溶解度计算式

$$-\ln x_2=\ln f_2^{L}+\frac{V_2^{L}[\delta_1^2+\delta_2^2-2\delta_2(\delta_1^2+\Delta)^{\frac{1}{2}}]\phi_1^2}{RT} \tag{8-54}$$

由此可见，如果已知假想液体的溶质气体的逸度 f_2^{L}、摩尔体积 V_2^{L}，溶解度参数 δ_2 以及 Δ 和 δ_1，则可计算 1.013 25Pa 气体分压下的溶解度 x_2。假想液体的逸度 f_2^{L} 可从图 8-24 查得。另外，还可以用下列经验关联式进行估算。

$$\ln\frac{f_2^{L}}{p_c}=0.4551+1.5077\ln T_r,\quad 1.5\leqslant T_r\leqslant 2.5 \tag{8-55a}$$

$$\ln\frac{f_2^{L}}{p_c}=-0.1891+2.9866\ln T_r,\quad 1<T_r<1.5 \tag{8-55b}$$

假想液体的摩尔体积 V_2^{L}，溶解度参数 δ_2 和作为溶剂特性的 Δ 可根据式(8-54)和气体溶解度数据确定。14 种气体的 δ_2 和 V_2^{L} 列在表 8-9 中，表 8-10 为 10 种非(氢键)缔合极性溶剂的 Δ 及 δ_1。

表 8-10　非缔合极性溶剂的 Δ 和溶解度参数 δ_1[11]

溶　剂	$\Delta/(\mathrm{J\cdot cm^{-3}})$	$\delta_1/(\mathrm{J\cdot cm^{-3}})^{\frac{1}{2}}$
乙醚	−5.73	15.24
甲苯	3.66	18.21
辛醇	15.39	18.82
氯仿	17.45	18.93
乙酸甲酯	11.87	19.44
氯苯	15.88	19.44
丙酮	14.06	19.74
1,2-二溴乙烷	35.60	21.48
吡啶	56.27	21.89
苯胺	81.02	23.63

例 8-5 试应用 Yen-Mcketta 法计算在25℃,101.325kPa 分压下 CH_4 在丙酮中的溶解度。已知 CH_4 的临界压力 p_c=4.64MPa,临界温度 T_c=190.65K。

解 因溶质 CH_4(2)为非极性物质,溶剂丙酮(1)是非缔合极性物质,故可应用公式(8-54)求溶解度。先求 25℃下假想液体的逸度 f_2^L,因为

$$T_r = T/T_c = (25 + 273.15)/190.65 = 1.56$$

应用公式(8-55a)

$$\ln\frac{f_2^L}{p_c} = 0.4551 + 1.5077\ln(1.56) = 1.1256$$

故

$$f_2^L = 3.082p_c = 3.082 \times 4.641\text{MPa} = 14.30\text{MPa}$$

从表 8-9 查得 CH_4 假想液体的溶解度参数 δ_2 和摩尔体积 V_2^L:

$$\delta_2 = 10.7(\text{J}\cdot\text{cm}^{-3})^{\frac{1}{2}},\quad V_2^L = 50.7\text{cm}^3\cdot\text{mol}^{-1}$$

再从表 8-10 中查得丙酮在 25℃下的溶解度参数 δ_1 及其特性校正项 Δ:

$$\delta_1 = 19.74(\text{J}\cdot\text{cm}^{-3})^{\frac{1}{2}},\quad \Delta = 14.06\text{J}\cdot\text{cm}^{-3}$$

又设 ϕ_1=1,则得

$$-\ln x_2 = \ln 141.16 + \frac{50.7\times\{(19.74)^2 + (10.7)^2 - 2(10.7)[(19.74)^2 + 14.06]^{\frac{1}{2}}\}}{8.314\times(25 + 273.15)}$$

$$= 6.2678$$

故

$$x_2 = 18.96\times 10^{-4}$$

已知实测值为 x_2=18.35×10^{-4}。

本节举例的是用正规溶液理论模型进行的气体溶解度的预测和推算。实际上本书中的状态方程计算的逸度和溶液理论得到的活度模型,均可用于相应体系的气体溶解度的计算,原理是一样的。

关于气体在液体中溶解的机制和应用 EOS 法计算气体溶解度,参看文献[12]和[13]。

8.6 液-液平衡

低压下所有气体可以任何比例互溶,这一事实对液体并不普遍成立。例如一些双元液体混合物的平衡态是两个稳定液相平衡共存而不是单一的液相,至少在某温度和组成范围内是如此。本节要介绍液液相分离的原因并导出热力学方程以关联两个平衡相的性质。这样当没有数据可用时能够计算共存相的组成或应用可靠的液-液相平衡数据求取混合物中每一组分活度系数。

8.6.1 液-液平衡体系的热力学

液-液相平衡行为的例子见图 8-25 和图 8-26[10],并解释如下:如果混合物的温度和整个组成落在两相区,那么将形成两个液相,这些相的组成可通过恒温线与两相区边界的交点来确定;如果温度和组成处于单相区,那么平衡态是单液相。例如欲制备 40%(摩尔分数)β-甲基吡啶水溶液(125.7℃时),那么得到的将是两个液相的溶液。即一个液相含有12.7%(摩尔分数)的甲基吡啶,另一相则含有 59.7%(摩尔分数)的甲基吡啶(见图 8-25)。

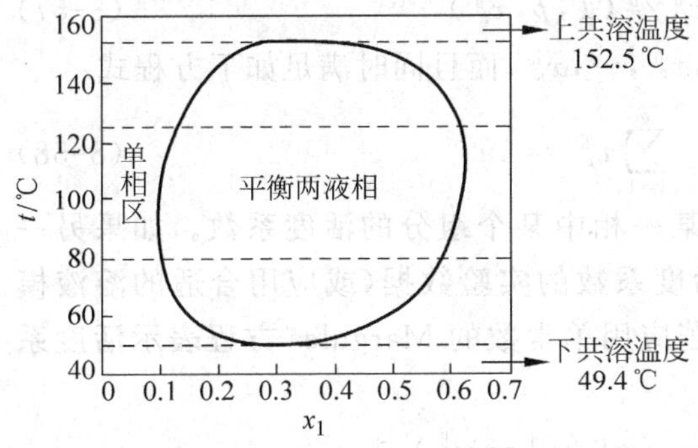

图 8-25　β-甲基吡啶-水的液-液相图

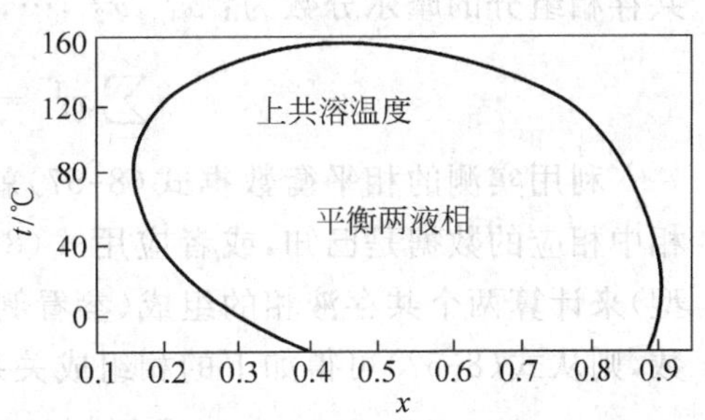

图 8-26　甲乙酮-水的液-液相图

上述两个液相的相对含量可以按组分的质量平衡式计算：

$$N_i^{\mathrm{F}} = N_i^{\mathrm{I}} + N_i^{\mathrm{II}}, \quad i = 1,2,\cdots \tag{8-56a}$$

这里 N_i^{I} 是组分 i 在Ⅰ相中的物质的量，而 N_i^{F} 是该组分总的物质的量。此方程的另一形式为

$$N_i^{\mathrm{F}} = x_i^{\mathrm{I}} N^{\mathrm{I}} + x_i^{\mathrm{II}} N^{\mathrm{II}}, \quad i = 1,2,\cdots \tag{8-56b}$$

式中，x_i^{I} 是组分 i 在Ⅰ相中的摩尔分数，N^{I} 是Ⅰ相的总物质的量。

例 8-6　设 1mol 的 β-甲基吡啶和 3mol 的水相混合，并且将此混合物加热到 80℃，试确定两相的组成和总量。

解　从相平衡图(图 8-25)查得

$$x_\beta^{\mathrm{I}} = 0.107, \quad x_\beta^{\mathrm{II}} = 0.593$$

它们是 β-甲基吡啶分别在两个平衡相中的摩尔分数。水的摩尔分数在该相中可以从下式得到

$$x_{\mathrm{H_2O}}^{\mathrm{I}} = 1 - x_\beta^{\mathrm{I}}$$

为了计算每一相的量，利用质量平衡方程

$$1\mathrm{mol}(\beta\text{-甲基吡啶}) = x_\beta^{\mathrm{I}} N^{\mathrm{I}} + x_\beta^{\mathrm{II}} N^{\mathrm{II}} = 0.107 N^{\mathrm{I}} + 0.593 N^{\mathrm{II}}$$

及

$$3\mathrm{mol}(\mathrm{H_2O}) = (1 - x_\beta^{\mathrm{I}}) N^{\mathrm{I}} + (1 - x_\beta^{\mathrm{II}}) N^{\mathrm{II}} = 0.893 N^{\mathrm{I}} + 0.407 N^{\mathrm{II}}$$

从上述方程求解得

$$N^{\mathrm{I}} = 2.82\mathrm{mol}, \quad N^{\mathrm{II}} = 1.18\mathrm{mol}$$

通常，液-液平衡(或分离)只存在某一温度范围，该温度范围上限是由上共溶或上临界溶解温度所限，下限则由下共溶或下临界溶解温度限定。这些临界溶解温度由给出的液-液相图所表明。所有部分互溶混合物应呈现一个或两个共溶温度；然而低共溶温度可能被混合物的冻结温度所“遮蔽”；如果温度超过混合物的泡点温度，则上共溶温度也观察不到。

相平衡热力学要求混合物中每一组分均必须遵守相平衡判据：

$$\hat{f}_i^{\mathrm{I}}(T, p, x_i^{\mathrm{I}}) = \hat{f}_i^{\mathrm{II}}(T, p, x_i^{\mathrm{II}})$$

如果引入活度系数，则为

$$x_i^{\mathrm{I}} \gamma_i^{\mathrm{I}}(T, p, x_i^{\mathrm{I}}) f_i^0(T, p) = x_i^{\mathrm{II}} \gamma_i^{\mathrm{II}}(T, p, x_i^{\mathrm{II}}) f_i^0(T, p)$$

由于纯组分逸度相消，可进一步简化为

$$x_i^{\mathrm{I}}\gamma_i^{\mathrm{I}}(T,p,x_i^{\mathrm{I}})=x_i^{\mathrm{II}}\gamma_i^{\mathrm{II}}(T,p,x_i^{\mathrm{II}})\tag{8-57}$$

共存相组分的摩尔分数为：$x_1^{\mathrm{I}},x_2^{\mathrm{I}},\cdots,x_n^{\mathrm{I}}$；$x_1^{\mathrm{II}},x_2^{\mathrm{II}},\cdots,x_n^{\mathrm{II}}$，而且同时满足如下方程式：

$$\sum_{i=1}^{n}x_i^{\mathrm{I}}=1\quad 及\quad \sum_{i=1}^{n}x_i^{\mathrm{II}}=1\tag{8-58}$$

利用实测的相平衡数据式(8-57)就可计算某一相中某个组分的活度系数。如果另一相中相应的数据是已知，或者应用式(8-58)和活度系数的实验数据(或应用合适的溶液模型)来计算两个共存液相的组成(参看例 8-7)。若应用单常数的 Margules 方程表示活度系数，则从式(8-57)可得如下的相组成关系式：

$$x_i^{\mathrm{I}}\exp\left[\frac{A(1-x_i^{\mathrm{I}})^2}{RT}\right]=x_i^{\mathrm{II}}\exp\left[\frac{A(1-x_i^{\mathrm{II}})^2}{RT}\right]\tag{8-59a}$$

如果应用正规溶液模型，则可导得

$$x_i^{\mathrm{I}}\exp\left[\frac{V_i^{\mathrm{L}}(\phi_j^{\mathrm{I}})^2(\delta_1-\delta_2)^2}{RT}\right]=x_i^{\mathrm{II}}\exp\left[\frac{V_i^{\mathrm{L}}(\phi_j^{\mathrm{II}})^2(\delta_1-\delta_2)^2}{RT}\right]\tag{8-59b}$$

例 8-7 应用 van Laar 方程计算在 37.8℃及 10atm 下在异丁烷-呋喃混合物中共存液相的组成。该体系的 van Laar 常数为

$$A=2.62,\quad B-3.02$$

解 共存相的组成按如下方程组求解

$$x_1^{\mathrm{I}}\gamma_1^{\mathrm{I}}=x_1^{\mathrm{I}}\exp\left\{\frac{A}{\left[1+\frac{Ax_1^{\mathrm{I}}}{B(1-x_1^{\mathrm{I}})}\right]^2}\right\}$$

$$=x_1^{\mathrm{II}}\exp\left\{\frac{A}{\left[1+\frac{Ax_1^{\mathrm{II}}}{B(1-x_1^{\mathrm{II}})}\right]^2}\right\}=x_1^{\mathrm{II}}\gamma_1^{\mathrm{II}}\tag{1}$$

$$x_2^{\mathrm{I}}\gamma_2^{\mathrm{I}}=x_2^{\mathrm{I}}\exp\left\{\frac{B}{\left[1+\frac{Bx_2^{\mathrm{I}}}{A(1-x_2^{\mathrm{I}})}\right]^2}\right\}$$

$$=x_2^{\mathrm{II}}\exp\left\{\frac{B}{\left[1+\frac{Bx_2^{\mathrm{II}}}{A(1-x_2^{\mathrm{II}})}\right]^2}\right\}=x_2^{\mathrm{II}}\gamma_2^{\mathrm{II}}\tag{2}$$

$$x_1^{\mathrm{I}}+x_2^{\mathrm{I}}=1\tag{3}$$

$$x_1^{\mathrm{II}}+x_2^{\mathrm{II}}=1\tag{4}$$

将异丁烷取为组分 1，呋喃为组分 2，在求解方程组时按如下的步骤进行：

(1) 估计一个 x_1^{I} 值；

(2) 应用式(1)计算 x_1^{II}，应用式(3)计算 x_2^{I}；

(3) 再应用式(2)计算 x_2^{II}；

(4) 验算 x_1^{II} 和 x_2^{II} 的计算值是否满足式(4)。如果不满足，则需选一个新的 x_1^{I} 值重算，一直到符合为止。

应用以上步骤，求得共存相的组成为

$$x_1^{\mathrm{I}}=0.118,\quad x_1^{\mathrm{II}}=0.925$$

$$x_2^{\mathrm{I}}=0.882,\quad x_2^{\mathrm{II}}=0.075$$

虽然从式(8-57)出发,能够对液-液相平衡直接进行计算,但该方程式并没有提供相分离及临界溶解温度行为发生的原因。为了阐明此原因,有必要研究各种混合物的吉布斯自由能与组成的关系。对于一理想二元混合物,其吉布斯自由能

$$G^{\mathrm{IM}}=x_1G_1+x_2G_2+RT(x_1\ln x_1+x_2\ln x_2) \tag{8-60}$$

由于 x_1 和 x_2 不大于 1,故 $\ln x_1,\ln x_2\leqslant 0$,而且式(8-60)最后一项是负的,所以,理想混合物的吉布斯自由能往往小于纯组分吉布斯自由能的摩尔分数权重加和,如图 8-27 中曲线所示。对于一真实混合物,总的吉布斯自由能

$$G=G^{\mathrm{IM}}+G^{\mathrm{E}} \tag{8-61}$$

式中超额吉布斯自由能 G^{E} 由实验确定,或应用液体溶液模型估算。为了进一步阐述,假定单常数 Margules 方程已足够了,于是

$$G^{\mathrm{E}}=Ax_1x_2 \tag{8-62}$$

当 $A>0$,则

$$G=x_1G_1+x_2G_2+RT(x_1\ln x_1+x_2\ln x_2)+Ax_1x_2 \tag{8-63}$$

对若干 A 值描绘了曲线 b 和 c,如图 8-27 所示。

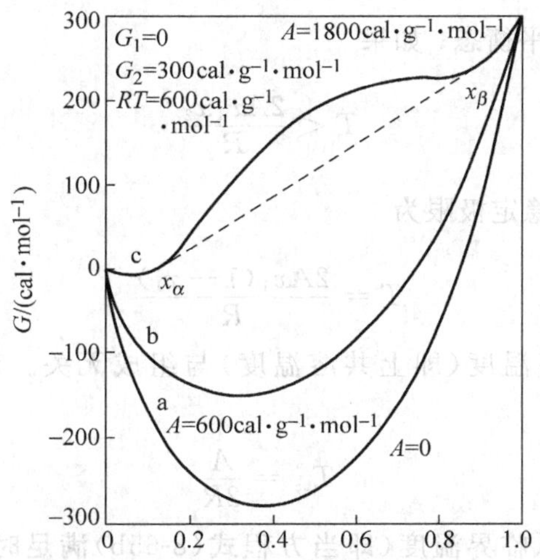

图 8-27 相分离不发生(实线)和发生相分离(虚线)时的理想($A=0$)与非理想($A\neq 0$)二元混合物的摩尔吉布斯自由能

封闭体系在恒温和恒压下的平衡判据是体系的吉布斯自由能最小,对于曲线 c 的混合物在 x_α 和 x_β 之间的整个组成内,G 的最小值是当混合物分离成两相时得到;其中一个组成为 x_α,另一个为 x_β。此时混合物的吉布斯自由能是两相吉布斯自由能的线性组合并用虚线表示,如图 8-27 所示。然而如果组分 1 的总摩尔分数小于 x_α 或大于 x_β,那么只有一单相存在。当然,相平衡组成 x_α 和 x_β 一般也可以根据式(8-57)直接求得,而这里则根据式(8-59a)求出。

液-液分离的温度范围(即临界溶解温度范围)可以用前面所述固有的流体稳定性的必要条件求得,即

$$\mathrm{d}^2G>0\quad(\text{在恒 }M,T\text{ 和 }p\text{ 下}) \tag{8-64}$$

下面考察吉布斯自由能对组成的二阶偏导数如何变化？如果$(\partial^2 G/\partial x^2)_{T,p}>0$，当给定温度和组成时，那么单相是稳定的；如果$(\partial^2 G/\partial x^2)_{T,p}<0$，在给定 T 和 x_1 条件下，单相是不稳定的将发生相分离；$(\partial^2 G/\partial x^2)=0$ 时的组成，表示 G 对 x_1 曲线上的拐点，是该温度下单相稳定的极限。如果存在上共溶温度 T_{uc}，则有

$$\left(\frac{\partial^2 G}{\partial x_1^2}\right)_{T,p}\begin{cases}=0, & \text{在 } T=T_{uc} \text{ 下 } x_1 \text{ 的某个值}\\ >0, & \text{在 } T>T_{uc} \text{ 下 } x_1 \text{ 的所有值}\end{cases} \tag{8-65a}$$

同样，如果存在一个下共溶温度 T_{lc}，则有

$$\left(\frac{\partial^2 G}{\partial x_1^2}\right)_{T,p}\begin{cases}=0, & \text{在 } T=T_{lc} \text{ 下 } x_1 \text{ 的某个值}\\ >0, & \text{在 } T<T_{lc} \text{ 下 } x_1 \text{ 的所有值}\end{cases} \tag{8-65b}$$

为了求得遵守单常数 Margules 模型的混合物的共溶温度，从式(8-63)出发，可得

$$\left(\frac{\partial^2 G}{\partial x_1^2}\right)_{T,p}=\frac{RT}{x_1 x_2}-2A \tag{8-66}$$

如果

$$T>\frac{2Ax_1x_2}{R} \tag{8-67a}$$

则$\left(\frac{\partial^2 G}{\partial x_1^2}\right)_{T,p}>0$，单液相是平衡态；如果

$$T<\frac{2Ax_1x_2}{R} \tag{8-67b}$$

则$\left(\frac{\partial^2 G}{\partial x_1^2}\right)_{T,p}<0$，相分离；稳定极限为

$$T=\frac{2Ax_1(1-x_1)}{R} \tag{8-68}$$

即相分离可能发生的最高温度(即上共溶温度)与组成无关。对于 Margules 混合物，当 $x_1=x_2=0.5$ 时，则

$$T_{uc}=\frac{A}{2R} \tag{8-69}$$

注意 Margules 方程没有低临界温度(即当方程式(8-65b)满足时，方程式(8-66)没有解)。这样，Margules 混合物的两个部分互溶的液相不能通过降低温度使之混合。

方程式(8-66)～(8-69)是选用单常数 Margules 方程导出的结果。应用 G^E 的其他实际模型将得出不同的相分离预计法。对于极不理想的混合物，如水溶液则情况更加复杂。在水溶液中因有氢键缔合现象发生，此种物系的活度系数在数值上远离1，在组成上是很不对称的，且与温度有密切关系。这种体系的详细分析已超出本书范围，这里不再论述。

8.6.2 从液液互溶度求配偶参数

根据以上对液液平衡体系热力学讨论，可以导出从液液互溶度数据计算有关方程中的配偶参数的关系式，本书介绍 van Laar 方程、Margules 方程和 NRTL 方程有关配偶参数的求法，由于 Wilson 方程不能适用于液液部分互溶体系，因此不予讨论。

(1) van Laar 参数的计算法

这里要讨论的是符合 van Laar 方程的二元体系。令 α,β 分别表示在恒温恒压下两个平衡共存的液相,液相活度系数与组成之间的关系,可用 van Laar 方程关联,因此必须符合下列八个方程式:

$$\gamma_1^{(\alpha)} x_1^{(\alpha)} = \gamma_1^{(\beta)} x_1^{(\beta)}, \quad \gamma_2^{(\alpha)} x_2^{(\alpha)} = \gamma_2^{(\beta)} x_2^{(\beta)}$$

$$x_1^{(\alpha)} + x_2^{(\alpha)} = 1, \quad x_1^{(\beta)} + x_2^{(\beta)} = 1$$

$$\lg\gamma_1^{(\alpha)} = \frac{A}{\left(1+\dfrac{Ax_1^{(\alpha)}}{Bx_2^{(\alpha)}}\right)^2}, \quad \lg\gamma_1^{(\beta)} = \frac{A}{\left(1+\dfrac{Ax_1^{(\beta)}}{Bx_2^{(\beta)}}\right)^2}$$

$$\lg\gamma_2^{(\alpha)} = \frac{B}{\left(1+\dfrac{Bx_2^{(\alpha)}}{Ax_1^{(\alpha)}}\right)^2}, \quad \lg\gamma_2^{(\beta)} = \frac{B}{\left(1+\dfrac{Bx_2^{(\beta)}}{Ax_1^{(\beta)}}\right)^2}$$

以上八个方程式中有 10 个未知数即 $\gamma_1^{(\alpha)}$,$\gamma_1^{(\beta)}$,$\gamma_2^{(\alpha)}$,$\gamma_2^{(\beta)}$,$x_1^{(\alpha)}$,$x_1^{(\beta)}$,$x_2^{(\alpha)}$,$x_2^{(\beta)}$,A 和 B。如果 $x_1^{(\alpha)}$,$x_1^{(\beta)}$ 已经由实验测定,则关联以上八个方程可以解得 A 和 B:

$$\frac{A}{B} = \frac{\left(\dfrac{x_1^{(\alpha)}}{x_2^{(\alpha)}} + \dfrac{x_1^{(\beta)}}{x_2^{(\beta)}}\right)\left[\dfrac{\lg(x_1^{(\beta)}/x_1^{(\alpha)})}{\lg(x_2^{(\alpha)}/x_2^{(\beta)})}\right] - 2}{\left(\dfrac{x_1^{(\alpha)}}{x_2^{(\alpha)}} + \dfrac{x_1^{(\beta)}}{x_2^{(\beta)}}\right) - \dfrac{2x_1^{(\alpha)}x_1^{(\beta)}}{x_2^{(\alpha)}x_2^{(\beta)}}\left[\dfrac{\lg(x_1^{(\beta)}/x_1^{(\alpha)})}{\lg(x_2^{(\alpha)}/x_2^{(\beta)})}\right]} \tag{8-70a}$$

$$A = \frac{\lg\left(\dfrac{x_1^{(\beta)}}{x_1^{(\alpha)}}\right)}{\dfrac{1}{\left(1+\dfrac{Ax_1^{(\alpha)}}{Bx_2^{(\alpha)}}\right)^2} - \dfrac{1}{\left(1+\dfrac{Ax_1^{(\beta)}}{Bx_2^{(\beta)}}\right)^2}} \tag{8-70b}$$

根据式(8-70a)和式(8-70b),当 $x_1^{(\alpha)}$ 和 $x_1^{(\beta)}$ 已由实验得到,则 $x_2^{(\alpha)}$,$x_2^{(\beta)}$ 可确定,于是式(8-70a)右边全部为已知值,因此可求得两个 van Laar 配偶参数的比值 A/B,再从式(8-70b)计算出 A,于是 A,B 便完全确定了。

(2) Margules 方程配偶参数的计算法

如液相活度系数与组成之间的关系符合 Margules 方程,则可写出下列八个方程式:

$$\gamma_1^{(\alpha)} x_1^{(\alpha)} = \gamma_1^{(\beta)} x_1^{(\beta)}, \quad \gamma_2^{(\alpha)} x_2^{(\alpha)} = \gamma_2^{(\beta)} x_2^{(\beta)}$$

$$x_1^{(\alpha)} + x_2^{(\alpha)} = 1, \quad x_1^{(\beta)} + x_2^{(\beta)} = 1$$

$$\lg\gamma_1^{(\alpha)} = [x_2^{(\alpha)}]^2[A + 2x_1^{(\alpha)}(B-A)]$$

$$\lg\gamma_1^{(\beta)} = [x_2^{(\beta)}]^2[A + 2x_1^{(\beta)}(B-A)]$$

$$\lg\gamma_2^{(\alpha)} = [x_1^{(\alpha)}]^2[B + 2x_2^{(\alpha)}(A-B)]$$

$$\lg\gamma_2^{(\beta)} = [x_1^{(\beta)}]^2[B + 2x_2^{(\beta)}(A-B)]$$

由上述八个方程,可得以下两个关联式:

$$B - A = \frac{[x_1^{(\alpha)} + x_1^{(\beta)}]\lg\dfrac{x_1^{(\beta)}}{x_1^{(\alpha)}} + [x_2^{(\alpha)} + x_2^{(\beta)}]\lg\dfrac{x_2^{(\beta)}}{x_2^{(\alpha)}}}{[x_1^{(\alpha)} - x_1^{(\beta)}]^3} \tag{8-71a}$$

$$A = \frac{\lg\dfrac{x_1^{(\beta)}}{x_1^{(\alpha)}}}{(x_2^{(\alpha)})^2 - (x_2^{(\beta)})^2} - 2(B-A)\left[\frac{(x_2^{(\alpha)})^2 x_1^{(\alpha)} - (x_2^{(\beta)})^2 x_1^{(\beta)}}{(x_2^{(\alpha)})^2 - (x_2^{(\beta)})^2}\right] \tag{8-71b}$$

有了液-液互溶度数据,可先根据式(8-71a)求得 $B-A$,再从式(8-71b)求得 A,然后再求 B。

(3) NRTL 方程配偶参数的计算方法

如果液相活度系数与组成之间的关系符合 NRTL 方程,则可写出下列八个方程式:

$$\gamma_1^{(\alpha)}x_1^{(\alpha)}=\gamma_1^{(\beta)}x_1^{(\beta)},\quad \gamma_2^{(\alpha)}x_2^{(\alpha)}=\gamma_2^{(\beta)}x_2^{(\beta)}$$

$$x_1^{(\alpha)}+x_2^{(\alpha)}=1,\quad x_1^{(\beta)}+x_2^{(\beta)}=1$$

$$\ln\gamma_1^{(\alpha)}=(x_2^{(\alpha)})^2\left[\tau_{21}\left(\frac{G_{21}}{x_1^{(\alpha)}+G_{21}x_2^{(\alpha)}}\right)^2+\frac{\tau_{12}G_{12}}{(x_2^{(\alpha)}+G_{12}x_1^{(\alpha)})^2}\right]$$

$$\ln\gamma_1^{(\beta)}=(x_2^{(\beta)})^2\left[\tau_{21}\left(\frac{G_{21}}{x_1^{(\beta)}+G_{21}x_2^{(\beta)}}\right)^2+\frac{\tau_{21}G_{12}}{(x_2^{(\beta)}+G_{12}x_1^{(\beta)})^2}\right]$$

$$\ln\gamma_2^{(\alpha)}=(x_1^{(\alpha)})^2\left[\tau_{12}\left(\frac{G_{12}}{x_2^{(\alpha)}+G_{12}x_1^{(\alpha)}}\right)^2+\frac{\tau_{21}G_{21}}{(x_1^{(\alpha)}+G_{21}x_2^{(\alpha)})^2}\right]$$

$$\ln\gamma_2^{(\beta)}=(x_1^{(\beta)})^2\left[\tau_{12}\left(\frac{G_{12}}{x_2^{(\beta)}+G_{12}x_1^{(\beta)}}\right)^2+\frac{\tau_{21}G_{21}}{(x_1^{(\beta)}+G_{21}x_2^{(\beta)})^2}\right]$$

式中

$$G_{12}=\exp(-\alpha_{12}\tau_{12}),\quad G_{21}=\exp(-\alpha_{12}\tau_{21})$$

由上述八个方程式,可得以下两个关联式:

$$\ln\frac{x_1^{(\beta)}}{x_1^{(\alpha)}}=\left\{\tau_{21}\left[\frac{G_{21}}{(x_1^{(\alpha)}/x_2^{(\alpha)})+G_{21}}\right]^2+\frac{\tau_{12}G_{12}}{[1+(x_1^{(\alpha)}/x_2^{(\alpha)})G_{12}]^2}\right\}-\left\{\tau_{21}\left[\frac{G_{21}}{(x_1^{(\beta)}/x_2^{(\beta)})+G_{21}}\right]^2+\frac{\tau_{12}G_{12}}{[1+(x_1^{(\beta)}/x_2^{(\beta)})G_{12}]^2}\right\}\tag{8-72a}$$

$$\ln\frac{x_2^{(\beta)}}{x_2^{(\alpha)}}=\left\{\tau_{12}\left[\frac{G_{12}}{(x_2^{(\alpha)}/x_1^{(\alpha)})+G_{12}}\right]^2+\frac{\tau_{21}G_{21}}{[1+(x_2^{(\alpha)}/x_1^{(\alpha)})G_{21}]^2}\right\}-\left\{\tau_{12}\left[\frac{G_{12}}{(x_2^{(\beta)}/x_1^{(\beta)})+G_{12}}\right]^2+\frac{\tau_{21}G_{21}}{[1+(x_2^{(\beta)}/x_1^{(\beta)})G_{21}]^2}\right\}\tag{8-72b}$$

如有液-液互溶度数据,则 $x_1^{(\alpha)},x_1^{(\beta)},x_2^{(\alpha)},x_2^{(\beta)}$ 均为已知,当 α_{12} 值已经选定时,则式(8-72a)和式(8-72b)中只有两个未知数 τ_{12},τ_{21},用试差法求解此联立方程即可求得 τ_{12} 和 τ_{21}。

例 8-8 已知醋酸乙酯(1)-水(2)二元体系在 70℃时的互溶度数据为 $x_1^{(\alpha)}=0.0109$,$x_1^{(\beta)}=0.7756$,试确定 NRTL 方程中的参数 τ_{12},τ_{21},设 NRTL 方程的第三参数已选定为 $\alpha_{12}=0.2$。

解 已知 $x_1^{(\alpha)}=0.0109, x_1^{(\beta)}=0.7756$,故

$$x_2^{(\alpha)}=1-x_1^{(\alpha)}=1-0.0109=0.9891$$

$$x_2^{(\beta)}=1-x_1^{(\beta)}=1-0.7756=0.2244$$

$$\frac{x_1^{(\beta)}}{x_1^{(\alpha)}}=\frac{0.7756}{0.0109}=71.15,\quad \frac{x_1^{(\beta)}}{x_2^{(\beta)}}=\frac{0.7756}{0.2244}=3.456$$

$$\frac{x_2^{(\beta)}}{x_2^{(\alpha)}}=\frac{0.2244}{0.9891}=9.2269,\quad \frac{x_2^{(\alpha)}}{x_1^{(\alpha)}}=\frac{0.9891}{0.0109}=90.74$$

$$\frac{x_1^{(\alpha)}}{x_2^{(\alpha)}}=\frac{0.0109}{0.9891}=0.011\,02,\quad \frac{x_2^{(\beta)}}{x_1^{(\beta)}}=\frac{0.2244}{0.7756}=0.2894$$

将以上数据代入式(8-72a)和式(8-72b)且已知 $\alpha_{12}=0.2$,则可得

$$\ln 71.15=\left\{\tau_{21}\left[\frac{\exp(-0.2\times\tau_{21})}{0.011\,02+\exp(-0.2\times\tau_{21})}\right]^2+\frac{\tau_{12}\exp(-0.2\times\tau_{12})}{[1+0.011\,02\exp(-0.2\times\tau_{12})]^2}\right\}$$

$$-\left\{\tau_{21}\left[\frac{\exp(-0.2\times\tau_{21})}{3.456+\exp(-0.2\times\tau_{21})}\right]^2+\frac{\tau_{21}\exp(-0.2\times\tau_{12})}{[1+3.456\exp(-0.2\times\tau_{12})]^2}\right\}$$

$$\ln 0.2269=\left\{\tau_{12}\left[\frac{\exp(-0.2\times\tau_{12})}{90.74+\exp(-0.2\times\tau_{12})}\right]^2+\frac{\tau_{21}\exp(-0.2\times\tau_{21})}{[1+90.74\exp(-0.2\times\tau_{21})]}\right\}$$

$$-\left\{\tau_{12}\left[\frac{\exp(-0.2\times\tau_{12})}{0.2894+\exp(-0.2\times\tau_{12})}\right]^2+\frac{\tau_{21}\exp(-0.2\times\tau_{21})}{[1+0.2894\exp(-0.2\times\tau_{21})]^2}\right\}$$

应用试差法求解此联立方程式得

$$\tau_{12}=0.030,\quad \tau_{21}=4.52$$

从此例可以看出，通过已知液液互溶度数据计算 NRTL 方程中的参数 τ_{12}，τ_{21} 时，最后必须采用较为繁复的试差法。Renon 和 Prausnitz[14] 为了方便计算，特别制作了一套算图，可供使用。

繁复的试差法计算 NRTL 方程配偶参数 τ_{12}，τ_{21} 的过程可由计算机完成。高光华和于养信编著的《化工热力学——基本内容、习题详解和计算程序》一书第 232 页习题 8-45 给出了采用 Newton-Raphson 迭代法计算 NRTL 方程配偶参数 τ_{12}，τ_{21} 的计算机程序，采用的程序语言为 Fortran。

8.6.3 多元体系液-液平衡

化工分离过程中应用最多的是三元以上的液-液平衡体系。采用环丁砜萃取分离芳烃和烷烃就是一个典型的液-液萃取分离过程，需要进行多元液-液平衡的实验测定和计算。如图 8-28 所示[21]，环丁砜和烷烃是不完全互溶的两种物质，而环丁砜和芳烃是互溶的，所以采用环丁砜将芳烃溶解，实现芳烃和烷烃的分离。

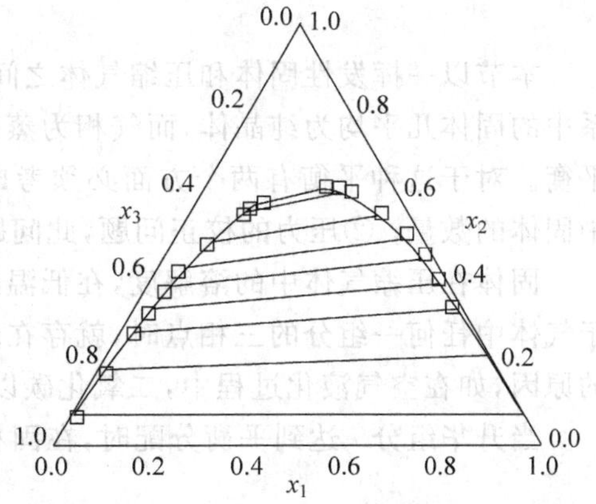

图 8-28 298K 下已烷(1)-苯(2)-环丁砜(3)三元体系的液-液平衡

对于一个三元体系的液-液两相平衡，两相平衡必须满足三个组分在两相中的活度或逸度相等。由于大多数液-液平衡都处在常压下，所以采用活度相等的条件：

$$x'_i\gamma'_i=x''_i\gamma''_i,\quad i=1,2,3$$

若已知活度系数模型中的所有组分之间的相互作用参数，则所有组分的活度系数就是所有组分摩尔分数的函数，这样计算两相中的各组分浓度仍然需要其他条件。一般的液-液平衡计算有三种不同的方式：

(1) 已知一个液相中的所有组分的摩尔分数，求另一个液相中的所有组分的摩尔分数。采用上面三个活度相等的公式，针对三元体系，有三个等式，通过迭代求取。这是液-液平衡体系的模拟计算过程中的常用方法。

(2) 已知两相合起来的总的摩尔分数 x_i^0，$i=1,2,3$，求取两个液相中的各组分的摩尔分数 x'_i，x''_i，$i=1,2,3$。这时候，需要求取 6 个未知数，需要 6 个方程：

假设两个液相的总摩尔数分别为 N' 和 N''，各组分的物料平衡为

$$N'x'_i + N''x''_i = (N' + N'')x_i^0,\quad i = 1,2,3$$

加上各组分活度相等的三个公式，以及各相摩尔分数总和等于1的2个公式：

$$\sum_{i=1}^{3} x'_i = 1$$

$$\sum_{i=1}^{3} x''_i = 1$$

共8个方程，求解6个摩尔分数和N'，N''，共8个未知数，可通过迭代求取两相各组分摩尔分数。

由于液-液平衡的实验数据，常常是两相浓度的实验数据，所以这样的计算方式，可用于将实验数据和计算值进行比较，并进行活度系数模型的参数拟合。

(3) 根据相律，三元体系，两个相，除了温度和压力外，自由度只有一个。据此，可指定一个液相中的一个组分的摩尔分数，求取其他5个组分的摩尔分数。可采用活度相等的3个方程，加上各相摩尔分数总和等于1的2个公式。

由于适合液-液平衡的活度系数模型的参数，常常和适合汽-液平衡的参数不太一致，为了提高液-液平衡的计算精度，需要单独针对液-液平衡进行参数拟合。这需要在实际工程设计中加以注意。

8.7 升华平衡和在超临界流体中固体或液体的溶解度

8.7.1 升华平衡

本节以一挥发性固体和压缩气体之间平衡的例子作为讨论的主要内容。在这种平衡体系中的固体几乎均为纯晶体，而气相为蒸汽与"惰性"气体的混合物，称为气-固平衡或升华平衡。对于这种平衡有两个方面必须考虑：①溶解度问题，即气化(或溶解)进入压缩气体中固体的数量；②压力的校正问题，此问题涉及气相空间中气体p-V-T数据的解析。

固体在压缩气体中的溶解度，在低温过程中是需予以注意的。无论何时，当过程温度低于气体中任何一组分的三相点时，就存在着组分在冷凝面上沉积的可能性，这就是产生阻塞的原因，如在空气液化过程中，二氧化碳以干冰的形式沉积，就可能产生阻塞现象。

当升华组分i达到平衡分配时，在固相和气相中的逸度相等，

$$f_i^{\mathrm{S}} = \hat{f}_i^{\mathrm{V}} \tag{8-73}$$

这里f_i^{S}指的是组分i在体系压力p下固相的逸度。此压力p由于"惰性"气体的存在而比蒸汽压p_i^{sat}高。令f_i^{S}为固相i在p_i^{sat}下的逸度。由于压力变化，逸度f_i^{S}和$f_i^{\mathrm{sat,S}}$是不一样的(忽略"惰性"气体在固体中的溶解度)。压力对逸度的影响，可由逸度的定义微分式

$$(RT\mathrm{d}\ln f = V\mathrm{d}p)_T$$

的积分来计算。设压力变化对固体的摩尔体积V_{S}不产生影响，则得

$$f_i^{\mathrm{S}} = f_i^{\mathrm{sat,S}} \exp\left[\frac{V_{\mathrm{S}}(p - p_i^{\mathrm{sat}})}{RT}\right] \tag{8-74a}$$

上式中的指数称为Poynting因子。从一般压力到100atm(10^4kPa)的范围内，它近似为1。纯饱和固体的逸度$f_i^{\mathrm{sat,S}}$等于纯饱和蒸汽的逸度。后者可用蒸汽压p_i^{sat}和逸度系数ϕ_i^{sat}来表示，于是上式可改写为

$$\hat{f}_i^S = p_i^{sat}\phi_i^{sat}\exp\left[\frac{V_S(p-p_i^{sat})}{RT}\right] \tag{8-74b}$$

式(8-74b)表明，f_i^S很容易由已知的固体密度和蒸汽压求得，在低蒸汽压下，逸度系数 ϕ_i^{sat} 接近于1。

气体混合物中蒸汽的逸度$\hat{f}_i^V$与表示为摩尔分数 y_i 的溶解度有关(式(8-6))：

$$\hat{f}_i^V = \hat{\phi}_i^V y_i p$$

将式(8-6)和式(8-74b)代入式(8-73)，得

$$\hat{\phi}_i^V y_i p = p_i^{sat}\phi_i^{sat}\exp\left[\frac{V_S(p-p_i^{sat})}{RT}\right] \tag{8-75}$$

如果有可靠的状态方程计算出$\hat{\phi}_i^V$，即可应用式(8-75)计算固体在气体中的溶解度 y_i。相反，从实测的 y_i 值可敏感而又可靠地验证从状态方程式求出的$\hat{\phi}_i^V$。

升华平衡往往由下式定义的增强因子表达：

$$E_i = \frac{y_i p}{p_i^{sat}} = \frac{\phi_i^V}{\hat{\phi}_i^V}\exp\left[\frac{V_S(p-p_i^{sat})}{RT}\right] \tag{8-76}$$

对于低压缩体，增强因子近似等于1，此时，蒸汽分压近似等于蒸汽压。对于高压缩体，增强因子与1相差很大，主要决定于反映气体混合物与理想气体行为偏差的$\hat{\phi}_i^V$。因为对高压下的气体，$\hat{\phi}_i^V$通常比1小，增强因子比1大，故此得名。

图8-29表示在143K下固体二氧化碳(干冰)在空气中溶解度的实验值与各种计算值的比较。实测的溶解度最初随压力增加而减小，与理想气体状态方程所预计的基本一致。在低压范围(不超过几个大气压)，

$$\hat{\phi}_i^V \approx 1 \tag{8-77}$$

$$\exp\left[\frac{V_S(p-p_i^{sat})}{RT}\right] \approx 1 \tag{8-78}$$

从式(8-76)即得

$$y_i \approx \frac{p_i^{sat}\phi_i^{sat}}{p} \tag{8-79}$$

在高压下，由于指数因子的原因，溶解度随压力的升高而增大的幅度很小，这反映了受压固体逸度的增大。但是，其主要的因素还是$\hat{\phi}_i^V$的减小，它反映了由于分子间的引力作用对固体在气体中溶解能力的影响，这种影响导致溶解度增加几个数量级。

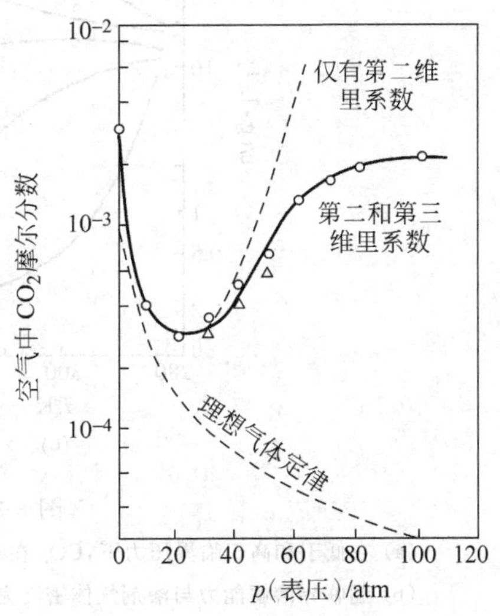

图8-29 143K下固体二氧化碳在空气中的溶解度

8.7.2 在超临界流体中固体或液体的溶解度

高压气体除了能完全充满它们所处的任何封闭空间外，它们的性质，包括溶解能力，是

与液体的性质相类似的。在中等压力下,在溶剂气体中可凝性物质的含量决定于其蒸汽压或升华压,且随着体系压力的上升而下降。然而,当压力超出气体的近临界压力区时,气体的溶解能力则随压力增加而急剧上升,就如通常液体溶剂行为一样。此溶解度的增高可以解释为由于气态溶质的逸度系数随着压力的增加而急剧下降所致。这种行为可用新近发表的状态方程式表示。图8-30(a)~(d)中给出了某些数据。

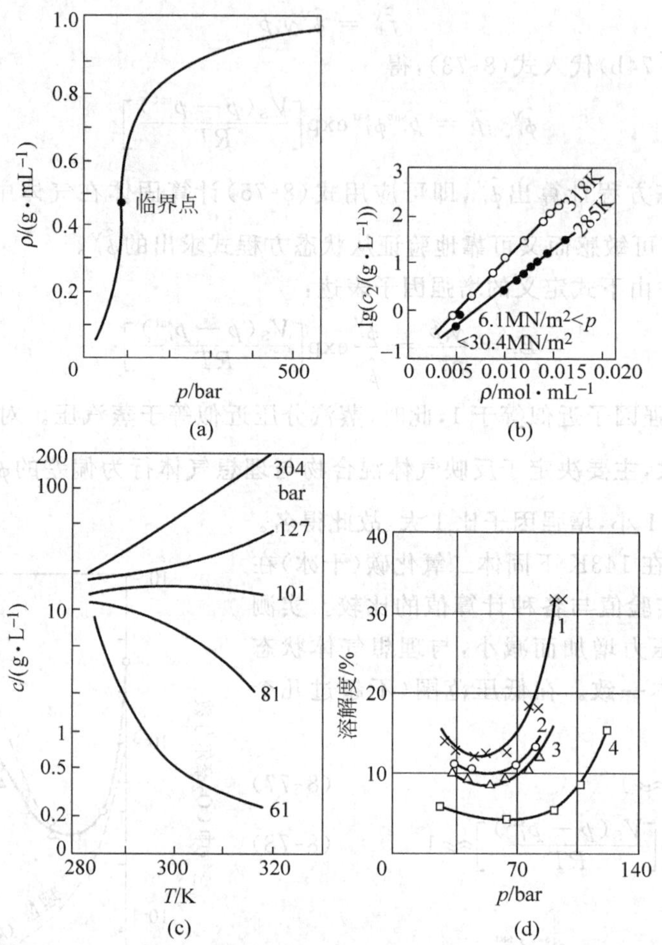

图8-30　超临界性质和溶解度

(a) 在低于和高于临界压力下,CO_2 在40℃时压力对其密度的影响;

(b) 超临界溶解能力与溶剂气体密度完全相关。如图所示,萘在乙烯中的溶解度为溶剂的密度函数;

(c) 乙烯的超临界温度和压力对萘在乙烯中溶解度的影响;

(d) 在75℃下正己烷(1),环己烷(2),苯(3)和乙醇(4)在压缩乙烯中的溶解度

假设溶质相保持纯净,溶质的分逸度为

$$\hat{f}_2^{V} = \hat{f}_2^{L} \approx f_2^{L} \tag{8-80}$$

通过类似于式(8-74)和式(8-75)的推导,上式可改换成

$$y_2 \hat{\phi}_2 p = \phi_2^{sat} p_2^{sat} \exp\left[\frac{V_2(p - p_2^{sat})}{RT}\right] \tag{8-81}$$

从中解出气相中溶质的含量为

$$y_2=(\phi_2^{sat}p_2^{sat}/\hat{\phi}_2 p)\exp\left[\frac{V_2(p-p_2^{sat})}{RT}\right] \tag{8-82}$$

分母中的压力项为 Poynting 因子中的主要因素，但在某些实例中，分逸度系数会随压力的上升急剧下降，以致溶解度明显上升。在例 8-9 中，用截取至 B 的维里方程分析了几种重烃类在丙烷中的溶解度。在这些情况下，即使压力在 10.13MPa(100atm)以下，最高溶解度与最低溶解度之比可达 10～20。

早在 100 多年以前，人们就观察到了高压下气体中凝聚相溶解度的提高，但至今才对这种现象发生了兴趣。首次工业应用是由 Zhuse(1955，1960)报道的，目前的进展是用于不太稳定物质的蒸馏回收或分离，对于临界温度接近大气温度的气体是最为合适的，其中某些气体的临界参数列于下表。

气体名称	t_c/℃	p_c/MPa
二氧化碳	31.0	7.49
乙烯	9.2	5.13
一氧化氮	36.5	7.36
乙烷	32.3	4.94
$CClF_3$(R-13，制冷剂)	28.9	3.71
CHF_3(R-23，制冷剂)	25.9	4.88
丙烷	96.8	4.26

表 8-11 中给出了一些超临界流体技术的应用实例。

表 8-11 超临界流体技术的应用实例

应 用 领 域	超临界流体	工艺条件	
		温度/℃	压力/MPa
柠檬皮中提取柠檬油	CO_2	40	30
烟草中提取尼古丁	CO_2	50～70	6.1～33.4
啤酒花的抽提	CO_2	45～55	31.9～40.5
咖啡豆中抽提咖啡	CO_2	90	16.2～22.3
大豆、菜籽、向日葵籽中提取油脂	CO_2	40	40
黑胡椒中提取香精	CO_2	50～60	35.5
杏仁中精油的提取	CO_2	40	60
紫丁香、茴香、肉桂等精油的提取	CO_2	40	3～9
鲜植物(菠萝、洋葱)中提取调味品	CO_2	0～40	8～20
从玉米中提取油脂	丙烷	80～150	50.6
从肉桂中提取肉桂醛	N_2O	50	30.4
煤的萃取/液化	甲苯	350	10
石油脱沥青	丙烷/丙烯	100	9.1～11.1
废油净化	CO_2	32～55	7.4～55.2
石油残渣的萃取	丙烷/正丁烷	140	11.1～12.2

除了对低挥发性物质在低温下的分离有利以外，超临界萃取常常比普通的分离过程有更好的热效益。这是因为采用相对较小的压力和温度的调整而不需要相态改变就可以控制

溶解度。一个高热效益的例子是用超临界 CO_2 分离乙醇和水的工艺,不过此工艺仍处于中试阶段。

一般,采用式(8-82)和一个合适的分逸度系数的关系式是能够估计出溶解度数值的。同时,也能总结出以下定性法则:

(1) 在许多情况下,在溶剂气体的临界温度附近,溶解度的增加特别明显。

(2) 溶解度在临界压力附近基本趋向于一个最小值。在图8-30(d)中,所有的溶质在乙烯的临界压力5.13MPa(49.7atm)附近具有最小的溶解度。

(3) 溶剂的密度也许是决定溶解度的主要因素。从图8-30(b)看出,在高压区,溶解度的对数随密度具有近似线性的变化关系。

近几年来,编者对超临界萃取机制从理论和实验两方面进行了一系列研究工作,并取得了较大进展[16,17]

例 8-9 压力对丙烷的溶解能力和重烃类的逸度系数的影响。

解 在下表中给出了溶剂和溶质等的性质。体系温度为400K。

	T_c /K	p_c /kPa	V_c /(cm³·mol⁻¹)	Z_c	ω	B_{ij} /(cm³·mol⁻¹)	p^S /(1.013×10⁵Pa)	V_L /(cm³·mol⁻¹)
丙烷	369.8	4245.5	203	0.281	0.152	−0.2069	—	—
萘	748.4	4053.0	410	0.267	0.302	−2.746	0.0717	132.0
十六烷	717.0	1418.6	828	0.236	0.708	−10.060	0.004 37	294.1
菲	878.0	2897.9	594	0.228	0.440	−10.369	0.001 53	151.2
丙烷+萘	526.1	4069.2			0.227	−0.7044		
丙烷+十六烷	514.9	2487.5			0.430	−1.2222		
丙烷+菲	569.8	3310.3			0.246	−1.1467		

应用Tsonopoulos方程计算分逸度系数。指定丙烷为组分1,溶质定为组分2。起初当压力上升时,溶解度下降,随后逸度系数显著下降,而Poynting因子阻碍了这种趋势。但总的来说,溶解度是增大的。参看图8-31。

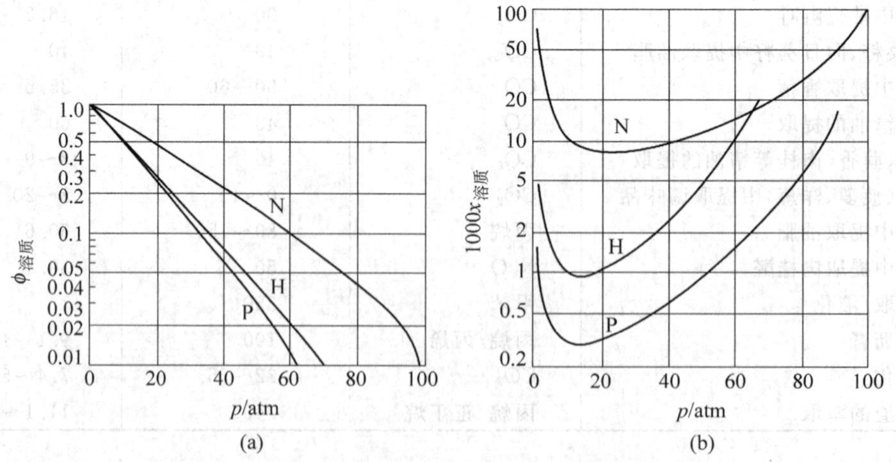

图8-31 在400K下压力对萘(N)、十六烷(H)和菲(P)在丙烷中分逸度系数的影响(a)以及对溶解度的影响(b)

$$B = y_1^2 B_{11} + y_2^2 B_{22} + 2y_1 y_2 B_{12}$$

$$\ln \hat{\phi}_2 = \frac{p}{RT}(2y_1 B_{12} + 2y_2 B_{22} - B)$$

$$y_2 = \frac{\phi_2^{\text{sat}} p_2^{\text{sat}}}{\hat{\phi}_2 p} \exp\left[\frac{V_2(p - p_2^{\text{sat}})}{RT}\right]$$

实际上，在 $p/p_c > 0.5T/T_c$ 时，上式已开始失去精确度。对丙烷来说，压力大约是 2.03MPa，但仍给出了定性结果，因为它们预测了溶解度随压力的变化初始是下降，随后显著增长。

8.8 固-液平衡

若固体溶解在液体中，且达到过饱和时，则纯固体与溶液中已溶解的固体溶质达到相平衡。设脚标 1 代表固体组分，则存在以下相平衡关系：

$$f_1^{\text{S}}(T,p) = \hat{f}_1^{\text{L}}(T,p,x) \tag{8-83}$$

式中，$f_1^{\text{S}}(T,p)$是组分 1 作为纯固相的逸度；$\hat{f}^{\text{L}}(T,p,x)$是组分 1 在液体中的分逸度。

若考虑固体在液体溶剂中的溶解度，则有

$$f_1^{\text{S}}(T,p) = f_1^{\text{L}}(T,p)x_1\gamma_1 \tag{8-84}$$

式中，$f_1^{\text{L}}(T,p)$是组分 1 作为纯液体的逸度；x_1 是固体溶质在溶剂中的饱和溶解度；γ_1 是组分 1 在溶液中的活度系数。

若纯固体在它的正常熔点 T_m 下达到固液平衡，则有

$$f_1^{\text{S}}(T_m) = f_1^{\text{L}}(T_m) \tag{8-85}$$

但通常情况下，固体在低于其正常熔点下溶解，此时 $f_1^{\text{S}}(T) \neq f_1^{\text{L}}(T)$，而是 $f_1^{\text{L}}(T) > f_1^{\text{S}}(T)$。

为了使用方程(8-84)预测固体的溶解度，需能够估算 $f_1^{\text{L}}(T)/f_1^{\text{S}}(T)$的比值。若已知固体和其液体的热容和熔化热，则 $f_1^{\text{L}}(T)/f_1^{\text{S}}(T)$之值可由其熔化时摩尔吉布斯自由能的改变得到。过程如下：

$$\frac{\Delta G^{\text{fus}}(T,p)}{RT} = \frac{G_1^{\text{L}}(T,p) - G_1^{\text{S}}(T,p)}{RT}$$

$$= \frac{(\mu_1^{\ominus} + RT\ln f_1^{\text{L}}) - (\mu_1^{\ominus} + RT\ln f_1^{\text{S}})}{RT}$$

$$= \ln \frac{f_1^{\text{L}}(T,p)}{f_1^{\text{S}}(T,p)}$$

将上式代入式(8-84)中，得

$$\ln(x_1\gamma_1) = -\frac{\Delta G^{\text{fus}}(T,p)}{RT} \tag{8-86}$$

而 $\Delta G^{\text{fus}}(T)$可由下式求得

$$\Delta G^{\text{fus}}(T) = \Delta H^{\text{fus}}(T) - T\Delta S^{\text{fus}}(T) \tag{8-87}$$

为了求得 $\Delta H^{\text{fus}}(T)$和 $\Delta S^{\text{fus}}(T)$，可假定以下三个等压熔化步骤(在正常熔点以下)：

(1) 固体在固定的压力下，从温度 T 加热到正常熔点 T_m。

(2) 固体在正常熔点时变成液体。

(3) 液体从 T_m 冷却到混合物的温度。

在此过程中,焓变和熵变分别为

$$\Delta H^{fus}(T)=\int_{T}^{T_m}C_p^S dT+\Delta H^{fus}(T_m)+\int_{T_m}^{T}C_p^L dT$$

$$=\Delta H^{fus}(T_m)+\int_{T_m}^{T}\Delta C_p dT \tag{8-88}$$

$$\Delta S^{fus}(T)=\int_{T}^{T_m}\frac{C_p^S}{T}dT+\Delta S^{fus}(T_m)+\int_{T_m}^{T}\frac{C_p^L}{T}dT$$

$$=\Delta S^{fus}(T_m)+\int_{T_m}^{T}\frac{\Delta C_p}{T}dT \tag{8-89}$$

式中,$\Delta C_p=C_p^L-C_p^S$。

因在正常熔点 T_m 时,固液相变为可逆变化,所以

$$\Delta S^{fus}(T_m)=\frac{\Delta H^{fus}(T_m)}{T_m}$$

则

$$\Delta S^{fus}(T)=\frac{\Delta H^{fus}(T_m)}{T_m}+\int_{T_m}^{T}\frac{\Delta C_p}{T}dT \tag{8-90}$$

因此

$$\Delta G^{fus}(T)=\Delta H^{fus}(T)-T\Delta S^{fus}(T)$$

$$=\Delta H^{fus}(T_m)\left(1-\frac{T}{T_m}\right)+\int_{T_m}^{T}\Delta C_p dT-T\int_{T_m}^{T}\frac{\Delta C_p}{T}dT \tag{8-91}$$

将式(8-91)代入式(8-86)中,得到

$$\ln x_1\gamma_1=-\frac{\Delta H^{fus}(T_m)}{RT}\left(1-\frac{T}{T_m}\right)-\frac{1}{RT}\int_{T_m}^{T}\Delta C_p dT+\frac{1}{R}\int_{T_m}^{T}\frac{\Delta C_p}{T}dT \tag{8-92}$$

式(8-92)为预测固体在液体中饱和溶解度的基本方程。

方程(8-92)在不引起明显误差的情况下可引入一个近似。假定 ΔC_p 与温度无关,则方程(8-92)成为

$$\ln x_1\gamma_1=-\left\{\frac{\Delta H^{fus}(T_m)}{RT}\left(1-\frac{T}{T_m}\right)+\frac{\Delta C_p}{R}\left[1-\frac{T_m}{T}+\ln\left(\frac{T_m}{T}\right)\right]\right\} \tag{8-93}$$

若固体溶解在液体溶剂中形成理想溶液,$\gamma_1=1$,则固体饱和溶解度可直接由 $\Delta H^{fus}(T_m)$ 和 ΔC_p 的数据计算得到,即

$$\ln x_1=-\left\{\frac{\Delta H^{fus}(T_m)}{RT}\left(1-\frac{T}{T_m}\right)+\frac{\Delta C_p}{R}\left[1-\frac{T_m}{T}+\ln\left(\frac{T_m}{T}\right)\right]\right\} \tag{8-94}$$

如果形成非理想溶液,$\gamma_1\neq1$。活度系数 γ_1 须从实验数据或液体溶液模型求得。例如可由正规溶液方程

$$RT\ln\gamma_1=V_1^L(\delta_1-\delta_2)^2\phi_2^2 \tag{8-95}$$

求出 γ_1。

若假定固体和液体的热容相等,即 $\Delta C_p=0$,则式(8-92)更可简化为

$$\ln x_1=-\ln\gamma_1-\frac{\Delta H^{fus}(T_m)}{RT}\left(1-\frac{T}{T_m}\right) \tag{8-96}$$

例 8-10 请估算固体萘(1)在液体正己烷(2)中 20℃的溶解度。已知数据如下：

萘($C_{10}H_8$)：相对分子质量为 128.19

熔点：80.2℃

熔化热：18.804kJ·mol^{-1}

固体密度：20℃时为 1.0253g·mL^{-1}

液体密度：100℃时为 0.9625g·mL^{-1}

固体蒸汽压：$\lg p(10^5\text{Pa}) = 8.722 - \frac{3783}{T}$ （T 的单位为 K）

正己烷的溶解度参数：$\delta_2 = 7.3(\text{cal}\cdot\text{mL}^{-1})^{1/2}$

正己烷的摩尔体积：$V_2^L = 132\text{mL}\cdot\text{mol}^{-1}$

且假设固体和液体的热容相等，即 $\Delta C_p = 0$。

解 因为已知的萘液体的密度为 100℃时数值，假定 20℃时萘液体的摩尔体积等于同温度下的萘固体摩尔体积，即

$$V_1^L = \frac{128.19}{1.0253} = 125\text{mL}\cdot\text{mol}^{-1}$$

因为萘的升华热（Heat of Sublimation）未知，但可由固体的蒸汽压和 Clausius-Clapeyron 方程（且 $\Delta V = V^V - V^S \approx RT/p$）求得：

$$\frac{\Delta H^{\text{sub}}}{RT^2} = \frac{\text{d}\ln p}{\text{d}T} = 2.303\,\frac{\text{d}\lg p}{\text{d}T} = 2.303 \times \frac{3783}{T^2}$$

$$\Delta H^{\text{sub}} = 2.303 \times 3783 \times 8.314 \approx 72.434\text{kJ}\cdot\text{mol}^{-1}$$

又因为

$$\Delta H^{\text{vap}} = \Delta H^{\text{sub}} - \Delta H^{\text{fus}}$$

$$\Delta H^{\text{vap}} = \Delta U^{\text{vap}} + p\Delta V = \Delta U^{\text{vap}} + RT$$

所以

$$\begin{aligned}\Delta U^{\text{vap}} &= \Delta H^{\text{sub}} - \Delta H^{\text{fus}} - RT \\ &= 72\,434 - 18\,808 - 8.314 \times 293.15 = 51\,193\text{J}\cdot\text{mol}^{-1}\end{aligned}$$

因而

$$\delta_1 = \left(\frac{\Delta U^{\text{vap}}}{V^L}\right)^{1/2} = \frac{51\,193}{125 \times 4.184} = 9.9(\text{cal}\cdot\text{mL}^{-1})^{1/2}$$

因 $\Delta C_p = 0$，且应用正规溶液模型求活度系数，则应用方程(8-96)计算固体萘的饱和溶解度为

$$\ln x_1 = -\frac{V_1^L(\delta_1 - \delta_2)^2\phi_2^2}{RT} - \frac{\Delta H^{\text{fus}}(T_m)}{RT}\left(1 - \frac{T}{T_m}\right)$$

上式求解须用迭代法。初始假设 x_1 很小，则

$$\phi_2 = \frac{x_2V_2^L}{x_1V_1^L + x_2V_2^L} = 1$$

此时饱和溶解度为

$$\begin{aligned}\ln x_1 &= \frac{-125 \times (9.9 - 7.3)^2 \times 4.184}{8.314 \times 293.15} - \frac{18\,808}{8.314 \times 293.15}\left(1 - \frac{293.15}{353.15}\right) \\ &= -1.451 - 1.314 = -2.765\end{aligned}$$

$$x_1 = 0.063$$

由 $x_1=0.063$ 再求 ϕ_2 进行第二次迭代:

$$\phi_2 = \frac{0.937 \times 132}{0.937 \times 132 + 0.063 \times 125} = 0.94$$

$$\ln x_1 = -1.282 - 1.314 = -2.596$$

$$x_1 = 0.0746$$

再经过两次迭代得

$$x_1 = 0.0772$$

又已知实验值 $x_1^{\exp}=0.09$,则认为预测值 $x_1=0.0772$ 为合理的结果。

如果假设萘溶解在液体正已烷中形成理想溶液,即 $\gamma_1=1$ 和 $\ln\gamma_1=0$,应用方程(8-94)求得萘的饱和溶解度为

$$\ln x_1 = -1.314$$

$$x_1 = 0.269$$

饱和溶解度的预测值几乎比实验值大三倍多。故一般来说,固体溶解在液体溶剂中形成理想溶液的假设是不合理的,应尽量避免使用方程(8-94)预测固体在液体中的饱和溶解度。

习　题

8-1　在中低压下苯-甲苯体系的汽-液平衡可用 Raoult 定律描述。已知苯(1)和甲苯(2)的蒸汽压数据如下:

t/℃	p_1^0/kPa	p_2^0/kPa	t/℃	p_1^0/kPa	p_2^0/kPa
80.1	101.3	38.9	98	170.5	69.8
84	114.1	44.5	100	180.1	74.2
88	128.5	50.8	104	200.4	83.6
90	136.1	54.2	108	222.5	94.0
94	152.6	61.6	110.6	237.8	101.3

试做出该体系在90℃下的 p-x 图和在总压力为101.3kPa下的 t-x 图。

8-2　用式(8-13)和如下的活度系数方程

$$\ln\gamma_1 = 0.458x_2^2,\quad \ln\gamma_2 = 0.458x_1^2$$

试做出在40℃下环己烷(1)-苯(2)体系的 p-x 图。已知40℃下 $p_1^{sat}=24.6$kPa,$p_2^{sat}=24.4$kPa。

8-3　在50℃下,三氯甲烷(1)和甲醇(2)在其二元体系中的无限稀释液相活度系数(γ_i^∞)分别近似为2.3和7.0。在50℃其纯组分的蒸汽压分别为 $p_1^{sat}=67.50$kPa,$p_2^{sat}=17.63$kPa,试证明在50℃时该体系的汽-液平衡中会出现一个最高压力的共沸物。

8-4　试根据下列蒸汽压力数据,绘制苯(1)-水(2)混合物在总压为101.3kPa下的温度-组成图。

$t/℃$	p_1/kPa	p_2/kPa	$t/℃$	p_1/kPa	p_2/kPa
50	35.86	12.40	80	100.50	47.32
60	51.85	19.86	90	135.43	70.11
70	72.91	31.06	100	179.15	101.33
75	85.31	37.99	110	233.00	143.30

8-5 设某一简单的二元体系在恒温恒压下可以用下列一对方程式来表示液相活度系数：

$$\ln\gamma_1 = A + (B-A)x_1 - Bx_1^2$$

$$\ln\gamma_2 = A + (B-A)x_2^2 - Bx_2^2$$

式中 A 和 B 仅为温度和压力的函数，γ_i 以纯组分为标准态，试问这些方程是否符合热力学一致性？

8-6 设某体系是由 50%(摩尔分数)正丁烷和 50%(摩尔分数)乙烷所组成，试应用下列各方法计算 65℃，1722.5kPa 下正丁烷的 K 值：

(1) 假设液相为理想溶液，气相是理想气体；

(2) 假设液相和气相都是理想溶液，使用纯组元逸度的普遍化关联式；

(3) 使用列线图。

如果体系由 50%(摩尔分数)甲烷和 50%(摩尔分数)正丁烷组成，K 值是否改变？请予以解释。

8-7 设某二元体系，其汽-液平衡关系为

$$y_i p = x_i \gamma_i p_i^{\text{sat}}$$

而活度系数为

$$\ln\gamma_1 = Bx_2^2, \quad \ln\gamma_2 = Bx_1^2$$

式中 B 只是温度的函数，已知该体系形成共沸物。试求共沸组成 $x_1^{az}(=y_1^{az})$ 与 B，p_1^{sat} 和 p_2^{sat} 的函数关系。并求共沸压力 p^{az} 的表达式。

8-8 设溶解在轻油中的 CH_4，其逸度可由 Henry 定律求得。在 200K，3040kPa 时 CH_4 在(液态)油中的 Henry 常数 H_i 是 20 265kPa。在相同条件下与油成平衡的气相中含有 95%(摩尔分数)的 CH_4。试合理假设后，求 200K，3040kPa 时 CH_4 在液相中的溶解度。200K 时纯 CH_4 的第二维里系数为 $-105\text{cm}^3/\text{mol}$。

8-9 试计算 CO_2 在 25℃，$p_{CO_2}=101.325\text{kPa}$ 在纯正癸烷中的溶解度。已知 CO_2 的临界温度 $T_c=304.2\text{K}$，临界压力 $p_c=7376.46\text{kPa}$。

8-10 设在 25℃下含有组分 1 和组分 2 的某二元体系，处于汽-液-液三相平衡状态，分析两个平衡的液相(α 和 β 相)组成为

$$x_2^\alpha = 0.05, \quad x_1^\beta = 0.05$$

已知两个纯组分的蒸汽压为

$$p_1^{\text{sat}} = 65.86\text{kPa}, \quad p_2^{\text{sat}} = 75.99\text{kPa}$$

试合理假设后确定下列各项数值：

(1) 组分 1，组分 2 在平衡的 β 和 α 液中的活度系数 γ_1^β 和 γ_2^α；

(2) 平衡压力；

(3) 平衡汽相组成 y_1。

参考文献

[1] Chao K C,Seader J D. AIChE J.,1961,7:598.

[2] Prausnitz J M,Edmister W C,Chao K C. AIChE J.,1960,6:214.

[3] ACS Symposium Series 60,Phase Equilibrium and Fluid Properties in the Chemical Industry. 1977:11.

[4] Grayson H G,Streed C W. Sixth World Petroleum Congress Proceeding:Sect. Ⅲ. 1963:233-245.

[5] Robinson R L,Chao K C. Ind. Eng. Chem. Process Des. Dev.,1971,10:221-229.

[6] Maffiolo G J Vidal,Asselineau L. Chem. Eng. Sci.,1975,30:625-630.

[7] Plöcker U H Knapp,Prausnitz J M. Ind. Eng. Chem. Process Des. Dev.,1978,17:324-332.

[8] Daubert T E. Chemical Engineering Thermodynamics[M]. New York:McGraw-Hill,1985:310.

[9] Herington E F G. J. Inst. Petrol,1951,37:457.

[10] Sandler S I. Chemical and Engineering Thermodynamics[M]. New York:John Wiley & Sons Inc.,1977:434-453.

[11] 小岛和夫.プロヤ设计のなめの相平衡[M].培风馆,1977.

[12] 童景山,高光华,王晓工.清华大学学报,1988,28:28-32.

[13] 童景山,李辉.工程热物理学报,1988,9:307-309.

[14] Renon H,Prausnitz J M. Ind. Eng. Chem. Process Des. Dev.,1969,8:413.

[15] Chao K C,Greenkorn R A. Thermodynamics of Fluids:an Introduction to Equilibrium Theory[M]. Marcel Dekker,Inc. 1975.

[16] 童景山.陈永奇.高光华.天然气化工,1993,18:35-38.

[17] 郭明学,童景山.化学工程,1990,18:28-31.

[18] Walas S M. Phase Equilibria in Chemical Engineering[M]. Boston:Butterworth Publishers,1985.

[19] 艾博特 M M,范内斯 H C.热力学理论与习题[M].北京:化学工业出版社,1987.

[20] 高光华,于养信.化工热力学——基本内容、习题详解和计算程序[M].北京:清华大学出版社,2000.

[21] Chen J,et al. Fluid Phase Equilibria,2000,173:109.

9 化学反应平衡

在化学化工过程中化学反应平衡是特别重要的一类平衡。反应器内反应物与催化剂充分接触，部分或者全部消耗体系中的反应物，生成新的化学物质，即反应产物。在给定的温度、压力和加料浓度等情况下，经过足够长的时间，体系中混合物的组成趋于稳定，故化学反应平衡表征的是可能达到的化学转化的最大限度。本章将讨论如何用热力学方法来预测这样的平衡状态。当然，在有限的反应时间内，某些实际反应过程可以达到热力学意义上的平衡，而有些则不能。这取决于反应速率，而有关反应速率问题，热力学并不能做出回答。尽管如此，在从事动力学研究之前，应从平衡角度来考虑反应的可能性。化学平衡的概念和研究方法对动力学过程的研究，例如过渡态理论，也是有重要意义的。

9.1 反应进度和独立化学反应

以化学工业中最简单的甲烷完全燃烧为例来讨论如何来描述一个化学反应过程：

$$CH_4 + 2O_2 \longrightarrow CO_2 + 2H_2O \tag{9-1}$$

化学反应方程式左侧一般代表反应物，即甲烷（CH_4）和氧气（O_2）；而方程的右侧为反应产物，即二氧化碳（CO_2）和水（H_2O）。在化学反应方程式中，存在严格化学计量关系的同时，原子的数目和种类也是守恒的。为了更简单明了地描述化学反应方程中原子种类、数目、分子种类三者之间的关系，通常选用列向量的方式来描述分子内原子种类和数目。每一个分子独立形成一个列向量，列向量中的元素为该分子中每种原子的数目。例如，在式(9-1)所示的化学反应中，元素的种类有三种(C，H 和 O)，即列向量由三个元素组成。那么式(9-1)中所示的四种化学物质，即可用下面的列向量来表示：

$$CH_4 = \boldsymbol{R}_1 = \begin{bmatrix}1\\4\\0\end{bmatrix},\quad O_2 = \boldsymbol{R}_2 = \begin{bmatrix}0\\0\\2\end{bmatrix},\quad CO_2 = \boldsymbol{R}_3 = \begin{bmatrix}1\\0\\2\end{bmatrix},\quad CO_2 = \boldsymbol{R}_3 = \begin{bmatrix}1\\0\\2\end{bmatrix}$$

需要强调的是，每个分子的列向量中元素的顺序可以任意选定，但是一旦确定下来，其他分子和后续的处理均需要严格按照该顺序进行。

依据原子守恒定律，当化学反应达到平衡时，反应物与产物需要满足下式：

$$\sum_{i=1}^{n} v_i \boldsymbol{R}_i = 0 \tag{9-2}$$

式(9-2)中 v_i 为分子 i 的化学反应计量数，对于反应物分子为负值，而对产物分子为正值。对于式(9-1)所示的化学反应，各个分子的化学反应计量数分别为：$v_1 = -1$，$v_2 = -2$，$v_3 = 1$ 和 $v_4 = 2$。

这里提出一个新的定义：化学反应进度。化学反应进度是描述化学反应从反应物生成产物的程度，通常用希腊字母 ξ 来表示。化学反应进度的单位是 mol，其取值范围设定为 0

(未发生反应)到 1(完全反应)。对于给定的化学反应进度,参与反应的特定分子 i 的物质的量(N_i)与反应初始状态该分子的物质的量($N_{i,0}$)之间存在如下关系:

$$N_i = N_{i,0} + v_i \xi \tag{9-3}$$

之所以选用列向量、化学计量数和化学反应进度来描述化学反应,是因为一般情况下体系的化学反应非常复杂,多个化学反应常常同时发生。这就要求能够找到最准确描述该反应体系的独立化学反应,即用最少的化学反应来描述复杂的反应体系。例如,下面给出了碳的氧化过程中可能存在的化学反应:

$$\begin{gathered} C + O_2 \longrightarrow CO_2 \\ 2C + O_2 \longrightarrow 2CO \\ 2CO + O_2 \longrightarrow 2CO_2 \end{gathered} \tag{9-4}$$

为了确定这三个反应中的独立反应,需要列出由各个化学反应组成的化学计量数矩阵($\boldsymbol{M}$)。化学反应 j 中的化学计量数 v_{ij} 组成矩阵 $\boldsymbol{M}$ 的行向量。与式(9-4)对应的化学计量数矩阵为:

$$\begin{array}{c} \quad\quad C \quad O_2 \quad CO_2 \quad CO \\ \boldsymbol{M} = \begin{bmatrix} -1 & -1 & 1 & 0 \\ -2 & -1 & 0 & 2 \\ 0 & -1 & 2 & -2 \end{bmatrix} \begin{array}{l} \text{反应 1} \\ \text{反应 2} \\ \text{反应 3} \end{array} \end{array} \tag{9-5}$$

根据线性代数的知识,该反应体系中的独立化学反应是矩阵 $\boldsymbol{M}$ 的秩,即矩阵 $\boldsymbol{M}$ 的独立列或者行向量的个数。可以应用高斯消去法方便地求得矩阵的秩。以式(9-5)中的矩阵 $\boldsymbol{M}$ 为例:

$$\begin{bmatrix} -1 & -1 & 1 & 0 \\ -2 & -1 & 0 & 2 \\ 0 & -1 & 2 & -2 \end{bmatrix} \xrightarrow{\text{第一行乘以 2 加到第二行}} \begin{bmatrix} -1 & -1 & 1 & 0 \\ 0 & 1 & -2 & 2 \\ 0 & -1 & 2 & -2 \end{bmatrix}$$

$$\xrightarrow{\text{第二行乘以 1 加到第三行}} \begin{bmatrix} -1 & -1 & 1 & 0 \\ 0 & 1 & -2 & 2 \\ 0 & 0 & 0 & 0 \end{bmatrix}$$

这样就得到了式(9-5)中矩阵 $\boldsymbol{M}$ 的秩为 2。矩阵的秩小于或者等于矩阵行数目和列数目的最小值。对于化学反应,体系中独立化学反应数不可能多于参与化学反应的物质种类的数目。

9.2 化学反应平衡判据和平衡常数

我们在物理化学的学习中已经知道,化学平衡的条件是:产物的化学势等于反应物的化学势,即产物与反应物的化学势的代数和为 0,即平衡的条件为

$$\sum_{i=1}^{n} v_i \mu_i = 0 \tag{9-6}$$

需要强调的是,公式(9-6)可以应用于判断任何限制条件下系统的化学平衡,例如恒温、恒压、恒体积等。如果体系中存在多个化学反应,每个化学反应均应该独立满足该平衡条件。在反应体系中,即便体系中存在多个化学反应,对于某种特定的物质,其仅仅存在一

个化学势。因此,当考虑体系平衡特性时,整个体系中所有组分的化学势必须保持一致性。对于 r 个独立的化学反应,化学平衡条件为:

$$\left.\begin{aligned}\sum_{i=1}^{n} v_{1i}\mu_i &= 0\\ \sum_{i=1}^{n} v_{2i}\mu_i &= 0\\ &\vdots\\ \sum_{i=1}^{n} v_{ri}\mu_i &= 0\end{aligned}\right\} r\text{ 个独立化学反应} \tag{9-7}$$

在实际计算过程中,希望得到体系达到化学平衡之后,各个物质的实际组成。理论上,方程(9-6)和(9-7)中的组分 i 的化学势可以表达成温度 T、压力 p 和组成 $\{x\}$ 的函数。但是这样计算化学势并不方便。比如对于相平衡计算,常常使用逸度来表示化学势。如果选取压力为 1bar 下组分 i 的逸度为 1bar,即 $f^{\ominus}=p^{\ominus}=1\text{bar}$,则根据逸度的表达式

$$RT\ln f_i = \mu_i(T,p,\{x\}) - \mu_i^{\ominus}(T,p^{\ominus},\text{纯 } i) \tag{9-8}$$

可知

$$\mu_i(T,p,\{x\}) = RT\ln f_i + \mu_i^{\ominus}(T,p^{\ominus},\text{纯 } i) \tag{9-9}$$

将式(9-9)代入式(9-6)可知:

$$\sum_{i=1}^{n} v_i[RT\ln \hat{f}_i + \mu_i^{\ominus}(T,p^{\ominus},\text{纯 } i)] = 0 \Rightarrow$$

$$\sum_{i=1}^{n} v_i RT\ln \hat{f} = -\sum_{i=1}^{n} v_i\mu_i^{\ominus}(T,p^{\ominus},\text{纯 } i)$$

$$= -\sum_{i=1}^{n} v_i g_i^{\ominus}(T,p^{\ominus},\text{纯 } i) \Rightarrow \sum_{i=1}^{n} v_i RT\ln \hat{f} = -\Delta g_{\text{rxn}}^{\ominus} \tag{9-10}$$

式(9-10)中,$-\Delta g_{\text{rxn}}^{\ominus}$ 为化学反应的标准吉布斯自由能变化,为反应物和产物的标准态的摩尔吉布斯自由能与化学反应化学计量数乘积的代数和,即

$$\Delta g_{\text{rxn}}^{\ominus} = \sum_{i=1}^{n} v_i g_i^{\ominus}(T,p^{\ominus},\text{纯 } i) \tag{9-11}$$

式(9-11)中标准态的摩尔吉布斯自由能 $g_i^{\ominus}(T,p^{\ominus},\text{纯 } i)$ 与反应物和产物的物理状态相关,即在使用过程中要明确物质的气、液和固态。所有纯物质的标准态吉布斯自由能均是温度的函数,因此化学反应的标准吉布斯自由能变化也是温度的函数,后面我们会给予详细讨论。在本教材中,标准压力 $p^{\ominus}$ 通常选取 1bar。

为了进一步简化计算,我们给出非常重要的化学反应平衡常数 $K(T)$ 的定义:

$$K(T) \equiv \exp\left(\frac{-\Delta g_{\text{rxn}}^{\ominus}}{RT}\right) \tag{9-12}$$

不难看出,在化学反应平衡常数的定义中,尽管其称为"常数",但实际上是温度的函数,这点是非常重要的。同时需要强调的是,$K(T)$ 值依赖于参考态的选择。

结合公式(9-10)可知,$K(T)$ 可以表示为

$$f_1^{v_1} f_2^{v_2} \cdots f_n^{v_n} = K(T) \tag{9-13}$$

从公式(9-13)可以看出,方程两边的单位似乎并不总是一致。方程右边 $K(T)$ 是无量纲的,

而如果化学反应的化学计量数之和不为零,即 $\sum_{i=1}^{n} v_i \neq 0$,则方程左边的单位是[压力]$^{\sum_{i=1}^{n} v_i}$。这是由于在方程(9-10)中,我们忽略了标准态,即默认体系的标准态的逸度为 1bar。公式(9-13)的完整形式应该为

$$\left(\frac{f_1}{f_1^{\ominus}}\right)^{v_1}\left(\frac{f_2}{f_2^{\ominus}}\right)^{v_2}\cdots\left(\frac{f_n}{f_n^{\ominus}}\right)^{v_n} = K(T) \tag{9-14}$$

9.3 化学反应标准焓和吉布斯自由能

从各种手册中,可以很方便地得到 298.15K 和 1bar(或者 1 个大气压)下化学物质的标准摩尔生成焓 $\Delta h_{\mathrm{form}}^{\ominus}$。文献或者手册中所报道的标准态通常遵从如下规则:对于气体,以理想气体为标准态;对于液体和固体,以纯物质为标准态。当然,为了不同的需要,也可以选择其他状态为标准态,例如对于稀溶液,一般选取无限稀释溶液为标准态。根据标准态的定义,认为在标准态下单质的标准摩尔生成焓为 0。

化学反应过程的摩尔焓变可以通过反应物和产物的标准生成焓与化学计量数之间的关系来计算:

$$\Delta h_{\mathrm{rxn}}^{\ominus} = \sum_{i=1}^{n} v_i \Delta h_{\mathrm{form},i}^{\ominus} \tag{9-15}$$

计算化学平衡反应常数(公式(9-12))需要计算反应过程的吉布斯自由能。现有手册或者描述物质物理化学性质的网站上往往给出的是在 $T=298.15\mathrm{K}$ 和 $p^{\ominus}=1\mathrm{bar}$ 条件下,物质的标准生成吉布斯自由能($\Delta g_{\mathrm{form}}^{\ominus}$),或者给出物质的标准生成焓($\Delta h_{\mathrm{form}}^{\ominus}$)和绝对熵($S^{\ominus}(T,p^{\ominus})$)。所谓绝对熵是指当温度 $T=0\mathrm{K}$ 时,所有物质的熵为 0。这就是说在室温条件下,各种物质的熵(包括单质)均不为 0。依据热力学基本关系式 $G=H-TS$,可知:

$$\Delta g_{\mathrm{rxn}}^{\ominus} = \sum_{i=1}^{n} \Delta g_{\mathrm{form},i}^{\ominus} = \Delta h_{\mathrm{rxn}}^{\ominus} - T\sum_{i=1}^{n} v_i s_i^{\ominus} = \sum_{i=1}^{n} v_i (\Delta h_{\mathrm{form},i}^{\ominus} - T s_i^{\ominus}) \tag{9-16}$$

98K 条件下,分别以氢气在氧气中燃烧生成液态水和气态水为例,可以得到两个化学反应的吉布斯自由能分别为

$$H_2(g) + \frac{1}{2}O_2(g) \longrightarrow H_2O(l), \quad \Delta g_{\mathrm{rxn}}^{\ominus}(l) = \Delta g_{\mathrm{form},H_2O}^{\ominus}(l) = -237.14\mathrm{kJ\cdot mol^{-1}}$$

$$H_2(g) + \frac{1}{2}O_2(g) \longrightarrow H_2O(g), \quad \Delta g_{\mathrm{rxn}}^{\ominus}(g) = \Delta g_{\mathrm{form},H_2O}^{\ominus}(g) = -228.59\mathrm{kJ\cdot mol^{-1}}$$

将上述两个方程式相减可得

$$H_2O(l) \longrightarrow H_2O(g), \quad \Delta g_{\mathrm{rxn}}^{\ominus} = 8.55\mathrm{kJ\cdot mol^{-1}}$$

则该化学反应的平衡常数为

$$K = \exp\left(\frac{-8550}{8.314\times 298}\right) = 0.0317 = \frac{f_{H_2O}(g)}{f_{H_2O}(l)} \tag{9-17}$$

上述的化学反应本质上可以看成是水的汽-液相平衡。根据相平衡判据,当体系达到相平衡时,则不同相中同一物质的分逸度相等,即 $f_{H_2O}(g)=f_{H_2O}(l)$。这与公式(9-17)所示的结论不同,原因何在?

重新回顾一下纯物质逸度的定义:

$$RT\ln\frac{f}{f^{\ominus}} \equiv \mu(T,p) - \mu^{\ominus}(T,p^{\ominus}) \tag{9-18}$$

在逸度定义时，无论是液体还是气体，均选择在压力 $p^{\ominus}=1\text{bar}$ 时，理想气体为参考态，其逸度值 $f^{\ominus}=1\text{bar}$。当体系达到相平衡时，各相中所有组分的化学势相等，因此各组分的分逸度相等。而用公式(9-17)计算的化学反应平衡常数时，对于液态水和气态水分别选择压力 $p^{\ominus}=1\text{bar}$ 下，液态水和气态水的参比态的逸度均为 1bar，即 $f^{\ominus}(\text{l})=f^{\ominus}(\text{g})=1\text{bar}$。分别以相平衡和化学反应表示的逸度之间存在如下关系：

当以液相为参比态时，$RT\ln\dfrac{f(p^{\text{sat}},\text{l})}{f^{\ominus}}=\mu(T,p^{\text{sat}},\text{l})-\mu^{\ominus}(T,p^{\ominus};\text{l})\approx 0$，可知 $f(p^{\text{sat}},\text{l})=f^{\ominus}=1\text{bar}$；当以气相为参比态时，$RT\ln\dfrac{f(p^{\text{sat}},\text{g})}{f^{\ominus}}=RT\ln\dfrac{p^{\text{sat}}}{p^{\ominus}}$，可知 $f(p^{\text{sat}},\text{g})=p^{\text{sat}}$。如果将相平衡看成化学反应过程，代入公式(9-17)，可知：

$$\text{X(l)}\longrightarrow\text{X(g)},\quad K=\exp\left(-\frac{\Delta g_{\text{rxn}}^{\ominus}}{RT}\right)\approx p^{\text{sat}} \tag{9-19}$$

例 9-1 按照化学计量比组成的氧气和一氧化氮混合物经过催化剂发生化学反应 $\left(N_2O+\frac{3}{2}O_2 \rightleftharpoons 2NO_2\right)$，反应温度为 298K，反应压力为 1bar。求反应体系的最终平衡组成。已知 $T=298\text{K}$ 和 $p=1\text{bar}$ 时，

$N_2O(g)$：$\Delta h_{\text{form}}^{\ominus}=82.05\text{kJ}\cdot\text{mol}^{-1}$，　$s^{\ominus}=219.96\text{J}\cdot\text{mol}^{-1}\cdot\text{K}^{-1}$

$O_2(g)$：$\Delta h_{\text{form}}^{\ominus}=0$，　$s^{\ominus}=205.15\text{J}\cdot\text{mol}^{-1}\cdot\text{K}^{-1}$

$NO_2(g)$：$\Delta h_{\text{form}}^{\ominus}=33.10\text{kJ}\cdot\text{mol}^{-1}$，　$s^{\ominus}=240.04\text{J}\cdot\text{mol}^{-1}\cdot\text{K}^{-1}$

解 首先计算该反应的标准吉布斯自由能：

$$\begin{aligned}\Delta g_{\text{rxn}}^{\ominus} &= \sum_{i=1}^{n} v_i(\Delta h_{\text{form},i}^{\ominus}-Ts_i^{\ominus}) \\ &= 2\times 33.10-82.05-\frac{298}{1000}\times\left(2\times 240.04-\frac{3}{2}\times 205.15-219.96\right) \\ &= -1.66\text{kJ}\cdot\text{mol}^{-1}\end{aligned}$$

则化学反应平衡常数为

$$K(T)=\exp\left(\frac{-\Delta g_{\text{rxn}}^{\ominus}}{RT}\right)=\exp\left(\frac{1660}{8.314\times 298}\right)=1.96$$

假设当化学反应达到平衡时，化学反应进度为 ξ，且气体为理想气体，即分逸度 $f_i=p_i=y_ip$，可知：

参与反应分子	物质的量/mol
N_2O	$1-\xi$
O_2	$1.5-1.5\xi$
NO_2	2ξ
总量	$2.5-0.5\xi$

$$K(T)=\frac{f_{NO_2}^2}{f_{N_2O}f_{O_2}^{1.5}}=\frac{y_{NO_2}^2}{y_{N_2O}y_{O_2}^{1.5}}p^{-0.5}$$

$$\Rightarrow\frac{(2\xi)^2(2.5-0.5\xi)^{0.5}}{(1-\xi)(1.5-1.5\xi)^{1.5}}=1.96$$

结果迭代试差可知：$\xi=0.404\text{mol}$，因此体系的平衡组成为

$$y_{N_2O}=\frac{1-\xi}{2.5-0.5\xi}=0.259,\quad y_{O_2}=\frac{1.5-1.5\xi}{2.5-0.5\xi}=0.483,\quad y_{NO_2}=\frac{2\xi}{2.5-0.5\xi}=0.351$$

在实际计算过程中,往往会根据反应特点对计算过程进行合理的近似。例如,对于一氧化氮的氧化过程,会急剧降低反应体系的标准吉布斯自由能(标准吉布斯自由能为负值),这时就可以将反应进度近似为 1。

例 9-2 在 298K 和 1bar 条件下,等摩尔的一氧化氮和氧气混合气体通过催化剂发生氧化反应:$NO+\frac{1}{2}O_2 \rightleftharpoons NO_2$,请问当反应达到平衡时,体系各组分的组成如何?已知:

$$NO(g):\Delta h_{form}^{\ominus}=90.29\text{kJ}\cdot\text{mol}^{-1},\quad s^{\ominus}=210.76\text{J}\cdot\text{mol}^{-1}\cdot\text{K}^{-1}$$

$$O_2(g):\Delta h_{form}^{\ominus}=0,\quad s^{\ominus}=205.15\text{J}\cdot\text{mol}^{-1}\cdot\text{K}^{-1}$$

$$NO_2(g):\Delta h_{form}^{\ominus}=33.10\text{kJ}\cdot\text{mol}^{-1},\quad s^{\ominus}=240.04\text{J}\cdot\text{mol}^{-1}\cdot\text{K}^{-1}$$

解 首先计算该反应的标准吉布斯自由能:

$$\begin{aligned}\Delta g_{rxn}^{\ominus} &= \sum_{i=1}^{n} v_i(\Delta h_{form,i}^{\ominus}-Ts_i^{\ominus})\\ &= 33.10-90.29-\frac{298}{1000}\times\left(240.04-\frac{1}{2}\times 205.15-210.76\right)\\ &=-35.35\text{kJ}\cdot\text{mol}^{-1}\end{aligned}$$

则化学反应平衡常数为

$$K(T)=\exp\left(\frac{-\Delta g_{rxn}^{\ominus}}{RT}\right)=\exp\left(\frac{35\ 350}{8.314\times 298}\right)=1.57\times 10^{6}$$

在这种情况下,反应物几乎完全转化为产物,因此反应进度 $\xi\approx 1$,可以近似认为反应物 NO 的平衡组成为一个极小量 δ,即 $1-\xi=\sigma\ll 1$。

则反应平衡常数为

参与反应分子	物质的量/mol
NO	$1-\xi=\delta$
O_2	$1-0.5\xi\approx 0.5$
NO_2	$\xi\approx 1$
总量	$2-0.5\xi\approx 1.5$

$$\begin{aligned}K(T)&=\frac{f_{NO_2}}{f_{NO}f_{O_2}^{0.5}}=\frac{y_{NO_2}}{y_{NO}y_{O_2}^{0.5}}p^{-0.5}\\ \Rightarrow 1.57\times 10^{6}&=\frac{\xi(2-0.5\xi)^{0.5}}{(1-\xi)(1-0.5\xi)^{0.5}}\\ &\approx\frac{1\times\sqrt{1.5}}{\delta\sqrt{0.5}}\Rightarrow\delta=1.1\times 10^{-6}\end{aligned}$$

反应体系的平衡组成为

$$y_{NO}=\frac{\delta}{1.5}=7.5\times 10^{-7},\quad y_{O_2}=\frac{0.5}{1.5}=0.333,\quad y_{NO_2}=\frac{1}{1.5}=0.666$$

9.4 温度和压力对化学反应平衡的影响

化学反应平衡常数 $K(T)$ 受温度的显著影响。根据 $K(T)$ 的定义式和热力学关系式 $\partial(g/T)/\partial T=-h/T^2$,可以得到反应平衡常数与温度之间的定量关系:

$$K(T)\equiv\exp\left(\frac{-\Delta g_{rxn}^{\ominus}}{RT}\right)\Rightarrow\frac{\text{dln}(K)}{\text{d}T}=\frac{\text{d}}{\text{d}T}\left(\frac{-\Delta g_{rxn}^{\ominus}}{RT}\right)$$

$$\Rightarrow\frac{\text{dln}K}{\text{d}T}=\frac{\Delta h_{rxn}^{\ominus}}{RT^2}\tag{9-20}$$

方程(9-20)就是著名的范特霍夫方程(van't Hoff equation)。反应的标准生成焓 $\Delta h_{rxn}^{\ominus}$

是温度的函数。对于吸热反应，$\Delta h_{\text{rxn}}^{\ominus}>0$，则升高温度将提高反应平衡常数，有利于反应进行。反之，对于放热反应，$\Delta h_{\text{rxn}}^{\ominus}<0$，则升高温度将降低反应平衡常数，不利于反应进行。可以看出化学平衡是动态平衡，如果改变影响平衡的一个因素，平衡就向能够减弱这种改变的方向移动，以抗衡该改变。这就是著名的勒沙特列原理。

对公式(9-20)进行积分可得到不同温度下的化学反应平衡常数：

$$\ln\left[\frac{K(T_2)}{K(T_1)}\right]=\int_{T_1}^{T_2}\frac{\Delta h_{\text{rxn}}^{\ominus}(T)}{RT^2}\mathrm{d}T \tag{9-21}$$

需要强调的是，反应标准生成焓 $\Delta h_{\text{rxn}}^{\ominus}(T)$ 是温度的函数。因此，首先考虑如何计算不同温度下的 $\Delta h_{\text{rxn}}^{\ominus}(T)$。根据焓与等压热容之间的关系，不难得到：

$$\Delta h_{\text{rxn}}^{\ominus}(T_2)=\Delta h_{\text{rxn}}^{\ominus}(T_1)+\int_{T_1}^{T_2}\Delta C_{p,\text{rxn}}^{\ominus}(T)\mathrm{d}T \tag{9-22}$$

其中 $\Delta C_{p,\text{rxn}}^{\ominus}(T)$ 是产物与反应物的标准态等压热容差，其与反应物和产物以及化学计量数直接的关系为：

$$\Delta C_{p,\text{rxn}}^{\ominus}(T)\equiv\sum_{i=1}^{n}v_i C_{p,i}^{\ominus} \tag{9-23}$$

计算不同温度下化学反应平衡常数的另一种方法是先计算不同温度下每种反应物和产物的标准摩尔生成焓和绝对熵，即

$$\Delta h_{\text{form}}^{\ominus}(T_2)-\Delta h_{\text{form}}^{\ominus}(T_1)=\int_{T_1}^{T_2}C_p^{\ominus}\mathrm{d}T \tag{9-24}$$

$$s^{\ominus}(T_2)-s^{\ominus}(T_1)=\int_{T_1}^{T_2}\frac{C_p^{\ominus}}{T}\mathrm{d}T \tag{9-25}$$

将公式(9-24)和公式(9-25)代入公式(9-16)，即可得到新温度下化学反应过程的摩尔吉布斯自由能变化。总而言之，只要能够得到某个温度下的热力学数据，就可以依据上述公式很方便地得到其他温度下的摩尔吉布斯自由能变化，进而得到化学反应平衡常数。

对于固体或者液体，压力对化学反应平衡常数的影响很小，这是因为压力对凝聚态物质的逸度影响很小。但是如果反应过程中存在气相且反应前后总物质的量发生变化，则压力对化学反应过程有显著影响。例如对于理想气体混合物，$f_i=y_i p$，如果所有反应物与产物均为气相，则公式(9-13)可以写成：

$$y_1^{v_1}y_2^{v_2}\cdots y_n^{v_n}p^{\sum_{i=1}^{n}v_i}=K(T)\Rightarrow y_1^{v_1}y_2^{v_2}\cdots y_n^{v_n}=\frac{K(T)}{p^{\sum_{i=1}^{n}v_i}} \tag{9-26}$$

公式(9-26)表明，“有效化学反应平衡常数”，即 $K(T)/p^{\sum_{i=1}^{n}v_i}$，与化学计量数之和 $\sum_{i=1}^{n}v_i$ 存在密切关系。如果 $\sum_{i=1}^{n}v_i>0$，即随着反应进行体系总物质的量增加，则有效化学反应平衡常数 $K(T)/p^{\sum_{i=1}^{n}v_i}$ 随着压力的增加而降低；反之，如果 $\sum_{i=1}^{n}v_i<0$，即随着反应进行体系总物质的量减少，则有效化学反应平衡常数 $K(T)/p^{\sum_{i=1}^{n}v_i}$ 随着压力的增加而增加；如果 $\sum_{i=1}^{n}v_i=0$，即反应过程不引起体系总物质的量变化，则有效化学反应平衡常数 $K(T)/p^{\sum_{i=1}^{n}v_i}$ 与压力无关。实际上，这就是针对压力的勒沙特列原理。

例 9-3 氮气和氢气组成的混合气体以化学计量比通过催化剂生成氨气：$N_2+3H_2 \rightleftharpoons 2NH_3$，试计算温度和压力对化学反应进度 ξ 的影响。已知氮气、氢气和氨气的热力学性质如下表所示：

	$\Delta h_{\text{form}}^{\ominus}$ /(kJ·mol^{-1})	$s^{\ominus}$ /(J·mol^{-1}·K^{-1})	Shomate 方程参数($C_p^{\ominus}$(J·mol^{-1}),T(K))					
			a	b	c	d	e	T/K
N_2	0.00	191.61	28.99	1.85	−9.65	16.64	0.00	100～500
			19.51	19.89	−8.60	1.37	0.53	500～2000
H_2	0.00	130.68	33.07	−11.36	11.43	−2.77	−0.16	298～1000
NH_3	−45.90	192.77	20.00	49.77	−15.38	1.92	0.19	298～1400

其中 Shomate 方程为

$$C_p^{\ominus}=a+b\left(\frac{T}{1000}\right)+c\left(\frac{T}{1000}\right)^2+d\left(\frac{T}{1000}\right)^3+e\left(\frac{1000}{T}\right)^2$$

解 第一步，求取标准态下反应热、吉布斯自由能变化和平衡常数：

$$\Delta h_{\text{rxn}}^{\ominus}(298\text{K})=2\Delta h_{\text{form},NH_3}^{\ominus}(298\text{K})=-91.80\text{kJ}\cdot\text{mol}^{-1}$$

$$\Delta g_{\text{rxn}}^{\ominus}(298\text{K})=\Delta h_{\text{rxn}}^{\ominus}(298\text{K})-T(2s_{NH_3}^{\ominus}-s_{N_2}^{\ominus}-3s_{H_2}^{\ominus})=-32.73\text{kJ}\cdot\text{mol}^{-1}$$

$$\ln K(298\text{K})=\frac{-\Delta g_{\text{rxn}}^{\ominus}(298\text{K})}{RT}=13.21$$

第二步，求取不同温度下平衡常数。

将热容表达式 $C_p^{\ominus}=a+b\left(\frac{T}{1000}\right)+c\left(\frac{T}{1000}\right)^2+d\left(\frac{T}{1000}\right)^3+e\left(\frac{1000}{T}\right)^2$ 代入标准反应焓随温度变化的表达式 $\Delta h_{\text{form},i}^{\ominus}(T)-\Delta h_{\text{form},i}^{\ominus}(298\text{K})=\int_{298\text{K}}^{T}C_{p,i}^{\ominus}\text{d}T$ 可知：

$$\Delta h_{\text{form},i}^{\ominus}(T)-\Delta h_{\text{form},i}^{\ominus}(298\text{K})=a\left(\frac{T}{1000}\right)+\frac{b}{2}\left(\frac{T}{1000}\right)^2+\frac{c}{3}\left(\frac{T}{1000}\right)^3+\frac{d}{4}\left(\frac{T}{1000}\right)^4-e\left(\frac{1000}{T}\right)+\text{常数}$$

同样地代入绝对熵随温度变化的表达式 $s^{\ominus}(T_2)-s^{\ominus}(T_1)=\int_{T_1}^{T_2}\frac{C_p^{\ominus}}{T}\text{d}T$，可知：

$$s_i^{\ominus}(T)-s_i^{\ominus}(298\text{K})=a\ln\left(\frac{T}{1000}\right)+b\left(\frac{T}{1000}\right)+\frac{c}{2}\left(\frac{T}{1000}\right)^2+\frac{d}{3}\left(\frac{T}{1000}\right)^3-\frac{e}{2}\left(\frac{1000}{T}\right)^2+\text{常数}$$

将上述摩尔生成焓和摩尔绝对熵的表达式代入摩尔吉布斯能表达式可知：

$$\Delta g_{\text{rxn}}^{\ominus}(T)=\Delta h_{\text{rxn}}^{\ominus}(T)-T\sum_{i=1}^{n}v_i s_i^{\ominus}(T)=\sum_{i=1}^{n}v_i(\Delta h_i^{\ominus}(T)-Ts_i^{\ominus}(T))$$

则不同温度下化学反应平衡常数为：$K(T)=\exp\left(\frac{-\Delta g_{\text{rxn}}^{\ominus}(T)}{RT}\right)$，以 500K 和 600K 为例，计算得 $K(500\text{K})=0.101$ 和 $K(600\text{K})=0.00178$。

第三步，构建化学反应进度 ξ 与反应平衡常数之间关系式。

参与反应分子	物质的量/mol
N_2	$1-\xi$
H_2	$3-3\xi$
NH_3	2ξ
总量	$4-2\xi$

依据化学反应平衡常数与分逸度之间关系式 $K(T)=\dfrac{\hat{f}^2_{NH_3}}{\hat{f}_{N_2}\hat{f}^3_{H_2}}$，假设气相为理想气体混合物，则$K(T)=\dfrac{y^2_{NH_3}}{y_{N_2}y^3_{H_2}}p^{-2}$，即 $p^2K(T)=\dfrac{(2\xi)^2\ (4-2\xi)^2}{(1-\xi)(3-3\xi)^3}$。

最后一步，求解化学反应进度和相关组成。

以 500K 和 600K 以及 5bar 和 20bar 为例，可知最终合成氨的平衡组成如下：

T/K	p/bar	K/T	ξ	y_{N_2}	y_{H_2}	y_{NH_3}
500	20	0.101	0.6713	0.1237	0.3711	0.5053
600	20	0.001 78	0.3093	0.2043	0.6128	0.1829
500	5	0.101	0.4287	0.1818	0.5454	0.2728

从上面的计算结果不难看出，对于合成氨反应降低温度和提高压力将有助于反应向着合成氨的方向进行。合成氨是化学工业中重要的化学反应，目前商业上常用的工艺为 Haber-Bosch 工艺。该工艺选取的反应温度为 650～850K，反应压力为 150～250bar。选择高温的原因在于实际生产过程不仅仅关注化学反应平衡收率（热力学决定），也关注化学反应速率（动力学决定），因此综合考虑平衡转化收率、反应速率、设备条件、催化剂以及成本等因素，得到目前优化的合成工艺。

9.5 非均相化学反应

许多化学反应发生过程中反应物和产物彼此之间并不存在于同一相中。例如对于方解石（主要成分为 $CaCO_3$）的分解反应，$CaCO_3(s) \longrightarrow CaO(s)+CO_2(g)$，反应物（$CaCO_3$）和产物之一氧化钙（CaO）处于固相，而另一个产物二氧化碳（CO_2）则处于气相。由于 $CaCO_3$ 和 CaO 在固相中彼此分离，因此均可以认为是纯物质，以纯物质逸度表示；而气相中如果仅仅存在 CO_2，则也可以认为是纯物质，以纯 CO_2 逸度表示，如果气相中存在其他不参与反应的气体，则以 CO_2 分逸度表示。

依据化学反应平衡常数的定义（公式(9-14)），可知方解石分解反应的化学平衡常数为

$$\left(\frac{f^{\ominus}_{CaCO_3}}{f_{CaCO_3}}\right)\left(\frac{f_{CaO}}{f^{\ominus}_{CaO}}\right)\left(\frac{\hat{f}_{CO_2}}{f^{\ominus}_{CO_2}}\right)=K(T) \tag{9-27}$$

对于 $CaCO_3$ 和 CaO，由于压力对固相逸度影响很小，因此可以近似认为其逸度等于标准态逸度，即：$f^{\ominus}_{CaCO_3}\approx f_{CaCO_3}$ 和 $f^{\ominus}_{CaO}\approx f_{CaO}$。对于气相 CO_2，以 $p^{\ominus}=1\text{bar}$ 条件下其标准态逸度为 1bar，即 $f^{\ominus}_{CO_2}=1\text{bar}$。假设气相为理想气体，则 CO_2 的分逸度为：$\hat{f}_{CO_2}\approx p_{CO_2}=y_{CO_2}p$，由公式(9-27)可得到 $y_{CO_2}p=K(T)$。因此对于该反应，只要体系中存在固态的方解石，则二氧化碳的分压在数值上等于反应平衡常数。与均相反应不同，固相或者液相的逸度与其在反应体系中的含量无关，因此非均相反应程度均可达到 100%，即固相或者液相的反应物

完全消失。

例 9-4 估算空气中方解石的分解温度。已知空气中 CO_2 的含量为 390×10^{-6}(体积分数),方解石($CaCO_3$)的等压热容遵从下列方程式(温度单位为 K,热容单位 $J\cdot mol^{-1}\cdot K^{-1}$):

$$C_p=-184.79+0.32322T-3.6882\times10^6T^{-2}-1.2974\times10^{-4}T^2+3883.5T^{-1/2}$$

298K 条件下 $CaCO_3$ 的摩尔绝对熵为 $s_{CaCO_3}^{\ominus}=91.7J\cdot mol^{-1}\cdot K^{-1}$,摩尔生成焓为 $\Delta h_{form,CaCO_3}^{\ominus}=-1207.6kJ\cdot mol^{-1}$。CaO 和 CO_2 的热力学性质和 Shomate 方程参数如下:

	$\Delta h_{form,i}^{\ominus}$ /(kJ·mol⁻¹)	$s_i^{\ominus}$ /(J·mol⁻¹·K⁻¹)	Shomate 方程参数($C_p^{\ominus}$(J·mol⁻¹),T(K))					
			a	*b*	*c*	*d*	*e*	*T*/K
CaO(s)	−635.1	38.2	49.95	4.89	−0.35	−0.05	−0.83	298~3200
CO_2(g)	−393.5	213.8	25.00	55.19	−33.69	7.95	−0.14	298~1200

解 第一步,计算 298K,1bar 下标准反应焓和标准吉布斯自由能。

$$\Delta h_{rxn}^{\ominus}(298K)=\Delta h_{form,CaO}^{\ominus}(298K)+\Delta h_{form,CO_2}^{\ominus}(298K)-\Delta h_{form,CaCO_3}^{\ominus}(298K)$$
$$=-635.1-393.5+1207.6=179.0kJ\cdot mol^{-1}$$
$$\Delta g_{rxn}^{\ominus}(T)=\Delta h_{rxn}^{\ominus}(298K)-T(s_{CaO}^{\ominus}(298K)+s_{CO_2}^{\ominus}(298K)-s_{CaCO_3}^{\ominus}(298K))$$
$$=179.0-\frac{298}{1000}(38.2+213.8-91.7)=131.2kJ\cdot mol^{-1}$$

则 298K 下化学反应平衡常数为

$$\ln K(298K)=\frac{-\Delta g_{rxn}^{\ominus}(298K)}{RT}=-52.96$$

第二步,推导 1bar 不同温度下的摩尔反应焓和摩尔吉布斯自由能变化的计算公式。

在计算温度对摩尔反应焓与摩尔吉布斯自由能影响时,热容随温度的变化是增加计算复杂性的关键因素。依据题目中给出各个组分热容随温度的变化,可以计算反应体系中总热容随温度的变化,即

$$\Delta C_{p,rxn}^{\ominus}(T)=C_{p,CaO}^{\ominus}(T)+C_{p,CO_2}^{\ominus}(T)-C_{p,CaCO_3}^{\ominus}(T)$$

如果选择温度变化比较小,则公式(9-22)的积分可以变成:

$$\Delta h_{rxn}^{\ominus}(T_2)\approx\Delta h_{rxn}^{\ominus}(T_2)+\frac{T_2-T_1}{2}(\Delta C_{p,rxn}^{\ominus}(T_1)+\Delta C_{p,rxn}^{\ominus}(T_2))$$

同样地,公式(9-22)的积分可以变成:

$$\ln[K(T_2)]\approx\ln[K(T_1)]+\frac{T_2-T_1}{2}\left(\frac{\Delta h_{rxn}^{\ominus}(T_1)}{RT_1^2}+\frac{\Delta h_{rxn}^{\ominus}(T_2)}{RT_2^2}\right)$$

反应摩尔吉布斯自由能变化为

$$\Delta g_{rxn}^{\ominus}(T)=-RT\ln[K(T)]$$

第三步,依据上述公式计算出 1bar 条件下不同温度时 CO_2 的气相分压。

依据空气中 CO_2 的含量,可以计算如果发生分解反应,则反应产生的 CO_2 分压必须高于其在空气中的分压,即 $p_{CO_2}>390\times10^{-6}\times1.013=3.95\times10^{-4}$(bar)。以 10K 为步长,代

入上述计算公式可以得到不同温度下 CO_2 的平衡分压，如下所示：

T/K	$\Delta h^{\ominus}_{rxn}$ /(kJ·mol^{-1})	$\Delta g^{\ominus}_{rxn}$ /(kJ·mol^{-1})	ln(K)	$p^{eq}_{CO_2}$ /bar	$C_{p,CaCO_3}$	$C_{p,CaO}$	C_{p,CO_2}	$\Delta C_{p,rxn}$
					/(J·mol^{-1}·K^{-1})			
298	179.0	131.2	−53.0	9.9×10^{-24}	83.4	42.1	37.1	−4.2
310	178.9	129.3	−50.2	1.6×10^{-22}	85.1	42.9	37.7	−4.6
320	178.9	127.7	−48.0	1.4×10^{-21}	86.4	43.4	38.1	−4.9
330	178.9	126.1	−46.0	1.1×10^{-20}	87.7	44.0	38.6	−5.1
340	178.8	124.5	−44.0	7.5×10^{-20}	88.8	44.4	39.0	−5.4
350	178.7	122.9	−42.2	4.5×10^{-19}	89.9	44.9	39.4	−5.6
360	178.7	121.3	−40.5	2.5×10^{-18}	91.0	45.3	39.8	−5.9
⋮	⋮	⋮	⋮	⋮	⋮	⋮	⋮	⋮
770	173.8	57.5	−9.0	1.3×10^{-4}	120.9	52.1	50.9	−17.8
780	173.7	56.0	−8.6	1.8×10^{-4}	121.4	52.2	51.1	−18.1
790	173.5	54.5	−8.3	2.5×10^{-4}	121.8	52.3	51.3	−18.3
804	173.2	52.4	−7.8	4.0×10^{-4}	122.5	52.4	51.5	−18.6

因此，当体系温度高于 804K 时，$CaCO_3$ 分解。

9.6　多个化学反应平衡

在实际化学反应过程中，往往体系内有多个化学反应同时发生且彼此影响。为了最大限度地获取目标产物或者调控产物分布，需要对体系内多个化学反应平衡进行定量描述。处理该复杂体系的第一步就是找到其中的独立化学反应，我们已经在本章前面已详细介绍，这里不再累述。那么对于 r 个独立化学反应，每个反应均可以用反应平衡常数予以描述：

$$K_j(T)\equiv \exp\left(\frac{-\Delta g^{\ominus}_{rxn,j}}{RT}\right),\quad j=1,2,\cdots,r \tag{9-28}$$

对于由 r 个独立反应和 n 个反应物与产物组成的复杂反应体系而言，其平衡组成可以通过计算 r 个非线性方程组成的方程组得到，如公式(9-29)所示：

$$\left.\begin{aligned} \hat{f}_1^{v_{11}}\hat{f}_2^{v_{12}}\cdots\hat{f}_n^{v_{1n}} &= K_1(T)\\ \hat{f}_1^{v_{21}}\hat{f}_2^{v_{22}}\cdots\hat{f}_n^{v_{2n}} &= K_2(T)\\ &\vdots\\ \hat{f}_1^{v_{r1}}\hat{f}_2^{v_{r2}}\cdots\hat{f}_n^{v_{rn}} &= K_r(T)\end{aligned}\right\} \tag{9-29}$$

其中 $\hat{f}_i$ 是体系中组分 i 的分逸度，v_{ji} 是独立反应 j 中 i 组分的化学计量数。通过联立求解公式(9-28)和公式(9-29)，可以得到所有独立化学反应的反应进度，即 $\xi_1,\xi_2,\cdots,\xi_r$。下面以煤气化反应为例来讲述多个化学反应的计算。

例 9-5　当水蒸汽以 500～1300K 高温通过过量的煤层时，会发生一系列化学反应，产生复杂气体混合物。假设体系中可能存在的化学反应为：

$$C(s)+H_2O(g)\longrightarrow CO(g)+H_2(g)$$
$$C(s)+2H_2O(g)\longrightarrow CO_2(g)+2H_2(g)$$

$$C(s)+2H_2(g)\longrightarrow CH_4(g)$$
$$C(s)+CO_2(g)\longrightarrow 2CO(g)$$
$$CO(g)+H_2O(g)\longrightarrow CO_2(g)+H_2(g)$$

求取在1bar条件下,合成气的平衡组成。

已知:煤层(C)的等压热容(单位为$cal\cdot g^{-1}\cdot K^{-1}$)表达式为:

$$C_{p,C}=0.538\,657+9.111\,129\times10^{-6}T-\frac{90.2725}{T}-\frac{43\,449.3}{T^2}+\frac{1.593\,09\times10^{7}}{T^3}-\frac{1.436\,88\times10^{9}}{T^4}$$

煤层(C)的绝对熵为$s_C^{\ominus}=5.6J\cdot mol^{-1}\cdot K^{-1}$。其他物质的热力学参数如下:

	$\Delta h_{form,i}^{\ominus}$ /($kJ\cdot mol^{-1}$)	$s_i^{\ominus}$ /($J\cdot mol^{-1}\cdot K^{-1}$)	Shomate方程参数($C_p^{\ominus}$($J\cdot mol^{-1}\cdot K^{-1}$),$T$(K))					
			a	b	c	d	e	T/K
H_2O	−241.8	188.8	30.09	6.83	6.79	−2.53	0.08	500~1700
CO	−110.5	197.7	25.57	6.10	4.05	−2.67	0.13	298~1300
H_2	0	130.7	33.07	−11.36	11.43	−2.77	0.13	298~1000
CO_2	−393.5	213.8	25.00	55.19	−33.69	7.95	−0.14	298~1200
CH_4	−74.9	186.3	−0.70	108.48	−42.52	5.86	0.68	298~1300

解 第一步,寻找体系中独立化学反应——高斯消去。

依据化学反应:

$$C(s)+H_2O(g)\longrightarrow CO(g)+H_2(g)$$
$$C(s)+2H_2O(g)\longrightarrow CO_2(g)+2H_2(g)$$
$$C(s)+2H_2(g)\longrightarrow CH_4(g)$$
$$C(s)+CO_2(g)\longrightarrow 2CO(g)$$
$$CO(g)+H_2O(g)\longrightarrow CO_2(g)+H_2(g)$$

可以得到如下矩阵:

$$\begin{matrix} & C & H_2O & CO & H_2 & CO_2 & CH_4 \end{matrix}$$
$$M=\begin{bmatrix}-1 & -1 & 1 & 1 & 0 & 0\\ -1 & -2 & 0 & 2 & 1 & 0\\ -1 & 0 & 0 & -2 & 0 & 1\\ -1 & 0 & 2 & 0 & -1 & 0\\ 0 & -1 & -1 & 1 & 1 & 0\end{bmatrix}$$

经过高斯消去过程可以得到

$$\begin{bmatrix}-1 & -1 & 1 & 1 & 0 & 0\\ 0 & -1 & -1 & 1 & 1 & 0\\ 0 & 1 & -1 & -3 & 0 & 1\\ 0 & 1 & 1 & -1 & -1 & 0\\ 0 & -1 & -1 & 1 & 1 & 0\end{bmatrix}\longrightarrow\begin{bmatrix}-1 & -1 & 1 & 1 & 0 & 0\\ 0 & -1 & -1 & 1 & 1 & 0\\ 0 & 0 & -2 & -2 & 1 & 1\\ 0 & 0 & 0 & 0 & 0 & 0\\ 0 & 0 & 0 & 0 & 0 & 0\end{bmatrix}$$

即体系中有三个独立反应,分别为

$$C(s)+H_2O(g)\longrightarrow CO(g)+H_2(g) \qquad r_1$$

$$CO(g)+H_2O(g)\longrightarrow CO_2(g)+H_2(g) \qquad r_2$$

$$2CO(g)+2H_2(g)\longrightarrow CO_2(g)+CH_4(g) \qquad r_3$$

第二步，计算 298K，1bar 条件下三个化学反应的标准反应焓和标准吉布斯自由能变化。

$$\Delta g^{\ominus}_{\text{rxn},r_1}(298\text{K})=\Delta h^{\ominus}_{\text{rxn},r_1}(298\text{K}) - T[s^{\ominus}_{CO}(298\text{K})+s^{\ominus}_{H_2}(298\text{K})-s^{\ominus}_{C}(298\text{K})-s^{\ominus}_{H_2O}(298\text{K})]$$

$$\ln K_{r1}(298\text{K})=\frac{-\Delta g^{\ominus}_{\text{rxn},r_1}(298\text{K})}{RT}$$

$$\Delta g^{\ominus}_{\text{rxn},r_2}(298\text{K})=\Delta h^{\ominus}_{\text{rxn},r_2}(298\text{K}) - T[s^{\ominus}_{CO_2}(298\text{K})+s^{\ominus}_{H_2}(298\text{K})-s^{\ominus}_{CO}(298\text{K})-s^{\ominus}_{H_2O}(298\text{K})]$$

$$\ln K_{r2}(298\text{K})=\frac{-\Delta g^{\ominus}_{\text{rxn},r_2}(298\text{K})}{RT}$$

$$\Delta g^{\ominus}_{\text{rxn},r_3}(298\text{K})=\Delta h^{\ominus}_{\text{rxn},r_3}(298\text{K}) - T[s^{\ominus}_{CO_2}(298\text{K})+s^{\ominus}_{CH_4}(298\text{K})-2s^{\ominus}_{CO}(298\text{K})-2s^{\ominus}_{H_2}(298\text{K})]$$

$$\ln K_{r3}(298\text{K})=\frac{-\Delta g^{\ominus}_{\text{rxn},r_3}(298\text{K})}{RT}$$

将题目中的各个物质的摩尔生成焓与绝对熵代入上述公式，可知 $\Delta h^{\ominus}_{\text{rxn},r_1}=131.3\text{kJ}\cdot\text{mol}^{-1}$，$\Delta h^{\ominus}_{\text{rxn},r_2}=-41.2\text{kJ}\cdot\text{mol}^{-1}$ 和 $\Delta h^{\ominus}_{\text{rxn},r_3}=-247.4\text{kJ}\cdot\text{mol}^{-1}$，相应地化学反应平衡常数为 $\ln K_{r_1}(298\text{K})=-36.9$，$\ln K_{r_2}(298\text{K})=11.6$ 和 $\ln K_{r_3}(298\text{K})=69.0$。

第三步，推导 1bar 条件下，不同温度下摩尔反应焓和摩尔吉布斯自由能变化的计算公式。

$$\Delta C^{\ominus}_{p,\text{rxn},j}=\sum_{i=1}^{n} v_{ji}C^{\ominus}_{p,i},\quad j=r_1,r_2,r_3$$

$$\Delta h^{\ominus}_{\text{rxn},j}(T_2)\approx\Delta h^{\ominus}_{\text{rxn},j}(T_1)+\frac{T_2-T_1}{2}(\Delta C^{\ominus}_{p,\text{rxn},j}(T_1)+\Delta C^{\ominus}_{p,\text{rxn},j}(T_2)),\quad j=r_1,r_2,r_3$$

$$\ln[K_j(T_2)]\approx\ln[K_j(T_1)]+\frac{T_2-T_1}{2}\left(\frac{\Delta h^{\ominus}_{\text{rxn},j}(T_1)}{RT_1^2}+\frac{\Delta h^{\ominus}_{\text{rxn},j}(T_2)}{RT_2^2}\right),\quad j=r_1,r_2,r_3$$

$$\Delta g^{\ominus}_{\text{rxn},j}(T)=-RT\ln[K_j(T)],\quad j=r_1,r_2,r_3$$

第四步，计算三个独立化学反应的反应进度(ξ_1,ξ_2,ξ_3)。

参与反应分子	物质的量/mol
H_2O	$1-\xi_1-\xi_2$
CO	$\xi_1-\xi_2-2\xi_3$
H_2	$\xi_1+\xi_2-2\xi_3$
CO_2	$\xi_2+\xi_3$
CH_4	ξ_3
总量	$1+\xi_1-2\xi_3$

$$K_{r_1}=\frac{\hat{f}_{CO}\hat{f}_{H_2}}{\hat{f}_{H_2O}}=\frac{y_{CO}y_{H_2}p}{y_{H_2O}}$$

$$\Rightarrow\frac{(\xi_1-\xi_2-2\xi_3)(\xi_1+\xi_2-2\xi_3)}{(1-\xi_1-\xi_2)(1+\xi_1-2\xi_3)}=K_{r_1}$$

同理：

$$\frac{(\xi_2+\xi_3)(\xi_1+\xi_2-2\xi_3)}{(\xi_1-\xi_2-2\xi_3)(1-\xi_1-\xi_3)}=K_{r_2}$$

$$\frac{(\xi_2+\xi_3)\xi_3(1+\xi_1-2\xi_3)^2}{(\xi_1-\xi_2-2\xi_3)^2(\xi_1+\xi_2-2\xi_3)^2p^2}=K_{r_3}$$

第五步,推导各物质的平衡组成关系式。

$$y_{H_2O}=\frac{1-\xi_1-\xi_2}{1+\xi_1-2\xi_3}$$

$$y_{CO}=\frac{\xi_1-\xi_2-2\xi_3}{1+\xi_1-2\xi_3},\quad y_{H_2}=\frac{\xi_1+\xi_2-2\xi_3}{1+\xi_1-2\xi_3},$$

$$y_{CO_2}=\frac{\xi_2+\xi_3}{1+\xi_1-2\xi_3},\quad y_{CH_4}=\frac{\xi_3}{1+\xi_1-2\xi_3}$$

第六步,利用 Excel 等软件计算并绘制温度对化学反应平衡常数的影响,结果如图 9-1 所示;同时计算各温度下平衡组成,结果如图 9-2 所示。

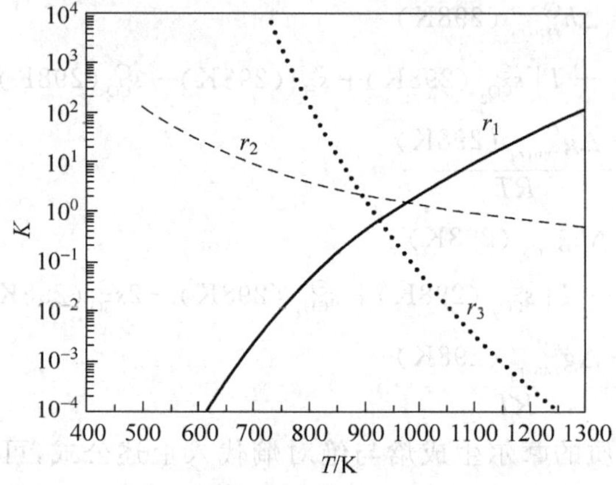

图 9-1 温度对化学反应平衡常数的影响

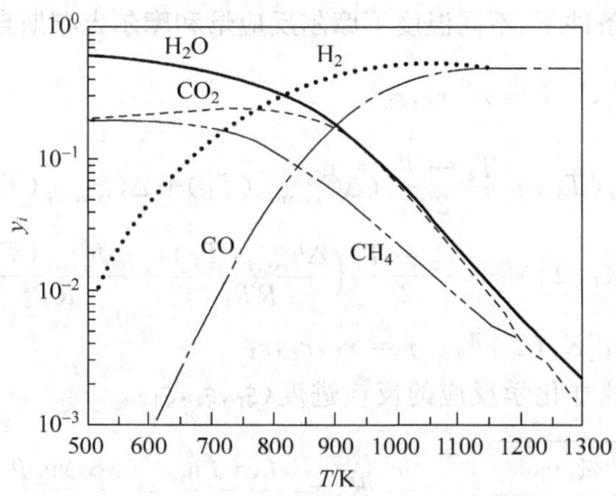

图 9-2 温度对平衡组成的影响

由图 9-1 可见,化学反应 1 的平衡常数 K_{r_1} 随温度升高而升高,即化学反应 1 为吸热反应。化学反应 2 和化学反应 3 的平衡常数 K_{r_2} 和 K_{r_3} 随温度升高而降低,即化学反应 2 和化学反应 3 为放热反应,且化学反应 3 受温度影响更为显著。对于合成气生产过程,氢气和一氧化碳是最主要的产物。从图 9-2 可见,随着温度的升高两者的产率提高。对于二氧化碳和甲烷,随着温度升高,两者先增加后降低。

习 题

9-1 试计算下列化学反应中独立化学反应个数。

$$O_2 + 2N_2 \rightleftharpoons 2N_2O$$

$$2O_2 + N_2 \rightleftharpoons 2NO_2$$

$$4HNO_3 \rightleftharpoons 2H_2O + 4NO_2 + O_2$$

$$4NO_2 \rightleftharpoons 2N_2O + 3O_2$$

$$NH_4NO_3 \rightleftharpoons 2H_2O + N_2O$$

9-2 甲烷水蒸汽重整反应制备合成气(一氧化碳和氢气的混合物)反应方程如下：$CH_4 + H_2O \rightleftharpoons CO + 3H_2$。将等摩尔的甲烷和水蒸汽混合，分别求压力 $p=1$bar 和 $p=5$bar，温度在 600～1200K 范围内时的平衡转化率。根据列夏特勒原理，分析温度和压力如何定性的影响反应的转化率。

9-3 甲烷水蒸汽重整反应制备合成气(一氧化碳和氢气的混合物)反应方程如下：$CH_4 + H_2O \rightleftharpoons CO + 3H_2$。将等物质的量的甲烷和水蒸汽通入连续反应器，入口温度 $T=1200$K，恒压 $p=1$bar 且绝热。试计算当反应达到反应平衡时，反应器出口处的温度和组成。

9-4 烃类化合物的燃烧反应一般是放热反应，因此用于驱动内燃机，但是当温度和体积控制不好时，也偶尔会发生爆炸。以甲烷为例，甲烷的燃烧反应如下：$CH_4(g) + 2O_2(g) \rightleftharpoons CO_2(g) + 2H_2O(g)$，将 0.1mol 甲烷和 1.2mol 空气(假设 O_2 体积分数为 0.21)混合后通入体积为 28L 的绝热反应器中，反应初始温度为 300K，用火花塞引燃使其完全反应，求最终压力和温度。

9-5 已知铜在空气中氧化可以生成两种氧化物：$2Cu(s) + \frac{1}{2}O_2(g) \rightleftharpoons Cu_2O(s)$ 和 $2Cu(s) + O_2(g) \rightleftharpoons 2CuO(s)$。因此，从 300K 到铜的熔点范围内，体系可能存在三种固体：Cu，Cu_2O 和 CuO。请问在常压条件下，哪一种固体可以稳定存在。已知空气中氧气的体积分数为 21%。

9-6 将 10mol 的氮气和 10mol 的氢气通入绝热圆柱形的反应器中，已知反应器体积为 $0.045m^3$，气体初始温度为 300K。在反应器内，反应物与合成氨所需的催化剂充分接触，且反应足够长时间，即体系达到反应平衡。试求取最终反应产物的温度和组成。

9-7 某化学反应为：$A(g) + B(g) = C(g) + D(g)$。已知 298K 下 A(g)，B(g)，C(g)和 D(g)的标准摩尔生成焓分别是 −20，−40，−30，−10$kJ \cdot mol^{-1}$，标准摩尔绝对熵为 30，50，50，80$J \cdot mol^{-1} \cdot K^{-1}$。已知 298K 时 C(l)的蒸汽压为 0.1bar，其他三种气体可以溶于 C(l)中且符合亨利定律：$H_A=1000$bar，$H_B=2000$bar 和 $H_D=800$bar，请问：

(1) 在 298K 和 1bar 下，将 A 和 B 等物质的量混合，达到化学反应平衡后，体系呈现几相？

(2) 试求取(1)条件下，化学反应平衡时各相组成。

(3) 求取 298K 下，化学反应 $A(g) + B(g) = C(l) + D(g)$ 的标准摩尔吉布斯自由能变化。

9-8　已知合成气(一氧化碳和氢气的混合物)可以通过反应 $CH_4(g)+H_2O(g)$══$CO(g)+3H_2(g)$来制备。为了增加氢气的产率,可以通入过量水蒸汽来实现,即发生反应:$CO(g)+H_2O(g)$══$CO_2(g)+H_2(g)$。试将物质的量比为1∶3的甲烷和水蒸汽混合,温度在600K到1200K之间,压力为1bar,请求取反应平衡时体系的组成(假设只有上述两个反应发生)。

参考文献

[1] Panagiotopoulos A Z. Essential Thermodynamics[M]. 3rd Ed. Drios Press,2011.

[2] Dill K A,Bromber S. Molecular Driving Forces[M]. Garland Science,2002.

[3] Tester J W,Modell M. Thermodynamics and Its Applications[M]. 3rd Ed. Prentice Hall,1997.

[4] Smith J M,van Ness H C,Abbott M M. Introduction to Chemical Engineering Thermodynamics[M]. 7th Ed. McGraw-Hill,2005.

[5] 朱文涛. 物理化学[M]. 北京:清华大学出版社,2011.

附　录

附录 A　单位换算表

量	单位换算
长度	1m=100cm
质量	1kg=10^3g
力	1N=1kg·m·s^{-2}
压力	1bar=10^5Pa=10^5kg·m^{-1}·s^{-2}=10^5N·m^{-2} =0.986 923atm*=750.061mmHg
体积	1m^3=$10^6$$cm^3$=$10^3$L
密度	1g·cm^{-3}=10^3kg·m^{-3}=10^3g·L^{-1}
能	1J=1kg·m^{-2}·s^{-2}=1N·m=0.239 006cal
功率	1kW=10^3kg·m^2·s^{-3}=10^3W=10^3J·s^{-1}=10^3V·A
温度	K=℃+273.15

* atm 标准大气压，即物理大气压。

附录 B　纯物质的特性常数

表 B1　临界常数和偏心因子

化合物	M	T_b/K	T_c/K	p_c/MPa	V_c/(cm^3·mol^{-1})	Z_c	ω
烷烃							
甲烷	16.043	111.7	190.6	4.600	99	0.288	0.008
乙烷	30.070	184.5	305.4	4.884	148	0.285	0.098
丙烷	44.097	231.1	369.8	4.246	203	0.281	0.152
正丁烷	58.124	272.7	425.2	3.800	255	0.274	0.193
异丁烷	58.124	261.3	408.1	3.648	263	0.283	0.176
正戊烷	72.151	309.2	469.6	3.374	304	0.262	0.251
异戊烷	72.151	301.0	460.4	3.384	306	0.271	0.227
新戊烷	72.151	282.6	433.8	3.202	303	0.269	0.197
正己烷	86.178	341.9	507.4	2.969	370	0.260	0.296
正庚烷	100.205	371.6	540.2	2.736	432	0.263	0.351
正辛烷	114.232	398.8	568.8	2.482	492	0.259	0.394
单烯烃							
乙烯	28.054	161.4	282.4	5.036	129	0.276	0.085
丙烯	42.081	225.4	365.0	4.620	181	0.275	0.148
1-丁烯	56.108	266.9	419.6	4.023	240	0.277	0.187

续表

化 合 物	M	T_b/K	T_c/K	p_c/MPa	V_c/(cm³·mol⁻¹)	Z_c	ω
1-戊烯	70.135	303.1	464.7	4.053	300	0.31	0.245
其他有机化合物							
醋酸	60.052	391.1	594.4	5.786	171	0.200	0.454
丙酮	58.080	329.4	508.1	4.701	209	0.232	0.309
乙腈	41.053	354.8	548	4.833	173	0.184	0.321
乙炔	26.038	189.2	308.3	6.140	113	0.271	0.184
苯	78.114	353.3	562.1	4.894	259	0.271	0.212
1,3-丁二烯	54.092	268.7	425	4.327	221	0.270	0.195
氯苯	112.559	404.9	632.4	4.519	308	0.265	0.249
环己烷	84.162	353.9	553.4	4.073	308	0.273	0.213
二氯二氟甲烷	120.914	243.4	385.0	4.124	217	0.280	0.176
二乙醚	74.123	307.7	466.7	3.638	280	0.262	0.281
乙醇	46.069	351.5	516.2	6.383	167	0.248	0.635
环氧乙烷	44.054	283.5	469	7.194	140	0.258	0.200
甲醇	32.042	337.8	512.6	8.096	118	0.224	0.559
氯甲烷	50.488	248.9	416.3	6.677	139	0.268	0.156
甲乙酮	72.107	352.8	535.6	4.154	267	0.249	0.329
甲苯	92.141	383.8	591.7	4.114	316	0.264	0.257
三氯氟甲烷	137.368	297.0	471.2	4.408	248	0.279	0.188
三氯三氟乙烷	187.380	320.7	487.2	3.415	304	0.256	0.252
单质气体							
氩	39.948	87.3	150.8	4.874	74.9	0.291	−0.004
溴	159.808	331.9	584	10.335	127	0.270	0.132
氯	70.906	238.7	417	7.701	124	0.275	0.073
氦-4	4.003	4.21	5.19	0.227	57.3	0.301	−0.387
氢	2.016	20.4	33.2	1.297	65.0	0.305	−0.22
氪	83.800	119.8	209.4	5.502	91.2	0.288	−0.002
氖	20.183	27.0	44.4	2.756	41.7	0.311	0.00
氮	28.031	77.4	126.2	3.394	89.5	0.290	0.040
氧	31.999	90.2	154.6	5.046	73.4	0.288	0.021
氙	131.300	165.0	289.7	5.836	118	0.286	0.002
其他无机化合物							
氨	17.031	239.7	405.6	11.277	72.5	0.242	0.250
二氧化碳	44.010	194.7	304.2	7.376	94.0	0.274	0.225
二硫化碳	76.131	319.4	552	7.903	170	0.293	0.115
一氧化碳	28.010	81.7	132.9	3.496	93.1	0.295	0.049
四氯化碳	153.823	349.7	556.4	4.560	276	0.272	0.194
氯仿	119.378	334.3	536.4	5.472	239	0.293	0.216
肼	32.045	386.7	653	14.692	96.1	0.260	0.328
氯化氢	36.461	188.1	324.6	8.309	81.0	0.249	0.12
氰化氢	27.026	298.9	456.8	5.390	139	0.197	0.407
硫化氢	34.080	212.8	373.2	8.937	98.5	0.284	0.100
一氧化氮	30.006	121.4	180	6.485	58	0.25	0.607
一氧化二氮	44.013	184.7	309.6	7.245	97.4	0.274	0.160

续表

化合物	M	T_b/K	T_c/K	p_c/MPa	V_c/($cm^3 \cdot mol^{-1}$)	Z_c	ω
硫	32.064	—	1314	11.753	—	—	0.070
二氧化硫	64.063	263	430.8	7.883	122	0.268	0.251
三氧化硫	80.058	318	491.0	8.207	130	0.26	0.41
水	18.015	373.2	647.3	22.048	56.0	0.229	0.344

表 B2　物质的特性因子数据

物质	ζ	η	δ_p	物质	ζ	η	δ_p
Ar	0.0010	0.0161	0.00	$1\text{-}C_4H_8$	0.079	0.1882	0.00
Kr	0.0100	0.0249	0.00	C_2H_2	0.0766	0.1762	0.00
O_2	0.0111	0.0364	0.00	1,3-丁二烯	0.0860	0.1848	0.0065
N_2	0.0189	0.0530	0.00	2,3-二甲基丁烷	0.0907	0.2230	−0.005
CO	0.0152	0.0576	−0.006	C_6H_6	0.0886	0.2001	0.00
H_2	−0.0994	−0.2185	0.00	甲苯	0.1185	0.2474	0.010
Cl_2	0.0625	0.1077	0.0168	邻二甲苯	0.1382	0.2816	0.0144
CO_2	0.0783	0.1954	−0.005	氯甲烷	0.0991	0.1682	0.0255
H_2S	0.0422	0.1142	−0.005	氯乙烷	0.1098	0.2139	0.0163
SO_2	0.1101	0.2375	0.007	四氯化碳	0.0813	0.1873	0.00
H_2O	0.2558	0.3638	0.0887	氯乙烯	0.0817	0.1193	0.0297
NH_3	0.1951	0.2740	0.070	三氯乙烯	0.1027	0.2241	0.0056
CS_2	0.0210	0.0738	−0.007	苯乙烯	0.1001	0.2434	−0.005
F-11	0.0676	0.1747	−0.006	环氧乙烷	0.1410	0.2216	0.042
F-12	0.0656	0.1794	−0.010	环氧丙烷	0.1903	0.2945	0.057
F-13	0.0575	0.1604	−0.0096	丙酮	0.1945	0.3281	0.047
F-22	0.1005	0.2122	0.0085	甲酸甲酯	0.1437	0.2660	0.026
F-113	0.0822	0.2241	−0.0133	乙酸甲酯	0.1549	0.3088	0.0185
CH_4	0.0096	0.0281	0.00	乙酸乙酯	0.1659	0.3274	0.021
C_2H_6	0.0445	0.1103	0.00	乙酸丙酯	0.1664	0.3161	0.026
C_3H_8	0.0652	0.1552	0.00	萘	0.1615	0.2920	0.0316
$n\text{-}C_4H_{10}$	0.0790	0.1897	0.00	呋喃	0.1131	0.2259	0.0144
$i\text{-}C_4H_{10}$	0.0692	0.1721	0.00	二苯醚	0.1075	0.2533	0.00
$n\text{-}C_5H_{12}$	0.0985	0.2293	0.00	甲醚	0.0757	0.1792	0.00
$i\text{-}C_5H_{12}$	0.0924	0.2142	0.00	乙醚	0.1191	0.2478	0.011
$n\text{-}C_6H_{14}$	0.1146	0.2667	0.00	丁醚	0.1165	0.3461	−0.032
$n\text{-}C_7H_{16}$	0.1320	0.2995	0.00	甲乙酮	0.1521	0.2879	0.0246
$n\text{-}C_8H_{18}$	0.1454	0.3306	0.00	甲醇	0.2556	0.4460	0.0544
$n\text{-}C_9H_{20}$	0.1610	0.3705	0.00	乙醇	0.1739	0.4295	−0.014
$n\text{-}C_{10}H_{22}$	0.1729	0.3890	0.00	丙醇	0.1783	0.4566	−0.021
$n\text{-}C_{11}H_{24}$	0.1880	0.4104	0.00	甲硫醇	0.0744	0.1606	0.0059
$n\text{-}C_{12}H_{26}$	0.1971	0.4354	0.00	乙硫醇	0.0892	0.2259	−0.0076
环戊烷	0.0772	0.1865	0.00	乙酸	0.3033	0.2366	0.1853
环己烷	0.0860	0.2077	0.00	丙酸	0.1850	0.2848	0.0562
C_2H_4	0.0345	0.0878	0.00	乙腈	0.4285	0.4617	0.2073
C_3H_6	0.0600	0.1471	0.00	丙腈	0.3477	0.4253	0.1479

注：表中 ζ,η,δ_p 分别为构形因子、内压因子和极性因子。

表 B3　BWR 方程的参数

物　质	A_0	B_0	$C_0\times10^{-6}$	a	b	$c\times10^{-6}$	$\alpha\times10^3$	$\gamma\times10^2$
甲烷	1.855 00	0.042 600	0.022 57	0.494 00	0.003 380 04	0.002 545	0.124 359	0.6000
乙烷	4.155 56	0.062 772 4	0.179 592	0.345 160	0.011 122 0	0.032 767 0	0.243 389	1.180 00
乙烯	3.339 58	0.055 683 3	0.131 140	0.259 000	0.008 600 0	0.021 120	0.178 000	0.923 000
丙烷	6.872 25	0.097 313 0	0.508 256	0.947 700	0.022 500 0	0.129 000	0.607 175	2.200 00
丙烯	6.112 20	0.085 064 7	0.439 182	0.774 056	0.018 705 9	0.102 611	0.455 696	1.829 00
正丁烷	10.0847	0.124 361	0.992 830	1.882 31	0.039 998 3	0.316 400	1.401 32	3.400 00
异丁烷	10.232 64	0.137 544	0.849 943	1.937 63	0.042 435 2	0.286 010	1.074 08	3.400 00
1-丁烯	8.953 25	0.116 025	0.927 280	1.692 70	0.034 815 6	0.274 920	0.910 889	2.959 45
正戊烷	12.1794	0.156 751	2.121 21	4.074 80	0.066 812 0	0.824 170	1.810 00	4.750 00
异戊烷	12.7959	0.160 053	1.746 32	3.756 20	0.066 812 0	0.695 000	1.700 00	4.630 00
正己烷	14.4373	0.177 813	3.319 35	7.116 71	0.109 131	1.512 76	2.810 86	6.668 49
正庚烷	17.5206	0.199 005	4.745 74	10.364 75	0.151 954	2.470 00	4.356 11	9.000 00
正癸烷	25.2325	−0.064 522 2	3.886 26	381.637	0.646 261	5.757 22	5.707 91	15.3030
苯	6.510 13	0.050 302 0	3.430 16	55.7047	0.076 634 3	1.176 52	0.700 159	2.930 16
3-甲基戊烷	17.973	0.179 00	1.8861	4.3546	0.086 37	0.898 29	3.0450	7.2131
2,3-二甲基丁烷	13.828	0.092 09	1.8670	5.5238	0.109 94	0.855 05	2.2759	6.5044
2,2-二甲基丁烷	11.842	0.192 14	3.3595	10.108	0.140 00	1.7483	2.1890	5.6500
CO_2 Ⅰ*	1.975 75	0.033 894 5	0.077 808 6	1.750 20	0.005 272 42	0.009 789 03	0.069 862 4	0.460 598
CO_2 Ⅱ**	2.466 16	0.048 403 0	0.084 183 6	6.320 33	0.003 589 92	0.004 097 36	0.961 331	0.539 386
N_2	1.192 57	0.045 801 3	0.005 889 4	0.149 013	0.001 981 65	0.000 548 110	0.291 569	0.750 042
SO_2	2.120 54	0.026 182 7	0.793 879	8.443 95	0.014 654 2	0.113 362	0.071 960 4	0.592 390
H_2S	2.784 13	0.066 975 0	0.221 172	0.774 60	0.006 894 6	0.031 026	0.538 738	1.907 74

* CO_2 Ⅰ用于含 CO_2 的天然气；

** CO_2 Ⅱ用于含 40%(摩尔分数)CO_2 以上的混合物。

附录 C 流体的普遍化数据

表 C1 饱和液体和蒸汽的普遍化数据

T_r	$-(\lg p_r)^{(0)}$	$-(\lg p_r)^{(1)}$	$[\lg(f/p)]^{(0)}$	$[\lg(f/p)]^{(1)}$	蒸发		蒸汽		液体	
					$\Delta S^{(0)}$	$\Delta S^{(1)}$	$Z^{(0)}$	$Z^{(1)}$	$Z^{(0)}$	$Z^{(1)}$
1.00	0.000	0.000	−0.1642	−0.0332	0.00	0.00	0.291	−0.080	0.291	−0.080
0.99	0.025	0.021	−0.1680	−0.0273	2.57	2.83	0.43	−0.030	0.202	−0.090
0.98	0.050	0.042	−0.1648	−0.0201	3.38	3.91	0.47	0.000	0.179	−0.093
0.97	0.076	0.064	−0.1593	−0.0133	4.00	4.72	0.51	+0.020	0.162	−0.095
0.96	0.102	0.086	−0.1540	−0.0074	4.52	5.39	0.54	0.035	0.148	−0.085
0.95	0.129	0.109	−0.1488	−0.0023	5.00	5.96	0.565	0.045	0.136	−0.095
0.94	0.156	0.133	−0.1432	+0.0027	5.44	6.51	0.59	0.055	0.125	−0.094
0.92	0.212	0.180	−0.1329	+0.0122	6.23	7.54	0.63	0.075	0.108	−0.092
0.90	0.270	0.230	−0.1221	0.0213	6.95	8.53	0.67	0.095	0.0925	−0.087
0.88	0.330	0.285	−0.1127	0.0290	7.58	9.39	0.70	0.110	0.0790	−0.080
0.86	0.391	0.345	−0.1031	0.0361	8.19	10.3	0.73	0.125	0.0680	−0.075
0.84	0.455	0.405	−0.0943	0.0418	8.79	11.2	0.756	0.135	0.0585	−0.068
0.82	0.522	0.475	−0.0856	0.0459	9.37	12.1	0.781	0.140	0.0498	−0.062
0.80	0.592	0.545	−0.0774	0.0493	9.97	13.0	0.804	0.144	0.0422	−0.057
0.78	0.665	0.620	−0.0695	0.0512	10.57	13.9	0.826	0.144	0.0360	−0.053
0.76	0.742	0.705	−0.0620	0.0522	11.20	14.9	0.846	0.142	0.0300	−0.048
0.74	0.823	0.800	−0.0551	0.0520	11.84	16.0	0.864	0.137	0.0250	−0.043
0.72	0.909	0.895	−0.0485	0.0510	12.49	17.0	0.881	0.131	0.0210	−0.037
0.70	1.000	1.00	−0.0422	0.0489	13.19	18.1	0.897	0.122	0.0172	−0.032

续表

T_r	$-(\lg p_r)^{(0)}$	$-(\lg p_r)^{(1)}$	$[\lg(f/p)]^{(0)}$	$[\lg(f/p)]^{(1)}$	蒸发		蒸汽		液体	
					$\Delta S^{(0)}$	$\Delta S^{(1)}$	$Z^{(0)}$	$Z^{(1)}$	$Z^{(0)}$	$Z^{(1)}$
0.68	1.096	1.12	−0.0366	0.0463	13.89	19.3	0.911	0.113	0.0138	−0.027
0.66	1.198	1.25	−0.0317	0.0432	14.62	20.5	0.922	0.104	0.0111	−0.022
0.64	1.308	1.39	−0.0273	0.0402	15.36	21.8	0.932	0.097	0.0088	−0.018
0.62	1.426	1.54	−0.0234	0.0369	16.12	23.2	0.940	0.090	0.0068	−0.015
0.60	1.552	1.70	−0.0200	0.0333	16.92	24.6	0.947	0.083	0.0052	−0.012
0.58	1.688	1.88	−0.0170	0.0300	17.74	26.2	0.953	0.077	0.0039	−0.009
0.56	1.834	2.08	−0.0142	0.0262	18.64	27.8	0.959	0.070	0.0028	−0.007
0.54	1.965	2.370			19.56	29.84				
0.52	2.130	2.660			20.55	32.00				
0.50	2.315	2.962			21.60	34.22				
0.48	2.515	3.310			22.70	36.48				
0.46	2.730	3.695			24.05	38.80				
0.44	2.970	4.100			25.50	41.14				
0.42	3.240	4.540			27.05	43.5				
0.40	3.540	5.010			28.83	46.0				
0.38	3.870	5.560			30.70	49.2				
0.36	4.220	6.240			32.80	53.0				
0.34	4.600	7.080			35.10	57.4				
0.32	5.005	8.300			37.55	63.6				
0.30	5.450	9.940			40.20	71.5				
0.28	5.910	11.960								
0.26	6.380	14.250								

表 C2　$Z^{(0)}$值

T_r	p_r												
	0.2	0.4	0.6	0.8	1.0	1.2	1.4	1.6	1.8	2.0	2.2	2.4	2.6
0.35	0.0557	0.111	0.167	0.222	0.277	0.332	0.387	0.442	0.497	0.551	0.606	0.665	0.714
0.40	0.0500	0.100	0.150	0.199	0.249	0.298	0.348	0.395	0.446	0.495	0.544	0.592	0.641
0.45	0.0456	0.0912	0.136	0.182	0.227	0.272	0.317	0.362	0.407	0.451	0.496	0.540	0.584
0.50	0.0423	0.0844	0.126	0.168	0.210	0.252	0.293	0.335	0.376	0.417	0.458	0.499	0.540
0.55	0.0396	0.0791	0.118	0.158	0.197	0.235	0.274	0.313	0.351	0.390	0.428	0.466	0.504
0.60	0.0375	0.0748	0.112	0.149	0.186	0.222	0.259	0.295	0.331	0.368	0.403	0.439	0.475
0.65	0.0359	0.0715	0.107	0.142	0.177	0.212	0.247	0.281	0.315	0.350	0.384	0.417	0.451
0.70	0.0346	0.0690	0.103	0.137	0.170	0.204	0.237	0.270	0.303	0.335	0.368	0.400	0.432
0.75	0.0338	0.0673	0.100	0.133	0.166	0.198	0.230	0.261	0.293	0.324	0.355	0.386	0.416
0.80	0.851	0.066	0.100	0.133	0.164	0.192	0.225	0.258	0.287	0.318	0.347	0.376	0.405
0.85	0.882	0.067	0.101	0.134	0.165	0.194	0.226	0.258	0.287	0.316	0.345	0.374	0.403
0.90	0.904	0.778	0.102	0.135	0.167	0.198	0.229	0.25	0.288	0.316	0.345	0.373	0.402
0.95	0.920	0.819	0.697	0.145	0.176	0.205	0.235	0.262	0.292	0.321	0.347	0.375	0.403
1.00	0.932	0.849	0.756	0.638	0.291	0.231	0.250	0.278	0.304	0.329	0.356	0.381	0.407
1.05	0.942	0.874	0.800	0.714	0.609	0.470	0.341	0.320	0.332	0.350	0.372	0.393	0.417
1.10	0.950	0.893	0.833	0.767	0.691	0.607	0.512	0.442	0.408	0.402	0.405	0.420	0.440
1.15	0.958	0.908	0.858	0.805	0.746	0.684	0.620	0.562	0.514	0.484	0.477	0.478	0.485
1.20	0.963	0.921	0.879	0.835	0.788	0.737	0.690	0.640	0.598	0.568	0.553	0.545	0.544
1.25	0.968	0.930	0.896	0.858	0.820	0.778	0.740	0.702	0.664	0.636	0.618	0.606	0.599
1.30	0.971	0.940	0.909	0.878	0.846	0.811	0.780	0.749	0.718	0.691	0.671	0.657	0.649
1.40	0.977	0.952	0.929	0.908	0.833	0.859	0.838	0.817	0.795	0.777	0.759	0.745	0.734
1.50	0.982	0.963	0.945	0.927	0.909	0.892	0.875	0.859	0.844	0.831	0.819	0.808	0.800
1.60	0.985	0.971	0.957	0.944	0.930	0.917	0.904	0.893	0.882	0.872	0.863	0.855	0.848

续表

T_r	p_r												
	0.2	0.4	0.6	0.8	1.0	1.2	1.4	1.6	1.8	2.0	2.2	2.4	2.6
1.70	0.988	0.977	0.966	0.956	0.946	0.936	0.926	0.919	0.911	0.903	0.896	0.889	0.883
1.80	0.991	0.982	0.974	0.966	0.958	0.950	0.944	0.937	0.931	0.926	0.921	0.916	0.913
1.90	0.993	0.986	0.980	0.974	0.968	0.962	0.958	0.952	0.948	0.944	0.940	0.936	0.933
2.00	0.995	0.989	0.984	0.979	0.975	0.971	0.968	0.964	0.961	0.959	0.956	0.954	0.953
2.50	1.000	0.999	0.999	0.998	0.998	0.998	0.998	0.997	0.999	1.000	1.001	1.001	1.002
3.00	1.001	1.002	1.003	1.004	1.005	1.007	1.008	1.010	1.012	1.014	1.016	1.019	1.022
3.50	1.002	1.004	1.006	1.008	1.011	1.013	1.015	1.018	1.020	1.022	1.024	1.027	1.030
4.00	1.003	1.005	1.008	1.010	1.013	1.015	1.017	1.020	1.022	1.024	1.024	1.029	1.032

T_r	p_r												
	2.8	3.0	3.2	3.4	3.6	3.8	4.0	4.5	5.0	6.0	7.0	8.0	9.0
0.35	0.768	0.822	0.876	0.930	0.993	1.04	1.07	1.22	1.36	1.62	1.88	2.14	2.39
0.40	0.690	0.738	0.787	0.835	0.883	0.931	0.979	1.10	1.22	1.45	1.69	1.92	2.15
0.45	0.629	0.673	0.717	0.761	0.805	0.848	0.892	1.00	1.11	1.32	1.54	1.75	1.96
0.50	0.581	0.622	0.662	0.703	0.743	0.783	0.824	0.924	1.02	1.22	1.42	1.61	1.80
0.55	0.542	0.580	0.618	0.655	0.693	0.730	0.767	0.860	0.952	1.13	1.31	1.49	1.67
0.60	0.510	0.546	0.581	0.616	0.651	0.686	0.721	0.808	0.893	1.06	1.23	1.40	1.56
0.65	0.485	0.518	0.551	0.584	0.617	0.650	0.683	0.764	0.845	1.00	1.16	1.31	1.47
0.70	0.464	0.495	0.527	0.558	0.589	0.620	0.651	0.728	0.804	0.954	1.10	1.25	1.39
0.75	0.447	0.477	0.507	0.536	0.566	0.596	0.625	0.698	0.769	0.910	1.05	1.18	1.32
0.80	0.433	0.461	0.490	0.519	0.547	0.576	0.605	0.675	0.746	0.883	1.017	1.15	1.28
0.85	0.431	0.459	0.487	0.515	0.542	0.569	0.597	0.663	0.730	0.861	0.990	1.115	1.24
0.90	0.430	0.458	0.485	0.512	0.538	0.565	0.591	0.655	0.718	0.842	0.966	1.089	1.21

续表

T_r	p_r											
	2.8	3.0	3.2	3.4	3.6	3.8	4.0	4.5	5.0	6.0	7.0	8.0	9.0
0.95	0.430	0.457	0.484	0.510	0.536	0.561	0.587	0.647	0.709	0.828	0.947	1.066	1.185
1.00	0.433	0.458	0.484	0.509	0.534	0.557	0.582	0.642	0.702	0.819	0.932	1.048	1.166
1.05	0.441	0.466	0.489	0.512	0.535	0.557	0.580	0.639	0.700	0.814	0.923	1.032	1.147
1.10	0.462	0.484	0.504	0.525	0.547	0.567	0.589	0.643	0.699	0.810	0.916	1.019	1.129
1.15	0.498	0.513	0.529	0.546	0.563	0.581	0.600	0.651	0.705	0.809	0.911	1.008	1.113
1.20	0.548	0.554	0.563	0.574	0.587	0.601	0.618	0.664	0.714	0.810	0.907	1.000	1.100
1.25	0.597	0.598	0.602	0.609	0.618	0.629	0.643	0.682	0.726	0.816	0.907	0.994	1.088
1.30	0.644	0.642	0.642	0.645	0.651	0.659	0.668	0.701	0.740	0.824	0.910	0.992	1.078
1.40	0.725	0.720	0.718	0.718	0.722	0.727	0.734	0.754	0.781	0.844	0.921	0.994	1.071
1.50	0.794	0.790	0.785	0.784	0.784	0.786	0.790	0.805	0.826	0.877	0.934	1.000	1.070
1.60	0.843	0.840	0.836	0.834	0.833	0.834	0.835	0.844	0.860	0.904	0.953	1.010	1.075
1.70	0.879	0.875	0.873	0.872	0.872	0.873	0.874	0.882	0.895	0.930	0.972	1.023	1.082
1.80	0.910	0.908	0.907	0.906	0.906	0.907	0.908	0.914	0.925	0.955	0.993	1.039	1.091
1.90	0.931	0.930	0.929	0.929	0.930	0.932	0.934	0.941	0.950	0.976	1.010	1.051	1.097
2.00	0.953	0.952	0.952	0.953	0.954	0.954	0.956	0.962	0.972	0.996	1.027	1.064	1.106
2.50	1.004	1.006	1.008	1.009	1.012	1.014	1.018	1.026	1.035	1.055	1.079	1.105	1.136
3.00	1.025	1.028	1.030	1.033	1.036	1.038	1.041	1.049	1.058	1.077	1.10	1.124	1.150
3.50	1.033	1.036	1.039	1.042	1.045	1.048	1.051	1.058	1.067	1.086	1.105	1.126	1.148
4.00	1.035	1.038	1.041	1.044	1.047	1.050	1.053	1.060	1.068	1.086	1.104	1.124	1.143

表 C3 $Z^{(1)}$ 值

T_r	p_r										
	0.2	0.4	0.6	0.8	1.0	1.2	1.4	1.6	1.8	2.0	2.2
0.35	−0.027	−0.048	−0.073	−0.100	−0.13	−0.15	−0.17	−0.20	−0.23	−0.26	−0.29
0.40	−0.025	−0.046	−0.070	−0.094	−0.12	−0.14	−0.16	−0.19	−0.22	−0.25	−0.28
0.45	−0.024	−0.044	−0.067	−0.089	−0.11	−0.13	−0.15	−0.18	−0.21	−0.24	−0.27
0.50	−0.022	−0.043	−0.066	−0.085	−0.11	−0.13	−0.15	−0.17	−0.20	−0.22	−0.25
0.55	−0.021	−0.041	−0.060	−0.080	−0.10	−0.12	−0.14	−0.16	−0.19	−0.21	−0.23
0.60	−0.020	−0.039	−0.057	−0.075	−0.093	−0.11	−0.13	−0.15	−0.17	−0.19	−0.21
0.65	−0.020	−0.039	−0.057	−0.075	−0.093	−0.11	−0.12	−0.14	−0.16	−0.17	−0.19
0.70	−0.020	−0.036	−0.052	−0.068	−0.084	−0.10	−0.12	−0.13	−0.15	−0.16	−0.18
0.75	−0.020	−0.036	−0.052	−0.068	−0.084	−0.10	−0.11	−0.12	−0.14	−0.15	−0.16
0.80	−0.095	−0.028	−0.044	−0.058	−0.07	−0.08	−0.10	−0.11	−0.12	−0.13	−0.14
0.85	−0.067	−0.031	−0.049	−0.064	−0.08	−0.09	−0.11	−0.12	−0.13	−0.14	−0.15
0.90	−0.042	−0.09	−0.053	−0.068	−0.085	−0.10	−0.11	−0.12	−0.13	−0.14	−0.15
0.95	−0.025	−0.050	−0.10	−0.072	−0.091	−0.10	−0.11	−0.12	−0.12	−0.13	−0.14
1.00	−0.012	−0.016	−0.020	−0.05	−0.080	−0.090	−0.099	−0.108	−0.115	−0.123	−0.13
1.05	0.000	+0.001	+0.005	+0.015	+0.02	+0.01	−0.01	−0.04	−0.06	−0.07	−0.08
1.10	+0.002	0.008	0.016	0.030	0.055	0.082	+0.11	+0.082	+0.035	0.000	−0.02
1.15	0.004	0.012	0.012	0.040	0.064	0.093	0.12	0.140	0.136	+0.100	+0.07
1.20	0.009	0.018	0.028	0.044	0.069	0.10	0.13	0.16	0.17	0.17	0.16
1.25	0.011	0.023	0.036	0.050	0.069	0.10	0.13	0.16	0.18	0.19	0.19
1.30	0.013	0.027	0.041	0.055	0.072	0.10	0.13	0.16	0.18	0.20	0.20
1.40	0.016	0.032	0.049	0.065	0.082	0.10	0.13	0.16	0.18	0.19	0.20
1.50	0.017	0.035	0.052	0.070	0.088	0.10	0.13	0.15	0.17	0.18	0.20
1.60	0.018	0.036	0.054	0.07	0.08	0.10	0.12	0.14	0.16	0.17	0.18

续表

T_r	p_r										
	0.2	0.4	0.6	0.8	1.0	1.2	1.4	1.6	1.8	2.0	2.2
1.70	0.018	0.036	0.054	0.07	0.09	0.10	0.11	0.13	0.15	0.16	0.17
1.80	0.018	0.036	0.054	0.07	0.09	0.10	0.11	0.13	0.15	0.16	0.17
1.90	0.018	0.035	0.05	0.07	0.09	0.10	0.11	0.13	0.15	0.16	0.17
2.00	0.016	0.031	0.05	0.07	0.08	0.10	0.11	0.13	0.14	0.15	0.16
2.50	0.01	0.02	0.04	0.05	0.07	0.08	0.10	0.11	0.12	0.13	0.15
3.00	0.01	0.02	0.03	0.05	0.06	0.07	0.08	0.09	0.10	0.11	0.13
3.50	0.01	0.02	0.03	0.04	0.05	0.06	0.07	0.08	0.08	0.09	0.10
4.00	0.01	0.02	0.02	0.03	0.04	0.05	0.06	0.06	0.07	0.08	0.09

T_r	p_r									
	2.4	2.6	2.8	3.0	4.0	5.0	6.0	7.0	8.0	9.0
0.35	−0.32	−0.35	−0.37	(−0.42)	(−0.53)	(−0.65)	(−0.78)	(−0.86)	(−0.95)	(−1.06)
0.40	−0.30	−0.33	−0.35	(−0.39)	(−0.49)	(−0.60)	(−0.72)	(−0.80)	(−0.88)	(−0.96)
0.45	−0.28	−0.31	−0.33	(−0.36)	(−0.45)	(−0.55)	(−0.67)	(−0.74)	(−0.82)	(−0.88)
0.50	−0.27	−0.29	−0.31	(−0.34)	(−0.42)	(−0.51)	(−0.61)	(−0.68)	(−0.75)	(−0.81)
0.55	−0.25	−0.27	−0.29	−0.31	−0.39	−0.47	−0.55	−0.62	−0.68	−0.79
0.60	−0.23	−0.25	−0.26	−0.28	−0.36	−0.43	−0.50	−0.56	−0.62	−0.67
0.65	−0.21	−0.22	−0.24	−0.25	−0.32	−0.38	−0.43	−0.49	−0.54	−0.58
0.70	−0.19	−0.20	−0.21	−0.23	−0.28	−0.33	−0.38	−0.42	−0.47	−0.51
0.75	−0.17	−0.18	−0.19	−0.20	−0.25	−0.29	−0.33	−0.37	−0.40	−0.44
0.80	−0.15	−0.16	−0.17	−0.18	−0.23	−0.26	−0.29	−0.32	−0.35	−0.39
0.85	−0.16	−0.17	−0.18	−0.18	−0.22	−0.25	−0.28	−0.31	−0.34	−0.36
0.90	−0.16	−0.17	−0.17	−0.18	−0.21	−0.24	−0.27	−0.30	−0.32	−0.35

续表

T_r	p_r									
	2.4	2.6	2.8	3.0	4.0	5.0	6.0	7.0	8.0	9.0
0.95	−0.15	−0.15	−0.16	−0.17	−0.20	−0.22	−0.25	−0.28	−0.31	−0.34
1.00	−0.13	−0.14	−0.14	−0.15	−0.17	−0.20	−0.23	−0.26	−0.30	−0.33
1.05	−0.09	−0.10	−0.10	−0.11	−0.14	−0.17	−0.20	−0.24	−0.28	−0.31
1.10	−0.03	−0.05	−0.06	−0.07	−0.10	−0.13	−0.16	−0.21	−0.25	−0.28
1.15	+0.04	+0.02	0.00	−0.01	−0.04	−0.08	−0.12	−0.16	−0.20	−0.24
1.20	0.14	0.12	+0.09	+0.07	0.00	−0.04	−0.08	−0.12	−0.16	−0.19
1.25	0.18	0.16	0.14	0.12	+0.05	0.00	−0.03	−0.07	−0.11	−0.13
1.30	0.20	0.20	0.19	0.18	0.10	+0.04	0.00	−0.04	−0.07	−0.09
1.40	0.21	0.21	0.21	0.20	0.15	0.11	+0.07	+0.04	+0.01	−0.01
1.50	0.20	0.21	0.21	0.21	0.20	0.17	0.14	0.11	0.09	+0.07
1.60	0.19	0.20	0.20	0.21	0.22	0.21	0.19	0.17	0.15	0.14
1.70	0.18	0.19	0.20	0.21	0.24	0.25	0.26	0.25	0.24	0.22
1.80	0.18	0.19	0.20	0.21	0.26	0.29	0.31	0.32	0.32	0.30
1.90	0.18	0.19	0.20	0.21	0.26	0.30	0.35	0.38	0.40	0.40
2.00	0.17	0.19	0.20	0.21	0.26	0.30	0.35	0.40	0.43	0.45
2.50	0.16	0.18	0.19	0.20	0.25	0.30	0.35	0.40	0.45	0.50
3.00	0.14	0.15	0.16	0.17	0.23	0.28	0.34	0.38	0.45	0.50
3.50	0.11	0.12	0.13	0.14	0.19	0.24	0.28	0.33	0.38	0.42
4.00	0.10	0.10	0.11	0.12	0.16	0.20	0.23	0.27	0.31	0.35

表 C4 $[\lg(f/p)]^{(0)}=(\lg\phi)^{(0)}$ 值

T_r	p_r 0.2	0.4	0.6	0.8	1.0	1.2	1.4	1.6	1.8	2.0	2.2	2.4	2.6
0.35	−3.687	−3.964	−4.116	−4.2165	−4.279	−4.344	−4.382	−4.421	−4.436	−4.451	−4.488	−4.501	−4.513
0.40	−2.820	−3.100	−3.254	−3.357	−3.432	−3.490	−3.535	−3.572	−3.601	−3.626	−3.646	−3.662	−3.675
0.45	−2.134	−2.415	−2.571	−2.676	−2.754	−2.813	−2.860	−2.891	−2.930	−2.956	−2.978	−2.996	−3.011
0.50	−1.604	−1.886	−2.044	−2.151	−2.229	−2.290	−2.339	−2.379	−2.412	−2.439	−2.463	−2.482	−2.499
0.55	−1.186	−1.470	−1.629	−1.736	−1.816	−1.878	−1.928	−1.969	−2.004	−2.032	−2.057	−2.078	−2.096
0.60	−0.851	−1.136	−1.296	−1.404	−1.485	−1.548	−1.599	−1.641	−1.676	−1.706	−1.731	−1.753	−1.772
0.65	−0.569	−0.855	−1.015	−1.125	−1.206	−1.270	−1.322	−1.364	−1.400	−1.431	−1.457	−1.480	−1.499
0.70	−0.336	−0.622	−0.783	−0.893	−0.975	−1.039	−1.092	−1.135	−1.171	−1.203	−1.229	−1.253	−1.273
0.75	−0.140	−0.426	−0.587	−0.698	−0.780	−0.846	−0.897	−0.942	−0.978	−1.010	−1.038	−1.061	−1.083
0.80	−0.060	−0.262	−0.425	−0.535	−0.618	−0.683	−0.736	−0.780	−0.817	−0.849	−0.877	−0.901	−0.922
0.85	−0.046	−0.120	−0.281	−0.392	−0.474	−0.539	−0.592	−0.636	−0.673	−0.705	−0.733	−0.757	−0.779
0.90	−0.042	−0.087	−0.163	−0.273	−0.356	−0.421	−0.474	−0.517	−0.554	−0.587	−0.614	−0.639	−0.680
0.95	−0.033	−0.070	−0.112	−0.173	−0.255	−0.319	−0.372	−0.415	−0.452	−0.483	−0.511	−0.535	−0.557
1.00	−0.028	−0.059	−0.094	−0.131	−0.175	−0.237	−0.287	−0.330	−0.367	−0.398	−0.425	−0.449	−0.470
1.05	−0.024	−0.051	−0.079	−0.109	−0.142	−0.178	−0.218	−0.257	−0.292	−0.322	−0.349	−0.372	−0.393
1.10	−0.021	−0.044	−0.067	−0.093	−0.120	−0.147	−0.177	−0.207	−0.237	−0.264	−0.289	−0.311	−0.331
1.15	−0.018	−0.037	−0.058	−0.079	−0.101	−0.123	−0.146	−0.170	−0.194	−0.217	−0.238	−0.258	−0.276
1.20	−0.016	−0.032	−0.050	−0.067	−0.086	−0.104	−0.124	−0.143	−0.163	−0.182	−0.200	−0.217	−0.233
1.25	−0.014	−0.029	−0.044	−0.059	−0.075	−0.091	−0.107	−0.123	−0.139	−0.155	−0.171	−0.186	−0.199
1.30	−0.012	−0.025	−0.038	−0.051	−0.065	−0.078	−0.092	−0.106	−0.119	−0.133	−0.146	−0.159	−0.171
1.40	−0.010	−0.021	−0.031	−0.041	−0.052	−0.062	−0.072	−0.082	−0.092	−0.102	−0.111	−0.120	−0.130
1.50	−0.008	−0.016	−0.024	−0.032	−0.040	−0.047	−0.055	−0.063	−0.070	−0.078	−0.085	−0.092	−0.099

续表

T_r	p_r												
	0.2	0.4	0.6	0.8	1.0	1.2	1.4	1.6	1.8	2.0	2.2	2.4	2.6
1.60	−0.007	−0.013	−0.019	−0.026	−0.032	−0.038	−0.044	−0.050	−0.056	−0.062	−0.067	−0.072	−0.077
1.70	−0.005	−0.010	−0.015	−0.020	−0.025	−0.030	−0.034	−0.039	−0.043	−0.047	−0.051	−0.056	−0.059
1.80	−0.004	−0.008	−0.012	−0.015	−0.019	−0.022	−0.026	−0.030	−0.033	−0.036	−0.039	−0.042	−0.045
1.90	−0.003	−0.006	−0.009	−0.012	−0.015	−0.018	−0.020	−0.023	−0.025	−0.028	−0.030	−0.033	−0.035
2.00	−0.002	−0.004	−0.007	−0.009	−0.011	−0.013	−0.015	−0.017	−0.019	−0.021	−0.023	−0.025	−0.026
2.50	0.000	0.000	0.000	0.000	−0.001	−0.001	−0.001	−0.001	−0.001	−0.001	−0.001	−0.001	−0.001
3.00	0.000	+0.001	+0.001	+0.002	+0.002	+0.003	+0.003	+0.004	+0.004	+0.005	+0.005	+0.006	+0.007
3.50	+0.001	0.002	0.003	0.003	0.004	0.005	0.006	0.007	0.008	0.009	0.010	0.011	0.012
4.00	0.001	0.002	0.003	0.005	0.006	0.007	0.008	0.009	0.010	0.011	0.012	0.013	0.014

T_r	p_r												
	2.8	3.0	3.2	3.4	3.6	3.8	4.0	4.5	5.0	6.0	7.0	8.0	9.0
0.35	−4.521	−4.527	−4.531	−4.534	−4.534	−4.534	−4.534	−4.525	−4.513	−4.474	−4.424	−4.366	−4.296
0.40	−3.686	−3.695	−3.701	−3.706	−3.710	−3.712	−3.713	−3.711	−3.704	−3.678	−3.640	−3.593	−3.540
0.45	−3.024	−3.035	−3.043	−3.050	−3.055	−3.060	−3.062	−3.065	−3.063	−3.046	−3.017	−2.980	−2.937
0.50	−2.513	−2.525	−2.535	−2.544	−2.550	−2.556	−2.560	−2.567	−2.568	−2.559	−2.538	−2.508	−2.472
0.55	−2.111	−2.124	−2.135	−2.145	−2.153	−2.160	−2.165	−2.175	−2.179	−2.176	−2.162	−2.138	−2.108
0.60	−1.788	−1.803	−1.815	−1.826	−1.835	−1.842	−1.849	−1.861	−1.868	−1.870	−1.860	−1.842	−1.818
0.65	−1.517	−1.532	−1.545	−1.556	−1.566	−1.574	−1.582	−1.596	−1.605	−1.611	−1.606	−1.592	−1.572
0.70	−1.291	−1.306	−1.320	−1.332	−1.343	−1.352	−1.360	−1.376	−1.387	−1.397	−1.395	−1.385	−1.369
0.75	−1.100	−1.116	−1.131	−1.144	−1.155	−1.165	−1.174	−1.190	−1.202	−1.215	−1.217	−1.210	−1.197
0.80	−0.941	−0.957	−0.972	−0.985	−0.997	−1.007	−1.016	−1.035	−1.048	−1.064	−1.067	−1.063	−1.052
0.85	−0.797	−0.814	−0.829	−0.842	−0.854	−0.864	−0.874	−0.893	−0.907	−0.924	−0.929	−0.926	−0.917

续表

T_r	p_r												
	2.8	3.0	3.2	3.4	3.6	3.8	4.0	4.5	5.0	6.0	7.0	8.0	9.0
0.90	−0.679	−0.696	−0.710	−0.724	−0.736	−0.746	−0.756	−0.775	−0.789	−0.807	−0.814	−0.813	−0.805
0.95	−0.575	−0.592	−0.607	−0.621	−0.632	−0.643	−0.652	−0.672	−0.687	−0.706	−0.713	−0.713	−0.707
1.00	−0.489	−0.505	−0.520	−0.534	−0.545	−0.556	−0.566	−0.586	−0.601	−0.620	−0.629	−0.630	−0.624
1.05	−0.411	−0.428	−0.442	−0.455	−0.467	−0.478	−0.488	−0.508	−0.523	−0.543	−0.552	−0.553	−0.549
1.10	−0.348	−0.364	−0.378	−0.391	−0.403	−0.413	−0.422	−0.442	−0.457	−0.477	−0.487	−0.489	−0.486
1.15	−0.293	−0.307	−0.321	−0.333	−0.344	−0.354	−0.363	−0.383	−0.397	−0.417	−0.427	−0.429	−0.426
1.20	−0.247	−0.261	−0.273	−0.285	−0.295	−0.305	−0.314	−0.332	−0.346	−0.366	−0.375	−0.378	−0.376
1.25	−0.212	−0.224	−0.236	−0.246	−0.256	−0.264	−0.273	−0.290	−0.304	−0.322	−0.331	−0.334	−0.332
1.30	−0.182	−0.193	−0.203	−0.212	−0.221	−0.229	−0.237	−0.253	−0.266	−0.283	−0.292	−0.295	−0.294
1.40	−0.138	−0.146	−0.154	−0.162	−0.169	−0.175	−0.181	−0.194	−0.205	−0.220	−0.228	−0.231	−0.229
1.50	−0.104	−0.112	−0.117	−0.124	−0.129	−0.134	−0.139	−0.149	−0.158	−0.170	−0.176	−0.178	−0.176
1.60	−0.082	−0.087	−0.092	−0.096	−0.100	−0.104	−0.108	−0.116	−0.123	−0.132	−0.137	−0.138	−0.136
1.70	−0.063	−0.067	−0.071	−0.074	−0.077	−0.080	−0.083	−0.089	−0.094	−0.101	−0.105	−0.105	−0.102
1.80	−0.048	−0.051	−0.053	−0.056	−0.058	−0.060	−0.063	−0.067	−0.071	−0.076	−0.078	−0.077	−0.074
1.90	−0.037	−0.039	−0.041	−0.043	−0.045	−0.046	−0.048	−0.051	−0.054	−0.057	−0.057	−0.055	−0.051
2.00	−0.028	−0.029	−0.031	−0.032	−0.033	−0.034	−0.035	−0.037	−0.039	−0.040	−0.039	−0.038	−0.034
2.50	−0.001	−0.001	−0.001	−0.001	−0.000	0.000	0.000	+0.001	+0.003	+0.006	+0.011	+0.016	+0.022
3.00	+0.007	+0.008	+0.009	+0.010	+0.011	+0.012	+0.012	0.015	0.017	0.023	0.028	0.035	0.042
3.50	0.013	0.014	0.015	0.016	0.017	0.018	0.020	0.022	0.025	0.031	0.038	0.044	0.051
4.00	0.015	0.016	0.017	0.019	0.020	0.021	0.022	0.025	0.028	0.034	0.040	0.047	0.054

表 C5 $[\lg(f/p)]^{(1)}=(\lg\phi)^{(1)}$ 值

T_r	p_r										
	0.2	0.4	0.6	0.8	1.0	1.2	1.4	1.6	1.8	2.0	2.2
0.35	−6.65	−6.66	−6.68	−6.69	−6.70	−6.71	−6.72	−6.73	−6.74	−6.75	−6.76
0.40	−5.02	−5.03	−5.04	−5.05	−5.06	−5.07	−5.08	−5.09	−5.10	−5.11	−5.12
0.45	−3.90	−3.91	−3.92	−3.93	−3.94	−3.95	−3.96	−3.97	−3.98	−3.98	−3.99
0.50	−2.96	−2.96	−2.97	−2.98	−2.99	−3.00	−3.01	−3.02	−3.03	−3.04	−3.05
0.55	−2.22	−2.23	−2.24	−2.25	−2.26	−2.27	−2.28	−2.28	−2.29	−2.30	−2.31
0.60	−1.68	−1.69	−1.70	−1.70	−1.71	−1.72	−1.73	−1.74	−1.74	−1.75	−1.76
0.65	−1.28	−1.28	−1.29	−1.30	−1.31	−1.31	−1.32	−1.33	−1.34	−1.34	−1.35
0.70	−0.94	−0.95	−0.96	−0.96	−0.97	−0.98	−0.99	−0.99	−1.00	−1.01	−1.01
0.75	−0.69	−0.69	−0.70	−0.71	−0.71	−0.72	−0.73	−0.73	−0.74	−0.75	−0.75
0.80	−0.04	−0.47	−0.48	−0.48	−0.48	−0.49	−0.50	−0.50	−0.51	−0.51	−0.52
0.85	−0.03	−0.31	−0.31	−0.32	−0.33	−0.33	−0.34	−0.35	−0.35	−0.36	−0.37
0.90	−0.02	−0.04	−0.18	−0.20	−0.20	−0.21	−0.21	−0.22	−0.23	−0.23	−0.24
0.95	−0.01	−0.02	−0.03	−0.09	−0.10	−0.11	−0.12	−0.12	−0.13	−0.13	−0.14
1.00	−0.01	−0.01	−0.01	−0.02	−0.03	−0.03	−0.04	−0.05	−0.05	−0.06	−0.06
1.05	0.00	0.00	0.00	0.00	+0.01	+0.01	+0.01	+0.01	0.00	0.00	0.00
1.10	0.00	0.00	0.00	+0.01	0.01	0.02	0.02	0.03	+0.03	+0.03	+0.03
1.15	0.00	0.00	0.00	0.01	0.02	0.02	0.03	0.04	0.04	0.05	0.05
1.20	0.00	+0.01	+0.01	0.01	0.02	0.03	0.04	0.05	0.05	0.06	0.07
1.25	0.00	0.01	0.01	0.02	0.03	0.03	0.04	0.05	0.06	0.07	0.07
1.30	+0.01	0.01	0.02	0.02	0.03	0.04	0.04	0.05	0.06	0.07	0.08
1.40	0.01	0.01	0.02	0.03	0.04	0.04	0.05	0.06	0.07	0.08	0.08
1.50	0.01	0.02	0.02	0.03	0.04	0.05	0.05	0.06	0.06	0.07	0.08
1.60	0.01	0.02	0.02	0.03	0.04	0.05	0.05	0.06	0.06	0.07	0.08
1.70	0.01	0.02	0.02	0.03	0.04	0.05	0.05	0.06	0.06	0.07	0.08
1.80	0.01	0.02	0.02	0.03	0.04	0.05	0.05	0.06	0.06	0.07	0.08
1.90	0.01	0.02	0.02	0.03	0.04	0.05	0.05	0.06	0.06	0.07	0.08
2.00	0.01	0.01	0.02	0.03	0.04	0.05	0.05	0.06	0.07	0.07	0.08
2.50	0.01	0.01	0.02	0.02	0.03	0.04	0.04	0.05	0.06	0.06	0.07
3.00	0.00	0.01	0.01	0.02	0.02	0.03	0.04	0.04	0.05	0.05	0.05
3.50	0.00	0.01	0.01	0.02	0.02	0.02	0.03	0.03	0.04	0.04	0.04
4.00	0.00	0.01	0.01	0.02	0.02	0.02	0.02	0.03	0.03	0.03	0.04

T_r	p_r									
	2.4	2.6	2.8	3.0	4.0	5.0	6.0	7.0	8.0	9.0
0.35	−6.78	−6.79	−6.80	−6.81	−6.86	−6.92	−6.96	−7.02	−7.06	−7.11
0.40	−5.13	−5.14	−5.15	−5.16	−5.21	−5.26	−5.30	−5.34	−5.39	−5.43
0.45	−4.00	−4.01	−4.02	−4.03	−4.07	−4.11	−4.15	−4.19	−4.23	−4.27
0.50	−3.06	−3.07	−3.08	−3.09	−3.13	−3.17	−3.22	−3.26	−3.30	−3.34
0.55	−2.32	−2.33	−2.34	−2.34	−2.38	−2.43	−2.46	−2.50	−2.53	−2.57
0.60	−1.77	−1.77	−1.78	−1.79	−1.82	−1.86	−1.89	−1.93	−1.96	−1.99
0.65	−1.36	−1.36	−1.37	−1.38	−1.41	−1.44	−1.47	−1.50	−1.53	−1.55

续表

T_r	p_r									
	2.4	2.6	2.8	3.0	4.0	5.0	6.0	7.0	8.0	9.0
0.70	−1.02	−1.03	−1.03	−1.04	−1.07	−1.09	−1.12	−1.15	−1.17	−1.19
0.75	−0.76	−0.76	−0.76	−0.77	−0.80	−0.83	−0.85	−0.87	−0.89	−0.91
0.80	−0.52	−0.53	−0.53	−0.54	−0.56	−0.59	−0.61	−0.63	−0.65	−0.67
0.85	−0.37	−0.38	−0.38	−0.39	−0.41	−0.44	−0.46	−0.48	−0.50	−0.51
0.90	−0.24	−0.25	−0.26	−0.26	−0.29	−0.31	−0.33	−0.35	−0.36	−0.38
0.95	−0.15	−0.15	−0.16	−0.16	−0.18	−0.20	−0.22	−0.24	−0.26	−0.27
1.00	−0.07	−0.07	−0.08	−0.08	−0.10	−0.12	−0.13	−0.15	−0.17	−0.18
1.05	0.00	−0.01	−0.01	−0.01	−0.03	−0.05	−0.06	−0.07	−0.09	−0.11
1.10	+0.03	+0.03	+0.03	+0.03	+0.02	0.00	−0.01	−0.02	−0.03	−0.05
1.15	0.05	0.06	0.06	0.06	0.05	+0.05	+0.04	+0.02	+0.01	0.00
1.20	0.07	0.08	0.08	0.08	0.09	0.09	0.08	0.07	0.07	+0.06
1.25	0.08	0.09	0.09	0.10	0.11	0.11	0.11	0.10	0.10	0.09
1.30	0.08	0.09	0.10	0.10	0.12	0.13	0.13	0.13	0.12	0.12
1.40	0.09	0.10	0.11	0.11	0.13	0.15	0.15	0.16	0.16	0.16
1.50	0.08	0.09	0.10	0.11	0.13	0.15	0.16	0.17	0.17	0.18
1.60	0.08	0.09	0.10	0.11	0.14	0.16	0.18	0.19	0.20	0.21
1.70	0.08	0.09	0.10	0.11	0.14	0.16	0.18	0.20	0.21	0.23
1.80	0.08	0.09	0.10	0.11	0.14	0.16	0.19	0.21	0.23	0.24
1.90	0.08	0.09	0.10	0.11	0.14	0.16	0.19	0.21	0.23	0.25
2.00	0.08	0.09	0.09	0.10	0.13	0.16	0.19	0.21	0.23	0.26
2.50	0.07	0.08	0.08	0.09	0.12	0.14	0.17	0.19	0.22	0.24
3.00	0.06	0.06	0.07	0.07	0.10	0.12	0.15	0.17	0.20	0.22
3.50	0.05	0.05	0.06	0.06	0.08	0.10	0.13	0.15	0.17	0.19
4.00	0.04	0.04	0.05	0.05	0.07	0.09	0.10	0.12	0.14	0.15

表 C6　$[(H'-H)/RT_c]^{(0)}$ 值

T_r	p_r												
	0.2	0.4	0.6	0.8	1.0	1.2	1.4	1.6	1.8	2.0	2.2	2.4	2.6
0.35	5.81	5.80	5.79	5.77	5.75	5.71	5.69	5.67	5.65	5.63	5.61	5.59	5.57
0.40	5.63	5.62	5.61	5.60	5.58	5.56	5.54	5.52	5.50	5.48	5.46	5.44	5.42
0.45	5.48	5.47	5.45	5.42	5.40	5.37	5.35	5.33	5.31	5.30	5.28	5.26	5.25
0.50	5.31	5.30	5.29	5.27	5.25	5.23	5.21	5.19	5.17	5.16	5.14	5.12	5.10
0.55	5.18	5.17	5.15	5.12	5.10	5.08	5.06	5.04	5.02	5.00	4.98	4.97	4.95
0.60	5.05	5.04	5.03	5.01	4.98	4.96	4.94	4.92	4.90	4.88	4.86	4.83	4.82
0.65	4.91	4.90	4.90	4.88	4.86	4.84	4.82	4.80	4.78	4.76	4.75	4.73	4.72
0.70	4.81	4.80	4.78	4.76	4.75	4.73	4.71	4.69	4.68	4.66	4.65	4.63	4.62
0.75	4.69	4.68	4.67	4.66	4.64	4.62	4.61	4.60	4.58	4.56	4.55	4.53	4.52
0.80	0.37	4.53	4.52	4.51	4.50	4.48	4.47	4.46	4.44	4.43	4.42	4.41	4.40
0.85	0.32	4.37	4.36	4.35	4.34	4.33	4.33	4.32	4.31	4.30	4.29	4.28	4.28
0.90	0.27	0.60	4.06	4.10	4.14	4.14	4.15	4.15	4.14	4.13	4.13	4.12	4.12

续表

T_r	p_r											
	0.2	0.4	0.6	0.8	1.0	1.2	1.4	1.6	1.8	2.0	2.2	2.4	2.6
0.95	0.23	0.52	0.86	3.69	3.80	3.85	3.87	3.88	3.89	3.90	3.90	3.90	3.90
1.00	0.21	0.45	0.76	1.15	2.3	3.09	3.32	3.44	3.52	3.57	3.60	3.63	3.65
1.05	0.19	0.40	0.64	0.95	1.35	1.94	2.54	2.86	3.07	3.21	3.30	3.36	3.39
1.10	0.17	0.36	0.57	0.82	1.10	1.44	1.83	2.25	2.55	2.75	2.89	3.00	3.08
1.15	0.14	0.30	0.49	0.70	0.93	1.19	1.48	1.78	2.07	2.33	2.52	2.67	2.78
1.20	0.13	0.27	0.44	0.63	0.83	1.03	1.25	1.49	1.73	1.95	2.13	2.30	2.44
1.25	0.12	0.25	0.39	0.56	0.73	0.91	1.09	1.29	1.50	1.70	1.87	2.03	2.17
1.30	0.11	0.23	0.36	0.50	0.66	0.81	0.97	1.14	1.32	1.49	1.64	1.79	1.93
1.40	0.09	0.19	0.31	0.42	0.54	0.67	0.80	0.94	1.08	1.23	1.36	1.47	1.59
1.50	0.09	0.18	0.29	0.39	0.49	0.59	0.70	0.80	0.93	1.04	1.15	1.26	1.36
1.60	0.09	0.18	0.27	0.36	0.45	0.54	0.62	0.71	0.81	0.91	1.00	1.09	1.18
1.70	0.08	0.16	0.25	0.33	0.41	0.48	0.56	0.64	0.71	0.80	0.87	0.95	1.02
1.80	0.07	0.15	0.23	0.30	0.37	0.44	0.51	0.58	0.64	0.71	0.78	0.84	0.90
1.90	0.06	0.13	0.19	0.26	0.33	0.40	0.46	0.51	0.57	0.63	0.68	0.73	0.78
2.00	0.06	0.12	0.18	0.24	0.30	0.36	0.42	0.46	0.51	0.55	0.59	0.64	0.69
2.50	0.04	0.08	0.12	0.16	0.19	0.22	0.25	0.28	0.31	0.34	0.37	0.40	0.43
3.00	0.03	0.05	0.07	0.09	0.11	0.14	0.16	0.18	0.20	0.22	0.24	0.26	0.28
3.50	0.02	0.04	0.05	0.06	0.07	0.09	0.10	0.11	0.12	0.13	0.15	0.16	0.17
4.00	0.01	0.02	0.03	0.04	0.04	0.05	0.06	0.07	0.08	0.08	0.09	0.10	0.10

T_r	p_r											
	2.8	3.0	3.2	3.4	3.6	3.8	4.0	4.5	5.0	6.0	7.0	8.0	9.0
0.35	5.55	5.53	5.51	5.49	5.47	5.46	5.44	5.40	5.36	5.29	5.21	5.13	5.05
0.40	5.40	5.38	5.37	5.35	5.34	5.32	5.30	5.26	5.22	5.15	5.07	5.00	4.92
0.45	5.23	5.21	5.20	5.18	5.17	5.15	5.13	5.10	5.05	4.98	4.90	4.82	4.73
0.50	5.09	5.07	5.06	5.03	5.02	5.00	4.98	4.95	4.91	4.82	4.74	4.65	4.55
0.55	4.93	4.91	4.90	4.88	4.87	4.85	4.83	4.80	4.76	4.68	4.60	4.51	4.42
0.60	4.81	4.79	4.77	4.76	7.74	4.72	4.71	4.67	4.63	4.55	4.47	4.38	4.29
0.65	4.70	4.68	4.67	4.65	4.64	4.62	4.60	4.57	4.53	4.46	4.38	4.30	4.21
0.70	4.60	4.58	4.57	4.55	4.54	4.52	4.51	4.47	4.43	4.37	4.29	4.21	4.12
0.75	4.51	4.49	4.48	4.47	4.45	4.43	4.42	4.39	4.35	4.27	4.20	4.12	4.03
0.80	4.39	4.38	4.36	4.35	4.34	4.33	4.32	4.30	4.23	4.16	4.10	4.03	3.95
0.85	4.27	4.26	4.25	4.24	4.23	4.22	4.21	4.18	4.11	4.05	4.00	3.93	3.85
0.90	4.12	4.11	4.10	4.10	4.10	4.10	4.10	4.09	4.05	3.95	3.89	3.83	3.76
0.95	3.90	3.90	3.90	3.90	3.89	3.89	3.89	3.85	3.85	3.84	3.77	3.72	3.67
1.00	3.68	3.70	3.71	3.71	3.70	3.70	3.70	3.69	3.68	3.67	3.64	3.60	3.57
1.05	3.42	3.44	3.46	3.47	3.49	3.50	3.51	3.51	3.50	3.49	3.48	3.46	3.45
1.10	3.15	3.20	3.24	3.27	3.29	3.30	3.32	3.34	3.34	3.34	3.33	3.32	3.32
1.15	2.86	2.93	2.98	3.02	3.05	3.09	3.12	3.17	3.18	3.18	3.19	3.19	3.20
1.20	2.56	2.66	2.73	2.78	2.82	2.87	2.91	2.99	3.02	3.05	3.07	3.07	3.08
1.25	2.29	2.39	2.48	2.55	2.61	2.67	2.72	2.82	2.87	2.92	2.93	2.95	2.98

续表

T_r	p_r											
	2.8	3.0	3.2	3.4	3.6	3.8	4.0	4.5	5.0	6.0	7.0	8.0	9.0
1.30	2.05	2.16	2.24	2.32	2.39	2.45	2.52	2.63	2.72	2.79	2.81	2.84	2.88
1.40	1.70	1.79	1.88	1.96	2.04	2.11	2.18	2.32	2.43	2.53	2.58	2.62	2.65
1.50	1.45	1.53	1.61	1.68	1.75	1.82	1.88	2.01	2.12	2.25	2.33	2.39	2.41
1.60	1.26	1.33	1.39	1.44	1.51	1.57	1.64	1.78	1.87	2.01	2.12	2.19	2.21
1.70	1.08	1.15	1.21	1.27	1.33	1.39	1.45	1.57	1.66	1.79	1.91	2.00	2.03
1.80	0.95	1.01	1.06	1.12	1.18	1.24	1.31	1.42	1.50	1.62	1.74	1.83	1.86
1.90	0.82	0.87	0.92	0.97	1.02	1.08	1.13	1.23	1.32	1.44	1.54	1.63	1.67
2.00	0.74	0.78	0.82	0.85	0.89	0.93	0.97	1.07	1.14	1.25	1.33	1.43	1.46
2.50	0.45	0.47	0.50	0.52	0.54	0.56	0.58	0.63	0.67	0.75	0.81	0.87	0.91
3.00	0.30	0.31	0.33	0.34	0.36	0.37	0.38	0.41	0.44	0.50	0.53	0.56	0.58
3.50	0.18	0.19	0.20	0.21	0.22	0.23	0.23	0.25	0.26	0.28	0.30	0.30	0.29
4.00	0.11	0.11	0.11	0.12	0.12	0.12	0.13	0.13	0.14	0.14	0.14	0.13	0.12

表 C7 $[(H'-H)/RT_c]$[1] 值

T_r	p_r										
	0.2	0.4	0.6	0.8	1.0	1.2	1.4	1.6	1.8	2.0	2.2
0.35	10.40	10.46	10.55	10.61	10.68	10.74	10.80	10.85	10.90	10.94	10.98
0.40	9.93	9.98	10.05	10.11	10.17	10.22	10.26	10.30	10.34	10.37	10.41
0.45	9.48	9.51	9.55	9.59	9.63	9.67	9.71	9.74	9.77	9.80	9.82
0.50	8.93	8.97	9.00	9.04	9.08	9.10	9.13	9.15	9.18	9.20	9.22
0.55	8.46	8.50	8.52	8.55	8.57	8.58	8.60	8.61	8.63	8.65	8.66
0.60	7.88	7.91	7.93	7.95	7.97	7.99	8.01	8.02	8.04	8.05	8.07
0.65	7.31	7.34	7.38	7.42	7.45	7.48	7.51	7.54	7.56	7.59	7.61
0.70	6.79	6.81	6.83	6.87	6.90	6.94	6.97	6.99	7.03	7.06	7.08
0.75	6.21	6.24	6.26	6.28	6.30	6.32	6.35	6.37	6.39	6.41	6.43
0.80	0.44	5.60	5.62	5.65	5.68	5.70	5.72	5.75	5.77	5.80	5.82
0.85	0.37	4.74	4.83	4.92	5.02	5.06	5.10	5.13	5.15	5.17	5.20
0.90	0.31	0.71	4.10	4.21	4.31	4.37	4.43	4.48	4.51	4.54	4.56
0.95	0.25	0.55	1.01	3.83	3.80	3.81	3.84	3.84	3.87	3.87	3.88
1.00	0.20	0.41	0.68	0.95	2.66	3.17	3.27	3.33	3.38	3.41	3.45
1.05	0.14	0.27	0.40	0.54	0.68	1.22	1.77	2.19	2.45	2.59	2.71
1.10	0.12	0.22	0.29	0.36	0.42	0.52	0.69	0.92	1.32	1.71	1.97
1.15	0.09	0.17	0.23	0.28	0.32	0.36	0.39	0.45	0.58	0.81	1.08
1.20	0.08	0.14	0.20	0.24	0.28	0.29	0.29	0.32	0.37	0.47	0.59
1.25	0.06	0.13	0.18	0.21	0.25	0.25	0.26	0.28	0.28	0.30	0.36
1.30	0.03	0.06	0.10	0.13	0.17	0.19	0.24	0.23	0.24	0.25	0.27
1.40	0.02	0.04	0.06	0.08	0.10	0.11	0.11	0.12	0.12	0.12	0.14
1.50	0.01	0.01	0.02	0.03	0.04	0.04	0.04	0.04	0.04	0.04	0.05
1.60	0.00	0.00	0.00	0.00	0.00	0.00	0.00	0.00	−0.01	−0.01	−0.01
1.70	−0.01	−0.01	−0.02	−0.03	−0.04	−0.04	−0.05	−0.05	−0.06	−0.06	−0.07

续表

T_r	p_r										
	0.2	0.4	0.6	0.8	1.0	1.2	1.4	1.6	1.8	2.0	2.2
1.80	−0.01	−0.02	−0.03	−0.04	−0.06	−0.07	−0.08	−0.09	−0.10	−0.10	−0.11
1.90	−0.02	−0.03	−0.05	−0.07	−0.09	−0.11	−0.13	−0.15	−0.17	−0.19	−0.20
2.00	−0.02	−0.04	−0.06	−0.08	−0.10	−0.13	−0.16	−0.19	−0.22	−0.25	−0.25
2.50	−0.03	−0.06	−0.10	−0.13	−0.17	−0.20	−0.23	−0.26	−0.29	−0.32	−0.35
3.00	−0.04	−0.08	−0.13	−0.17	−0.21	−0.25	−0.29	−0.33	−0.37	−0.41	−0.45
3.50	−0.04	−0.08	−0.13	−0.17	−0.21	−0.25	−0.29	−0.34	−0.37	−0.42	−0.47
4.00	−0.04	−0.08	−0.13	−0.17	−0.21	−0.25	−0.29	−0.34	−0.37	−0.42	−0.46

T_r	p_r									
	2.4	2.6	2.8	3.0	4.0	5.0	6.0	7.0	8.0	9.0
0.35	11.02	11.06	11.09	11.12	11.27	11.38	11.47	11.55	11.61	11.67
0.40	10.44	10.47	10.50	10.52	10.63	10.72	10.80	10.86	10.92	10.97
0.45	9.85	9.87	9.89	9.91	10.00	10.07	10.13	10.18	10.23	10.27
0.50	9.24	9.26	9.27	9.29	9.36	9.42	9.48	9.52	9.57	9.61
0.55	8.67	8.68	8.70	8.71	8.77	8.82	8.88	8.93	8.98	9.02
0.60	8.08	8.10	8.11	8.13	8.20	8.27	8.34	8.41	8.47	8.52
0.65	7.63	7.65	7.68	7.70	7.78	7.86	7.92	7.98	8.04	8.09
0.70	7.10	7.11	7.13	7.15	7.25	7.33	7.41	7.48	7.54	7.60
0.75	6.45	6.47	6.49	6.52	6.65	6.75	6.85	6.94	7.02	7.10
0.80	5.83	5.86	5.87	5.90	6.00	6.13	6.25	6.36	6.46	6.56
0.85	5.22	5.24	5.26	5.28	5.39	5.50	5.59	5.68	5.75	5.82
0.90	4.58	4.60	4.62	4.64	4.73	4.82	4.89	4.96	5.02	5.10
0.95	3.90	3.90	3.93	3.93	4.04	4.12	4.19	4.23	4.28	4.32
1.00	3.49	3.53	3.58	3.61	3.76	3.88	3.97	4.02	4.07	4.10
1.05	2.79	2.88	2.94	2.99	3.26	3.48	3.57	3.66	3.75	3.81
1.10	2.11	2.24	2.30	2.39	2.74	3.01	3.17	3.30	3.42	3.53
1.15	1.32	1.52	1.67	1.78	2.24	2.52	2.73	2.93	3.09	3.23
1.20	0.74	0.91	1.08	1.21	1.70	1.98	2.21	2.41	2.59	2.79
1.25	0.43	0.51	0.63	0.76	1.26	1.56	1.79	1.98	2.15	2.41
1.30	0.32	0.39	0.46	0.53	0.85	1.11	1.43	1.60	1.83	2.10
1.40	0.16	0.19	0.22	0.25	0.45	0.73	0.98	1.15	1.40	1.66
1.50	0.06	0.07	0.09	0.09	0.20	0.47	0.68	0.86	1.10	1.36
1.60	−0.01	−0.02	−0.02	−0.02	0.05	0.28	0.45	0.64	0.88	1.10
1.70	−0.08	−0.09	−0.10	−0.10	−0.07	0.11	0.25	0.43	0.63	0.85
1.80	−0.12	−0.13	−0.14	−0.16	−0.16	−0.03	0.08	0.23	0.42	0.61
1.90	−0.20	−0.21	−0.21	−0.21	−0.21	−0.15	−0.07	0.06	0.22	0.39
2.00	−0.25	−0.26	−0.26	−0.26	−0.28	−0.26	−0.19	−0.10	0.03	0.18
2.50	−0.39	−0.43	−0.45	−0.48	−0.53	−0.55	−0.57	−0.59	−0.63	−0.61
3.00	−0.49	−0.53	−0.57	−0.60	−0.74	−0.85	−0.95	−1.05	−1.14	−1.21
3.50	−0.51	−0.55	−0.59	−0.63	−0.83	−1.02	−1.19	−1.37	−1.50	−1.67
4.00	−0.50	−0.54	−0.58	−0.62	−0.84	−1.03	−1.25	−1.47	−1.66	−1.86

附录 D　液体对比密度和 T_r, p_r, Z_c 之间的关系

T_r	饱和液体				$p_r=1.0$				$p_r=2.0$		
	$Z_c=0.23$	$Z_c=0.25$	$Z_c=0.27$	$Z_c=0.29$	$Z_c=0.23$	$Z_c=0.25$	$Z_c=0.27$	$Z_c=0.29$	$Z_c=0.25$	$Z_c=0.27$	$Z_c=0.29$
0.30	…	3.487	3.287	3.081	…	3.490	3.290	3.084	3.494	3.294	3.088
0.32	…	3.450	3.253	3.049	…	3.454	3.256	3.052	3.458	3.260	3.056
0.34	…	3.419	3.223	3.021	…	3.423	3.227	3.025	3.427	3.231	3.029
0.36	…	3.383	3.189	2.989	…	3.387	3.193	2.993	3.392	3.198	2.998
0.38	…	3.348	3.156	2.959	…	3.354	3.162	2.964	3.358	3.170	2.970
0.40	…	3.306	3.118	2.922	…	3.313	3.123	2.928	3.322	3.132	2.936
0.42	3.140	3.271	3.084	2.891	3.181	3.278	3.090	2.897	3.287	3.099	2.905
0.44	3.138	3.234	3.049	2.858	3.174	3.239	3.054	2.863	3.251	3.065	2.873
0.46	3.130	3.195	3.012	2.824	3.164	3.203	3.020	2.831	3.215	3.031	2.841
0.48	3.118	3.156	2.975	2.789	3.149	3.165	2.984	2.797	3.177	2.995	2.808
0.50	3.101	3.115	2.937	2.753	3.132	3.126	2.947	2.763	3.136	2.957	2.772
0.52	3.082	3.076	2.900	2.719	3.115	3.088	2.911	2.729	3.099	2.922	2.739
0.54	3.060	3.036	2.862	2.683	3.099	3.050	2.875	2.696	3.063	2.888	2.707
0.56	3.032	2.996	2.825	2.648	3.071	3.012	2.840	2.622	3.028	2.855	2.676
0.58	3.005	2.956	2.787	2.613	3.040	2.974	2.800	2.630	2.990	2.823	2.646
0.60	2.973	2.913	2.746	2.574	3.007	2.932	2.764	2.591	2.952	2.783	2.609
0.61	2.957	2.893	2.727	2.556	2.989	2.913	2.746	2.574	2.936	2.768	2.595
0.62	2.940	2.868	2.704	2.535	2.965	2.888	2.723	2.553	2.916	2.749	2.577
0.63	2.923	2.849	2.686	2.518	2.954	2.868	2.704	2.535	2.897	2.731	2.560
0.64	2.904	2.825	2.663	2.496	2.938	2.845	2.682	2.514	2.877	2.712	2.542
0.65	2.889	2.800	2.640	2.475	2.919	2.824	2.660	2.494	2.852	2.689	2.512
0.66	2.868	2.781	2.622	2.458	2.900	2.800	2.640	2.475	2.836	2.674	2.057
0.67	2.848	2.757	2.599	2.436	2.882	2.784	2.625	2.461	2.816	2.655	2.489
0.68	2.827	2.733	2.577	2.416	2.864	2.761	2.603	2.440	2.797	2.637	2.472
0.69	2.810	2.709	2.554	2.394	2.846	2.737	2.580	2.419	2.777	2.618	2.454
0.70	2.785	2.686	2.532	2.374	2.828	2.718	2.562	2.402	2.757	2.599	2.436
0.71	2.768	2.661	2.509	2.352	2.805	2.693	2.539	2.380	2.733	2.577	2.416

续表

T_r	饱和液体				$p_r=1.0$				$p_r=2.0$		
	$Z_c=$ 0.23	$Z_c=$ 0.25	$Z_c=$ 0.27	$Z_c=$ 0.29	$Z_c=$ 0.23	$Z_c=$ 0.25	$Z_c=$ 0.27	$Z_c=$ 0.29	$Z_c=$ 0.25	$Z_c=$ 0.27	$Z_c=$ 0.29
0.72	2.741	2.637	2.486	2.330	2.782	2.673	2.520	2.362	2.711	2.555	2.395
0.73	2.717	2.614	2.460	2.310	2.759	2.650	2.498	2.342	2.687	2.533	2.376
0.74	2.693	2.586	2.438	2.285	2.736	2.621	2.471	2.316	2.662	2.521	2.351
0.75	2.667	2.557	2.411	2.260	2.714	2.598	2.449	2.296	2.640	2.490	2.333
0.76	2.643	2.534	2.389	2.240	2.690	2.573	2.426	2.274	2.620	2.473	2.317
0.77	2.617	2.505	2.363	2.215	2.668	2.546	2.400	2.250	2.594	2.445	2.292
0.78	2.593	2.478	2.336	2.190	2.644	2.522	2.378	2.229	2.571	2.423	2.271
0.79	2.566	2.450	2.310	2.168	2.621	2.494	2.351	2.204	2.546	2.400	2.250
0.80	2.535	2.420	2.284	2.145	2.597	2.470	2.329	2.183	2.524	2.377	2.230
0.81	2.502	2.390	2.257	2.121	2.577	2.446	2.306	2.160	2.500	2.354	2.206
0.82	2.478	2.359	2.231	2.096	2.553	2.418	2.280	2.137	2.472	2.330	2.183
0.83	2.442	2.327	2.201	2.070	2.526	2.387	2.250	2.109	2.447	2.306	2.161
0.84	2.407	2.295	2.171	2.044	2.498	2.359	2.224	2.085	2.420	2.281	2.137
0.85	2.370	2.263	2.141	2.014	2.468	2.327	2.194	2.057	2.394	2.256	2.114
0.86	2.340	2.227	2.107	1.984	2.436	2.290	2.161	2.038	2.358	2.231	2.098
0.87	2.297	2.191	2.077	1.957	2.402	2.253	2.131	2.002	2.330	2.204	2.070
0.88	2.256	2.155	2.043	1.925	2.364	2.217	2.098	1.972	2.302	2.177	2.049
0.89	2.216	2.116	2.006	1.891	2.324	2.179	2.063	1.941	2.274	2.150	2.022
0.90	2.191	2.076	1.969	1.859	2.285	2.140	2.027	1.911	2.243	2.122	1.998
0.91	2.131	2.032	1.932	1.824	2.232	2.094	1.990	1.877	2.211	2.092	1.970
0.92	2.077	1.989	1.890	1.789	2.174	2.051	1.948	1.843	2.180	2.064	1.943
0.93	2.020	1.940	1.846	1.747	2.113	2.000	1.904	1.802	2.145	2.033	1.913
0.94	1.965	1.888	1.797	1.707	2.057	1.948	1.855	1.762	2.104	2.001	1.887
0.95	1.898	1.829	1.745	1.657	1.994	1.889	1.803	1.713	2.063	1.965	1.856
0.96	1.784	1.765	1.685	1.605	1.920	1.824	1.743	1.661	2.028	1.931	1.825
0.97	1.729	1.689	1.617	1.545	1.850	1.740	1.667	1.594	1.988	1.892	1.790
0.98	1.628	1.598	1.535	1.469	1.748	1.644	1.580	1.513	1.946	1.852	1.755
0.99	1.475	1.470	1.420	1.368	1.624	1.450	1.450	1.397	1.902	1.810	1.719
1.00	1.000	1.000	1.000	1.000	1.000	1.000	1.000	1.000	1.854	1.764	1.676

续表

T_r	$p_r=4.0$			$p_r=6.0$			$p_r=10$			$p_r=15$		
	$Z_c=$ 0.25	$Z_c=$ 0.27	$Z_c=$ 0.29	$Z_c=$ 0.25	$Z_c=$ 0.27	$Z_c=$ 0.29	$Z_c=$ 0.25	$Z_c=$ 0.27	$Z_c=$ 0.29	$Z_c=$ 0.25	$Z_c=$ 0.27	$Z_c=$ 0.29
0.30	3.500	3.300	3.094	3.506	3.305	3.098	3.512	3.320	3.112	3.527	3.325	3.116
0.32	3.465	3.267	3.063	3.471	3.272	3.067	3.484	3.285	3.079	3.495	3.295	3.088
0.34	3.437	3.240	3.037	3.442	3.245	3.041	3.453	3.255	3.051	3.463	3.265	3.060
0.36	3.402	3.207	3.006	3.407	3.212	3.011	3.421	3.225	3.028	3.431	3.235	3.032
0.38	3.373	3.180	2.981	3.378	3.185	2.986	3.389	3.195	2.995	3.401	3.206	3.005
0.40	3.334	3.143	2.946	3.339	3.148	2.951	3.357	3.165	2.967	3.370	3.177	2.978
0.42	3.301	3.112	2.917	3.306	3.117	2.922	3.325	3.135	2.938	3.340	3.147	2.950
0.44	3.267	3.080	2.887	3.273	3.086	2.894	3.292	3.104	2.909	3.307	3.118	2.923
0.46	3.232	3.047	2.856	3.239	3.054	2.863	3.262	3.075	2.882	3.278	3.090	2.896
0.48	3.195	3.012	2.824	3.208	3.024	2.835	3.230	3.045	2.854	3.242	3.068	2.876
0.50	3.156	2.975	2.789	3.171	2.990	2.803	3.198	3.015	2.826	3.214	3.030	2.840
0.52	3.120	2.941	2.757	3.140	2.960	2.775	3.166	2.985	2.798	3.182	3.000	2.812
0.54	3.088	2.911	2.729	3.104	2.926	2.743	3.134	2.955	2.770	3.153	2.973	2.787
0.56	3.056	2.881	2.701	3.072	2.896	2.715	3.103	2.925	2.742	3.120	2.949	2.764
0.58	3.020	2.847	2.669	3.040	2.870	2.691	3.072	2.896	2.714	3.093	2.916	2.733
0.60	2.984	2.813	2.637	3.008	2.836	2.659	3.044	2.870	2.690	3.063	2.888	2.707
0.61	2.964	2.794	2.619	2.996	2.825	2.649	3.028	2.855	2.676	3.050	2.875	2.695
0.62	2.945	2.776	2.602	2.980	2.809	2.634	3.013	2.841	2.663	3.036	2.862	2.683
0.63	2.929	2.761	2.588	2.964	2.794	2.620	2.998	2.828	2.651	3.022	2.849	2.670
0.64	2.913	2.746	2.574	2.948	2.779	2.606	2.985	2.814	2.638	3.008	2.836	2.660
0.65	2.893	2.727	2.556	2.932	2.764	2.591	2.970	2.800	2.624	2.995	2.824	2.647
0.66	2.877	2.712	2.542	2.916	2.749	2.577	2.951	2.782	2.602	2.982	2.811	2.635
0.67	2.856	2.693	2.524	2.900	2.734	2.563	2.940	2.772	2.598	2.968	2.798	2.623
0.68	2.836	2.676	2.507	2.881	2.716	2.546	2.918	2.751	2.579	2.954	2.785	2.610
0.69	2.820	2.660	2.494	2.865	2.701	2.532	2.910	2.743	2.571	2.940	2.776	2.602
0.70	2.802	2.642	2.477	2.849	2.686	2.518	2.890	2.730	2.560	2.928	2.760	2.589
0.71	2.784	2.625	2.461	2.833	2.671	2.500	2.872	2.716	2.547	2.915	2.748	2.577
0.72	2.765	2.607	2.444	2.816	2.655	2.489	2.860	2.701	2.533	2.901	2.735	2.565
0.73	2.747	2.590	2.428	2.799	2.639	2.474	2.851	2.688	2.521	2.894	2.720	2.559
0.74	2.729	2.573	2.412	2.781	2.622	2.458	2.837	2.675	2.509	2.874	2.710	2.542

续表

T_r	$p_r=4.0$			$p_r=6.0$			$p_r=10$			$p_r=15$		
	$Z_c=$ 0.25	$Z_c=$ 0.27	$Z_c=$ 0.29	$Z_c=$ 0.25	$Z_c=$ 0.27	$Z_c=$ 0.29	$Z_c=$ 0.25	$Z_c=$ 0.27	$Z_c=$ 0.29	$Z_c=$ 0.25	$Z_c=$ 0.27	$Z_c=$ 0.29
0.75	2.709	2.554	2.394	2.761	2.603	2.441	2.812	2.661	2.495	2.861	2.697	2.530
0.76	2.689	2.535	2.376	2.745	2.588	2.426	2.800	2.646	2.480	2.848	2.685	2.518
0.77	2.672	2.518	2.360	2.729	2.573	2.412	2.784	2.631	2.468	2.833	2.671	2.505
0.78	2.652	2.500	2.344	2.709	2.554	2.394	2.770	2.617	2.454	2.820	2.659	2.494
0.79	2.631	2.480	2.325	2.693	2.539	2.380	2.750	2.602	2.440	2.807	2.646	2.482
0.80	2.609	2.460	2.306	2.673	2.520	2.362	2.735	2.587	2.432	2.790	2.634	2.476
0.81	2.588	2.440	2.287	2.656	2.504	2.347	2.719	2.572	2.418	2.778	2.621	2.464
0.82	2.567	2.420	2.269	2.638	2.487	2.331	2.704	2.558	2.405	2.762	2.609	2.452
0.83	2.546	2.400	2.250	2.619	2.470	2.315	2.687	2.542	2.389	2.750	2.595	2.439
0.84	2.524	2.380	2.232	2.660	2.449	2.295	2.671	2.527	2.375	2.740	2.583	2.428
0.85	2.503	2.360	2.214	2.580	2.433	2.281	2.655	2.512	2.361	2.720	2.571	2.417
0.86	2.482	2.340	2.195	2.562	2.416	2.265	2.639	2.496	2.346	2.708	2.559	2.405
0.87	2.461	2.320	2.176	2.543	2.398	2.248	2.621	2.479	2.330	2.698	2.545	2.392
0.88	2.438	2.299	2.156	2.524	2.380	2.232	2.606	2.465	2.317	2.682	2.532	2.380
0.89	2.415	2.277	2.136	2.505	2.362	2.216	2.590	2.450	2.303	2.670	2.519	2.368
0.90	2.390	2.257	2.119	2.486	2.344	2.200	2.572	2.434	2.282	2.658	2.506	2.349
0.91	2.365	2.235	2.100	2.466	2.325	2.182	2.560	2.418	2.267	2.644	2.493	2.340
0.92	2.342	2.214	2.080	2.440	2.307	2.165	2.540	2.402	2.252	2.632	2.481	2.330
0.93	2.316	2.191	2.060	2.420	2.288	2.147	2.532	2.387	2.238	2.620	2.470	2.316
0.94	2.292	2.168	2.039	2.400	2.268	2.129	2.514	2.370	2.222	2.606	2.457	2.303
0.95	2.267	2.145	2.018	2.378	2.249	2.113	2.498	2.355	2.208	2.593	2.445	2.292
0.96	2.240	2.120	1.995	2.356	2.229	2.096	2.480	2.338	2.192	2.581	2.433	2.281
0.97	2.211	2.095	1.973	2.334	2.208	2.077	2.463	2.322	2.177	2.567	2.420	2.269
0.98	2.184	2.072	1.950	2.313	2.188	2.059	2.446	2.306	2.162	2.555	2.409	2.258
0.99	2.155	2.043	1.925	2.289	2.165	2.038	2.429	2.290	2.147	2.541	2.396	2.246
1.00	2.127	2.016	1.900	2.266	2.143	2.018	2.412	2.274	2.132	2.532	2.383	2.234

续表

T_r	$p_r=20$			$p_r=25$			$p_r=30$		
	$Z_c=$ 0.25	$Z_c=$ 0.27	$Z_c=$ 0.29	$Z_c=$ 0.25	$Z_c=$ 0.27	$Z_c=$ 0.29	$Z_c=$ 0.25	$Z_c=$ 0.27	$Z_c=$ 0.29
0.30	3.535	3.333	3.124	3.540	3.337	3.128	3.546	3.343	3.133
0.32	3.506	3.305	3.098	3.511	3.310	3.102	3.517	3.316	3.108
0.34	3.474	3.275	3.070	3.481	3.282	3.076	3.489	3.289	3.083
0.36	3.442	3.245	3.042	3.453	3.255	3.051	3.459	3.261	3.057
0.38	3.410	3.215	3.013	3.421	3.225	3.023	3.430	3.233	3.030
0.40	3.378	3.185	2.985	3.390	3.196	2.996	3.400	3.205	3.004
0.42	3.350	3.158	2.960	3.360	3.168	2.969	3.370	3.177	2.978
0.44	3.319	3.129	2.933	3.306	3.140	2.943	3.341	3.150	2.952
0.46	3.288	3.100	2.906	3.302	3.113	2.918	3.310	3.121	2.925
0.48	3.257	3.071	2.878	3.274	3.085	2.892	3.282	3.094	2.900
0.50	3.226	3.041	2.850	3.245	3.059	2.867	3.252	3.066	2.874
0.52	3.197	3.014	2.825	3.214	3.030	2.840	3.225	3.040	2.849
0.54	3.167	2.986	2.799	3.186	3.004	2.816	3.198	3.015	2.826
0.56	3.139	2.959	2.773	3.157	2.976	2.789	3.170	2.989	2.802
0.58	3.109	2.931	2.750	3.130	2.951	2.766	3.145	2.965	2.779
0.60	3.081	2.905	2.723	3.103	2.925	2.742	3.120	2.941	2.757
0.61	3.070	2.894	2.713	3.090	2.913	2.730	3.108	2.930	2.746
0.62	3.056	2.881	2.700	3.076	2.900	2.718	3.096	2.919	2.736
0.63	3.044	2.870	2.690	3.064	2.889	2.708	3.082	2.906	2.724
0.64	3.031	2.858	2.679	3.052	2.877	2.697	3.065	2.890	2.709
0.65	3.018	2.845	2.667	3.040	2.866	2.686	3.060	2.885	2.704
0.66	3.005	2.833	2.655	3.028	2.855	2.676	3.050	2.875	2.695
0.67	2.991	2.820	2.643	3.016	2.843	2.665	3.038	2.864	2.684
0.68	2.980	2.809	2.633	3.004	2.832	2.654	3.027	2.854	2.675
0.69	2.967	2.797	2.622	2.912	2.820	2.643	3.016	2.843	2.665
0.70	2.955	2.786	2.613	2.981	2.810	2.635	3.005	2.833	2.657
0.71	2.943	2.775	2.600	2.969	2.799	2.625	2.994	2.823	2.648
0.72	2.931	2.763	2.591	2.956	2.787	2.614	2.985	2.814	2.639
0.73	2.917	2.750	2.579	2.945	2.776	2.604	2.974	2.804	2.630
0.74	2.906	2.740	2.570	2.933	2.765	2.593	2.964	2.794	2.620

续表

T_r	$p_r=20$			$p_r=25$			$p_r=30$		
	$Z_c=$ 0.25	$Z_c=$ 0.27	$Z_c=$ 0.29	$Z_c=$ 0.25	$Z_c=$ 0.27	$Z_c=$ 0.29	$Z_c=$ 0.25	$Z_c=$ 0.27	$Z_c=$ 0.29
0.75	2.896	2.730	2.560	2.921	2.754	2.583	2.953	2.784	2.610
0.76	2.886	2.721	2.552	2.911	2.744	2.574	2.942	2.774	2.602
0.77	2.870	2.706	2.538	2.899	2.733	2.563	2.932	2.764	2.592
0.78	2.859	2.695	2.528	2.887	2.722	2.553	2.920	2.753	2.582
0.79	2.847	2.684	2.517	2.877	2.712	2.544	2.910	2.743	2.578
0.80	2.830	2.673	2.513	2.864	2.702	2.540	2.900	2.734	2.570
0.81	2.820	2.661	2.501	2.852	2.693	2.531	2.890	2.725	2.561
0.82	2.810	2.650	2.490	2.844	2.683	2.522	2.880	2.715	2.552
0.83	2.798	2.639	2.481	2.832	2.673	2.513	2.870	2.706	2.544
0.84	2.784	2.628	2.470	2.820	2.664	2.504	2.860	2.698	2.536
0.85	2.772	2.616	2.459	2.810	2.655	2.496	2.852	2.689	2.528
0.86	2.762	2.605	2.449	2.800	2.645	2.486	2.840	2.680	2.519
0.87	2.752	2.595	2.439	2.792	2.635	2.477	2.829	2.672	2.512
0.88	2.740	2.585	2.430	2.780	2.626	2.468	2.821	2.669	2.509
0.89	2.730	2.574	2.420	2.770	2.616	2.459	2.816	2.655	2.496
0.90	2.719	2.563	2.403	2.760	2.608	2.445	2.808	2.647	2.482
0.91	2.707	2.552	2.392	2.756	2.598	2.435	2.798	2.638	2.473
0.92	2.695	2.541	2.382	2.745	2.588	2.426	2.790	2.630	2.466
0.93	2.685	2.531	2.373	2.736	2.579	2.418	2.781	2.622	2.458
0.94	2.674	2.521	2.363	2.726	2.570	2.409	2.773	2.614	2.451
0.95	2.663	2.511	2.354	2.717	2.561	2.400	2.763	2.605	2.442
0.96	2.652	2.500	2.344	2.706	2.551	2.391	2.753	2.596	2.434
0.97	2.640	2.489	2.333	2.696	2.542	2.383	2.745	2.588	2.426
0.98	2.628	2.480	2.323	2.686	2.532	2.373	2.736	2.580	2.419
0.99	2.617	2.467	2.313	2.676	2.523	2.365	2.727	2.571	2.410
1.00	2.606	2.457	2.303	2.667	2.514	2.357	2.720	2.563	2.403

附录 E　UNIFAC 模型基团参数

表 E1　UNIFAC 基团体积和表面积参数

	主基团	子基团	序号	R_k	Q_k	基团划分实例
1	CH_2	CH_3	1	0.9011	0.848	正己烷：$2CH_3$，$4CH_2$
		CH_2	2	0.6744	0.540	2-甲基丙烷：$3CH_3$，1CH
		CH	3	0.4469	0.228	2,2-二甲基丙烷：$4CH_3$，1C
		C	4	0.2195	0.000	
2	C=C	CH_2=CH	5	1.3454	1.176	己烯-1：$1CH_3$，$3CH_2$，$1CH_2$=CH
		CH=CH	6	1.1107	0.867	己烯-2：$2CH_3$，$2CH_2$，1CH=CH
		CH_2=C	7	1.1173	0.988	2-甲基丁烯-1：$2CH_3$，$1CH_2$，$1CH_2$=C
		CH=C	8	0.8886	0.676	2-甲基丁烯-2：$3CH_3$，1CH=C
		C=C	9	0.6605	0.485	2,3-二甲基丁烯-2；$4CH_3$，1C=C
3	ACH	ACH	10	0.5313	0.400	苯：6ACH
		AC	11	0.3652	0.120	苯乙烯：$1CH_2$=CH，5ACH，1AC
4	$ACCH_2$	$ACCH_3$	12	1.2663	0.968	甲苯：5ACH，$1ACCH_3$
		$ACCH_2$	13	1.0396	0.660	乙苯：$1CH_3$，5ACH，$1ACCH_2$
		ACCH	14	0.8121	0.348	异丙苯：$2CH_3$，5ACH，1ACCH
5	OH	OH	15	1.000	1.200	异丙醇：$2CH_3$，1CH，1OH
6	CH_3OH	CH_3OH	16	1.4311	1.432	甲醇：$1CH_3OH$
7	H_2O	H_2O	17	0.92	1.40	水：$1H_2O$
8	ACOH	ACOH	18	0.8952	0.680	苯酚：5ACH，1ACOH
9	CH_2CO	CH_3CO	19	1.6724	1.488	丁酮-2：$1CH_3$，$1CH_2$，$1CH_3CO$
		CH_2CO	20	1.4457	1.180	戊酮-3：$2CH_3$，$1CH_2$，$1CH_2CO$
10	CHO	CHO	21	0.9980	0.948	乙醛：$1CH_3$，1CHO
11	CCOO	CH_3COO	22	1.9031	1.728	乙酸丁酯：$1CH_3$，$3CH_2$，$1CH_3COO$
		CH_2COO	23	1.6764	1.420	丙酸丁酯：$2CH_3$，$3CH_2$，$1CH_2COO$
12	HCOO	HCOO	24	1.2420	1.188	甲酸乙酯：$1CH_3$，$1CH_2$，1HCOO

续表

	主基团	子基团	序号	R_k	Q_k	基团划分实例
13	CH_2O	CH_3O	25	1.1450	1.088	二甲醚：$1CH_3$，$1CH_3O$
		CH_2O	26	0.9183	0.780	二乙醚：$2CH_3$，$1CH_2$，$1CH_2O$
		CH—O	27	0.6908	0.468	二异丙醚：$4CH_3$，1CH，1CH—O
		FCH_2O	28	0.9183	1.1	四氢呋喃：$3CH_2$，$1FCH_2O$
14	CNH_2	CH_3NH_2	29	1.5959	1.544	甲胺：$1CH_3NH_2$
		CH_3NH_2	30	1.3692	1.236	丙胺：$1CH_3$，$1CH_2$，$1CH_2NH_2$
		$CHNH_2$	31	1.1417	0.924	异丙胺：$2CH_3$，$1CHNH_2$
15	CNH	CH_3NH	32	1.4337	1.244	二甲胺，$1CH_3$，$1CH_3NH$
		CH_2NH	33	1.2070	0.936	二乙胺：$2CH_3$，$1CH_2$，$1CH_2NH$
		CHNH	34	0.9795	0.624	二异丙胺：$4CH_3$，1CH，1CHNH
16	$(C)_3N$	CH_3N	35	1.1865	0.940	三甲胺：$2CH_3$，$1CH_3N$
		CH_2N	36	0.9597	0.632	三乙胺：$3CH_3$，$2CH_2$，$1CH_2N$
17	$ACNH_2$	$ACNH_2$	37	1.0600	0.816	苯胺：5ACH，$1ACNH_2$
18	吡啶	C_5H_5N	38	2.9993	2.113	吡啶：$1C_5H_5N$
		C_5H_4N	39	2.8332	1.833	3-甲基吡啶：$1CH_3$，$1C_5H_4N$
		C_5H_3N	40	2.667	1.553	2,3-二甲基吡啶：$2CH_3$，$1C_5H_3N$
19	CCN	CH_3CN	41	1.8701	1.724	乙腈：$1CH_3CN$
		CH_2CN	42	1.6434	1.416	丙腈：$1CH_3$，$1CH_2CN$
20	COOH	COOH	43	1.3013	1.224	乙酸：$1CH_3$，1COOH
		HCOOH	44	1.5280	1.532	甲酸：1HCOOH
21	CCl	CH_2Cl	45	1.4654	1.264	1-氯丁烷：$1CH_3$，$2CH_2$，$1CH_2Cl$
		CHCl	46	1.2380	0.952	2-氯丙烷：$2CH_3$，1CHCl
		CCl	47	1.0060	0.724	2-氯-2-甲基丙烷：$3CH_3$，1CCl
22	CCl_2	CH_2Cl_2	48	2.2564	1.988	二氯甲烷：$1CH_2Cl$
		$CHCl_2$	49	2.0606	1.684	1,1-二氯乙烷：$1CH_3$，$1CHCl_2$
		CCl_2	50	1.8016	1.448	2,2-二氯丙烷：$2CH_3$，$1CCl_2$
23	CCl_3	$CHCl_3$	51	2.8700	2.410	氯仿：$1CHCl_3$
		CCl_3	52	2.6401	2.184	1,1,1-三氯乙烷：$1CH_3$，$1CCl_3$

续表

	主基团	子基团	序号	R_k	Q_k	基团划分实例
24	CCl_4	CCl_4	53	3.3900	2.910	四氯化碳，$1CCl_4$
25	ACCl	ACCl	54	1.1562	0.844	氯苯：5ACH，1ACCl
26	CNO_2	CH_3NO_2	55	2.0086	1.868	硝基甲烷：$1CH_3NO_2$
		CH_2NO_2	56	1.7818	1.560	1-硝基丙烷：$1CH_3$，$1CH_2$，$1CH_2NO_2$
		$CHNO_2$	57	1.5544	1.248	2-硝基丙烷：$2CH_3$，$1CHNO_2$
27	$ACNO_2$	$ACNO_2$	58	1.4199	1.104	硝基苯：5ACH，$1ACHNO_2$
28	CS_2	CS_2	59	2.057	1.65	二硫化碳：CS_2
29	CH_3SH	CH_3SH	60	1.8770	1.676	甲硫醇：$1CH_3SH$
		CH_2SH	61	1.6510	1.368	乙硫醇：$1CH_3$，$1CH_2$，SH
30	呋喃	呋喃	62	3.1680	2.481	呋喃：1 呋喃
31	DOH	$(CH_2OH)_2$	63	2.4088	2.248	1,2-乙二醇：$1CCH_2$，$(OH)_2$
32	I	I	64	1.2640	0.992	1-碘乙烷：$1CH_3$，$1CH_2$，1I
33	Br	Br	65	0.9492	0.832	1-溴乙烷：$1CH_3$，$1CH_2$，1Br
34	C≡C	CH≡C	66	1.2920	1.088	戊炔-1：$1CH_3$，$3CH_2$，1CH≡C
		C≡C	67	1.0613	0.784	戊炔-2：$2CH_3$，$2CH_2$，1C≡C
35	Me_2SO	Me_2SO	68	2.8266	2.472	二甲亚砜：$1Me_2SO$
36	ACRY	ACRY	69	2.3144	2.052	丙烯腈：1ACRY
37	ClCC	Cl(C=C)	70	0.7910	0.724	三氯乙烯：1CH=C，3Cl(C=C)
38	ACF	ACF	71	0.6948	0.524	六氟代苯：6ACF
39	DMF	DMF-1	72	3.0856	2.736	二甲基甲酰胺：1DMF-1
		DMF-2	73	2.6322	2.120	二乙基甲酰胺：$2CH_3$，1DMF-2
40	CF_2	CF_3	74	1.4060	1.380	全氟已烷：$2CF_3$，$4CF_2$
		CF_2	75	1.0105	0.920	
		CF	76	0.6150	0.460	全氟甲基环已烷：$1CH_3$，$5CH_2$，1CF

表 E2 UNIFAC-VLE 相互作用参数 a_{mn}

m		n							
		1	2	3	4	5	6	7	8
1	CH_2	0.0	−200.0	61.13	76.50	986.5	697.2	1318.0	1333.0
2	C≡C	2520.0	0.0	340.7	4102.0	693.9	1509.0	634.2	547.4
3	ACH	−11.12	−94.78	0.0	167.0	636.1	637.3	903.8	1329.0

续表

m		n							
		1	2	3	4	5	6	7	8
4	$ACCH_2$	−69.70	−269.7	−146.8	0.0	803.2	603.2	5695.0	884.9
5	OH	156.4	8694.0	89.60	25.82	0.0	−137.1	353.5	−259.7
6	CH_3OH	16.51	−52.39	−50.00	−44.50	249.1	0.0	−181.0	−101.7
7	H_2O	300.0	692.7	362.3	377.6	−229.1	289.6	0.0	324.5
8	ACOH	275.8	1665.0	25.34	244.2	−451.6	−265.2	−601.8	0.0
9	CH_2CO	26.76	−82.92	140.1	365.8	164.5	108.7	472.5	−133.1
10	CHO	505.7				−404.8	−340.2	232.7	
11	CCOO	114.8	269.3	85.84	−170.0	245.4	249.6	10 000.0	−36.72
12	HCOO	90.49	91.65			191.2	155.7		
13	CH_2O	83.36	76.44	52.13	65.69	237.7	339.7	−314.7	
14	CNH_2	−30.48	79.40	−44.85		−164.0	−481.7	−330.4	
15	CNH	65.33	−41.32	−22.31	223.0	−150.0	−500.4	−448.2	
16	$(C)_3N$	−83.98	−188.0	−223.9	109.9	28.60	−406.8	−598.8	
17	$ACNH_2$	5339.0		650.4	979.8	529.0	5.182	−339.5	
18	吡啶	−101.6		31.87	49.80	−132.3	−378.2	−332.9	−341.6
19	CCN	24.82	34.78	−22.97	−138.4	185.4	157.8	242.8	
20	COOH	315.3	349.2	62.32	268.2	−151.0	1020.0	−66.17	
21	CCl	91.46	−24.36	4.680	122.9	562.2	529.0	698.2	
22	CCl_2	34.01	−52.71	121.3		747.7	669.9	708.7	
23	CCl_3	36.70	−185.1	288.5	33.61	742.1	649.1	826.7	
24	CCl_4	−78.45	−293.7	−4.700	134.7	856.3	860.1	1201.0	10 000
25	ACCl	−141.3	−203.2	−237.7	375.5	246.9	661.6	920.4	
26	CNO_2	−32.69	−49.92	10.38	−97.05	341.7	252.6	417.9	
27	$ACNO_2$	5541.0		1824.0	−127.8	561.6		360.7	
28	CS_2	−52.65	16.62	21.50	40.68	823.5	914.2	1081.0	
29	CH_3SH	−7.481		28.41		461.6	382.8		
30	呋喃	−25.31		157.3	404.3	521.6		23.48	
31	DOH	140.0		221.4	150.6	267.6		0.0	838.4
32	I	128.0		58.68		501.3			
33	Br	−31.52		155.6	291.1	721.9			
34	C≡C	−72.88	−184.4						
35	Me_2SO	50.49		−2.504	−143.2	−25.87	695.0	−240.0	
36	ACRY	−165.9						386.6	
37	ClCC	41.90	−3.167	−75.67		640.9	726.7		
38	ACF	−5.132		−237.2	−157.3	649.7	645.9		
39	DMF	31.95	37.70	133.9	240.2	64.16	172.2	287.1	
40	CF_2	147.3							

续表

	m	n							
		9	10	11	12	13	14	15	16
1	CH_2	476.4	677.0	232.1	741.4	251.5	391.5	255.7	206.6
2	C═C	524.5		71.23	468.7	289.3	396.0	273.6	658.8
3	ACH	25.77		5.994		32.14	161.7	122.8	90.49
4	$ACCH_2$	−52.10		5688.0		213.1		−49.29	23.50
5	OH	84.00	441.8	101.1	193.1	28.06	83.02	42.70	−323.0
6	CH_3OH	23.39	306.4	−10.72	193.4	−180.6	359.3	266.0	53.90
7	H_2O	−195.4	−257.3	14.42		540.5	48.89	168.0	304.0
8	ACOH	−356.1		−449.4					
9	CH_2CO	0.0	−37.36	213.7		5.202			
10	CHO	128.0	0.0			304.1			
11	CCOO	372.2		0.0	372.9	−235.9		−73.50	
12	HCOO			−261.1	0.0				
13	CH_2O	52.38	−7.838	461.3		0.0		141.7	
14	CNH_2						0.0	63.72	−41.11
15	CNH			136.0		−49.30	108.8	0.0	−189.2
16	$(C)_3N$						38.89	865.9	0.0
17	$ACNH_2$	−399.1							
18	吡啶	−51.54							
19	CCN	−287.5		−266.6					
20	COOH	−297.8		−256.3	312.5	−338.5			
21	CCl	286.3	−47.51			225.4			
22	CCl_2	423.2		−132.9		−197.7			−141.4
23	CCl_3	552.1		176.5	488.9	−20.93			−293.7
24	CCl_4	372.0		129.5		113.9	261.1	91.13	−126.0
25	ACCl	128.1		−246.3			203.5	−108.4	1088.0
26	CNO_2	−142.6				−94.49			
27	$ACNO_2$								
28	CS_2	303.7		243.8		112.4			
29	CH_3SH	160.6			239.8	63.71	106.7		
30	呋喃	317.5		−146.3					
31	DOH			152.0		9.207			
32	I	138.0		21.92					
33	Br	−142.6				736.4			
34	C≡C	443.6							
35	Me_2SO	110.4		41.57		−122.1			
36	ACRY								
37	ClCC	−8.671		−18.87		−209.3			
38	ACF								
39	DMF	97.04				−158.2			
40	CF_2								

续表

	m	*n*							
		17	18	19	20	21	22	23	24
1	CH_2	1245.0	287.7	597.0	663.5	35.93	53.76	24.90	104.3
2	C═C			405.9	730.4	99.61	337.1	4584.0	5831.0
3	ACH	668.2	−4.449	212.5	537.4	−18.81	−144.4	−231.9	3.000
4	$ACCH_2$	764.7	52.80	6096.0	603.8	−114.1		−12.14	−141.3
5	OH	−348.2	170.0	6.712	199.0	75.62	−112.1	−98.12	143.1
6	CH_3OH	−335.5	580.5	36.23	−289.5	−38.32	−102.5	−139.4	−67.80
7	H_2O	213.0	459.0	112.6	−14.09	325.4	370.4	353.7	497.5
8	ACOH		−305.5						1827.0
9	CH_2CO	937.9	165.1	481.7	669.4	−191.7	−284.0	−354.6	−39.20
10	CHO					751.9			
11	CCOO			494.6	660.2		108.9	−209.7	54.47
12	HCOO				−356.3			−287.2	
13	CH_2O				664.6	301.1	137.8	−154.3	47.67
14	CNH_2								−99.81
15	CNH								71.23
16	$(C)_3N$						−78.85	−352.9	−8.283
17	$ACNH_2$	0.0		−216.8					8455.0
18	吡啶		0.0	−169.7	−153.7		−351.6	−114.7	−165.1
19	CCN	617.1	134.3	0.0				−15.62	−54.86
20	COOH		−313.5		0.0	44.42	−183.4	76.75	212.7
21	CCl				326.4	0.0	108.3	249.2	62.42
22	CCl_2		587.3		1821.0	−84.53	0.0	0.0	56.33
23	CCl_3		18.98	74.04	1346.0	−157.1	0.0	0.0	−30.10
24	CCl_4	1301.0	309.2	492.0	689.0	11.80	17.97	51.90	0.0
25	ACCl	323.3		356.9		−314.9			−255.4
26	CNO_2								−34.68
27	$ACNO_2$	5250.0							514.6
28	CS_2			335.7		73.09		26.06	60.71
29	CH_3SH			125.7		−27.94			
30	呋喃							48.48	−133.1
31	DOH	164.4							
32	I						−40.82	21.76	48.49
33	Br					1169.0			225.8
34	C≡C			329.1					
35	Me_2SO						−215.0	−343.6	−58.43
36	ACRY			−42.31					
37	ClCC			298.4	2344.0	201.7		85.32	−143.2
38	ACF								−124.6
39	DMF	335.6							−186.7
40	CF_2								

续表

	m	n							
		25	26	27	28	29	30	31	32
1	CH_2	321.5	661.5	543.0	153.0	184.4	354.5	3025.0	335.8
2	C═C	959.7	542.1		76.30				
3	ACH	538.2	168.0	194.9	52.07	−10.43	−64.69	210.4	113.3
4	$ACCH_2$	−126.9	3629.0	4448.0	−9.451		−20.36	4975.0	
5	OH	287.8	61.11	157.1	477.0	147.5	−120.5	−318.9	313.5
6	CH_3OH	17.12	75.14		−31.09	37.84			
7	H_2O	678.2	220.6	399.5	887.1		188.0	0.0	
8	ACOH							−687.1	
9	CH_2CO	174.5	137.5		216.1	−46.28	−163.7		53.59
10	CHO								
11	CCOO	629.0			183.0		202.3	−101.7	148.3
12	HCOO					4.339			
13	CH_2O		95.18		140.9	−8.538		−20.11	−149.5
14	CNH_2	68.81				−70.14			
15	CNH	4350.0							
16	$(C)_3N$	−86.36							
17	$ACNH_2$	699.1		−62.73				125.3	
18	吡啶								
19	CCN	52.31			230.9	21.37			
20	COOH								
21	CCl	464.4			450.1	59.02			
22	CCl_2								177.6
23	CCl_3				116.6		−64.38		86.40
24	CCl_4	475.8	490.9	534.7	132.2		546.7		247.8
25	ACCl	0.0	−154.5						
26	CNO_2	794.4	0.0	533.2				139.8	304.3
27	$ACNO_2$		−85.12	0.0					
28	CS_2				0.0				
29	CH_3SH					0.0			
30	呋喃						0.0		
31	DOH		481.3					0.0	
32	I		64.28						0.0
33	Br	224.0	125.3						
34	C≡C		174.4						
35	Me_2SO					85.07		535.8	
36	ACRY								
37	ClCC		313.8		167.9				
38	ACF								
39	DMF					−71.00		−191.7	
40	CF_2								

续表

m		n							
		33	34	35	36	37	38	39	40
1	CH_2	479.5	298.9	526.5	689.0	−0.505	125.8	485.3	−2.859
2	C=C		523.6			237.3		320.4	
3	ACH	−13.59		169.9		69.11	389.3	245.6	
4	$ACCH_2$	−171.3		4284.0			101.4	5629.0	
5	OH	133.4		−202.1		253.9	44.78	−143.9	
6	CH_3OH			−399.3		−21.22	−48.25	−172.4	
7	H_2O			−139.0	160.8			319.0	
8	ACOH								
9	CH_2CO	245.2	−246.6	−44.58		−44.42		−61.70	
10	CHO								
11	CCOO			52.08		−23.30			
12	HCOO								
13	CH_2O	−202.3		172.1		145.6		254.8	
14	CNH_2								
15	CNH								
16	$(C)_3N$							−293.1	
17	$ACNH_2$								
18	吡啶								
19	CCN		−203.0		81.57	−19.14			
20	COOH					−90.87			
21	CCl	−125.9				−58.77			
22	CCl_2			215.0					
23	CCl_3			363.7		−79.54			
24	CCl_4	41.94		337.7		−86.85	215.2	498.6	
25	ACCl	−60.70							
26	CNO_2	10.17	−27.70			48.40			
27	$ACNO_2$					−47.37			
28	CS_2								
29	CH_3SH			31.66				78.92	
30	呋喃								
31	DOH			−417.2				302.2	
32	I								
33	Br	0.0							
34	C≡C		0.0						
35	Me_2SO			0.0				−119.8	
36	ACRY				0.0			−97.71	
37	ClCC					0.0			
38	ACF						0.0		
39	DMF		6.699	136.6				0.0	
40	CF_2								0.0

附录F　水蒸汽表和氨、F-12以及空气的 t-S 图

表F1　饱和水和饱和蒸汽表(按温度排列)

($v/cm^3 \cdot g^{-1}, U/kJ \cdot kg^{-1}, H/kJ \cdot kg^{-1}, S/kJ \cdot (kg \cdot K)^{-1}$)

T/℃	$p\times10^{-5}$ /Pa	比容		内能		焓			熵	
		饱和液体 v_f	饱和蒸汽 v_g	饱和液体 U_f	饱和蒸汽 U_g	饱和液体 H_f	潜热 H_{fg}	饱和蒸汽 H_g	饱和液体 S_f	饱和蒸汽 S_g
0	0.00611	1.0002	206 278	−0.03	2375.4	−0.02	2501.4	2501.3	−0.0001	9.1565
5	0.00872	1.0001	147 120	20.97	2382.3	20.98	2489.6	2510.6	0.0761	9.0257
10	0.01228	1.0004	106 379	42.00	2389.2	42.01	2477.7	2519.8	0.1510	8.9008
15	0.01705	1.0009	77 926	62.99	2396.1	62.99	2465.9	2528.9	0.2245	8.7814
20	0.02339	1.0018	57 791	83.95	2402.9	83.96	2454.1	2538.1	0.2966	8.6672
25	0.03169	1.0029	43 360	104.88	2409.8	104.89	2442.3	2547.2	0.3674	8.5580
30	0.04246	1.0043	32 894	125.78	2416.6	125.79	2430.5	2556.3	0.4369	8.4533
35	0.05628	1.0060	25 216	146.67	2423.4	146.68	2418.6	2565.3	0.5053	8.3531
40	0.07384	1.0078	19 523	167.56	2430.1	167.57	2406.7	2574.3	0.5725	8.2570
45	0.09593	1.0099	15 258	188.44	2436.8	188.45	2394.8	2583.2	0.6387	8.1648
50	0.1235	1.0121	12 032	209.32	2443.5	209.33	2382.7	2592.1	0.7038	8.0763
55	0.1576	1.0146	9568	230.21	2450.1	230.23	2370.7	2600.9	0.7679	7.9913
60	0.1994	1.0172	7671	251.11	2456.6	251.13	2358.5	2609.6	0.8312	7.9096
65	0.2503	1.0199	6197	272.02	2463.1	272.06	2346.2	2618.3	0.8935	7.8310
70	0.3119	1.0228	5042	292.95	2469.6	292.98	2333.8	2626.8	0.9549	7.7553

续表

T/℃	$p\times10^{-5}$/Pa	比容		内能		焓			熵	
		饱和液体 v_f	饱和蒸汽 v_g	饱和液体 U_f	饱和蒸汽 U_g	饱和液体 H_f	潜热 H_{fg}	饱和蒸汽 H_g	饱和液体 S_f	饱和蒸汽 S_g
75	0.3858	1.0259	4131	313.90	2475.9	313.93	2321.4	2635.3	1.0155	7.6824
80	0.4739	1.0291	3407	334.86	2482.2	334.91	2308.8	2643.7	1.0753	7.6122
85	0.5783	1.0325	2828	355.84	2488.4	355.90	2296.0	2651.9	1.1343	7.5445
90	0.7014	1.0360	2361	376.85	2494.5	376.92	2283.2	2660.1	1.1925	7.4791
95	0.8455	1.0397	1982	397.88	2500.6	397.96	2270.2	2668.1	1.2500	7.4159
100	1.014	1.0435	1673	418.94	2506.5	419.04	2257.0	2676.1	1.3069	7.3549
110	1.433	1.0516	1210	461.14	2518.1	461.30	2230.2	2691.5	1.4185	7.2387
120	1.985	1.0603	891.9	503.50	2529.3	503.71	2202.6	2706.3	1.5276	7.1296
130	2.701	1.0697	668.5	546.02	2539.9	546.31	2174.2	2720.5	1.6344	7.0269
140	3.613	1.0797	508.9	588.74	2550.0	589.13	2144.7	2733.9	1.7391	6.9299
150	4.758	1.0905	392.8	631.68	2559.5	632.20	2114.3	2764.5	1.8418	6.8379
160	6.178	1.1020	307.1	674.86	2568.4	675.55	2082.6	2758.1	1.9427	6.7502
170	7.917	1.1143	242.8	718.33	2576.5	719.21	2049.5	2768.7	2.0419	6.6663
180	10.02	1.1274	194.1	762.09	2583.7	763.22	2015.0	2778.2	2.1396	6.5857
190	12.54	1.1414	156.5	806.19	2590.0	807.62	1978.8	2786.4	2.2359	6.5079

续表

T/℃	$p\times10^{-5}$/Pa	比容		内能		焓			熵	
		饱和液体 v_f	饱和蒸汽 v_g	饱和液体 U_f	饱和蒸汽 U_g	饱和液体 H_f	潜热 H_{fg}	饱和蒸汽 H_g	饱和液体 S_f	饱和蒸汽 S_g
200	15.54	1.1565	127.4	850.65	2595.3	852.45	1940.7	2793.2	2.3309	6.4323
210	19.06	1.1726	104.4	895.53	2599.5	897.76	1900.7	2798.5	2.4248	6.3585
220	23.18	1.1900	86.19	940.87	2602.4	943.62	1858.5	2802.1	2.5178	6.2861
230	27.95	1.2088	71.58	986.74	2603.9	990.12	1813.8	2804.0	2.6099	6.2146
240	33.44	1.2291	59.76	1033.2	2604.0	1037.3	1766.5	2803.8	2.7015	6.1437
250	39.73	1.2512	50.13	1080.4	2602.4	1085.4	1716.2	2801.5	2.7927	6.0730
260	46.88	1.2755	42.21	1128.4	2599.0	1134.4	1662.5	2796.9	2.8838	6.0019
270	54.99	1.3023	35.64	1177.4	2593.7	1184.5	1605.2	2789.7	2.9751	5.9301
280	64.12	1.3321	30.17	1227.5	2586.1	1236.0	1543.6	2779.6	3.0668	5.8571
290	74.36	1.3656	25.57	1278.9	2576.0	1289.1	1477.1	2766.2	3.1594	5.7821
300	85.81	1.4036	21.67	1332.0	2563.0	1344.0	1404.9	2749.0	3.2534	5.7045
320	112.7	1.4988	15.49	1444.6	2525.5	1461.5	1238.6	2700.1	3.4480	5.5362
340	145.9	1.6379	10.80	1570.3	2464.6	1594.2	1027.9	2622.0	3.6594	5.3357
360	186.5	1.8925	6.945	1725.2	2351.5	1760.5	720.5	2481.0	3.9147	5.0526
374.14	220.9	3.155	3.155	2029.6	2029.6	2090.3	0	2099.3	4.4298	4.4298

资料来源：Keenan J H,Keyes F G，Hill P G and Moore J G. Steam Tables. New York：Wiley，1969。

表 F2 饱和水和饱和蒸汽表(按压力排列)

(v/cm^3 · g^{-1}, U/kJ · kg^{-1}, H/kJ · kg^{-1}, S/kJ · (kg · K)$^{-1}$)

$p\times10^{-5}$/Pa	T/℃	比容		内能		焓			熵	
		饱和液体 v_f	饱和蒸汽 v_g	饱和液体 U_f	饱和蒸汽 U_g	饱和液体 H_f	潜热 H_{fg}	饱和蒸汽 H_g	饱和液体 S_f	饱和蒸汽 S_g
0.040	28.96	1.0040	34 800	121.45	2415.2	121.46	2432.9	2554.4	0.4226	8.4746
0.060	36.16	1.0064	23 739	151.53	2425.0	151.53	2415.9	2567.4	0.5210	8.3304
0.080	41.51	1.0084	18 103	173.87	2432.2	173.88	2403.1	2577.0	0.5926	8.2287
0.10	45.81	1.0102	14 674	191.82	2437.9	191.83	2392.8	2584.7	0.6493	8.1502
0.20	60.06	1.0172	7649.0	251.88	2456.7	251.40	2358.3	2609.7	0.8320	7.9085
0.30	69.10	1.0223	5229.0	289.20	2468.4	289.23	2336.1	2625.3	0.9439	7.7686
0.40	75.87	1.0265	3993.0	317.53	2477.0	317.58	2319.2	2636.8	1.0259	7.6700
0.50	81.33	1.0300	3240.0	340.44	2483.9	340.49	2305.4	2645.9	1.0910	7.5939
0.60	85.94	1.0331	2732.0	359.79	2489.6	359.86	2293.6	2653.5	1.1453	7.5320
0.70	89.95	1.0360	2365.0	376.63	2494.5	376.70	2283.3	2660.0	1.1919	7.4797
0.80	93.50	1.0380	2087.0	391.58	2498.8	391.66	2274.1	2665.8	1.2329	7.4346
0.90	96.71	1.0410	1869.0	405.06	2502.6	405.15	2265.7	2670.9	1.2695	7.3949
1.00	99.63	1.0432	1694.0	417.36	2506.1	417.46	2258.0	2675.5	1.3026	7.3594
1.50	111.4	1.0528	1159.0	466.94	2519.7	467.11	2226.5	2693.6	1.4336	7.2233
2.00	120.2	1.0605	885.7	504.49	2529.5	504.70	2201.9	2706.7	1.5301	7.1271
2.50	127.4	1.0672	718.7	535.10	2537.2	535.37	2181.5	2716.9	1.6072	7.0527

续表

$p\times10^{-5}$ /Pa	T/℃	比容		内能		焓			熵	
		饱和液体 v_f	饱和蒸汽 v_g	饱和液体 U_f	饱和蒸汽 U_g	饱和液体 H_f	潜热 H_{fg}	饱和蒸汽 H_g	饱和液体 S_f	饱和蒸汽 S_g
3.00	133.6	1.0732	605.8	561.15	2543.6	561.47	2163.8	2725.3	1.6718	6.9919
3.50	138.9	1.0786	524.3	583.95	2548.9	584.33	2148.1	2732.4	1.7275	6.9405
4.00	143.6	1.0836	462.5	604.31	2553.6	604.74	2133.8	2738.6	1.7766	6.8959
4.50	147.9	1.0882	414.0	622.77	2557.6	623.25	2120.7	2743.9	1.8207	6.8565
5.00	151.9	1.0926	374.9	639.68	2561.2	640.23	2108.5	2748.7	1.8607	6.8213
6.00	158.9	1.1006	315.7	669.90	2567.4	670.56	2086.3	2756.8	1.9312	6.7600
7.00	165.0	1.1080	272.9	696.44	2572.5	697.21	2066.3	2763.5	1.9922	6.7080
8.00	170.4	1.1148	240.4	720.22	2576.8	721.11	2048.0	2769.1	2.0462	6.6628
9.00	175.4	1.1212	215.0	741.83	2580.5	742.83	2031.1	2773.9	2.0946	6.6226
10.0	179.9	1.1273	194.4	761.68	2583.6	762.81	2015.3	2778.1	2.1387	6.5863
15.0	198.3	1.1539	131.8	843.16	2594.5	844.89	1947.3	2792.2	2.3150	6.4448
20.0	212.4	1.1767	99.63	906.44	2600.3	908.79	1890.7	2799.5	2.4474	6.3409
25.0	224.0	1.1973	79.98	959.11	2603.1	962.11	1841.0	2803.1	2.5547	6.2575
30.0	233.9	1.2165	66.68	1004.8	2604.1	1008.4	1795.7	2804.2	2.6457	6.1869
35.0	242.6	1.2347	57.07	1045.4	2603.7	1049.8	1753.7	2803.4	2.7253	6.1253
40.0	250.4	1.2522	49.78	1082.3	2602.3	1087.3	1714.1	2801.4	2.7964	6.0701
45.0	257.5	1.2692	44.06	1116.2	2600.1	1121.9	1676.4	2798.3	2.8610	6.0199
50.0	264.0	1.2859	39.44	1147.8	2597.1	1154.2	1640.1	2794.3	2.9202	5.9734

续表

$p\times10^{-5}$ /Pa	T/℃	比容		内能		焓			熵	
		饱和液体 v_f	饱和蒸汽 v_g	饱和液体 U_f	饱和蒸汽 U_g	饱和液体 H_f	潜热 H_{fg}	饱和蒸汽 H_g	饱和液体 S_f	饱和蒸汽 S_g
60.0	275.6	1.3181	32.44	1205.4	2589.7	1213.4	1571.0	2784.3	3.0267	5.8892
70.0	285.9	1.3513	27.37	1257.6	2580.5	1267.0	1505.1	2772.1	3.1211	5.8133
80.0	295.1	1.3842	23.52	1305.6	2569.8	1316.6	1441.3	2758.0	3.2068	5.7432
90.0	303.4	1.4178	20.48	1350.5	2557.8	1363.3	1378.9	2742.1	3.2858	5.6772
100	311.1	1.4524	18.03	1393.0	2544.4	1407.6	1317.1	2724.7	3.3596	5.6141
110	318.2	1.4886	15.99	1433.7	2529.8	1450.1	1255.5	2705.6	3.4295	5.5527
120	324.8	1.5267	14.26	1473.0	2513.7	1491.3	1193.6	2684.9	3.4962	5.4924
130	330.9	1.5671	12.78	1511.1	2496.1	1531.5	1130.7	2662.2	3.5606	5.4323
140	336.8	1.6107	11.49	1548.6	2476.8	1571.1	1066.5	2637.6	3.6232	5.3717
150	342.2	1.6581	10.34	1585.6	2455.5	1610.5	1000.0	2610.5	3.6848	5.3098
160	347.4	1.7107	9.306	1622.7	2431.7	1650.1	930.6	2580.6	3.7461	5.2455
170	352.4	1.7702	8.364	1660.2	2405.0	1690.3	856.9	2547.2	3.8079	5.1777
180	357.1	1.8397	7.489	1698.9	2374.3	1732.0	777.1	2509.1	3.8715	5.1044
190	361.5	1.9243	6.657	1739.9	2338.1	1776.5	688.0	2464.5	3.9388	5.0228
200	365.8	2.036	5.834	1785.6	2293.0	1826.3	583.4	2409.7	4.0139	4.9269
220.9	374.1	3.155	3.155	2029.6	2029.6	2099.3	0	2099.3	4.4298	4.4298

表 F3 过热水蒸汽表

(v/cm^3·g^{-1},U/kJ·kg^{-1},H/kJ·kg^{-1},S/kJ·(kg·K)$^{-1}$)

T/℃	v	U	H	S	v	U	H	S
	0.06×10^5 Pa(36.16℃)				0.35×10^5 Pa(72.69℃)			
饱和蒸汽	23 739	2425.0	2546.4	8.3304	4526	2473.0	2631.4	7.7153
80	27 132	2487.3	2650.1	8.5804	4625	2483.7	2645.6	7.7564
120	30 219	2544.7	2726.0	8.7840	5163	2542.4	2723.1	7.9644
160	33 302	2602.7	2802.5	8.9693	5696	2601.2	2800.6	8.1519
200	36 383	2661.4	2879.7	9.1398	6228	2660.4	2878.4	8.3237
240	39 462	2721.0	2957.8	9.2982	6758	2720.3	2956.8	8.4828
280	42 540	2781.5	3036.8	9.4464	7287	2780.9	3036.0	8.6314
320	45 618	2843.0	3116.7	9.5859	7815	2842.5	3116.1	8.7712
360	48 696	2905.5	3197.7	9.7180	8344	2905.1	3197.1	8.9034
400	51 774	2969.0	3279.6	9.8435	8872	2968.6	3270.2	9.0291
440	54 851	3033.5	3362.6	9.9633	9400	3033.2	3362.2	9.1490
500	59 467	3132.3	3489.1	10.134	10 192	3132.1	3488.8	9.3194
	0.70×10^5 Pa(89.95℃)				1.0×10^5 Pa(99.63℃)			
饱和蒸汽	2365	2494.5	2660.0	7.4797	1694	2506.1	2675.5	7.3594
100	2434	3509.7	2680.0	7.5341	1696	2506.7	2676.2	7.3614
120	2571	2539.7	2719.6	7.6375	1793	2537.3	2716.6	7.4668
160	2841	2599.4	2798.2	7.8279	1984	2597.8	2796.2	7.6597
200	3108	2659.1	2876.7	8.0012	2172	2658.1	2875.3	7.8343
240	3374	2719.3	2955.5	8.1611	2359	2718.5	2954.5	7.9949
280	3640	2780.2	3035.0	8.3162	2546	2779.6	3034.2	8.1445
320	3005	2842.0	3115.3	8.4504	2732	2841.5	3114.6	8.2849
360	4170	2904.6	3196.5	8.5828	2917	2904.2	3195.9	8.4175
400	4434	2968.2	3278.6	8.7086	3103	2967.9	3278.2	8.5435
440	4698	3032.9	3361.8	8.8286	3288	3032.6	3361.4	8.6636
500	5095	3131.8	3488.5	8.9991	3565	3131.6	3488.1	8.8342
	1.5×10^5 Pa(111.37℃)				3.0×10^5 Pa(133.55℃)			
饱和蒸汽	1159	2519.7	2693.6	7.2233	606	2543.6	2725.3	6.9919
120	1188	2533.3	2711.4	7.2693				
160	1317	2595.2	2792.8	7.4665	651	2587.1	2782.3	7.1276
200	1444	2656.2	2872.9	7.6433	716	2650.7	2865.5	7.3115
240	1570	2717.2	2952.7	7.8052	781	2713.1	2947.3	7.4774
280	1695	2778.6	3032.8	7.9555	844	2775.4	3028.6	7.6299
320	1819	2840.6	3113.5	8.0964	907	2838.1	3110.1	7.7722
360	1943	2903.5	3195.0	8.2293	969	2901.4	3192.2	7.9061
400	2067	2967.3	3277.4	8.3555	1032	2965.6	3275.0	8.0330
440	2191	3032.1	3360.7	8.4757	1094	3030.6	3358.7	8.1538
500	2376	3131.2	3487.6	8.6466	1187	3130.0	3486.0	8.3251
600	2685	3301.7	3704.3	8.9101	1341	3300.8	3703.2	8.5892

续表

T/℃	v	U	H	S	v	U	H	S
	5.0×10^5 Pa(151.86℃)				7.0×10^5 Pa(164.97℃)			
饱和蒸汽	374.9	2561.2	2748.7	6.8213	272.9	2572.5	2763.5	6.7080
180	404.5	2609.7	2812.0	6.9656	284.7	2599.8	2799.1	6.7880
200	424.9	2642.9	2855.4	7.0592	299.9	2634.8	2844.8	6.8865
240	464.6	2707.6	2939.9	7.2307	329.2	2701.8	2932.2	7.0641
280	503.4	2771.2	3022.9	7.3865	357.4	2766.9	3017.1	7.2233
320	541.6	2834.7	3105.6	7.5308	385.2	2831.3	3100.9	7.3697
360	579.6	2898.7	3188.4	7.6660	412.6	2895.8	3184.7	7.5063
400	617.3	2963.2	3271.9	7.7938	439.7	2960.9	3268.7	7.6350
440	654.8	3028.6	3356.0	7.9152	466.7	3026.6	3353.3	7.7571
500	710.9	3128.4	3483.9	8.0873	507.0	3126.8	3481.7	7.9299
600	804.1	3299.6	3701.7	8.3522	573.8	3298.5	3700.2	8.1956
700	896.9	3477.5	3925.9	8.5952	640.3	3476.6	3924.8	8.4391
	10.0×10^5 Pa(179.91℃)				15×10^5 Pa(198.32℃)			
饱和蒸汽	194.4	2583.6	2778.1	6.5865	131.8	2594.5	2792.2	6.4448
200	206.6	2621.9	2827.9	6.6940	132.5	2598.1	2796.8	6.4546
240	227.5	2692.9	2920.4	6.8817	148.3	2676.9	2899.3	6.6628
280	248.0	2760.2	3008.2	7.0465	162.7	2748.6	2992.7	6.8381
320	267.8	2826.1	3093.9	7.1962	176.5	2817.1	3081.9	6.9938
360	287.3	2891.6	3178.9	7.3349	189.9	2884.4	3169.2	7.1363
400	306.6	2957.3	3263.9	7.4651	203.0	2951.3	3255.8	7.2690
440	325.7	3023.6	3349.3	7.5883	216.0	3018.5	3342.5	7.3940
500	354.1	3124.4	3478.5	7.7622	235.2	3120.3	3473.1	7.5698
540	372.9	3192.6	3565.6	7.8720	247.8	3189.1	3560.9	7.6805
600	401.1	3296.8	3697.9	8.0290	266.8	3293.9	3694.0	7.8385
640	419.8	3367.4	3787.2	8.1290	279.3	3364.8	3783.8	7.9391
	20.0×10^5 Pa(212.42℃)				30.0×10^5 Pa(233.90℃)			
饱和蒸汽	99.6	2600.3	2799.5	6.3409	66.7	2604.1	2804.2	6.1869
240	108.5	2659.6	2876.5	6.4952	68.2	2619.7	2824.3	6.2265
280	120.0	2736.4	2976.4	6.6828	77.1	2709.9	2941.3	6.4462
320	130.8	2807.9	3069.5	6.8452	85.0	2788.4	3043.4	6.6245
360	141.1	2877.0	3159.3	6.9917	92.3	2861.7	3138.7	6.7801
400	151.2	2945.2	3247.6	7.1271	99.4	2932.8	3230.9	6.9212
440	161.1	3013.4	3335.5	7.2540	106.2	3002.9	3321.5	7.0520
500	175.7	3116.2	3467.6	7.4317	116.2	3108.0	3456.5	7.2338
540	185.3	3185.6	3556.1	7.5434	122.7	3178.4	3546.6	7.3474
600	199.6	3290.9	3690.1	7.7024	132.4	3285.0	3682.3	7.5085
640	209.1	3262.2	3780.4	7.8035	138.8	3357.0	3773.5	7.6106
700	223.2	3470.9	3917.4	7.9487	148.4	3466.5	3911.7	7.7571

续表

T/℃	v	U	H	S	v	U	H	S
	40×10^5 Pa(250.40℃)				60×10^5 Pa(275.64℃)			
饱和蒸汽	49.78	2602.3	2801.4	6.0701	32.44	2589.7	2784.3	5.8892
280	55.46	2680.0	2901.8	6.2568	33.17	2605.2	2804.2	5.9252
320	61.99	2767.4	3015.4	6.4553	38.76	2720.0	2952.6	6.1846
360	67.88	2845.7	3117.2	6.6215	43.31	2811.2	3071.1	6.3782
400	73.41	2919.9	3213.6	6.7690	47.39	2892.9	3177.2	6.5408
440	78.72	2992.2	3307.1	6.9041	51.22	2970.0	3277.3	6.6853
500	86.43	3099.5	3445.3	7.0901	56.65	3082.2	3422.2	6.8803
540	91.45	3171.1	3536.9	7.2056	60.15	3156.1	3517.0	6.9999
600	98.85	3279.1	3674.4	7.3688	65.25	3266.9	3658.4	7.1677
640	103.7	3351.8	3766.6	7.4720	68.59	3341.0	3752.6	7.2731
700	111.0	3462.1	3905.9	7.6198	73.52	3453.1	3894.1	7.4234
740	115.7	3536.6	3999.6	7.7141	76.77	3528.3	3989.2	7.5190
	80×10^5 Pa(295.06℃)				100×10^5 Pa(311.06℃)			
饱和蒸汽	23.52	2569.8	2758.0	5.7432	18.03	2544.4	2724.7	5.6141
320	26.82	2662.7	2877.2	5.9489	19.25	2588.8	2781.3	5.7103
360	30.89	2772.7	3019.8	6.1819	23.31	2729.1	2962.1	6.0060
400	34.32	2863.8	3138.3	6.3634	26.41	2832.4	3096.5	6.2120
440	37.42	2946.7	3246.1	6.5190	29.11	2922.1	3213.2	6.3805
480	40.34	3025.7	3348.4	6.6586	31.60	3005.4	3321.4	6.5282
520	43.13	3102.7	3447.7	6.7871	33.94	3085.6	3425.1	6.6622
560	45.82	3178.7	3545.3	6.9072	36.19	3164.1	3526.0	6.7864
600	48.45	3254.4	3642.0	7.0206	38.37	3241.7	3625.3	6.9029
640	51.02	3330.1	3738.3	7.1283	40.48	3318.9	3723.7	7.0131
700	54.81	3443.9	3882.4	7.2812	43.58	3434.7	3870.5	7.1687
740	57.29	3520.4	3978.7	7.3782	45.60	3512.1	3968.1	7.2670
	120×10^5 Pa(324.75℃)				140×10^5 Pa(336.75℃)			
饱和蒸汽	14.26	2513.7	2684.9	5.4924	11.49	2476.8	2637.6	5.3717
360	18.11	2678.4	2895.7	5.8361	14.22	2617.4	2816.5	5.6602
400	21.08	2798.3	3051.3	6.0747	17.22	2760.9	3001.9	5.9448
440	23.55	2896.1	3178.7	6.2586	19.54	2868.6	3142.2	6.1474
480	25.76	2984.4	3293.5	6.4154	21.57	2962.5	3264.5	6.3143
520	27.81	3068.0	3401.8	6.5555	23.43	3049.8	3377.8	6.4610
560	29.77	3149.0	3506.2	6.6840	25.17	3133.6	3486.0	6.5941
600	31.64	3228.7	3608.3	6.8037	26.83	3215.4	3591.1	6.7172
640	33.45	3307.5	3709.0	6.9164	28.43	3296.0	3694.1	6.8326
700	36.10	3425.2	3858.4	7.0749	30.75	3415.7	3846.2	6.9939
740	37.81	3503.7	3957.4	7.1746	35.25	3495.2	3946.7	7.0952

续表

T/℃	v	U	H	S	v	U	H	S
	160×10⁵ Pa(347.44℃)				180×10⁵ Pa(357.06℃)			
饱和蒸汽	9.31	2431.7	2580.6	5.2455	7.49	2374.3	2509.1	5.1044
360	11.05	2539.0	2715.8	5.4614	8.09	2418.9	2564.5	5.1922
400	14.26	2719.4	2947.6	5.8175	11.90	2672.8	2887.0	5.6887
440	16.52	2839.4	3103.7	6.0429	14.14	2808.2	3062.8	5.9428
480	18.42	2939.7	3234.4	6.2215	15.96	2915.9	3203.2	6.1345
520	20.13	3031.1	3353.3	6.3752	17.57	3011.8	3378.0	6.2960
560	21.72	3117.8	3465.4	6.5132	19.04	3101.7	3444.4	6.4392
600	23.23	3201.8	3573.5	6.6399	20.42	3188.0	3555.6	6.5696
640	24.67	3284.2	3678.9	6.7580	21.74	3272.3	3663.6	6.6905
700	26.74	3406.0	3833.9	6.9224	23.62	3396.3	3821.5	6.8580
740	28.08	3486.7	3935.9	7.0251	24.83	3478.0	3925.0	6.9623
	200×10⁵ Pa(365.81℃)				240×10⁵ Pa			
饱和蒸汽	5.83	2293.0	2409.7	4.9269				
400	9.94	2619.3	2818.1	5.5540	6.73	2477.8	2639.4	5.2393
440	12.22	2774.9	3019.4	5.8450	9.29	2700.6	2923.4	5.6506
480	13.99	2891.2	3170.8	6.0518	11.00	2838.3	3102.3	5.8950
520	15.51	2992.0	3302.2	6.2218	12.41	2950.5	3248.5	6.0842
560	16.89	3085.2	3423.0	6.3705	13.66	3051.1	3379.0	6.2448
600	18.18	3174.0	3537.6	6.5048	14.81	3145.2	3500.7	6.3875
640	19.40	3260.2	3648.1	6.6286	15.88	3235.5	2616.7	6.5174
700	21.13	3386.4	3809.0	6.7993	17.39	3366.4	3783.8	6.6947
740	22.24	3469.3	3914.1	6.9052	18.35	3451.7	3892.1	6.8038
800	23.85	3592.7	4069.7	7.0544	19.74	3578.0	4051.6	6.9567
	280×10⁵ Pa				320×10⁵ Pa			
400	3.83	2223.5	2330.7	4.7494	2.36	1980.4	2055.9	4.3239
440	7.12	2613.2	2812.6	5.4494	5.44	2509.0	2683.0	5.2327
480	8.35	2780.8	3028.5	5.7446	7.22	2718.1	2949.2	5.5968
520	10.20	2906.8	3192.3	5.9566	8.53	2860.7	3133.7	5.8357
560	11.36	3015.7	3333.7	6.1307	9.63	2979.0	3287.2	6.0246
600	12.41	3115.6	3463.0	6.2823	10.01	3085.3	3424.6	6.1858
640	13.38	3210.3	3584.8	6.4187	11.50	3184.5	3552.5	6.3290
700	14.73	3346.1	3758.4	6.6029	12.73	3325.4	3732.8	6.5203
740	15.58	3433.9	3870.0	6.7153	13.50	3415.9	3847.8	6.6361
800	16.80	3563.1	4033.4	6.8720	14.60	3548.0	4015.1	6.7966
900	18.73	3774.3	4298.8	7.1084	16.33	3762.7	4285.1	7.0372

资料来源：Keenan J H，Keyes F G，Hill P G and Moore J G. Steam Tables. New York：Wiley，1969。

表 F4　未饱和水性质表

(v/cm^3·g^{-1},U/kJ·kg^{-1},H/kJ·kg^{-1},S/kJ·(kg·K)$^{-1}$)

T/℃	v	U	H	S	v	U	H	S
	25×10^5 Pa(223.99℃)				50×10^5 Pa(263.99℃)			
20	1.0006	83.80	86.30	0.2961	0.9995	83.65	88.65	0.2956
40	1.0067	167.25	169.77	0.5715	1.0056	166.95	171.97	0.5705
80	1.0280	334.29	336.86	1.0737	1.0268	333.72	338.85	1.0720
120	1.0590	502.68	505.33	1.5255	1.0576	501.80	507.09	1.5233
160	1.1006	673.90	676.65	1.9404	1.0988	672.62	678.12	1.9375
200	1.1555	859.9	852.8	2.3294	1.1530	848.1	848.1	2.3255
220	1.1898	940.7	943.7	2.5174	1.1866	938.4	944.4	2.5128
饱和液	1.1973	959.1	962.1	2.5546	1.2859	1147.8	1154.2	2.9202
	75×10^5 Pa(290.59℃)				100×10^5 Pa(311.06℃)			
20	0.9984	83.50	90.99	0.2950	0.9972	83.36	93.33	0.2945
40	1.0045	166.64	174.18	0.5696	1.0034	166.35	176.38	0.5686
80	1.0256	333.15	340.84	1.0704	1.0245	332.59	342.83	1.0688
100	1.0397	416.81	424.62	1.3011	1.0385	416.12	426.50	1.2992
140	1.0752	585.72	593.78	1.7317	1.0737	584.68	595.42	1.7292
180	1.1219	758.13	766.55	2.1308	1.1199	756.65	767.84	2.1275
220	1.1835	936.2	945.1	2.5083	1.1805	934.1	945.9	2.5039
260	1.2696	1124.4	1134.0	2.8763	1.2645	1121.1	1133.7	2.8699
饱和液	1.3677	1282.0	1292.2	3.1649	1.4524	1393.0	1407.6	3.3596
	150×10^5 Pa(342.24℃)				200×10^5 Pa(365.81℃)			
20	0.9950	83.06	97.99	0.2934	0.9928	82.77	102.62	0.2923
40	1.0013	165.76	180.78	0.5666	0.9992	165.17	185.16	0.5646
100	1.0361	414.75	430.28	1.2955	1.0337	413.39	434.06	1.2917
180	1.1159	753.76	770.50	2.1210	1.1120	750.95	773.20	2.1147
220	1.1748	929.9	947.5	2.4953	1.1693	925.9	949.3	2.4870
260	1.2550	1114.6	1133.4	2.8576	1.2462	1108.6	1133.5	2.8459
300	1.3770	1316.6	1337.3	3.2260	1.3596	1306.1	1333.3	3.2071
饱和液	1.6581	1585.6	1610.5	3.6848	2.036	1785.6	1826.3	4.0139
	250×10^5 Pa				300×10^5 Pa			
20	0.9907	82.47	107.24	0.2911	0.9886	82.17	111.84	0.2899
40	0.9971	164.60	189.52	0.5626	0.9951	164.04	193.89	0.5607
100	1.0313	412.08	437.85	1.2881	1.0290	410.78	441.66	1.2844
200	1.1344	834.5	862.8	2.2961	1.1302	831.4	865.3	2.2893
300	1.3442	1296.6	1330.2	3.1900	1.3304	1287.9	1327.8	3.1741

资料来源：Keenan J H，Keyes F G，Hill P G and Moore J G. Steam Tables. New York：Wiley，1969。

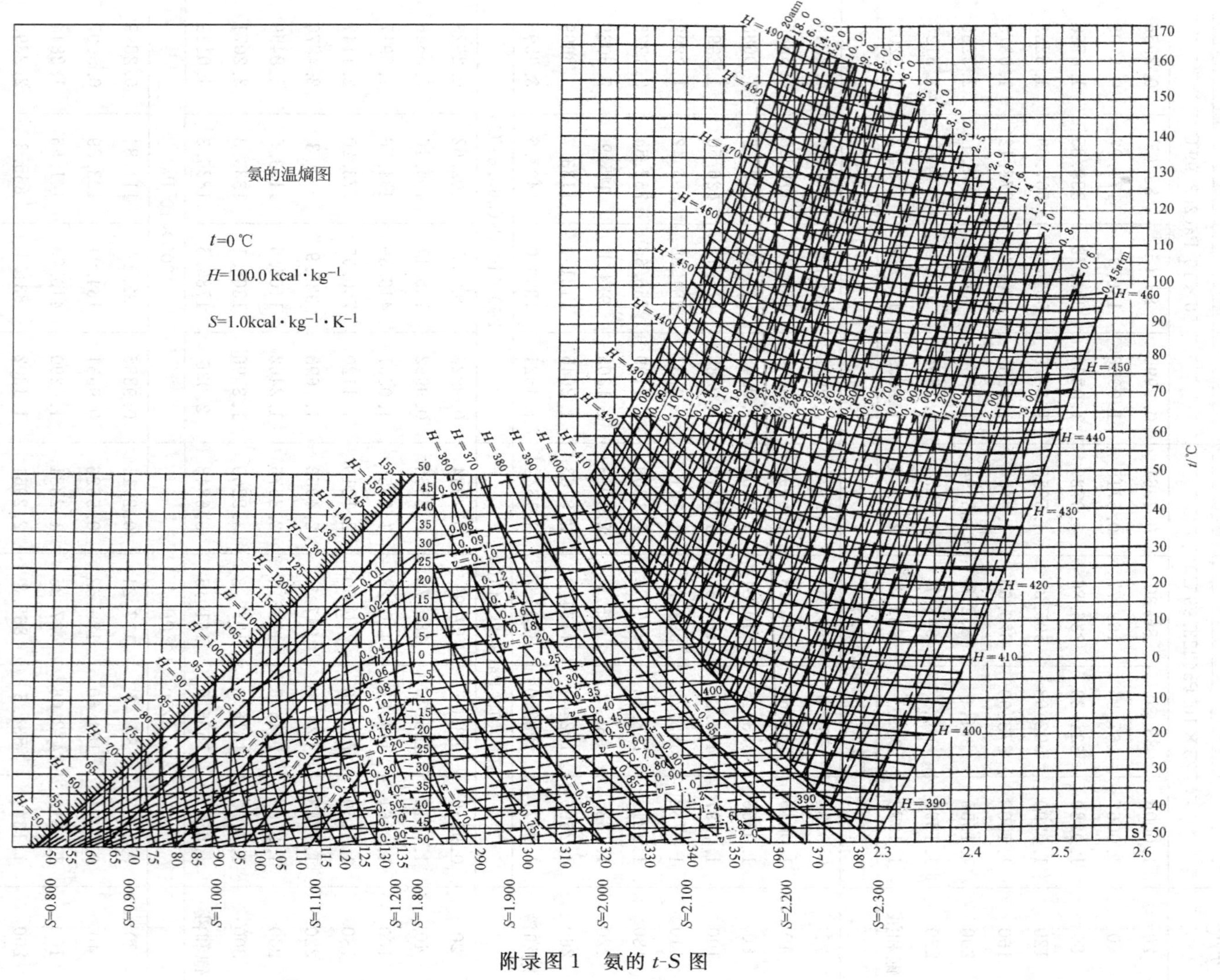

附录图1 氨的 t-S 图

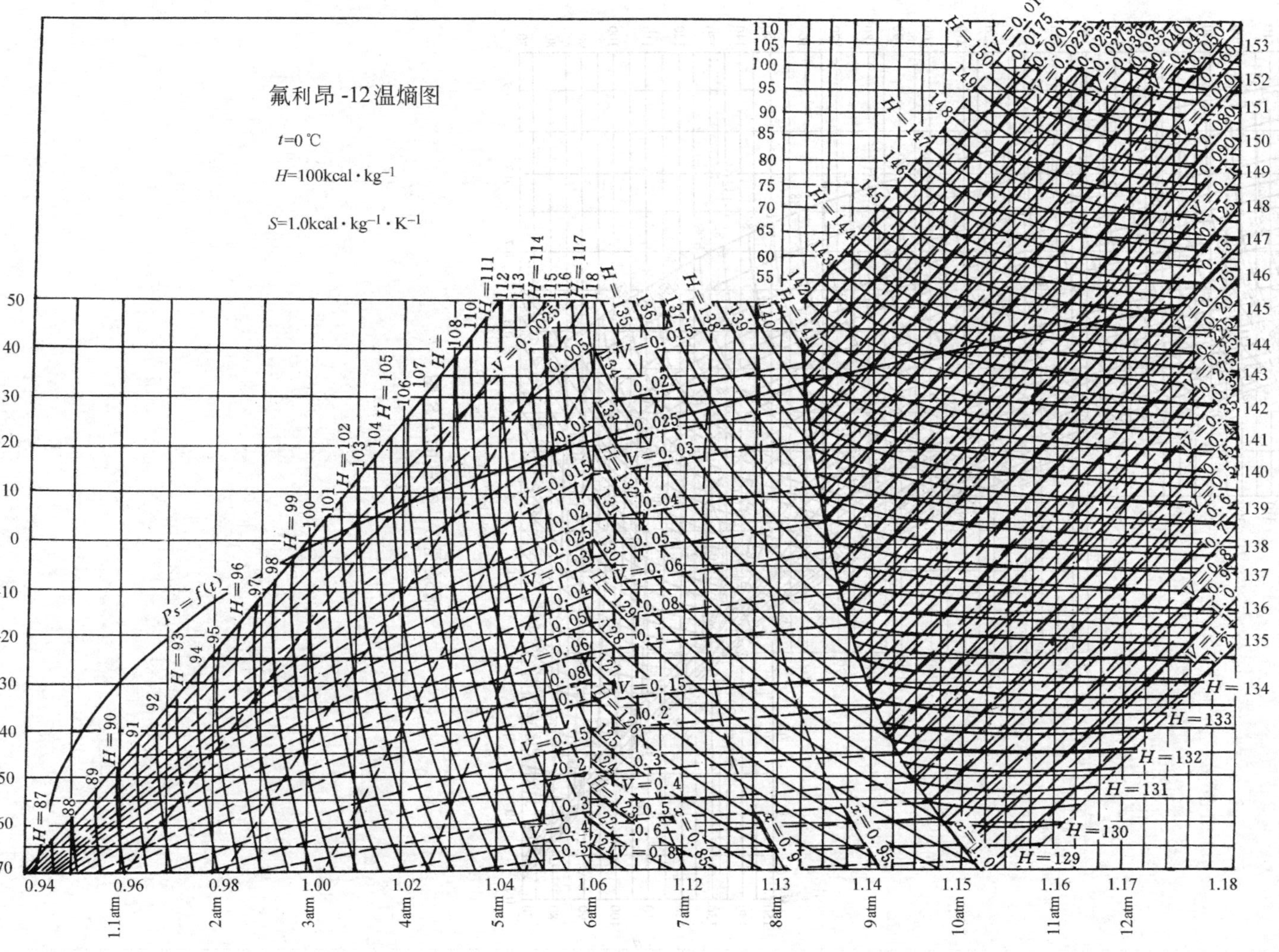

附录图 2 F-12 的 t-S 图

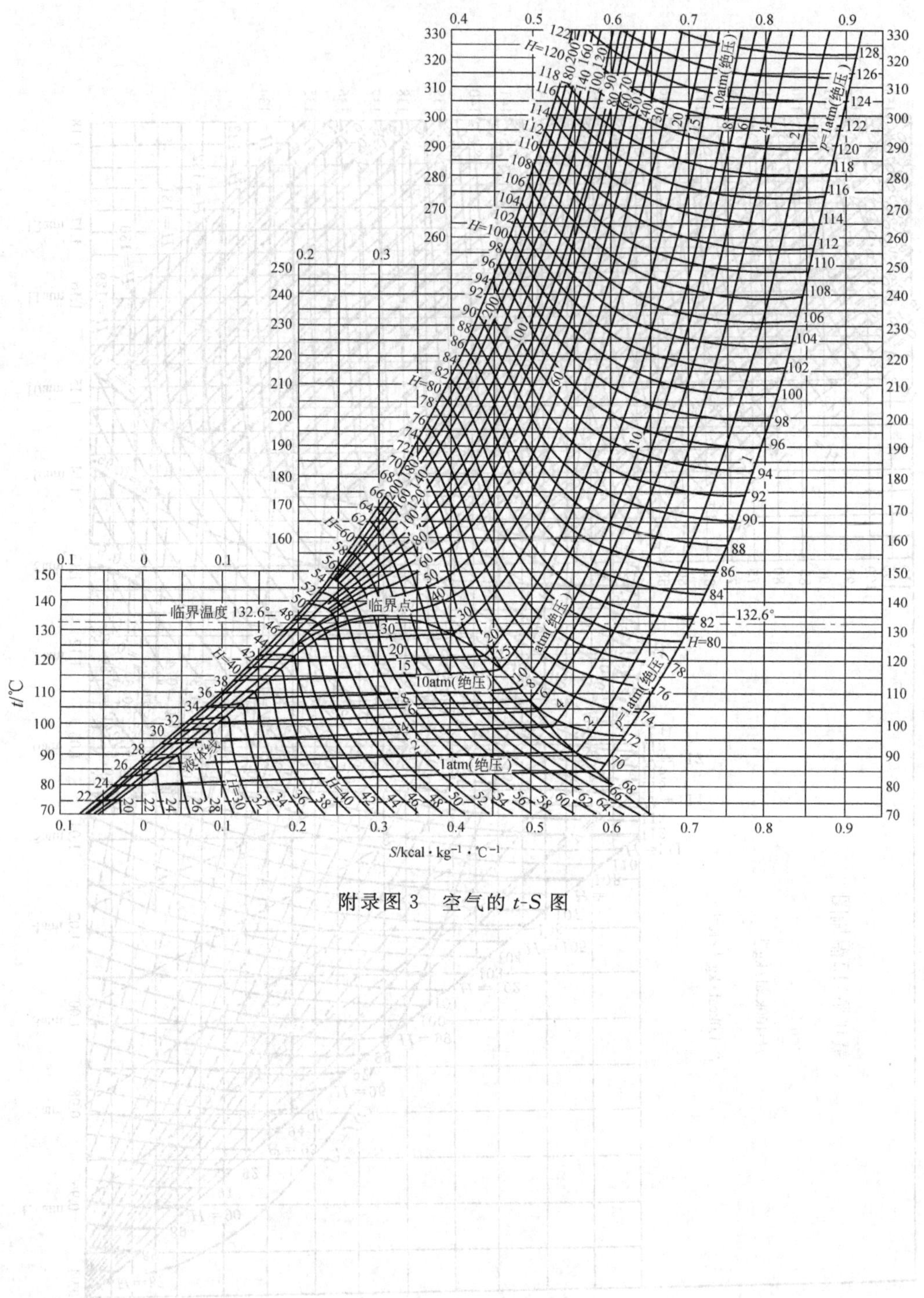

附录图 3　空气的 t-S 图

主要符号表

A	van Laar 方程参数；Margules 方程参数
A	摩尔自由能(或称 Helmoltz 自由能)，$J \cdot mol^{-1}$
A_{kl}，A_{lk}	ASOG 模型中的基团 k 和 l 的配偶参数
a	van der Waals，RK 和 PR 等立方型方程参数
a_i	溶液中组分 i 的活度
B	第二维里系数
B	有效能函数，$J \cdot mol^{-1}$，$cal \cdot mol^{-1}$
b	van der Waals 方程参数；RK 方程参数
C	第三维里系数
C	独立组分数(相律)
C_V	摩尔定容热容，$J \cdot mol^{-1} \cdot K^{-1}$，$cal \cdot mol^{-1} \cdot K^{-1}$
C_p	摩尔定压热容，$J \cdot mol^{-1} \cdot K^{-1}$，$cal \cdot mol^{-1} \cdot K^{-1}$
c	体积摩尔浓度，$mol \cdot m^{-3}$
E_p	位能，$J \cdot kg^{-1}$，$J \cdot mol^{-1}$，$kcal \cdot kg^{-1}$
E_k	动能，$J \cdot kg^{-1}$，$J \cdot mol^{-1}$，$kcal \cdot kg^{-1}$
F	力，N，kgf
F	自由度(相律)
f_i	纯组分 i 的逸度，kPa，atm
$\hat{f}_i$	混合物中组分 i 的逸度，kPa，atm
G	摩尔自由焓(或称吉布斯自由能)，$J \cdot mol^{-1}$
G_{ij}	NRTL 方程参数
g	重力加速度，$m \cdot s^{-2}$
g	分子间相互作用能，$J \cdot mol^{-1}$
H	摩尔焓，$J \cdot mol^{-1}$，$cal \cdot mol^{-1}$
H	Henry 定律常数
K	汽-液平衡，分配比
K	化学反应平衡常数
k	绝热指数
k	二元相互作用参数，配偶参数
M	摩尔质量
M	泛指的热力学函数
m	质量，kg
m	多方指数
m_i	组分 i 的质量摩尔浓度
N	分子数目
N	组分数目
N	功率，kW

n	物质的量
p	相数(相律)
p	压力,kPa,atm
p_{cm}	混合物的虚拟临界压力,kPa,atm
Q	热量,J,cal
Q_k	基团面积参数
Q_0	制冷能力,$J \cdot h^{-1}$,$kcal \cdot h^{-1}$
q_0	单位质量制冷剂的制冷能力,$J \cdot kg^{-1}$,$kcal \cdot kg^{-1}$
q_i	纯物质 i 的体积参数(wohl方程中)
R	摩尔气体常数,$m^3 \cdot Pa \cdot kmol^{-1} \cdot K^{-1}$,$cm^3 \cdot atm \cdot mol^{-1} \cdot K^{-1}$
R_k	基团体积参数
r	压缩比
r_i	纯物质 i 的体积参数
r	独立反应数
S	摩尔熵,$J \cdot mol^{-1} \cdot K^{-1}$,$cal \cdot mol^{-1} \cdot K^{-1}$
ΔS	过程的熵变
T	热力学温度,K
T_0	环境温度,K
T_{cm}	混合物的虚拟临界温度,K
U	摩尔内能,$J \cdot mol^{-1}$,$cal \cdot mol^{-1}$
U_{ij}	UNIQUAC方程中的相互作用能
u	速度,$m \cdot s^{-1}$
V	摩尔体积,$m^3 \cdot mol^{-1}$
V_{cm}	混合物的虚拟临界体积,$cm^3 \cdot mol^{-1}$
W	功,J
W_F	轴功,J
W_L	损失功,J
W_{id}	理想功,J
X_k	ASOG模型中基团 k 的摩尔分数
x	干度
x	气体的液化量,kg
x_i	液相中组分 i 的摩尔分数
y_i	气相中组分 i 的摩尔分数
Z	压缩因子
Z	分子的配位数
Z_i	有效体积分数
Z_{cm}	混合物的虚拟临界压缩因子
希腊字母	
α	NRTL方程的有序参数
α	相对挥发度
α	剩余体积
β	体积膨胀系数
Γ	基团活度系数
γ	活度系数

δ	溶解度参数
ε	热力系数
ε	制冷系数
ε	等熵压缩比
ε	反应进度
η	效率
Θ	基团面积分数
θ	分子面积分数
κ	Boltzmann 常数,等温压缩系数
Λ	Wilson 方程的参数
λ	供给系数
λ	分子间相互作用能,$J \cdot mol^{-1}$
μ	微分节流效应系数
μ	化学势,化学位
ν	化学计量系数
ν_i^{FH}	ASOG 模型中组分 i 中基团的数目
$\nu_k^{(i)}$	分子 i 中基团 k 的数目
ξ	局部体积分数
ρ	密度,$mol \cdot m^{-3}$
σ	硬球分子直径
τ	NRTL 方程参数;UNIQUAC 方程参数
ϕ	组分体积分数
ϕ_i	纯物质 i 的逸度系数
$\hat{\phi}_i$	混合物中组分 i 的分逸度系数
ψ	基团配偶参数
Ω	状态方程参数
ω	偏心因子
ω_m	混合物的虚拟偏心因子
上标	
C	组合项
E	超额性质
G	气相
L	液相
R	剩余项
r	参比态
V	蒸汽相
id	理想溶液
—	偏摩尔性质
^	混合物中组分性质
$\ominus$	标准态
′	理想气体状态
*	分子结构特性
*	以无限稀释为参考态
∞	无限稀释

下标

b	正常沸点
c	临界性质
$i,j,k,\cdots$	混合物中组分
m	混合物
r	对比性质
t	总量